U0170816

海岸带功能微生物及其应用

胡晓珂　王　鹏　主编

科学出版社

北京

内 容 简 介

海岸带功能微生物广泛应用于农业、工业、医药、食品及环保等各个领域。本书全面系统地介绍了海岸带功能微生物资源及其应用，主要包括海岸带功能微生物资源、海岸带微生物参与元素循环、海岸带微生物与酶资源开发、海岸带微生物与典型污染物修复等方面的最新研究进展。

本书对于微生物基础研究、生态学、环境科学等领域的科技工作者、研究生均有很好的参考价值，也可作为高等院校学生拓宽知识面和了解海洋功能微生物学科前沿的参考资料。

图书在版编目（CIP）数据

海岸带功能微生物及其应用 / 胡晓珂，王鹏主编. —北京：科学出版社. 2021.3

ISBN 978-7-03-063995-0

Ⅰ. ①海…　Ⅱ. ①胡…　②王…　Ⅲ. ①海洋微生物–资源利用–研究　Ⅳ. ①Q939

中国版本图书馆 CIP 数据核字（2019）第 289437 号

责任编辑：朱　瑾　李　悦　付丽娜 / 责任校对：严　娜
责任印制：赵　博 / 封面设计：无极书装

科 学 出 版 社 出版
北京东黄城根北街 16 号
邮政编码：100717
http://www.sciencep.com
三河市春园印刷有限公司印刷
科学出版社发行　各地新华书店经销

*

2021 年 3 月第　一　版　　开本：787×1092　1/16
2025 年 1 月第二次印刷　印张：26
字数：616 000

定价：298.00 元
（如有印装质量问题，我社负责调换）

序

浩瀚的蓝色星球，约70%的面积被海洋覆盖，与之毗邻的海岸带地区蕴藏着大量的微生物资源。这些微生物具有独特的生态位，既要承受人类活动带来的环境压力，又要适应海洋中的环境压力。这些微生物存在于滨海湿地、海水各水层及高污染的极端环境等生境中，形成了适应一切海岸带环境的族群，在海岸带生态环境中发挥着非常重要的作用。

海岸带细菌是海洋生物群落一个重要组成部分。一方面，它们可以作为分解者，分解水中大量有机质，释放矿物质；另一方面，它们也可以吸收有机质，经过食物链实现二次生产。它们还可以将一部分容易吸收的生物碳转化为不易吸收的有机碳，形成微生物碳泵。这些有机碳留存在大海中，十分有利于碳汇，进而缓解全球变暖的局势。病毒，则通过对宿主-海洋微型生物的裂解，改变海洋生态系统的物质流和能量流的方向。海岸带的微型藻类，可以通过光合作用产生有机物，提供给食物链的上一层消费者，作为初级生产者为最终形成丰富的渔业资源做出巨大贡献。

显微镜的诞生为我们打开了通向微生物世界的大门；随着现代科学技术的不断革新，人们可以利用分子生物学和组学技术进一步揭示海岸带环境中微生物类群种族的丰富性；但同时，我们更加认识到，面对如此种类丰富、含量巨大的族群，人类对它们的功能却知之甚少。

该书主要作者是我十多年前的博士毕业生，近些年他们一直从事海洋及海岸带微生物相关的研究工作，沿着海岸带微生物的理论和技术应用的研究方向，积极探索、慢慢积累。在微生物理论研究方面提出新的科学假想并予以验证；在微生物应用方面，利用海岸带微生物特有的生理代谢系统，进行了海岸带污染物的修复技术研究与现场示范；在产业化方面进行了酶酵耦合技术的成果转化。在此基础上获得了中国产学研合作创新成果一等奖、海洋工程科学技术一等奖、海洋科学技术二等奖、山东省科学技术进步三等奖、青岛市科技进步二等奖、烟台市科学技术三等奖，为国家和地方经济做出了贡献，得到了社会的认可。

众里寻他千百度，蓦然回首，那人却在灯火阑珊处。该书的作者们以这部书使我们初步了解了海岸带微生物及其功能，为海岸带微生物的发展提供了坚实的基础。读罢此书深有感触，我愿在付梓之际，为此书作序，一是肯定我的学生们经过近二十年的努力，在海岸带微生物基础研究领域取得的进展，及在微生物技术领域取得的突破；二是继续鞭策他们能够在未来的研究中，百尺竿头更进一步，为我国海洋及海岸带微生物事业贡献力量。

崔华谄

中国工程院院士

前　言

微生物广泛分布在自然界的空气、土壤、江河、湖泊、海洋等环境中。微生物资源是国家战略性生物资源之一，是在农业、林业、工业、医药等领域进行微生物学研究、生物技术研究及微生物产业持续发展的重要物质基础，是支撑微生物科技进步与创新的重要科技基础条件。功能微生物资源的开发利用已产生了巨大的社会和经济效益，与国民食品、健康、生存环境及国家安全密切相关。

海岸带是海洋和陆地相互作用的过渡地带，具有独特的陆、海属性，也是临海国家宝贵的国土资源，亦是海洋开发、经济发展的基地，地位十分重要。我国拥有18 000km的大陆海岸线，以及14 000km的岛屿海岸线。这一向陆侧延伸10km、向海侧延伸至15m等深线的狭长区域，既是地球表面最为活跃的自然区域，又是资源与环境条件最为优越的区域。海岸带由于环境复杂多变，既有低温、高盐的海洋、滩涂，又有滨海湿地上的盐碱地和多样的耐盐植物，因此菌种资源种类丰富、新颖多样，应用潜力巨大。相比陆地微生物，海岸带微生物的次生代谢产物及活性物质更具有独特性和稀有性。

通过多年的深入研究，我国的微生物工作者对海岸带微生物的研究方法、基础理论乃至生产应用等方面都进行了广泛的研究，包括调查海岸带微生物资源、建立微生物种质资源库和基因库、开发其活性物质、评估其风险因子，为微生物资源开发利用、海岸带生态安全和生物安全提供了理论基础与技术支撑。随着工农业生产的发展，进入环境的重金属和有机污染物日益增多，引起了严重的污染。微生物由于其代谢类型多样，是污染物强有力的分解者和转化者，尤其是功能微生物，它们起着环境"清道夫"的作用，对这些功能微生物资源的深度发掘、共享和利用对于生命科学研究与生物产业技术创新都具有重要意义。海岸带微生物的研究工作虽已取得了一定成就，但还处于发展中的起始阶段，绝大多数微生物物种尚未被发现或认知清楚，仍然落后于陆地微生物学和海洋科学的其他领域。我们对微生物的了解和探索任重而道远，期待对海岸带功能微生物的研究能够帮助人类更好地了解微生物、利用微生物，以应对当今和未来所面临的巨大挑战。

本书重点描述了海岸带区域的功能微生物资源及其在地球化学元素循环、污染环境修复及酶资源开发中的功能与应用。全书共分为四篇十八章。第一篇共七章内容，主要介绍典型海岸带功能微生物资源，包括海草床、互花米草、碱蓬、柽柳林、红树林、滩涂和盐碱地生态系统的微生物资源；第二篇共四章内容，主要介绍海岸带微生物参与全球碳、氮、磷、硫元素循环的途径和过程及其重要意义；第三篇共三章内容，以产多糖降解酶、产蛋白酶和噬菌体酶的微生物为代表，主要介绍海岸带微生物与酶资源开发利用；第四篇共四章内容，主要介绍海岸带微生物在典型污染物（石油烃、硝基芳烃、多氯联苯和重金属）修复中的机制研究、功能开发及实际应用。书中所用图片大部分是课题组多年研究的成果积累，少数引用了其他文献，并标注了出处。

　　在此，衷心感谢为本书的出版付出辛勤劳动的所有人员。由于编者水平有限，书中不足之处在所难免，恳请广大读者批评指正以使本书日臻完善。

作　者

2019 年 12 月 1 日于烟台

目　录

第一篇　海岸带功能微生物资源

第二篇　海岸带微生物参与元素循环

第一篇
海岸带功能微生物资源

第一章　海草床生态系统微生物资源

第一节　海草床概述

海草床生态群落与红树林生态群落、珊瑚礁生态群落一样，是一种典型的海洋生态系统，是地球海洋生态与多样性保护的重要组成部分。海草是完全适应了海洋生活的沉水植物，作为高等被子植物，它和陆生高等植物一样，有明显的根、茎、叶的分化，但与大多被子植物不同，海草在 10 亿年前又重返海洋，因此在其生态演化过程中被认为是再次下海的一种植物。海草长期生存在软泥和砂质类型的底质上，它是特有的一种生长在浅海海域中的被子植物，通常在海岸潮间带至潮下带浅海海域中成片生长，形成海草床生态群落。

一、海草的种类和分布

海草在全球温带、热带海域的沿岸及南北极海岸均有分布，可谓分布范围广泛（Short et al.，2007）。目前已发现的海草种类共有 72 种，分别属于 12 属，其与陆地生长的高等植物相比，种类较少（郑凤英等，2013b）。先前研究将海草种类分属于眼子菜科（Potamogetonaceae）及水鳖科（Hydrocharitaceae）两科（杨宗岱，1981），后又将其进一步归类为大叶藻科（Zosteraceae）、海神草科（Cymodoceaceae）、聚伞藻科（Posidoniaceae）和水鳖科（Hydrocharitaceae）（范航清等，2007；郑凤英等，2013a）。海草种类与生长区域有关，温带地区种类较单一，而热带海域的种类比较丰富。温带地区海草以大叶藻属（*Zostera*）为主，大叶藻（*Zostera marina*）占主导位置。川蔓藻（*Ruppia maritima*）分布最为广泛，它在热带及温带海域均有分布。依据海草的地域分布特点，全球海草被划分为六大区域，每个区域的优势种不同（Short et al.，2007）。

二、中国海草的组成及分布

据文献报道，中国海草有 22 种，隶属于 4 科 10 属，分别为大叶藻属（*Zostera*）、川蔓藻属（*Ruppia*）、喜盐草属（*Halophila*）、虾海藻属（*Phyllospadix*）、二药藻属（*Halodule*）、全楔藻属（*Thalassodendron*）、丝粉藻属（*Cymodocea*）、针叶藻属（*Syringodium*）、海菖蒲属（*Enhalus*）、泰来藻属（*Thalassia*）（Yip and Lai，2006）。原来认定的川蔓藻属只有 1种，后基于分子技术手段将其鉴定为 3 种，分别为川蔓藻、长梗川蔓藻及宽叶川蔓藻。概括而言，在我国确定的海草分布有 22 种，约占全球海草总数（72 种）的 30.6%。

基于我国海草分布的海域特点，海草主要分布在两个大区：南海和黄渤海海草分布区。海南、广东、广西、福建、香港和台湾属于南海海草分布区；河北、天津、山东和辽宁为黄渤海海草分布区。南海海草分布区属于印度洋-太平洋热带海草分布区，而黄渤海海草分布区属于北太平洋温带海草分布区。由于江苏和浙江仅有川蔓藻属海草，因此，其不属于上述两个海草分布区（Short et al.，2007）。

在海草种类、数量和面积上，南海海草分布区都大于黄渤海海草分布区，共有 9 属的海草，共计 15 种。泰来藻 *Thalassia hemprichii* 及喜盐草（*Halophila ovalis*）在南海海草分布区分布广泛，为优势海草，尤其喜盐草（*H. ovalis*）遍布于海南、广东、广西、台湾和香港等地，仅在两广地区的总分布面积就超过 1700hm² （范航清等，2011）。海菖蒲（*Enhalus acoroides*）则为海南独有的海草种类。南海海草分布区以海南海草种类最为丰富，拥有海草种类 14 种，台湾有 12 种海草，广东有 11 种，广西有 8 种，香港有 5 种，福建有 3 种。

而黄渤海海草分布区只有 3 属 9 种海草。丛生大叶藻（*Zostera caespitosa*）、大叶藻（*Zostera marina*）、黑纤维虾海藻（*Phyllospadix japonicus*）和红纤维虾海藻（*Phyllospadix iwatensis*）为黄渤海海草分布区的优势种类，分布在山东、河北和辽宁三省沿海。具茎大叶藻（*Zostera caulescens*）和宽叶大叶藻（*Zostera asiatica*）只分布在辽宁地区，其中大叶藻是多数海草场的优势种，其分布最为广泛。

从南海和黄渤海海草分布区海草的种类组成可知，热带属海草在南海海草区均有分布，而黄渤海的海草种类以温带的虾海藻属和大叶藻属为主。矮大叶藻，后更名为日本鳗草（*Zostera japonica*），在两个海草区均有分布，包括黄渤海海草分布区的河北、辽宁、山东的北方地区和南海海草分布区的台湾、福建、广西、香港及海南等地。虽然川蔓藻属海草分布较为广泛，但是该海草属中 3 个海草种分布不平衡。宽叶川蔓藻主要分布于江苏盐城和山东青岛地区，长梗川蔓藻主要分布于黄渤海和东海海域，川蔓藻则主要分布于南海及东海海域。

对现有资料进行汇总，发现我国海草在辽宁、山东、河北、广西、广东、香港、台湾、福建及海南等 9 个省级行政区均有分布，拥有的海草场的总面积约 8765.1hm²。黄渤海海草分布区的海草场数量和总面积明显小于南海海草分布区。除广西以外，目前其余 8 个省级行政区还有一些海草分布点尚未开展调查，海草分布区面积有待确定。

第二节　海草群落的生态意义

一、重要的初级生产者

海草场（seagrass meadow）作为全球浅海水域的典型生态系统之一，具有较高的生产力。尽管与海洋相比其总面积较小，但因生长在一个具有极高生产力的海洋边缘狭窄地带，对碳的固定率几乎和热带雨林持平（林鹏，2006）。除海草本身外，其地上部分还可作为藻类等的附着基，从而进一步提高初级生产力，如山东海域附生在大叶藻和虾海藻上的浒苔属、多管藻属及仙菜属的一些种类。另外，海草场在热带水域成为一些小型动物如鱼类和无脊椎动物的天然渔礁，为它们的生存提供了独特的微环境（杨宗岱和吴宝玲，1984）。

二、改善水质与固着底质

海草床因改变海草场内动力过程而增加海底底质，并可以稳定底质（Gacia et al.，2003）。海草床的内部水体相比外部，有机物质和泥沙成分含量更高（Bos et al.，2007）。海草床除了可以缓冲水流对海底基质的扰动，还可以过滤水流中的沉积物和营养物质

（Hemminga et al., 1991），从而有利于保持海水的透明度。海草能在可溶性营养盐浓度很低的海水中生长，并高效吸收海水和表层沉积物中的养分，是调节浅水水质的重要高等植物。海草还可以改善近岸的非生物环境，并提高近岸抵御潮汐及波浪的能力。

三、栖息地和食物来源地

海草床是许多鱼类和无脊椎动物如红鼓鱼、青蟹等的栖息地、育幼场、庇护场所。海草床也是捕食性鱼类、水鸟及大型动物如儒艮、海龟等的觅食场所（Newell, 2001）。儒艮作为濒危动物以二药藻和喜盐草作为其主要的食物来源，若海草床退化，将对儒艮的生活、繁殖甚至能否存活产生重要影响。研究表明，海草床生境中水生动物的生物量高于其他生态系统。海草床具有育幼功能：一是因其可以提供丰富的食物；二是因其生境中捕食者较少及水环境浊度较高（刘松林等，2015）。除了海草叶片，叶片上的附生植物和大型藻类也可供某些海洋食草动物如水鸟、海胆、海牛、蟹等直接摄食。某些滤食性动物可摄食水体中的浮游植物，还有如沉积食性动物刺参等则可摄食海草脱落降解后的碎屑。

四、维持生态平衡

研究表明，海草床对维持全球碳、氮、磷元素的平衡起到非常重要的作用（Duarte and Cebri, 1996）。通过海草叶片或地下茎部，海草吸收的部分可溶性有机物质会被释放到周围海水中，有些被水流带走，有些被其他生物摄取。例如，Moriarty 等（1986）发现，二药藻叶片内固定的碳约有 11% 会渗出到底泥中。Kirchman 等（1984）利用稳定同位素和放射性同位素示踪标记，证明海草叶片释放的碳、氮、磷可以向海草表面附生的其他藻类和细菌转移。

五、经济、文化和药用价值

在经济方面，海草床生态系统不仅具有水产养殖和滩涂渔业的直接经济价值，还具有护堤减灾、调节气候、净化水质、营养循环和科学研究等间接经济价值，据估计，其总经济价值为 628 356 元/（$hm^2 \cdot a$）。例如，海草能从水流中过滤出沉积物和营养物质，可用作污水流的沉淀稳定器和过滤系统；海草可作为肥料及饲料使用；干海草可用作屋顶建筑材料、编制草席和其他手工艺品；海草的叶片中纤维素含量高，木质素含量低，可作为造纸的原料；海草在建桥、开沟和造堤时可作为稳定基质的材料（范航清等，2009）。在文化方面，胶东半岛地区自新石器时代就有海草房出现，现在海草房不仅仅是一种人们的住宅，更是一种文化的传承（刘志刚，2008）。在药用方面，从大叶藻叶片中获得的醚提取物可用于抑制结核杆菌，还可用于治疗水肿、脚气等。

第三节　海草床微生物多样性

海草叶片、茎及根际附着有许多生物，包括真菌、细菌、藻类、无脊椎动物，它们共同构成了海草床生态系统，是生态系统的重要组成部分，并在海草表面呈现出截然不同的分布方式。大开曼岛（Grand Cayman）的泰来藻叶面上的附着物具有较高的多样性，包括 3 种造礁红藻、61 种硅藻及 72 种有孔虫类等。它们的分布具有三个层次：叶表面直接附着的是一些大型藻类，其次由造礁红藻所覆盖，最外层则是较为复杂的群落，如硅藻、蠕虫、腹足动物及介形亚纲动物等（Corlett and Jones，2007）。其中，根际的固氮菌对维持海草床生态系统较高的生物固氮水平具有较大的贡献。Riederer-Henderson 和 Wilson（1970）发现海草叶面上红螺菌科（Rhodospirillaceae）的厌氧光合细菌具有固氮作用，此外，很多硫酸盐还原菌在还原硫酸盐的同时也具备固氮的能力。附着在海草叶片表面的蓝藻对整个生态系统的固氮也起着不容忽视的作用，普遍认为蓝藻就是海草叶面的主要固氮生物，据估算，固氮蓝藻提供了泰来藻生态系统中初级生产所需的 4%～38%的氮（Capone and Taylor，1980）。海草附着物还是一个巨大的营养吸收库，研究结果表明，泰来藻海草床中约有 17%的 NH_4^+ 是由其表面附着的微型生物从水体中吸收并通过生物固氮转运到海草床生态系统中的（Cornelisen and Thomas，2002）。

一、海草根际微生物多样性

植物根际是一个狭窄的土壤区域，受植物根系分泌的化学物质如可溶解有机碳影响，植物根际分布着数量庞大的微生物。这些微生物与植物有密切的联系，总基因数量远超植物本身，故根际微生物基因组又被称为植物的第二套基因组（Martens，1990）。在一定程度上，根际微生物可提高植物生产力和抗逆性，并对根际沉积物中生源要素的生物地球化学循环起到调控作用，还可通过调节根际微生物的生态环境来促进植物的生长。总之，根际微生物在植物的生长发育过程中起着重要的作用（Bai et al.，2015）。

一些研究调查了与海草床相关的地下微生物的多样性，包括根表面和根内部等部位（Mejia et al.，2016），这些地下生态位主要由 α-变形菌、γ-变形菌、δ-变形菌、ε-变形菌和拟杆菌组成。海草生长的沉积物中富集了大量植物性硫化物，属于一种极度厌氧、高度还原的环境（Borum et al.，2005）。硫化物为硫还原细菌的活性产物，产生于硫还原细菌以硫酸盐作为电子受体进行的有机物的再矿化作用过程（Nielsen et al.，2001）。大量的电子受体和海草根部分泌物会促使海草根际发生大量的基于微生物介导的氧化还原过程，塑造出包含多种复杂微生物群落的微环境，包括许多功能性微生物群体如固氮细菌、硫还原细菌及产乙酸菌等。近年来，分子生物学手段被广泛应用于海草根际微生物多样性的研究中。运用 16S rRNA 基因扩增子测序，研究发现，海草根际沉积物主要由参与硫循环的细菌所介导，根际沉积物的微生物结构组成在小尺度区域内由植物来塑造，在大尺度区域内则由环境因子所主导。江玉凤等（2016）运用聚合酶链反应-变性梯度凝胶电泳（PCR-DGGE）技术发现南海新村湾海草沉积物中的优势种群为变形菌门，其比例高达 70.87%。Brodersen 等（2018）应用 16S rRNA 基因高通量测序方法研究自然海草沉积物与人工海草沉积物中的微生物，发现两者群落组成相似，硫氧化细菌及硫还原细菌在其根际沉积物中均具有较高的丰度。目前，没有关于海草室内培养根际沉积物中微生物的动态变化过程，以及海草对高温处理后的沉积物的塑造的研究。

海草沉积物中的微生物群落组成显著受到海草定植的影响。Delille 等（1996）发现海草区沉积物中细菌生物量是非海草区的 10 倍之多，同时发现海草床沉积物中的细菌含量比海草床外沉积物中的丰富，并且栖息在海草根际的细菌能与海草根部达成互利互惠的关系（Kurtz et al.，2003）。微生物能够代谢海草沉积物中的有机碳以及氨、磷等营养物质，驱动元素循环（Holmer et al.，2001，2004）。Harlin（1980）观察到海草渗出的含氮化合物对根际氮代谢的影响，这可能与海草根际发现的蓝细菌有关，虽然已有关于海草微生物纯培养的研究（Mejia et al.，2016），但是，这些研究大多数都是在一小区域上进行的，小尺度上的研究有着不可避免的缺陷：一方面空间局限性导致以偏概全，另一方面取样结构也并不清晰。目前，对于大尺度海草床在多季度下与微生物关系的认识尚不充分。

本书团队对黄渤海海草分布区内日本鳗草生长的三个分布点（山东威海、山东东营和辽宁大连）的根际细菌群落结构多样性进行了分析，并对其与海草健康生长进行了联系。研究以采集到的日本鳗草根际土壤为研究对象，利用高通量测序手段并结合海草沉积物中的理化因子，探究了黄渤海海草床草区和无草区的细菌多样性、菌群结构及分布，解析了黄渤海海草床微生物的空间变化及对环境因子的响应，丰富了我国海草床微生物多样性的基础数据。结果显示不同地点之间和样品类型（海草根际与非根际）之间的微生物群落存在显著差异，主要表现为根际富含硫酸盐还原菌和固氮菌。环境因素如总氮（total nitrogen，TN）、总碳（total carbon，TC）、总有机碳（total organic carbon，TOC）、黏土（clay）、砷（As）与根际群落组成和分布呈显著相关。从功能的角度看，不同地点、不同样品类型之间的差异物种多与硫、氮代谢相关，硫酸盐还原菌对维持日本鳗草的生态健康起关键作用；日本鳗草根际微生物群落分布与环境因子、空间分布有一定的相关性（刘鹏远等，2019）。

二、海草叶际微生物多样性

Blackman 等（1981）首次提出叶际微生物的概念，将其定义为寄生或附生在植物叶片的直接表面生境（即叶面）的微生物，后来 Lindow 和 Brandl（2003）将其总结称为叶际微生物。一般情况下，叶际微生物的生存环境条件较为严苛，如可被利用的营养成分较少、温度及湿度波动大和紫外线辐射较强等，但是，因为海草本身属于沉水植物，所以海草叶际微生物的生存环境会好一些，这些严苛的生存环境并不适用于海草叶际微生物。海草叶际微生物虽不需面临这样的环境，但是，随着全球温度的升高和海草的衰退（兰竹虹和陈桂珠，2006），海草叶际微生物也将面临温度升高，因此，有必要对海草叶际微生物的特性进行研究。

海草叶表同样寄生或附生着大量的微生物，形成"生物薄膜"，它们通过分泌化学物质及次生代谢物质保护海草不被摄食及抵御病原性微生物，有些还可进行光合作用或固氮，为海草提供营养，然而某些叶际微生物也是海草的病原菌，过分生长会减弱海草的光合作用。海草不同的生长状态反过来又会影响叶际微生物的组成。叶际微生物的组成及其与植物的相互作用也受环境因素的调控。在全球气候变化和海草严重退化的大背景下，研究温度胁迫对海草叶际微生物的影响，有助于我们明确海草床对气候变化的响应,为海草(如矮大叶藻)的保护、管理与恢复等工作提供科学依据和理论基础。叶际生态环境中存在许多细菌群落,包括生防细菌〔如解淀粉芽孢杆菌(*Bacillusamylo liquefaciens*)、蕈状芽孢杆菌(*Bacillus mycoides*)〕、产生植物生长激素的细菌(如菌株 D 5/23 *Tntero bactera dicincitans* sp. nov.及假单胞菌和某些种类的分枝杆菌)和固氮菌等(Kampfer et al.,2005)。在农业生态系统中,充分利用这些细菌的生物学潜力对于促进植物生长、减少化肥及农药投入、减轻环境污染、实现农业可持续发展起到重要的推进作用。

　　不同于很多陆生植物,海草叶片表面无角质,这更有利于微生物的附生及其与微生物之间的物质能量交换。叶际微生物与海草间的相互作用可以间接地反映海草对环境因素的响应,然而利用其指示全球气候变暖对海草影响的研究还未见报道。海杆菌属(*Marinobacter*)是海草叶际常见的附生菌,通常被认为在海草床生态系统同化硝酸盐方面具有重要作用,其在 30℃环境下明显富集,可能对提高海草对水体无机氮的吸收能力至关重要,这种现象是海草与附生微生物间协同抵抗不利环境的表现。红杆菌科(Rhodobacteraceae)细菌也是海草叶面常见的光合细菌,在正常情况下,光合细菌在海草表面的数量比较稳定,因为这种细菌的过分生长会与海草竞争有限的可见光,限制海草的光合作用。弧菌属(*Vibrio*)是海洋环境中常见的类群,其中的很多种类是海洋生物的致病菌,经常在海草叶面被分离到。有些弧菌还是海草床生态系统重要的固氮菌类群,补充海草生长所需要的氮营养。

三、海草床微生物驱动的元素循环过程

　　微生物作为海草床生态系统中重要的组成部分(图 1-1),在生态系统的物质、元素循环及能量流动中发挥着重要作用。微生物调控海草根际沉积物及海水中主要元素的生物地球化学循环,包括氮和硫等元素。而且,很多硫酸盐还原菌还原硫酸盐的过程与生物固氮反应有密切的联系。海水中含有高浓度硫酸盐,其还原反应产生的能量可以部分

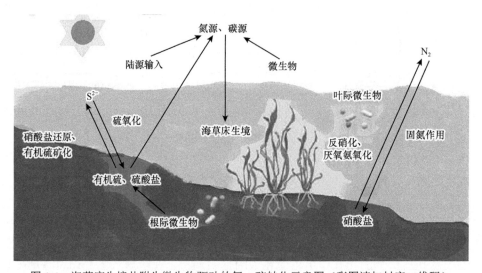

图 1-1　海草床生境共附生微生物驱动的氮、硫转化示意图(彩图请扫封底二维码)

满足生物固氮过程中的能量需求。通过抑制大叶藻生态系统中的硫酸盐还原反应，可以降低该系统80%左右的固氮效率。通过测定从海草沉积物中分离出来的硫酸盐还原菌的固氮活性，发现群落中超过60%的菌群具有固氮能力（凌娟等，2012）。但是，对于不同地区的海草床生态系统，即使海草床生境中的海草种类一样，硫酸盐还原菌对于生物固氮的贡献也是不同的。例如，在丹麦的大叶藻海草床中，硫酸盐还原菌的固氮量仅占生物固氮总量的25%，而在美国弗吉尼亚州的大叶藻中，近95%的生物固氮与硫酸盐还原菌有直接关系（凌娟等，2012）。

海草床中的元素循环同样会影响微生物的群落结构。海草能够固定沉积物并提供大量的有机碳，同时海草的碎屑也可被微生物所利用（Fourqurean et al.，2012），并营造出富营养化的底质环境，从而塑造出各种复杂微生物群落的微环境，其包含很多的功能性群体，如硫还原细菌、固氮细菌及产乙酸菌等。所以说，微生物-海草床生态系统对近海生态系统的元素循环起到重要作用。

（一）微生物驱动的氮循环过程对海草床退化的影响

近海环境水体富营养化的情况随着人类活动的加剧而日益严重。氮限制在海草床生态系统中已不再明显，相反，超氮负荷营养对海草生长的危害日益凸显。研究表明，在氮输入达到海草耐受的阈值之前，海草床生态系统可通过其活跃的氮循环过程平衡多余的氮（Burkholder et al.，2007；Fernandes et al.，2018），从而缓解氮富营养化对海草的影响。

海草床微生物介导的脱氮过程主要包括反硝化过程和厌氧氨氧化（anammox）过程（图1-2）：①反硝化过程利用有机质作为电子供体将NO_3^-逐步还原为N_2O或N_2并释放到大气中，该过程通常与硝化过程耦合；厌氧氨氧化过程则直接利用NO_2^-作为电子供体将NH_4^+氧化为N_2。海草床是海岸带环境中反硝化的热区。得益于海草来源的有机碳（包括海草碎屑及根际分泌的大量活性有机碳）、海草捕获的有机颗粒及光合作用输送到根部的O_2，热带和亚热带海草床生态系统硝化-反硝化速率通常很高。然而，温带海草床中反硝化速率相对较低，氨氮转化较慢，对海草床退化的影响较大。②厌氧氨氧化作为新近发现的另一个重要的氮去除过程，在海草床生态系统中研究得比较少。最近，在一个热带海草床（*Enhalus acoroides*）中发现了明显的厌氧氨氧化脱氮作用，其贡献约为反硝化的一半，说明该过程对于缓解海草床生态系统中的氮负荷也具有重要意义。然而，当营养负荷过高，超过海草耐受的阈值，则主要进行硝酸盐异化还原成铵过程（dissimilatory nitrate reduction to ammonium，DNRA），将NO_3^-转化为NH_4^+留在系统中，进一步加剧氨氮对海草的毒害，加剧海草退化（Fernandes et al.，2018）。

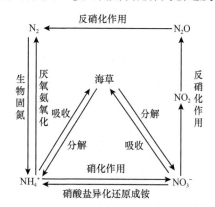

图1-2　海草床生境中氮循环路径示意图

综上所述，微生物介导的氨氮和硝酸盐转化过程直接影响海草床生态系统中氮的赋存形态，进而影响海草的生长。虽然对海草床固氮过程的研究已经取得重要进展，但是系统探索脱氮过程对缓解海草床退化的机制和贡献的研究非常匮乏。

（二）微生物驱动的硫循环过程对海草床退化的影响

近年来的研究发现，硫化物对海草的毒害作用是造成海草床退化的重要原因之一（Lyimo et al.，2018）。当硫化物浓度超过海草耐受阈值时，海草存活率显著降低，甚至衰亡。海草床作为主要的碳汇生态系统之一，积累了丰富的有机质。而在缺氧的沉积物环境中，硫酸盐的还原是有机质矿化的最主要终端过程。硫在海水及沉积物间隙水中的主要存在形式为硫酸盐，占总量的99%以上。因此，在海草根际有机质被矿化的过程中，其关联的硫酸盐还原作用通常会导致硫化物如 H_2S 的产生（图1-3）。一方面，硫化物会毒害海草根系，影响其正常存活及生长；另一方面，硫化物可以通过根、茎扩散到光合组织中（Mascaró et al.，2009），影响光系统Ⅱ或线粒体中的细胞色素 c 氧化酶活性（Dooley et al.，2015）。因此，开展如何缓解硫化物对海草床生态系统毒害作用的相关研究是制定海草床退化生境修复策略的重要理论基础。

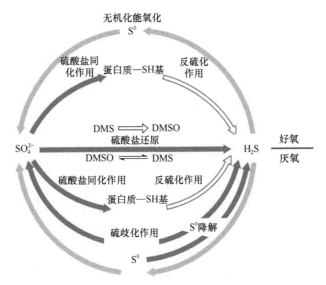

图1-3　海草床生境中硫循环路径示意图
DMSO. 二甲基亚砜；DMS. 二甲基硫；S^0. 单质硫

由微生物介导的硫化物去除过程主要有：硫氧化菌的直接氧化过程，铁还原菌的间接去除过程等（图1-3）。硫氧化细菌可以把还原态硫化物部分氧化成亚硫酸盐及硫代硫酸盐等中间产物，也可将其完全氧化生成硫酸盐。硫氧化菌在氧化无机硫化物的过程中产生能量，即"异化型硫氧化作用"，是保护生物体免受硫化物毒害的重要途径之一（Lavik et al.，2009）。无机硫氧化的途径包含三个基本步骤：①硫化物或硫代硫酸盐氧化生成硫烷硫；②硫化物或硫烷硫氧化生成亚硫酸盐；③完全氧化生成最终产物硫酸盐。此外，铁还原菌介导的异化 Fe（Ⅲ）还原反应可以将铁氧化物还原生成 Fe（Ⅱ），并进一步与硫化物反应产生 FeS 沉淀（张璐，2014），也可缓解硫化物对海草的毒害作用。铁还原菌沉淀硫化物的过程主要与海草沉积物中有机物和铁氧化物的含量有关：一方面，活性有机质含量可以影响硫酸盐还原速率和铁的异化还原，进而影响 H_2S 生成速率和黄铁矿化度，决定了沉积物中硫酸盐还原与铁异化还原的竞争性抑制关系（Holmer　et al.，

2005）；另一方面，活性 Fe（III）氧化物的含量决定沉积物中游离态硫化物的氧化程度、有机硫形成、铁硫化物的存在形态和黄铁矿的生成速率（张璐，2014）。铁还原菌影响了硫元素在海草床生境中的归趋，具有重要的生态学意义。然而，目前海草床生境中消除硫化氢的微生物类群、消除过程与相应的分子机制都有待揭示。因此，揭示海草床中微生物驱动硫代谢的过程与机制，将为海草床生境的修复提供理论基础。

第四节　黄渤海海草分布区微生物群落结构特征及其功能分析

日本鳗草（*Zostera japonica*）是亚洲特有的拟大叶藻亚属种类，植株矮小却具有重要的生态价值。日本鳗草可以生活在大叶藻难以适应的水温和光照波动强烈的较浅潮间带，表现出更强的适应能力和生命力，是中国分布最为广泛的海草种类，在中国的黄渤海、南海等沿海地区均有分布。在黄渤海分布区日本鳗草曾出现在山东的潍坊、青岛、烟台、威海、日照等地。近年来，黄渤海海草分布区海草生境破坏严重，很难再找到大面积连续分布的日本鳗草海草床。以日本鳗草为例，研究黄渤海海草分布区海草床的退化机制、环境效应及其修复方案具有一定的代表性。

植物的生存和性能依赖相关微生物群落的稳态。当前大多数植物微生物群落研究都集中在陆地物种，并且空间尺度相对狭小，关于海洋植物尤其是与日本鳗草相关的微生物群落结构和作用机制仍不清楚。目前尚无黄渤海海草分布区日本鳗草的生存状况和微生物在海草营养中所起作用的研究报道。基于此，研究选取黄渤海海草分布区中三个典型日本鳗草的生长地点：山东东营、山东威海、辽宁大连（其中山东东营及辽宁大连海草床为刚发现的新草甸，之前从未对其进行过海草根际菌群结构研究；这三处海草分布区是黄渤海地区沿海面积最大、受保护较好的日本鳗草海草床代表区域），本团队以采集到的日本鳗草根际土壤为研究对象，利用高通量测序手段并结合海草沉积物中的理化因子，探究黄渤海海草床草区和无草区的细菌多样性、菌群结构及分布，解析了黄渤海海草床微生物的空间变化及其对环境因子的响应，丰富了我国海草床微生物多样性的基础数据。

一、黄渤海海草床环境因子特征

对东营、威海、大连海草床沉积物样品进行分析，发现不同地点及样品类型（海草根际与非根际）之间的环境因子显著不同（表 1-1）。三地对比可以看出，威海 TOC、TON 及中值粒径高于其他两地；东营地区 NH_4^+ 含量、SO_4^{2-} 含量高于威海、大连两地、中值粒径小于威海、大连两地，差异极为显著。重金属浓度在三地差异十分显著，除 Ti 外，所测重金属都在东营浓度最高、大连最低，东营与威海、大连差异显著（$P \leqslant 0.05$），而威海重金属含量与大连差异不大（ANOVA，$P > 0.05$）；大连海草根际土壤中 TOC、TON 及各重金属含量（除 Ti 含量为三地最高外）都显著较低。对比草区与非草区，草区的相关理化因子含量普遍较高，尤其 TOC、TON、黏土、粉砂及 V、Cr、Fe、Cu、Zn、Cd、Al、Ti 浓度草区显著高于非草区（$P \leqslant 0.05$），而 NH_4^+、中值粒径、沙粒（sand）含量在非草区较高，其他环境因子差异并不显著。

表1-1 根际环境因子的地域之间及草区和非草区之间的差异（平均值±标准差）

理化指标	威海（WH）	东营（DY）	大连（DL）	威海 vs 东营	威海 vs 大连	东营 vs 大连	草区（V）	非草区（U）	草区 vs 非草区
				P					P
TOC/%	0.74±0.03	0.26±0.05	0.10±0.01	0.001**	<0.001**	0.365	0.37±0.07	0.16±0.02	0.013*
TON/%	0.11±0.00	0.03±0.00	0.03±0.00	<0.001**	<0.001**	0.532	0.06±0.01	0.03±0.00	0.050*
TOC/TON	6.67±0.07	8.00±0.98	3.71±0.30	0.379	0.005**	0.001**	6.13±0.57	4.79±0.45	0.213
TC/%	0.85±0.02	1.28±0.05	0.16±0.01	<0.001**	0.43	<0.001**	0.76±0.12	0.60±0.11	0.184
TN/%	0.11±0.00	0.06±0.00	0.05±0.00	<0.001**	<0.001**	<0.001**	0.08±0.01	0.06±0.00	0.322
NH_4^+/（μmol/kg）	283.87±15.65	450.28±68.57	405.44±120.88	1.71	0.308	0.701	379.87±47.97	387.37±58.98	0.922
NO_2^-/（μmol/kg）	20.46±2.37	33.99±4.69	41.83±3.26	0.0240*	0.001**	0.146	32.10±3.03	24.58±4.19	0.153
NO_3^-/（μmol/kg）	7.84±1.78	37.32±4.44	41.32±2.98	<0.001**	<0.001**	0.402	28.82±4.35	25.00±4.23	0.564
SO_4^{2-}/（mmol/kg）	8.25±0.55	12.27±0.80	6.86±0.24	0.012*	0.806	0.007**	9.13±0.69	6.71±1.52	0.112
中值粒径/μm	257.36±18.89	57.54±1.57	213.19±4.81	<0.001**	0.079	<0.001**	176.03±23.69	248.96±39.6	0.105
粒径占比 黏土/%	0.76±0.17	3.06±0.17	0.00±0.00	0.003**	0.166	<0.001**	1.28±0.36	0.25±0.10	0.013*
粒径占比 粉砂/%	15.35±2.07	52.35±1.61	0.86±0.35	<0.001**	0.088	<0.001**	22.85±5.85	8.44±3.22	0.043*
粒径占比 沙粒/%	83.89±2.24	44.58±1.65	99.14±0.35	<0.001**	0.091	<0.001**	75.87±6.20	91.31±3.27	0.039*
Pb/（μg/g）	5.60±0.61	8.60±0.47	4.26±0.17	0.001**	0.708	<0.001**	6.15±0.54	4.53±0.83	0.093
V/（μg/g）	11.03±1.01	15.35±1.19	10.11±0.39	0.005**	0.934	0.004**	12.16±0.79	9.16±0.49	0.011*
Cr/（μg/g）	2.76±0.39	5.43±0.81	2.00±0.14	0.004**	0.773	0.002**	3.4±0.48	1.57±0.27	0.010*
Mn/（μg/g）	34.19±2.27	255.33±17.6	26.89±2.08	<0.001**	0.525	<0.001**	105.47±28.86	126.65±33.49	0.730

续表

理化指标	威海 (WH)	东营 (DY)	大连 (DL)	P			草区 (V)	非草区 (U)	P
				威海 vs 东营	威海 vs 大连	东营 vs 大连			草区 vs 非草区
Fe/ (μg/g)	2436.56±295.07	7192.19±881.39	2174.76±173.35	≤0.001**	0.813	≤0.001**	3934.51±681.89	2050.71±451.34	0.024*
Co (μg/g)	1.42±0.20	4.09±0.44	1.21±0.11	≤0.001**	0.625	≤0.001**	2.24±0.38	1.49±0.37	0.181
Ni/ (μg/g)	3.80±0.53	10.99±1.23	2.07±0.18	≤0.001**	0.429	≤0.001**	5.62±1.11	2.9±0.92	0.085
Cu/ (μg/g)	4.09±0.79	8.76±0.57	2.29±0.17	≤0.001**	0.310	≤0.001**	5.05±0.79	2.32±0.5	0.006**
Zn/ (μg/g)	11.39±1.51	19.04±2.04	9.26±0.60	0.005**	0.738	0.002*	13.23±1.38	6.99±0.99	0.004**
As/ (μg/g)	3.17±0.09	4.66±0.12	2.81±0.14	≤0.001**	0.001**	≤0.001**	3.54±0.22	3.85±0.25	0.481
Cd/ (μg/g)	0.10±0.01	0.11±0.01	0.05±0.00	0.046*	0.055	≤0.001**	0.09±0.01	0.04±0.01	0.001**
Al/ (μg/g)	1872.86±265.47	3586±489.18	1248.5±119.83	0.003**	0.650	0.001**	2235.79±317.21	989.18±215.26	0.008*
Sc/ (μg/g)	0.34±0.03	0.86±0.08	0.32±0.01	≤0.001**	0.971	≤0.001**	0.51±0.07	0.35±0.06	0.111
Ti/ (μg/g)	24.84±2.66	29.46±3.67	40.86±3.48	0.484	0.007*	0.034*	31.72±2.52	16.44±2.31	≤0.001*

$*P \leqslant 0.05$; $**P \leqslant 0.01$

　　本团队调查了黄渤海海草分布区东营、威海、大连三地日本鳗草根际及相邻表层沉积物的特性和理化指标。由于海草对营养物质的沉积、保留、矿化作用，海草区沉积物中的营养元素往往比无草区沉积物中的更丰富。实验发现，海草根际沉积物中黏土和粉砂所占比例更大、颗粒更细，同时 TOC、TON 含量显著高于非草区，这表明海草可以降低水流速度，加速泥沙沉积，抑制底泥再悬浮，并且海草碎片能够高效保存有机氮，阻止营养盐的释放。海草根部可以释放溶解性有机碳，并能从上覆水中捕获碳颗粒，通过离体叶、腐质根及茎来增加有机碳负荷，因此海草床处有丰富的碳物质。同时小颗粒沉积物往往具有较高的保存能力，从而使有机物更容易被包裹。观察发现，日本鳗草适宜生长在更靠岸的潮间带的砂质或粉砂质土壤中，这样的地质可能更有利于为海草根部提供氧气，从而解除硫化物等物质的毒害。硝酸盐和铵盐是植物最重要的无机化合物氮源，硝酸盐一般需要还原成铵盐后才能进入有机体。实验结果显示，NH_4^+在植物根际中含量较低，表明日本鳗草根际吸收了 NH_4^+作为有效氮源。由于黏土颗粒较细，挟带了沉积物中的大部分重金属，因此有海草覆盖的沉积物中重金属浓度显著高于裸露区，体现了海草在生态方面扮演着富集重金属的重要角色。在海草床地域对比中同样可见，东营海草根际沉积物粒度最小，重金属含量最高；相反，大连海草根际沉积物主要为大粒径的沙粒，重金属含量在三地中也最低。

二、日本鳗草根际微生物群落组成差异及多样性指数

　　在门水平上（图 1-4A），变形菌门（Proteobacteria）（41.1%）、蓝细菌门（Cyanobacteria）（15.4%）、拟杆菌门（Bacteroidetes）（12.6%）、放线菌门（Actinobacteria）（9.3%）是海草根际及周围沉积物中的主要优势菌群，并且根际微生物群落结构在地域之间及不同样品类型（草区与非草区）之间差异显著（$P \leqslant 0.05$）。日本鳗草根际沉积物中变形菌门相对丰度在东营最高，蓝细菌所占比例在东营最低；螺旋体（Spirochaeta）相对丰度在威海最高，芽单胞菌门（Gemmatimonadetes）、Ignavibacteriae 相对丰度在威海最低；梭杆菌门（Fusobacteria）、疣微菌门（Verrucomicrobia）相对丰度在大连略高于其他两地样品。门水平上根际与非根际相比，酸杆菌门（Acidobacteria）、绿弯菌门（Chloroflexi）、厚壁菌门（Firmicutes）、芽单胞菌门、梭杆菌门、疣微菌门、螺旋体、Ignavibacteriae、脱铁杆菌门（Deferribacteres）均在根际处相对丰度较高；拟杆菌门、Latescibacteria 在非根际土壤中相对丰度较大。

　　在纲水平上（图 1-4B），根际样品中 δ-变形菌纲（Deltaproteobacteria）、ε-变形菌纲（Epsilonproteobacteria）、梭菌纲（Clostridia）、拟杆菌纲（Bacteroidia）、芽单胞菌纲（Gemmatimonadetes）平均丰度高于非根际样品，γ-变形菌（Gammaproteobacteria）、黄杆菌纲（Flavobacteriales）、α-变形菌纲（Alphaproteobacteria）、鞘脂杆菌纲（Sphingobacteria）、噬纤维菌纲（Cytophagia）在非根际样品中显示出明显优势。

　　在目水平上（图 1-4C），根际土壤中脱硫杆菌目（Desulfobacterales）、弯曲菌目（Campylobacterales）、梭菌目（Clostridiales）、除硫单胞菌目（Desulfuromonadales）等菌种丰度显著高于非根际，而非根际比根际更富含黄杆菌目（Flavobacteriales）、红细菌目（Rhodobacterales）、黄单胞菌目（Xanthomonadales）、鞘脂杆菌目（Sphingobacteriales）。

在科水平上（图 1-4D），根际土壤中脱硫球茎菌科（Desulfobulbaceae）、脱硫杆菌科（Desulfobacteraceae）、螺旋杆菌科（Helicobacteraceae）平均丰度占显著优势，非根际土壤中黄杆菌科（Flavobacteriaceae）、红杆菌科（Rhodobacteraceae）、酸微菌科（Acidimicrobiaceae）、腐螺旋菌科（Saprospiraceae）平均丰度均高于根际。

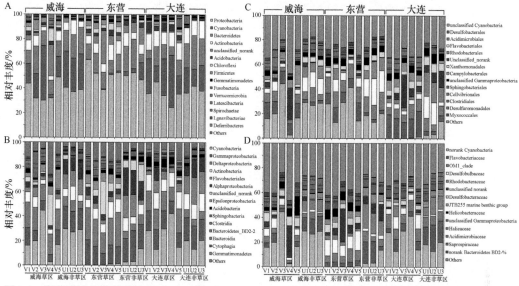

图 1-4 海草床微生物类群在门（A）、纲（B）、目（C）、科（D）上的相对丰度（彩图请扫封底二维码）

对 16S rRNA 基因高通量测序结果进行比对，得出微生物 α 多样性指数统计表（表 1-2）。Sobs 指数是实际观测到的运算分类单元（OTU）数目，Shannon 指数和 Simpson 指数用来反映物种的多样性情况，Ace 指数和 Chao1 指数用来指示物种的丰富度情况，Coverage 指数用来检测覆盖度。由表 1-2 可知，草区 Sobs 指数为威海、东营大于大连。根据 Shannon 指数和 Simpson 指数结果，发现东营样品 Shannon 指数显著高于其他两地（ANOVA，$P \leqslant 0.05$），Simpson 指数略低于其他两地（差异不显著），由此可知东营海草根际微生物多样性更高。根据 Ace 指数和 Chao1 指数可以看出，草区 Chao1 指数和 Ace 指数大小顺序为东营＞威海＞大连，并且东营与其他两地均差异显著（ANOVA，$P \leqslant 0.05$），表明相比于其他两地东营海草根际微生物群落丰富度更高。另外，所有实验样品覆盖度均在 98% 以上，测序结果可靠。以上结果表明，黄渤海日本鳗草根际微生物物种丰度和多样性存在明显区域差异，然而在草区与非草区样品间 α 多样性指数没有明显规律。

表1-2 微生物α多样性指数分析（平均值±标准差）

指数	Sobs	Shannon	Simpson	Ace	Chao1	Coverage
威海草区	1801.60 ± 112.18	5.35 ± 0.25	0.03 ± 0.02	2359.58 ± 153.33	2363.19 ± 134.68	0.98 ± 0.00
威海非草区	1804.00 ± 27.84	5.21 ± 0.04	0.03 ± 0.00	2426.50 ± 23.43	2416.01 ± 12.19	0.99 ± 0.00
东营草区	2124.20 ± 92.33	6.09 ± 0.07	0.01 ± 0.00	2733.26 ± 91.81	2739.34 ± 103.70	0.98 ± 0.00
东营非草区	1611.67 ± 118.72	5.49 ± 0.06	0.01 ± 0.00	2238.98 ± 167.36	2215.83 ± 153.56	0.98 ± 0.00
大连草区	1582.40 ± 63.56	5.05 ± 0.16	0.03 ± 0.01	2176.77 ± 69.60	2185.79 ± 63.88	0.98 ± 0.00
大连非草区	1444.33 ± 62.71	5.18 ± 0.05	0.02 ± 0.00	1991.65 ± 61.78	2023.68 ± 78.43	0.98 ± 0.00

　　本团队分别检验了细菌群落结构在威海、东营和大连之间，以及草区和非草区之间存在的差异，研究发现，无论是使用 Bray-Curtis 距离算法还是 Weighted UniFrac 距离算法，在 OTU 水平上对样本中包含的物种信息进行非度量多维尺度（non-metric multidimensional scaling，NMDS）排序和主坐标分析（principal coordinate analysis，PCoA）（图 1-5），都显示出海草的定植与否对细菌群落组成和结构起决定性作用（$R=0.512$，$P=0.002$）。样品间的区域性差异（威海、东营、大连）及样品类型差异（草区、非草区）都在图 1-5 中明显区分开来；从整体上来看，无论是草区还是非草区样品，都存在极显著的地域性差异（ANOSIM，草区 $R=0.916$，$P=0.001$；非草区 $R=1.000$，$P=0.004$）。三个采样地之间两两比较，发现草区样品之间均差异显著且 P 都为 0.008，而非草区样品间没有明显的差异（$P=0.100>0.05$）。进一步比较同一地区的草区和非草区之间菌群结构差异，发现都存在显著差异（$P=0.018$）。样品层级聚类分析（图 1-6）更加直观地显示了样本间的相似程度，可以看出草区样品中所包含的微生物种类、数量等信息明显区别于非草区，在所有样品中威海与大连样本的微生物群落结构更为相似。

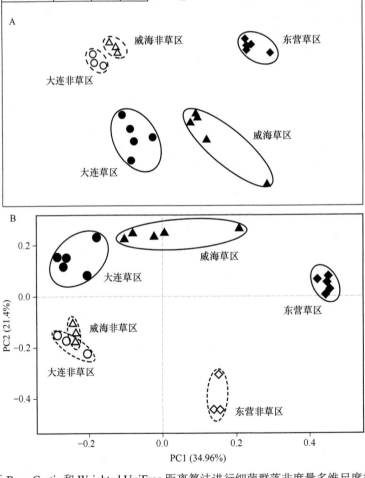

图 1-5　基于 Bray-Curtis 和 Weighted UniFrac 距离算法进行细菌群落非度量多维尺度排序（A）和主坐标分析（B）

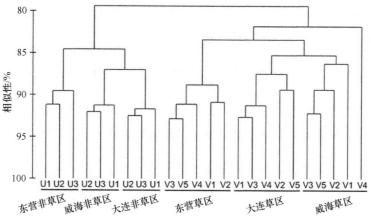

图1-6　基于Bray-Curtis距离算法的样品聚类分析

对16S rRNA基因测序结果在不同分类水平上进行分析,结果表明,变形菌门、蓝细菌门、拟杆菌门、放线菌门在日本鳗草根际沉积物细菌群落中占主导地位。并且海草根际中厚壁菌门、脱铁杆菌门显著多于非根际土壤。其中固氮微生物占据了重要的组成部分,包括变形菌门、厚壁菌门、放线菌门。铁还原菌和硫酸盐还原菌也是重要的固氮细菌,脱铁杆菌属于革兰氏阴性菌,是典型的铁还原菌,可以使用铁、锰或硝酸盐进行厌氧呼吸,也可通过发酵产生能量。固氮作用可以促进海草光合作用,平衡沉积物中反硝化和厌氧氨氧化造成的氮损失,海草床根系固氮菌群的相对稳定对海草床的健康及发挥其生态功能至关重要。

在纲水平上,蓝细菌纲、γ-变形菌纲在日本鳗草根际中丰度较高(分别为15.5%、12.7%)。蓝藻具有还原硝酸盐和固碳的生态功能,可以满足海草的氮需求。δ-变形菌纲、ε-变形菌纲成员弯曲菌目在草区根部更为富集。δ-变形菌纲含有大部分已知可还原硫酸盐的菌属(如 *Desulfovibrio*、*Desulfobacter*、*Desulfococcus*、*Desulfonema*)、硫还原菌和具其他生理功能的厌氧菌(如铁还原菌)。许多 γ-变形菌和 ε-变形菌利用氧气、硝酸盐作为电子受体进行硫化物的氧化。弯曲菌目是从米草中分离出来的固氮菌,此外它也是已知的硫酸盐还原菌。脱硫球茎菌科、脱硫杆菌科平均丰度在根际显著高于非根际。脱硫球茎菌科为化能异养菌,可进行发酵代谢,部分成员不能使用硫酸盐作为末端电子受体,而是通过歧化反应还原硫化物或以硫代硫酸盐、多硫化物作为电子受体。脱硫杆菌科大多数使用硫化物作为主要能源,研究显示,某些成员还能在硫酸盐还原条件下对萘等环境污染物进行降解。

分析发现,硫酸盐还原菌、固氮菌和铁还原菌在海草根际生态系统中占据关键性地位。硫酸盐还原菌是近岸海洋厌氧降解有机质的主要类群,丰富的有机碳源有利于其繁殖,因此在海草区丰度较高。另外,硫和氮的代谢过程并不是相互独立的,硫酸盐还原菌也是海草沉积物中氮固定的主要成员;铁还原菌除了提供固定的氮来满足海草快速生长的需要,其产生的铁还能通过漫长的沉淀作用形成黄铁矿来减轻硫化物的毒害作用。与其他沿海海洋生态系统一样,微生物在海草根际沉积物中迅速消耗氧气时会在表层之下造成缺氧环境,由于沉积物中大量的硫酸盐极易获得电子成为终端电子受体,因此硫酸盐还原菌在有机物矿化中占主导地位。地球化学证据表明,硫酸盐还原作用与海草床沉积物中的碳和养分循环密切相关。海草为硫酸盐代谢提供根际分泌物，作为回报，海草使用来自硫酸盐还原菌固定的氮，并且可以满足海草大约 50% 的氮需求。

三、微生物类群对环境因子间的响应

根据门水平的冗余分析（RDA），发现不同地域、不同样品类型（草区和非草区）与不同的环境因子存在紧密联系（图 1-7）。其中图 1-7 所展示的环境因子如 TN、TOC/TON 值及重金属 Mn、As[①]、Ti 的浓度对门水平上微生物群落组成与分布有着显著的影响，5 个因子在 RDA1、RDA2 轴上的解释度分别为 35.37% 和 6.43%。

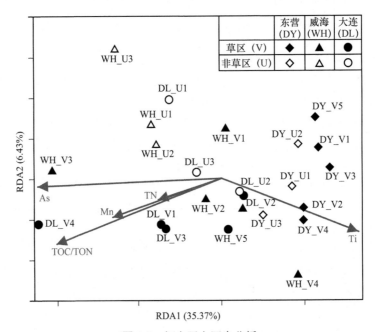

图 1-7　门水平上冗余分析

DY-V、DY-U、DL-V、DL-U、WH-V、WH-U 分别代表三个地区（东营、大连、威海）的草区及非草区

通过计算环境因子与门水平上丰度为前 30 的物种之间的 Spearman 相关系数并对物种层级求平均值的方式进行聚类，将获得的数值矩阵通过热图（Heatmap）展示（图 1-8），颜色变化表示相关程度大小，体现了物种类群对日本鳗草根际土壤环境的适应程度。结果发现，Latescibacteria、浮霉菌门（Planctomycetes）、脱铁杆菌门、Aminicenantes、Ignavibacteriae、Nitrospinae、酸杆菌门、芽单胞菌门等物种分布较为密集，都与环境因子 Ti、Cu、Co、Fe、Sc、Pb、Ni、Zn、Cd、V、Cr、Al、SO_4^{2-} 呈显著正相关（$P \leqslant 0.05$），并且酸杆菌门、芽单胞菌门、Nitrospinae、Ignavibacteriae 还与 NO_2^-、NO_3^- 呈显著正相关（$P \leqslant 0.05$）。同时变形菌门、Parcubacteria、硝化螺旋菌门（Nitrospirae）、拟杆菌门与环境因子 TC、重金属（除 Ti 外）、SO_4^{2-}、黏土、粉砂呈显著负相关（$P \leqslant 0.05$）。

---

① As 为类金属，因其也具有金属属性，本书将其作为重金属。

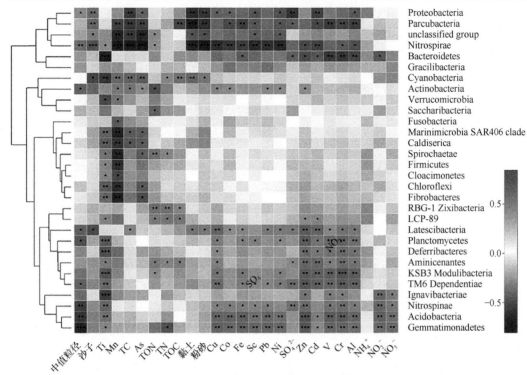

图 1-8　门水平上的相关性分析热图（彩图请扫封底二维码）

*$P \leqslant 0.05$；**$P \leqslant 0.01$

　　为了检验 OTU 水平上群落距离矩阵（Weighted UniFrac 距离）和环境变量矩阵（Bray-Curtis 距离）之间的相关性，利用 Mantel test（统计检验）（表 1-3），通过 r 值和显著性水平 P 值反映相关性程度。由表 1-3 发现，部分环境因子（包括 TN、TC、TOC、黏土、As）与 OTU 水平物种之间相关性显著，而环境因子 NO_2^-、NH_4^+、中值粒径（grain_size）、沙子、Pb、Cr、Co、Al、Zn、Sc、Ti、V、Fe 虽然与物种相关性不显著，但都呈现出负相关性。

表1-3　OTU水平上Mantel test

环境因子	Mantel test（r 值）	P 值
TN	0.210	0.043*
TC	0.294	0.004**
TON	0.089	0.354
TOC	0.207	0.025*
NO_3^-	0.122	0.234
NO_2^-	−0.019	0.851
NH_4^+	−0.144	0.250
SO_4^{2-}	−0.051	0.636
中值粒径	−0.006	0.953
沙子	−0.017	0.919
粉砂	0.094	0.258
黏土	0.217	0.001**
Pb	−0.020	0.861

环境因子	Mantel test（r 值）	P 值
Cr	−0.055	0.695
Co	−0.041	0.759
Ni	0.035	0.713
Cu	0.020	0.815
As	0.268	0.002**
Cd	0.127	0.114
Al	−0.022	0.862
Zn	−0.060	0.621
Sc	−0.056	0.621
Ti	−0.011	0.943
V	−0.055	0.650
Mn	0.120	0.055
Fe	−0.073	0.561

*$P \leqslant 0.05$；**$P \leqslant 0.01$

对微生物群落结构的研究是理解海草床微生物生态系统的基础，其影响因素非常复杂。一些物理化学因素（如有机碳、有机氮、粒度和许多金属的浓度）在草区和非草区沉积物之间差异显著。海草沉积物中有机物的主要来源包括海草根系分泌物、落叶碎屑及浮游植物残骸，表现出不同的碳氮比及分解速率。结合 RDA 和 Mantel test 分析，结果显示，微生物群落结构的变化主要与沉积物中 TN、TC、TOC、黏土、As 等环境因子显著相关，表明碳源、氮源及部分重金属浓度对海草根际微生物群落结构产生了影响。与非草区相比，草区富含有机物、碳储量较高，更有利于微生物繁殖。微生物群落与 TN 的相关性揭示了氮对根际微生物群落组成的重要性：氮通常是陆地植物的限制性养分，在一些海草研究中也观察到氮限制。陆生植物与固氮细菌之间，通过有益的相互作用克服了氮元素的限制，目前也已发现了固氮细菌与海草间的关联作用。从之前研究中可知，低浓度重金属对微生物有刺激作用，但高浓度则会抑制其生长。As 影响菌群组成，可能正是由于其对固氮生物和硫酸盐还原菌的强烈毒性。

综上所述，不同地域、不同样品类型之间的差异物种多与硫和氮代谢相关，硫酸盐还原菌对维持日本鳗草的生态健康起关键作用，它不仅可以解除日本鳗草根际硫化物的毒害作用，还是固氮菌的重要组成，供应着日本鳗草生长必需的氮素。

四、威海天鹅湖海草床微生物多样性

天鹅湖自然保护区（37.21°N，122.34°E）位于胶东半岛最东端——威海荣成的东北马山脚下和成山卫镇之间，又名月湖。由于泥沙淤积，港湾逐渐变成半封闭的天然潟湖，形似半月状，属于暖温带季风型湿润气候区，气候宜人，年均温度为 12℃左右，年均降水量约 800mm，年均日照约 2600h。天鹅湖环境宜人，空气质量优良天数 100%，生物资源丰富，泥沙底质。湾内有大面积海草床，主要海草种类为大叶藻和日本鳗草（日本鳗草距岸约 30m 处）。冬季来自西伯利亚的天鹅会到此避寒，并以海草及海草底栖生物为食，本团队在采样过程中发现湖中存在近岸养殖问题。本团队于 2019 年 6 月采集荣成天鹅湖大叶藻区、日本鳗草区、裸露区三地柱状沉积物样品，现场 3cm 切割，铝箔包装，存于自封袋中，低温带回实验室进行样品分析（图 1-9）。

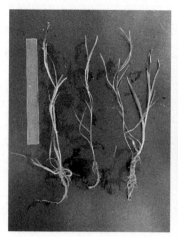

图 1-9　采样照片（彩图请扫封底二维码）

　　本团队研究发现，大叶藻区、日本鳗草区及裸露区柱状沉积物样品粒径没有明显差异，总体来看，荣成天鹅湖沉积物以砂为主，其他组分含量依次为砾石和黏土（图 1-10）。重金属能在海草体内积累，Mn、Fe、Cu、Zn 等是植物必需元素，参与植物体内酶系反应，并影响海草生长，但过量累积就会对海草产生毒害作用，如降低海草光合效率、破坏呼吸系统、影响海草生长发育等，并通过食物链传递在高营养级生物体内累积。裸露

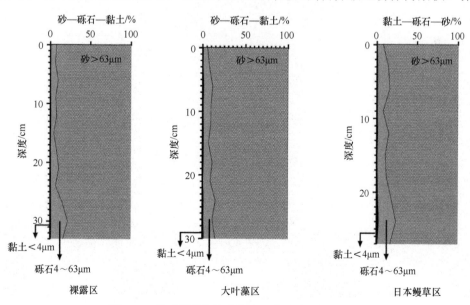

图 1-10　荣成天鹅湖海草床沉积物粒度垂直分布

区与日本鳗草区重金属垂直分布无明显规律。但大叶藻区，各重金属在 9cm（大叶藻根际）处有明显富集，推测原因为大叶藻植株较大，根系更为发达，对重金属的富集作用更为明显。

根据裸露区环境因子相关性分析可知，粒径、Cu 与总碳、总氮、有机碳、有机氮之间存在明显负相关关系，与 Cd、Al、Ti、V、Mn、Fe 也存在负相关关系，其他重金属之间存在正相关关系；这种关系在日本鳗草区环境因子分析中也有所体现。但在大叶藻区，重金属之间的正相关关系更为明显，而与粒径之间的负相关关系并未显现，推测是大叶藻根际对重金属的富集作用使得重金属之间的正相关性更为明显（图 1-11）。

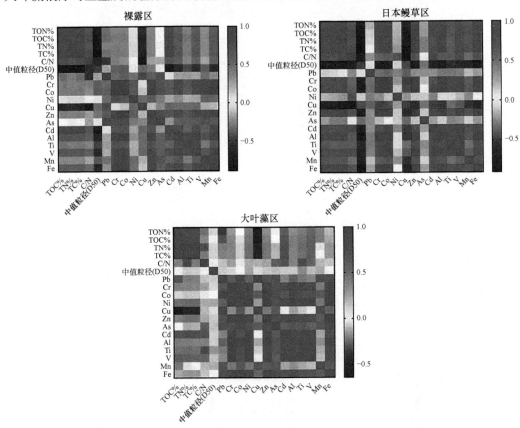

图 1-11　裸露区、日本鳗草区及大叶藻区环境因子相关性分析（彩图请扫封底二维码）

对三个地区采集样品进行高通量测序分析，结果发现，共有的细菌数目为 856 种，其中裸露区独有种类为 30 种，大叶藻区为 49 种，日本鳗草区为 26 种。只存在于草区而不存在于裸露区的种类为 36 种，其功能多与元素循环相关，但各个种类的潜在功能仍需进一步描述。三个地区 α 多样性指数没有明显差异，但在日本鳗草根际及大叶藻表层沉积物和根际沉积物中可明显观察到 α 多样性指数的降低。这表明，植物根际具有一定的微生物偏好性，对微生物具有选择作用。

总体来说，在荣成天鹅湖沉积物中占比较大的为变形菌门（Proteobacteria）、绿弯菌门（Chloroflexi）、浮霉菌门（Planctomycetes）、酸杆菌门（Acidobacteria）及拟杆菌门（Bacteroidetes），其中，泉古菌门（Crenarchaeota）及广古菌门（Euryarchaeota）也有分

布。通过柱状沉积物 DNA 高通量分析，可明显看出微生物的垂直分布，由表层至底层，变形菌门相对丰度降低，绿弯菌门及泉古菌门相对丰度增大。

将裸露区（表层、次表层）、大叶藻区（表层、根际、次表层）、日本鳗草区（表层、根际、次表层）沉积物样品在属水平上进行群落结构分析，我们发现根际聚集大量弧菌属（*Vibrio*）、未分类弧菌科（unclassified family_Vibrioaceae）及发光杆菌属（*Photobacterium*），这三类都属于弧菌科（Vibrioaceae）。

裸露区表层及次表层与大叶藻区次表层、日本鳗草区表层及次表层之间群落距离较近。由于根际弧菌科的大量聚集，根际样品与其他样品之间差异显著。

对裸露区表层沉积物样品与日本鳗草根际样品进行费希尔精确检验（Fisher's exact test），对两个样本间物种的丰度差异进行比较，通过此分析获得物种在两个对比样品中的差异显著性。与上述结果相吻合，弧菌属、未分类弧菌科、发光杆菌属及假交替单胞菌属（*Pseudoalteromonas*）、硫卵菌属（*Sulfurovum*）都具有显著性差异（*P* ＜0.01）。

根据属水平上的典型相关分析（CCA），沉积物样品的细菌群落结构变化与所选取环境因子具有一定相关性，其中与粒径（*P*=0.073）、Ti（*P*=0.006）、Mn（P=0.005）具有显著相关性。对于大叶藻和日本鳗草根际样品，以及弧菌属、未分类弧菌科及发光杆菌属，解释度最高的为重金属 Mn 的浓度（CCA1=0.9767），表明弧菌的大量富集可能与重金属 Mn 相关。

为了进一步查看各细菌丰度与具体环境因子的相关性，通过计算环境因子与门水平细菌物种之间的 Spearman 相关系数并对物种层级求平均值的方式进行聚类，将获得的数值矩阵通过 Heatmap 图展示（图 1-12）。颜色变化表示相关程度大小，体现了细菌类群对日本鳗草根际土壤环境的适应程度。环境因子聚类分为两大类，分别为 Cd、Ni、

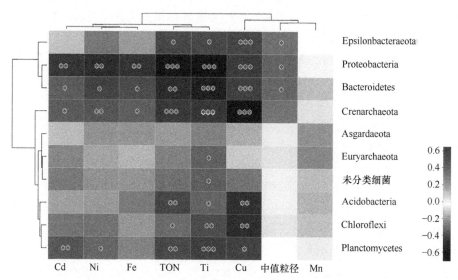

图 1-12　环境因子与门水平上群落结构相关性分析热图（彩图请扫封底二维码）

*P≤0.05 显著；**P≤0.01 较显著；***P≤0.001 极显著

Fe、TON、Ti 和中值粒径、Mn、Cu。其中，Cd、Ni、Fe、TON、Ti 与浮霉菌门（Planctomycetes）、绿弯菌门（Chloroflexi）、酸杆菌门（Acidobacteria）、广古菌门（Euryarchaeota）、Asgardaeota、泉古菌门（Crenarchaeota）具有正相关关系，而与拟杆菌门（Bacteroidetes）、变形菌门（Proteobacteria）和 Epsilonbacteraeota 具有负相关关系；而 Cu、粒径的相关性分析与之相反。

第五节　海草床退化现状及恢复方法

一、海草床退化现状

海草床是目前受威胁最严重的海洋栖息地之一（Duarte，2002），全球高达 29%的海草已经完全消失，并且其快速下降的趋势依然没有得到抑制，每年依然约有 7%的海草会从地球上彻底消失。海草床退化已成为全球性问题，海草多样性丧失最严重的是中、日、韩沿海地区，其温带海草种类均处于渐危或近渐危状态。

海草退化形势严峻，例如受人类活动及近岸海岸工程影响，海南新村港南海草资源退化严重（Yang and Yang，2009），广东湛江市流沙湾海草场因为渔业养殖不当造成海草退化（黄小平和黄良民，2007）。环黄渤海区同样面临巨大威胁，山东胶东半岛海草床严重退化，仅威海市绝迹的海草床就高达 90%。虽然黄渤海海草床面积相对于南海分布区较小，但若仍放任其衰退，几十年后中国北方将再也找不到海草的踪迹。导致海草退化的因素有很多，包括疾病、营养物流入、藻类繁殖、商业捕捞、水产养殖、物理干扰导致沉积物的变化和损失、入侵物种引起生物紊乱、全球变暖等（Carruthers et al.，2002）。

海草床退化的主要原因是全球气候变化背景下沿海地区人口膨胀、过度开发导致的海草生境丧失和水体污染。其中，近海水域的富营养化被认为是全球海草损失的重要原因之一。渤海是一个富氮寡磷的海域，从 20 世纪 80 年代初到 21 世纪初，渤海 NO_3-N 浓度从 $35\mu g/L$ 增加到超过 $200\mu g/L$，而河流入海径流的减少导致河口附近海域高浓度 PO_4-P 范围缩小（Zhang et al.，2004）。与此同时，渤海的营养盐结构也发生了很大的变化，渤海中部的 N/P 从 5.3 增加到 14.4。因此，黄渤海水体富营养化对海草床中氮、硫循环的影响不容忽视。

水体富营养化是黄渤海现存海草资源的主要威胁之一。水体富营养化导致海草床退化的普遍机制主要包括：①富营养化刺激浮游植物、大型藻类和附着藻类的暴发，造成海草的光限制，限制了其对光照和营养物质的吸收，从而间接引起海草的退化（Burkholder et al.，2007）。②水体中高浓度营养盐可以直接对海草产生毒害作用（Liu et al.，2018），进而引起海草退化，具体体现在：a. 高浓度的氨氮对海草叶和茎具有明显的毒害作用，能使海草光合作用产生的 ATP 解偶联、呼吸作用增强、细胞内 pH 变化和减少对阳离子的吸收等，从而导致海草生长缓慢，成活率降低（Moreno-Marín et al.，2016）；另外，水体高负荷硝酸盐导致海草过量吸收，对氨基酸同化的持续碳需求导致海草内部碳限制，是海草床退化的原因之一。b. 浮游植物和大型藻类消亡后，大量易降解有机质沉降到海草床沉积物表层（Burkholder et al.，2007），而在缺氧的沉积物环境中，硫酸盐的还原是有机质矿化的最主要的终端过程。硫酸盐被硫酸盐还原菌还原为有毒的硫化物，这些硫化物会影响海草的生长（烂根）、降低海草初级生产力（抑制光合作用酶活性），从而造成海草死亡或影响海草的生态功能，是造成海草床退化的又一重要原因（Lyimo et al.，2018）。微生物可通过脱氮、硫化物直接氧化或间接沉降等过程将多余的氮和有害的硫化物去除，增强海草对富营养化环境的适应性。因此，系统研究海草床微生物氮、硫转化过程，解析其缓解海草床退化的贡献，对于保护和修复海草床生态系统具有重要的指导意义。

二、海草床恢复方法

海草床退化问题日趋严重，引起世界范围内的关注，海草床恢复工作也受到更多的重视。近年来，对海草床的调查、保护和恢复已成为国际上公认的研究热点。我国《国家海洋事业发展"十二五"规划》指出加大海洋保护区规划与建设力度。对海草床生态系统的保护和修复，已从国家层面列入未来生态环境发展的重要支持领域，受到政府部门的高度重视。因此，查明海草床生态系统的退化机制，进而对退化的海草床进行保护、修复或重建已刻不容缓。

虽然关于海草床恢复的工作目前还停留在探讨其恢复方法的阶段，但大规模海草床恢复工程在澳大利亚、美国等国家也有过一些尝试。海草的恢复方法以海草的补充、自我恢复为前提。现行恢复工程多种多样，手段也各有不同，但总体上可以归为三类，即自然恢复法、移植法和种子法。移植法、种子法分别以地下茎的无性生殖和种子的有性生殖为前提（Fishman and Orth，1996）。而海草床的自然恢复是通过有性繁殖和无性繁殖共同完成的。目前，对海草床恢复方法的研究，已取得一定成果，但在实际应用中仍存在大量有待解决的问题。恢复方法的主要考量点是恢复后的成活率，但方法的可操作性、耗费的成本作为重要的限制因素，也必须被考虑在内。

自然恢复法是在受到干扰破坏的海草床内去除原有干扰，使海草通过有性、无性繁殖进行自我修复的方法。因此，对海草床生境的恢复可以从根本上实现海草床的健康发展。生境恢复法只需运用海草本身的自然恢复力，不需要投入大量的人力和物力，但是需要相当长的时间。有研究发现，已受损的海草床使用自然恢复法十分缓慢，可能需要几十年甚至几百年的时间。因而单纯的自然恢复是一个比较漫长的过程。

移植法在野外恢复试验中成活率较高，而且操作方法相对简单。移植法，通常是将海草成熟单个或多个茎枝与固着物一起移植到新生境中，使其在新生境中生存、繁殖下去，最终达到建立新的海草床的方法。移植法根据移植茎枝数量的不同又可分为草皮法、草块法和根状茎法，而根据移植栽种方法的不同可细分为钉书针法、贝壳法、框架法、水平根状茎法和绑石法（Lee and Park，2008）。移植法被认为是一种可以有效减缓海草衰退和快速实现海草床恢复的方法，其最突出的优点就是成活率较高。

种子法，顾名思义，就是利用海草的种子进行繁殖的海草床恢复方法。许多研究者曾提出在大范围内恢复海草床时，种子法应该会具有较好的应用（Lee and Park，2008）。海草属于被子植物，能够通过有性生殖产生种子进行繁殖。海草种子产量虽然会因种类的不同而不同，但产生的种子量一般较大，为 $200 \sim 78\,000$ 个/m^2（Fishman and Orth，

1996）。海草种子资源的丰富为利用种子进行海草床恢复提供了前提条件。虽然人们对海草种子生物学方面的研究开展得较早，但利用种子进行海草床修复则始于 20 世纪末期。由于种子法拥有对供区海草床破坏小、不受空间限制和恢复以后海草床遗传多样性高等优点，关于种子法的研究和报道也日渐增多。种子法在海草床恢复上具有重要应用前景，其中利用机械对海草种子进行播种的技术在美国、澳大利亚已有尝试。

参 考 文 献

范航清，彭胜，石雅君，等.2007. 广西北部湾沿海海草资源与研究状况. 广西科学，14（3）：289-295.

范航清，邱广龙，石雅君，等.2011. 中国亚热带海草生理生态学研究. 北京：科学出版社.

范航清，石雅君，邱广龙.2009. 中国海草植物. 北京：海洋出版社.

黄小平，黄良民.2007. 中国南海海草研究. 广州：广东经济出版社.

江玉凤，凌娟，董俊德，等.2016. 南海新村湾海草沉积物细菌群落组成及分布. 生物学杂志，33（6）：38-42.

兰竹虹，陈桂珠.2006. 南中国海地区主要生态系统的退化现状与保育对策. 应用生态学报，17（10）：1978-1982.

林鹏.2006. 海洋高等植物生态学. 北京：科学出版社：85-108.

凌娟，董俊德，张燕英，等.2012. 海草床生态系统固氮微生物研究现状与展望. 生物学杂志，29（3）：62-65.

刘鹏远，张海坤，陈琳，等.2019. 黄渤海海草分布区日本鳗草根际微生物群落结构特征及其功能分析. 微生物学报，59（8）：
　　1484-1499.

刘松林，江志坚，吴云超，等.2015. 海草床育幼功能及其机理. 生态学报，35（24）：7931-7940.

刘志刚.2008. 探访中国稀世民居——海草房. 北京：海洋出版社：1-30.

杨宗岱，吴宝玲.1981. 中国海草床的分布、生产力及其结构与功能的初步探讨. 生态学报，1（1）：84-89.

杨宗岱，吴宝玲.1984. 青岛近海的海草场及其附生生物. 黄渤海海洋，2（2）：56-67.

张璐.2014. 胶州湾沉积物中硫酸盐还原和铁异化还原的影响因素研究. 中国海洋大学硕士学位论文.

郑凤英，韩晓弟，张伟，等.2013a. 大叶藻形态及生长发育特征. 海洋科学，37（10）：39-46.

郑凤英，刘雪芹，金艳梅，等.2013b. 大叶藻的克隆生长特征. 生态学杂志，32（11）：2997-3003.

Bai Y，Müller D B，Srinivas G，et al. 2015. Functional overlap of the *Arabidopsis* leaf and root microbiota. Nature，528（7582）：
　　364-369.

Blackman J A，Kemeny G，Straley J P. 1981. Absence of spin glass order in the 2D site-diluted triangular antiferromagnet. Journal
　　of Physics C：Solid State Physics，14（4）：385.

Borum J，Pedersen O，Greve T M，et al. 2005. The potential role of plant oxygen and sulphide dynamics in die-off events of the
　　tropical seagrass，*Thalassia testudinum*. Journal of Ecology，93（1）：148-158.

Bos A R，Bouma T J，de Kort G L，et al. 2007. Ecosystem engineering by annual intertidal seagrass beds：sediment accretion and
　　modification. Estuary Coastal Shelf Sciences，74：344-348.

Brodersen K E，Siboni N，Nielsen D A，et al. 2018. Seagrass rhizosphere microenvironment alters plant-associated microbial
　　community composition. Environmental Microbiology，20（8）：2854-2864.

Burkholder J A M，Tomasko D A，Touchette B W. 2007. Seagrasses and eutrophication. Journal of Experimental Marine Biology
　　and Ecology，350（1-2）：46-72.

Capone D G，Taylor B F. 1980. N$_2$ fixation in the rhizosphere of *Thalassia testudinum*. Canadian Journal of Microbiology，26（8）：
　　998-1005.

Carruthers T J B，Dennison W C，Longstaff B J，et al. 2002. Seagrass habitats of northeast Australia：models of key processes and
　　controls. Bulletin of Marine Science，71（3）：1153-1169.

Corlett H，Jones B. 2007. Epiphyte communities on *Thalassia testudinum* from Grand Cayman，British West Indies：their
　　composition，structure，and contribution to lagoonal sediments. Sedimentary Geology，194（3-4）：245-262.

Cornelisen C D，Thomas F I M. 2002. Ammonium uptake by seagrass ephiyte：isolation of the effects of water velocity using an
　　isotope label. Limnology and Oceanography，47：1223-1229.

Delille D，Canon C，Windeshausen F. 1996. Comparison of planktonic and benthic bacterial communities associated with a
　　Mediterranean *Posidonia* seagrass system. Botanica Marina，39（1-6）：239-250.

Dooley F D，Wyllie-Echeverria S，Gupta E，et al. 2015. Tolerance of *Phyllospadix scouleri* seedlings to hydrogen sulfide. Aquatic
　　Botany，123：72-75.

Duarte C M. 2002. The future of seagrass meadows. Environmental Conservation，29（2）：192-206.

Duarte C，Cebri J. 1996. The fate of marine autotrophic production. Limnology and Oceanography，41（8）：1758-1766.

Fernandes M B, Daly R, van Gils J, et al. 2018. Parameterization of an optical model to refine seagrass habitat requirements in an urbanized coastline. Estuarine Coastal and Shelf Science, 207: 471-482.

Fishman J R, Orth R J. 1996. Effects of predation on *Zostera marina* L. seed abundance. Journal of Experimental Marine Biology and Ecology, 198 (95): 11-26.

Fourqurean J W, Duarte C M, Kennedy H, et al. 2012. Seagrass ecosystems as a globally significant carbon stock. Nature Geoscience, 5 (7): 505-509.

Gacia E, Duarte C M, Marba N, et al. 2003. Sediment deposition and production in SE-Asia seagrass meadows. Estuarine Coastal and Shelf Science, 56: 909-919.

Harlin M M. 1980. Seagrass epiphytes. *In*: Phillips R C, Mc Roy C P. Handbook of Seagrass Biology: An Ecosystem Perspective. New York: Garland STPM Press: 117-151.

Hemminga M A, Harrison P G, van Lent F. 1991. The balance of nutrient losses and gains in seagrass meadows. Marine Ecology Progress Series, 71: 85-96.

Holmer M, Andersen F Ø, Nielsen S L, et al. 2001. The importance of mineralization based on sulfate reduction for nutrient regeneration in tropical seagrass sediments. Aquatic Botany, 71 (1): 1-17.

Holmer M, Duarte C M, Boschker H T S, et al. 2004. Carbon cycling and bacterial carbon sources in pristine and impacted Mediterranean seagrass sediments. Aquatic Microbial Ecology, 36 (3): 227-237.

Holmer M, Duarte C M, Marbá N. 2005. Iron additions reduce sulfate reduction rates and improve seagrass growth on organic-enriched carbonate sediments. Ecosystems, 8 (6): 721-730.

Kampfer P, Ruppel S, Remus R. 2005. *Enterobacter radicincitans* sp. nov., a plant growth promoting species of the family Enterobacteriaceae. Systematic and Applied Microbiology, 28 (3): 213-221.

Kirchman D L, Mazzella L, Alberte R S, et al. 1984. Epiphytic bacterial production on *Zostera marina*. Marine Ecology Progress Series, 15: 117-123.

Kurtz J C, Yates D F, Macauley J M, et al. 2003. Effects of light reduction on growth of the submerged macrophyte *Vallisneria americana* and the community of root-associated heterotrophic bacteria. Journal of Experimental Marine Biology and Ecology, 291 (2): 199-218.

Lavik G, Stührmann T, Brüchert V, et al. 2009. Detoxification of sulphidic African shelf waters by blooming chemolithotrophs. Nature, 457: 581-584.

Lee K S, Park J I. 2008. An effective transplanting technique using shells for restoration of *Zostera marina* habitats. Marine Pollution Bulletin, 56 (5): 1015-1021.

Lindow S E, Brandl M T. 2003. Microbiology of the phyllosphere. Applied and Environmental Microbiology, 69 (4): 1875-1883.

Liu S, Jiang Z, Deng Y, et al. 2018. Effects of nutrient loading on sediment bacterial and pathogen communities within seagrass meadows. MicrobiologyOpen, 7: e00600.

Lyimo L D, Gullström M, Lyimo T J, et al. 2018. Shading and simulated grazing increase the sulphide pool and methane emission in a tropical seagrass meadow. Marine Pollution Bulletin, 134: 89-93.

Martens R. 1990. Contribution of rhizodeposits to the maintenance and growth of soil microbial biomass. Soil Biology and Biochemistry, 22 (2): 141-147.

Mascaró O, Valdemarsen T, Holmer M, et al. 2009. Experimental manipulation of sediment organic content and water column aeration reduces *Zostera marina* (eelgrass) growth and survival. Journal of Experimental Marine Biology and Ecology, 373 (1): 26-34.

Mejia A Y, Rotini A, Lacasella F, et al. 2016. Assessing the ecological status of seagrasses using morphology, biochemical descriptors and microbial community analyses. A study in *Halophila stipulacea* (Forsk.) Aschers meadows in the northern Red Sea. Ecological Indicators, 60: 1150-1163.

Moreno-Marín F, Vergara J J, Pérez-Llorens J L, et al. 2016. Interaction between ammonium toxicity and green tide development over seagrass meadows: a laboratory study. PLoS One, 11: e0152971.

Moriarty D, Iverson R, Pollard P C, et al. 1986. Exudation of organic carbon by the seagrass *Halodule wrightii* Aschers. and its effect on bacterial growth in the sediment. Journal of Experimental Marine Biology and Ecology, 96 (2): 115-126.

Newell S Y. 2001. Multiyear patterns of fungal biomass dynamics and productivity within naturally decaying smooth cord grass shoots. Limnology and Oceanography, 46 (3): 573-583.

Nielsen L B, Finster K, Welsh D T, et al. 2001. Sulphate reduction and nitrogen fixation rates associated with roots, rhizomes and sediments from *Zostera noltii* and *Spartina maritima* meadows. Environmental Microbiology, 3 (1): 63-71.

Riederer-Henderson M A, Wilson P W. 1970. Nitrogen fixation by sulphate-reducing bacteria. Microbiology, 61 (1): 27-31.

Short F, Carruthers T, Dennison W, et al. 2007. Global seagrass distribution and diversity: a bioregional model. Journal of Experimental Marine Biology and Ecology, 350 (3): 3-20.

Yang D, Yang C. 2009. Detection of seagrass distribution changes from 1991 to 2006 in Xincun Bay, Hainan, with satellite remote sensing. Sensors, 9 (2): 830-844.

Yip K L，Lai C C P. 2006. *Halophila minor*（Hydrocharitaceae）：a new record with taxonomic notes of the *Halophila* from the Hong Kong Special Administrative Region，China. Acta Phytotaxonomica Sinica，44：457-463.

Zhang J，Yu Z J，Raabe T，et al. 2004. Dynamics of inorganic nutrient species in the Bohai seawaters. Journal of Marine Systems，44：189-212.

Zhou Y P，Liu B，Liu X，et al. 2014. Restoring eelgrass（*Zostera marina* L.）habitats using a simple and effective transplanting technique. PLos One，9（4）：e92982.

第二章 互花米草生态系统微生物资源

1979 年互花米草作为修复治理沿海滩涂生态工程的材料引入我国，用于防风护岸、促淤造陆、改良土壤、提高海滩植被覆盖度及生产力。1980 年在福建省罗源湾试种成功，向全国沿海地区推广。经过 30 多年的不断发展，互花米草种群面积剧烈扩张，广泛分布于中国滨海地区，成为我国滨海湿地最为重要的入侵植物（王卿，2011）。互花米草生态系统成为海岸带重点研究的生态系统之一，其微生物资源也引起很多学者的关注。

第一节 互花米草概述

一、互花米草简介

互花米草（*Spartina alterniflora* Loisel.），隶属于禾本科米草属（*Spartina*），其原产地位于墨西哥湾和大西洋西海岸，是一种多年生高秆型耐盐草本植物。

互花米草对温度具有广适性，分布纬度跨度大，特别适宜在广阔的潮间带上生长。其地下部分通常由稠密的须根和粗壮的根状茎组成，具有秆密集粗壮、地下根茎发达的特征，既能有性繁殖，又能无性繁殖，且可通过种子、根茎甚至残体进行繁殖，单株一年内可繁殖几十甚至上百株。互花米草根系非常发达，常集中分布于地下 30cm 深的土层中，有些可达到 100cm。植株茎秆直立且粗壮牢固，株高为 100～300cm，直径为 1cm 以上。互花米草的叶腋上有腋芽分布，茎叶均被叶鞘包裹，叶互生且背面有蜡质光泽，常披针形，叶宽 1.5～2cm，长可达 90cm。此外，互花米草的叶具有盐腺，其能将根吸收的盐分排出体外，因而叶表面往往有白色粉状的盐霜出现。种子通常 8～12 月成熟，胚呈浅绿色或蜡黄色，颖果长 0.8～1.5cm（王卿，2011）。互花米草主要生长于河口湾湿地及沿海滩涂，分布在周期性被潮水淹没的潮间带，并在入侵地成为建群种。

互花米草由于具有有利于其种群生存和扩散的机制，因此其具有较强的生存竞争优势，主要体现在以下几个方面：①互花米草具有较强的生长能力（Quan et al.，2007），且繁殖能力较强，包括无性繁殖和有性繁殖；②具有较强的耐盐性（Li et al.，2010）；③具有强耐淹性和高抗低氧胁迫的能力，互花米草体内具有发达的通气构件，在低氧条件下可以利用土壤中的营养物质，且随着互花米草群落规模的不断变大，其在缺氧条件下的优势也会变得更加明显；④具有高遗传分化和基因渗透能力，互花米草种间或不同来源的种群之间发生杂交，杂交后裔相对于它们的祖先可能有一个或多个遗传优势，从而引起暴发性的扩散（邓自发等，2006）；⑤互花米草对环境具有高度的适应性（Baisakh and Subudhi，2009），具有较强的积累和利用营养物质的能力（Tyler et al.，2007），相对于本地种来说，互花米草在植株生长量、生殖特性及群落扩散速度等指标上有优势，具有更强的资源利用效率（Jiang et al.，2009）。互花米草可以有效防止海岸侵蚀，并能够加快泥沙的沉降和淤积，正是得益于其繁殖能力强、扎根深、抗风浪、耐盐耐淹的特点。互花米草具有良好的促淤造陆功能，被许多国家及地区广泛引种。

二、互花米草的入侵影响

互花米草具有许多生态功能，包括保滩护堤、促淤造陆等。1979 年互花米草作为修复治理沿海滩涂生态工程的材料引入我国，取得了很好的治理效果。互花米草群落的分布十分广泛，目前分布区跨越了近 22 个纬度，在东部沿岸从辽宁省盘锦至广东省南部的电白均有较大规模分布。互花米草生存竞争优势较强，因此已经成为中国海岸盐沼中入侵最严重的外来植物（郭云文等，2007）。20 世纪 90 年代以后，上海市政府在九段沙湿地进行名为"种青促淤引鸟"的生态工程项目，为此栽种了大面积的互花米草。九段沙湿地进而成为上海乃至长三角地区的重要生态屏障。但由于原引种互花米草的大量繁殖、快速扩散，其成为九段沙的优势植被，进而侵占土著物种海三棱藨草及芦苇的生长空间，破坏了湿地植物的群落结构，使当地生态环境遭到威胁（Huang and Zhang，2007）。与土著植物相比，互花米草具有更强的竞争优势和更广的生态幅。截至 2004 年，在九段沙湿地的中沙和下沙区域，互花米草已形成了大面积的密集单一种优势群落，其群落面积相比 1997 年增长了近 10 倍。已有研究表明，互花米草可以引起包括海三棱藨草、芦苇在内的众多湿地的原生植被群落和土壤无脊椎动物群落结构的改变，并能够对受入侵地区生物多样性造成严重影响，甚至可能最终导致该湿地生态系统的功能退化（曾艳等，2011）。

互花米草入侵后会影响生态系统微生物和动物的群落组成。土壤微生物的群落组成和结构变化离不开地上植物的影响，互花米草具有高生产力且群落密度大，能够为土壤里的微生物提供足够的碳源，因此互花米草覆盖的土壤里的微生物量比光滩多（周虹霞等，2005）。此外，互花米草根系发达且有很多细根，能够显著影响土壤微生物的群落结构（Ravit et al.，2003）。目前对互花米草根系微生物的研究大多在固氮方面，其主要的氮来源于植物根系的固氮微生物（Bagwell and Lovell，2000）。互花米草对底栖动物的影响会随着入侵生态系统的不同而不同。研究发现，互花米草群落覆盖的土壤区域的底栖动物的密度和丰度均高于光滩（Hedge and Kriwoken，2000）；周晓等（2006）研究互花米草入侵九段沙对底栖动物的影响，发现相比于本土植物海三棱藨草，其底栖动物密度略低。互花米草改变了沉积物的分布特征和分解速率，因此影响底栖动物的群落结构（Wang et al.，2006）。此外，徐晓军等（2006）发现底栖动物的种类变化与植物生物量有着密切的关系。外来植物入侵当地生态系统后，会改变土壤微生物和动物的组成，从而最终影响营养的循环过程。互花米草入侵对营养循环过程的影响主要包括碳循环和氮循环两方面，互花米草入侵福建漳江口湿地后，降低了土壤碳储量。互花米草混合区的碳储量比单一红树林区域下降了 20%（张祥霖等，2008）；而江苏盐城被互花米草入侵后，覆盖 100cm 土壤的有机碳积累速率是 3.16mg C/（$hm^2 \cdot a$），比本土植物碱蓬高 2.63～8.78 倍（Yuan et al.，2015）。土壤有机碳与植物生物量密切相关，本土植物的生物量和净初级产量低于互花米草，所以对有机碳储存的贡献相对低一些。影响土壤有机碳含量的因素还有别的方面，如在长江口湿地蟹类的掘洞会影响土壤的更新速度。蟹类掘洞可以加速深层土壤与浅表层混合，从而加速有机质的分解（Wang et al.，2010）。氮可以限制互花米草的生长，而且互花米草入侵会增加土壤的氮积累，此外高含量的氮更有利于互花米草入侵；Li 等（2009）研究发现崇明湿地被互花米草入侵之后，其氮库显著增加。互花米草获取和利用氮的过程受到温度、盐度和潮汐淹水等许多因素的影响，而最直接的因素就是根系共生的固氮微生物，因为其能够为互花米草生长提供氮源。

虽然互花米草在促淤造陆、保滩护岸等方面起到一定的作用，但随着其种群面积的不断扩张，带来了较为严重的生态后果和经济损失。研究表明，由于互花米草侵占本土植被的生态位，形成单一优势种，互花米草成为鸟类与食物的"绿色植物屏障"，从而导致迁徙的鸟类因缺少食物而减少，造成生物多样性的降低及生态系统的退化（马喜君等，2010）；其种群具有高植被覆盖度的特征，可以衰减波浪，促进泥沙沉积而造成潮滩微地形、土壤理化性质及水环境的变化，以致引起滨海湿地底栖动物群落结构的改变（仇乐等，2010）；河口及闸下地区互花米草的扩张会使泥沙淤积，导致排水不畅及航道阻塞（李加林等，2005），而且会影响水产养殖，妨碍旅游业的发展（王君，2010）。总之，互花米草的入侵和扩散影响着滨海地区的自然环境、生态过程及经济发展，使区域的生物安全和生态系统的稳定受到严重危害。

目前人们对互花米草入侵影响海岸盐沼湿地的硫循环越来越重视。有研究表明，互花米草由于改变其生存区域的土壤环境，从而影响与其他物种之间的竞争关系（Zhou et al.，2009）。互花米草可以促进土壤稳定性，增加土壤中的有机质，改变沿海湿地中的碳氮循环，继而改变湿地的栖息条件和稳定性，促进湿地中新群落的组建。硫与碳、氮、磷一样，是植物生长所必需的营养物质，沿海湿地中往往可以积聚这些营养物质，但是对硫的研究往往集中在对其他动物和植物的毒性方面。Seliskar 等（2004）通过实验室研究发现，相较于狗尾草、芦苇、藨草和三角滨藜，互花米草对于硫的耐受性更强。当硫化物浓度为 0.4～0.9mmol/L 时，互花米草幼苗的生长状况要好于芦苇，而当硫化物浓度大于 0.9mmol/L 时，互花米草占更加绝对的优势。

第二节　互花米草入侵现状研究

一、互花米草入侵中国概况

互花米草是一种原产于大西洋美洲沿岸和墨西哥湾的喜温性多年生草本植物，隶属于禾本科米草属，是入侵中国滨海湿地最严重的外来入侵植物之一，广布于经常被潮水淹没的潮间带，植株具有很强的耐淹和耐盐的能力（李富荣等，2007）。互花米草在北美洲 30°～50°N 的潮间带海滩都有分布，可在热带、亚热带沿海地区生长，得益于其具有发达的根系，而且地下部分由短而细的须根和根状茎组成。因其具有能够促进泥沙快速沉降和淤积的能力，人们自 1979 年末将其从原产地特意引种到中国，在引种初期达到海岸防护、促淤造陆等生态目的，也取得了一定的经济效益（陈中义等，2005）。然而随着引种时间的延长，互花米草由于自身具有可以通过有性繁殖和无性繁殖来快速扩大种群的特点，而表现出对环境的极强适应性和耐受能力，从而在中国沿海的一些地区迅速扩散并逐渐演化成为难以根治的害草，主要表现在：①影响滩涂养殖，破坏近海生物栖息环境；②阻碍航道，影响船只出港；③影响海水交换能力，从而使得水质下降甚至诱发赤潮；④威胁本土的生态系统，导致大片盐沼植物消失（徐伟伟等，2011）。2003 年，当时的国家环境保护总局公布了首批 16 种外来入侵物种名单,其中互花米草作为唯一的海岸盐沼植物名列其中(李富荣等,2007)。目前在中国,互花米草分布广泛,跨越纬度大,东部沿海的各省(自治区、直辖市)均有分布,其中在江苏、浙江和福建的分布面积较大,且暴发规模远大于世界其他地区,严重威胁了当地的生态系统,对滨海湿地生态系统的演化也造成了严重危害。

我国滨海湿地具有重要的生态系统服务功能和价值,其主要位于人口最多、经济最发达的东部及南部沿海地区,是 3 亿多人口的生态屏障和野生动植物的重要栖息地。经过 30 多年的扩散,互花米草已广泛分布于中国沿海海滩,在众多地区成为单一优势物种,是我国滨海潮滩分布面积最广的盐沼植被(李加林等,2005)。但是,各地区由于互花米草入侵的时间、阶段与程度不同,因此所带来的生态效应及面临的生态问题也有所不同。例如,1994 年温州苍南沿岸台风侵袭,堤外种植 200m 宽的互花米草起到护岸作用,保住了 15km 海堤,而无互花米草护岸的堤坝严重受损。另外,互花米草促淤造陆效果明显,上海南汇嘴观海公园就是由互花米草滩涂开垦而来,成为围填海的典范。同时互花米草在一些地区表现出一定的生态危害,如在崇明东滩威胁土著植物海三棱藨草,而造成以雁鸭类为主的迁移鸟类食物匮乏;在浙江、福建一带,因其影响蛏、贝类滩涂养殖而被称为“害草”;在东南部海岸互花米草的大肆扩散严重影响红树林幼苗的生长甚至存活;互花米草的大规模扩散会破坏近海生物的栖息环境,阻碍航道,降低海水的交换能力,导致水质下降,甚至诱发赤潮等。

二、互花米草入侵红树林现状

近年来由于人为活动干扰,中国的红树林面积正逐年剧减,群落多样性也逐年下降,此外互花米草的入侵也对红树林产生了考验,威胁着红树林的生存与繁殖。互花米草在中国滨海湿地呈肆意扩散的趋势,同时呈现出不同的扩散格局,而红树林作为中国华南滨海潮间带上重要的初级生产者,二者由于在生态位上较为接近,因此彼此间产生竞争局面在所难免,总之红树林在不同程度上面临着互花米草入侵的威胁(段琳琳,2015)。在抑制红树植物幼苗的生长方面,研究表明,互花米草在中国红树林区大肆扩散,成功占据红树林的林窗,形成了面积广阔的红树林-互花米草混生群落,而互花米草会遮蔽一定的光照,从而不利于红树植物幼苗的生长(Zhang et al.,2012);此外红树植物幼苗会被达到生殖生长期以后开始倒伏的互花米草覆盖,最终可能会全部死亡(黄冠闽,2017)。李屹等(2017)通过遥感分析发现,位于红树林群落周围的林窗将有助于互花米草的成功入侵,其主要是通过抑制红树植物幼苗的生长影响红树林扩张的。在同样的环境下,黄冠闽(2017)通过对比分析发现秋茄叶片的蒸腾速率、净光合速率、气孔导度及叶绿素含量均低于入侵的互花米草,表明互花米草凭借在生理上的优势可能在与红树植物之间的竞争上具有优势,进而促进其成功入侵。

随着对生态系统地下过程重要性的认识越来越深入,越来越多的学者开始将研究重点转向互花米草入侵对入侵地土壤的理化性质、生物多样性及生态系统过程的影响方面。由于互花米草入侵红树林会改变入侵地土壤生态系统的结构和功能,因此了解和揭示互花米草入侵如何影响土壤生态系统,对于揭示入侵机制、有效管理和恢复、重建受损红树林生态系统都有着重要而深远的意义（类延宝等，2010）。张祥霖等（2008）对互花米草入侵下漳江口红树林区内三种不同植被群落和光滩的剖面土壤样品进行研究，结果表明互花米草生境的土壤养分状况低于红树林生境，而当互花米草入侵后，红树林生境土壤养分状况呈退化趋势。根据对外界因素的敏感性和周转速率，可以将土壤有机碳分为活性有机碳库和惰性有机碳库，活性有机碳库的改变可表征为有机碳库在短期内的动态变化（朱丽琴等，2017）。陈桂香等（2017）研究了互花米草对中国东南沿海的 4 个典型红树林湿地土壤有机碳组分的影响，结果表明互花米草入侵使红树林有机碳储量和土壤有机碳、微生物生物量碳、易氧化有机碳含量下降，表明互花米草入侵在一定程度上减弱了红树林土壤有机碳的稳定性。

第三节　互花米草入侵对滨海湿地的影响

一、互花米草入侵对植被群落的影响

入侵的互花米草在与本地植被群落的竞争中占有明显的优势，从而会导致入侵地原有的植被群落的数量显著下降，并且群落的分布面积也有大幅度缩减。研究表明，由于引种了互花米草，北美太平洋沿岸的生态系统受到了严重的影响，而且互花米草竞争并取代了入侵地优势的盐沼植被群落（Gans et al.，2005）。国外研究发现，互花米草入侵美国旧金山湾后与当地同属的原有植物杂交后，植物的基因型发生了改变，产生了具有更高的茎秆和更大的地上、地下植物生物量的杂交品种，其具有更强的入侵性，占据了更广的潮间带范围，使得空阔的滩涂湿地变成了杂草丛生的湿地（Brusati and Grosholz，2006）。Wang 等（2006）通过建立人工环境梯度进行盆栽实验，研究了土壤类型、盐度、淹水条件对芦苇和互花米草间相互作用的影响，结果表明在低盐度和低淹水环境中，芦苇具有更强的竞争优势，而在高盐度和高淹水环境中，互花米草比芦苇的竞争性强。崇明岛东滩湿地自 20 世纪 90 年代人为引种互花米草后，互花米草呈现暴发式扩散，广泛分布在高潮位和低潮位的滩涂上，占据了本地物种的生态位。黄华梅等（2007）通过对遥感影像进行图像解译，分析了崇明岛东滩湿地的群落演替，发现互花米草是滩涂中扩散速度最快的植被，而海三棱藨草在与芦苇和互花米草的竞争中，群落面积逐年缩小。Mckee 和 Rooth（2008）研究了氮富集、二氧化碳浓度升高和外来物种竞争对红树林群落的影响，结果表明互花米草的入侵会抑制红树林幼苗的生长。Zhang 等（2012）在漳江口设置了 4 个不同盐度梯度的潮位点，对当地的红树林和互花米草的分布及相互竞争关系进行研究，结果发现在中等盐度区域，若无外在的人为干预，互花米草群落将取代红树林群落。

二、互花米草入侵对动物群落的影响

鸟类、底栖动物是滨海湿地的重要组成部分，对于维持生态系统的稳定具有重要的作用（张燕等，2017）。胡知渊等（2009）研究发现大型底栖动物在滨海湿地中具有分解有机物质、转化营养物质及促进能量流动的作用，龚志军等（2001）的研究也表明底栖动物作为鸟类等重要的食物来源，在生态系统的食物链中起着承上启下、不可或缺的作用。互花米草的入侵和蔓延会导致植被群落的变化，因此对滨海湿地的底栖动物和鸟类产生复杂的生态影响在所难免。仇乐等（2010）从时间的尺度上研究了盐城国家级珍禽自然保护区内大型底栖动物的种类、生物量、密度、多样性指数及均匀度指数等对互花米草入侵的响应，结果发现互花米草入侵在短时间尺度上会使大型底栖动物的数量和丰度有所提高，但随着时间尺度的延长，其物种数和多样性都会下降。Neira 等（2005）和 Zhou 等（2009）的研究结果与之相似，发现滩涂湿地在遭受互花米草入侵后，产生了负面效应，底栖动物群落结构改变，物种丰富度和多样性指数下降。Sutherland 等（2012）的研究发现互花米草入侵对鸻鹬类水鸟影响较大，分析原因主要是互花米草占据着鸟类在潮间带的栖息地，从而导致食物减少。董斌等（2010）研究表明互花米草入侵崇明岛东滩湿地导致原有的芦苇生境破碎化，从而使得主要依赖芦苇群落为栖息地的震旦鸦雀的集群被迫小型化。许多前人研究也发现互花米草入侵会导致很多鸟类栖息地丧失，给鸟类的生存带来严重影响（张燕等，2017）。

三、互花米草入侵对微生物群落的影响

在微生物群落中，土壤细菌是发现数量最多、种类最丰富的微生物（Gans et al.，2005）。据估计，1g 土壤中含有多达 10 亿个细菌细胞，包括数万个微生物类群（Ding et al.，2016）。土壤细菌在土壤养分转化和生物地球化学循环（如碳循环和氮循环）的驱动中起着重要的生态作用（DeCrappeo et al.，2017）。

土壤养分基质被认为是土壤细菌群落的主要驱动因素（Orwin et al.，2016），因为它们为土壤细菌提供无机和有机基质（Yu et al.，2019）。通常，与真菌群落相比，土壤细菌群落具有较高的有机质输入，结合可利用养分的土壤细菌群落也更为丰富（Yang et al.，2016）。然而，不同细菌群落对营养物质有效性的反应是不同的（Francioli et al.，2016）。例如，变形菌门和拟杆菌门生长迅速，在营养丰富的环境中优先利用不稳定的碳源，被认为是富营养菌门（Verzeaux et al.，2016）。相反，酸杆菌门、硝化螺旋菌门和芽单胞菌门是寡营养菌门，它们有能力降解更多的难以降解的碳源，而且更适宜营养不良的环境（Trivedi et al.，2013）。有报道称，入侵植物物种对土壤碳和氮的固定可能增加（Yang et al.，2017）或者减少（Portier et al.，2019），也有可能影响甚微（Hughes et al.，2006），同时通过改变植物残基输入土壤的量来改变土壤碳和氮的含量（Yang et al.，2013）。土壤细菌群落对植物入侵的响应可能存在显著差异，这是由于特定植物入侵后土壤碳氮水平和养分有效性发生了不同程度的改变。

土壤细菌群落受生物（如植物特性）（Angel et al.，2010）和非生物（如气候、地理距离、土壤类型和土壤理化特性）因素的显著影响（Nguyen et al.，2018）。Steinauer 等（2016）报道，植物群落和生物量的高度多样性可以促进土壤微生物的丰度与多样性提高，这是由于根分泌物和凋落物残体提供了大量可利用的物质。土壤理化性质已被广泛认为是土壤细菌群落最重要的驱动因素之一（Nguyen et al.，2018；Rath et al.，2019）。例如，在地方和区域尺度上，土壤 pH 被认为是决定土壤细菌多样性和群落组成改变的最重要因素（Bainard et al.，2016）。在湿地中土壤盐分是驱动土壤细菌群落的主要因素（Rath et al.，2019）。Morrissey 等（2014）研究表明，土壤盐度与潮间带湿地的细菌群落结构和微生物的分解速率密切相关，从淡水湿地到低盐度湿地都有相关报道。土壤水分已经被广泛报道可通过改变水的胁迫来影响土壤细菌群落，并间接影响土壤中碳和氮的含量（Banerjee et al.，2016；Keet et al.，2019）。一般来说，土壤中的高湿度有利于细菌的繁殖（Nakamura et al.，2003）。以往的研究表明，植物入侵显著改变了原生生态系统中土壤的净初级生产力和理化性质（如土壤盐度、pH 和湿度）。

细菌、真菌、放线菌和原生动物作为土壤分解系统的重要组成部分，在土壤-植被生态系统中，其生理功能和群落功能多样性与地上植物的生长密切相关，且对于植物的生长发育、群落结构的演替具有重要作用（Zhong et al.，2010）。在入侵性植物物种建立后，确定影响土壤细菌群落的生物和非生物因素，可能有助于更好地理解它们如何影响土壤中的细菌群落。因此研究互花米草入侵对滨海湿地生态系统中土壤微生物群落组成和结构的影响，可以从分子生态学的角度深入了解互花米草对生态系统功能的影响，进一步探讨互花米草入侵与土壤微生物多样性之间的相互作用，从而有助于了解入侵干扰下生态系统功能变化的过程（曾艳等，2011）。随着研究的深入，诸多学者针对土壤微生物群落对互花米草入侵的响应开展了大量的研究。曾艳等（2011）归纳前人的研究总结了互花米草生长在滨海湿地土壤环境中的特点，认为互花米草依赖于发达的根系来影响土壤微生物，从而增强其入侵能力。周虹霞等（2005）通过研究探讨互花米草入侵对光滩土壤微生物量和功能结构产生的影响，结果发现互花米草入侵光滩后，其土壤中的微生物量会增加。而王蒙（2006）比较了互花米草、芦苇、海三棱蔗草群落生长地的土壤微生物群落多样性和均匀度，发现互花米草入侵地的明显较低。Zhang 等（2011）进一步研究发现潮间带土壤中氨氧化古菌和氨氧化细菌的相对丰度会受互花米草入侵的影响。Yuan 等（2014）对盐城滨海湿地的互花米草入侵进行研究，发现互花米草入侵会提高产甲烷的潜力，从而认为参与甲烷厌氧化过程的产甲烷菌群落结构发生了改变。此外，互花米草还被报道改变了土壤的微生物群落，特别是改变了与硫酸盐还原过程和异化硝酸盐还原过程相关的特定微生物类群（Gao et al.，2019）。然而，与原生植物相比，互花米草入侵对土壤细菌丰度、多样性和群落组成的影响尚不确定。我们推测互花米草的入侵可能通过改变植物残体的数量或质量及土壤的营养基质水平和理化性质来改变细菌的丰度、多样性与群落组成。

第四节　互花米草的微生物资源利用

一、互花米草生物量资源概述

对于互花米草的管理，由于其生长繁殖快，防控的成本和难度相当大，人们一方面加大对扼制其扩散速率的有效控制措施的探索，以降低其对生态系统的危害，另一方面转换思路，将其作为资源加以利用，充分利用其优势，降低其不良影响，达到"化害为利、变废为宝"的目的，从而实现经济效益与生态效益双丰收。

我国对互花米草的利用形式很多，主要包括对秸秆的利用（如原料化、肥料化、饲料化和燃料化、基料化）及对互花米草药用价值和一些耐盐基因甚至功能菌的探索研究，但尚处于探索研究阶段。目前互花米草生物量资源的利用研究集中在其地上生物物质的利用上。谢宝华等（2019）借助之前文献中互花米草分布面积和地上生物量的数据，对全国互花米草地上生物量进行了统计分析，结果表明，在国内互花米草的主要分布区中，江苏省的互花米草地上生物量最高，占全国总量的35%～42%。而江苏、上海、浙江和福建4省（直辖市）占全国总量的90%以上，这些区域产量高且分布集中，是互花米草开发利用的理想地。

二、互花米草秸秆资源的利用

对于互花米草的利用主要是对其秸秆的利用。本部分将按照农作物秸秆资源综合利用的"五料化"展开概述，所谓"五料化"包括原料化、肥料化、饲料化和燃料化和基料化5种途径。

秸秆原料化利用是指以秸秆为原材料，采用一系列生产工艺制备各种工业原料（纸张、板材、净化功能材料等）。秸秆纤维作为一种天然纤维素纤维，具有良好的生物降解性，因此用其开发的制品也具有良好的环保性能（王红梅等，2017）。目前我国互花米草原料化利用主要集中于生物炭和纸张板材的制备。秸秆肥料化利用指秸秆还田，可提升土壤肥力和作物产量。由于大量的农业秸秆尚且难以充分利用，因此目前对互花米草肥料化利用的研究非常少。另外，如果长期使用高盐分的互花米草还田，也有可能导致土质下降，因此其肥料化利用前景基本不可行。对互花米草饲料化的利用主要是将互花米草的草粉或者鲜草作为牛羊的粗草料及猪或鸡的部分饲料，但由于互花米草的采集和加工难度较大，目前其作为替代饲料的经济效益不太尽如人意，所占比例较小，需要提高其利用效率。植物燃料化利用是指对植物生物质能的利用，生物质能是指由光合作用而固定在各种有机体中的太阳能。目前国内对互花米草生物质能的利用研究集中于制备沼气，最近几年也有研究尝试用互花米草制备生物油。秸秆基料是指以秸秆为主要原料、加工或制备主要为动物、植物及微生物生长提供良好条件和一定营养的有机固体物料。然而目前利用互花米草生产沼气仍仅限于实验室中，既然现有研究已经证实互花米草产沼气能力与农作物秸秆类似，那么相关研究的重心不应该事倍功半地集中在提高产气量上，而应着眼于市场化应用上。

三、互花米草药用价值

互花米草含有糖类、氨基酸、蛋白质、类黄酮、有机酸类、香豆素类和生物碱类等成分，关于其药用价值的研究集中于利用黄酮类化合物。互花米草中总黄酮具有抗炎、降血糖、降血脂和增强免疫力等作用。互花米草中总黄酮可显著提高小鼠腹腔巨噬细胞的吞噬作用，提高细胞免疫功能，对非特异性免疫系统有促进作用。谢宝华等（2019）发现互花米草药用价值的研究多数是在2002年之前进行的，近十余年已鲜见此类研究报道，这可能与互花米草药用价值较低有关。其药用价值值得进一步深入研究。

四、互花米草功能微生物资源利用

互花米草作为典型高度耐盐的泌盐盐生植物，是挖掘耐盐基因的好资源。同时对于微生物来说，互花米草是一种极端的环境，但研究表明这种极端环境中存在丰富的微生物菌群，而这种极端环境中的微生物能够生存下来必然存在某些功能物质或者特殊的作用。因此，互花米草生态系统中微生物具有重要的开发利用价值。

研究表明，互花米草内生菌可在湿地重金属污染修复中发挥重要作用，从互花米草根部和叶片中分离的内生菌，通过重金属浓度梯度筛选得到了耐重金属菌株，这说明互花米草可为湿地重金属污染的植物原位修复提供良好的菌种资源（丁建等，2014）。但目前对互花米草功能微生物的研究尚处于初级阶段，需要加大相关科研力度，通过研究微生物在其生态系统中的作用并筛选出更多功能微生物，这样将会对互花米草生态系统有更系统地认识，进而发挥互花米草积极的生态功能，维持滨海湿地生态系统的可持续发展。

第五节 总结与展望

综合来看，互花米草（图 2-1）因其具有较大的地下和地上生物量，在入侵滨海湿地后强势挤占原生植物的生态位。互花米草的入侵使得土壤含水量、孔隙度、粒度、pH、盐度等理化性质发生变化，进而影响生物地球化学循环（碳循环、氮循环、硫循环和磷循环）及生物多样性（微生物、植物和动物）。

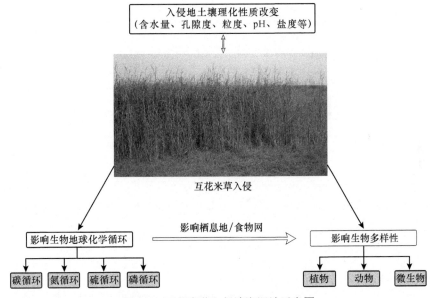

图 2-1 互花米草入侵滨海湿地示意图

研究互花米草入侵对滨海湿地生态系统中土壤微生物群落组成和结构的影响，可以从分子生态学的角度深入了解互花米草对生态系统功能的影响，进一步探讨互花米草入侵与土壤微生物多样性之间的相互作用，从而有助于了解滨海湿地在入侵干扰下生态系统功能变化的过程。另外，通过研究互花米草入侵对滨海湿地微生物的影响，可以筛选出有实际应用价值的功能菌，进而通过微生物的调控维持滨海湿地生态系统的持续稳定发展。

参 考 文 献

陈桂香, 高灯州, 陈刚, 等. 2017. 互花米草入侵对我国红树林湿地土壤碳组分的影响. 水土保持学报, 31 (6): 249-256.

陈中义, 李博, 陈家宽. 2005. 互花米草与海三棱藨草的生长特征和相对竞争能力. 生物多样性, 13 (2): 130-136.

邓自发, 安树青, 智颖飙, 等. 2006. 外来种互花米草入侵模式与爆发机制. 生态学报, 26 (8): 2678-2686.

丁建, 杨盈, 谢嘉华, 等. 2014. 一株互花米草耐重金属内生菌的分离及其特性分析. 泉州师范学院学报, 32 (6): 10-14.

董斌, 吴迪, 宋国贤, 等. 2010. 上海崇明东滩震旦鸦雀冬季种群栖息地的生境选择. 生态学报, 30 (16): 4351-4358.

段琳琳. 2015. 互花米草与两种本地红树植物竞争的生理生态机理研究. 广西师范大学硕士学位论文.

龚志军, 谢平, 阎云君. 2001. 底栖动物次级生产力研究的理论与方法. 湖泊科学, (1): 79-88.

郭云文, 陈莉丽, 卢百灵, 等. 2007. 我国对互花米草的研究进展. 草业与畜牧, (9): 1-5.

胡知渊, 鲍毅新, 程宏毅, 等. 2009. 中国自然湿地底栖动物生态学研究进展. 生态学杂志, 28 (5): 959-968.

黄冠闽. 2017. 不同盐度梯度下互花米草与秋茄的光合特性比较研究. 福建林业, (6): 42-45.

黄华梅, 张利权, 袁琳. 2007. 崇明东滩自然保护区盐沼植被的时空动态. 生态学报, (10): 4166-4172.

类延宝, 肖海峰, 冯玉龙. 2010. 外来植物入侵对生物多样性的影响及本地生物的进化响应. 生物多样性, 18 (6): 622-630.

李富荣, 陈俊勤, 陈沐荣, 等. 2007. 互花米草防治研究进展. 生态环境, 16 (6): 1795-1800.

李加林, 杨晓平, 童亿勤, 等. 2005. 互花米草入侵对潮滩生态系统服务功能的影响及其管理. 海洋通报, 24 (5): 33-38.

李屹, 陈一宁, 李炎. 2017. 红树林与互花米草盐沼交界区空间格局变化规律的遥感分析. 海洋通报, 36 (3): 348-360.

马喜君, 陆兆华, 林涛. 2010. 盐城海滨湿地生态风险评价. 海洋环境科学, 29 (4): 599-602.

仇乐, 刘金娥, 陈建琴, 等. 2010. 互花米草扩张对江苏海滨湿地大型底栖动物的影响. 海洋科学, 34 (8): 50-55.

王红梅, 屠焰, 张乃锋, 等. 2017. 中国农作物秸秆资源量及其 "五料化" 利用现状. 科技导报, 35 (21): 81-88.

王君. 2010. 互花米草危害福建的风险分析与生态经济损失评估. 福建农林大学硕士学位论文.

王蒙. 2006. 长江口南段沙湿地盐沼植物根围细菌群落结构和多样性的研究. 复旦大学博士学位论文.

王卿. 2011. 互花米草在上海崇明东滩的入侵历史, 分布现状和扩张趋势的预测. 长江流域资源与环境, 20 (6): 690-696.

谢宝华, 路峰, 韩广轩. 2019. 入侵植物互花米草的资源化利用研究进展. 中国生态农业学报 (中英文), 27 (12): 1870-1879.

徐伟伟, 王国祥, 刘金娥, 等. 2011. 苏北海滨湿地互花米草无性分株扩张能力. 生态与农村环境报, 27 (2): 41-47.

徐晓军, 王华, 由文辉, 等. 2006. 崇明东滩互花米草群落中底栖动物群落动态的初步研究. 海洋湖沼通报, (2): 89-95.

曾艳, 田广红, 陈蕾伊, 等. 2011. 互花米草入侵对土壤生态系统的影响. 生态学杂志, 30 (9): 2080-2087.

张祥霖, 石盛莉, 潘根兴, 等. 2008. 互花米草入侵下福建漳江口红树林湿地土壤生态化学变化. 地球科学进展, 23 (9): 974-981.

张燕, 孙勇, 鲁长虎, 等. 2017. 盐城国家级珍禽自然保护区互花米草入侵后三种生境中越冬鸟类群落格局. 湿地科学, 15 (3): 433-441.

周虹霞, 刘金娥, 钦佩. 2005. 外来种互花米草对盐沼土壤微生物多样性的影响——江苏滨海为例. 生态学报, 25 (9): 2304-2311.

周晓, 王天厚, 葛振鸣, 等. 2006. 长江口九段沙湿地不同生境中大型底栖动物群落结构特征分析. 生物多样性, 14 (2): 165-171.

朱丽琴, 黄荣珍, 段洪浪, 等. 2017. 红壤侵蚀地不同人工恢复林对土壤总有机碳和活性有机碳的影响. 生态学报, 37 (1): 249-257.

Angel R, Soares M I, Ungar E D, et al. 2010. Biogeography of soil archaea and bacteria along a steep precipitation gradient. ISME Journal, 4: 553-563.

Bagwell C E, Lovell C R. 2000. Persistence of selected *Spartina alterniflora* rhizoplane diazotrophs exposed to natural and manipulated environmental variability. Applied and Environmental Microbiology, 66 (11): 4625-4633.

Bainard L D, Hamel C, Gan Y T. 2016. Edaphic properties override the influence of crops on the composition of the soil bacterial community in a semiarid agroecosystem. Applied Soil Ecology, 105: 160-168.

Baisakh N, Subudhi P K. 2009. Heat stress alters the expression of salt stress induced genes in smooth cordgrass (*Spartina alterniflora* L.). Plant Physiology and Biochemistry, 47 (3): 232-235.

Banerjee S, Helgason B, Wang L F, et al. 2016. Legacy effects of soil moisture on microbial community structure and N₂O emissions. Soil Biology and Biochemistry, 95: 40-50.

Brusati E D, Grosholz E D. 2006. Native and introduced ecosystem engineers produce contrasting effects on estuarine infaunal communities. Biological Invasions, 8 (4): 683-695.

Daehler C C, Strong D R. 1996. Status, prediction and prevention of introduced cordgrass *Spartina* spp. invasions in Pacific estuaries, USA. Biological Conservation, 78 (1-2): 51-58.

DeCrappeo N M, DeLorenze E J, Giguere A T, et al. 2017. Fungal and bacterial contributions to nitrogen cycling in cheatgrass-invaded and uninvaded native sagebrush soils of the western USA. Plant Soil, 416: 271-281.

Derry L A, Murray R W. 2004. Geochemistry: Continental margins and the sulfur cycle. Science, 303 (5666): 1981-1982.

Ding J L, Jiang X, Ma M C, et al. 2016. Effect of 35 years inorganic fertilizer and manure amendment on structure of bacterial and archaeal communities in black soil of Northeast China. Applied Soil Ecology, 105: 187-195.

Francioli D, Schulz E, Lentendu G, et al. 2016. Mineral vs. organic amendments: microbial community structure, activity and abundance of agriculturally relevant microbes are driven by long-term fertilization strategies. Frontiers in Microbiology, 7: 1446.

Gans J, Wolinsky M, Dunbar J. 2005. Computational improvements reveal great bacterial diversity and high metal toxicity in soil. Science, 309: 1387-1390.

Gao G F, Li P F, Zhong J X, et al. 2019. *Spartina alterniflora* invasion alters soil bacterial communities and enhances soil N_2O emissions by stimulating soil denitrification in mangrove wetland. Science of the Total Environment, 653: 231-240.

Guntenspergen G R, Nordby J C. 2006. The impact of invasive plants on tidal-marsh vertebrate species: common reed (*Phragmites australis*) and smooth cordgrass (*Spartina alterniflora*) as case studies. Studies in Avian Biology, 32: 229.

Hedge P, Kriwoken L K. 2000. Evidence for effects of *Spartina anglica* invasion on benthic macrofauna in Little Swanport estuary, Tasmania. Austral Ecology, 25 (2): 150-159.

Huang H, Zhang L. 2007. A study of the population dynamics of *Spartina alterniflora* at Jiuduansha shoals, Shanghai, China. Ecological Engineering, 29 (2): 164-172.

Hughes R F, Archer S R, Asner G P, et al. 2006. Changes in aboveground primary production and carbon and nitrogen pools accompanying woody plant encroachment in a temperate savanna. Global Change Biology, 12: 1733-1747.

Jiang L F, Luo Y Q, Chen J K, et al. 2009. Ecophysiological characteristics of invasive *Spartina alterniflora* and native species in salt marshes of Yangtze River estuary, China. Estuarine, Coastal and Shelf Science, 81 (1): 74-82.

Keet J H, Ellis A G, Hui C, et al. 2019. Strong spatial and temporal turnover of soil bacterial communities in South Africa's hyperdiverse fynbos biome. Soil Biology and Biochemistry, 136: 107541.

Kourtev P S, Ehrenfeld J G, Häggblom M. 2002. Exotic plant species alter the microbial community structure and function in the soil. Ecology, 83 (11): 3152-3166.

Li B, Liao C H, Zhang X D, et al. 2009. *Spartina alterniflora* invasions in the Yangtze River estuary, China: an overview of current status and ecosystem effects. Ecological Engineering, 35 (4): 511-520.

Li R, Shi F, Fukuda K. 2010. Interactive effects of various salt and alkali stresses on growth, organic solutes, and cation accumulation in a halophyte *Spartina alterniflora* (Poaceae). Environmental and Experimental Botany, 68 (1): 66-74.

Mckee K L, Rooth J E. 2008. Where temperate meets tropical: multi-factorial effects of elevated CO_2, nitrogen enrichment, and competition on a mangrove-salt marsh community. Global Change Biology, 14 (5): 971-984.

Morrissey E, Gillespie J, Morina J, et al. 2014. Salinity affects microbial activity and soil organic matter content in tidal wetlands. Global Chang Biology, 20: 1351-1362.

Nakamura A, Tun C C, Asakawa S, et al. 2003. Microbial community responsible for the decomposition of rice straw in a paddy field: estimation by phospholipid fatty acid analysis. Biology and Fertility of Soils, 38: 288-295.

Neira C, Levin L A, Grosholz E D. 2005. Benthic macrofaunal communities of three sites in San Francisco Bay invaded by hybrid *Spartina*, with comparison to uninvaded habitats. Marine Ecology Progress Series, 292: 111-126.

Nguyen L T T, Osanai Y, Lai K, et al. 2018. Responses of the soil microbial community to nitrogen fertilizer regimes and historical exposure to extreme weather events: flooding or prolonged-drought. Soil Biology and Biochemistry, 118: 227-236.

Orwin K H, Dickie I A, Wood J R, et al. 2016. Soil microbial community structure explains the resistance of respiration to a dry-rewet cycle, but not soil functioning under static conditions. Functional Ecology, 30: 1430-1439.

Portier E, Silver W L, Yang W H. 2019. Invasive perennial forb effects on gross soil nitrogen cycling and nitrous oxide fluxes depend on phenology. Ecology, 100: e02716.

Quan W M, Han J D, Shen A L, et al. 2007. Uptake and distribution of N, P and heavy metals in three dominant salt marsh macrophytes from Yangtze River estuary, China. Marine Environmental Research, 64 (1): 21-37.

Rath K M, Fierer N, Murphy D V, et al. 2019. Linking bacterial community composition to soil salinity along environmental gradients. ISME Journal, 13: 836-846.

Ravit B, Ehrenfeld J G, Haggblom M M. 2003. A comparison of sediment microbial communities associated with *Phragmites australis* and *Spartina alterniflora* in two brackish wetlands of New Jersey. Estuaries, 26 (2B): 465-474.

Seliskar D M, Smart K E, Higashikubo B T, et al. 2004. Seedling sulfide sensitivity among plant species colonizing *Phragmites*-infested wetlands. Wetlands, 24 (2): 426-433.

Steinauer K, Chatzinotas A, Eisenhauer N. 2016. Root exudate cocktails: the link between plant diversity and soil microorganisms? Ecology and Evolution, 6: 7387-7396.

Sutherland W J, Alves J A, Amano T, et al. 2012. A horizon scanning assessment of current and potential future threats to migratory shorebirds. Ibis, 154 (4): 663-679.

Trivedi P, Anderson I C, Singh B K. 2013. Microbial modulators of soil carbon storage: integrating genomic and metabolic knowledge for global prediction. Trends in Microbiology, 21: 641-651.

Tyler A C，Lambrinos J G，Grosholz E D. 2007. Nitrogen inputs promote the spread of an invasive marsh grass. Ecological Applications，17（7）：1886-1898.

Verzeaux J，Alahmad A，Habbib H，et al. 2016. Cover crops prevent the deleterious effect of nitrogen fertilisation on bacterial diversity by maintaining the carbon content of ploughed soil. Geoderma，281：49-57.

Wang A J，Gao S，Ja J J. 2006. Impact of the cord-grass *Spartina alterniflora* on sedimentary，and morphological evolution of tidal salt marshes on the Jiangsu coast，China. Acta Oceanologica Sinica-English Edition，25（4）：32-42.

Wang J Q，ZhangX D，Jiang L F，et al. 2010. Bioturbation of burrowing crabs promotes sediment turnover and carbon and nitrogen movements in an estuarine salt marsh. Ecosystems，13（4）：586-599.

Wang Q，Wang C H，Zhao B，et al. 2006. Effects of growing conditions on the growth of and interactions between salt marsh plants：implications for invasibility of habitats. Biological Invasions，8（7）：1547-1560.

Yang W，Yan Y E，Jiang F，et al. 2016. Response of the soil microbial community composition and biomass to a short-term *Spartina alterniflora* invasion in a coastal wetland of eastern China. Plant Soil，408：443-456.

Yang W，Zhao H，Chen X L，et al. 2013. Consequences of short-term C_4 plant *Spartina alterniflora* invasions for soil organic carbon dynamics in a coastal wetland of eastern China. Ecological Engineering，61：50-57.

Yang W，Zhao H，Leng X，et al. 2017. Soil organic carbon and nitrogen dynamics following *Spartina alterniflora* invasion in a coastal wetland of eastern China. Catena，156：281-289.

Yu H L，Ling N，Wang T T，et al. 2019. Responses of soil biological traits and bacterial communities to nitrogen fertilization mediate maize yields across three soil types. Soil and Tillage Research，185：61-69.

Yuan J J，Ding W X，Liu D Y，et al. 2015. Exotic *Spartina alterniflora* invasion alters ecosystem-atmosphere exchange of CH_4 and N_2O and carbon sequestration in a coastal salt marsh in China. Global Change Biology，21（4）：1567-1580.

Yuan J，Ding W，Liu D，et al. 2014. Methane production potential and methanogenic archaeal community dynamics along the *Spartina alterniflora* invasion chronosequence in a coastal salt marsh. Applied Microbiology and Biotechnology，98（4）：1817-1829.

Zhang Q F，Peng J J，Chen Q，et al. 2011. Impacts of *Spartina alterniflora* invasion on abundance and composition of ammonia oxidizers in estuarine sediment. Journal of Soils and Sediments，11（6）：1020-1031.

Zhang Y，Huang G，Wang W，et al. 2012. Interactions between mangroves and exotic *Spartina* in an anthropogenically disturbed estuary in southern China. Ecology，93（3）：588-597.

Zhong W，Gu T，Wang W，et al. 2010. The effects of mineral fertilizer and organic manure on soil microbial community and diversity. Plant and Soil，326（1-2）：511-522.

Zhou C，An S，Deng Z. 2009. Sulfur storage changed by exotic *Spartina alterniflora* in coastal saltmarshes of China. Ecological Engineering，35（4）：536-543.

第三章 碱蓬生态系统微生物资源

第一节 碱蓬概述

碱蓬是隶属于藜科（Chenopodiaceae）碱蓬属（*Suaeda* Forsk. ex Scop.）的一年生叶肉质化草本真盐植物。碱蓬属（*Suaeda*）植物共有 100 多种，而在我国境内该属植物有 20 种，其中包括一个变种（垦利碱蓬 *S. kenliensis* sp. nov.），常见的有盐地碱蓬 *Suaeda salsa*（L.）Pall. 和碱蓬 *S. glauca*（Bunge）Bunge。盐地碱蓬 *Suaeda salsa*（L.）Pall.，主要分布于亚洲、欧洲，在我国东北、西北、华北及沿海各省都有分布，在沿海滩涂沙地、盐碱地形成单种群落。在黄河三角洲的滨海盐碱地上，仅位于黄河入海口的东营市就有几百万亩[①]的荒碱地自然生长着大量的盐地碱蓬。碱蓬 *S. glauca*（Bunge）Bunge，主要分布于中国东北、华北、西北、华中和华东的沿海地区，以及我国内蒙古和新疆沙漠绿洲等地，在海滨、荒地、渠岸、河谷、路旁、田边等含盐碱土壤中广泛生长（邢亦谦和邢军武，2019）。

碱蓬作为盐碱地土壤的指示植物，具有很高的抗盐性，可降低土壤盐分，改良盐碱土；碱蓬病虫害少，幼嫩枝叶营养丰富且味道鲜美，是一种天然无公害的绿色食品；碱蓬作为油料作物，碱蓬籽中不饱和脂肪酸亚油酸含量高，可开发为功能性食品（许咏梅等，2015）。因此，碱蓬是一种极具应用价值的植物。此外，碱蓬生态系统具有丰富的微生物菌群，高盐高碱的极端环境赋予这些微生物一些特殊的功能性。

第二节 碱蓬的应用价值

一、碱蓬的营养价值

碱蓬的营养丰富，成熟的碱蓬籽中脂肪含量比大豆要高，且不饱和脂肪酸含量高，占比 90%，其中亚油酸占 70%，可用于制作共轭亚油酸，还可榨取植物油，优化提取碱蓬籽油工艺成为现今研究的热点。碱蓬幼嫩的茎叶中蛋白质、膳食纤维含量占干物质量的 30% 以上（付建鑫等，2019），蛋白质含量比一般蔬菜的要高，可作为补充蛋白质的优质食用植物来源。衣丹等（2006）利用提取蛋白质后的碱蓬茎叶，通过酶法降解得到功能性质优于小麦麸皮的膳食纤维，表明碱蓬是良好的膳食纤维来源之一。碱蓬生长于盐碱地环境中，Ca、Mg、Fe 等微量元素相应也较高，其中盐地碱蓬中的钙磷比接近联合国粮食及农业组织（FAO）推荐的 1:1，有利于人体对钙、磷的吸收。此外，碱蓬中还富含多种人体必需的氨基酸、矿物质、维生素。因此，碱蓬是一种极具营养价值的食品来源。

二、碱蓬的药用价值

碱蓬中可提取黄酮、多糖等活性物质，具有抗氧化、降低血浆胆固醇等功能特性，

---

① 1 亩 ≈ 666.7m²

可开发用于心脑血管疾病的预防、中老年人保健的系列产品（Mzoughi et al.，2018）。盐地碱蓬已被证实可作为一种油料作物，不饱和脂肪酸含量高，且其中的亚油酸含量高达70%，在目前发现的油源中含量是较高的。碱蓬籽油可用来制备具有高经济价值的共轭亚油酸，大量研究显示共轭亚油酸具有很高的保健价值，可防止血栓形成、抗动脉粥样硬化、抗氧化、降低体内脂肪、增加肌肉等（付建鑫等，2019）。

三、碱蓬的饲用价值

碱蓬植株和碱蓬籽榨油后的种渣可用于生产饲料，蛋白质含量丰富。将碱蓬籽油渣作为原料，发酵生产假丝酵母等蛋白饲料，微生物的参与增加了碱蓬的利用效率，有利于动物的营养吸收（任伟重等，2011）。碱蓬的含盐量较高，动物长期食用会导致矿物质盐摄入不平衡，导致生长出现问题，因此需要合理使用碱蓬作为动物饲料，如可以用于营养缺乏饲料的营养补充剂供动物食用。

四、碱蓬的生态保护和改善价值

海岸带拥有大量亟待开发利用的盐渍土。碱蓬可在这种盐渍土中生长，并且能够直接吸收、固定、分解有机污染物，通过与土壤微生物的相互作用，改善土壤结构，降低土壤盐度，增加土壤孔隙度，增加土壤有机质和总氮，土壤的生物活性如土壤微生物和土壤酶活性也有显著提高，使退化土壤得到生物修复。杨策等（2019）对滨海平原盐碱地原生盐地碱蓬群落土壤进行调查研究，发现盐地碱蓬可降低各层土壤容重，增加各层土壤孔隙度；盐地碱蓬可提高土壤累积入渗量、初始入渗率及稳定入渗率，更令人惊奇的是，盐地碱蓬可以吸收高盐碱地部分盐分，而且盐地碱蓬的生长可改善土壤结构、加速土壤水分入渗，使土壤盐分得以稀释，盐地碱蓬明显地降低高盐碱土壤中含盐量的特点，为盐渍土壤的修复提供了很好的解决思路。

第三节　碱蓬生态系统中功能菌的开发利用

碱蓬作为典型的真盐生植物，其体内积累了一定的盐量，对于微生物是一种极端的环境，但是在这种极端环境中也存在丰富的菌群。碱蓬生态系统中的微生物按所分布的位置分为专性内生菌和兼性内生菌。植物的专性内生菌（endophytic bacteria）是指生活在健康植物各种组织和器官内部，不引起植物明显病害并与植物形成互利互惠关系的微生物。兼性内生菌是根系微生物，指在受植物根系生理生化活动影响最直接、最强烈的土壤范围内及根系表面活动的微生物的总称（Anelise et al.，2012）。碱蓬内生菌是碱蓬内生态系统中的重要组成部分，包括内生细菌、内生真菌、内生放线菌，在提高碱蓬的促生抗逆能力方面起到了关键作用。例如，碱蓬内生细菌可以抑制某些植物病原真菌活性，某些菌株通过抑制乙烯的合成可促进植物生长，此外某些菌株还通过诱导植物自身抗病机制来发挥其生物防治作用（方靖靖等，2017）。刘诗扬（2011）从碱蓬中分离得到的具有一定耐盐性的1株芽孢杆菌菌株，可抑制玉米大斑病菌、辣椒菌核病菌、平脐蠕孢病菌、辣椒炭疽病菌的生长。碱蓬内生真菌可产生抗肿瘤的次生代谢产物，陈华彬

（2015）通过对碱蓬内生真菌赤散囊菌进行发酵研究，得到12种次级代谢产物，含有7类蒽醌类化合物，具有抗肿瘤的作用。碱蓬内生真菌对宿主植物也具有促生作用。关于碱蓬内生菌的研究有利于碱蓬更好地生长及对盐碱地的改良。

一、碱蓬促生菌

植物促生菌（plant-growth promoting bacteria，PGPB）包括植物根际促生菌（plant-growth promoting rhizobacteria，PGPR）、根表面及植物内部相关微生物（Ferreira et al.，2019）。这些微生物可通过供铁、溶钾溶磷、固氮等提高植物对营养素的生物利用性及调节植物生长激素（吲哚乙酸、赤霉素、细胞分裂素等）的浓度来直接促进植物的生长，或通过抑制病原微生物的生长及诱导激活植物自身防御机制达到生物防治以间接促进植物生长（Xiong et al.，2020；Gupta et al.，2018；Ferreira et al.，2019）。而根据微生物的功能，植物促生菌可作为生物肥料、生物刺激剂及生物防治剂（Ferreira et al.，2019）。图 3-1 描述了植物促生菌对植物的三种作用机制。生物肥料是活的微生物的混合物，可为植物种子、植株增加营养物的供应，如 NH_4^+、SO_4^{2-} 或 PO_4^{3-} 等。植物促生菌通过产生植物激素如吲哚乙酸或细胞分裂素等生物刺激剂来促进植物生长。生物防治剂可起到间接促进植物生长的作用。碱蓬是一种典型的盐碱地指示植物，其生长受到环境压力如高盐等的胁迫。碱蓬根际土壤比一般土壤中的微生物多样性要高，而这些微生物包括有害的、有益的、中性的。碱蓬病虫害少，部分原因是其中的有益微生物发挥了生物防治作用。因此，碱蓬促生菌的开发利用重点关注的是作为生物防治剂的微生物。

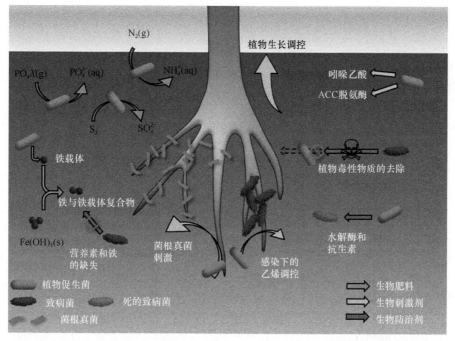

图 3-1　植物根际促生菌的促生机制（Ferreira et al.，2019）（彩图请扫封底二维码）

s. 固体；aq. 溶液；g. 气体

（一）具有 ACC 脱氨酶活性的碱蓬促生菌

具有 1-氨基环丙烷-1-羧酸（ACC）脱氨酶活性的促生菌，会与存在于种子或根分泌物中的色氨酸和其他小分子反应合成并分泌植物生长激素——吲哚乙酸（IAA），为植物所利用，并与植物内生的 IAA 共同对植物产生作用，刺激植物细胞的生长与增殖，促进植物的生长。另外，IAA 激活 ACC 合成酶，合成乙烯合成中的关键中间前体物质 ACC（图 3-2），致使其在植物体内积累。而具有 ACC 脱氨酶活性的促生菌能够吸收根系中的 ACC，导致植物体外 ACC 含量减少，植物细胞为了保持 ACC 含量在体内外的平衡，于是不断从体内分泌 ACC，从而减少体内 ACC 的含量，ACC 的减少直接限制了胁迫诱导的乙烯在寄主植物体内的生物合成，刺激了幼苗的生长，缓解了对植物的危害作用，延缓了植物的衰老死亡，采用这种间接的方式实现了对植物生长的促进作用（Glick et al.，1998）。植物面对环境压力如高盐、干旱、洪水、病原菌感染、重金属等的胁迫，会合成有利于乙烯合成的前体物质 ACC 以对抗环境压力的胁迫，从而适应环境得以生存，然而过多的 ACC 积累会合成乙烯导致植物的衰老死亡。研究显示，植物中有脱氨酶基因，但未有证据显示该基因会表达脱氨酶并表现出对 ACC 的活性，进而研究者将 ACC 脱氨酶的研究转向微生物，开展了许多寻找具有 ACC 脱氨酶活性微生物的分离鉴定的研究。Amna 等（2019）采用连续稀释法从甘蔗根际分离筛选出耐盐且具有 ACC 脱氨酶活性的菌株 *Bacillus siamensis* PM13（MN240927）、*Bacillus* sp. PM15（MN241465）和 *Bacillus methylotrophicus* PM19（MK351221），并研究了这三株芽孢杆菌在破坏盐胁迫对小麦幼苗影响方面的作用，通过对菌株进行 IAA（$81\sim113\mu mol/ml$）、ACC 脱氨酶［$0.68\sim0.95\mu mol/$（mg protein·h）］和胞外多糖（EPS）（$0.62\sim0.97mg/ml$）的鉴定，了解其促生机制为 EPS 吸附 Na^+ 离子，1-氨基环丙烷-1-羧酸脱氨酶（ACCD）菌将渗出的 ACC 降解为 α-丁酮酸和氨（图 3-2），有效降低了盐分胁迫对小麦生长的影响。现今，已报道的具有 ACC 脱氨酶活性的微生物有产酸克雷伯氏菌（*Klebsiella oxytoca*）、芽孢杆菌属（*Bacillus*）、泛菌属（*Pantoea*）、肠杆菌属（*Enterobacter*）、寡养单胞菌属（*Stenotrophomonas*）、节杆菌属（*Arthrobacter*）、假单胞菌属（*Pseudomonas*）等。

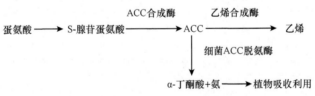

图 3-2　植物中乙烯的合成途径

碱蓬作为一种真盐生植物，可吸收生长环境中的 Na^+ 和 Cl^- 并在体内积累，致使碱蓬内生环境有别于其他植物生态系统，导致其内生菌或根际土壤微生物与其他生境的具有 ACC 脱氨酶活性菌株存在不一样的生理生化特性，如具有很强的耐盐性，其大部分菌株的最适生长 NaCl 浓度为 3%～7%（*m/V*），因此有望开发这种极端环境中耐盐的具有 ACC 脱氨酶活性的功能菌，进而运用到农作物的种植及改善盐渍化土壤对植物生长的不利影响以促进植物更好地生长方面。滕松山等（2010）采用富集定向筛选法，以 ACC 为唯一碳源，从山东东营健康碱蓬植株体内分离筛选到 4 株内生细菌［栖稻假单胞菌（*Pseudomonas oryzihabitans*）、假单胞菌（*Pseudomonas* sp.）、成团泛菌（*Pantoea agglomerans*）和恶臭假单胞菌（*Pseudomonas putida*）］，这些菌株具有较高的 ACC 脱氨酶活性，还可不同程度地产生吲哚乙酸、赤霉素和脱落酸，均有溶磷作用，表明碱蓬内生菌具有更为丰富的生物学特性。研究发现，碱蓬中具有 ACC 脱氨酶活性的内生菌在无盐胁迫条件下及 50mmol/L、100mmol/L、150mmol/L NaCl 胁迫条件下不仅能促进宿主碱蓬种子的萌发，还有助于非盐生植物黄瓜及油菜种子的萌发（滕松山，2011），说明其具有更广泛的应用前景。对碱蓬生态系统这种高盐碱生境中这些菌群的分离鉴定与研究，可以找到帮助植物抗逆的良好手段，有利于种植植物更好地适应环境的变化，同时有利于改良盐渍化土壤。

（二）生物胁迫下的碱蓬促生菌

当植物受到病原菌的感染时，植物促生菌可减少或防止一个或多个植物病原微生物的有害影响或抑制病原微生物生长来间接促进植物生长，其可通过产生拮抗物质或诱导对病原体的抵抗来实现。促生菌通过产生嗜铁素、抗生素等对病原菌发挥拮抗作用，通过激发植物产生诱导系统抗性（induced systemic resistance，ISR）来发挥促生作用。

1. 产生嗜铁素

铁，对于植物、动物、微生物来说，是一种生命物质，主要是因为生物呼吸等一系列生理活动都需要含铁蛋白的参与。地球上矿物质铁含量丰富，但是土壤中的铁主要以三价状态（Fe^{3+}）存在，溶解度较低，导致土壤中铁的生物利用度低。研究显示，某些微生物和植物已经进化出能分泌一种专门结合铁的小分子蛋白的细胞，而这种小分子蛋白被称为嗜铁素，可收集土壤中的铁，有利于微生物和植物更好地利用铁，完成正常的生理活动。微生物可产生各种各样的嗜铁素（Ahmed and Holmström，2014），按照螯合铁的结构基团分为邻二苯酚结构类型、羧基结构类型、乙二胺结构类型及多种结构混合类型（Ferreira et al.，2019）。微生物的嗜铁素对铁具有高度亲和性和专一性，与铁螯合后成为可溶性铁——嗜铁素复合体，与细胞外特定受体结合，在外质空间和细胞膜上的某些蛋白质参与下转移至细胞质中，在细胞质中释放铁参与细胞生理活动。研究表明，当铁的生物利用度低时，微生物的嗜铁素可为宿主植物提供铁营养直接促进植物的生长（Crowley，2006）。除此之外，微生物生产的嗜铁素还对不可产生嗜铁素的致病真菌产生拮抗作用。假单胞菌属（*Pseudomonas*）能够产生铜绿假单胞菌铁载体，对植物病原菌产生拮抗，使其不能利用铁，导致生理活动被抑制，从而保护植物免受病原体的侵害，进而间接促进植物的生长（Kloepper et al.，1980；Gamalero and Glick，2011）。Schippers 等（1987）利用假单胞菌产生的铜绿假单胞菌铁载体对马铃薯枯萎病进行了防治。近年来，植物的外生菌根真菌群落中某些真菌如 *Aspergillus niger*、*Penicillium citrinum*、*Trichoderma harzianum* 等也能产生嗜铁素，促进植物的生长（Yadav et al.，2011）。

2. 产生抗生素

植物促生菌产生抗生素是对植物病原菌产生拮抗作用的最常见的作用机制。根据

Haas 和 Défago（2005）的研究，6 类抗生素化合物［吩嗪类、间苯三酚类、藤黄绿菌素、硝吡咯菌素、环脂肽（所有这些都是可扩散的）和氰化氢（HCN）］与植物根部疾病的生物防治有很好的相关性。近年来，假单胞菌和芽孢杆菌产生的脂肽生物表面活性剂因与细菌、真菌、原生动物、线虫、植物等生物的潜在竞争性相互作用而被应用于生物防治中（Raaijmakers et al.，2010）。这些抗生素对植物病原菌的作用机制包括抑制病原体细胞壁的合成、影响细胞的膜结构和抑制核糖体小亚基上起始复合物的形成（Maksimov et al.，2011）。

3. 促生菌的诱导抗性

诱导抗性是植物在适当的刺激下产生的防御能力增强的状态（Van Loon et al.，1998；Orozco et al.，2020）。植物促生菌可通过刺激植物产生 ISR 来抑制病原菌的侵害。促生菌介导的 ISR 类似于病原菌诱导的系统获得抗性（systemic acquired resistance，SAR），都是使未受感染的植物部位产生对植物病原体的更强的抗性，但二者是通过不同的信号通路发挥作用。SAR 的诱导是通过水杨酸（SA），ISR 需要茉莉酸（JA）和乙烯（ET）信号通路（图 3-3）。利用植物促生菌 *Pseudomonas putida* 和 *Serratia marcescens* 处理黄瓜种子或子叶可防止或减轻由 *Pseudomonas syringae* pv. *lachrymans* 引起的细菌性黄瓜叶角斑病，经处理过的黄瓜病原群体数量大大减少，叶斑的数量显著减少、大小显著减小，显示出植物促生菌的诱导型生物防治作用。

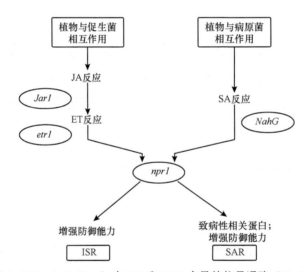

图 3-3　拟南芥（*Arabidopsis thaliana*）中 ISR 和 SAR 介导的信号通路（Van Loon et al.，1998）

碱蓬病害较少，来源于其具有很强的抗性，也源于其强大的根际土壤微生物群，从其根际土壤菌群中筛选碱蓬病原拮抗菌是获得拮抗菌的重要途径。在自然生境中碱蓬主要有两种病害，分别是白腐病和红斑病。姜华等（2015）从碱蓬（*Suaeda glauca*）红斑病感病植株单斑分离并验证出 2 种真菌［石楠拟盘多毛孢（*Pestalotiopsis photiniae*）、胶孢炭疽菌（*Colletotrichum gloeosporioides*）］是致碱蓬红斑病的病原菌。任伟重（2012）从辽宁碱蓬白腐病感病植株中分离并鉴定出致病真菌属于链格孢属 *Alternaria*。拟盘多毛孢、胶孢炭疽菌、链格孢也能引起其他多种蔬菜水果的病害，因此研究碱蓬病虫害的生物防治对于其他植物病害的生物防治具有重要意义。邵璐（2015）等从辽宁碱蓬根际土壤分离鉴定的 13 属 42 种真菌中筛选出 8 种碱蓬病原菌——链格孢（*Alternaria alternata*）拮抗菌，其中抑菌作用明显的是烟曲霉（*Aspergillus fumigatus*）、赭曲霉（*Aspergillus ochraceus*）和草酸青霉（*Penicillium oxalicum*）；筛选出了 4 种碱蓬病原菌——胶孢炭疽菌的拮抗菌，赭曲霉对其抑菌作用最为显著。目前关于碱蓬促生拮抗菌的抑菌机制还不明确，需要进一步深入研究。

二、碱蓬中的中度嗜盐菌

（一）碱蓬中的中度嗜盐菌多样性

中度嗜盐菌不仅在海水等高盐环境中有分布，在沙漠环境中也有发现，比极端嗜盐古菌分布更广，且生长所需盐浓度范围更宽泛，对营养的要求更低，更能适应环境，近年来受到越来越多的重视，对其的研究从分类到性质，也逐渐渗透到应用中。中度嗜盐菌并不是一个分类学的概念，Kushner（1978）将中度嗜盐菌定义为：在 NaCl 浓度为0.5mol/L（3%）到 2.5mol/L（15%）的环境中能生长得最好的细菌。后来，Cormenzana（1993）将中度嗜盐菌定义为在 5%～20%盐浓度中生长得最好的细菌。但是在把生长所需盐浓度范围作为中度嗜盐菌的特征时应当考虑到盐浓度范围会受到环境因子（如温度、营养状况等）的影响。

碱蓬中 NaCl 浓度与定义的中度嗜盐菌的 NaCl 浓度一致，符合中度嗜盐菌的生长要求，是中度嗜盐菌良好的栖息地。盐地碱蓬内环境可对海水中的中度嗜盐菌起到一定的富集作用，了解其机制可为分离海洋环境中的中度嗜盐菌找到可以尝试的方法。碱蓬中具有丰富的内生菌资源，可以开发有利用价值的中度嗜盐菌。钮旭光等（2011）从翅碱蓬不同组织中共分离了 79 株内生细菌，根部最多（35 株），其次是叶（33 株）、茎（11 株），主要包括芽孢杆菌属（*Bacillus*）、不动杆菌属（*Acinetobacter*）、假单胞菌属（*Pseudomonas*）、黄单胞菌属（*Xanthomonas*）、盐单胞菌属（*Halomonas*）、泛菌属（*Pantoea*）。崔春晓（2010）从东营滨海盐地碱蓬中分离到 14 株革兰氏阴性中度嗜盐菌，其中 10 株革兰氏阴性杆菌可耐受 NaCl 浓度高达 19%，其余 4 株也达 14%，仅分离到一株革兰氏阳性中度嗜盐菌，NaCl 浓度耐受也达到 13%。16S rRNA 基因序列系统发育分析显示，这 15 株中度嗜盐菌分别隶属于盐单细胞科（Halomonadaceae）的*Chromohalobacter*、*Kushneria*、*Halomonas* 及芽孢杆菌科（Bacillaceae）的 *Bacillus*。大部分分离菌株与已分离鉴定的中度嗜盐菌物种典型菌株之间的 16S rRNA 基因序列都有一定的差异，表明盐地碱蓬中的中度嗜盐菌具有一定的稀有性，丰富了中度嗜盐菌的基因多样性，为中度嗜盐菌资源的开发和研究应用奠定了基础。

（二）中度嗜盐菌的渗透调节性与碱蓬的耐盐性

碱蓬生长于盐碱地区的土壤中，着生土壤和碱蓬体内 Na$^+$浓度较高，致使碱蓬生态系统构成的生态环境具有很高的渗透压，中度嗜盐菌要抵抗这种极端环境中的高渗透压，必须具有一定的渗透调节特性，因此，中度嗜盐菌具有一定的嗜盐性，也就是说细菌嗜盐性是为了保证细胞质中的渗透压与外界环境中的渗透压的一致性，为细胞创造一个等渗环境以利于细菌的良好生长与繁殖，这也就是中度嗜盐菌具有广度耐盐范围的原因。中度嗜盐菌在不干扰细胞的代谢功能的情况下，最大限度地积累有机渗透物质，即相容性溶质，使得大多数中度嗜盐菌适应高渗环境。在高渗透条件下，相容性溶质在中度嗜盐菌维持细胞质与外界盐环境渗透平衡中起着重要作用。大多数嗜盐菌在合成或积累有机溶质以保证细胞质与周围介质的渗透平衡时，细胞内离子浓度保持在较低水平。细胞内环境调节的复杂机制和细胞膜的特性使其能够快速适应环境盐浓度的变化。这些相容性溶质是高水溶性、低分子量的物质，包括糖、醇、氨基酸、甜菜碱、外毒素及其衍生物（Ventosa et al.，1998）。Tao 等（2016）采用 ^{1}H 核磁共振波谱（^{1}H nuclear magnetic resonance spectroscopy，^{1}H-NMR）分析了中度嗜盐菌 *Virgibacillus halodenitrificans* PDB-F2 在盐胁迫下的相容性溶质组成，主要是胞外毒素、甘氨酸甜菜碱、海藻糖和谷氨酸，无羟基四氢嘧啶。Lu 等（2015）发现四氢嘧啶的积累是中度嗜盐的酚降解菌株在高盐条件下调节渗透压的重要反应。

然而中度嗜盐菌在保证自身耐盐性的条件下，还能提高碱蓬的抗逆能力，Na$^+$在植物体内积累会影响植物的生长，而碱蓬中的根际中度嗜盐菌可提高碱蓬对土壤中 N、P、Zn 等的吸收以促进对其他矿物质的吸收利用，进而减少 Na$^+$在植物体内积累，同时增加了植物的吸水能力，防止盐离子破坏植物内环境。此外，根际中度嗜盐菌还能通过改变植物的根系形态来提高植物的耐盐性（李少朋等，2019）。

（三）中度嗜盐菌的应用

中度嗜盐菌可以在高盐环境中生长繁殖，从而尽可能地减少了发酵过程中其他杂菌的污染，使产品的纯度与质量有了保障；由于中度嗜盐菌营养要求比较简单，可以利用多种有机物作为唯一碳源和氮源进行生长繁殖，因而可快速经济地培养，减少了应用成本；中度嗜盐菌独特的生理生化特性也具有潜在的应用价值；利用非嗜盐菌开发的遗传工具也可以应用到中度嗜盐菌中，因此其遗传操作比较简单，基因工程产物较容易得到。另外，中度嗜盐菌还可以合成多种酶、多聚物及相容性溶质等活性物质。中度嗜盐菌是一种极具生物技术应用潜力的微生物资源。

1. 用于食品工业

中度嗜盐菌很早就用于一些传统的盐渍发酵食品生产中，如酱油的生产利用了中度嗜盐菌 *Tetragenococcus* 的菌株，磨碎的小麦和大豆颗粒被悬浮在含有 19% NaCl 的水中，在黑暗中培养长达 9 个月。以嗜盐四联球菌为发酵剂进行酱油的生产，在实验中添加约 3mol/L NaCl 的酱油麦芽浆料时，发酵液浓度可达 10^8CFU/ml。泰国鱼露的生产中也利用了中度嗜盐菌，包括 *Bacillus* spp.、*Coryneform bacteria* 及 *Pseudomonas*，这些菌株可在 20%～30% NaCl 中生长。研究显示，嗜盐菌中的胡萝卜素和类胡萝卜素含量丰富，与非嗜盐菌相比，利用嗜盐菌生产的食品添加剂具有明显的优越性。目前，利用嗜盐菌获得的胡萝卜素和类胡萝卜素已投入生产工作中，这对于食品添加剂的利用与发展产生了积极作用（赵百锁等，2007a）。

2. 用于酶工业

中度嗜盐菌中含有许多胞内、胞外酶，其中胞外水解酶类（淀粉酶、核酸酶、磷酸酯酶、蛋白水解酶）很容易被钝化，并且将其制成酶制剂后能在不同的盐度和温度下仍保持良好的活性，提高催化效率，因此，可满足工业操作过程中的需要，具有重要的商业应用价值。耿静等（2019）从盐浓度为 21% 的海盐水中筛选到中度嗜盐菌 *Salinivibrio* sp. MK070917。在 NaCl 浓度为 5%、pH 调至 8、培养温度设为 20℃、以 1.85% 麦芽糖为碳源、蛋白胨的含量为 1.17%、KCl 的含量为 1.0‰、柠檬酸钠的含量为 5‰的改造 Gibbons 培养基中发酵，可产胞外蛋白酶，丰富了中度嗜盐菌的研究和开发依据，为中度嗜盐菌在高盐环境中的应用提供了一定的理论依据。产竹华等（2014）从近海采集的样品中分离筛选到 108 株中度嗜盐菌，其中 26 株至少产一种酶，在分离的 26 株中度嗜盐菌中 13 株产蛋白酶，19 株产淀粉酶，13 株产酯酶，4 株产纤维素酶；其中 6 株产 3 种酶，11 株产 2 种酶，显示出中度嗜盐菌的产酶多样性。

3. 用于基因工程与化妆品行业

中度嗜盐菌可以通过合成或积累四氢嘧啶、羟基四氢嘧啶、甜菜碱、海藻糖、脯氨酸等相容性溶质来抵抗环境的高渗透压力。近年来，这些相容性溶质的渗透保护作用，在其他领域（如化妆品行业、基因工程）的应用研究成为热门。其中，四氢嘧啶和羟基四氢嘧啶作为重要的相容性溶质，具有很好的抗逆效果（抗高盐、抗冷冻、抗干旱、抗热变性等），可作为稳定剂保护和稳定酶、DNA 膜等大分子物质，在酶应用技术、化妆品和制药业领域前景广阔。四氢嘧啶对皮肤具有抗衰老和免疫保护作用，德国默克公司就推出了一套包含四氢嘧啶和羟基四氢嘧啶的新兴化妆品（赵百锁等，2007b；Anburajan et al.，2019）。目前，采用中度嗜盐菌菌株 *Halomonas elongata* 运用"细菌挤奶"工艺来生产四氢嘧啶。未来开发利用更多的中度嗜盐菌，研究其相容性溶质的功能是开发更多功能性产品的重要研究方向，也为新兴化妆品的研发提供了更多的思路，同时还可以通过基因工程手段将相容性溶质的表达基因转入植物基因组中并使其成功表达，这为提高植物的耐盐性和土壤的利用率提供了一个新的研究方向。

4. 用于生产多聚物

细菌多糖具有良好的表面活性剂活性和生物乳化性能，是一种非常有价值的石油回收剂。由于油层通常含有很高的盐分，因此开发和使用耐盐表面活性剂具有非常重要的意义。嗜盐菌在一定条件下会大量积累抗盐的胞外多糖，这就显示出其独有的应用优越性。Pfiffner 等（1986）从油井及其周围环境中分离出 200 株能够产生胞外多糖的中度嗜盐菌株，主要是兼性厌氧芽孢杆菌，可产生一种具有假塑性抗剪切和热降解的多糖，在低浓度和高温下显示出比商业聚合物（如黄原胶）更高的黏度。*H. eurihalina* F2-7 可产生大量的胞外多阴离子多糖，42% 的碳水化合物主要是由己糖和 15% 的蛋白质组成，是一种有效的乳化剂，具有假塑性。在酸性 pH 下形成高黏度的凝胶，并且还表现出很强的免疫调节活性。鉴于这些特性，多糖（EPS V2-7）可以在制药、食品工业、医药行业和生物降解过程中得到广泛的应用（Ventosa et al.，1998）。

5. 用于环境修复

随着经济的发展和人类活动的加强，环境污染越来越严重，近几年来环境治理和修复问题已然成为热点问题。对于许多工业废水，如化工废水、医药废水、海产品加工废水具有高盐性，利用传统的生物治理手段不能达到很好的效果。并且，高盐度生态系统的生物降解和生物转化是很少的，这种非典型的含水体系中积累的污染物质的毒力是未知的。因此，中度嗜盐菌的独特生理特性使得其在这种环境修复中具有重要价值。目前，降解烃类的中度嗜盐菌已有不少报道。苯酚是一种高毒性污染物，广泛存在于石油、炼焦、化工等工业废水中，但此类废水中的大量盐分给苯酚的降解带来了很大的阻碍，苯酚高效降解菌能够在高盐环境中发挥很好的功效，给高盐环境中苯酚的降解带来了希望。盐单胞菌 *Halomonas* 中的中度嗜盐菌在高盐废水处理方面的研究极为广泛，其中从大盐湖土壤中分离的 *Halomonas* sp. EF11，在有氧条件下能够以苯酚作为营养物质，达到降解苯酚的效果（Maskow and Kleinsteuber，2004）。除中度嗜盐菌的本身价值外，中度嗜盐菌还可提高碱蓬的抗盐能力，有利于在盐碱地生长，从而更好地发挥碱蓬对盐碱地土壤的改良作用。

第四节　总结与展望

碱蓬作为一种很有实际应用价值的植物资源，是一种生长于盐碱地、海滨沙滩的抗逆性很强的真盐生植物，有望成为有益功能菌的资源库。但目前关于碱蓬功能微生物的研究还比较少，对其的应用研究更是匮乏。因此，必须优化功能菌的筛选方法，尽可能多地分离筛选出具有价值的功能菌，还可以应用现在发展的高通量测序的宏基因组技术挖掘出更多独具功能价值的菌群。应用现代生物工程技术开发新的更有价值的嗜盐微生物、构建基因文库、培养转基因耐盐植物，为盐渍化的退化土壤修复提供了新的解决思路。寻找出耐重金属的功能菌及耐高盐高碱的降解污染物的功能菌，建立有效的工业废水处理系统，实现工业废水治理的巨大飞跃。此外，要开发出更多的植物内生菌，在作物种植方面发挥良好的效果，实现植物与微生物的协同作用，促进生态系统的向好发展。

参 考 文 献

产竹华，刘洋，王昭凯，等. 2014. 我国近海中度嗜盐菌的分离筛选及其产酶多样性分析. 海洋学报（中文版），36（2）：115-122.

陈华彬. 2015. 黄河三角洲耐盐植物碱蓬内生真菌抗肿瘤次生代谢产物的研究. 山东师范大学硕士学位论文.

崔春晓. 2010. 东营滨海盐地碱蓬内生中度嗜盐菌的分离、鉴定和回接. 山东师范大学硕士学位论文.

方靖靖，李春阳，贾成琦，等. 2017. 碱蓬内生菌的研究进展. 科技经济导刊，（10）：7-9.

付建鑫，张桂香，张炳文，等. 2019. 碱蓬的营养价值及开发利用. 中国食物与营养，25（4）：59-63.

耿静，韩秋霞，高文静，等. 2019. 产蛋白酶的中度嗜盐菌 *Salinivibrio* sp. MK070917 的选育及产酶条件优化. 中国调味品，44（8）：49-55.

姜华，张琳，修玉萍，等. 2015. 碱蓬红斑病病原菌鉴定及生物学特性研究初报. 辽宁师范大学学报（自然科学版），38（1）：112-116.

李少朋，陈昀圳，刘惠芬，等. 2019. 丛枝菌根提高滨海盐碱地植物耐盐性的作用机制及其生态效应. 生态环境学报，28（2）：411-418.

刘诗扬. 2011. 碱蓬内生细菌的分离鉴定及抑菌活性研究. 沈阳师范大学硕士学位论文.

钮旭光，韩梅，宋立超，等. 2011. 翅碱蓬内生细菌鉴定及耐盐促生作用研究. 沈阳农业大学学报，42（6）：698-702.

任伟重. 2012. 辽宁碱蓬白腐病病原菌生物学特性及 2 株内生菌生物活性的研究. 辽宁师范大学硕士学位论文.

任伟重，姜华，郑音，等. 2011. 碱蓬资源的开发价值. 辽宁农业科学，5：51-53.

邵璐. 2015. 辽宁碱蓬根际土壤真菌多样性及其病原拮抗菌的筛选. 辽宁师范大学硕士学位论文.

滕松山. 2011. 具 ACC 脱氨酶活性的碱蓬内生细菌对植物的解盐促生作用及其 ACC 脱氨酶基因的克隆. 山东师范大学硕士学位论文.

滕松山，刘艳萍，赵蕾. 2010. 具 ACC 脱氨酶活性的碱蓬内生细菌的分离、鉴定及其生物学特性. 微生物学报，50（11）：1503-1509.

邢亦谦，邢军武. 2019. 中国碱蓬属 *Suaeda* 植物研究中的分类学错误. 海洋科学，43（5）：97-102.

许咏梅，祁通，杨金钰，等. 2015. 新疆绿洲盐碱土盐地碱蓬蔬菜栽培技术模式. 农村科技，（11）：51-52.

杨策，陈环宇，李劲松，等. 2019. 盐地碱蓬生长对滨海重盐碱地的改土效应. 中国生态农业学报，27（9）：1-10.

衣丹，江洁，姜伟，等. 2006. 盐生植物碱蓬制备膳食纤维的工艺优化研究. 食品工业科技，4：128-129，132.

赵百锁，杨礼富，宋蕾，等. 2007a. 中度嗜盐菌在生物技术中的应用. 微生物学通报，2：359-362.

赵百锁，杨礼富，王磊，等. 2007b. 中度嗜盐菌相容性溶质机制的研究进展. 微生物学报，5：937-941.

Ahmed E，Holmström S J M. 2014. Siderophores in environmental research: roles and applications. Microbial Biotechnology，7: 196-208.

Amna，Ud Din B，Sarfraz S，et al. 2019. Mechanistic elucidation of germination potential and growth of wheat inoculated with exopolysaccharide and ACC-deaminase producing *Bacillus* strains under induced salinity stress. Ecotoxicology and Environmental Safety，183: 109466.

Anburajan L，Meena B，Vinithkumar N V，et al. 2019. Functional characterization of a major compatible solute in Deep Sea halophilic eubacteria of active volcanic Barren Island，Andaman and Nicobar Islands，India. Infection Genetics and Evolution，73: 261-265.

Anelise B，Adriana A，Luciane M P P. 2012. Plant growth-promoting rhizobacteria（PGPR）: their potential as antagonists and biocontrol agents. Genetics and Molecular Biology，35: 1415-1417.

Cormenzana R. 1993. Ecology of moderately halophilic bacteria. *In*: Vreeland R H，Hochstein L I. The Biology of Halophilic Bacteria. Boca Raton: CRC Press: 55-86.

Crowley D A. 2006. Microbial siderophores in the plant rhizosphere. Iron Nutrition in Plants and Rhizospheric Microorganisms，169-189.

Ferreira C M H，Soares H M V M，Soares E V，et al. 2019. Promising bacterial genera for agricultural practices: An insight on plant growth-promoting properties and microbial safety aspects. Science of the Total Environment，682: 779-799.

Gamalero E，Glick B R. 2011. Mechanisms used by plant growth-promoting bacteria. Bacteria in Agrobiology: Plant Nutrient Management: 17-46.

Glick R B，Penrose D M，Li J P，et al. 1998. A model for the lowering of plant ethylene concentrations by plant growth-promoting bacteria. Journal of Theoretical Biology，190（1）: 63-68.

Gupta S，Kaushal R，Sood G. 2018. Impact of plant growth-promoting rhizobacteria on vegetable crop production. International Journal of Vegetable Science，24: 289-300.

Haas D，Défago G. 2005. Biological control of soil-borne pathogens by fluorescent pseudomonads. Nature Reviews Microbiology，3: 307-319.

Kloepper W，Leong J，Teintze M，et al. 1980. Enhanced plant growth by siderophores produced by plant growth promoting rhizobacteria. Nature，286: 885-886.

Kushner D J. 1978. Life in high salt and solute concentrations: halophilic bacteria. *In*: Kushner D J. Microbial Life in Extreme Environment. London: Academic Press: 317-368.

Lu Z Y，Guo X J，Li H，et al. 2015. High-throughput screening for a moderately halophilic phenol-degrading strain and its salt tolerance response. International Journal of Molecular Sciences，16（6）: 11834-11848.

Maksimov I V，Abizgil'Dina R R，Pusenkova L I. 2011. Plant growth promoting rhizobacteria as alternative to chemical crop protectors from pathogens. Appl Biochem Microbiol，47: 333-345.

Maskow T，Kleinsteuber S. 2004. Carbon and energy fluxes during haloadaptation of *Halomonas* sp. EF11 growing on phenol. Extremophiles，8（2）: 133-141.

Mzoughi Z，Abdelhamid A，Rihouey C，et al. 2018. Optimized extraction of pectin-like polysaccharide from *Suaeda fruticosa* leaves: Characterization，antioxidant，anti-inflammatory and analgesic activities. Carbohydrate Polymers，185: 127-137.

Orozco M，Ma D C，Glick B R，et al. 2020. ACC deaminase in plant growth-promoting bacteria（PGPB）: An efficient mechanism to counter salt stress in crops. Microbiological Research，235: 126439.

Pfiffner S M，McInerney M J，Jenneman G E，et al. 1986. Isolation of halotolerant，thermotolerant，facultative polymer-producing bacteria and characterization of the exopolymer. Applied and Environmental Microbiology，51（6）: 1224-1229.

Raaijmakers J M，de Bruijn I，Nybroe O，et al. 2010. Natural functions of lipopeptides from *Bacillus* and *Pseudomonas*: More than surfactants and antibiotics. FEMS Microbiology Reviews，34: 1037-1062.

Schippers B，Bakker A W，Bakker P A H. 1987. Interactions of deleterious and beneficial rhizosphere microorganisms and the effect of cropping practices. Annual Review of Phytopathology，25: 339-358.

Tao P，Li H，Yu Y，et al. 2016. Ectoine and 5-hydroxyectoine accumulation in the halophile *Virgibacillus halodenitrificans* PDB-F2 in response to salt stress. Applied Microbiology and Biotechnology，100（15）: 6779-6789.

Van Loon L C，Bakker P A H M，Pieterse C M J. 1998. Systemic resistance induced by rhizosphere bacteria. Annual Reviews of Phytopathology，36：453-483.

Ventosa A，Nieto J J，Oren A. 1998. Biology of moderately halophilic aerobic bacteria. Microbiology and Molecular Biology Reviews，62（2）：504-544.

Xiong Y W，Li X W，Wang T T，et al. 2020. Root exudates-driven rhizosphere recruitment of the plant growth-promoting rhizobacterium *Bacillus flexus* KLBMP 4941 and its growth-promoting effect on the coastal halophyte *Limonium sinense* under salt stress. Ecotoxicology and Environmental Safety，194：110374.

Yadav S，Kaushik R，Saxena A K，et al. 2011. Diversity and phylogeny of plant growth-promoting bacilli from moderately acidic soil. Journal of Basic Microbiology，51：98-106.

第四章　柽柳林生态系统微生物资源

柽柳（*Tamarix chinensis*）是柽柳属的一种，俗称五雄蕊柽柳、中国柽柳或盐杉，主要分布于亚洲大陆和北非，部分分布于欧洲的干旱和半干旱区域以及沿盐碱化河岸滩地到森林地带，间断分布于南非西海岸。柽柳原产于中国和韩国，中国约有 18 种，主要分布于华北、东北及华东部分地区。在世界其他地方柽柳被称为外来物种。柽柳很容易栖息在潮湿的盐渍土环境中。同时，它可以作为一棵单树干的树生长，也可以作为一种灌木生长，通常有几个伸展的直立树枝，最大高度可超过 6m。其树皮为红色、棕色或黑色，多分枝的小枝往往被小长矛状、鳞片状的叶子所覆盖，这些叶子的长度通常不超过 3mm。

柽柳已经成为美国西南部荒地的一个"侵略者"，在那里它曾经被作为一种观赏植物种植。在繁殖方面，它可以通过根部进行营养繁殖，也可以通过种子繁殖。其种子较小，表面有细小绒毛，易在风中散开。在我国的原生栖息地，这种植物形成了灌木丛，在水道的边缘包括盐碱海岸等起到了很好的屏障作用。

第一节　柽柳林与根际微生物

植物和土壤微生物分别作为生产者、分解者，一般具有较强的功能联系。一方面，植物可以通过影响土壤中的营养物质、微量元素等来影响土壤微生物群（Viketoft et al.，2005）。另一方面，土壤微生物群落在固氮、养分循环、植物激素产生和陆地生态系统中的土壤构成等方面起着核心作用。此外，土壤微生物的活性与多样性还直接受到土壤环境、养分供应、土壤质地和植被覆盖类型变化的影响（Jangid et al.，2008）。

一、柽柳林与根际微生物间的相互作用

柽柳是黄河三角洲地区的主要耐盐植物之一，其生长形态见图4-1（刘亚琦等，2017）。它通过叶面排出过量的盐分来调节盐分平衡，从而适应盐碱地。同时，它也能促进植物周围的土壤去盐渍化。另外，柽柳林区域可以形成比裸露土壤更有利的"肥沃岛屿"。已经有许多关于柽柳对土壤盐度、pH 和养分有效性等土壤参数的影响的研究，但这些土壤参数和微型动物群对柽柳林区域微生物群落的影响方面受到的关注较少（Lesica and Miles，2004）。随着时间的推移，植物可以通过分泌有机物和促进养分循环来改变其土壤环境（Ladenburger et al.，2006）。通过根系分泌物数量和质量的变化，植物可以改变非生物和生物土壤的性质，影响地下生态系统的分解和养分循环等过程，从而影响土壤微生物的组成和数量（Orwin et al.，2006）。高盐度的土壤环境对种群和微生态系统的活动产生了不同程度的抑制作用。盐生植物可以降低根际盐度，减少盐分胁迫对土壤微生物的影响。柽柳林通过根系分泌物的释放增加了土壤基质，而凋落物的降解改善了微生态环境。柽柳林在海岸、河岸盐碱地污染治理中具有很强的潜在应用价值。

图 4-1　柽柳林生长形态（彩图请扫封底二维码）

　　盐生植物群落通过对土壤理化性质、酶和微生物群落的影响而影响湿地土壤微生态系统。在泥土里，酶影响氧化还原电位（过氧化氢酶）和碳（脱氧酶）、氮（蛋白酶、脲酶）和磷（酸性磷酸酶）各自的转化。有学者分析了三种不同海岸带植被（芦苇、碱蓬、柽柳）不同酶活性、土壤理化性质、微生物组成三者之间的关系。这 5 种酶的活性在不同植物群落间的差异具有显著性，土壤盐分和微生物群落组成均影响酶活性。柽柳林土壤中过氧化氢酶、蛋白酶和脲酶的活性显著高于其他两个植物群落。土壤脱氢酶、酸性磷酸酶活性在芦苇群落中显著高于碱蓬和柽柳两个群落（丁晨曦等，2013）。在植物群落中对于具有不同耐盐机制的木本植物，大量的地上生物可以支持土壤酶活性和土壤微生物多样性的提高。

　　植物在生长过程中通常会释放外源酶、分泌物和氧气。这些物质和气体进入根际会影响土壤酶的活性。酶活性可以间接通过凋落物数量和质量的变化而被植物影响。此外，植物群落也能影响局部气候。土壤酶促进土壤中生物化学过程的物质循环和能量流动（黄诚诚等，2018）。这些酶是反映土壤质量的有用指标，因为它们与土壤生物学关系密切，易于测量，而且它们能对土壤性质的变化迅速做出反应。此外，这些酶还显示了真菌、细菌和其他土壤生物的活性，使人们对土壤微生物的生长和分布有了深入的了解。

　　在湿地生态系统中，特别是在盐渍土中，土壤微生物群落在养分循环中也起着核心作用。先前的研究表明，土壤盐分对滨海盐碱地土壤微生物的生长和多样性有抑制作用。同时，土壤盐分浓度受土壤微生物和微环境变化的影响。植物群落在生长季节会降低土壤盐分，而叶凋落物的降解最终会增加表层土壤盐分含量。不同的耐盐机制和不同的植物群落通过影响土壤含盐量与养分来影响土壤酶及土壤微生物。有学者发现了三种植物群落下土壤中有效磷（AP）含量的月度差异：生长季节中土壤里 NO_3-N、NH_4-N 和土壤有机碳（SOC）含量均显著增加，在 10 月较高；土壤中 NO_3-N、NH_4-N 和 SOC 含量在 6 月稍低，土壤含水量增加，同时，碱蓬和芦苇群落分布的土壤中 NO_3-N、NH_4-N 和 SOC 含量略低，土壤含水量增加。此外，这 5 种酶的活性在柽柳林等三个植物群落中也存在差异。芦苇群落中脱氢酶和酸性磷酸酶活性显著高于其他两个植物群落。在所有植物群落位点中，与氧化还原电位相关的过氧化氢酶活性在 6 月较低，在 10 月显著升高。蛋白酶、脲酶和酸性磷酸酶活性在生长季节也有所升高，但盐胁迫下的酸性磷酸酶活性除外。

二、时空因素对柽柳林根际微生物丰度的影响

柽柳林生态系统中土壤微生物数量随着种群不同表现出明显差异。其中，真菌数量最少，放线菌次之，细菌数量最多。同时，土壤微生物数量与柽柳林的生长时间存在明显相关性，8龄林地最多，3龄林地最少。相同树龄下，微生物数量随着季节不同也存在明显差异，在8龄和6龄林地中，真菌数量表现为秋季较高、春季较低。细菌和放线菌数量则表现为夏季最高、春季最低。在3龄林地中，则呈现出夏季高、冬季低的趋势（张金池等，2010）。

柽柳林地土壤呼吸速率和林龄之间存在明显的正相关关系，且3种林龄土壤呼吸速率具有相同的季节变化规律，均表现为夏高春低的趋势。同时，3种林龄生长季土壤呼吸速率日变化均呈现出单峰变化趋势，如图4-2所示。

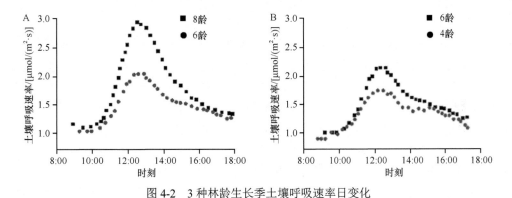

图4-2 3种林龄生长季土壤呼吸速率日变化

A. 为8龄和6龄林区土壤呼吸速率对比，取样日期为11月份；B. 为6龄和4龄林区土壤呼吸速率的对比，取样日期为12月份

土壤微生物量、细菌生物量和真菌生物量在柽柳、芦苇、碱蓬三个植物群落间差异显著。在生长季节，三种植物群落土壤中微生物总量、革兰氏阳性菌、革兰氏阴性菌和真菌的生物量均显著增加。各植物群落的微生物总量、细菌生物量和真菌生物量差异显著。3个月内，芦苇区微生物总量、细菌和真菌的平均生物量明显高于其他两个植物群落。在所有地块上，革兰氏阴性菌占微生物群落的主导地位。在这三个植物群落中，它们的数量从4月到10月都有所增加。4月革兰氏阳性菌生物量丰富度在柽柳林区较高，而6月在芦苇区的生长速度高于其他植物群落。真菌在土壤微生物群落结构中所占比例最低，植物群落间真菌生物量差异显著（李永涛等，2019）。

植物通常通过调整养分循环和凋落物分解来改变土壤性质。土壤微生物的群落和种群水平也会受到植物分泌物变化的影响（单奇华等，2011）。在4月、6月的生长季节，碱蓬和柽柳林吸收了大量的盐分，削弱了土壤盐分。在芦苇群落中土壤盐分含量无显著下降，可能是因为盐没有被其根系吸收。SOC是植物营养物质的主要来源，其数量和质量直接受植物群落的影响。事实上，根系的大小会影响根的数量及分泌物。在10月，碱蓬比芦苇更容易降解，可能增加了土壤养分水平。同时，其中的盐释放到土壤中，导致土壤微生物量和酶活性降低。适当的土壤湿度是植物生长和微生物活动所必需的。事实

上，土壤水分并不是许多土壤酶活性变化的主导因素。相反，土壤水分的变化可能会影响土壤环境。土壤酶活性受许多附加的环境胁迫因素的影响，包括盐度、含氧量、热量等。植物凋落物质量在土壤养分循环中也起着重要作用，碳氮比（C/N）是衡量凋落物质量的最常用指标。氮浓度较高的植物凋落物可促进土壤养分分解。10 月土壤 NH_4-N、NO_3-N 和 SOC 含量较高，研究表明，与碱蓬、芦苇植物群落相比，柽柳凋落物氮含量较高，C/N 较低（张金池等，2010）。

　　土壤盐度是影响过氧化氢酶、脱氢酶、蛋白酶和磷酸酶活性的主要土壤参数。事实上，土壤酶活性是反映土壤生态系统压力的敏感指标，也是衡量生态系统健康和可持续性的有力指标。此外，盐碱化土壤中的酶活性受到严重抑制。耐盐细菌在盐碱土环境中产生的酶比非耐盐细菌产生的酶有更大的盐需求量。过氧化氢酶是一种重要的氧化还原酶，它参与腐殖质化合物的合成，保护细胞免受过氧化氢造成的损伤。在测定的土壤参数中，土壤有机碳含量是影响过氧化氢酶活性的第二重要因素。这可能与过氧化氢酶在 SOC 形成中的作用有关，虽然它是第一批分离纯化的酶之一，但其生理功能和调节机制仍然鲜为人知。脱氢酶通常存在于所有完整且有活力的微生物细胞中。以往研究发现，6月脱氢酶活性较高，10 月略有下降。这可能是因为 6 月的高含水量降低了土壤盐分胁迫，有利于产脱氢酶的厌氧菌菌株的增殖。事实上，大多数脱氢酶是在厌氧微生物中产生的。此外，在芦苇群落中，脱氢酶活性显著高于其他两个植物群落，因为芦苇通常分布在高含水量的地区。有研究表明，革兰氏阴性菌是影响蛋白酶活性的主要因素，主要是因为革兰氏阴性菌占微生物总数的绝大部分。蛋白酶由多种异养细菌、放线菌和真菌产生。柽柳林的蛋白酶活性显著高于其他两个植物群落土壤中的蛋白酶活性。同时，柽柳林的脲酶活性均显著高于其他两个植物群落。脲酶是最常用的土壤酶之一，它对重要的尿素肥料的转化和去向有很大的影响。在土壤参数和诸多影响因素中，植物干物质是影响脲酶活性的第二重要因素。虽然芦苇是多年生植物，但它的水上部分是在秋天成熟收获。在土壤参数中，AP 是影响磷酸酶活性的重要因素，表明磷酸酶活性可作为土壤或缺磷的诊断指标。磷酸酶在将有机磷转化为适合植物的无机磷方面发挥着重要作用。在土壤微生物中，真菌是影响酶活性的重要类群，研究同时对磷酸酶活性进行了监测，发现其活性随真菌种类、季节、土壤温度和水势的变化而变化。

　　土壤环境中的高盐度对微生物微生态系统的种群水平及其活性产生了不同程度的抑制作用。盐生植物可以降低根际土壤盐分，减少盐分胁迫对土壤微生物的影响，因此利用盐生植物恢复环境的潜力很大。在之前研究的三个植物群落中，柽柳和芦苇区土壤中的酶活性最高，这些土壤得到明显改善。有学者认为，中国黄河三角洲地区应保护和开发柽柳、芦苇，以减轻高盐度污染。

第二节　柽柳林区的功能微生物

一、从柽柳根系分离的耐盐菌

　　盐引起的土壤退化在世界各地的农田中普遍存在，特别是在干旱和半干旱地区。据估计，过去 20 年中 1000 多万公顷农田受盐碱污染（Qadir et al.，2014）。不幸的是，由于咸水灌溉等农业做法，农田仍然受到盐的破坏（Cao et al.，2016）。土壤盐度是一个主要的非生物因素，通过影响多种新陈代谢过程限制许多作物（Paul and Lade，2014）的生长和发育，如渗透效应、营养紊乱（Dutta et al.，2007）。土壤盐渍化指盐在土壤中的过量积累，往往导致农业生产系统的产量下降。即使是相对较低的盐度也可能导致水稻和番茄等一些日常食用的作物产量下降（Paul and Lade，2014）。因此，在作物生产过程中，缓解受盐影响土壤中植物的盐胁迫是非常重要的。解决盐胁迫问题的方法有几种，包括通过淋溶减少土壤中的盐分或种植盐生植物（Hasanuzzaman et al.，2014），然而，人们仍然面临着寻求与发展可持续方法的挑战，这些方法必须高效、低成本和易于适应（Paul and Lade，2014）。近年来，许多有益微生物被用于缓解盐胁迫和促进作物生长。例如，丛枝菌根真菌（arbuscular mycorrhizal fungi，AMF）广泛存在于盐水环境中。已经证明，微生物可提高水稻、玉米、小麦、大豆、生菜和番茄等主要作物的耐盐性。类似地，几种促进植物生长的根瘤菌（PGPR）如芽孢杆菌、假单胞菌、嗜铬杆菌、变异型杆菌、固氮菌和链霉菌等也被报道能对抗盐碱，在小麦、水稻、鳄梨、玉米、花生、番茄和茄子等许多不同植物中的缓解盐胁迫方面发挥重要作用（Paul and Lade，2014）。上述结果表明，开发具有缓解植物盐胁迫能力的生物代谢系统，有助于开发可持续发展的途径。挖掘具有缓解植物盐胁迫能力的资源，既要考虑微生物对盐环境的适应性，又要考虑微生物对植物根系的亲和力。

　　盐碱土壤覆盖面积很大，虽然这类土壤被认为是一类经济价值较低的土壤，但它们是植物、微生物耐盐进化的强大驱动力和选择力。换句话说，盐碱土壤系统也是潜在的耐盐微生物的宝库。先前的一项研究表明，来自沿海（盐碱）的本地植物需要共生微生物才能耐盐。根际微生物群与植物生长密切相关，在非生物胁迫下对植物健康至关重要。研究表明，无色杆菌属（*Achromobacter*）等可以缓解番茄植株的盐胁迫（Mayak et al.，2004）。以往研究中，这些细菌是从在盐碱地上生长的普通野生植物柽柳、盐地碱蓬的根际中分离出来的。一般而言，节杆菌是一种普遍存在的土壤细菌，具有重要的代谢活性，从而能够在盐碱环境中存活下来（Santacruz-Calvo et al.，2013）。一些节杆菌属细菌能够缓解油菜（Siddikee et al.，2010）和小麦的盐胁迫。此外，在盐渍条件下，麦芽杆菌还能促进萝卜种子萌发（Kaymak et al.，2009）和调控玉米植株的盐胁迫反应（Marulanda et al.，2010）。

　　PGPR 对盐胁迫下种子萌发的有益影响已得到充分证实（Paul and Lade，2014）。Kaymak 等 2004 年报道萝卜种子接种 PGPR 菌株后，其所受到的盐胁迫问题得到了显著改善，推测节杆菌菌株及巨大芽孢杆菌对种子发芽的影响可能与其产生 IAA 的能力有关，因为 IAA 是缓解盐胁迫所必需的一种众所周知的植物生长激素（Egamberdieva，2009）。此外，研究表明，拟南芥接种生长素产生菌后，侧根数量增加。同样，这项研究还发现，在盐度正常条件下，接种 PGPR 的番茄幼苗侧根比对照多。此外，*hcnbc* 基因存在于节杆菌菌株中，也可能在缓解种子的盐胁迫方面发挥作用，因为 *hcnbc* 是控制萌芽发生的必要条件（Gniazdowska et al.，2010）。与平板试验相似，盆栽试验也表明接种菌株可以减轻盐胁迫对幼苗生长的负面影响。在盐胁迫下，植物的光合作用、蛋白质合成和能量代谢等主要生理过程会受到渗透胁迫的不利影响，引起气孔丧失、膜不稳定、营养失衡等问题。PGPR 可通过介导植物根系增殖、产生植物激素等多种有益过程，减轻盐胁迫对植物生长的负面影响（Paul and Lade，2014）。

所有菌株均能水解淀粉和酪蛋白，并能增溶磷酸盐，但在盐胁迫下不能水解纤维素。酪蛋白水解和磷酸盐增溶是两种必不可少的方法，因为这些过程为植物生长提供养分（Singh et al.，2011），特别是在几乎没有磷（P）的盐碱土壤中。研究表明，在盐胁迫下，产生 IAA 的细菌能促进植物生长（Bianco et al.，2009）。同样，在以往研究中，节杆菌和巨大芽孢杆菌缓解番茄植株的盐胁迫可能与水解淀粉、促进地上部吸收磷有关。从盐碱地柽柳等野生植物根际分离出的细菌可用于缓解番茄植株的盐胁迫。高效菌株包括节杆菌和巨大芽孢杆菌，表现出较多的相关特性，如一般具有与溶磷、酪蛋白水解等相关的基因。在胁迫条件下，节杆菌和巨大芽孢杆菌能促进种子萌发及幼苗长度、活力指数、植株鲜重与干重的增加。

二、其他功能微生物

假单胞菌属是 Henssen（1957）首次提出的，目的是适应具有Ⅳ型细胞壁的心形放线菌（含阿拉伯糖和半乳糖）。假单胞菌属由营养菌丝体和空中菌丝体组成，孢子链由顶瓣萌发或破碎而成。孢子水解物主要成分为 MK-8（H4）或 MK-9，磷脂为 PⅡ型或 PⅢ型。值得注意的是，从表面灭菌植物中分离出了许多新种，如内生假单胞菌（Singh et al.，2011），有学者在对中国东部沿海盐生植物（柽柳等）进行内生放线菌多样性研究时，分离到一株放线菌，命名为 KLBMP 1282T。该菌株具有典型的假单胞菌属的形态特征。研究证实，它是假单胞属中一种新种的代表，其名称为南通假单胞菌（*Pseudoncardia nantongensis* sp. nov.）。KLBMP 1282T 是革兰氏阳性好氧菌。对 4 周龄 KLBMP 1282T 菌株培养的形态学观察表明，营养期菌丝丰富。菌丝体呈长孢子链状，含有棒状光滑的孢子。菌株 KLBMP 1282T 在 pH 6.0～9.0 和 0～15% NaCl（m/V）条件下生长，最适生长条件为 pH 7.0 和 3% NaCl（m/V）。生长温度为 15～32℃，最适温度为 28℃。KLBMP 1282T 菌株可以通过许多表型特征与其近亲区分开来，包括单一碳源和氮源利用的差异、降解活性等。例如，KLBMP 1282T 菌株可与其近亲 *P. kongjuensis* LM 157 T 在菌落大小、颜色、形状等方面区分开来。经表型鉴定，KLBMP 1282T 菌株可与 *P. kongjuensis* LM 157 T、内生真菌 Yim 56035 T、氨氧菌 H9T 分离。

赵国琰等（2017）从柽柳根茎分离出一种耐重金属的植物内生菌 *Salinicola tamaricis* F01，其细胞呈杆状，革兰氏染色阴性，菌落呈奶油色，不透明，圆形（直径 1～1.5mm），48h 后，在 HM 培养基上显著生长，整个边缘都在 HM 培养基上。在 15～45℃的 SW 10 培养基上，48h 内 pH 为 5～10（30℃），NaCl 浓度为 0～25.0%（m/V），最适生长浓度为 5.0%（m/V）。细胞甲基红试验阳性，而伏-波试验（Voges-Proskauer test）、邻硝基苯-β-D-吡喃半乳糖苷（ONPG）活性、H_2S 生成、硝酸盐还原试验均为阴性。它能产生苯丙氨酸脱氨酶和赖氨酸脱羧酶，但不产生吲哚、胞外多糖、聚-β-羟基烷酸或鸟氨酸脱羧酶。以下化合物可作为上述内生细菌唯一的碳源和能源：葡萄糖、甘露醇、甘露糖、半乳糖、阿拉伯糖、麦芽糖、木糖、蔗糖、海藻糖、乙醇、山梨醇、乙酸钠、丙酮酸钠和柠檬酸钠。以下化合物不能用作上述内生细菌唯一的碳源或能源：乳糖、棉籽糖、纤维二糖和淀粉。以下化合物可用作唯一的氮源、碳源和能源：甘氨酸、L-半胱氨酸、L-丝氨酸、

L-脯氨酸、L-赖氨酸、L-精氨酸、异亮氨酸、L-天冬酰胺、L-谷氨酸、L-组氨酸、缬草碱和天冬氨酸。菌株 *Salinicola* 耐锰（30mmol/L）、铅（4.0mmol/L）、镍（3.0mmol/L）、铁离子（12mmol/L）及铜离子（4.0mmol/L）。菌株 *Salinicola* 对氯霉素（30μg）、链霉素（30μg）和红霉素（30μg）耐药，对氨苄西林（20μg）、卡那霉素（60μg）、利福平（30μg）和硫酸新霉素（200μg）敏感。

丛枝菌根真菌（AMF）与 80%以上的陆地植物物种的根生长有关，包括盐生植物、水生植物和干植物。在这方面，生物过程如菌根联用以缓解盐胁迫将是一个较好的选择。许多研究表明，AMF 能促进植物生长和耐盐。它们通过各种机制促进耐盐，如促进养分的获取（Al-Karaki and Al-Raddad，1997）、产生植物生长激素、改善根际环境等，改变寄主的生理和生化特性，以及防御根对土壤传播病原体。此外，AMF 还可以通过提高根系导水率和调节渗透平衡来改善植物的吸水能力等过程。这可能会促进植物的生长，并稀释有毒离子。AMF 的这些优点促使它在生物改良方面极具潜力。有学者还对有关 AMF 缓解盐胁迫及其对宿主植物生长的有益影响和生化、生理、分子机制变化进行研究，以获得对 AMF 共生细菌的不同机制的全面了解，保护植物抵御盐胁迫。研究还发现，随着土壤盐度的增加，AMF 孢子数没有明显减少，孢子数相对较高（平均为每 10g 土壤100 粒）。盐渍土真菌孢子密度较高的原因可能是在盐胁迫下孢子形成受到刺激，这意味着 AMF 可能在根末端产生孢子。

AMF 还以对盐生植物进行定植而闻名，早在 1928 年 Mason 就报道了这一发现，后来很多学者的研究证实了这一点（Hoefnagels et al.，1993），并在大部分研究中，对 AMF 孢子进行了鉴定。在早期的研究中，鉴定的依据主要是形态学标准。许多学者采用分子技术鉴定 AMF 孢子（Landwehr et al.，2002；Wilde et al.，2009）。分子鉴定技术可以克服基于形态学鉴定中的一些缺陷，然而，不宜把分子鉴定技术作为测定 AMF 中细胞核的基因含量的唯一手段（Regvar et al.，2003）。Pringle 等（2000）报道了在单个孢子中内转录间隔区（ITS）的序列可能比单个分离物中孢子间的差异更大。因此，要定义一个物种，任何通过核糖体基因测序来表征微生物的特性的研究都需要补充形态和生理特征（Wilde et al.，2009）。最近，有学者试验了两种 AMF——*Glomus mosseae* 和 *G. claroideum* 在苗圃条件下缓解橄榄树盐胁迫的效果。从观察到的橄榄树的表现来看，*G. mosseae* 是最有效的真菌，特别是在防止盐分的有害影响方面。这些发现表明 AMF 能否保护植物免受盐胁迫的危害，可能取决于每种植物的行为（Porras-Soriano et al.，2009）。

第三节　总结与展望

盐生植物群落通过对土壤理化性质、酶和微生物群落的影响而影响湿地土壤微生态系统。在泥土里酶影响氧化还原电位（过氧化氢酶）和碳（脱氢酶）、氮（蛋白酶，脲酶）和磷（酸性磷酸酶）循环。高盐度的土壤环境使微生物的种群水平降低，并抑制其生长活性。盐生植物可以降低根际土壤盐分，减少盐分胁迫对土壤微生物的影响，利用盐生植物恢复环境的潜力很大。在之前学者研究的三个植物群落中，柽柳和芦苇区下土壤中的酶活性最高，这些土壤得到明显改善。有学者认为，中国黄河三角洲地区应保护和开发柽柳和芦苇，以减轻高盐度污染。

　　近年来，许多从柽柳等耐盐植物根系分离出的有益微生物被用于缓解盐胁迫和促进作物生长。例如，丛枝菌根真菌（AMF），广泛存在于盐度较高的水环境中，这些微生物可提高水稻、玉米、小麦、大豆、生菜和番茄等主要作物的耐盐性。类似地，几种促进植物生长的根瘤菌（PGPR），以及芽孢杆菌、假单胞菌、嗜铬杆菌、变异型杆菌、固氮菌和链霉菌等也被报道能对抗盐碱。它们在小麦、水稻、鳄梨、玉米、花生、番茄和茄子等许多不同植物中的盐胁迫缓解方面发挥重要作用。上述结果表明，从柽柳等耐盐植物根系分离开发具有缓解植物盐胁迫能力的微生物代谢系统是可行的。同时，在柽柳林区的微生物资源开发利用方面，仍有较大发展空间。

参 考 文 献

丁晨曦, 李永强, 董智, 等. 2013. 不同土地利用方式对黄河三角洲盐碱地土壤理化性质的影响. 中国水土保持科学, 11（2）: 84-89.

黄诚诚, 王迎春, 张淅飞, 等. 2018. 东北黑土典型坡耕地土壤呼吸特征的研究. 中国生态农业学报, 26（1）: 1-7.

李永涛, 王霞, 王振猛, 等, 2019. 黄河三角洲不同林龄人工柽柳林生长季土壤微生物与土壤呼吸特征研究. 中南林业科技大学学报, 39（2）: 86-92.

刘亚琦, 刘加珍, 陈永金, 等. 2017. 黄河三角洲潮间带柽柳灌丛的格局及结构动态研究. 生态科学, 36（1）: 153-158.

单奇华, 张建锋, 阮伟建, 等. 2011. 滨海盐碱地土壤质量指标对生态改良的响应. 生态学报, 31（3）: 6072-6079.

张金池, 孔雨光, 王因花, 等. 2010. 苏北淤泥质海岸典型防护林地土壤呼吸组分分离. 生态学报, 30（12）: 3144-3154.

Al-Karaki Ghazi N, Al-Raddad A. 1997. Drought stress and VA mycorrhizal fungi effects on growth and nutrient uptake of two wheat genotypes differing in drought resistance. Crop Research, 13（2）: 245-257.

Bianco S, Shaw L B, Schwartz I B, et al. 2009. Epidemics with multistrain interactions: The interplay between cross immunity and antibody-dependent enhancement. Chaos, 19（4）: 90-103.

Cao Y, Tian Y, Gao L, et al. 2016. Attenuating the negative effects of irrigation with saline water on cucumber (*Cucumis sativus* L.) by application of straw biological-reactor. Agric Water Manage, 163: 169-179.

Carvalho L M, Correia P M, Martins-Loucao M A, et al. 2004. Arbuscular mycorrhizal fungal propagules in a salt marsh. Mycorrhiza, 14（3）: 165-170.

Dutta A, Grattan B, Sankavaram K, et al. 2007. Cultured cells differ in their homeostatic response to zinc deprivation. The FASEB Journal, 21（5）: A170.

Egamberdieva D. 2009. Alleviation of salt stress by plant growth regulators and IAA producing bacteria in wheat. Acta Physiologiae Plantarum, 31（4）: 861-864.

Gniazdowska A, Krasuska U, Czajkowska K, et al. 2010. Nitric oxide, hydrogen cyanide and ethylene are required in the control of germination and undisturbed development of young apple seedlings. Plant Growth Regulation, 61（1）: 75-84.

Hasanuzzaman M, Alam M M, Nahar K, et al. 2014. Trehalose-induced drought stress tolerance: A comparative study among different *Brassica* species. Plant Omics, 7（4）: 271-283.

Hoefnagels M H, Broome S W, Shafer S R, et al. 1993. Vesicular-Arbuscular mycorrhizae in salt marshes in North-Carolina. Estuaries, 16（4）: 851-858.

Jangid K, Williams M A, Franzluebbers A J, et al. 2008. Relative impacts of land-use, management intensity and fertilization upon soil microbial community structure in agricultural systems. Soil Biology and Biochemistry, 40（11）: 2843-2853.

Kaymak H C, Guvenc I, Yarali F, et al. 2009. The effects of bio-priming with PGPR on germination of radish (*Raphanus sativus* L.) seeds under saline conditions. Turkish Journal of Agriculture and Forestry, 33（2）: 173-179.

Ladenburger C G, Hild A L, Kazmer D J, et al. 2006. Soil salinity patterns in *Tamarix* invasions in the Bighorn Basin, Wyoming, USA. Journal of Arid Environments, 65（1）: 111-128.

Landwehr M, Hildebrand U, Wilde P, et al. 2002. The arbuscular mycorrhizal fungus *Glomus geosporum* in European saline, sodic and gypsum soils. Mycorrhiza, 12（4）: 199-211.

Lesica P, Miles S. 2004. Beavers indirectly enhance the growth of Russian olive and tamarisk along eastern Montana Rivers. Applied Soil Ecology, 64（1）: 93-118.

Marulanda. 2010. Regulation of plasma membrane aquaporins by inoculation with a *Bacillus megaterium* strain in maize (*Zea mays* L.) plants under unstressed and salt-stressed conditions. Planta, 232（2）: 533-543.

Mayak S, Tirosh T, Glick B R, et al. 2004. Plant growth-promoting bacteria confer resistance in tomato plants to salt stress. Plant Physiology and Biochemistry, 42（6）: 565-572.

Miransari M，Abrishamchi A，Khoshbakht K，et al. 2014. Plant hormones as signals in arbuscular mycorrhizal symbiosis. Critical Reviews in Biotechnology，34（2）：123-133.

Orwin K H，Wardle D A，Greenfield L G，et al. 2006. Plant species effects on soil nematode communities in experimental grasslands. Okios，30（2）：90-103.

Paul D，Lade H. 2014. Plant-growth-promoting rhizobacteria to improve crop growth in saline soils：a review. Agronomy for Sustainable Development，34（4）：737-752.

Porras-Soriano A，Soriano-Martin M L，Porras-Piedra A，et al. 2009. Arbuscular mycorrhizal fungi increased growth，nutrient uptake and tolerance to salinity in olive trees under nursery conditions. Journal of Plant Physiology，166（13）：1350-1359.

Qadir M，Quillerou E，Nangia V，et al. 2014. Economics of salt-induced land degradation and restoration. Natural Resources Forum，38（4）：282-295.

Regvar M，Vogel K，Irgel N，et al. 2003. Colonization of pennycresses（*Thlaspi* spp.）of the Brassicaceae by arbuscular mycorrhizal fungi. Journal of Plant Physiology，160（6）：615-626.

SantaCruz-Calvo L，Gonzalez-Lopez J，Manzanera M，et al. 2013. *Arthrobacter siccitolerans* sp. nov.，a highly desiccation-tolerant，xeroprotectant-producing strain isolated from dry soil. International Journal of Systematic and Evolutionary Microbiology，63：4174-4180.

Saraf A. 2010. Phytochemical and antimicrobial studies of medicinal plant *Costus Speciosus*（Koen.）. Journal of Chemistry，7（1）：S405-S413.

Siddikee M A，Chauhan P S，Anandham R，et al. 2010. Isolation，characterization，and use for plant growth promotion under salt stress，of ACC deaminase-producing halotolerant bacteria derived from coastal soil. Journal of Microbiology and Biotechnology，20（11）：1577-1584.

Singh R，Singh P K，Korpole S，et al. 2011. Phosphorylation of PhoP protein plays direct regulatory role in lipid biosynthesis of *Mycobacterium tuberculosis*. Journal of Biological Chemistry，286（52）：45197-45208.

Viketoft M，Palmborg C，Sohlenius B，et al. 2005. Plant species effects on soil nematode communities in experimental grasslands. Applied Soil Ecology，30（2）：90-103.

Wilde S，Sommermeyer D，Frankenberger B，et al. 2009. Dendritic cells pulsed with RNA encoding allogeneic MHC and antigen induce T cells with superior antitumor activity and higher TCR functional avidity. Blood，114（10）：2131-2139.

Yamato M，Ikeda S，Iwase K，et al. 2008. Community of arbuscular mycorrhizal fungi in a coastal vegetation on Okinawa Island and effect of the isolated fungi on growth of sorghum under salt-treated conditions. Mycorrhiza，18（5）：241-249.

Zhao G Z，Zhu W Y，Li J，et al. 2011. *Pseudonocardia serianimatus* sp. nov.，a novel actinomycete isolated from the surface-sterilized leaves of *Artemisia annua* L. Antonie Van Leeuwenhoek，100：521-528.

Zhao G Y，Zhao L Y，Xia Z J，et al. 2017. *Salinicola tamaricis* sp. nov.，a heavy-metal-tolerant，endophytic bacterium isolated from the halophyte *Tamarix chinensis* Lour. International Journal of Systematic and Evolutionary Microbiology，67（6）：1813-1819.

第五章　红树林生态系统微生物资源

红树林是一种主要分布在亚热带、热带的海岸、海湾等地的木本植物群落，因受潮汐影响，红树林在河口、海岸等水陆交叠的地方也有分布，覆盖了全世界热带、亚热带的海岸线，红树林具有高出产、高归还和高分解的特点，是海岸带地区的生态关键区，是生产力水平最高的海洋生态系统之一。红树林具有陆地和海洋两个生态系统的特性而又有所不同，独特的生长环境孕育了丰富而独具特色的红树林微生物资源，蕴含丰厚的微生物资源开发和利用潜力。

第一节　红树林概述及生态功能

一、红树林简介

红树林普遍生长在热带与亚热带海岸潮间带地区的江河入海口及沿海岸线海湾内，它兼有两个生态系统的性质但又与二者不同，是最具特色的湿地生态系统。红树林生态系统包括以红树植物为主体的草本植物、常绿灌木、乔木和藤本，还包括鸟类、原生动物、哺乳动物、爬行动物、无脊椎动物以及真菌、细菌、微藻等微生物。红树林生态系统被称为"海上森林"，在潮间带的中潮滩地区大多以块状或带状分布，在潮间带低潮或高潮滩的分布相对较少，而在超高潮及潮下带基本没有分布。红树林当中的植物包括真红树植物和半红树植物。真红树植物生长在红树林生态系统中的潮间带区域，不能在陆地环境中繁殖，如秋茄和桐花树等。半红树植物是在高洪潮下浸润生长的潮间带木本植物，在陆地和潮间带均可以生长与繁殖，如银叶树等（Sandilyans et al., 2010）。

海岸带处于海洋与陆地交界地带，因常年受海水浸淹，同时具备陆地与海洋生态系统的部分特点（解修超等，2013）。红树林作为海岸带陆地区域过渡至海洋的中间植物，具有自身特有的生态功能。

1）红树植物可以吸收大气中的 CO 和 CO_2，降低由温室气体带来的影响，红树植物还可吸收、降解沉积重金属和有机污染物（Mille et al., 2006），具有一定的环境净化功能。

2）作为海岸带环境内的重要植被，红树林能增强生物的多样性，为鸟类、鱼类等生物提供栖息与繁殖环境（Souza et al., 2008），伴随红树林植被更替，红树林凋零物同时为附近土壤和水域提供了丰富的营养元素及饵料，进一步促进了浮游动物、底栖动物和区域微生物等的生长繁殖。

3）位于水陆交替地带的红树林根系发达，能适应高渗环境。根系交织在一起的红树林植被稳定性较高，具有防风减浪、防潮固堤的重要作用（张磊等，2014），红树林具有"绿色海岸卫士"的称号。

4）红树林见证了海陆变迁演化过程，研究红树林生态系统将为研究海陆生物进化及变迁提供重要的理论基础。结合世界各地的红树林特性，红树林具有净化海水、吸附污染物、维持物种多样性和稳定区域生态系统等作用（Lucas et al.，2012）。

二、红树林的分布情况

全世界的红树林现存约 1377.6 万 hm²，亚洲分布最多，占 42%，20%分布在非洲，15%分布在中北美洲，12%分布在大洋洲，11%分布在南美洲，孟加拉国西南部的 Sundarban 红树林是世界上最大的红树林，面积约为 100 万 hm²（Giri et al.，2011）。

我国的红树林湿地主要分布于东南岸沿海热带及亚热带地区，主要分布于海南省、广东省、广西壮族自治区、福建省、浙江省及台湾省。其中海南省、广东省和广西壮族自治区共有红树林面积达 21 389.2hm²，其红树林资源在我国的占比最大（共 97.1%）。广东省是我国红树林面积最大的省份，2001 年调查显示，广东省红树林面积达 9084hm²，约占我国红树林总面积的 42%，其主要分布于汕头市、湛江市、江门市、茂名市等，其中广东省深圳市红树林面积约占全国红树林面积的 1.2%，主要分布于福田区的福田红树林自然保护区，约 85hm²；宝安区约有 73hm² 的红树林，分布于西乡、福永、沙井等地；龙岗区约有 9hm² 的红树林，分布于葵涌坝光、洞梓、南澳东冲等地。福田红树林自然保护区是我国唯一一个地处城市腹地的国家级红树林自然保护区，与香港米埔红树林仅隔一个深圳湾（邓利等，2014）。该地区的红树植物共有 16 种，其中本地物种有白骨壤、老鼠簕、秋茄、银叶树、尖瓣海莲、桐花树、海莲、木榄、海漆、卤蕨，引进红树植物有海桑、无瓣海桑、红树、红海榄、水椰和拉关木（张倬纶等，2012）。

三、红树林土壤的基本性质

红树林土壤受动物、植物及微生物的共同作用，由潮水搬运堆积发育而成。由于环境特殊，红树林土壤同时具有陆地和海洋的部分特征。土壤中的硫酸根离子被植物吸收富集到体内，随红树植物的凋谢物最终以另一种形态回归土壤。红树林土壤中的铁化合物与硫酸根离子反应生成黄铁矿，黄铁矿受到氧化生成硫酸铁，这使得该区域内的土壤呈酸性。经过红树林生长过程中不断地吸收与转化，回归到土壤当中的红树凋落物逐渐累积，使得红树林土壤逐步酸化。酸化的土壤随雨水冲刷进入大海，在陆海交汇处沉积，形成潮间带，潮间带土壤中的沉积物缓慢生成酸性硫酸盐土。林鹏（1997）在《中国红树林生态系》中对红树林生态系统土壤基本性质的概述如下。

（一）土壤盐渍化

受海水浸淹和红树林自身的积盐影响，红树林土壤的含盐量逐渐升高，研究发现，红树林土壤含盐量在 1%以上，明显高于无红树植被的滩涂土壤含盐量，并且红树林生长土壤的质地越黏重，其土壤含盐量越高。土壤盐分的离子组成中，阴离子以 Cl^- 和 SO_4^{2-} 为主，阳离子以 Na^+ 为主。

（二）呈还原状态沼泽化

红树林的表层土壤属于氧化层，呈黄棕色，表层以下的主体土壤形态为烂糊状，呈灰黑色，并且黏度相对较高，致使其通气性较差。土壤的还原性铁含量较无红树林地区的土壤含量高，并且红树林生境的主体土壤有显著的沼泽化特征。

（三）有机质含量相对较高

红树林土壤的有机质平均含量为 4.48%，最高可达 10%。红树林主体土壤的黏粒与含量丰富的有机质发生凝聚反应，所形成的土壤形态及蕴含的营养成分将为该区域内的土著微生物的生长繁殖提供重要条件。

（四）土壤 pH 低呈酸性

红树林的酸化作用将直接影响红树林土壤的 pH，其土壤 pH 大多处于 3～6，酸化的土壤 pH 显著高于无红树林分布的土壤，且红树林土壤中质地黏重的部分比该区域范围内沙质土壤的 pH 更低。

（五）质地均匀、黏粒含量高

红树林土壤的质地较细并有黏性，土壤的颗粒大小均匀，低于 0.01mm 的物理黏粒含量为 35%～80%。

第二节　红树林微生物

红树林具有陆地和海洋生境的部分特性（图 5-1），具有丰富而具特色的微生物资源。研究者陆续从红树林中分离出很多特殊功能微生物，包括降解污染物的微生物、具有抗癌抗肿瘤活性代谢产物的微生物等。随着研究技术水平的进步，研究者对红树林生态系统中的微生物的认识发生重大转变，从宏观升级到微观，从群落水平升级到分子水平，让我们更加深入地了解其生态特征和对环境的功能及作用，这对研究红树林土壤微生物及其资源开发与利用具有重要的意义（蒋云霞等，2006）。

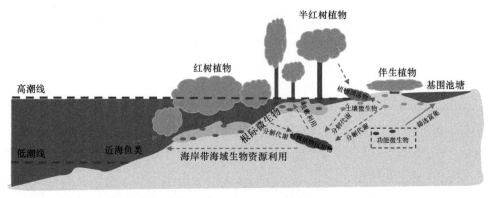

图 5-1　红树林生态系统示意图（彩图请扫封底二维码）

一、红树林微生物及多样性

细菌主要分布在红树林水体及沉积物中，其群落结构和红树林水体理化性质的变化具有一定相关性，水质稳定时群落变化较小（黄凤莲等，2004a）。水体的氮磷含量将直接影响红树林生态系统中的异养菌和弧菌等微生物的总生物量（黄凤莲等，2004b）。土壤的深度也会影响细菌群落组成。红树林土壤的表层主要为异养细菌，此类异养细菌主要以植物的凋谢物为营养物质，深层土壤则主要是厌氧细菌（陆健健等，2006）。红树林生态系统中红树植物的耐盐能力有所不同，不同种类的红树植物根据其耐盐能力的不同在潮间带中呈现带状分布。受海水冲击，凋落物大幅度移动，使得细菌群落与土壤理化性质呈现相似性（王岳坤和洪葵，2005a）。

红树林实质上是营养贫乏性生态系统，尤其缺乏氮磷元素（Holguin et al.，1992；Vazquez et al.，2000）。但其营养循环较好，通过微生物分解植物组分使整个生态系统获得营养补给，微生物从中发挥了关键分解代谢作用（Holguin et al.，2001）。关于红树林的微生物资源研究较少，红树林生态系统中含微生物的类群及种数还未知。澳大利亚热带红树林中的细菌和真菌资源居多，占总量的 90% 以上（Along，1988）。丝状真菌、细菌及放线菌是我国海南红树林土壤中的主要微生物，各微生物的总生物量所占比例较大（王岳坤和洪葵，2005b）。不同地区的红树林生态系统中土壤微生物的群落组成不同，在伴有差异性的同时又具有一定的组成结构相似性，其中，细菌、放线菌和丝状真菌分别以芽孢杆菌、链霉菌和子囊菌占优势（林鹏等，2005）。

红树林生态系统中的土壤及植物根际微生物均具有多样性。闫莉萍和洪葵（2005）从采自非红树林的样品中未分离到放线菌，而从采自红树林的样品中则筛到放线菌。印度学者研究了其西海岸地区的红树根际内生真菌的多样性，发现潮间带汇集了各种陆地和海洋中的微生物资源（Ananda and Sridhar，2002）。Sengupta 和 Chaudhuri（1990）从采自红树林生态系统的沉积物样品中分离到固氮菌。Holguin 等（2001）发现在红树林生态系统中参与营养转运的微生物中固氮菌、溶磷菌和真菌较多。近年来，关于红树林微生物多样性的研究报道逐渐增多，其中对红树林生态系统中细菌研究的占比高，主要集中于菌株分离与分子生态学方面（张瑜斌等，2007；林鹏等，2005；王岳坤和洪葵，2005a；陈跃庆，2007；阎冰，2006；张熙颖等，2009），对古菌的研究主要集中在分子生态学方面（Mendes et al.，2012），而对真菌的研究主要集中在菌株分离方面（徐友林，2012）。

（一）红树林生态系统中的古细菌

古菌域主要分为 4 门，分别是初古菌门（Korarchaeota）、泉古菌门（Crenarchaeota）、纳古菌门（Nanoarchaeota）和广古菌门（Eurychaeota）（Woese et al.，1990）。

林鹏等（2005）研究发现，在红树林土壤的不同深度，其微生物群落结构和多样性有明显区别。在土壤表层古菌多样性变化明显，随着深度增加其多样性先上升后降低。阎冰（2006）研究发现，红树林古细菌包括两类：嗜泉古菌界（Crenarchaeota）和广域古菌界（Eurychaeota），其中嗜泉古菌为优势菌。嗜泉古菌还存在不确定分类分支，分别是 MSA-cluster-6 和 MSA-cluster-78,以及 Marine Benthic group A、B、C 类群,但以 Marine Benthic group C 占优势。广域古菌包括 Marine Benthic group D、E、Ⅳ 和 Riee cluster Ⅰ、Ⅲ 等不同类群,其中以 Marine Benthic group D 类群为优势菌。通过分析多样性指数和物种丰富度指数计算结果,得出结论:古细菌的多样性程度低于细菌多样性。

(二)红树林生态系统中的细菌

红树林生态系统中的红树植物种类、环境温度、土壤盐度及受海水淹没程度等因素影响着红树林细菌群落特征的变化。红树林生态系统中不同区域内的土壤细菌群落结构存在相似性,在这当中以芽孢杆菌为优势菌。林鹏等(2005)从红树林土壤中分离到节杆菌、黄单胞菌、芽孢杆菌等细菌,其中芽孢杆菌的相对密度为 50%~70%。

红树林生态系统中土壤细菌的群落结构具有一定的时空异质性。在墨西哥旱地红树林中,异养细菌的数量在温季时多,而到热季时数量少,弧菌数量的变化与之相反。同一范围内,在采自不同区域内的红树林土壤样品中,异养细菌和弧菌的总生物量存在明显差异;红树林生态系统的近岸海水温度是影响异养细菌和弧菌总生物量的决定因素,而红树林土壤的颗粒构造形态及土壤有机质含量等因素对生物量变化的影响偏小(Gonzalez-Acosta et al.,2006)。厌氧光合细菌、好氧光合细菌、有机营养菌和大肠杆菌群主要分布在靠近海水的土壤中,各微生物的总生物量较高,但嗜盐碱菌生物量分布情况与之相反(Al-Sayed et al.,2005)。细菌繁殖力和种群数量受到土壤深度的影响,从土壤表层至下层主体表现出差异性。在此区域内的土壤物理化学因素及海水淹没程度是影响细菌生物量变化的主要因素(Along,1988)。红树林生态系统中红树植物根部的异养细菌的总生物量显著高于根际土壤的生物量(Ravikumar et al.,2004)。而在红树林生态系统土壤中,参与氮源转化的细菌总生物量显著高于无红树地区土壤的细菌生物量(Routray et al.,1996)。

(三)红树林生态系统中的真菌

红树林生态系统中的真菌是海洋微生物真菌类的主要组成部分,超过 1/3 的海洋真菌来源于红树林生态系统(Jones and Alias,1996)。Jones(1996)从红树林生态系统土壤中分离获得了 90 多株真菌,*Lulworthia grandispora*、*Kallichroma tethys*、*Leptosphaeria australiensis* 和 *Verruculina enalia* 是优势种。Abdel-Wahab(2005)分离获得了 40 株真菌,优势种是 *Swampomyces armeniacus*,常见种有 *Hypoxylon* sp.、*Lineolata rhizophorae*、*Kallichroma tethys*、*Swampomyces armeniacus* 和 *Lulworthia grandispora*。Maria 和 Sridhar(2002)分离获得了 80 株真菌,共分为 45 属,*Halocyphina villosa*、*Lignincola laevis*、*Lulworthia grandispora*、*Periconia prolifica*、*Savoryella paucispora*、*Verruculina enalia* 和 *Zalerion maritimum* 是最常见的种。Hyde(1992)分离得到了 16 株真菌,子囊菌和半知菌占大多数。不同区域红树林的真菌群落优势种和常见种存在较大差异性,该区域内接合菌的数量占比相对较少,担子菌和鞭毛菌则更为稀少(Ananda and Sridhar,2002)。

红树林的真菌群落具有地域性。Schmit 和 Shearer(2004)研究发现,同区域内不同地区的土壤中,红树林真菌的群落结构相似性存在明显差异。亲缘关系对真菌群落结构相似性的影响较小，表明红树林生态系统中的真菌群落受地域影响显著。红树林生态系统土壤中的真菌以垂直形态分布，且分布范围窄。未受到潮水浸没的为陆生类，经常受潮水淹没的为海洋类（Hyde and Lee，1995）。

红树林生态系统中的真菌具有非专一寄主特点，能在多种红树区域内生长，如 *Hypoxylon oceanicum* 和 *Savoryella lignicola*，但每种真菌在每个植物寄主中的生长优势程度有所不同，*Passeriniella savoryellopsis* 和 *Swampomyces triseptatus* 常在木果楝上生长，而 *Hypoxylon oceanicum*、*Lulworthia* spp.和 *Halosarpheia ratnagiriensis* 常在白海榄雌、杯粤海桑上生长。有些红树林真菌有寄主专一性和限制性，只能生长在单一树种上，如 *Caryospora mangroves* 只在木果楝上生长，而 *Aigialus mangrovis* 和 *Eutypa* sp.只在白骨壤上生长（Hyde and Lee，1995）。

（四）红树林生态系统中的放线菌

有关红树林生态系统中的放线菌研究较少。现有研究表明，红树林中的放线菌相对于互花米草及碱蓬中的放线菌更为丰富。Jensen 和 Fenical（1995）对采自巴哈马（Bahamas）近海区域的样品进行筛选分离，1/3 的样品未分离到任何放线菌，从采自红树林的泥样中分离得到近 50 株放线菌。闫莉萍和洪葵（2005）从海南地区的红树林生态系统土壤和非红树林区域筛菌，共获得近 170 株放线菌，其中 99%的放线菌来源于红树林土壤样品，表明红树林生态系统具有丰富的放线菌资源。小单孢菌和链霉菌是红树林中的优势放线菌类群。林鹏等（2005）从福建红树林土壤中筛选获得了链轮丝菌（*Streptoverticillium*）、小单孢菌（*Micromonospora*）、链霉菌（*Streptomyces*）及红球菌（*Rhodococcus*）等多个属的放线菌，其中多数为小单孢菌和链霉菌。

二、红树林微生物的生态功能

（一）红树林微生物参与营养循环

红树林植物利用光合作用固定碳，随植物的凋落，以沉积物的形式进入土壤，微生物需要不断地分解植物有机质凋落物，从环境中吸收氮和磷元素。微生物生长过程中产生的代谢物质将为生态系统中的植物提供一部分营养，营养物质成为植物和微生物之间密切联系的桥梁。Bano 等（1997）将微生物的营养模式总结为红树林中的凋落沉积物为细菌提供生长基质，细菌生长过程中所产生的代谢产物为植物提供一部分营养元素。植物的凋谢物经由微生物代谢通过食物网将营养元素及代谢产物带入营养循环，一部分物质将被原生动物和后生动物利用。

微生物在红树林生态系统中红树植物的凋谢物分解过程中发挥重要作用（庄铁诚和林鹏，1993；Kohlmeyer et al.，1995）。Raghukumar 等（1994）分析了红树林凋谢物在被微生物分解过程中，微生物生物量、密度和群落结构发生的变化，其分解过程主要为：①真菌 *Cladosporium herbarum*、*Halophytophthora versicula* 与 Thraustochytrids 在第 1 周时开始在植物凋谢物上繁殖，植物凋谢物中的葡萄糖和纤维素等开始减少。②植物凋谢物在 3 周内被微生物分解至最低水平，此时，凋谢物上的真菌和细菌数量迅速增加。③真菌和细菌的生物量分别在第 3 周和第 5 周时开始下降。红树林生态系统中的真菌微生物主要降解红树植物中的木质素和纤维素等物质，Yuan 等（2005）从红树林土壤中筛选获得 80 株真菌，有 50%的菌株均能产生木聚糖酶，其中菌株 CY4786 的产木聚糖酶水平最佳，活力可达 $1.7 \times 10^4 U/ml$。红树林细菌主要参与碳氮元素的循环及部分营养物质的流动（Bano et al.，1997）。

（二）红树林微生物参与污染净化

生活污水和工业废水的排放导致赤潮频繁暴发。由于红树林具有一定的污染净化能力，能防止邻近海域赤潮的发生。微生物在污染净化过程中发挥重要作用，红树林微生物能够降解残留农药和多环芳烃等有机污染物，部分微生物还可吸附降解重金属。

红树林生态系统中的土壤微生物能够显著降解多环芳烃（PAHs）类有机污染物。研究发现红树林底泥对芴（fluorene，Fl）和芘（pyrene，Pyr）等混合污染物的降解效果显著，其中 Fl 降解了 99%，Pyr 降解了 30%。补充适量无机盐后，Pyr 降解了 97%，PAHs 几乎被完全降解，表明红树林底泥中的土著微生物对 PAHs 具有显著的降解功能。

红树林生态系统中的土壤细菌和真菌均能降解聚乙烯成分。Kathiresan（2003）研究发现，红树林底泥在 9 个月内可以降解 4%的聚乙烯袋。从红树林底泥中筛选得到 5 种细菌（*Streptococcus* sp.、*Staphylococcus* sp.、*Micrococcus* sp.、*Moraxella* sp.、*Pseudomonas* sp.）和 2 种真菌（*Aspergillus glaucus*、*Aspergillus niger*）并进行降解实验，聚乙烯在一个月内的降解率分别达到 21%（*Pseudomonas* sp.）和 29%（*Aspergillus niger*）。

红树林生态系统土著微生物可显著降解甲胺磷，降解能力是无红树林地区土壤微生物降解能力的 3 倍。从红树林生态系统土壤中筛选的一株降解菌，其 10 天内甲胺磷降解效率可达 70%（庄铁诚等，2000）。Brito 等（2006）从巴西红树林土壤中分离得到能够降解烃的 12 株菌株，表明红树林具有降解石油的巨大潜能。红树林生态系统土著微生物可显著降解二甲基对苯二酸盐（DMT）、邻苯二甲酸二丁基酯（DBP）、五环三萜烯醇（pentacyclic triterpenol）和吲哚（indole）等有机物，这对有机污染物修复及环境净化具有重要意义（Koch et al.，2005；Xu et al.，2005；Yin et al.，2005）。

红树林生态系统中的土壤微生物可净化废水。Tam（1998）通过实验研究发现，红树林土壤微生物能显著降解废水中的 Cu、Zn、Cd、P 等，在此降解过程中土壤中的氨化细菌、硝化细菌和反硝化细菌的总数量迅速上升，实验土壤中的 ATP 含量和碱性磷酸酶、脱氢酶活性明显高于对照土壤，表明红树林土壤中的微生物能吸附水体中的 Cu、Cd 和 Zn 等重金属元素，并且能对 N 和 P 等进行利用，从而净化废水。

第三节　红树林微生物资源的开发利用

国家自然科学基金委员会对红树林微生物研究项目的资助越来越多。红树林微生物研究方向包括物种多样性研究、活性物质研究、次级代谢产物合成等，红树林植物内生真菌的活性物质相关研究在所有研究中占有较大比例（孙承航等，2017）。在国家自然科学基金委员会、科技部等相关部门的资助下，红树林微生物的研究发展迅速。1991 年美国加利福尼亚大学斯克里普斯海洋研究所率先从红树林土壤中筛选得到放线菌新属，鉴定为盐孢菌属（*Salinispora*）（李文均等，2013），正式开启红树林微生物代谢产物方向的研究（Jensen et al.，2015）。1998 年日本发酵研究所（Institute for Fermentation，Osaka，IFO）从红树林植物的根际筛选得到了放线菌新种（Takeuchi and Hatano，1998），随后多个研发机构陆续展开对红树林土壤及植物根际新放线菌资源的研究工作（Ara　　et al.，2008）。2008 年中国发现了第一个红树林植物放线菌新物种（Huang et al.，2008）。到 2017 年，全世界范围内共发现 70 多株来源于红树林地区的新放线菌，我国在红树林放线菌新物种发现量上位居世界首位，占 44%（孙承航等，2017），这反映出红树林微生物种群的多样性和新颖性，表明对红树林土壤及植物微生物研究的必要性，放线菌在药物、环境等方面存在巨大的开发潜力。

一、环境治理

通过利用从红树林生态系统中分离筛选的微生物菌株来治理、修复环境成为研究热潮。红树林中微生物对环境的修复具有重要作用，其对环境的修复主要是通过微生物催化降解并转化，将环境中的污染物消除为其他无害物质的过程。

目前已从红树林区域分离获得能用于污染修复相关的微生物包括多环芳烃降解菌、塑料和聚乙烯降解菌、石油降解菌、农药降解菌、五环三萜烯醇降解菌、吲哚降解菌等，该类污染物降解菌均可应用于环境污染治理中。向海洋淤泥中投施红树林土著底泥，好氧嗜热微生物可对海洋淤泥进行发酵，抑制其富营养化。红树林土壤及植物根际中的抑藻菌可防止赤潮的发生，筛选、富集该抑藻菌并制成微生物菌剂将有助于治理富营养化水体，有效控制赤潮暴发（蒋云霞等，2006）。

二、代谢产物

1989 年 Poch 等从筛选自夏威夷红树林生态系统中的微生物中得到 2 种新结构内酯化合物，这使得从红树林微生物中筛选高产菌株、新结构化合物和生物活性物质的研究渐成热点，主要包括杂环生物碱、大环生物碱、环肽类、大环内酯类、甾醇类、聚醚类、多糖类等，研究的生物活性主要包括抗菌、杀虫、酶抑制剂、细胞毒活性和抗氧化类等。研究者陆续从筛选自红树林土壤或植物的真菌中分离获得了具有细胞毒活性的新结构化合物，包括抗菌和抗氧化活性化合物 auranticin A 和 auranticin B（Poch and Gloer，1991）、enniatin（Lin et al.，2001）、aigialomycin D（Isaka et al.，2002）、杂多糖 W21 和鞘胺醇 A（胡谷平等，2002）、aiaporthelactone（Lin et al.，2005）、甾醇（高昊等，2006）等。

从筛选自红树林生态系统的放线菌中获得生物活性物质等化合物的研究甚少，此类化合物包括具有抗菌活性的核苷类化合物（廖文彬和鲍时翔，2004）、*p*-aminoacetophenonic acid 和 cyclopentenone 的新型衍生物等（Lin et al.，2005）。陈华等（2006）对从红树林生态系统中的红树土壤和根等样品中分离出的 500 多株细菌及 300 多株放线菌进行细胞毒性测定，发现有 16% 的细菌和 23% 的放线菌具有细胞毒活性，表明红树林细菌和放线菌具有一定的应用潜力。在生物活性物质高产菌株开发利用方面，Perveen 等（2006）从日本冲绳岛红树林中分离得到一株二十二碳六烯酸（docosahexaenoic acid，DHA，$22:6n$-3）高产菌，其 DHA 产率高达 2.8g/（L·d），这是当前已研究的微生物当中 DHA

产率最高的菌株，有望进行商业性应用开发。

三、农 业 种 植

芽孢杆菌作为红树林中一类重要的微生物资源在农业方面具有巨大的应用潜力。研究发现，芽孢杆菌和类芽孢杆菌属细菌通过产生抗生素或直接刺激宿主植物的免疫应答反应来提高植物抵御外来病害的能力，促进植物健康生长（Gardener，2004）。芽孢杆菌还可制备成应用于促进植物生长和改善土壤结构的微生物肥料。研究表明，*B. amyloliquefaciens*、*B. sphaericus*、*B. mycoides*、*B. subtilis* 和 *B. pumilus* 能促进宿主植物对营养成分的吸收利用（Priest et al.，1993）。*B. subtilis* 能降解土壤中的磷，同时配合根瘤菌（*Glomus intraradices*）使用，能够进一步促进植物对磷的积累及对氮的协同吸收。芽孢杆菌能产生抗逆性芽孢，这一特性使其能更好地制备成微生物制剂，有利于其在环境中的存活与定植，因此，芽孢杆菌在植物病害生物防治方面得到广泛应用。与其他微生物的菌剂相比，芽孢杆菌在与化学农药的相容性与稳定性等方面具有明显的优势，一些优良的芽孢杆菌生防菌剂已经得到商品化生产。

红树林土壤及植物中存在固氮微生物。固氮微生物可分为共生固氮微生物、自生固氮微生物和联合固氮微生物三类，以自生固氮菌居多（杨晓洪和顾觉奋，2011），广泛存在于古细菌、真细菌中。在红树林生态系统中发现存在最多的是固氮蓝细菌，目前已分离得到的有变形菌纲细菌、蓝细菌、古细菌、绿硫菌等固氮微生物。固氮微生物肥料与传统氮肥料相比具有环境污染小、高效等优势，利用固氮微生物制成微生物菌剂，通过微生物的固氮作用增加土壤氮含量，促进粮食增产。

四、生 态 恢 复

从红树林土壤中分离得到的植物促生菌能显著促进红树林植物幼苗的生长，提高红树林幼苗的成活率（万璐等，2004；李玫等，2006）。中国林业科学研究院热带林业研究所研制适用于红树林的 PGPB 复合微生物菌剂，将该复合微生物菌剂应用于红树林种植中，红树林幼苗苗高可提高 62%，成活率达 92%，比对照提高 49%。

红树林生态系统是陆地向海洋过渡的特殊湿地生态系统，是全球变化的生态敏感区之一，这是一个相对开放且复杂的体系，因潮水和淡水注入等因素，它与其他环境间存在频繁而密切的交流。红树林在维持土壤及植物中微生物的多样性、促进有机质污染物的降解、增强海岸带营养循环、防止赤潮和防浪护堤等方面均发挥着重要作用。

参 考 文 献

陈华，洪葵，庄令，等. 2006. 海南红树林的微生物生态分布及细胞毒活性评价. 热带作物学报，27（1）：59-63.

陈跃庆. 2007. 红树林沉积物细菌多样性分析及其功能基因筛选. 厦门大学硕士学位论文.

邓利，张慧敏，劳大荣，等. 2014. 福田红树林自然保护区沉积物重金属污染现状及生态风险评价. 海洋环境科学，（6）：947-953.

高昊，张雪，王乃利，等. 2006. 具有细胞毒活性的红树林真菌泡盛酒曲霉中的甾类成分. 中国药理学会制药工业专业委员会第十二届学术会议，中国药学会应用药理专业委员会第二届学术会议. 2006 年国际生物医药及生物技术论坛（香港）会议论文集.

胡谷平，佘志刚，吴耀文，等. 2002. 南海海洋红树林内生真菌胞外多糖的研究. 中山大学学报（自然科学版），41（1）：
　　121-122.
黄凤莲，夏北成，戴欣，等. 2004b. 滩涂海水种植-养殖系统细菌生态学研究. 应用生态学报，15（6）：1030-1034.
黄凤莲，张寒冰，夏北成，等. 2004a. 滩涂种植-养殖系统换水周期内细菌的消长动态研究. 中山大学学报（自然科学版），
　　43（6）：69-72.
陆健健，何文珊，童春富，等. 2006. 湿地生态学. 北京：高等教育出版社：52-53.
蒋云霞，郑天凌，田蕴. 2006. 红树林土壤微生物的研究：过去、现在、未来. 微生物学报，46（5）：848-851.
林鹏. 1997. 中国红树林生态系. 北京：科学出版社：1-33.
林鹏. 2001. 中国红树林研究进展. 厦门大学学报（自然科学版），40（2）：592-603.
林鹏，张瑜斌，邓爱英，等. 2005. 九龙江口红树林土壤微生物的类群及抗菌活性. 海洋学报，27（3）：133-141.
李玫，廖宝文，康丽华，等. 2006. PGPB 对红树植物木榄幼苗的接种效应. 林业科学研究，19（1）：109-113.
李文均，职晓阳，唐蜀昆. 2013. 我国放线菌系统学研究历史、现状及未来发展趋势. 微生物学通报，40（10）：1860-1873.
廖文彬，鲍时翔. 2004. 红树林放线菌产抗菌活性物质的分离纯化研究. 药物生物技术，11（6）：376-380.
孙承航，李飞娜，蔡铮，等. 2017. 1986-2016 年国家自然科学基金红树林及其药物研究领域资助情况. 中国抗生素杂志，
　　42（4）：269-276.
王岳坤，洪葵. 2005a. 红树林土壤细菌群落 16S rDNA V3 片段 PCR 产物的 DGGE 分析. 微生物学报，45（2）：201-204.
王岳坤，洪葵. 2005b. 红树林土壤因子对土壤微生物数量的影响. 热带作物学报，26（3）：109-114.
万璐，康丽华，廖宝文，等. 2004. 红树林根际解磷菌分离、培养及解磷能力的研究. 林业科学，17（1）：89.
解修超，阮昌应，洪亮，等. 2013. 红树林放线菌及其代谢产物多样性. 红河学院学报，11（4）：18-20.
徐友林. 2012. 八门湾红树林土壤可培养真菌的多样性和分布. 海南大学硕士学位论文.
闫莉萍，洪葵. 2005. 海南近海株抗细胞活性放线菌的多样性分析. 微生物学报，45（2）：185-190.
阎冰. 2006. 红树林土壤细菌和古菌的多样性研究. 华中农业大学博士学位论文.
杨晓洪，顾觉奋. 2011. 红树林土壤微生物与其代谢产物研究进展. 国外医药：抗生素分册，32（3）：97-100.
张倬纶，侯霄霖，梁文钊，等. 2012. 深圳现存红树林群落的生境及保护对策. 湿地科学与管理，4：49-52.
张熙颖，许静，肖静，等. 2009. 福建漳江口红树林沉积物中的古菌类群. 山东大学学报（理学版），44（3）：1-6.
张磊，吴莺，王菲，等. 2014. 红树林植物的研究进展. 海峡药学，26（4）：8-12.
张瑜斌，林鹏，庄铁诚. 2007. 九龙江口红树林土壤微生物的时空分布. 厦门大学学报（自然科学版），46（4）：587-592.
庄铁诚，林鹏. 1993. 红树林凋落叶自然分解过程中土壤微生物的数量动态. 厦门大学学报（自然科学版），32（3）：365-370.
庄铁诚，张瑜斌，林鹏. 2000. 红树林土壤微生物对甲胺磷的降解. 应用与环境生物学报，6（3）：276-280.
Abdel-Wahab M A. 2005. Diversity of marine fungi from Egyptian Red Sea mangroves. Botanica Marina，48（5-6）：348-355.
Alias S A，Zainuddin N，Jones E B G. 2010. Biodiversity of marine fungi in Malaysian mangroves. Botanica Marina，53（6）：
　　545-554.
Along D M. 1988. Baeterial productivity and microbial biomass in tropical mangrove sediments. Microbial Ecology，15：59-79.
Al-Sayed H A，Ghanem E H，Saleh K M. 2005. Bacterial community and some physico-chemical characteristics in a subtropical
　　mangrove environment in Bahrain. Marine Pollution Bulletin，50（2）：147-155.
Ananda K，Sridhar K R. 2002. Diversity of endophytic fungi in the roots of mangrove species on the west coast of India. Canadian
　　Journal of Microbiology，48（10）：871-878.
Ara I，Matsumoto A，Abdul B M，et al. 2008. *Actinomadura maheshkhaliensis* sp. nov.，a novel actinomycete isolated from
　　mangrove rhizosphere soil of Maheshkhali，Bangladesh. Journal of General and Applied Microbiology，54（6）：335-342.
Bano N，Nisa M U，Khan N，et al. 1997. Significance of bacteria in the flux of organic matter in the tidal creeks of the mangrove
　　ecosystem of the Indus River delta，Pakistan. Marine Ecology Progress Series，157：1-12.
Brito E M S，Guyoneaud R，Goñi-Urriza M，et al. 2006. Characterization of hydrocarbonoclastic bacterial communities from
　　mangrove sediments in Guanabara Bay，Brazil. Research in Microbiology，157（8）：752-762.
Gardener B B M. 2004. Ecology of *Bacillus* and *Paenibacillus* spp. in agricultural systems. Phytopathology，94（11）：1252-1258.
Giri C，Ochieng E，Tieszen L L，et al. 2011. Status and distribution of mangrove forests of the world using earth observation
　　satellite data. Global Ecology and Biogeography，20（1）：154-159.
Gonzalez-Acosta B，Bashan Y，Hernandez-Saavedra N Y，et al. 2006. Seasonal seawater temperature as the major determinant for
　　populations of culturable bacteria in the sediments of an intact mangrove in an arid region. FEMS Microbiology Ecology，
　　55（2）：311-321.
Holguin G，Vazquez P，Bashan Y. 2001. The role of sediment microorganisms in the productivity，conservation，and rehabilitation
　　of mangrove ecosystems：an overview. Biology and Fertility of Soils，33（4）：265-278.
Holguin G. 1992. Two new nitrogen-fixing bacteria from the rhizosphere of mangrove trees：Their isolation，identification and *in
　　vitro* interaction with rhizosphere *Staphylococcus* sp. FEMS Microbiology Letters，101（3）：207-216.
Huang H，Lv J，Hu Y，et al. 2008. *Micromonospora rifamycinica* sp. nov.，a novel actinomycete from mangrove sediment.
　　International Journal of Systematic Evolutionary Microbiology，58（1）：17-20.

Hyde K D, Lee S Y. 1995. Ecology of mangrove fungi and their role in nutrient cycling: what gaps occur in our knowledge. Hydrobiologia, 295 (1-3): 107-118.

Hyde K D. 1992. Intertidal mangrove fungi from the west coast of Mexico, including one new genus and two new species. Mycological Research, 96 (1): 25-30.

Isaka M, Suyarnsestakorn C, Tanticharoen M, et al. 2002. Aigialomycins A-E, new resorcylic macrolides from the marine mangrove fungus *Aigialus parvus*. The Journal of Organic Chemistry, 67 (5): 1561-1566.

Jensen P R, Fenical W. 1995. The relative abundance and seawater requirements of Gram-positive bacteria in near-shore tropical marine samples. Microbial Ecology, 29 (3): 249-257.

Jensen P R, Moore B S, Fenical W. 2015. The marine actinomycete genus *Salinispora*: a model organism for secondary metabolite discovery. Natural Product Reports, 32 (5): 738-751.

Jones E B G, Alias S A. 1996. Biodiversity of mangrove fungi. *In*: Hyde K D. Biodiversity of Tropieal Marine Fungi. Hong Kong: Hong Kong University Press: 71-92.

Kathiresan K. 2003. Polythene and plastics-degrading microbes from the mangrove soil. Revista de Biologia Tropical, 51 (3-4): 629-633.

Koch B P, Harder J, Lara R J, et al. 2005. The effect of selective microbial degradation on the composition of mangrove derived pentacyclic triterpenols in surface sediments. Organic Geochemistry, 36 (2): 273-285.

Kohlmeyer J, Bebout B, Vlkmann-Kohlmeyer B. 1995. Decomposition of mangrove wood by marine fungi and teredinids in Belize. Marine Ecology, 16 (1): 27-39.

Lin X, Huang Y, Fang M, et al. 2005. Cytotoxic and antimicrobial metabolites from marine lignicolous fungi, *Diaporthe* sp. FEMS Microbiology Letters, 251 (1): 53-58.

Lin Y, Wu X, Feng S, et al. 2001. Five unique compounds: xyloketals from mangrove fungus *Xylaria* sp. from the South China Sea coast. The Journal of Organic Chemistry, 66 (19): 6252-6256.

Lucas W M, Rodrigo G T, Acácio A N, et al. 2012. Shifts in phylogenetic diversity of archaeal communities in mangrove sediments at different sites and depths in southeastern Brazil. Microbiology, (5): 366-377.

Mendes L W, Taketani R G, Navarrete A A, et al. 2012. Shifts in phylogenetic diversity of archaeal communities in mangrove sediments at different sites and depths in southeastern Brazil. Research in Microbiology, 163 (5): 366-377.

Mille G, Guiliano M, Asia L, et al. 2006. Sources of hydrocarbons in sediments of the Bay of Fort de France (Martinique). Chemosphere, 64 (7): 1062-1073.

Msria G L, Sridhar K R. 2002. Richness and diversity of filamentous fungi on woody litter of mangroves along the west coast of India. Current Science, 83 (12): 1573-1580.

Perveen Z, Ando H, Ueno A, et al. 2006. Isolation and characterization of a novel thraustochytrid-like microorganism that efficiently produces docosahexaenoic acid. Biotechnology Letters, 28 (3): 197-202.

Poch G K, Gloer J B. 1991. Aurantincins A and B: two new depsidones from a mangrove isolate of the fungus *Preussia aurantiaca*. Journal of Natural Products, 54 (1): 213-217.

Priest F G, Goodfellow M, Todd C. 1993. A numerical classification of the genus *Bacillus*. Journal of General Microbiology, 134 (7): 1847-1882.

Raghukumar S, Sharma S, Raghukumar C, et al. 1994. Thraustochytrid and fungal component of marine detritus. IV. Laboratory studies on decomposition of leaves of the mangrove *Rhizophora apiculata* Blume. Journal of Experimental Marine Biology and Ecology, 183 (1): 113-131.

Ravikumar S, Kathiresan K, Ignatiammal S T M, et al. 2004. Nitrogen-fixing azotobacters from mangrove habitat and their utility as marine biofertilizers. Journal of Experimental Marine Biology and Ecology, 12 (1): 5-17.

Routray T K, Satapathy G C, Mishra A K. 1996. Seasonal fluctuation of soil nitrogen transforming microorganisms in Bhitarkanika mangrove forest. Journal of Environmental Biology, 17 (4): 325-330.

Sandilyans, Thiyagesan K. 2010. Mangroves the oceanic woodland. Science India, 13: 11-14.

Schmit J P, Shearer C A. 2004. Geographic and host distribution of lignicolous mangrove microfungi. Botanica Marina, 47 (6): 496-500.

Senguta A, Chaudhuri S. 1990. Halotolerant *Rhizobium* strains from mangrove swamps of the Ganges River Delta. Indian J Microbiol, 30: 483-484.

Souza A S D, Torres J P M, Meire R O, et al. 2008. Organochlorine pesticides (OCs) and polychlorinated biphenyls (PCBs) in sediments and crabs (*Chasmagnathus granulata*, Dana, 1851) from mangroves of Guanabara Bay, Rio de Janeiro State, Brazil. Chemosphere, 73 (1): S186-S192.

Takeuchi M, Hatano K. 1998. *Gordonia rhizosphera* sp. nov. isolated from the mangrove rhizosphere. International Journal of Systematic Bacteriology, 48: 907-912.

Tam N F Y. 1998. Effects of wastewater discharge on microbial populations and enzyme activities in mangrove soils. Environmental Pollution, 102 (2-3): 233-242.

Vazquez P，Holguin G，Puente M E，et al. 2000. Phosphate-solubilizing microorganisms associated with the rhizosphere of mangroves in a semiarid coastal lagoon. Biology and Fertility of Soils，30（5-6）：460-468.

Wang Y，Yin B，Hong Y，et al. 2008. Degradation of dimethyl carboxylic phthalate ester by *Burkholderia cepacia* DA2 isolated from marine sediment of South China Sea. Ecotoxicology，17（8）：845.

Woese C R，Kandler O，Wheelis M L. 1990. Towards a natural system of organisms：proposal for the domains Archaea，Bacteria，and Eucarya. Proceedings of the National Academy of Sciences of the United States of America，87（12）：4576-4579.

Xu X R，Li H B，Gu J D. 2005. Biodegradation of an endocrine-disrupting chemical di-n-butyl phthalate ester by *Pseudomonas fluorescens* B-1. International Biodeterioration & Biodegradation，55（1）：9-15.

Yin B，Gu J D，Wan N. 2005. Degradation of indole by enrichment culture and *Pseudomonas aeruginosa* Gs isolated from mangrove sediment. International Biodeterioration & Biodegradation，56（4）：243-248.

Yuan K P，Vrijmoed L L，Feng M G. 2005. Survey of coastal mangrove fungi for xylanase production and optimized culture and assay conditions. Acta Microbiologica Sinica，45（1）：91-96.

第六章　滩涂生态系统微生物资源

滩涂，从广义上说，是海滩、河滩和湖滩等的总称，一般包括海洋大潮低潮位与高潮位之间、河流常水位与洪水位之间、湖泊常水位与洪水位之间，以及水库坑塘的正常蓄水位与最大洪水位之间的滩地面积。但是在不同学术领域，对滩涂的精确定义略有偏差。现在滩涂一般指的是沿海滩涂，又称海涂或者潮间带。中国海涂总面积高达 217.04 万 hm^2，是我国海岸带的重要组成部分，一般用于农业开垦、水产养殖、滨海观光、城乡建设等活动，为沿海地区创造了巨大的经济效益和生态效益，良好地解决了人多地少的矛盾，推动了社会经济的可持续发展。另外，滩涂位于陆地生态系统与海洋生态系统的交界处，属于复合型的生态系统，具有十分丰富的生物多样性；并且由于潮汐作用的影响，滩涂具有独特的理化环境，生活于该区域的土壤微生物大多拥有独特的生化代谢途径，因此通过对该生态系统微生物的分离与研究，有机会开发出各种新型细菌及功能性细菌，如石油降解菌、高效耐盐菌等，这些细菌的发现与研究可促进我国微生物学及基因工程学的发展，近年来受到人们的普遍重视和研究。

第一节　滩涂概述及研究现状

一、滩　涂　概　况

沿海滩涂呈环形连续分布于大陆边缘，各个沿海国家都有滩涂分布。我国大陆海岸线绵长，北至辽宁，南至广西，总长达 18 000km，沿线共涉及 11 个省（自治区、直辖市），其中环渤海潮间带面积巨大，占总滩涂面积的 31.3%。并且，我国大部分沿海滩涂属于淤长型土地，根据粗略统计，我国 68 条主要入海河流的入海泥沙总量平均每年可达 15.5 亿 t，由此导致的新增滩涂面积每年高至 2.7 万～3.3 万 hm^2。其中黄河入海口的滩涂面积扩展最快，年平均达 2300hm^2（陆国庆和高飞，1996）。从土地利用的角度来说，通过土地利用工程及生物措施，我国滩涂约有 1/3 的面积可用于海水养殖、港湾建设及滨海旅游建设等非农业建设，2/3 的面积可作为农业耕地。但目前我国滩涂还没有得到充分利用，潮上带滩涂约有 46.7 万 hm^2 待开发，潮下带滩涂有 133.3 万 hm^2 可用于水产养殖。因此，滩涂资源在我国具有很大的发展潜力，对其进行合理的开发利用对沿海城市的可持续发展具有非常重要的意义。

二、沿海滩涂的分类

滩涂拥有丰富多样的各种资源，但在新中国成立前，人们对滩涂资源的开发大都是凭借经验，没有科学方法的指导，不仅对滩涂资源的利用率极低，还破坏了滩涂原有的生态系统。新中国成立后，各界开始重视对滩涂资源的科学利用，其中对滩涂进行科学分类是合理开发利用滩涂资源的前提。滩涂分类的方式有很多，根据其面积是否可增加，将滩涂划分为稳定型滩涂、淤长型滩涂、侵蚀型滩涂三类；根据其地貌特征，可以将滩涂划分为平原型滩涂和港湾型滩涂两类；根据其地质形态，可以将沿海滩涂划分为平坦型滩涂和陡峭型滩涂两类；根据其土壤基质和物种分布的特征，可以将滩涂划分为泥滩、沙滩、岩滩、生物滩四类（图6-1）（王刚，2013）。不同的滩涂所蕴含的资源种类有很大的不同，只有通过对当地滩涂资源进行调查分析，明确滩涂类型，才可以因地制宜，充分发挥当地优势，最大效率地开发和利用滩涂资源（彭建和王仰麟，2000）。

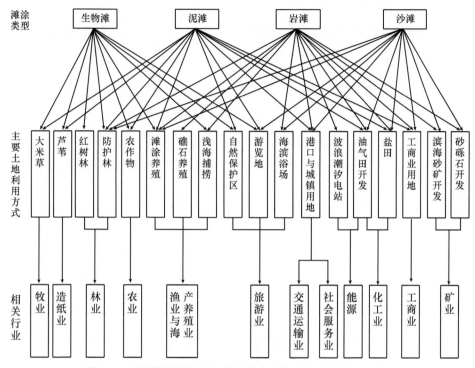

图 6-1 不同类型滩涂土地利用形式（彭建和王仰麟，2000）

三、滩涂的主要资源

沿海滩涂作为我国六大后备土地资源中投资最少、利用率及获益率最高的后备资源，具有总占地面积大、区域分布集中、地理位置好、开发利用率高等特点，并且又因为滩涂位于陆海交界处，有明显的边缘效应，拥有丰富的生物、能源等资源，因此可给沿海城市带来巨大的经济效益。具体来说主要包括以下几方面（洪建，2011）。

（一）土地资源

我国滩涂面积大，且由于入海河流泥沙的持续输入，我国大部分海岸线还在不断淤长，这种土地面积动态增长的特性，可以大大缓解沿海城市尖锐的人地矛盾，实现社会和经济可持续发展。滩涂土地可以根据不同类型用于农业开发、水产养殖等，培育出丰富的水产资源、牧草资源，有利于促进沿海城市的农业、林业、牧业、渔业等的发展。

（二）生物资源

滩涂位于陆海的交界区，属于过渡地带，蕴含着十分丰富的生物资源，其中滩涂海洋生物占世界海洋生物总种类的很大比例。另外，由于滩涂特殊的物理环境，滩涂微生物必须能够忍受由潮汐作用引起的温度、光照和盐度等环境条件的反复波动，不时暴露于波浪作用、紫外线辐射及干旱时期中（Dionisi et al.，2012）。因此，来自这种恶劣环境的微生物可能表现出潜在的特性，具有特殊的生化代谢途径，可用于生物技术的研究与利用。

（三）能源资源

滩涂由于其特殊的地理位置，拥有着丰富的各种能源（可再生能源如潮汐能、风能等，不可再生资源如石油、天然气等），对这些能源有效地开发利用可以有效缓解我国能源紧缺的局面，促进我国经济和社会的发展。

（四）海盐资源

自古以来，我国人民就懂得利用海水制盐，滩涂地区是最便捷的晒盐制盐场所。滩涂提供的海盐资源是盐业及盐相关的化工行业等的重要物质基础。

（五）旅游资源

我国海岸线绵长，具有多种气候特征和地貌特征，以此形成了形式多样的滨海旅游资源以及风景各异的海洋生物保护区和特色风景区，是人们休闲度假的良好去处，大大促进了沿海城市旅游行业的发展。

（六）港口资源

我国大陆海岸线长 18 000km，为建设优良港口提供了便捷的地理位置。改革开放之后，我国一些重要港口如上海港、深圳港、珠江三角洲等，为当地发展引来了外资，使得沿海城市迅速发展，促进了国际贸易。

但是目前，我国对滩涂的研究还不够系统、全面，这在很大程度上限制了各类滩涂资源的高效利用。因此，如何合理地开发利用滩涂资源已经引起了各个领域学者的广泛关注。

第二节　滩涂微生物资源

一、滩涂微生物功能

滩涂微生物群落是滩涂生态系统的重要组成部分，其与该生态系统中的其他生物因素和环境因素相互作用，共同参与滩涂生态系统的物质循环、能量流动，维持着该生态系统的稳定性。

首先，滩涂微生物作为生态系统中的分解者，是滩涂生态系统物质循环的重要一环。微生物可以通过分解动物排泄物、死亡生物体等有机物或自身的胞外分泌物及微生物，为环境内的其他生物提供营养物质，促进该生态系统的物质循环。例如，在红树林生态系统和沼泽生态系统中，微生物可以通过利用自身合成的纤维素酶等加快枯草落叶等有机物的分解,将其转化为简单的无机物供系统内其他生物重新利用(Benner et al.,1984)。此外,某些滩涂微生物还可以降解环境污染物,通过将持久性有机污染物降解为小分子物质,促进物质循环和元素利用,起到环境修复的作用。

其次,滩涂微生物是滩涂生态系统能量流动的重要推动者。能量流动是伴随物质循环发生的,微生物在分解动植物有机体或者利用一些无机物如无机氮、磷酸盐等的过程中,促进了能量在系统中的流动(Schamphelaire et al.,2010)。在一些极端条件下,某些微生物甚至可以通过特殊的生化途径来争夺环境中有限的能量资源。例如,在营养贫乏的湿地沉积物中,微生物可以利用铁化物作为电子受体,争夺系统内的有限能量,满足自身的生长繁殖(Roden,2003)。

最后,微生物除作为分解者参与系统内的生物地球化学循环外,还可以通过与其他生物直接作用,进而影响该生态系统。例如,Stout 和 Nüsslein(2005)等发现微生物与植物相互作用可以实现污染环境的修复。

二、滩涂微生物受环境因子的影响

海洋滩涂又称潮间带,受潮汐影响巨大,其物理环境因子如湿度、温度、盐度等会随着潮汐变化反复波动。另外,滩涂也是人类活动的密集区,沿海城市的人类活动如海水养殖、污水排放、围垦造田等都会对滩涂微生物造成生存压力,这些特殊的环境条件导致了滩涂微生物群落具有丰富的物种多样性。影响滩涂微生物群落结构和物种多样性的环境因子可以根据来源不同大致分为两大类,即自然因子和人为因子(Peralta et al.,2010)。自然因子主要包括土壤水分、营养组分、盐度、植被及生物扰动等;人为因子主要包括土地利用方式、滩涂围垦、施肥等(刘银银等,2013)。

(一)自然因子

1. 土壤水分

水是各种生物生长繁殖过程中最重要的影响因子。在土壤水分含量适中的条件下,既可以满足微生物生长所需要的水环境,又不会堵塞土壤孔隙,可以满足微生物对氧气的需要,促进微生物的生长繁殖。但在滩涂生态系统中,受潮汐作用的影响,滩涂土壤水分含量变化巨大。高潮时,滩涂几乎被水淹没,土壤通透性降低,不利于大多数微生物的生存繁殖(幸颖等,2007),而在完全被水浸没的情况下,土壤氧气含量极低,会导致好氧微生物的完全死亡。微生物的群落组成会随着这些理化条件的改变而产生相应的变化。此外,刘芳等(2007)对天然存在湿地和干湿过渡地区的微生物群落组成进行对比分析,发现在这两种滩涂土壤中,微生物群落构成特征也存在显著不同。

2. 营养组分

土壤中营养物质的含量也会直接影响微生物群落的结构特征。大量实验表明,在营养物质丰富时,微生物群落的生物量和物种丰富度会随土壤中有机碳氮含量的增加而增加(Ma et al.,2004)。这说明丰富的营养物质有利于微生物的生长繁殖(Grossart et al.,2003)。相反,在营养缺乏的条件下,会不利于生物群落结构的稳定性,限制其功能的发挥。在对深水地平线漏油事件的研究中发现，石油对墨西哥湾海滩沙土中细菌总量有明显的影响，尤其是石油降解菌的丰富度得到了大大提高。这是因为在营养贫乏的海水中，溢出的石油为微生物提供了可用的碳源，满足了细菌生长繁殖所需要的营养条件（Kostka et al.，2011）。另外，某些元素在环境内浓度过高，也会抑制某些微生物的生长繁殖。例如，在美国佛罗里达国家湿地公园，农田周围磷元素由于水土流失呈现出梯度分布，研究发现随着磷元素浓度的增加，异养微生物活性上升，而自养微生物活性下降。由此可见过高浓度的磷元素对该生态系统自养微生物的生长具有抑制作用（Wright and Reddy，2001）。

另外，土壤中各类营养物质的比例也会影响微生物物种的多样性和群落结构的稳定性。不同的微生物所需要的营养物质不相同，如石油降解菌以难降解的石油烃作为碳源，铁氧化细菌以环境内铁化合物作为能量和营养等（Emerson et al.，1999）。一般，随着土壤营养组分的变化，土壤微生物的优势物种、总生物量、群落功能也会发生相应变化。贺纪正和张丽梅（2009）发现当土壤中硫酸盐含量较低时，含有特异硫酸盐还原酶基因的细菌就会迅速生长繁殖，成为优势种群，改变了原有的生物群落结构。而 Barraquio（1982）等的研究也发现，当为固氮细菌提供不同营养组分时，固氮细菌的固氮效率存在显著差异。

3. 盐度

受到潮汐作用的影响，在滩涂生态系统内盐度会明显改变，直接影响土壤渗透压和该区域植物的生长，这些因素会导致滩涂微生物群落的变化。研究发现，在一定的盐度范围内，土壤中微生物的种类、生物量随着盐度的升高而减少，生物活性随盐度的升高而降低。这是由于土壤盐度升高，环境渗透压变大，某些微生物失水死亡，进而影响了该微生物群落结构和物种多样性（王震宇等，2009）。例如，赵先丽等（2007）的研究发现，当土壤中的盐度小于 2.28%时，硫酸还原菌正常生长，当盐度大于 2.45%时会抑制硫酸还原菌的生长。又如，林学政等（2006）在利用盐生植物盐地碱蓬对天津河口滨海盐碱地进行生物修复过程中发现，高盐环境对微生物具有选择作用，不适宜该盐度环境的微生物将会被抑制或者死亡。

4. 植被

植被是滩涂生态系统中重要的组成成分，可以通过影响附近土壤的营养物质、溶解氧含量等改变土壤的理化性质，进而影响滩涂微生物群落的结构组成和物种多样性。研究表明，在大多数情况下，植被覆盖区微生物群落的生物量、生物活性和结构稳定性会明显高于无植被覆盖区（Komínková et al.，2000）。也有研究表明，由于植被的生物类型和演替阶段不同，滩涂微生物也可能随附近植被的变化而变化（Ahn，2007）。在关于江苏滨海外来种互花米草对滩涂微生物群落结构特征的影响的研究中显示（周虹霞等，2005），在互花米草大面积覆盖区域，微生物可利用的碳源类型繁多，土壤微生物群落生理功能多样性（CLPP）分析结果显示，以糖类、羧酸类、氨基酸类为碳源的微生物种类和生物量明显增多，相对于裸地来说，滩涂微生物群落的优势物种发生改变，群落组成更加复杂，群落结构更加稳定。另外，随着季节的转换，植被生长状况会改变，微生物的生理功能和群落组成也会随之变化。一般来说，植物的大面积覆盖，使得土壤的理化性质得到改善，为滩涂微生物创造了适宜生长繁殖的外界环境，该区域的微生物群落总生物量大，结构稳定、功能多样。另外，植被也可能会抑制滩涂微生物的生长繁殖，主要原因可能是植被与土壤微生物会争夺土壤中的无机营养物，从而使微生物得不到充足的营养物质，生长繁殖受限。

5. 生物扰动

生物扰动是指底栖动物（特别是沉积食性大型动物）的摄食、爬行、建管、避敌、筑穴等活动对沉积物物理结构和化学组成造成的改变（Latour et al.，1996）。大量研究认为，大型底栖动物在海底活动的过程中，会翻动海底沉积物，把沉积掩埋的营养成分补充回深层水体，从而使海洋底层微生物群落的构成和功能随之变化。例如，沈辉（2016）等在实地滩涂中设置了三个实验组来探究不同生物扰动形式对沉积物中营养盐含量和生物群落特征的影响，实验结果表明，三个实验组（文蛤扰动实验组、沙蚕扰动实验组及混合扰动实验组）均可以显著降低沉积物中的 TN、TP 及 TOC 含量（$P<0.05$），也显著影响沉积物层水中盐度和溶解氧浓度（$P<0.05$）。由于这些理化性质的改变，沉积物微生物群落结构也随之发生了一定程度的改变。群落结构分析表明，扰动组沉积物中微生物群落结构较为相似，与空白实验组有较大差异。另外，对沉积物中氮循环功能细菌的功能基因定量分析发现，存在生物扰动的实验组中，细菌中的氨加单氧酶相关基因 *amoA* 拷贝数显著提高（$P<0.05$）。

6. 其他

自然界中，影响微生物生长繁殖的因子还有很多，如微量元素、温度、CO_2 等。不同微生物如细菌、真菌等都有最适合自己生存的条件范围（项学敏等，2004），且在不同环境下各种微生物的生长状况和代谢途径可能会改变，进而可能影响其他微生物的生长环境。因此微生物群落组成和其代谢形式受多种因子共同影响，研究多因子交互作用下微生物群落的变化，可能具有更重要的研究意义。

（二）人为因子

1. 土地利用方式

目前人们对滩涂的利用方式十分多样，如海水养殖、农业用地等，不同的土地利用方式，使得各种滩涂的营养物质组分、土壤通透性、水分含量等理化条件各有不同，这直接影响了该区域微生物生物量及群落结构的不同。李佳霖等（2011）对秦皇岛养殖区和旅游区内的滩涂微生物进行对比分析，结果表明：在两种不同利用方式的滩涂用地中，微生物群落的结构组成有较大的差异。另外，对滩涂农业耕地和非农业耕地进行对比分析（Latour et al.，1996），结果发现，在滩涂农业耕地中微生物的表型丰富性和遗传丰富性明显下降，分析原因可能是农作物与微生物存在竞争关系，争夺土壤中 C、N，使土壤微生物可用 C、N 含量不足，生长繁殖受限。

2. 滩涂围垦

近年来，滩涂围垦成为沿海城市拓展陆域的主要方式之一。滩涂围垦在很大程度上改变了滩涂土壤的各种理化性质，这些改变直接影响了滩涂微生物的生存环境，促进了该区域的生物演替。林黎等（2014）对上海市崇明岛河口湿地围垦后历年来土壤微生物群落的变化进行了分析研究，结果表明，在围垦后前 16 年内，对滩涂的围垦开发使当地土壤微生物的生存压力增大，不利于其生长繁殖，该时期土壤微生物总磷脂脂肪酸（PLFA）、细菌 PLFA、G^+ PLFA 和 G^- PLFA 含量均显著下降。之后，随着围垦年数增多且经历了持续的农业种植，微生物的生存空间慢慢改善，之后各种 PLFA 含量均有所增多，在围垦 75 年、120 年和 300 年土壤中各种 PLFA 含量趋于稳定且没有显著性区别。

3. 施肥

在滩涂的农业用地中，施肥可以迅速改善土壤营养成分比例，如氮肥、磷肥加入可快速改变土壤 N、P 比例等，这些变化继而对滩涂微生物群落的结构组成产生很大影响。例如，Yanan 等（2009）对施肥前后水稻土壤中微生物群落结构进行研究，发现水稻土壤中氨氧化细菌大体可以归类为三种菌群（*Nitrosomonas communis*、*Nitrosospira* 3a 和 *Nitrosospira* 3b）。通过增加施肥，在表层土、根际土及非根际土中 *Nitrosomonas communis* 更具多样性，而 *Nitrosospira* 3a 和 *Nitrosospira* 3b 的多样性降低。另外，陈谦等（2010）的研究发现，所施肥料的种类和方式也会对滩涂微生物群落造成影响，其研究结果表明，有机肥与化肥混合搭配使用效果要比单一的有机肥或者化肥使用的效果更好。但如果过度施肥、养分过量输入，会导致土壤渗透压改变，不利于微生物生存，致使微生物数量下降，群落结构简单。

三、滩涂微生物资源的利用

我国海岸线绵长，从南至北跨越多个地区，各个地区由于所处温度带、海洋领域等的不同，滩涂土壤的理化性质有所差异，如温度、pH、盐度、含水量、含氧量等（Sheik et al.，2012）。这些不同的环境又导致其土壤微生物有很大的不同。隋心等（2015）在对三江平原小叶章湿地土壤细菌多样性的研究中发现，该湿地的主要优势菌群为酸杆菌门（Acidobacteria）、变形菌门（Proteobacteria），另外，还包括一些浮霉菌门（Planctomycetes）、绿弯菌门（Chloroflexi）和硝化螺旋菌门（Nitrospirae），还有少量的疣微菌门（Verrucomicrobia）和芽单胞菌门（Gemmatimonadetes）。周恒等（2020）对上海市沿海未开垦滩涂土壤细菌多样性的研究发现该滩涂土壤样品中的优势菌属为硫深海菌属（*Thioprofundum*）、脱硫单胞菌属（*Desulfuromonas*）等，此外还有少量的埃希菌属（*Escherichia*）、泞杆菌属（*Lutibacter*）、硫代盐单胞菌属（*Thiohalomonas*）、淡黄杆菌属（*Luteolibacter*）、脱硫念珠菌属（*Desulfomonile*）等。这些研究证明，滩涂土壤中蕴含着种类、功能都十分丰富的微生物资源，并且由于滩涂微生物生活在陆地与海洋的交界处，环境复杂，因此，这种可以在极端恶劣环境下生存的微生物极可能具有开发出特殊的生物活性和生物元件的潜力，将这些特殊的生物资源用于生物技术领域，可能研发出现阶段工业、农业、环境、医药和医疗领域所没有的新型生物活性化合物。

（一）耐受菌的筛选

滩涂受潮汐作用的影响，土壤盐度比淡水系统高许多，且其他环境因素也比较恶劣，因此这里进化出了各种具有特殊生化代谢途径的强鲁棒性的微生物资源。卞光凯等

（2011）对江苏南通海岸带滩涂上生长的 4 种耐盐植物进行研究，提取它们的内生菌株，利用稀释平板涂布法筛选出 23 株代表菌株，分别进行抗重金属（Cu^{2+}、Pb^{2+}、Cd^{2+}、Zn^{2+}、Hg^{2+}）活性鉴定，固氮、降解磷酸盐、合成吲哚乙酸（IAA）能力筛选，以及 1-氨基环丙烷-1-羧酸（ACC）脱氨酶合成筛选及高盐耐受力筛选，研究分析发现分离所得的菌株几乎都具有较高的 Cu^{2+}、Pb^{2+}耐受力；26.1%的菌株可以固氮，21.7%的菌株可以降解磷酸盐，60.9%的菌株可以合成 IAA，39.1%的菌株可以合成 ACC 脱氨酶。经 16S rRNA序列测定实验，发现这些菌株分别属于沙雷菌属（*Serratia*）、短波单胞菌属（*Brevundimonas*）、芽孢杆菌属（*Bacillus*）、弧菌属（*Vibrio*）、海洋芽孢杆菌属（*Oceanobacillus*）、微小杆菌属（*Exiguobacterium*）、葡萄球菌属（*Staphylococcus*）、喜盐芽孢杆菌属（*Halobacillus*）8 属。其中菌株 KLBMP 2432 及 KLBMP 2447 可能为尚未发现的新菌种，充分说明了海岸带滩涂细菌的多样性，极有可能在其中发现潜在新菌种，可开发性很高。此外，耐受菌属于极端环境微生物，具有特殊的生化代谢途径，可以帮助我们了解极端环境微生物的内在机制，将开发出具有特殊功能的新型菌。

（二）石油降解菌的筛选

海洋溢油现象是海洋环境污染的重要问题之一，研究发现许多滩涂微生物能以烃类为唯一碳源和能源生长，在污染原位将石油降解为小分子物质，这种方法经济、安全、无二次污染，被认为是解决石油污染最安全有效的方法。Kostka 等（2011）从油性较大的彭萨科拉海滩中分离提纯出 24 份具有降解石油能力的菌株，这 24 份菌株都能以石油为唯一电子供体和碳源，经过进一步筛选提纯，得到了 7 种代表性菌株（*Acinetobacter* sp.、*Microbacterium* sp.、*Labrenzia* sp.、*Bacillus* sp.、*P. pachastrellae*、*M. hydrocarbonoclasticus*、*P. stutzeri*），其都具有较高的石油降解能力，可以进一步开发利用。石油降解菌的不断发现和研究为石油污染治理打下了良好的基础，利用基因工程手段对野生菌株进行改造，可以大大提高其石油降解效率，有望解决石油污染问题，保护海洋及滩涂生态环境。

（三）其他海洋微生物的筛选

滩涂由于具有特殊的理化环境，且是陆地生态系统与海洋生态系统的交叉生态系统，蕴含着丰富的物种资源，特别是微生物资源。除以上介绍的耐受菌及石油降解菌外，在不同的滩涂环境中，还有很多具有特殊生化代谢途径的新型细菌有待开发。例如，沈辉（2016）在靠近江苏南部的沿岸滩涂土壤沉积物中分离出两株具有脱氮功能的好氧细菌MD5、MD8；中国农业科学院烟草研究所滩涂生物资源保护利用创新团队在海洋真菌来源生物农药研究中发现了海洋来源新颖结构 3-decalinoyltetramic acid（3DTA）类活性化合物，为新颖高效海洋生物农药的研发提供了化合物模板（郑庆伟，2019）等。这些新型细菌及新型代谢途径的发现与研究，可以帮助我们进一步地了解微生物的内在机制，而一些功能性细菌的开发，有望应用于生活、工业、环境等各个领域，为人类生活带来便利。

第三节 总结与展望

在中国，滩涂占地甚广，其内含的自然资源十分丰富。在可持续性发展战略的前提下，开发利用滩涂资源极大地推动了整个国民经济和社会的发展。但就近几年的滩涂利用情况来看，其开发在整体大局上仍是低水平、低层次、低效率的。总结发现，其原因主要有：①对沿海生态保护不够重视，滩涂生物多样性降低；②开发方向单调、格局较小，综合开发利用率较低；③滩涂资源开发相关法律法规不够完善，管理权限分配不合理，没有做到统筹规划、协调共赢；④滩涂开发的相关科学技术不完善，相关项目进展速度不理想等。因此，要实现可持续发展的滩涂开发战略，必须重视开发模式的创新，这就要求我们把现有不合理的产业结构、落后的生产技术、低质量高能耗、相关科研成果匮乏的开发现状，转变成产业结构严谨、相关科研成果成熟、技术高超领先、发展可持续的高效开发规划，还应以新时代可持续发展观为指导，以创新为基础，全方位、多领域、高层次加快高质量的滩涂开发，实现开发与保护并重，走出一条现代化的绿色生态发展之路。

参 考 文 献

陈谦, 张新雄, 赵海, 等. 2010. 生物有机肥中几种功能微生物的研究及应用概况. 应用与环境生物学报, 16 (2): 294-300.

贺纪正, 张丽梅. 2009. 氨氧化微生物生态学与氮循环研究进展. 生态学报, 29 (1): 406-415.

洪建. 2011. 滩涂资源开发利用与管理. 水利技术监督, 19 (6): 16-18.

李佳霖, 汪光义, 秦松. 2011. 秦皇岛近海养殖对潮间带微生物群落多样性的影响. 生态环境学报, 20 (5): 920-926.

林黎, 崔军, 陈学萍, 等. 2014. 滩涂围垦和土地利用对土壤微生物群落的影响. 生态学报, 34 (4): 899-906.

林学政, 陈靠山, 何培青, 等. 2006. 种植盐地碱蓬改良滨海盐渍土对土壤微生物区系的影响. 生态学报, 26 (3): 801-807.

刘芳, 叶思源, 汤岳琴, 等. 2007. 黄河三角洲湿地土壤微生物群落结构分析. 应用与环境生物学报, 13 (5): 691-696.

刘银银, 李峰, 孙庆业, 等. 2013. 湿地生态系统土壤微生物研究进展. 应用与环境生物学报, 19 (3): 547-552.

陆国庆, 高飞. 1996. 沿海滩涂资源开发利用研究. 中国土壤科学, 10 (2): 11-14.

彭建, 王仰麟. 2000. 我国沿海滩涂的研究. 北京大学学报 (自然科学版), (6): 832-839.

沈辉. 2016. 富营养化沉积物生物修复及生物扰动对微生物群落结构的影响. 上海海洋大学博士学位论文.

隋心, 张荣涛, 钟海秀, 等. 2015. 利用高通量测序对三江平原小叶章湿地土壤细菌多样性的研究. 土壤, 47 (5): 919-925.

王刚. 2013. 沿海滩涂的概念界定. 中国渔业经济, 31 (1): 94-104.

王震宇, 辛远征, 李锋民, 等. 2009. 黄河三角洲退化湿地微生物特性的研究. 中国海洋大学学报, 39 (5): 1005-1012.

项学敏, 宋春霞, 李彦生, 等. 2004. 湿地植物芦苇和香蒲根际微生物特性研究. 环境保护科学, 30 (124): 35-37.

幸颖, 刘常宏, 安树青. 2007. 海岸盐沼湿地土壤硫循环中的微生物及其作用. 生态学杂志, 26 (4): 577-581.

杨刚, 谢永宏, 陈心胜, 等. 2009. 洞庭湖区退田还湖后不同恢复模式下土壤酶活性的变化. 应用生态学报, 20 (9): 2187-2192.

赵先丽, 周广胜, 周莉, 等. 2007. 盘锦芦苇湿地凋落物土壤微生物量碳研究. 农业环境科学学报, 26 (s1): 127-131.

郑庆伟. 2019. 中国农科院在海洋真菌来源生物农药研究方面取得新进展. 农药市场信息, (13): 48.

周恒, 孙洪娟, 缪莉. 2020. 滩涂土壤和种植土壤中细菌多样性的比较. 江苏农业科学, 48 (2): 271-276.

周虹霞, 刘金娥, 钦佩. 2005. 外来种互花米草对盐沼土壤微生物多样性的影响——以江苏滨海为例. 生态学报, 25 (9): 2304-2311.

Ahn C, Gillevet P M, Sikaroodi M. 2007. Molecular characterization of microbial communities in treatment microcosm wetlands as influenced by macrophytes and phosphorus loading. Ecological Indicators, 7 (4): 852-863.

Barraquio W L, Guzman M R D, Barrion M, et al. 1982. Population of aerobic heterotrophic nitrogen-fixing bacteria associated with wetland and dryland rice. Applied and Environmental Microbiology, 43 (1): 124-128.

Benner R, Maccubbin A E, Hodson R E. 1984. Anaerobic biodegradation of the lignin and polysaccharide components of lignocelluloses and synthetic lignin by sediment micro flora. Applied and Environmental Microbiology, 47 (5): 998-1004.

Buesing N, Gessner M O. 2006. Benthic bacterial and fungal productivity and carbon turnover in a freshwater marsh. Applied and Environmental Microbiology, 72 (1): 596-605.

Dionisi H M，Lozada M，Olivera N L. 2012. Bioprospection of marine fungi：biotechnological application and methods. Revista Argentina De Microbiology，44：46-90.

Emerson D，Weiss J V，Megonigal J P. 1999. Iron-oxidizing bacteria are associated with ferric hydroxide precipitates（Fe-plaque）on the roots of wetland plants. Applied and Environmental Microbiology，6（6）：2758-2761.

Grossart H P，Kiørboe T，Tang K，et al. 2003. Bacterial colonization of particles：growth and interactions. Applied and Environmental Microbiology，69（6）：3500-3509.

Komínková D，Kuehn K A，Büsing N，et al. 2000. Microbial biomass，growth，and respiration associated with submerged litter of *Phragmites australis* decomposing in a littoral reed stand of a large lake. Aquatic Microbial Ecology，22：271-282.

Kostka J E，Prakash O，Overholt W A，et al. 2011. Hydrocarbon-degrading bacteria and the bacterial community response in Gulf of Mexico beach sands impacted by the Deepwater Horizon oil spill. Applied and Environmental Microbiology，77（22）：7962-7974.

Latour X，Corberand T，Laguerre G，et al. 1996. The composition of fluorescent pseudomonad populations associated with roots is influenced by plant and soil type. Applied and Environmental Microbiology，62（7）：2449-2456.

Ma X，Chen T，Zhang G，et al. 2004. Microbial community structure along an altitude gradient in three different localities. Folia Microbiologica，49（2）：105-111.

Peralta A L，Matthews J W，Kent A D. 2010. Microbial community structure and denitrification in a wetland mitigation bank. Applied and Environmental Microbiology，76（13）：4207-4215.

Roden E E. 2003. Diversion of electron flow from methanogenesis to crystalline Fe（Ⅲ）oxide reduction in carbon-limited cultures of wetland sediment microorganisms. Applied and Environmental Microbiology，69（9）：5702-5706.

Schamphelaire L D，Cabezas A，Marzorati M，et al. 2010. Microbial community analysis of anodes from sediment microbial fuel cells powered by rhizodeposits of living rice plants. Applied and Environmental Microbiology，76（6）：2002-2008.

Sheik C S，Mitchell T W，Rizvi F Z，et al. 2012. Exposure of soil microbial communities to chromium and arsenic alters their diversity and structure. PLoS One，7（6）：e40059.

Stout L M，Nüsslein K. 2005. Shifts in rhizoplane communities of aquatic plants after cadmium exposure. Applied and Environmental Microbiology，71（5）：2484-2492.

Wright A L，Reddy K R. 2001. Heterotrophic microbial activity in northern Everglades wetland soils. Soil Science Society America Journal，65：1856-1864.

Yanan W，Xiubin K，Liqin W，et al. 2009. Community composition of ammonia-oxidizing bacteria and archaea in rice field soil as affected by nitrogen fertilization. Systematic and Applied Microbiology，32：27-36.

卞光凯，张越己，秦盛，等. 2011. 南通沿海滩涂耐盐植物重金属抗性内生细菌的筛选及生物多样性. 微生物学报，51（11）：1538-1547.

第七章　盐碱地生态系统微生物资源

土壤盐碱化是指土壤表层水溶性盐类过多而阻碍作物生长的土壤条件。由于人类不合理的灌溉、植被破坏、海水内侵、温室效应等，土壤盐碱化程度日益严重，已成为全球重要的环境问题之一。随着社会经济的快速发展，为了满足粮食生产的需求，近年来我国开始实行通过改良盐碱地的方式来减缓耕地的压力，并通过微生物学手段来评价改良效果。因此，本章对盐碱地微生物分布格局、功能性微生物在盐碱地改良中的作用、土壤改良过程中微生物群落变化等进行综合阐述，提出未来盐碱地改良研究方向，以期应用于基础和应用领域（李凤霞等，2011）。

第一节　盐碱地概述

盐碱地是易溶性盐类积聚的一个土壤种类，其土壤中所含盐分严重制约了作物的正常生长。盐碱地是在一定的自然因素和人为因素影响下形成的，其形成的实质主要是各种可溶性盐类在土壤的水平方向和垂直方向重新分配，进而使土壤表层逐渐积盐。根据联合国教育、科学及文化组织（以下简称联合国教科文组织）和联合国粮食及农业组织（以下简称联合国粮农组织）不完全统计，全球盐碱地面积为 9.5438 亿 hm^2，且目前每年仍以约 100 万 hm^2 的速度增长（Kovda，1983）。其中，我国盐碱地面积为 9913 万 hm^2，主要分布在东北松嫩平原、西北干旱半干旱地区、滨海、黄淮海平原和青新极端干旱漠境等地区。

大面积的盐碱化土壤会导致水资源的浪费、水土流失、土地荒漠化等一系列环境问题，从而严重影响着农业可持续发展和人类生产生活水平。目前，土壤盐碱化已成为全球农业环境的严重问题，受到研究者的广泛关注。合理利用并改良盐碱地将有利于改善生态环境、补充耕地资源、缓解土地供需矛盾，从而促进经济和生态的可持续发展。

一、盐碱地的成因

盐碱土也称盐渍土，分为碱土和盐土两种性质的土壤。盐碱化水平从土壤表层 50cm 以内开始，根据影响因素不同，可分为原生盐碱化和次生盐碱化两类。其中不受人为因素影响、地表水分自然蒸发导致盐分在土壤表层积聚而形成的是原生盐碱地，该过程称为原生盐碱化，而由人类不合理的活动导致土壤中水溶性盐类积累的过程为次生盐碱化（吴海云等，2013）。根据盐碱化程度可分为轻度盐碱地、中度盐碱地和重度盐碱地。轻度盐碱地含盐量为 0.1%，出苗率为 70%～80%，易开发利用。重度盐碱地含盐量为 0.4%～0.6%，出苗率低于 50%，难以直接利用。两者中间则是中度盐碱地，其含盐量为 0.2%～0.4%，是目前改良效果比较明显的区域。

（一）自然原因

1. 气候与降水

我国的东北、西北及华北的干旱半干旱地区，降水量少，盐分淋溶丧失少，蒸发强烈，盐分积聚在土壤表层，这些因素共同促使盐碱地形成。这些干旱地区都存在脱盐和返盐的季节。夏季是脱盐的季节，雨水多，盐分随水流走；春季是返盐的季节，地表水蒸发量大，盐分聚集。除降水以外，风力作用对盐碱化也有影响。风加速了地表水分蒸发，促进了盐碱地的形成。而在东北等严寒地区则存在冻融效应，冬季盐分通过毛管作用上升到土壤表层的冻层；春季积雪消融，形成滞水层，水分蒸发，土壤表层积盐（商振芳等，2019）。此外，盐碱化的土壤可在风力的作用下转移到非盐碱地区，加速了盐碱地面积的扩大（徐子棋和许晓鸿，2018）。

2. 地质地形

盐碱地区地势低洼，排水不畅，阻碍了盐分转移。此外，河流枯水期海水倒灌，沿海土壤被污染，水分蒸发后留下来的是盐分，造成土壤盐碱化。例如，东北苏打盐碱地（也称碱性盐碱地）中的铝硅酸盐经风化、雨水淋溶、蒸发等过程，转移至低地，导致可溶性重碳酸盐积聚在地表，从而形成了苏打型盐碱地。而西北新疆地区地形复杂，多盆地，山区岩石等地的盐分则随河流进入灌区，使土壤含盐量升高（张鹏辉等，2017）。

3. 水文条件

低洼地区地下水埋深浅，蒸发剧烈，土壤易积盐，如东北松嫩平原盐碱地的形成就受到了水文条件的影响。地下水主要通过离子组成、径流条件、矿化程度等几个方面影响土壤盐碱化。松嫩平原有利于地下水返盐的地势为低平原区。当地下水矿化度为 $0.5\sim$ $1.0g/L$ 时，会导致土壤轻、中度盐碱化；当地下水矿化度大于 $1.0g/L$ 时，则导致土壤重度盐碱化。黄淮海的黑龙港及运东地区则是由于地下具有体积巨大的咸水体，埋深浅，从而导致该地区土壤盐碱化（刘洪升，2017）。

（二）人为原因

土壤次生盐碱化通常是由蒸腾作用与降雨和灌溉用水之间的不平衡造成的。不合理的灌溉，尤其是不及时排水，是导致土壤盐碱化的主要因素。大量水分在地表聚集并下渗，地下水位升高，盐分被带到地表，从而破坏植物生长的生态环境，导致作物减产。例如，在沿海地区，由于过度地抽取地下水，海水入侵地下水，地下水位上升，土壤盐分增加。此外，盲目开垦、放牧等严重破坏了原有植被，导致盐碱地状况恶化。例如，东北松嫩平原一带，由于过度开荒及不合理的工程，原有植被被破坏，盐碱化程度加重（张晓光等，2013）。西北地区则是由于不合理的灌溉，水位上升，地表积盐，发生次生盐碱化（刘洪升，2017）。

二、土壤盐碱化的危害及治理对策

（一）土壤盐碱化的危害

①土壤板结与肥力下降：板结的土壤会阻碍施肥，降低水分的通透性，加剧表层土壤盐的积累；②高盐摄入会抑制植物的各种生理和代谢过程，破坏植物组织，收缩气孔，不利于农作物吸收养分，抑制作物生长，甚至影响植物的生存，直接影响作物产量

（Egamberdieva et al.，2019）（图7-1）；③随着盐分的积累，土壤通透性降低，从而导致土壤中好氧微生物活性降低。

图7-1　盐碱地作物生长情况（彩图请扫封底二维码）

（二）土壤盐碱化的治理对策

1. 水利改良

水利改良的实质是水盐运动的调节，具体改进措施有淋滤、淋溶、排水、放淤、防渗等。排水洗盐方法（Kitamura et al.，2006）可控制土壤含盐量，有效改良土壤理化性质，提高土壤质量，使低产田变为高产田，满足短期的种植需求，是一种有效的解决办法（Barrett-Lennard，2002）。浸出被认为是控制盐度的主要手段之一。当两种不同质量的灌溉用水同时存在时，可以采用间歇浸出分级的循环灌溉方法，使土壤盐度保持在一定的范围内，从而不影响作物的产量。

2. 农业改良

众多研究表明，通过允许土壤表面残留层的持续存在来减少土壤蒸发，可以显著降低土壤次生盐碱化程度（Forkutsa et al.，2009）。由于盐分大多散布在土壤表层，下层较少，因此可采取平整土地、改良耕作、施客土、施肥、播种、轮作、间种套种等方法，破坏土壤毛细结构，改善因局部高洼引起的水分蒸发和下渗不均匀状况，促使土壤均匀脱盐，降低盐碱化程度，提高作物产量。

3. 化学改良

化学肥料的选择是影响土壤盐碱化的另一个关键因素。许多位于次生盐碱化地区的试验结果表明，氯化钾在土壤中积累可对作物产量产生负面影响，而硫酸钾对土壤的影响较小。因此，施用以有机肥或生物肥为主的改良物质，如石膏、磷石膏、亚硫酸钙等（毛玉梅和李小平，2016）可减少盐分积累，增加土壤有机质含量，改善土壤根系微生态环境，提高土壤中微生物和有益菌的活力，是一种方便有效的改良措施。但这种方法可能存在二次污染的问题，因此在改良之前需要检测重金属是否超标。

4. 生物改良

土壤次生盐碱化与低效的种植方式密切相关。在寻求改良盐碱化的演变中，种植方式发生了重大的转变，以轮作代替长期休耕。在种植制度中可选择多年生草本植物，如紫花苜蓿。此外，筛选利用耐盐性植物种质资源已成为提高盐碱地利用率的重要途径，可促进生态与经济共同发展。蔡树美等（2018）进行了盐碱地蚯蚓和菜花共作生态试验，结果表明，该处理降低了盐碱地土壤容重、盐度和碱化度，但有机质和速效氮含量显著提高。

5. 综合治理

目前，综合治理措施是改良盐碱地的主要方法。随着科技的进步，研究者综合应用水利、农业、化学、生物等手段对盐碱地资源进行改良和开发利用，低成本地改善了土壤性质，实现了绿色生态循环（关元秀等，2001）。东营市黄河三角洲盐碱地区已形成"上农下渔"的模式（刘慧超，1998），改善了当地碱地的土壤质量，实现了农、林、牧、渔协调发展，提高了旱、涝、盐、碱综合治理的生产效益、生态效益（邵风云，2013）。

第二节　盐碱地微生物的分布格局

微生物是土壤中最活跃的部分，在土壤有机质降解、养分矿化、污染土壤修复及保持土壤生态系统稳定方面起着重要作用。同时，土壤微生物在创造和保持良好的土壤结构方面也发挥着至关重要的作用（Stenberg，1999）。其中，盐碱地中微生物的种类和数量是代表生物稳定性的重要特征之一（杨瑞吉等，2004）。随着对环境中微生物群落多样性和复杂性的深入研究，研究者发现微生物指标与土壤环境有着直接的相关性。

一、微生物的分布格局

由于不同环境的盐碱地中有机质含量、pH、含水量等不同，土壤微生物的类型也会有差异。研究表明，滨海盐碱地中的优势种群为细菌，Shi 等（2012）进一步研究滨海盐碱地中的微生物种群发现，细菌以乳杆菌属（*Lactobacillus*）为主，放线菌以链霉菌属（*Streptomyces*）为主，真菌以青霉属（*Penicillium*）占优势。在对河西走廊盐碱地分析时发现，土壤微生物总量最多的也是细菌，其次是放线菌，霉菌含量最少（牛世全等，2011）。研究者对苏打型盐碱地中微生物群落进行 16S rRNA 基因序列分析，结果发现大部分菌株属于厚壁菌门和放线菌门，真菌数量在不同盐碱化程度的土壤中均很低。由此可见，在盐碱地微生物中占有绝对优势的种群是细菌，其可决定微生物总量的分布。此外，盐碱地土壤中的功能微生物群落也会随土壤类型不同而产生差异。卢鑫萍等（2012）在研究宁夏 3 种类型盐碱土时发现，在碱化龟裂土中的优势菌群主要为碳水化合物代谢群，盐化灌淤土中多聚化合物代谢群为优势菌群，草甸盐土上氨基酸代谢类群微生物为优势菌群，同时这 3 种盐碱土对芳香类化合物的代谢能力整体都弱。

二、微生物的数量

大量研究表明，微生物在土壤中的分布不是随机的，而是随着空间格局的变化而变化。盐碱地类型的不同会使微生物分布格局有显著差异。由于盐碱地中可溶性盐离子浓度高、可供微生物利用的 C、N 含量低等，因此普通农用土壤中的微生物数量一般要多于盐碱地（张瑜斌等，2008），且复合型盐碱地中微生物的数量多于单一盐碱地（罗安程和孙羲，1995）。乔正良（2005）在利用磷脂脂肪酸谱图分析土壤中微生物总量时发现，微生物总量与土壤盐碱化程度呈显著负相关，盐碱化程度越低，标记物多样性越丰富。这充分反映了盐碱化直接影响着土壤微生物总量，但也有研究认为土壤微生物总量的差异是由盐碱地上植被生物量降低间接造成的（Khan et al.，2008）。

此外，微生物分布格局也存在时空差异。随着土层深度的增加，微生物的数量逐渐减少，这主要是由于根系垂直分布减少和土壤结构变差以致不能满足各种微生物的生存需求。不同种类微生物的数量随深度变化幅度并不一致，真菌数量的变化幅度比细菌高（黄明勇等，2007）。从时间尺度来看，夏季，细菌和放线菌的数量出现峰值；在秋冬季，真菌的数量则会出现峰值（孔涛等，2014）。不同的功能微生物峰值出现的季节也大不相同，如参与碳循环的纤维素分解菌功能群的峰值出现在冬季，而与氮循环相关的微生物功能群一般在夏季或秋季出现峰值（牛世全等，2011）。

第三节　微生物在盐碱地改良过程中的作用

土壤中含有多种生物，其中某些微生物的主要特征是耐盐性和依赖性，它们对土壤有机质含量、土壤理化性质及作物生长有显著的促进作用（Egamberdieva et al.，2019）。首先，微生物生长过程中所排放的分泌物与土壤中盐碱成分发生复杂的化学反应，可以降低盐碱含量和改良土壤结构特性，促进盐碱地的持续利用。例如，施入土壤中的有机肥，经过微生物的分解作用，彻底分解，释放养分，真正为作物所用，且并未形成腐殖质，有效改善了土壤结构。这些土壤微生物就好像土壤中的"肥料加工厂"，分解加工矿物质肥料，最终转化成作物可吸收的状态。其次，土壤微生物的代谢产物能促进土壤中难溶性物质的溶解，如尿素的分解就离不开土壤微生物。最后，一些抗性微生物能分泌抗生素，可有效抑制病原微生物的繁殖，防止和减少土壤中的病原物对作物的危害。

盐碱地改良的实质是水盐运动的调节，通过人为手段可降低土壤盐碱度，提高土壤肥力，改善盐碱化土壤理化性质，进而提高作物产量、恢复生态稳定性。根据盐碱化土壤的理化性质，科学家相继尝试了多种方法来改良盐碱地，通过微生物学修复方法改良盐碱地已成为研究的热点。尽管利用微生物修复改善盐碱地周期较长，但其省力，所需成本低，且可维持生态平衡。微生物修复不仅应用于盐碱地的改良，还广泛应用于治理土壤中石油、有机物及重金属污染（胡一等，2015）。一方面，将具有养分释放功能的微生物作为微生物菌肥，可提高土壤中微生物活性，增加微生物的多样性，进而改善耕作层的土壤结构和物理性状。另一方面，可通过植物与微生物相互作用来改良盐碱地。微生物的代谢作用可以为植物提供各种矿质营养元素等,同时植物根系分泌的可溶性糖类、氨基酸、有机酸等物质,可降低土壤pH,并为微生物提供充足的碳源,从而促进微生物的代谢,改善微生态环境(Tilak et al.,2005)。此外,众多研究均已表明盐碱地中存在丰富的丛枝菌根资源,菌根是植物与土壤真菌的共生体,这种真菌-作物共生体依然对植物保持高侵染率,可增强植物抗盐性,促进盐碱环境中作物增产(Landwehr et al.,2002)。Abd-All和Omar(1998)对生长在盐碱地中豆科植物的固氮能力进行了研究,结果表明在施加了麦秆和纤维素分解真菌后,植物的固氮能力增强了,抗盐能力也有所提高。

近年来,众多研究也表明可通过微生物学方法来评价盐碱地及其改良过程中土壤质量的变化。Babich和Stotzky(1983)的早期研究表明,细菌、真菌及放线菌是土壤生态系统中微生物区系的主要组成成分,在重金属污染环境中微生物数量和组成等指标的变化反映了土壤环境质量。唐贻军等(2007)研究了土壤受盐碱胁迫条件下微生物区系的演变,结果表明,随改良方式的变化,这三种菌的数量与改良效果呈较好的相关性,证明了微生物区系的演变能够反映土壤环境质量。

第四节　微生物在盐碱地改良过程中的变化特性

近年来,国内外研究者逐渐开始重视盐碱地中微生物资源、生态分布特征及其功能的研究(Oliveira et al.,2005)。盐碱地中大部分微生物通常处于休眠状态,一旦其可利用环境基质时便会随着时间推移逐渐适应新环境并开始大量繁殖(Wong et al.,2009)。研究表明,随着盐浓度的增加,土壤中的微生物种群可以利用更多的基质(Wong et al.,2008)。

一、物　理　修　复

传统的农业措施——客土法是国际上常用的改良盐碱地的方法,能够在短期内改善微生物各指标,促进盐碱地作物生长。康贻军等(2007)利用该法对滨海滩涂盐碱地中的微生物进行研究发现,盐碱地中细菌和真菌总量提高了3~7倍。该法虽可在短期内明显改变土壤性质,但费时费力。而排水法虽对土壤有良好的脱盐效果,但因处理过程中多次干湿交替,土壤的表层土反而更易板结,阻碍了微生物的生长繁殖(白亚妮等,2013)。底膜秸秆技术是一种新的盐碱控制盐诱导技术,通过秸秆等物质将盐碱地覆盖,减少了土壤水分的蒸发,降低了作物根际区域盐浓度,同时秸秆成熟分解,为土壤微生物提供了大量营养,从而显著增加了根际微生物的总量(曹仕明等,2014)。

二、化　学　修　复

通过添加化学改良物料改良盐碱地是常用措施之一,其大大缩小了盐碱土壤与正常土壤的微生物数量差距。目前,国内外通过添加外源物质、增施有机肥及施用污泥(López-Valdez et al.,2010)等改良盐碱地的研究日益增多。例如,脱硫石膏(毛玉梅和李小平,2016)及阳离子型高分子材料等可高效置换盐碱土壤胶粒中的Na^+,减少地表积盐,降低土壤表层盐碱度,丰富了土壤微生物的多样性。向盐碱地中添加营草粉(康贻军等，2009）、生物炭、农家肥（范富等，2015）这几种改良物料，可通过增加氮和碳的输入为土壤提供充足的养分并改善微生物活动的微环境，从而减小了盐碱地与普通农田中的微生物数量差距。施用污泥改良盐碱地是利用淤泥微生物而不是土壤微生物，促进有机物的分解，提高土壤肥力，进而加速了盐碱地植被的恢复。此外，施用有机-无机复合肥，既能有效增加土壤中氮磷养分及微量元素以促进微生物的生长繁殖，又可以通过有机-无机复合体的胶结性能，降低盐度，改善土壤微生态环境，进而影响了土壤微生物数量（Singh et al.，2010）。姬兴杰等（2008）研究发现对盐碱化程度高的土壤施用有机-无机复合肥后，土壤中细菌、真菌及放线菌的数量、微生物量碳都显著提高了（胡文革等，2007）。

三、生 物 措 施

近年来，应用前景最好的改良措施是生物改良措施，其包括植物改良和微生物改良两个方面。植物改良措施主要是依靠耐盐性植物的种植，促进盐碱地植被恢复，减轻盐碱化程度，是提高盐碱地利用率的重要措施。Wong 等（2009）在内陆盐碱地上连续种植 3 年耐盐植物柽柳、苇状羊茅、油葵后，土壤微生物特征发生了巨大变化，土壤微生物总量增加了 4.1～7.0 倍。微生物肥料法则是利用微生物肥料本身具有释放养分的功能，通过功能菌种调控微生物活动，增加土壤中营养元素的供应量，丰富土壤中优势菌群的多样性，同时也可抑制有害微生物的活动，改良土壤质量，提高作物产量（宋玉珍，2009）。

值得强调的是，利用微生物方法改良盐碱地并调控微生物群落结构的机制相对较为复杂，应归结于植物与微生物高度协调与平衡的互作体系（Lakshmanan et al.，2014）。Bulgarelli 等（2012）对水稻、碱蓬、拟南芥等地下部分共生菌进行研究，通过高通量测序检测到根际微生物群落种类丰富、多样性最高，而根内生微生物物种特异性高、多样性低，表明地下各生态位微生物在宿主基因型、根系分泌物及土壤理化性质多种因素的共同影响下，群落结构和组成存在明显的变化。与根际微生物相比，叶际微生物受光照等外界因素影响，可利用营养成分较少，其微生物群落动态变化明显，多样性低（Lebeis，2015）。

第五节 盐碱地改良研究现状及展望

盐碱地的改良是一个长期的系统过程，随着社会经济的发展，研究者不断寻求更加简便、快捷、经济有效的改良措施。20 世纪 70 年代后，国内外在盐碱地改良技术方面已经取得了许多成功的经验，改良措施由水利、农业、物理、化学等单项措施逐渐过渡到农、林、水综合治理阶段。然而由于各地气候、土壤地质、地下水和生态环境等主要影响因素不同，改良效果有明显差异（胡一等，2015）。

综合众多前人研究，盐碱地改良技术可以归纳为工程措施、农业措施、化学措施和生物措施 4 种（王健和李傲瑞，2019）。工程措施是国际上最常用的一种改良手段，此法虽不受地形限制，但具有耗时耗力等缺点（衡通，2018）。农业措施应用范围较广，成本较低，操作简便，适用于各类盐碱地，但作用时间较短，仅可满足短期的种植需求（周和平等，2007）。目前，这两种方法是改良盐碱地的主导方法。化学措施虽可短期内改变土壤指标，但该法改良剂单一、用量大、成本高且易产生二次污染，严重制约着绿色农业的发展（李科江等，2004）。近年来，研究者从利用盐碱地资源角度出发，采用生物修复手段进行盐碱地改良工作。尽管植物修复改善速度慢，但其比工程措施和农业措施更经济、更有效（Ashraf et al.，1987）。此外，目前微生物修复刚起步，微生物菌剂生产不规范，肥效不稳定，严重降低了改良效果，有待进一步研究（陈双庆，2018）。

　　开发利用盐碱地在综合治理国土、促进农业生产发展、维持生态和经济平衡发展等方面发挥了积极作用。随着盐碱地改良技术的发展，更多新兴技术得以在改善盐碱地领域广泛开展。未来我们应着重探索省时、省力、环保的改良新方法，将工程措施、农业措施、化学措施和生物措施有机结合起来，合理利用，因地制宜，综合治理，增强土壤缓冲、过滤能力，提高粮食和生物量的生产，实现生态可持续发展。同时在实际生活中，我们应突破传统，创新思路，将理论研究转化为应用研究，为盐碱地改良提供经济可行的新途径。因此，建议强化如下几方面工作：①开展区域水盐动态实时监测；②进一步研发能提高作物耐盐性的外源物质，无污染改善土壤性质；③加强对植物本身的耐盐性的研究及科学利用耐盐性植物品种；④突破和完善植物与微生物共生资源的开发、利用，注重自我调节、自我恢复。

参 考 文 献

白亚妮，来航线，温小玲，等.2013.硫磺改良盐碱土的微生物效应研究.西北农林科技大学学报（自然科学版），38（2）：153-157.

蔡树美，徐四新，张德闪，等.2018.菜蚓共作对滩涂盐碱地土壤生态质量的影响研究.土壤通报，49（5）：1191-1197.

曹仕明，廖浩，张翼，等.2014.施用腐熟秸秆肥对烤烟根系土壤微生物和酶活性的影响.中国烟草学报，（2）：75-79.

陈双庆.2018.浅谈盐碱地生态改造原则.中国农村科技，282（11）：16-18.

范富，张庆国，马玉露，等.2018.苏打盐碱地围堤养鱼改良土壤的生物性状.农业工程学报，34（2）：142-146.

范富，张庆国，邰继承，等.2015.玉米秸秆夹层改善盐碱地土壤生物性状.农业工程学报，31（8）：1331-1339.

关元秀，刘高焕，王劲峰，等.2001.基于GIS的黄河三角洲盐碱地改良分区.地理学报，56（2）：198-205.

黄明勇，杨剑芳，王怀锋，等.2007.天津滨海盐碱土地区城市绿地土壤微生物特性研究.土壤通报，38（6）：1131-1135.

何子建，史文娟，杨军强.2017.膜下滴灌间作盐生植物棉田水盐运移特征及脱盐效果.农业工程学报，33（23）：129-138.

衡通.2018.暗管排水对滴灌农田水盐分布的影响研究.石河子大学硕士学位论文.

胡文革，赵亚东，闫平，等.2007.盐碱地环境下芨芨草土壤微生物群落的初步分析.生态环境，16（1）：197-200.

胡一，韩霁昌，张扬，等.2015.盐碱地改良技术研究综述.陕西农业科学，61（2）：67-71.

姬兴杰，杨颖颖，熊淑萍，等.2008.不同肥料对土壤微生物数量及全氮时空变化的影响.中国生态农业学报，16（3）：576-582.

孔涛，张德胜，徐慧，等.2014.盐碱地及其改良过程中土壤微生物生态特征研究进展.土壤，46（4）：581-588.

康贻军，胡健，董必慧，等.2007.滩涂盐碱土壤微生物生态特征的研究.农业环境科学学报，26（s1）：181-183.

康贻军，杨小兰，沈敏，等.2009.盐碱土壤微生物对不同改良方法的响应.江苏农业学报，25（3）：564-567.

李凤霞，郭永忠，许兴，等.2011.盐碱地土壤微生物生态特征研究进展.安徽农业科学，39（23）：14065-14067.

李科江，曹彩云，郑春莲，等.2004.糠醛废渣农业资源化利用技术的途径.首届全国农业面源污染与综合防治学术研讨会.

刘洪升.2017.黄淮海平原群众改良利用盐碱地经验研究——以河北省为例.古今农业，（4）：22-29.

刘慧超.1998.黄河三角洲盐碱地耕作制度的有效探索——河三角东营市"上农下渔"农业开发的调查.科技进步与对策，15（6）：94-95.

卢鑫萍，杜茜，闫永利，等.2012.盐渍化土壤根际微生物群落及土壤因子对AM真菌的影响.生态学报，32（13）：4071-4078.

罗安程，孙羲.1995.施肥对红壤中微生物区系和无机磷溶解及有机磷矿化的影响.土壤通报，26（2）：73-75.

毛玉梅，李小平.2016.烟气脱硫石膏对滨海滩涂盐碱地的改良效果研究.中国环境科学，36（1）：225-231.

牛世全，杨婷婷，李君锋，等.2011.盐碱土微生物功能群季节动态与土壤理化因子的关系.干旱区研究，28（2）：328-334.

乔正良.2005.陕西盐渍土微生物生态及放线菌资源的研究.西北农林科技大学硕士学位论文.

邵凤云.2013.邯郸市盐碱地利用现状及改良措施.现代农业科技，（24）：252-253.

沈婧丽，王彬，许兴，等.2016.脱硫石膏改良盐碱地研究进展.农业科学研究，37（1）：65-69.

商振芳，谢思绮，罗旺，等. 2019. 我国盐碱地现状及其改良技术研究进展. 中国环境科学学会科学技术年会论文集（第三卷）：386-395.

宋玉珍. 2009. 微生物肥料在松嫩平原盐碱地造林中的应用研究. 东北林业大学博士学位论文.

王健，李傲瑞，2019. 我国盐碱地改良技术综述. 现代农业科技，（21）：182-183，185.

吴海云，张宁，吴金凤，等. 2013. 盐碱地土壤改良思路. 天津农林科技，（2）：41-43.

徐子棋，许晓鸿. 2018. 松嫩平原苏打盐碱地成因、特点及治理措施研究进展. 中国水土保持，（2）：54-59.

杨瑞吉，杨祁峰，牛俊义. 2004. 表征土壤肥力主要指标的研究进展. 甘肃农业大学学报，39（1）：86-91.

张鹏辉，侯宪东，王健，等. 2017. 新疆地区盐碱地成因及治理措施. 现代农业科技，（24）：178-180.

张晓光，黄标，梁正伟，等. 2013. 松嫩平原西部土壤盐碱化特征研究日. 土壤，45（2）：332-338.

张瑜斌，林鹏，魏小勇，等. 2008. 盐度对稀释平板法研究红树林区土壤微生物数量的影响. 生态学报，28（3）：1288-1296.

周和平，张立新，禹锋，等. 2007. 我国盐碱地改良技术综述及展望. 现代农业科技，（11）：159-161.

Abd-All M H，Omar S A. 1998. Wheat straw and cellulo-lytic fungi application increases nodulation，nodule efficiency and growth of fenugreek（*Trigonella foenum-graceum* L.）grown in saline soil. Biology and Fertility of Soils，26（1）：58-65.

Ashraf M，Mcneilly T，Bradshaw A D，et al. 1987. Selection and heritability of tolerance to sodium chloride in four forage species. Crop Science，227（2）：232-234.

Babich H，Stotzky G. 1983. Developing standards for environmental toxicants：the need to consider abiotic environmental factors and microbe-mediated ecologic processes. Environmental Health Perspectives，49：247-260.

Barrett-Lennard E G. 2002. Restoration of saline land through revegetation. Agricultural Water Management，53（1-3）：213-226.

Bulgarelli D，Rott M，Schlaeppi K，et al. 2012. Revealing structure and assembly cues for *Arabidopsis* root-inhabiting bacterial microbiota. Nature，488（7409）：91-95.

Egamberdieva D，Wirth S，Bellingrath-Kimura，et al. 2019. Salt-tolerant plant growth promoting rhizobacteria for enhancing crop productivity of saline soils. Frontiers in Microbiology，10.

Forkutsa I，Sommer R，Shirokova Y I，et al. 2009. Modeling irrigated cotton with shallow groundwater in the Aral Sea Basin of Uzbekistan：II. Soil salinity dynamics. Irrigation Science，27（4）：319-330.

Khan K S，Gattinger A，Buegger F，et al. 2008. Microbial use of organic amendments in saline soils monitored by changes in the $^{13}C/^{12}C$ ratio. Soil Biology and Biochemistry，40（5）：1217-1224.

Kitamura Y，Yano T，Honna T，et al. 2006. Causes of farmland salinization and remedial measures in the Aral Sea Basin-Research on water management to prevent secondary salinization in rice-based cropping system in arid land. Agric Water Manag，85（1-2）：1-14.

Kovda V A. 1983. Loss of productive land due to salinization. Ambio A Journal of the Human Environment，12（2）：91-93.

Lakshmanan V，Selvaraj G，Bais H P，et al. 2014. Functional soil microbiome：belowground solutions to an aboveground problem. Plant Physiology，166（2）：689-700.

Landwehr M，Hildebrandt U，Wilde P，et al. 2002. The arbuscular mycorrhizal fungus *Glomus geosporum* in European saline，sodic and gypsum soils. Mycorrhiza，12（4）：199-211.

Lebeis S L. 2015. Greater than the sum of their parts：characterizing plant microbiomes at the community-level. Current Opinion in Plant Biology，24：82-86.

López-Valdez F，Fernández-Luqueño F，Luna-Guido M L，et al. 2010. Microorganisms in sewage sludge added to an extreme alkaline saline soil affect carbon and nitrogen dynamics. Applied Soil Ecology，45（3）：225-231.

Oliveira R S，Vosátka M，Dodd J C，et al. 2005. Studies on the diversity of arbuscular mycorrhizal fungi and the efficacy of two native isolates in a highly alkaline anthropogenic sediment. Mycorrhiza，16（1）：23-31.

Shi W，Takano T，Liu S K. 2012. Isolation and characterization of novel bacterial taxa from extreme alkali-saline soil. World Journal of Microbiology and Biotechnology，28（5）：2147-2157.

Singh J S，Pandey V C，Singh D P，et al. 2010. Influence of pyrite and farmyard manure on population dynamics of soil methanotroph and rice yield in saline rain-fed paddy field. Agriculture Ecosystems and Environment，139（1）：74-79.

Stenberg B. 1999. Monitoring soil quality of arable land：microbiological indicators. Acta Agriculturae Scandinavica，49（1）：1-24.

Tilak K V B R，Ranganayaki N，Pal K K，et al. 2005. Diversity of plant growth and soil health supporting bacteria. Current Science，89（1）：136-150.

Wong V N L，Dalal R C，Greene R S B. 2008. Salinity and sodicity effects on respiration and microbial biomass of soil. Biology and Fertility of Soils，44（7）：943-953.

Wong V N L，Dalal R C，Greene R S B. 2009. Carbon dynamics of sodic and saline soils following gypsum and organic material additions：A laboratory incubation. Applied Soil Ecology，41（1）：29-40.

第二篇
海岸带微生物参与元素循环

第八章 微生物参与碳循环

第一节 碳循环概述

一、全球碳循环

全球碳循环主要描述地球系统中主要组成部分之间碳的复杂转换和流动过程。碳主要储存在大气圈、岩石圈、生物圈和水圈 4 个主要的地球储藏库中。每个储层都包含多种数量不等的有机和无机碳化合物。并且，每个碳库的交换和储存时间可能从几年到数百万年不等。例如，岩石圈的碳储量是最大的，约为 10^{23}g C，它们主要以碳酸盐的形式储存在沉积岩中，如 $CaCO_3$、$MgCO_3$ 和 $FeCO_3$，还有一些有机化合物，如油、天然气和煤。岩石圈中的碳通过缓慢的地质过程，如化学风化和沉积作用，在数百万年的时间尺度上重新分布到其他碳储集层。因此，岩石圈被认为是全球碳循环中相对不活跃的组成部分。地球的活性炭库约含有 4.3×10^{19}g C，在大气圈中为 7.5×10^{17}g C，在生物圈中为 2.19×10^{18}g C，在水圈中约为 3.9973×10^{19}g C。其中，缓慢的地质作用使活动储层中碳的绝对总量保持在接近稳定的状态，而快速的生物地球化学作用使碳在活动储层中重新分布。

人类活动，如使用化石燃料和砍伐森林，已大大改变了大气中储存的碳量，并扰乱了大气圈、生物圈和水圈之间的碳通量。自工业时代以来，化石燃料使用、水泥制造和森林砍伐所释放的二氧化碳已经使大气中二氧化碳的分压从 280ppm[①]增加到目前的360ppm，增长了大约 28.6%。目前，由于人类活动的影响，每年大约有 5.5×10^{15}g 的"人为"碳被释放到大气中。大约有一半人为产生的二氧化碳被保留在大气圈中，而剩余的碳则被转移到水圈和生物圈并储存起来。从大气中去除和隔离二氧化碳的碳储存库被称为碳"汇"。人为产生的碳在海洋和陆地碳汇之间的分配还不为人所知。为了了解全球碳循环的动态，对碳分配进行量化控制是必要的。陆地生物圈可能是一个重要的人为碳汇，但陆地生态系统的复杂性阻碍了对其成因过程的科学理解。

大量研究对海洋中的二氧化碳含量进行了调查，使我们对海洋物理循环和生物过程的认识有所提高。与陆地系统相比，这些研究还使海洋学家能够更好地研究海洋在二氧化碳封存中的作用。根据海洋环流和生态系统过程的数值模型，海洋学家估计，每年约有 72.7%（2×10^{15}g C）的人为产生的二氧化碳被海洋吸收。剩下 27.3%（7.5×10^{14}g C）人为产生的二氧化碳的命运是未知的。确定人为产生的二氧化碳的海洋汇量取决于对各种化学、物理和生物因素之间相互作用的理解。

二、微生物参与碳循环过程

所有生物都依赖于地球上必需元素的供应，由于地球是一个封闭的系统，其基本元素如氢（H）、氧（O）、碳（C）、氮（N）、硫（S）和磷（P）的供应是有限的，因此对这些元素进行循环利用是避免枯竭的基础。微生物在分解和转化有机物质的过程中发挥

[①] 1ppm=10^{-6}

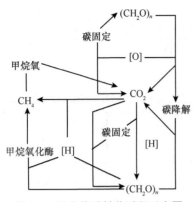

图 8-1　微生物碳转化过程示意图
（修改自刘洋荧等，2017）

着至关重要的作用，这些产物又可以被其他有机体重复利用，这就是为什么微生物酶系统被视为驱动生物地球化学循环的关键"引擎"（Falkowski et al.，2008）。微生物通常具有巨大的生物量、繁杂的种类、多样化的代谢功能及复杂的相互作用模式，从而使它参与了碳循环过程中的多个代谢通路，主要包括碳固定、甲烷代谢及碳降解多个过程（图 8-1）。具有相似或者相同功能的一些微生物类群通常组成微生物群落的基本结构单元，而这些不同的功能类群协同作用调控碳循环过程中的各个过程，在维持生态系统各个功能结构稳定及响应全球气候变化方面起到不可替代的作用。

第二节　海洋碳循环和海洋全球变化

海洋在全球碳循环过程中扮演着重要的角色，每年人类排放到大气的二氧化碳中，有很大一部分是由海洋吸收的。*State of the Climate* 中指出，海洋是碳沉降的主要场所，这也是导致海洋酸化的一个重要原因。

海洋碳循环被认为是大气中二氧化碳在海面巨大的水库中溶解后形成无机碳的混合物或扩散物的过程。在这个过程中，质子被释放出来，从而驱动了海洋酸化过程。一些参与光合作用的微生物对这些溶解性的无机碳进行固定，然后为大多数海洋食物网提供微粒状或者溶解态的有机碳。这些有机碳中的大多数最终在细菌的作用下通过呼吸作用返回到大气中。其中一小部分的颗粒性有机碳为碳汇做贡献，因此被称为"生物泵"，从地表水转移到更深的海水或海洋沉积物中，将其与大气隔离数千年或更久（Jiao，2008）。另一种命运是海洋表层中的溶解性无机碳进入"碳酸盐泵"，被矿化微生物如球石藻用来建造它们的碳酸钙外壳。在这个过程的化学计量学中，只要有 1mol 的 HCO_3^- 转化为碳酸钙，就有 1mol 的 HCO_3^- 转化为二氧化碳，因此，生物矿化作用是二氧化碳的主要来源，并随之产生酸化。致密的碳酸钙壳相对下沉速度较快，其所含的碳要么溶解形成巨大的深水无机碳储层，要么沉积在地质构造中。

一、光合固碳作用

基于植物生理过程，浮游植物的光合作用可能会对海水中较高的二氧化碳浓度产生积极的响应。目前，大多数海洋"光合自养生物"都必须利用能量较高的"碳浓缩机制"获取稀缺的二氧化碳。在二氧化碳富集的海洋环境中，随着浮游植物对二氧化碳扩散吸收速率的增加，应该减少海洋对二氧化碳的需求（Sommer et al.，2015）。然而，在现实中，对浮游植物利用二氧化碳有效性的预测很难做到。与温度及其他驱动因素相比，通常二氧化碳的变化对硅藻群落结构的影响非常小（Hare et al.，2007；Hutchins and Boyd，2016）。受季节性影响，在二氧化碳浓度变化较大的区域，如南极沿岸水域，浮游植物通常能很好地适应这种变化，因此可能对碳酸盐化学变化相对不敏感（Paul et al.，2016）。

二氧化碳对海洋微生物群落结构的影响通常取决于温度、营养盐浓度和生物之间的关系。例如，在波罗的海酸化实验中，当增加二氧化碳处理温度时，高浓度二氧化碳对浮游植物生物量的积极影响被增加的浮游动物猎食抵消（Taucher et al.，2015）。酸化对北极脆弱硅藻生长速率的负面影响（有 20%～37% 的抑制效果）在升温条件下被大致等效的生长刺激抵消。高浓度二氧化碳（1000μatm）能够刺激海洋硅藻如 *Thalassiosira weissflogii* 和 *Dactyliosolen fragilissimus* 固定二氧化碳的量分别为 8% 和 39%。但是当温度从 15℃ 增加到 20℃ 时，这两个物种表现出相反的路径，因为最适温度变化的范围远超过了 *D. fragilissimus* 的最适生长温度（Shi et al.，2015）。有两项研究报道了在高二氧化碳浓度下硝酸盐的吸收受到抑制，但对碳固定没有影响，在硅藻 *Thalassiosira pseudonana* 中，细胞 C：N 升高，但这种反应的机制尚不清楚（Hennon et al.，2014）。一般来说，将二氧化碳浓度升高对藻类碳捕获生理的直接影响与质子浓度升高对细胞生物化学的间接影响区分开来是特别困难的。在对大多数浮游植物的酸化衍射进行研究的过程中，并没有区分这两个紧密耦合的组成部分的变化对海水碳酸盐缓冲系统的影响。

生态模型研究通常被用来预测未来的全球变化，特别是气候变暖和养分有效性的降低，可能会促使浮游植物群落从硅藻等大型细胞向微型蓝细菌等小型类群转移（Finkel et al.，2010；Marinov et al.，2010；Dutkiewicz et al.，2015）。这种减少浮游植物细胞大小的趋势将降低海洋生物泵对下沉微粒有机碳的储存。然而，在许多开放海洋生态系统中占主导地位的微型蓝细菌具有比许多真核藻类更有效的碳浓缩机制，因此这些蓝藻可能无法像真核生物那样从浓度升高的二氧化碳中获得能量。事实上，一些研究已经报道了酸化对微型蓝细菌产量和丰度的轻微影响。

一些沿海和河口中的蓝细菌（蓝藻），如林白藻（*Lyngbya* spp.），可以产生强大的毒素，被认为是会引发有害藻华（HAB）的物种。气候变暖被认为会刺激这些有害的蓝藻繁殖（Visser et al.，2016）。温度升高也会增加真核生物有害藻华的毒素产量、生长速率和生态优势，如产生神经毒素的硅藻——假菱形藻（Zhu et al.，2017）。在 2014～2015 年美国西海岸异常变暖期间，伪尼氏藻形成了从不列颠哥伦比亚省到加利福尼亚州中部的区域性有毒藻华，并导致海洋食物网中的毒素达到极端水平（McCabe et al.，2016）。相对于目前的二氧化碳水平，到 2100 年，拟菱形藻属（*Pseudonitzschia*）的细胞毒性被预测会增加 40%～300%，特别是在营养有限的生长条件下。随着二氧化碳浓度或温度的升高，尽管一些群体的细胞毒性降低或保持不变，但在许多有害藻华如鞭毛藻（dinoflagellate）藻华中也观察到类似的毒性增强或升高的现象（Fu et al.，2012）。即使毒性不受影响，在高浓度二氧化碳和变暖条件下也观察到生长速率和生物量的增加，结果表明，在未来的气候条件下，有害藻华事件的破坏性会越来越大。

为了充分评价海洋气候变化变量矩阵对初级生产者的影响，需要得到各因子在各相互作用共变量的多个条件下的全反应范数曲线（Hattenrath-Lehmann et al.，2015）。需要测定生理特性，如生长速率、环境变量、温度或二氧化碳浓度等参数，这样就可以确定一个物种对该因子的最大和最小耐受限度，以及确定生长的最佳范围（Reusch and Boyd，2013）。例如，在相关温度或营养水平的整个范围内检测多个二氧化碳浓度下的生长速率，这在逻辑上非常具有挑战性，而且很少有人尝试这样做（Baker et al.，2016）。

总的来说，二氧化碳浓度升高对浮游植物群落结构和生产力的影响与温度、营养盐含量有关，因此预测结果并不准确。此外，重要的生态相互作用，如原生动物的猎食和兼性营养型原生动物与海洋环境变化间的关系我们了解得还不是很清楚（Boyd et al.，2016），需要采用交互式多变量实验设计并考虑更高层次的生物复杂性的研究，如包含多个营养层次的整个群落结构的研究（Caron et al.，2013）。

二、钙 化 作 用

海洋中微生物的钙化作用主要是由一种被称为颗石藻（coccolithophore）的单细胞藻类所控制，这种藻类除在极地海洋中广泛分布外，春季在北大西洋等地区会大规模暴发。生物源性的钙离子将表层海水碳酸盐化学与海洋沉积物中碳的储存联系起来，碳酸钙提供了压载物，加速了下沉有机颗粒向深海的运输。关于球藻岩体钙化所产生的二氧化碳是否可作为无机碳的补充来源进行光合作用的问题一直存在争议，但有证据表明并非如此（Raven and Crawfurd，2012）。

相对于海洋酸化作用，球藻岩体钙化作用比其他任何海洋微生物作用都得到了更深入和详细的研究（Bach et al.，2013；Hofmann et al.，2010）。这一领域的一项开拓性研究表明，在 pH 降低的情况下，两种颗石藻物种的钙化率降低了 16%～45%，这可能会最终减少海洋颗粒的压载，从而减少碳向深海的转移。随后发表的许多关于这一主题的研究都支持这一最初的观点（Bach et al.，2013）。然而，这一结论并不是十分确定的，因为在颗石藻的酸化反应中有相当大的应变和物种水平的多样性，一些相对不受影响，少数在低 pH 时钙化更严重。

另外，温度、光、营养物质和紫外线的相互作用也可以调节海洋酸化对钙离子的影响。尽管许多实验已经解决了这些复杂的多变量相互作用，但由于它们使用了来自不同地区的许多不同的颗石藻菌株，因此对其结果的解释变得特别复杂。全球变化变量（如二氧化碳浓度、温度和光强）的不同组合也会导致"实验元空间"，这是不容易进行比较的，6 个已发表的颗石藻生长实验的数据证明了这一点。

就目前的二氧化碳水平而言，许多颗石藻的碳融合是不饱和的，海洋酸化可以抑制钙化，同时也能促进其进行光合作用和生长，这一结果在北大西洋的酸化实验中被观察到，该实验产生了一种密集的快速生长但钙化程度很低的颗石藻，而这种菌株在未来的海洋中可能是更好的竞争者。二氧化碳对光合作用的积极影响也可能是近 50 年来北大西洋颗石藻丰度增加的原因。颗石藻通常能很好地适应强光，这表明未来较浅的混合层环境可能有利于它们的生长（Iglesias-Rodriguez，2008；Feng et al.，2008；Rokitta and Rost，2012）。温度升高（3～5℃）可以降低 50% 的钙化率，或者温度升高伴随二氧化碳含量升高可以降低 75% 的钙化率。相比之下，在相同的温度下，颗石藻孢子的生长和碳固定速率往往是积极的或完全没有反应。因此，就像酸化一样，变暖的最终结果可能是产生更少的钙化细胞，从而减少下沉的有机碳沉淀物。

三、异 养 细 菌

海洋浮游"异养"细菌种类繁多，从普遍存在的低营养海洋细菌 α 变形菌纲（Alpha

proteobacteria）进化枝 SAR11 到"共营养细菌"不等。由于其功能的多样性，很难概括异养细菌对海洋全球变化的响应。

细菌群落被认为对海洋酸化具有相对的适应性，如在北极 SAR11"生态型"相对不受 pH 降低的影响（Joint et al.，2011）。与自养细菌相比，异养细菌对二氧化碳的变化也不太可能受直接的影响。事实上，一些实验表明，未来的酸化对异养细菌的丰度或群落结构的影响很少或几乎没有。

相比之下，其他浮游生物与酸化之间关系的研究发现，当细菌数量增加到一定极限，其分类优势就会发生明显的变化（Hartmann et al.，2016；Endres et al.，2014）。在这些自然环境实验中，严格区分酸化的直接效应和间接效应是十分困难的。据报道，细菌蛋白酶和糖苷酶活性的增加可能是由这些胞外酶的 pH 相对较低或浮游植物产生的溶解性有机碳的质量或数量发生了变化导致的。一项海洋酸化实验的元转录组结果显示，各种细菌类群的质子泵基因表达增加，表明它们参与了细胞 pH 稳态调节过程（Engel et al.，2014）。

与酸化形成对比的是，在不同海洋环境下进行的变暖实验研究一致认为，细菌产量、呼吸和生物量都有所增加，有时还会降低"细菌的生长速率"（Bunse et al.，2016；Hoppe et al.，2008；von Scheibner et al.，2014；Lindh et al.，2013）。这可能反映了热效应对新陈代谢的直接影响，或浮游植物在较高温度下受溶解性有机碳释放增加的间接影响。在波罗的海进行的两项变暖实验报道了拟杆菌门（Bacteroidetes）细菌的群落结构变化。拟杆菌门是一类能够利用酶解浮游植物产生的大分子有机化合物的群体（Lindh et al.，2013）。在目前丰富的细菌类群中，变暖有时与细胞变小有关，或与优势向小细胞类群如 SAR11 转移有关。这种细胞大小的变化可能与细胞碳分配的变化有关，这是由在较高的温度下生长和呼吸速率加快造成的。原生动物的摄食速度也随着温度的升高而迅速增加，这在海洋细菌和它们的主要捕食者之间形成了一场潜在的热动力竞赛（Hoppe　　　 et al.，2008；von Scheibner et al.，2014）。

较浅的混合层和较高的平均辐照度可能有助于"细菌光能异养体"的能量转化，尽管紫外线辐射的增加也可能抑制某些细菌类群的生长（Sarmento et al.，2010）。未来盐下带的扩展也将对海洋微生物生态学和碳循环产生重大的影响。目前的低氧环境通常以胞藻-黄杆菌-拟杆菌群为主，未来我们有可能对更大的厌氧区的细菌群落有一定的了解（Lara et al.，2013；Ruiz-González et al.，2013；Löscher et al.，2015）。

四、未来海洋微生物介导的生物地球化学循环

基于对海洋微生物和全球变化认识的不断提高，我们可以对未来的生物地球化学发展趋势做出最佳的预测。对于海洋碳循环，似乎不可避免的是，进入表层海洋的人为产生的 CO_2 将继续膨胀溶解形成无机碳池，从而逐渐降低海洋的 pH。现有证据表明，这种酸化过程将直接抑制大多数颗石藻的钙化作用，从而减少下沉的碳酸钙通量。一些研究表明，海水中二氧化碳浓度升高或气候变暖可能有利于特定微生物（光合自养生物）的光合作用，但我们认为，总体而言，任何此类刺激效应都可能被强化分层和随之而来的营养限制的负面效应所抵消。其结果可能是生物碳固定的净减少，从而将有机碳的供

应限制在下沉的出口通量、异养细菌和海洋食物链中。海洋生物碳循环能力降低可能会导致未来海洋生产力下降，吸收和储存更多二氧化碳的能力下降，使可利用生物资源的供应量减少。

第三节　微生物在海洋碳循环过程中的作用

海洋碳循环对人类和其他一些大型动物栖息的地球环境起到重要的调控作用。碳循环的核心过程是有机碳和无机碳之间的转化，从而形成主要的生态系统服务体系。原生动物（单细胞真核生物）和浮游植物一直以来都被认为是渔业资源的基础生产力，并且能够将大气中的二氧化碳转运到深海中（Armbrust，2009；Higgins et al.，2012）。原生动物通过光合作用将二氧化碳转变成有机碳，这一过程将细胞组成化学计量学与碳循环相关元素联系起来。因此，碳循环与其他生物地球化学循环如氮、硅和其他很多元素的循环都密切相关（Tréguer and De La Rocha，2013；Hendry and Brzezinski，2014；Zehr and Kudela，2011）。目前关于由气候变化导致的二氧化碳海气交换、初级生产力变化和碳汇对微生物有什么样的影响的研究报道还相对较少（Doney et al.，2012）。这里将对海洋原生生物功能多样性、生活方式及在碳循环中的作用进行综述。

在 20 世纪 70 年代到 80 年代，有人就提出了微生物在海洋食物网和微食物环中的作用，强调了细菌和古菌在代谢多样性中的重要作用。因此，经典的硅藻—桡足动物—鱼类的海洋生产力食物链观点发生了革命性的变化，因为人们认识到从藻类中提取的不同形式的溶解性有机物（DOM）是异养细菌生长的主要能源。反过来，食肉原生生物吃掉了这些细菌，自己也被更大的浮游动物捕食。在此框架下，藻类初级生产有多条途径达到较高的营养水平。就呼吸碳损失而言，微生物循环是最低效的途径（有机碳转化为二氧化碳），因为藻类 DOM 和颗粒有机物（POM）是通过异养细菌、古菌分解作用产生的，呼吸损失发生在重要的营养再矿化过程中。随后，病毒感染细菌过程被认为是 DOM 的另一个潜在的重要来源（Riley，1946）。原生生物现在通常被描述为光能自养生物（通常是硅藻和颗石藻）或异养食肉动物。海洋生态系统中生物地球化学循环的全球尺度模拟在循环模型上有重叠，已成为研究碳循环和气候敏感性的常用工具。这些模型的重点是模拟生物地球化学循环，而不是调节它们的有机体，并建立在 Riley 及其同事开创性研究的基础上（Quere et al.，2005），模型中，浮游生物种群由偏微分方程来描述，偏微分方程代表了宏观上的物理迁移、生长、死亡和相互作用。这样的模型解释了光能自养微生物的一些广泛的"功能类型"（如所有由一组参数描述的小型浮游植物），两个捕食者群体：捕食藻类的原生动物和后生动物消费者或"食草动物"（Moore et al.，2004）。如果把异养细菌包括在内，模型就是一个均匀的种群。种群增长率是用对外部资源（Follows et al.，2007）或内部储存的高度理想化的关系来描述的，而没有表现出有关生物体高度灵活和适应性的生理学特征。目前模型中微生物生理学的参数化在一定程度上反映了计算的局限性，但也反映了在吸收新数据和理解微生物细胞生物学方面的滞后性。确定精确模拟和解释海洋生态系统所需的粒度级别、足以评估变化的基线信息类型，以及如何将生物多样性、动力学和交互关系集成到大型模型中，这些都不是容易的工作。正如普罗蒂斯坦所述，他的生物学包含了多种多样的生活方式，这些生活方式通过复杂而不为人所知的食物网连接形成了碳循环。大量的吞噬营养模式和对共生生物的偏好导致了细胞结构的进化,这些结构可能比原核生物的结构要大几个数量级,也更复杂(Caron et al.,2008)。细胞大小很重要,部分原因是更大的细胞(如最大的颗石藻)下沉更快,改变了向深海大规模出口碳和其他元素的过程(Caron et al.,2008;Ziveri et al.,2007;Ward et al.,2012;Richardson and Jackson,2007)。海洋微生物学家和模型学家都敏锐地意识到,原生生物生理和行为的表型变异对评估其更广泛的生态作用和未来海洋生产力至关重要。

一、复杂的因素控制着原生生物初级生产力:浮游植物

海藻的初级产量约为 50Pg C/年,与陆生植物相当。除较大的原生生物所起的光合作用外,人们对微小浮游生物类群(直径≤2mm)重要性的认识也在不断加深(Massana,2011;Caron et al.,2012)。在 20 世纪 50 年代,微核生物小单孢菌 Micromonospora pusilla 在英吉利海峡占主导地位,随后发现的大量(非真核)蓝藻共生球菌和原绿球菌证实了非常小的浮游植物对海洋生态系统的重要性。然而,虽然像硅藻这样的大型藻类具有清晰的食物链角色和快速、可量化的下沉速度(导致碳排放到深海),但我们对真核生物和原核微型浮游生物的相关了解是有限的(Worden et al.,2012)。此外,光合原生生物非常多样化;许多物种在自然界中难以量化,且仍未经过培养,我们缺乏野生种群的基本信息。新的藻类谱系仍然在探索中(Kim et al.,2011;Janouškovec et al.,2012)。此外,浮游真核生物(包括未培养的群体)在蓝细菌数量占主导地位的环境中,对 CO_2 固定起着重要作用(Jardillier et al.,2010;Cuvelier et al.,2010;Hartmann et al.,2012)。

真核浮游植物是由异养祖先在多个独立的环境下进化而来的,其基因组含量和功能能力存在明显差异,并不断向多样化发展。比较 4 种常见藻类家族的细胞壁组成,结果表明了它们的多样性及对海洋生物地球化学循环的影响。一些不等鞭毛类如硅藻具有纳米级精度的硅酸盐小体,而其他不等鞭毛类则是裸露的;许多微小浮游生物是裸露的或被有机鳞片;鞭毛藻具有细胞内纤维素板;在青绿藻中,有少数种是裸生的,但大多数被有机鳞片包裹(Adl et al.,2012;Beaufort et al.,2011)。因此,这些藻类的生长依赖于不同元素的输入源、再矿化速率和晶体结构(如文石或方解石形式的碳酸钙),并且对气候变化引起的 pH 下降会有不同的反应(Doney et al.,2009)。

在基因组信息的背景下对藻类的分析正在促进对其生理学的理解。这些研究通常集中在硅藻或青绿藻,强调对铁和氮有效性的高度分化反应,严格控制的基因调控程序,以及传递在陆地植物中的信号系统(Lommer et al.,2012;Ashworth et al.,2013;Duanmu et al.,2014;Bender et al.,2014)。基因组学手段也适用于其他海洋浮游植物(Gobler et al.,2011;Curtis et al.,2012;Read et al.,2013)。利用细菌基因组信息创新方法来分析细菌群落与环境变化间的复杂关系(Marchetti et al.,2012;Bertrand et al.,2012)。例如,在太平洋的一项研究中,硅藻对施铁肥反应强烈,但元转录组分析表明,硅藻的生长仍然需要依赖不含铁的光合蛋白作用,而不是它们基因库里的含铁功能对等物(Marchetti et al.,2012)。这就可以理解为允许新获得的铁被用于资源获取(而不是用于光合作用),有助于硅藻在施铁肥的作用下繁殖成功。这些发现很难在实验室实验中推

导出来，因为它们无法捕捉到硅藻反应与更广泛的藻类群落反应之间的鲜明对比，藻类生理学的许多方面仍不清楚。随着气候变化对海洋食物网和碳封存的影响，这种知识鸿沟正变得至关重要（Boyd et al.，2016；Beardall et al.，2009；Riebesell ct al.，2009；Li et al.，2009）。扰动通常同时影响多个环境参数，藻类的响应似乎高度区域化。例如，据报道，在加拿大北极地区，由于与水体分层相关较大的光合原生生物，如硅藻，正被光合原核生物所取代，因此改变了食物网和碳通量，预计其他地区也会发生类似的变化。相比之下，大量的藻类碳主要来自硅藻，正在向北冰洋中东部海底下沉（Boetius et al.，2013）。扰动的相互作用是广泛的，如气候影响二氧化碳、pH 和温度的变化（Boyd and Hutchins，2012），但大多数实验室实验未能捕捉到它们的复杂性。细胞系统生物学实验包括对培养中的模型生物进行对照研究，这对于设计现场研究至关重要，这些研究可以评估单个分类单元对较高级别生态系统过程的影响。

二、平衡中的碳：捕食、渗透

碳循环和固碳既取决于光合作用，又取决于碳氧化速率。这种平衡取决于广泛的异养生物营养策略。研究最多的海洋原生生物异养模式是捕食。据估计，尽管具有高度的区域和时间变异性，但微小浮游动物和纳米浮游动物（<200mm）也能平均消耗 62%的藻类日产量（Schmoker et al.，2013）。这些掠食者大多是原生动物，但猎食评估通常反映的是在没有群体特定信息的情况下的消耗率，这是有问题的，因为涉及的原生生物是多种多样的。在生产环境中，鞭毛藻是藻华的主要贡献者，而在寡营养区域，纤毛虫和各种鞭毛藻是浮游生物与细菌的重要消费者（Massana et al.，2009；Lin et al.，2012）。结构复杂的变形虫和鞭毛虫也可能是区域性的重要捕食者（Dayel and King，2014；Decelle et al.，2012），还有棘骨虫亚纲（其中一部分被称为放射虫类）和有孔虫，也广泛以异养生物为食，包括桡足类等多细胞浮游动物。目前还不清楚大多数捕食者分类群的身份，特别是异养鞭毛虫。新型的海洋不等鞭毛类被认为是主要的掠食性鞭毛虫，但大多数不等鞭毛类是不可培养的（Gómez et al.，2011；Massana et al.，2014；Roy et al.，2014），并且营养模式是复杂的，因为不等鞭毛类包括藻类、腐殖生物、捕食者和混合营养体。一些不等鞭毛类明显捕食细菌和浮游生物，但关于单细胞和群体分离的研究表明，更复杂的关联也存在。例如，地中海钩端螺旋体生长于硅藻的小体上，有时与黏球菌为伴，也可能以其为食。

在目前的海洋生物地球化学和生态模型中，原生动物捕食策略的巨大变化并没有得到体现，因为猎物选择、摄食率和替代策略的基础尚不清楚。一般来说，捕食者比它们的猎物更大，然而，原生生物可以吞食与它们体型相同或更大的猎物。例如，黏着植物 *Prymnesium parvum*（Tillmann，1998）和腰鞭毛虫 *Karlodinium armiger* 在食用桡足类之前会将其体积大小为自身 50 倍的食物吞食进去（Berge et al.，2012）。因此，生物体的大小并不一定会随着营养水平的提高而增大，这就形成了更长的食物链和相对更大的碳损失。虽然细胞大小可能在猎物选择中起作用，但猎物的质量、相对数量和细胞外特征（Guillou et al.，2001；Sherr et al.，2007）也起作用，从而影响特定种群的碳通量。同化效率因捕食者和猎物的种类而异，也因猎物的质量和数量而异。当喂食原绿球藻而非聚球藻时，食用原生藻菌的 *Picophagus flagellatus* 的生长和碳同化率非常不同，导致营养室之间的碳通量不同。此外，营养级联关系受到温度的影响也较大（Lewandowska et al.，2014）。异养作用下的代谢过程对温度的反应似乎比初级生产更强烈，因此温度的升高导致生态系统向更异养的代谢方向转变（Wohlers et al.，2009）。

掠夺性活动也有助于 DOM 和 POM 碳库的积累。海洋 DOM 碳库几乎等于大气中的二氧化碳，约为海洋生物量的 200 倍（Hansell，2013）。这两个 DOM 和 POM 是复杂的混合体。DOM 的测定材料通常利用 0.2μm 的滤膜，这就意味着它可以直接进入细胞。不稳定的有机物迅速被细菌和原生动物通过呼吸、同化作用转变成有活性的颗粒性有机质（Dyhrman，2005；Stoecker and Gustafson，2003）。因此，在最近的海洋调查中惰性溶解性有机质远大于海洋中可测溶解性有机质。

海洋有机碳化合物的多样性需要一个复杂的异养网络来分解它。大多数海洋模型假设 DOM 和 POM 是被一类原核异养生物氧化的，这些异养生物主要依靠细胞表面的化学反应来生存，这些化学反应是通过修饰、运输或再矿化有机分子的酶来完成的。尽管真菌被认为是陆地分解的核心，但腐生菌在海洋生态系统模型中并没有出现，越来越多的证据表明海洋真菌种类繁多（Stoeck et al.，2014；Richards et al.，2012）。近年来的研究表明，在缺氧的海洋远洋环境中，特别是在海底，真菌种群与有机碳总量、硝酸盐、硫化物和可溶性无机碳之间存在相关性（Orsi et al.，2013a，2013b）。如果真菌确实对海洋有机物的降解有贡献，那么了解真菌在这一角色上的作用将是很重要的。网黏菌属（Labyrinthulids）和破囊壶菌属（Thraustochytrium）是生活在沿海海洋栖息地的主要不等鞭毛类，但也有报道称它们生活在营养贫乏的水域（Li et al.，2013）。这些真核腐殖生物的活动主要局限于沉积物中，还是其也在水柱中活动，目前还不是完全清楚（Raghukumar and Damare，2011）。

真核生物也可以利用内吞作用摄取高分子量 DOM 和胶体 DOM。皮虫摄食胶体后，在一个液泡中处理直径小于 150nm 的海洋胶体（Seenivasan et al.，2013）。这些胶体的大小与许多海洋真核病毒相近。有趣的是，病毒序列被检测到与可能来自感染病毒的皮虫细胞（Yoon et al.，2011）相关联。无论如何，微小动物摄取胶体大小颗粒的发现对再矿化率的研究具有重要意义，因为细胞内处理可能比细胞外机制更有效。

异养原生生物获取营养的另一种方式是寄生，一旦遇到宿主，这就是一种有效的策略。如果海洋生物和陆地生物有相似之处，那么每一种海洋动物都可能有几种寄生虫。感染的微生物比大多数自由生活的微生物更频繁地接触高浓度的有机物质。在海洋原生生物多样性调查中，序列最丰富的是新的未培养的海洋囊泡虫类（Guillou et al.，2008）。已知有几种共生体是寄生的，可以控制其他海洋鞭毛藻的繁殖或感染纤毛虫及其他原生生物（Chambouvet et al.，2011；Bachvaroff et al.，2012）。这种寄生虫——阿米巴原虫和它的宿主鞭毛虫的生命周期之间的相互作用是复杂的，感染过程加速了宿主囊肿的形成。目前，没有直接证据表明大多数囊泡虫进化支是寄生的。在未鉴定的囊泡虫和放射虫之间观察到的关联（Bråte et al.，2012）同样符合共生关系，环境因素可能会将这种关系从共生关系转变为致病关系。对于寄生的囊泡虫，它们会感染哪些类群，通过什么机制感染，感染的结果是良性的还是致病性的，它们是否具有复杂的生命周期、储层物种或活跃的自由生活阶段，都是要解决的问题。

三、营养模式之间的边界变化：混合营养

除了生产者（藻类）和消费者（异养生物）这两个重要的角色，更重要的问题是很多原生生物不属于其中任何一个角色。因此混合营养的核心是融合光养和异养，这是非常重要的。早在 1986 年，有关淡水浮游生物的研究表明，一些浮游植物是靠吞噬作用捕获食物的，它们的捕食方式类似于非光合微型鞭毛虫类。实验表明，小型藻类占大西洋细菌总数的 37%～95%。

光合生物的吞噬能力具有重要的生态学意义。当光合作用受到光可利用性的限制时（如在水柱深处或冰下），猎物的摄食可以作为能量和碳的来源（Flöder et al.，2006）。然而，在营养贫乏的透光层水体中，不可培养的混合营养性 Prymnesiophytes（定鞭金藻类）和 Chrysophytes（不等鞭毛类）的特性是显著的（Frias-Lopez et al.，2009；Unrein et al.，2014），获得光合生长所需的营养物质是取食的触发因素。通过猎物的消化，由于颗粒状营养物质的存在，对稀缺无机营养物质的需求就减少了，从而降低了再矿化营养物质的释放。在异养混合营养体系中，呼吸碳的需求可以通过光合作用来满足，从而使高同化效率成为可能（Tittel et al.，2003）。如果能准确估计群体特异性捕食量，就能更好地评估溶解性无机养分和再矿化率的影响。

四、小　　结

通过模型预测检测原生生物行为将有助于我们了解海洋生态系统。科学家如何筛选这种复杂性以找到那些对海洋生态系统过程和碳循环最重要的原始生物学核心，还有待观察。原生生物的多样性还没有被很好地理解，不足以完全评估它们对生物地球化学模型的整体影响，但已有足够的证据表明，它们的作用必须重新评估。原生生物的基因组和行为的破译具有一定的挑战性，但对于解析营养级联关系是必不可少的。当今，高通量测序技术和蛋白质组学技术结合起来，联合网络理论和模型预测来分析生态系统之间的关联，这已经成为人们常用的手段。随着假设联系的确定，我们面临的挑战是通过描述潜在机制来验证它们，通过经验测量来约束它们，并将它们参数化为全球生物地球化学模型。营养模式和相互作用的最直接的数据将来自对细胞和结构生物学、生理学及行为学的多层次研究。将对细胞进行系统的研究与真核生物多样性广泛抽样相结合，使比较方法有希望在量化原生生物的活动及其对全球碳循环的影响方面取得实质性进展。

第四节　　微生物在海洋微型碳泵中的作用

生物泵可以解释为：初级生产者将上层海洋的二氧化碳固定下来，然后以生物粒子或溶解性有机物的方式沉降到海底然后输送到深海的过程。在深水中积累的这些物质中的大部分会被再矿化为 CO_2，直到又上升到海面上。然而，也有一部分固定碳并没有被矿化，而是作为难以分解的有机物质在海底储存了数千年。传统意义上，用来解释碳在水柱中垂直分布的三种机制分别为：溶解度泵、碳酸盐泵和生物碳泵（BCP）。最近，海

洋研究科学委员会第134次工作组提出了微生物碳泵（MCP）的概念框架。MCP的定义是通过微生物活动（微食物环和病毒分流）（图8-2）将不稳定的有机质转化为难降解的有机质，从而导致碳的长期储存。MCP的主要途径是：①生长和增殖过程中微生物细胞的直接渗出；②病毒裂解释放微生物细胞壁和细胞表面大分子；③有机集合体（颗粒）的降解和转化。海洋溶解有机物（DOM、DOC）中的碳含量与大气中 CO_2 的碳含量非常相似，所以MCP对于理解海洋碳循环非常重要。首次估算认为，BCP、MCP对深海水体和沉积物的固碳能力在数量级上是相同的。第四个碳泵可能是海洋碳循环中的一个重要机制，可能容易受到全球变化的影响。

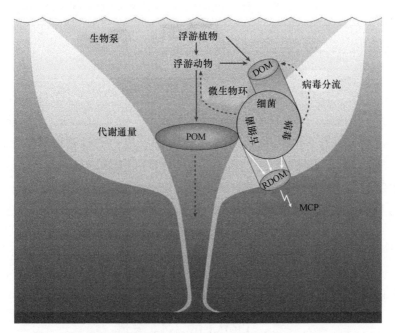

图 8-2 海洋中碳循环的主要生物过程（修改自 Jiao et al.，2010）
RDOM. 顽固的溶解性有机物；MCP. 微生物碳泵；DOM. 溶解性有机物

为了了解海洋在气候变化中所起的作用，必须考虑海洋中有机物的生物地球化学循环这一重要问题。生物泵包括一系列的反应过程，通过光合作用将二氧化碳固定为有机物，然后将其转移到海洋内部，最终导致碳的暂时或永久储存（Ducklow et al.，2001）。生物泵所涉及的已知机制主要包括颗粒有机物（POM）从地表水沉积到海床，以及溶解性有机物（DOM）从透光带通过混合作用和向下涌的水团输运到较深的水域（Ducklow et al.，2001）。POM和DOM均易受到微生物矿化作用的影响，在几十年内大部分有机碳将被还原为溶解性无机碳（DIC）。这些过程共同从表层水体中去除有机物形式的碳，并在更深的区域将其转化为DIC，维持DIC从表层到深海的梯度分布，且导致碳的暂时储存，直到通过温盐环流将其再次转运到海水表层（Ducklow et al.，2001）。有一小部分的POM摆脱了矿化作用，进入沉积物中，在那里有机碳可以被埋藏和储存数千年甚至数百万年之久。生物泵长期储存碳是海洋在气候变化中所起作用的主要原因。生物泵效率目前是衡量海洋储存生物固定碳能力的一个基本指标。然而，海洋水柱中的惰性溶解性有机质在生物泵的概念中还没有得到充分的考虑。海洋细菌和古细菌通过呼吸作用为海洋深处碳的沉降做了很大贡献（Aristegui et al.，2009），因此，近年来，这些微生物及其与有机物的相互作用引起了人们的广泛关注，并在这方面发表了一些优秀的综述（Azam and Malfatti，2007；Riebesell et al.，2007；Suttle，2007；Mou et al.，2008）。这些细菌和古细菌及有机物之间相互作用使它们区别于其他海洋生物：作为优势异养型渗透生物，它们基本上"垄断"了 DOM 的利用。微生物利用新固定碳的多种适应机制是众所周知的。然而，我们对这些微生物如何与似乎难以控制的 DOM 大池相互作用的认识还存在很大的空白。尽管我们对海洋微生物基因组多样性及其原位过程的认识取得了很大的进展，但是对微生物与 RDOM 池之间的相互作用还没有细致的研究。这个 RDOM 池和微生物之间的相互作用是很重要的，因为长时间不降解的 DOM 分子构成了碳储存。因此，微生物碳泵作为一个概念框架来解释微生物产生 RDOM 和相关碳储存的作用，目的是加深人们对海洋碳循环和全球气候变化的理解。

一、海洋有机物质

虽然海洋环境中的有机物是由不同分子大小的混合物组成的（Azam，1993；Verdugo et al.，2004），但在研究实践中，它被分为 POM 和 DOM。POM 最初是作为自养生物量形成的，然后通过海洋食物网每一层的多个营养途径进行转化（Gehlen et al.，2006）。海洋上层 DOM 的生成机制多种多样，且具有时空差异性。在给定的生态场景中，很难指定或预测 DOM 的主要来源。浮游植物向海水中释放的初级产物比例变化很大，有时也很可观，如 DOM（Arrigo，2007）。另一个值得注意的机制是病毒裂解产生的 DOM 的释放。后生食草动物的进食也可能释放出浮游植物胞浆（作为 DOM），而原生生物和后生动物的排泄物中可能含有 DOM。此外，细菌和古细菌外水解酶对 POM 的增溶是产生 DOM 的主要机制（Nagata et al.，2000）。

二、DOM 的不稳定性

微生物与 DOM 之间的生物化学相互作用是很难阐明的。根据生物可利用性可以将 DOM 的操作分类分为三类：不稳定 DOM（LDOM）、半不稳定 DOM（SLDOM）及顽固的 DOM（RDOM）（Eichinger et al.，2006）。异养微生物可以在数小时甚至数天内利用 LDOM（Kirchman et al.，2001），而 SLDOM 可以持续数月甚至数年，并且占据了从透光带到更深处的 DOM 的大部分。耐生物分解的 RDOM 是最持久的碳库，有可能在海洋内部储存数千年（Hopkinson and Vallino，2005）。

不同类型的海洋微生物对各种 DOM 成分的利用能力各不相同（Carlson et al.，2004）。DOM 的不稳定性也可能与利用微生物的种类或类群有关（Carlson et al.，2004）。例如，好氧不产氧光合异养细菌（AAPB）主要生活在透光带，被发现在利用不同的有机物方面不如大多数其他细菌群灵活（Jiao et al.，2007）。相比之下，深海区域的微生物已经发展出了适应深海 DOM 低反应活性的代谢策略。例如，在深海中较高的胞外酶活性被认为可以使深海微生物利用耐药聚合物中的有机分子（Tamburini et al.，2002）。对古细菌细胞壁的分析表明，藻类碳水化合物和蛋白质（与藻类脂质相比，它们的富集率为 4‰～5‰）优先被异养古细菌所利用（Hoefs et al.，

1997）。RDOM 的产生和利用的时空变化将会影响 RDOM 中碳的长期储存，从而影响海洋碳循环和全球气候。

三、RDOM 的产生

确定 RDOM 生成的来源、机制和速率是一个非常有趣的问题。如果仅根据其非常长的半衰期来定义 RDOM，那么按照经验测定从特定源（如 LDOM 池或 SLDOM 池）生成的 RDOM 在逻辑上就变得不切实际。事实上，RDOM 的半衰期是连续变化的，半衰期为 50～100 年的 RDOM 分子中的碳存储期比平均存储期短，但仍然与气候模型相关，而且在实验系统中测量这些分子的生成比测量半衰期为 1000 年的分子更容易处理。一种很有前途的方法是通过实验来验证惰性溶解性有机质的产生。在 36 天的潜伏期里，绿针假单胞菌（*Pseudomonas chlororaphis*）在 2 天内耗尽了唯一的碳源 D-葡萄糖，并产生了含有该葡萄糖碳的 DOM 化合物。衍生的碳中有 3%～5% 的葡萄糖能坚持到实验结束（Gruber et al.，2006）。将 DOM 暴露在远洋细菌的自然组合中进行长达一年的实验，可以将 LDOM 和 SLDOM 的"噪声"降到最低，从而能够找到产生 RDOM 的来源和机制。在一年的深海细菌组合和 D-葡萄糖或 L-谷氨酸的孵育中，生成的 DOM 分别约有 37% 和 50% 持续到孵育结束（Ogawa et al.，2001），说明细菌可以有效地生成长寿命的 DOM。在深海中，微生物 RDOM 的生成可以通过荧光 DOM 的增加来推断（Yamashita and Tanoue，2008）。

虽然<10% 的海洋 DOM 已经被化学表征，但成千上万的有机分子（即它们的质量公式）已被确定（Hertkorn et al.，2006；Koch et al.，2005）。一些细菌来源的分子，如孔蛋白（Yamada and Tanoue，2003）、D-氨基酸（特别是 D-丙氨酸、D-丝氨酸、D-天冬氨酸和 D-谷氨酰胺）（Kaiser and Benner，2008；McCarthy et al.，1998）、胞壁酸（Benner and Kaiser，2003）和脂多糖（Wakeham et al.，2003），都可以在 RDOM 中检测到，并可能在细菌生产过程中直接分泌。尽管通过裂解释放的一些产物是不稳定的，但病毒对微生物的裂解过程是 RDOM 的另一个潜在的来源（Stoderegger and Herndl，1998）。微生物占海洋生物表面积的绝大部分，由于海洋中细菌和古菌的巨大遗传多样性，其细胞表层具有令人难以置信的分子多样性。微生物细胞壁和细胞表面大分子可能是 RDOM 的重要来源，因为它们可能在细胞被病毒裂解后释放到水中，这种可能性应该进行测试，因为约 50% 的细菌生产通过病毒分流（Wilhelm and Suttle，1999）。在细菌降解 POM 的过程中，也会释放出 RDOM，因为微生物表达的胞外酶以超过其吸收 LDOM 的速率将 POM 转化为 DOM（Smith et al.，1992）。胞外酶的选择性作用可产生 RDOM。此外，高浓度的水解产物可以创造有利于化学反应的条件，而这些化学反应不会在大量海水中发生，但可能产生 RDOM。例如，附着微生物对氧的需求可能导致微空间缺氧和发酵，从而导致微环境酸化。原生生物的捕食和消化可能有助于 RDOM 的产生（Strom et al.，1997）。此外，RDOM 可以由光化学和热转化改变的生物分子形成，也可以由脂质体包封、地质聚合反应、吸附-聚集和选择性保存过程产生的生物分子形成（Dittmar and Paeng，2009；Ogawa and Tanoue，2003）。

四、微生物碳泵

如前所述，许多微生物活动可能参与了 RDOM 的生成。此外，微生物细胞周围的微环境条件（如化学梯度和耗氧）可能有利于改变的生物分子形成 RDOM。于是，焦念志院士提出了微生物碳泵（MCP）（图 8-2），有助于理解微生物过程在 RDOM 生成和相关海洋碳储存中的作用。MCP 提供了一个框架来解释产生 RDOM 原位微生物活动相关的环境、营养、生理、分子和基因组数据之间的联系。焦念志院士提出 MCP 概念，并强调微生物异养过程在生物泵环境中的作用。目前，在生物泵中作为 RDOM 的碳的长期储存还没有得到明确解决。此外，对生物泵的传统解释强调了碳的垂直输入（POM 或 DOM）从透光带到深海，而 MCP 强调 RDOM 的形成，它可以在水柱的任何深度持续存在，包括透光带。传统生物泵的基本驱动力是初级生产力，而 MCP 的基本驱动力是微生物异养活动，因此，传统的生物泵主要关注新产物，而 MCP 主要关注再生产物。此外，在常规生物泵非常弱的地方（如在低营养、强分层的海洋水域），MCP 可以非常强。在 MCP 模型中，MCP 对 DOM 的连续处理将一些有机碳从反应性 DOM 池转换为 RDOM 形式的难以处理的碳。这里必须强调 MCP 的两个重要结果：①它将有机碳从低浓度的活性炭"泵入"到高浓度的顽固碳中，为碳储存建立了一个巨大的蓄水池；②它改变了 DOM 的化学组成，导致碳与氮、磷等的比例发生变化。现场研究清楚地表明，随着海洋深度的增加，DOM 中的磷会选择性地再矿化（Clark et al.，1998）。化学计量分析表明，RDOM 的碳、氮、磷比（约 3511：202：1）与 LDOM（199：20：1）和 POM（106：16：1）有很大差异。这种差异表明，相对于氮和磷，MCP 将更多的碳从活性有机质池转移到 RDOM（图 8-3）。因此，与有机氮、有机磷相比，MCP 在 RDOM 池中保持了相对较多的碳，并向水中释放了较多的无机氮、无机磷，为初级生产提供了必需的营养物质。

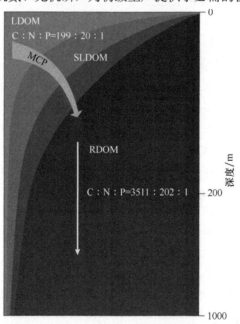

图 8-3　微生物碳泵的作用（修改自 Jiao et al.，2010）（彩图请扫封底二维码）

DOM 的生物地球化学过程非常复杂，与微生物作用密切相关。尽管 RDOM 是地球上最大的有机物质库之一，但它的动态并不为人所知。海洋地球化学家对 RDOM 的分子复杂性感到敬畏，而微生物海洋学家则对 RDOM 的持久性感到好奇，因为它明显背离了微生物绝对稳定的原则。MCP 概念提出了一个关键点，即微生物过程在 RDOM 池碳储存中的重要性，以及验证了关于 DOM 源和汇及潜在的生物地球化学作用机制的假设框架。焦念志院士认为微生物过程是 RDOM 长期碳储存的基础，这一观点强调了海洋在构建地球气候中所起的作用很大程度上是由微生物驱动的。

参 考 文 献

刘洋荧，王尚，厉舒祯，等. 2017. 基于功能基因的微生物碳循环分子生态学研究进展. 微生物学通报，44（7）: 1676-1689.

Adl S M，Simpson A G B，Lane C E，et al. 2012. The revised classification of eukaryotes. Journal of Eukaryotic Microbiology，59（5）: 429-493.

Aristegui J，Gasol J M，Duarte C M，et al. 2009. Microbial oceanography of the dark ocean's pelagic realm. Limnology and Oceanography，54: 1501-1529.

Armbrust E V. 2009. The life of diatoms in the world's oceans. Nature，459: 185-192.

Arrigo K R. 2007. Carbon cycle: marine manipulations. Nature，450: 491-492.

Ashworth J，Coesel S，Lee A，et al. 2013. Genome-wide diel growth state transitions in the diatom *Thalassiosira pseudonana*. Proceedings of the National Academy of Sciences of the United States of America，110（18）: 7518-7523.

Azam F，Malfatti F. 2007. Microbial structuring of marine ecosystems. Nature Review Microbiology，5: 782-791.

Azam F，Smith D C，Steward G F，et al. 1993. Bacteria-organic matter coupling and its significance for oceanic carbon cycling. Microbial Ecology，28: 167-179.

Bach L T，Mackinder L C M，Schulz K G，et al. 2013. Dissecting the impact of CO_2 and pH on the mechanisms of photosynthesis and calcification in the coccolithophore *Emiliania huxleyi*. New Phytologist，199（1）: 121-134.

Bachvaroff T R，Kim S，Guillou L，et al. 2012. Molecular diversity of the syndinian genus *Euduboscquella* based on single-cell PCR analysis. Applied and Environmental Microbiology，78（2）: 334-345.

Baker K G，Robinson C M，Radford D T，et al. 2016. Thermal performance curves of functional traits aid understanding of thermally induced changes in diatom-mediated biogeochemical fluxes. Frontiers in Marine Science，3: 44.

Beardall J，Stojkovic S，Larsen S. 2009. Living in a high CO_2 world: impacts of global climate change on marine phytoplankton. Plant Ecology & Diversity，2（2）: 191-205.

Beaufort L，Probert I，De Garidel-Thoron T，et al. 2011. Sensitivity of coccolithophores to carbonate chemistry and ocean acidification. Nature，476（7358）: 80.

Bender S J，Durkin C A，Berthiaume C T，et al. 2014. Transcriptional responses of three model diatoms to nitrate limitation of growth. Frontiers in Marine Science，1: 3.

Benner R，Kaiser K. 2003. Abundance of amino sugars and peptidoglycan in marine particulate and dissolved organic matter. Limnology and Oceanography，48: 118-128.

Berge T，Poulsen L K，Moldrup M，et al. 2012. Marine microalgae attack and feed on metazoans. The ISME Journal，6（10）: 1926.

Bertrand E M，Allen A E，Dupont C L，et al. 2012. Influence of cobalamin scarcity on diatom molecular physiology and identification of a cobalamin acquisition protein. Proceedings of the National Academy of Sciences of the United States of America，109（26）: 1762-1771.

Boetius A，Albrecht S，Bakker K，et al. 2013. Export of algal biomass from the melting Arctic sea ice. Science，339（6126）: 1430-1432.

Boyd P W，Dillingham P W，McGraw C M，et al. 2016. Physiological responses of a Southern Ocean diatom to complex future ocean conditions. Nature Climate Change，6（2）: 207-213.

Boyd P W，Hutchins D A. 2012. Understanding the responses of ocean biota to a complex matrix of cumulative anthropogenic change. Marine Ecology Progress Series，470: 125-135.

Bråte J，Krabberød A K，Dolven J K，et al. 2012. Radiolaria associated with large diversity of marine alveolates. Protist，163（5）: 767-777.

Bunse C，Lundin D，Karlsson C M G，et al. 2016. Response of marine bacterioplankton pH homeostasis gene expression to elevated CO_2. Nature Climate Change，6（5）: 483-487.

Carlson C A, Giovannoni S J, Hansell D A, et al. 2004. Interactions between DOC, microbial processes, and community structure in the mesopelagic zone of the northwestern sargasso sea. Limnology and Oceanography, 49 (4): 1073-1083.

Caron D A, Countway P D, Jones A C, et al. 2012. Marine protistan diversity. Annual Review of Marine Science, 4: 467-493.

Caron D A, Hutchins D A. 2013. The effects of changing climate on microzooplankton grazing and community structure: drivers, predictions and knowledge gaps. Journal of Plankton Research, 35 (2): 235-252.

Caron D A, Worden A Z, Countway P D, et al. 2008. Protists are microbes too: A perspective. The ISME Journal, 3: 4-12.

Chambouvet A, Alves-de-Souza C, Cueff V, et al. 2011. Interplay between the parasite *Amoebophrya* sp. (Alveolata) and the cyst formation of the red tide dinoflagellate *Scrippsiella trochoidea*. Protist, 162 (4): 637-649.

Clark L L, Ingall E D, Benner R. 1998. Marine phosphorus is selectively remineralized. Nature, 393: 426.

Curtis B A, Tanifuji G, Burki F, et al. 2012. Algal genomes reveal evolutionary mosaicism and the fate of nucleomorphs. Nature, 492 (7427): 59.

Cuvelier M L, Allen A E, Monier A, et al. 2010. Targeted metagenomics and ecology of globally important uncultured eukaryotic phytoplankton. Proceedings of the National Academy of Sciences of the United States of America, 107 (33): 14679-14684.

Dayel M J, King N. 2014. Prey capture and phagocytosis in the choanoflagellate *Salpingoeca rosetta*. PLoS One, 9 (5): e95577.

Decelle J, Probert I, Bittner L, et al. 2012. An original mode of symbiosis in open ocean plankton. Proceedings of the National Academy of Sciences of the United States of America, 109 (44): 18000-18005.

Dittmar T, Paeng J A. 2009. Heat-induced molecular signature in marine dissolved organic matter. Nature Geoscience, 2: 175-179.

Doney S C, Fabry V J, Feely R A, et al. 2009. Ocean acidification: the other CO_2 problem. Annual Review of Marine Science, 1: 169-192.

Doney S C, Ruckelshaus M, Duffy J E, et al. 2012. Climate change impacts on marine ecosystems. Annual Review Marine Science, 4: 11-37.

Duanmu D, Bachy C, Sudek S, et al. 2014. Marine algae and land plants share conserved phytochrome signaling systems. Proceedings of the National Academy of Sciences of the United States of America, 111 (44): 15827-15832.

Ducklow H W, Steinberg D K, Buesseler K O. 2001. Upper ocean carbon export and the biological pump. Oceanography, 14: 50-58.

Dutkiewicz S, Morris J J, Follows M J, et al. 2015. Impact of ocean acidification on the structure of future phytoplankton communities. Nature Climate Change, 5 (11): 1002-1006.

Dyhrman S. 2005. Ectoenzymes in *Prorocentrum minimum*. Harmful Algae, 4 (3): 619-627.

Eichinger M, Poggiale J C, Van Wambeke F, et al. 2006. Modelling DOC assimilation and bacterial growth efficiency in biodegradation experiments: a case study in the Northeast Atlantic Ocean. Aquatic Microbial Ecology, 43: 139-151.

Endres S, Galgani L, Riebesell U, et al. 2014. Stimulated bacterial growth under elevated pCO_2: results from an off-shore mesocosm study. PLoS One, 9: e99228.

Engel A, Piontek J, Grossart H P, et al. 2014. Impact of CO_2 enrichment on organic matter dynamics during nutrient induced coastal phytoplankton blooms. Journal of Plankton Research, 36: 641-657.

Falkowski P G, Fenchel T, Delong E F. 2008. The microbial engines that drive Earth's biogeochemical cycles. Science, 320: 1034-1039.

Feng Y, Warner M E, Zhang Y, et al. 2008. Interactive effects of increased pCO_2, temperature and irradiance on the marine coccolithophore *Emiliania huxleyi* (Prymnesiophyceae). European Journal of Phycology, 43 (1): 87-98.

Finkel Z V, Beardall J, Flynn K J, et al. 2010. Phytoplankton in a changing world: cell size and elemental stoichiometry. Journal of Plankton Research, 32 (1): 119-137.

Flöder S, Hansen T, Ptacnik R. 2006. Energy-dependent bacterivory in *Ochromonas minima*—a strategy promoting the use of substitutable resources and survival at insufficient light supply. Protist, 157 (3): 291-302.

Follows M J, Dutkiewicz S, Grant S, et al. 2007. Emergent biogeography of microbial communities in a model ocean. Science, 315 (5820): 1843-1846.

Frias-Lopez J, Thompson A, Waldbauer J, et al. 2009. Use of stable isotope-labelled cells to identify active grazers of picocyanobacteria in ocean surface waters. Environmental Microbiology, 11 (2): 512-525.

Fu F X, Tatters A O, Hutchins D A. 2012. Global change and the future of harmful algal blooms in the ocean. Marine Ecology Progress Series, 470: 207-233.

Gehlen M, Bopp L, Emprin N, et al. 2006. Reconciling surface ocean productivity, export fluxes and sediment composition in a global biogeochemical ocean model. Biogeosciences, 3 (4): 521-537.

Gobler C J, Berry D L, Dyhrman S T, et al. 2011. Niche of harmful alga *Aureococcus anophagefferens* revealed through ecogenomics. Proceedings of the National Academy of Sciences of the United States of America, 108 (11): 4352-4357.

Gómez F, Moreira D, Benzerara K, et al. 2011. *Solenicola setigera* is the first characterized member of the abundant and cosmopolitan uncultured marine stramenopile group MAST-3. Environmental Microbiology, 13 (1): 193-202.

Gruber D F, Simjouw J P, Seitzinger S P, et al. 2006. Dynamics and characterization of refractory dissolved organic matter produced by a pure bacterial culture in an experimental predator-prey system. Applied and Environmental Microbiology, 72: 4184-4191.

Guillou L, Jacquet S, Chrétiennot-Dinet M J, et al. 2001. Grazing impact of two small heterotrophic flagellates on *Prochlorococcus* and *Synechococcus*. Aquatic Microbial Ecology, 26 (2): 201-207.

Guillou L, Viprey M, Chambouvet A, et al. 2008. Widespread occurrence and genetic diversity of marine parasitoids belonging to Syndiniales (Alveolata). Environmental Microbiology, 10 (12): 3349-3365.

Hansell D A. 2013. Recalcitrant dissolved organic carbon fractions. Annual Review of Marine Science, 5: 421-445.

Hare C E, Leblanc K, DiTullio G R, et al. 2007. Consequences of increased temperature and CO_2 for phytoplankton community structure in the Bering Sea. Marine Ecology Progress Series, 352: 9-16.

Hartmann M, Grob C, Tarran G A, et al. 2012. Mixotrophic basis of Atlantic oligotrophic ecosystems. Proceedings of the National Academy of Sciences of the United States of America, 109 (15): 5756-5760.

Hartmann M, Hill P G, Tynan E, et al. 2016. Resilience of SAR11 bacteria to rapid acidification in the high-latitude open ocean. FEMS Microbiology Ecology, 92 (2): 1-9.

Hattenrath-Lehmann T K, Smith J L, Wallace R B, et al. 2015. The effects of elevated CO_2 on the growth and toxicity of field populations and cultures of the saxitoxin‐producing dinoflagellate, A lexandrium fundyense. Limnology and Oceanography, 60 (1): 198-214.

Hendry K R, Brzezinski M A. 2014. Using silicon isotopes to understand the role of the Southern Ocean in modern and ancient biogeochemistry and climate. Quaternary Science Reviews, 89: 13-26.

Hennon G M M, Quay P, Morales R L, et al. 2014. Acclimation conditions modify physiological response of the diatom *Thalassiosira pseudonana* to elevated CO_2 concentrations in a nitrate-limited chemostat. Journal of Phycology, 50(2): 243-253.

Hertkorn N, Benner R, Frommberger M, et al. 2006. Characterization of a major refractory component of marine dissolved organic matter. Geochimica et Cosmochimica Acta, 70 (12): 2990-3010.

Higgins M B, Robinson R S, Husson J M, et al. 2012. Dominant eukaryotic export production during ocean anoxic events reflects the importance of recycled NH_4^+. Proceedings of the National Academy of Sciences of the United States of America, 109: 2269-2274.

Hoefs M J L, Schouten S, Leeuw J W D, et al. 1997. Ether lipids of planktonic archaea in the marine water column. Applied and Environmental Microbiology, 63 (8): 3090-3095.

Hofmann G E, Barry J P, Edmunds P J, et al. 2010. The effect of ocean acidification on calcifying organisms in marine ecosystems: an organism-to-ecosystem perspective. Annual Review of Ecology, Evolution, and Systematics, 41: 127-147.

Hopkinson C S, Vallino J J. 2005. Efficient export of carbon to the deep ocean through dissolved organic matter. Nature, 433: 142-145.

Hoppe H G, Breithaupt P, Walther K, et al. 2008. Climate warming in winter affects the coupling between phytoplankton and bacteria during the spring bloom: a mesocosm study. Aquatic Microbial Ecology, 51 (2): 105-115.

Hutchins D A, Boyd P W. 2016. Marine phytoplankton and the changing ocean iron cycle. Nature Climate Change, 6 (12): 1072-1079.

Iglesias-Rodriguez M D. 2008. Phytoplankton calcification in a high-CO_2 world. Science, 320: 336-340.

Janouškovec J, Horák A, Barott K L, et al. 2012. Global analysis of plastid diversity reveals apicomplexan-related lineages in coral reefs. Current Biology, 22 (13): 518-519.

Jardillier L, Zubkov M V, Pearman J, et al. 2010. Significant CO_2 fixation by small prymnesiophytes in the subtropical and tropical northeast Atlantic Ocean. The ISME Journal, 4: 1180-1192.

Jiao N Z, Herndl G J, Hansell D A, et al. 2010. Microbial production of recalcitrant dissolved organic matter: long-term carbon storage in the global ocean. Nature Reviews Microbiology, 8 (8): 593-599.

Jiao N Z, Zhang Y, Zeng Y H, et al. 2007. Distinct distribution pattern of abundance and diversity of aerobic anoxygenic phototrophic bacteria in the global ocean. Environmental Microbiology, 9 (12): 3091-3099.

Jiao N Z. 2008. New techniques reveal new mechanisms—the role of aerobic anoxygenic phototrophs in carbon cycling in the ocean. Journal of Biotechnology, 136 (supplement): S10.

Joint I, Doney S C, Karl D M. 2011. Will ocean acidification affect marine microbes? The ISME Journal, 5: 1-7.

Kaiser K, Benner R. 2008. Major bacterial contribution to the ocean reservoir of detrital organic carbon and nitrogen. Limnology and Oceanography, 53: 99-112.

Kim E, Harrison J W, Sudek S, et al. 2011. Newly identified and diverse plastid-bearing branch on the eukaryotic tree of life. Proceedings of the National Academy of Sciences of the United States of America, 108 (4): 1496-1500.

Kirchman D L, Meon B, Ducklow H W, et al. 2001. Glucose fluxes and concentrations of dissolved combined neutral sugars (polysaccharides) in the ross sea and polar front zone, antarctica. Deep Sea Research Part II Topical Studies in Oceanography, 48 (19): 4179-4197.

Koch B P，Witt M R，Engbrodt R，et al. 2005. Molecular formulae of marine and terrigenous dissolved organic matter detected by electrospray ionization fourier transform ion cyclotron resonance mass spectrometry. Geochim Cosmochim Acta，69：3299-3308.

Lara E，Arrieta J M，Garcia-Zarandona I，et al. 2013. Experimental evaluation of the warming effect on viral，bacterial and protistan communities in two contrasting Arctic systems. Aquatic Microbial Ecology，70（1）：17-32.

Lewandowska A M，Boyce D G，Hofmann M，et al. 2014. Effects of sea surface warming on marine plankton. Ecology Letters，17（5）：614-623.

Li Q，Wang X，Liu X，et al. 2013. Abundance and novel lineages of thraustochytrids in Hawaiian waters. Microbial Ecology，66（4）：823-830.

Li W K W，McLaughlin F A，Lovejoy C，et al. 2009. Smallest algae thrive as the Arctic Ocean freshens. Science，326（5952）：539.

Lin Y C，Campbell T，Chung C C，et al. 2012. Distribution patterns and phylogeny of marine stramenopiles in the North Pacific Ocean. Applied and Environmental Microbiology，2012，78（9）：3387-3399.

Lindh M V，Riemann L，Baltar F，et al. 2013. Consequences of increased temperature and acidification on bacterioplankton community composition during a mesocosm spring bloom in the Baltic Sea. Environmental Microbiology Reports，5（2）：252-262.

Lommer M，Specht M，Roy A S，et al. 2012. Genome and low-iron response of an oceanic diatom adapted to chronic iron limitation. Genome Biology，13（7）：R66.

Löscher C R，Fischer M A，Neulinger S C，et al. 2015. Hidden biosphere in an oxygen-deficient Atlantic open-ocean eddy：future implications of ocean deoxygenation on primary production in the eastern tropical North Atlantic. Biogeosciences，12：7467-7482.

Marchetti A，Schruth D M，Durkin C A，et al. 2012. Comparative metatranscriptomics identifies molecular bases for the physiological responses of phytoplankton to varying iron availability. Proceedings of the National Academy of Sciences of the United States of America，109（6）：317-325.

Marinov I，Doney S C，Lima I D. 2010. Response of ocean phytoplankton community structure to climate change over the 21st century：partitioning the effects of nutrients，temperature and light. Biogeosciences，7（12）：3941.

Massana R，Del Campo J，Sieracki M E，et al. 2014. Exploring the uncultured microeukaryote majority in the oceans：reevaluation of ribogroups within stramenopiles. The ISME Journal，8（4）：854.

Massana R，Unrein F，Rodríguez-Martínez R，et al. 2009. Grazing rates and functional diversity of uncultured heterotrophic flagellates. The ISME Journal，3（5）：588.

Massana R. 2011. Eukaryotic picoplankton in surface oceans. Annual Review of Microbiology，65：91-110.

McCabe R M，Hickey B M，Kudela R M，et al. 2016. An unprecedented coastwide toxic algal bloom linked to anomalous ocean conditions. Geophysical Research Letters，43（19）：10366-10376.

McCarthy M D，Hedges J I，Benner R. 1998. Major bacterial contribution to marine dissolved organic nitrogen. Science，281：231-234.

Moore J K，Doney S C，Lindsay K. 2004. Upper ocean ecosystem dynamics and iron cycling in a global three-dimensional model. Global Biogeochemical Cycles，18（4）：GB4028.

Mou X Z，Sun S L，Edwards R A，et al. 2008. Bacterial carbon processing by generalist species in the coastal ocean. Nature，451：708-711.

Nagata T，Fukuda H，Fukuda R，et al. 2000. Bacterioplankton distribution and production in deep Pacific waters：large-scale geographic variations and possible coupling with sinking particle fluxes. Limnology and Oceanography，45：426-435.

Ogawa H，Amagai Y，Koike I，et al. 2001. Production of refractory dissolved organic matter by bacteria. Science，292：917-920.

Ogawa H，Tanoue E. 2003. Dissolved organic matter in oceanic waters. Journal of Oceanography，59：129-147.

Orsi W D，Edgcomb V P，Christman G D，et al. 2013a. Gene expression in the deep biosphere. Nature，499（7457）：205.

Orsi W，Biddle J F，Edgcomb V. 2013b. Deep sequencing of subseafloor eukaryotic rRNA reveals active fungi across marine subsurface provinces. PLoS One，8（2）：e56335.

Paul C，Sommer U，Garzke J，et al. 2016. Effects of increased CO_2 concentration on nutrient limited coastal summer plankton depend on temperature. Limnology and Oceanography，61（3）：853-868.

Quere C L，Harrison S P，Colin Prentice I，et al. 2005. Ecosystem dynamics based on plankton functional types for global ocean biogeochemistry models. Global Change Biology，11（11）：2016-2040.

Raghukumar S，Damare V S. 2011. Increasing evidence for the important role of Labyrinthulomycetes in marine ecosystems. Botanica Marina，54（1）：3-11.

Raven J A，Crawfurd K. 2012. Environmental controls on coccolithophore calcification. Marine Ecology Progress Series，470：137-166.

Read B A，Kegel J，Klute M J，et al. 2013. Pan genome of the phytoplankton *Emiliania* underpins its global distribution. Nature，499（7457）：209.

Reusch T B H，Boyd P W. 2013. Experimental evolution meets marine phytoplankton. Evolution，67：1849-1859.

Richards T A，Jones M D M，Leonard G，et al. 2012. Marine fungi：their ecology and molecular diversity. Annual Review of Marine Science，4：495-522.

Richardson T L，Jackson G A. 2007. Small phytoplankton and carbon export from the surface ocean. Science，315：838-840.

Riebesell U，Körtzinger A，Oschlies A. 2009. Sensitivities of marine carbon fluxes to ocean change. Proceedings of the National Academy of Sciences of the United States of America，106（49）：20602-20609.

Riebesell U，Schulz K G，Bellerby R G J，et al. 2007. Enhanced biological carbon consumption in a high CO_2 ocean. Nature，450（7169）：545-548.

Riley G A. 1946. Factors controlling phytoplankton populations on Georges Bank. Journal of Marine Research，6：54-73.

Rokitta S D，Rost B. 2012. Effects of CO_2 and their modulation by light in the life-cycle stages of the coccolithophore *Emiliania huxleyi*. Limnology and Oceanography，57（2）：607-618.

Roy R S，Price D C，Schliep A，et al. 2014. Single cell genome analysis of an uncultured heterotrophic stramenopile. Scientific Reports，4（1）：1-8.

Ruiz-González C，Simó R，Sommaruga R，et al. 2013. Away from darkness：a review on the effects of solar radiation on heterotrophic bacterioplankton activity. Frontiers in Microbiology，4：131.

Sarmento H，Montoya J M，Vázquez-Domínguez E，et al. 2010. Warming effects on marine microbial food web processes：how far can we go when it comes to predictions? Philosophical Transactions of the Royal Society B：Biological Sciences，365（1549）：2137-2149.

Schmoker C，Hernández-León S，Calbet A. 2013. Microzooplankton grazing in the oceans：impacts，data variability，knowledge gaps and future directions. Journal of Plankton Research，35（4）：691-706.

Seenivasan R，Sausen N，Medlin L K，et al. 2013. *Picomonas judraskeda* gen. *et* sp. nov.：The first identified member of the *Picozoa* phylum nov.，a widespread group of picoeukaryotes，formerly known as 'picobiliphytes'. PLoS One，8：e59565.

Sherr B F，Sherr E B，Caron D A，et al. 2007. Oceanic protists. Oceanography，20（2）：130-134.

Shi D，Li W，Hopkinson B M，et al. 2015. Interactive effects of light，nitrogen source，and carbon dioxide on energy metabolism in the diatom *Thalassiosira pseudonana*. Limnology and Oceanography，60（5）：1805-1822.

Smith D C，Simon M，Alldredge A L，et al. 1992. Intense hydrolytic enzyme activity on marine aggregates and implications for rapid particle dissolution. Nature，359：139-142.

Sommer U，Paul C，Moustaka-Gouni M. 2015. Warming and ocean acidification effects on phytoplankton-from species shifts to size shifts within species in a mesocosm experiment. PLoS One，10（5）：e0125239.

Stoderegger K，Herndl G J. 1998. Production and release of bacterial capsular material and its subsequent utilization by marine bacterioplankton. Limnology and Oceanography，43：877-884.

Stoeck T，Filker S，Edgcomb V，et al. 2014. Living at the limits：evidence for microbial eukaryotes thriving under pressure in deep anoxic，hypersaline habitats. Advance in Ecology，532687.

Stoecker D K，Gustafson Jr D E. 2003. Cell-surface proteolytic activity of photosynthetic dinoflagellates. Aquatic Microbial Ecology，30（2）：175-183.

Strom S L，Benner R，Ziegler S，et al. 1997. Planktonic grazers are a potentially important source of marine dissolved organic carbon. Limnology and Oceanography，42：1364-1374.

Suttle C A. 2007. Marine viruses-major players in the global ecosystem. Nature Review Microbiology，5：801-812.

Tamburini C，Garcin J，Ragot M，et al. 2002. Biopolymer hydrolysis and bacterial production under ambient hydrostatic pressure through a 2000 m water column in the NW Mediterranean. Deep-Sea Research II，49：2109-2123.

Taucher J，Jones J，James A，et al. 2015. Combined effects of CO_2 and temperature on carbon uptake and partitioning by the marine diatoms *Thalassiosira weissflogii* and *Dactyliosolen fragilissimus*. Limnology and Oceanography，60（3）：901-919.

Tillmann U. 1998. Phagotrophy by a plastidic haptophyte，*Prymnesium patelliferum*. Aquatic Microbial Ecology，14（2）：155-160.

Tittel J，Bissinger V，Zippel B，et al. 2003. Mixotrophs combine resource use to outcompete specialists：implications for aquatic food webs. Proceedings of the National Academy of Sciences of the United States of America，100（22）：12776-12781.

Tréguer P J，De La Rocha C L. 2013. The world ocean silica cycle. Annual Review of Marine Science，5：477-501.

Unrein F，Gasol J M，Not F，et al. 2014. Mixotrophic haptophytes are key bacterial grazers in oligotrophic coastal waters. The ISME Journal，8（1）：164.

Verdugo P，Alldredge A L，Azam F，et al. 2004. The oceanic gel phase：a bridge in the DOM-POM continuum. Marine Chemistry，92：67-85.

Visser P M，Verspagen J M H，Sandrini G，et al. 2016. How rising CO_2 and global warming may stimulate harmful cyanobacterial blooms. Harmful Algae，54：145-149.

von Scheibner M, Dörge P, Biermann A, et al. 2014. Impact of warming on phyto-bacterioplankton coupling and bacterial community composition in experimental mesocosms. Environmental Microbiology, 16 (3): 718-733.

Wakeham S G, Pease T K, Benner R. 2003. Hydroxy fatty acids in marine dissolved organic matter as indicators of bacterial membrane material. Organic Geochemistry, 34: 857-868.

Ward B A, Dutkiewicz S, Jahn O, et al. 2012. A size-structured food-web model for the global ocean. Limnology and Oceanography, 57 (6): 1877-1891.

Wilhelm S W, Suttle C A. 1999. Viruses and nutrient cycles in the sea: Viruses play critical roles in the structure and function of aquatic food webs. BioScience, 49: 781-788.

Wohlers J, Engel A, Zöllner E, et al. 2009. Changes in biogenic carbon flow in response to sea surface warming. Proceedings of the National Academy of Sciences of the United States of America, 106 (17): 7067-7072.

Worden A Z, Janouskovec J, McRose D, et al. 2012. Global distribution of a wild alga revealed by targeted metagenomics. Current Biology, 22 (17): R675-R677.

Yamada N, Tanoue E. 2003. Detection and partial characterization of dissolved glycoproteins in oceanic waters. Limnology and Oceanography, 48: 1037-1048.

Yamashita Y, Tanoue E. 2008. Production of bio-refractory fluorescent dissolved organic matter in the ocean interior. Nature Geoscience, 1: 579-582.

Yoon H S, Price D C, Stepanauskas R, et al. 2011. Single-cell genomics reveals organismal interactions in uncultivated marine protists. Science, 332 (6030): 714-717.

Zehr J P, Kudela R M. 2011. Nitrogen cycle of the open ocean: from genes to ecosystems. Annual Review of Marine Science, 3: 197-225.

Zhu Z. 2017. Future Impacts of Warming and Other Global Change Variables on Phytoplankton Communities of Coastal Antarctica and California. PhD thesis, University Southern California.

Ziveri P, de Bernardi B, Baumann K H, et al. 2007. Sinking of coccolith carbonate and potential contribution to organic carbon ballasting in the deep ocean. Deep Sea Research Part II: Topical Studies in Oceanography, 54 (5-7): 659-675.

第九章　微生物参与氮循环

第一节　氮循环概述

氮循环是整个生物圈物质与能量循环的关键组成，也是海洋生态系统物质循环的重要组成部分，对维持海洋生态平衡和海洋修复的意义重大（Kuypers et al.，2018）。氮循环涉及生物、物理、化学等多种要素，是一个复杂的多相生物地球化学过程，而微生物在其中起着至关重要的推动作用。氮元素的生物地球化学循环主要包括以下 6 个不同的转化过程：同化作用（assimilation）、氨化作用（ammonification）、硝化作用（nitrification）、反硝化作用（denitrification）、厌氧氨氧化作用（anammox）和固氮作用（nitrogen fixation）（图 9-1）。

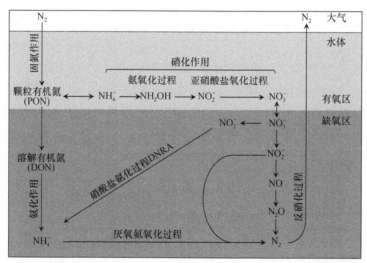

图 9-1　海岸带微生物氮转化过程示意图（修改自 Arrigo，2005；龚骏和张晓黎，2013）

氮循环过程并非平衡状态，而是与氮转化过程中的氮通量大小有关。根据已有文献估算，生物固氮量（300Tg[①]氮/年）和人工固氮量（125Tg 氮/年）的总和已经超过了通过厌氧氨氧化和反硝化作用产生的氮通量（350Tg 氮/年）（Canfield et al.，2010；Grosskopf et al.，2012）。从海洋和陆地环境中释放的氧化亚氮的氮通量分别为4Tg 氮/年和12Tg 氮/年（Gruber and Galloway，2008）。最大的氮通量与氨气和有机氮的相互转化有关，海洋环境中与氨化作用和氨同化作用有关的氮通量（8800Tg 氮/年）比海洋中氮固定和损失的通量总和（约 400Tg 氮/年）还高出一个数量级（Duce et al.，2008；Canfield et al.，2010）。另一个巨大的氮通量（约 2000Tg 氮/年）与硝化作用有关。硝酸盐同化的氮通量和硝化作用的氮通量是一个数量级的，海洋浮游植物每年可减少约 2000Tg 的硝酸盐氮（Duce et al.，2008）。与之相比，异化硝酸盐还原为氨的氮通量较小。工业氮肥的使用和豆科植物的种植使陆地与海洋生态系统中的氮输入量几乎增加了一倍（Erisman et al.，2008）。

---

① 1Tg=10^{12}g

近年来，我国海洋质量公报显示，由陆源输入我国海岸带生态系统中的营养盐逐年大幅增加，其中无机氮输入量增长最为显著，这一现状可能将导致一系列的生态环境问题，如水体富营养化程度加剧、水体大面积经常性缺氧、绿潮/赤潮频发、生物多样性及渔业产能下降、物种入侵等（Rabalais et al.，2009；Cai et al.，2011）。在此背景下，理解海岸带生态系统中氮转化过程及其控制机制，对相关生态环境问题的解决有重要的指导意义。

氮循环由多种含氮化合物的转化过程组成，这些过程主要由微生物催化。氮循环控制着海洋生态系统中含氮营养物质的有效性和生物生产力，因此与大气中二氧化碳的固定和海洋表面碳的释放有关。人类活动甚至也在影响着海洋氮循环，微生物代谢产生的一些含氮气体产物是温室气体，它们可能对全球气候调控起着重要作用。过去，关于氮循环的许多基本信息来自转化率的测定或分离株的培养实验，从分离培养微生物的生理特征来概括可能会产生误导，因为许多海洋微生物还无法从原位培养中获得。而在过去近二十年中，一些新的发现改变了我们对氮循环各环节的认识。例如，过去认为光合浮游微生物普遍吸收利用硝酸盐，而现在已经证实，在某些地球上最丰富的光合生物中并不存在硝酸盐的吸收过程。与此相反，异养细菌对硝酸盐的同化作用在过去的研究中往往被忽略，但最近的基因探针和生理学实验结果都显示，这一过程在细菌中广泛存在。基因和生化研究也改变了我们对硝化与反硝化等过程的理解，这些过程曾被认为仅限于特定的栖息地和微生物，但实际上分布得更为广泛。氮循环由氧化还原反应组成，其中很多氧化还原反应与微生物的能量代谢有关，由特定的酶催化。研究基因编码酶参与的生物地球化学过程，有助于我们进行基因表达分析，以及获取特定氮循环过程中的微生物多样性信息。目前，我们对氮循环生态学与海洋环境中微生物基因冗余之间的联系知之甚少，而这些对于确定微生物多样性在生态系统中的作用及环境对扰动的敏感性非常重要。调节蛋白也有助于研究自然种群的氮状态，即细胞氮的充足或缺乏的程度。了解氮循环的这些特征对于了解全球生物地球化学循环是至关重要的。

在过去的十年里，有4种新的反应被发现，即羟胺氧化为一氧化氮的反应（Maalcke et al.，2014）、一氧化氮通过歧化作用转变成氮气和氧气的反应（Ettwig et al.，2010）、联氨的合成反应、联氨氧化成氮气的反应（Kartal et al.，2011）。也有许多新的代谢功能被发现，如光氧亚硝酸盐氧化（Griffin et al.，2007）和生成硝酸盐的完全氨氧化（Daims et al.，2015）。与氮转化相关的酶在多种多样的微生物中被发现，很多酶还是在近年来才得以鉴定。此外，还鉴定出许多新型的微生物，如氨氧化古菌、共生异养固氮蓝细菌和反硝化真核生物（有孔虫）（Könneke et al.，2005；Risgaard-Petersen et al.，2006；Thompson et al.，2012）。这些发现极大地丰富了我们对氮循环的认识。

第二节　海岸带微生物氮转化过程

一、固氮作用

固氮作用（nitrogen fixation）指氮气通过微生物固定成为化合态氮的专性厌氧过程。大气中的氮气是可以自由获得的最大氮储库，但是只有微生物携带的含有金属的固氮酶可以将氮气固定为氨气。已知的海洋浮游固氮微生物均为原核生物，广义上可分为两大类：一类是能独立生存的自生固氮微生物，另一类是与其他动植物共生的固氮微生物。目前尚未发现具有固氮作用的真核生物，但是许多有固氮作用的原核微生物都可以和真核生物共生，如单核的'*Candidatus* Atelocyanobacterium thalassa'（UCYN-A）常与小型单核海藻共生，在海洋固氮中起着重要作用（Martínez-Pérez et al.，2016）。

在海洋环境的一些特定生境中，如底栖蓝细菌垫，具有最高的固氮率（Herbert，1999）。在复杂的海洋微生物群落中，对固氮微生物的了解却很有限。海洋中许多区域的溶解性有机氮（DON）浓度极低，丝状固氮蓝细菌常常就是利用湖泊和河口的氮限制条件得以大量繁殖的，然而在海洋中，明确的固氮微生物的数量远少于预期（Howarth et al.，1988）。波罗的海是一个例外，可形成异形胞的丝状蓝细菌（如 *Aphanizomenon* 和 *Nodularia*）在此大量繁殖的现象时有发生，而且持续了数千年（Bianchi et al.，2000）。在过去几十年里，由于海洋碳通量与营养盐循环之间存在紧密联系，海洋微生物固氮受到广泛关注。

在开阔大洋中，束毛藻属（*Trichodesmium*）是一类常见于热带和亚热带水域中的不形成异形胞的丝状蓝细菌，它们会形成肉眼可见的丝状聚集体，并且由于气泡的存在而具有浮力，它们只有在有光环境中才进行固氮。大多数细菌通过在夜间或在称为"异形胞"的特殊细胞（光系统 II 活性降低或缺失）中进行固氮，从而使固氮过程与光合作用产生的 O_2 分离。与它们不同，束毛藻是少数几种已知的进化为有氧固氮的物种之一，它没有避免遇 O_2 失活的机制，由生物钟控制的固氮酶合成进行调控，只在白天进行固氮（Chen et al.，1998）。关于其同时进行固氮和光合作用的机制有多种理论及假设，如形态学上相似的细胞之间可能有不同的分工（Fredriksson and Bergman，1997）。目前，束毛藻通过有氧方式固氮的机制仍不完全清楚，其固氮酶蛋白在系统发育上与其他固氮蓝细菌相似，并且不太可能比其他固氮酶更耐 O_2（Zehr et al.，1999）。海洋中第二丰富的固氮微生物是形成异形胞的硅藻共生蓝细菌。这些共生体还不能被成功地培养较长时间，因此关于硅藻和共生体相互作用的生物学研究相对较少。然而，含有共生体的硅藻可以形成大的聚集体，大量出现在营养贫乏的水域。这些硅藻可以形成大规模的水华，为海洋混合层提供大量的氮源（Villareal and Carpenter，1989）。

多年来，人们一直认为束毛藻和硅藻共生体是开阔大洋中主要的固氮微生物。然而，近年来的一些研究发现氮的收支不平衡，在开阔大洋中固氮率比以前估计的要高（Gruber and Sarmiento，1997）。这一结论致使海洋固氮被重新评估，该结果是基于生物地球化学计算得来的，而非直接对固氮速率进行测定或观测微生物分布所得。根据从大量水样中扩增出的固氮酶基因，得到了大西洋和太平洋中多种细菌与蓝细菌固氮的证据（Zehr et al.，2000）。从位于北太平洋副热带环流中的夏威夷海洋时间序列（HOT）长期监测站点获得的固氮酶基因与海洋中并不常见的单细胞蓝细菌所含有的固氮酶基因关系最近。蓝细菌 *nifH* 基因在一年中多次被检测到，并被证明是表达的固氮酶基因。这些基因的发现使细胞的微观结构得以观察，这些细胞看起来与预期的形态相似，是直径 3～8μm 的球形细胞，随后又培养得到了固氮的分离株（Zehr et al.，2001）。具有这种形态的单细胞蓝细菌已在南太平洋、波罗的海和 ALOHA 海洋观测站发现（Neveux et al.，1999；Wasmund et al.，2001；Campbell et al.，1997），它们的贡献与束毛藻相当甚至更高，而且在世界其他海域也有分布。

海洋环境中固氮微生物种类众多，目前还不清楚是什么控制着海洋中固氮微生物的分布和活性。束毛藻的分布似乎与水温有关（Carpenter，1983），此外，固氮微生物可能受到可利用的铁元素的限制。铁是包括氮素酶（含铁钼和铁成分）在内的许多蛋白质的组成部分，铁在世界海洋中的分布在很大程度上受飘尘的影响。铁的时空分布变化可能通过影响固氮导致海洋在氮限制和磷限制之间的转化（Wu et al.，2000）。然而，至少在百慕大群岛附近的大西洋中，铁的浓度与束毛藻的丰度和活性之间没有明显的相关性（Sanudo-Wilhelmy et al.，2001）。过去一般认为海洋底栖微生物固定的氮贡献了大部分的"新"氮，而水体中浮游细菌固定的氮只占一小部分（Capone and Carpenter，1982）。Mohr 等（2010）利用改进同位素示踪法测定固氮速率的结果显示，海洋微生物固氮的贡献被严重低估。微生物的固氮活性会受到有机碳源、温度、光照，以及其他理化因子如 O_2、pH、溶解无机氮（DIN）、盐度、微量活性金属等的影响（Howarth et al.，1988；Paerl，1990）。

大洋水体中的固氮菌主要由丝状的束毛藻及单细胞蓝细菌组成（Zehr et al.，2001），而近海沉积环境中常见的固氮菌主要有蓝细菌（Cyanobacteria）、α-变形菌纲（Alphaproteobacteria）、β-变形菌纲（Betaproteobacteria）、γ-变形菌纲（Gammaproteobacteria）、δ-变形菌纲（Deltaproteobacteria）、厚壁菌门（Firmicutes）等。除细菌之外，某些甲烷氧化古菌如 ANME-2 也具有固氮作用（Miyazaki et al.，2009）。根据固氮酶铁蛋白基因 *nifH* 的系统发育可将固氮微生物分为 5 个主要的类群（cluster Ⅰ～Ⅴ），每一类群又分成若干子类群（Raymond et al.，2004）。海洋沉积物中的固氮菌主要隶属于 cluster Ⅰ（包括所有的蓝细菌、大部分的变形菌、放线菌和部分厚壁菌）与 cluster Ⅲ（包括厌氧细菌和古菌，如螺旋体、产甲烷菌、产乙酸菌、硫酸盐还原菌、绿硫菌、梭菌等）两个类群（Gaby and Buckley，2011）。Moisander 等（2007）利用 *nifH* 基因芯片分析了美国切萨皮克湾（Chesapeake Bay）沉积物中的固氮菌群落，发现 *nifH* 基因的丰富度、Simpson 及 Shannon 指数呈现由低盐度的河头至较高盐度的河口逐渐降低的趋势，并与 DIN、盐度、DON、DOP 等环境因子显著相关。Brito 等（2012）发现在葡萄牙西南海岸潮间带沉积物中，35 个形态学类群隶属于蓝细菌的 4 目（色球藻目、宽球藻目、颤藻目与念珠藻目），而其中颤藻目的种类占优势。

珊瑚礁海域沉积物主要由碳酸盐组成，有机碳含量较低，微生物固氮对该区域的氮通量贡献超过 70%（O'Neil and Capone，1989）。Hewson 和 Fuhrman（2006）利用末端限制性片段长度多态性（T-RFLP）技术对珊瑚礁区沉积物中固氮菌类群进行了研究，发现 *nifH* 基因多样性在不同站点间相似性较低，这可能是由于受浪涛及沉积物深度的影响。Hewson 等（2007）在大堡礁的研究发现，*nifH* 基因序列大多与沉积物、微生物席、表层水来源的序列相似性较高，而 *nifH* 转录本则全部来自蓝细菌并包含来自开阔海域的基因型，因此推测开阔海域的蓝细菌类群在珊瑚礁区氮循环中发挥着重要作用。Olson 等（2009）在夏威夷的研究表明，珊瑚虫体内共生的固氮菌包括 α-变形菌、β-变形菌、γ-变形菌、δ-变形菌及蓝细菌（cluster Ⅰ），并且以 γ-变形菌纲中的弧菌属（*Vibrio*）为主。

在无海草生长的浅海、潮间带沉积物区域，光照相对充足，底栖固氮蓝细菌大量生长常形成蓝细菌垫，蓝细菌垫区域的固氮速率要明显高于无蓝细菌垫的沉积物区域，而在寡营养沉积环境，微生物可利用碳源可能是限制固氮潜力的主要因素（龚骏等，2013）。

在大量有根植物固着生长所形成的海草床生境，海草根际的固氮菌对海草床生态系统维持较高的生物固氮水平有显著贡献。在热带，微生物固氮作用可为海草床提供约 50%的氮需求（Whiting et al., 1986）；而在温带，由于海水及沉积物中存在较高的可利用氮，生物固氮的贡献仅占总氮的 6%～12%（Welsh et al., 1996）。Riederer-Henderson 和 Wilson（1970）发现海草叶面上的红螺菌科（Rhodospirillaceae）厌氧光合细菌具有固氮作用。附着在海草叶片表面的蓝细菌对海草生态系统的固氮作用也不容忽视，据估算，固氮蓝细菌提供了泰来藻 *Thalassia testudinum* 生态系统中初级生产力所需的 4%～38%的氮（Capone and Taylor, 1980）。而在海草根际，根瘤菌、弧菌、梭菌及硫酸盐还原菌均具有明显的固氮活性（Sun et al., 2015），其中硫酸盐还原菌（SRB）的固氮贡献尤为突出，其在进行硫酸盐还原过程中产生的能量约 17%提供给了固氮过程，使固氮速率大大提高（Nielsen et al., 2001）。刘鹏远等（2019）对日本鳗草（*Zostera japonica*）根际微生物群落的分布与环境因子和空间分布的相关性进行研究发现，总氮、总碳、总有机碳、黏土、砷显著影响根际群落组成与分布，不同地点、不同样品类型之间的物种差异多与硫、氮代谢相关，硫酸盐还原菌对维持日本鳗草的生态健康起关键作用。基因预测还发现，日本鳗草根际环境中的固氮相关基因（*nifD*、*nifH*、*nifK*、*hao*）丰度显著高于非根际环境，表明生物固氮在海草根际的关键作用。

盐沼是陆海交互带的一种重要湿地类型，大量耐盐植物在此生长，这种环境下的固氮微生物群落组成基本稳定，但可能因不同的植被覆盖而有所差异（Lovell et al., 2001）。Bagwell 和 Lovell（2000）研究发现，短期扰动（如营养盐添加、遮阴等）对盐沼植物根际的固氮活性及固氮菌群落组成的影响并不明显，而长期施肥虽然对固氮菌群落结构有显著影响，但对物种组成改变不明显，这说明根际固氮菌群落具有稳定性和对生境的适应性。Gamble 等（2010）对盐沼植物互花米草（*Spartina alterniflora*）根际的 *nifH* 基因进行分析，结果表明，由于季节变化，植物根系释放的物质存在差异，进而引起土壤理化条件的改变，从而影响沉积物中微生物的群落结构。

红树林是陆地向海洋过渡的特殊生态系统，属于营养贫乏性生态系统，尤其缺乏氮、磷元素（Vazquez et al., 1998），但通过微生物分解植物组分，整个生态系统获得营养补给，微生物在其中发挥了关键的分解代谢作用（Holguin et al., 2001）。在红树林生态系统土壤中，参与氮源转化的细菌总生物量显著高于无红树地区土壤的细菌总生物量（Routray et al., 1996）。Holguin 等（2001）发现在红树林生态系统参与营养转运的微生物中，固氮菌、溶磷菌和真菌较多，目前在红树林生态系统中分离到的固氮菌有变形菌、蓝细菌、古菌、绿硫菌等，其中最多的是固氮蓝细菌。红树林固氮菌的群落组成和丰度主要受到地域、营养盐状况、季节及红树种类的影响（Thatoi et al., 2013）。Ravikumar 等（2004）研究发现，在位于印度东南海岸一个红树林的沉积物中，最常见且丰度最高的固氮类群是 *Azotobacter*。澳大利亚红树林沉积物中固氮菌的活性在强降雨量季节比弱降雨量季节高（Adame et al., 2010）。

在河口沉积物中，cluster IE 的 γ-变形菌 *Azotobacter* 较为常见（Burns et al., 2002）。在美国 Chesapeake 湾和 Neuse 河口的研究中发现大量的 cluster IJ 和 Cluster IK 的 α-变形菌，以及 cluster IP 和 cluster IU 的 β-变形菌、γ-变形菌，而两个河口的沉积物微生物组成有一定差异，但都含有 cluster Ⅲ 的固氮微生物，并且都未检测到具有固氮活性的古菌

（Burns et al.，2002）。Short 和 Zehr（2007）研究发现，尽管 Chesapeake 湾固氮菌 *nifH* 基因多样性较高，但仅检测到 2 个蓝细菌基因型，即柱胞鱼腥藻（*Anabaena cylindrica*）和单细胞蓝细菌 group A。在欧洲的很多河口及咸水环境中，蓝细菌的优势类群主要为浮游类群节球藻属（*Nodularia*）、束丝藻属（*Aphanizomenon*）、微囊藻属（*Microcystis*）及底栖型的鱼腥藻属（*Anabaena*）和席藻属（*Phormidium*）（Lopes and Vasconcelos，2011）。

二、同 化 作 用

硝酸盐、亚硝酸盐和铵盐统称为溶解无机氮（DIN），通常认为大多数微生物都可以利用这些无机氮形态。在营养贫乏的海洋环流中，低浓度的 DIN 限制了表层水的生产力，在沿海上升流区域 DIN 含量也对生产力起着重要的调控作用（Kudela and Dugdale，2000），而在沿海区域和高营养盐低叶绿素含量区域，上涌或径流能够提供浓度超过浮游植物需求量的 DIN，因此，DIN 的来源及通量有很大的地理差异（Capone，2000；Ward，2000）。

关于海洋表层氮循环的一个观点认为，无机氮先是被浮游植物吸收，而后又被异养生物从浮游植物细胞中回收，这些异养生物既包括大型食草动物（如浮游无脊椎动物），又包括微生物分解者。浮游植物被食草动物摄食或由于营养限制、温度等生理应激因素以溶解有机氮或铵态氮的形式释放出的氮，即"再生"氮。而生物固氮是将大气中的氮气还原为氨，这一过程在开阔大洋中可以说是微不足道的，基本上所有的大洋固氮都是由两个属的固氮微生物来完成的。一般认为硝酸盐主要是由深海水混合、平流、扩散或者由陆地径流输送到海洋上层的。硝化细菌受光的抑制，因此认为硝化作用只在深海进行，而深海海水混合作用是表层海水中硝酸盐的唯一来源。

DIN 可以被许多微生物通过膜转运吸收。硝酸盐同化是硝酸盐先后被还原为亚硝酸盐（由同化硝酸盐还原酶 NAS 催化）和铵（由同化亚硝酸盐还原酶 cNIR 催化）的过程。在海洋细菌及浮游植物中都发现了同化硝酸还原酶基因的存在。因此，在原位复杂的微生物群落中，由于不同基因及生化和生理的限制，不同微生物在硝酸盐和铵盐利用中扮演着不同的角色。以前认为真核浮游植物在光合作用和 DIN 同化中占主导地位，但现在已经证实真正占主导地位的实际是两类小型单细胞蓝细菌——聚球藻属（*Synechococcus*）和原绿球藻属（*Prochlorococcus*），它们在表层水体中极其丰富。一般来说，浮游植物和蓝细菌更倾向于利用铵而不是硝酸盐，这可能是因为将硝酸盐还原为铵需要额外的能量和还原剂，但这一偏好并不是绝对的，因为对硝酸盐还原剂的需求并不一定导致生长速度的下降（Thompson et al.，1989）。过去认为这些浮游植物和微生物都可以利用硝酸盐或铵，只是吸收动力学参数存在差异，然而现在证实一些微生物不含有同化硝酸盐还原酶基因，因而无法利用硝酸盐，如高光和低光适应性的原绿球藻有着不同氮源利用能力，强光型菌株 MED4 既缺乏硝酸盐还原酶基因又缺乏亚硝酸盐还原酶基因，因此只能利用铵盐作为氮源生长，而弱光型菌株 MIT9313 只缺乏硝酸盐还原酶基因，可以以亚硝酸盐或铵盐为底物生长（Moore et al.，1998）。

海洋表层的硝酸盐主要来源于富含硝酸盐的深海海水扩散上升。近年来的研究表明，即使这一过程主要由物理过程推动，但微生物作用也是一个不可忽视的因素。许多大型海洋硅藻有时会形成大的草席，并迁移到很深的地方，从营养丰富的深水中获取营养（Moore and Villareal，1996），然后带着硝酸盐回到水面。例如，迁移的根瘤菌席贡献了平均 20%、最高可达 78%的向上扩散的硝酸盐通量（Villareal et al.，1999）。因此，即使在硝酸盐从深水向上扩散的过程中，微生物的作用也不可忽视。

人们通常认为氮限制了海洋浮游植物的生产力，这一结论是建立在相对较少的研究基础上的，大多数研究都是间接评估氮限制的（Hecky and Kilham，1988）。在海洋研究中，用实验来证明氮限制是相当困难的，理想情况下人们可以通过培养实验来确定氮限制，但事实上在培养期间微生物群落会发生变化（Dore and Karl，2001），而通过直接测定生化或生理指标可以提供单个细胞甚至群体的营养状况。已经发现一系列的细胞和分子标志物可以用来指示营养限制（Scanlan and Wilson，1999），通过分子和免疫学技术及方法来研究自然群落，如使用探针探测蓝细菌、*ntcA* 基因或在氮限制下表达的细胞表面蛋白的氮调控（Palenik and Koke，1995）。细菌是提供氮还是与初级生产者竞争氮，这随时间和空间的不同有很大的差异。而且，细菌从溶解游离氨基酸和铵态氮中吸收氮的生长速度是一致的，这表明溶解有机氮并非细菌生长的主要氮源。细菌在分解过程中吸收 DIN，同时释放 NH_4^+（Tupas et al.，1994），因此，海洋中的细菌可以竞争 NH_4^+，或是再生 NH_4^+，也可以是两者同时发生。尽管还不清楚这两个过程是如何同时发生的，但一种解释是不同的过程是由不同微生物负责的（Kirchman，2000）。研究发现，我国渤海湾北部邻近曹妃甸工业区海域沉积物中 TON 含量出现高值，可能由工业废水入海所致，同时发现伴随着 TON 含量升高，酸杆菌门（Acidobacteria）、放线菌门（Actinobacteria）、绿菌门（Chlorobi）细菌数量相应地降低（刘鹏远等，2018）（图 9-2）。

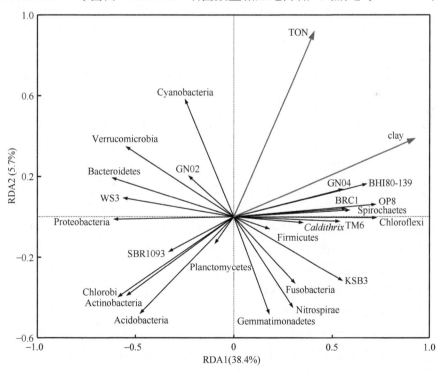

图 9-2　渤海湾湾口表层沉积物中细菌与环境因子的冗余分析（引自刘鹏远等，2018）

溶解性有机氮（DON）化合物包括各种不同大小、复杂程度和降解恢复力的化合物。对溶解有机物特性的研究一直是难点，因为即使所有化合物的化学结构和浓度是已知的，也无从追踪所有不同的化合物的代谢过程。DON 是海洋中的一个很大的汇，尤其是在沿海水域（Sharp，1983）。DON 的重要组成成分是氨基酸和尿素，它们很容易被细菌和一些浮游植物利用。无论是溶解态的游离氨基酸，还是以寡肽形式存在，都是细菌有机碳、氮的重要来源（Kirchman，2000）。虽然在海洋环境中测定了尿素的产量和分解代谢率，但对海洋系统中尿素代谢的微生物学知识的认识仍较为有限，目前已知细菌既可以是尿素的源，又可以是汇。脲酶是一种由 *ure* 基因编码的含镍的多亚基金属蛋白（Hausinger et al.，2001），已在真核生物、蓝细菌、异养细菌和自养硝化细菌中发现。通过对环境中脲酶基因多样性的研究，可以提供自然群落尿素利用功能的分布信息。

溶解性有机氮（DON）与颗粒有机氮（PON）的定义一直存在细微的区别，而现在已经证明这只是一种人为的区别，有机分子之间的相互作用创造了一个完整的从溶解态小分子到聚合物、胶体和颗粒的连续体。这些分子之间的化学相互作用可以导致重排和形成高分子凝胶结构的相互作用（Chin et al.，1998），其网络结构可以通过生物或非生物作用形成或者分离，从而形成复杂且对微生物水平上的生态互作十分重要的微环境。

DON 也曾被认为主要是高分子量冷凝产品，包括杂环化合物，有一小部分是由易降解的化合物组成，包括蛋白质、游离态或结合态的氨基酸。最近的研究表明，很大一部分 DON 是由酰胺氮组成的，其中一部分来源于细菌细胞壁（McCarthy et al.，1998）。这一发现否定了浮游植物分泌、腐烂、降解是有机质的直接和主要来源这一观点。因此，细菌能够代谢光合微生物产生的有机质，是 DON 的源和汇。化学和光化学反应已被发现在影响有机质的数量和质量方面具有重要作用，光解速率可以等于或超过细菌的分解速率（Bushaw-Newton and Moran，1999）。

尽管这个新的观点关注的是海洋里的大部分 DOM 的来源和性质，但已非常清晰地阐明了总 DON 库中的小分子由透光带（真光层）的浮游植物和细菌在短时间内循环。大部分 DIN 可以由浮游植物同化并在短短几小时内以 DON 的形式释放出来。更复杂的是，现在有证据表明，浮游植物和蓝细菌都可以同化相对不稳定的小分子 DON 成分。因此，初级生产者可能不仅仅可以利用 DIN 库，还是一个重要的 DON 的汇。在几小时或更短的时间内释放和吸收 DON 可能对更不稳定的 DON 组分如蛋白质、肽和游离氨基酸等十分重要，这些是代谢研究过去关注的 DON 组分。浮游细菌可以分泌消化多肽和蛋白质的蛋白水解酶，从而使单体或寡核苷酸被细胞吸收并代谢（Stepanauskas et al.，1999）。在不同的海域，这些酶的活性和对温度的响应有很大的差异，对细菌在何处以何种方式再生无机氮具有重要指示作用。这些研究表明，有机物的组成及其在不同海域之间的差异可能对理解细菌和 DOM 在海洋碳循环及在氮再生中的作用尤为重要（Christian and Karl，1995）。DON 及其代谢可能是目前海洋氮循环中了解最少的一个环节，而联合使用放射性示踪剂、放射自显影和荧光原位杂交等方法为不同细菌类型对不同有机化合物的代谢情况提供了重要信息（Ouverney and Fuhrman，1999）。由于 DON 是由多种不同的有机底物组成的，其摄取和代谢必然涉及多种转运蛋白与胞内酶、胞外酶，而基因组学研究中关于可培养和不可培养微生物的代谢途径多样性的信息将对 DON

代谢研究起到极大的促进作用。

三、氨 化 作 用

氨化作用（ammonification）是微生物分解大分子如核酸、蛋白质、多氨基糖类及小分子化合物产生 NH_4^+ 的过程，是营养盐矿化（mineralization）或营养盐再生（regeneration）的重要形式之一。这些代谢过程中有大量水解酶的参与，它们首先将含氮的聚合体分子分解成可溶性的低分子量含氮有机物，如氨基酸、多肽、胺、核酸和尿素等，这些低分子量含氮有机物可以在水和沉积物中很快被细菌降解。

在浅海环境中，浮游植物暴发死亡及海藻和海草残败后形成的颗粒有机物（POM）、颗粒有机氮（PON）沉降或释放溶解性有机氮（DON）是再生氮的主要来源。在有海草生长的沉积物中，25%的 NH_4^+ 来自有机氮的脱氨基。近海沉积物中核酸降解产生的尿素、大型动物排泄产生的尿素及其水解产生的 NH_4^+ 都是上覆水浮游植物吸收氮的重要来源（Lomstein et al.，1989）。在亚德里亚海北部的浮游植物春季水华出现之后，氨化细菌数量迅速增长到 4.7×10^9 个/ml 沉积物，这与水解蛋白酶活性显著增强相关（Donnelly and Herbert，1996）。Therkildsen 等（1996）研究发现 RNA 在富氧和缺氧条件下都能够产生尿素，尿素可以迅速水解产生氨，是再生氮的一个重要来源。

含氮有机物的矿化速率通常是通过测定 NH_4^+ 产量来实现的，如沉积物培养实验中测定氨随时间的积累情况，利用水-沉积物界面通量法测定氨、硝酸盐、亚硝酸盐的交换量，通过 ^{15}N-NH_4^+ 同位素稀释技术计算矿化总量和净矿化量等（Blackburn，1979）。目前认为影响海岸带氨化速率的主要因素有温度、沉积物中溶解氧的穿透深度、有机物的含量与性质、微生物群落的生理特性及浮游生物的组成和生物量。沉水植物所在的沉积物区域由于植物残体的沉降，氨化速率明显要高于无沉水植物的区域（龚骏和张晓黎，2013）。Vouvé 等（2000）用同位素稀释法研究了法国 Marennes-Oléron 湾潮间带氨化作用与温度的关系，发现表层沉积物氨化速率随着温度的升高从 0 上升到 17μg NH_4^+-N/(g·d)（干重）。López 等（1998）研究发现通过给海草沉积物添加营养物质能提高细菌活性，氨化速率提高了 1 倍，沉降到海底的有机物性质对氨化速率的影响也很明显。Fernex 等（1996）研究了地中海西北面的 Villenfrache 湾氨化速率与浮游生物组成和生物量的关系，发现该海湾最大的氨化速率出现在春季樽海鞘水华之后，樽海鞘排泄物能增强表层沉积物中的微生物活性，从而提高氨化速率。

四、硝 化 作 用

硝化过程（nitrification）分为氨氧化（ammonia oxidation）和亚硝酸盐氧化（nitrite oxidation）两个有氧步骤，先由氨氧化菌氧化 NH_4^+ 为 NO_2^-，再由亚硝酸盐氧化菌进一步氧化生成 NO_3^-。硝化过程与反硝化过程的耦合可使近海生态系统的氮转化为 N_2 或 N_2O，是缓解海岸带氮素富营养化的主要途径（龚骏和张晓黎，2013）。硝化细菌分为氨氧化菌和亚硝酸盐氧化菌。长期以来人们认为海洋中的硝化作用主要是在深海环境中发生的，因为深海含有高浓度的硝酸盐。然而，基于 ^{15}N 示踪技术的研究结果显示，水体中的硝化作用大多数发生在真光层下部，在那里产生的硝酸盐可以满足浮游植物对硝酸盐的大部分需求（Dore and Karl，1996；Ward et al.，1989）。在浅水的河口和海岸带地区与两个硝化步骤有关的主要微生物分别是亚硝化单胞菌属和硝化细菌属（徐继荣等，2004）。

（一）氨氧化生成一氧化氮或亚硝酸盐

所有的氨氧化细菌，包括新发现的可以一步使氨气彻底氧化成硝酸盐的硝化螺菌属（*Nitrospira*）细菌，都含有氨单加氧酶（AMO），由氨单加氧酶基因（*amo*）编码。在2004 年前，变形菌纲中具有 *amo* 基因的类群一直被认为是该过程的主要催化者，但随后在海洋等多个环境宏基因组中发现奇古菌门（Thaumarchaeota）也具有 *amo* 基因（Venter et al.，2004），并且海洋中氨氧化古菌（AOA）是普遍存在的，而且通常占优势，因此认为奇古菌是海洋氨氧化过程的重要参与者（Könneke et al.，2005）。利用氨单加氧酶α 亚基基因（*amoA*）作为分子标记可研究氨氧化细菌（AOB）及 AOA 在环境中的多样性、群落组成和数量。AOA 的多样性具有明显的环境特异性，大致可以分为海洋、土壤及嗜高温氨氧化古菌三大类（Prosser and Nicol，2008）。Li 等（2011）研究发现，香港红树林沉积物中 AOA 主要分为表层和底层两大类群，而 AOB 分为近红树林和远红树林类群，AOB 比 AOA 具有更高的丰度，这可能意味着 AOB 在红树林硝化过程中发挥了更重要的作用。Beman 等（2007）研究发现，巴拿马 9 种珊瑚礁中的 AOA 多样性较高，且多与海岸、河口沉积物及大洋水体中的 AOA 序列亲缘关系较近，而 AOB 的 *amoA* 基因丰度则很低。王斌（2017）发现 *Nitrosopumilus* 属 AOA 在渤海沉积物菌群中有突出优势，说明了氨氧化过程在渤海海域沉积物中的重要性（图 9-3）。

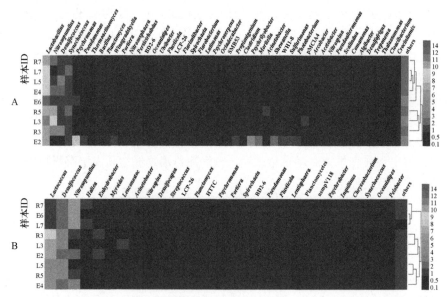

图 9-3　渤海表层沉积物中微生物群落组成（修改自王斌，2017）（彩图请扫封底二维码）
A. 夏季；B. 冬季；others. 其他

Koops 和 Pommerening-Roser（2001）利用传统的富集分离技术发现，化能无机自养型硝化作用仅分布于 β-变形菌门和 γ-变形菌门中的 25 种氨氧化菌和 α-变形菌门、

β-变形菌门、γ-变形菌门中的 8 种亚硝酸盐氧化菌。分子系统学也支持这一结论，证明 AOB 和亚硝酸盐氧化细菌都属于少数相关类群（Teske et al.，1994）。第一个从海洋环境中分离培养的 AOB 是 *Nitrosocystis oceanus*（Watson，1965），现更名为 *Nitrosococcus oceani*，已从多个地点获得该细菌菌株，并在海水、湖泊中通过免疫荧光和 PCR 扩增检测到（Voytek et al.，1998；Ward and Carlucci，1985）。*Nitrosomonas/Nitrosospira* 的一些成员似乎在大多数陆地和水生环境中（也包括海洋沉积物环境）占优势（Ward et al.，2000）。Purkhold 等（2000）从纯培养和克隆文库中都发现了 16S rRNA 及 *amoA* 序列，并认为 AOB 不仅有很多种类尚不可培养，还有新的物种（至少是 β 类群）尚未被全部发现，同时不排除有全新的不能用已有探针检测到 AOB 的存在。AOB 和亚硝酸盐氧化菌的系统发育及功能似乎有很好的相关性。近年来，基于 16S rRNA 基因和功能基因对硝化细菌特别是 AOB 的研究数量大大增加。亚硝酸盐氧化菌受到的关注相对较少，目前能够培养的主要是 *Nitrobacter* 菌株。

（二）羟胺氧化成一氧化氮

需氧氨氧化细菌通过血红素羟胺氧化还原酶（HAO）将羟胺氧化成一氧化氮，然后一氧化氮在一种未知的酶作用下才会被进一步氧化成亚硝酸盐。目前所有已知的氨氧化细菌都含有 HAO，而已知的氨氧化古菌不能编码 HAO，目前催化羟胺氧化反应的古菌酶仍然未知（Kuypers et al.，2018）。另外，变形菌门（Proteobacteria）、疣微菌门（Verrucomicrobia）和 NC10 菌门中的多种甲烷氧化菌也能够编码类似于 HAO 的蛋白酶，催化羟胺氧化成一氧化氮的蛋白酶（Nyerges and Stein，2009）。

（三）亚硝酸盐氧化生成硝酸盐

亚硝酸盐氧化是产生硝酸盐的主要生化途径，而这一过程可以通过亚硝酸盐氧化还原酶（NXR）来完成。目前已知的可编码该酶的微生物包括需氧的亚硝酸盐氧化细菌、不产氧的光能利用菌等（Daims et al.，2016；Griffin et al.，2007）。需氧的亚硝酸盐氧化菌在 NXR 的作用下会直接发生亚硝酸盐氧化反应，而厌氧亚硝酸细菌需要将厌氧亚硝酸氧化反应和碳固定作用结合。通常在海岸带地区水相的硝化速率比较低，有时几乎可以忽略，而在沉积物的表层（氧化层）硝化速率比水相要高得多。影响海岸带硝化过程的因素很多，其中主要有温度、NH_4^+ 浓度、溶解氧、pH、溶解的二氧化碳浓度、盐度、抑制化合物、光照、底栖微动物区系的活性及大型植物等（Yoshida，1988；Sloth et al.，1992）。

五、反硝化、异化硝酸盐还原作用

反硝化（denitrification）和异化硝酸盐还原成铵（dissimilatory nitrate reduction to ammonium，DNRA）都是在厌氧状态下将 NO_3^- 还原的过程。反硝化过程是指将 NO_3^- 还原成 NO_2^- 或进一步还原成气体（N_2 或 N_2O）扩散到大气中，该过程可以去除人类活动给海岸带环境带来的多余的氮，从而减少水体富营养化现象，而反硝化产生的温室气体 N_2O 也是当今研究的热点问题之一（龚骏和张晓黎，2013），该过程通常与硝化过程耦合。DNRA 则是一些严格厌氧的细菌将 NO_3^- 直接还原成 NH_4^+，从而将微生物固定的氮保留在系统中为其他过程所用。多数情况下 DNRA 仅发生在沉积物深处。

近海环境水体超氮负荷营养对海草生长的危害日益凸显，研究表明，在氮输入达到海草耐受的阈值之前，海草系统可通过其活跃的氮循环过程平衡多余的氮，从而缓解氮富营养化对海草的影响，而反硝化过程是微生物介导的主要脱氮过程之一，海草床是海岸带环境中反硝化的热区（Eyre et al.，2016）。得益于海草来源的有机碳（包括海草碎屑及根际分泌的大量活性有机碳）、海草捕获的有机颗粒及光合作用输送到根部的氧气，热带和亚热带海草系统硝化-反硝化速率通常很高（Eyre et al.，2011）。然而，温带海草床中反硝化速率相对较低，氨氮转化较慢，对海草床退化的影响较大。

（一）反硝化作用

参与反硝化过程的微生物包括细菌、古菌和真核生物，主要以异养兼性厌氧细菌为主，包括变形菌门（Proteobacteria）、产水菌门（Aquificae）、异常球菌-栖热菌门（Deinococcus-Thermus）、厚壁菌门（Firmicutes）、放线菌门（Actinobacteria）、拟杆菌门（Bacteroites）中的一些种类，其中假单胞菌属（*Pseudomonas*）和芽孢杆菌属（*Bacillus*）普遍存在于海洋生态系统中。某些海洋真菌与古菌也具有反硝化功能（Philippot，2002）。一般认为反硝化细菌分布最为广泛且在大多数环境中占优势，因此对反硝化功能微生物的研究大多集中在反硝化细菌方面。反硝化过程涉及 60 多种重要的酶，但其中常用的分子标记主要为：硝酸还原酶的编码基因 *narG* 与 *napA*，亚硝酸还原酶的编码基因 *nirS* 与 *nirK*，一氧化氮还原酶的编码基因 *norB*，以及氧化亚氮还原酶的编码基因 *nosZ*（Zumft，1997）。

反硝化细菌在许多方面与硝化细菌相反：反硝化功能主要存在于异养机会主义者和化能自养生物中，在细菌和古菌中广泛存在，甚至在真核生物中也有报道。反硝化细菌的 16S rRNA 基因和功能基因在系统发育上的不一致，意味着功能基因随着时间的推移会发生大量的水平基因转移。因此，对反硝化细菌多样性的研究主要集中在与反硝化途径相关的功能基因上，主要是亚硝酸盐还原酶和氧化亚氮还原酶（Braker et al.，2001）。

根据海洋沉积物和水体的化学成分分布情况，硝化作用是专性好氧过程，而反硝化作用是专性厌氧过程。硝化和反硝化常在沉积物及缺氧水域的好氧/缺氧界面上耦合，通过矿化、氧化和反硝化导致固氮损失（Nielsen and Glud，1996）。低氧和缺氧的水体及沉积物中往往有较高的硝化与反硝化的气体中间产物通量，累积量有时也较大。低氧区（OMZ）是 N_2O 富集和耗尽的地带，在这里，N_2O 在被耗尽时反硝化速率达最大，而 N_2O 最大值通常出现在最小反应速率附近。用稳定同位素法测定阿拉伯海域缺氧水体的 N_2O，结果显示硝化和反硝化作用都有显著的贡献（Naqvi et al.，1998）。海洋表层水通常含有轻微过饱和的 N_2O，海洋是大气中 N_2O 的重要来源，尤其是在有 OMZ 的海域（Rahn and Wahlen，2000）。

好氧反硝化作用最早是在 *Paracoccus pantotrophus*（曾用名 *Thiosphaera pantotrophus*）中发现的，与其他具有好氧反硝化功能的生物一样，*P. pantotrophus* 也是一种异养硝化细菌。氨氧化产生的亚硝酸盐可被释放到介质中或反硝化为氮气。当达到大气中的 O_2 水平时，亚硝酸根或硝酸盐就可以反硝化为 N_2。*P. pantotrophus* 最初是从废水中分离得到的，在分批培养过程中，它与其他几种传统的异养反硝化细菌的反硝化能力得到证实（Robertson et al.，1995）。而近年来关于新型菌株和传统反硝化细菌的好氧反硝化能力的研究使人们对好氧反硝化作用有了新的认识。Su 等（2001）报道了*Pseudomonas stutzeri* 的一种菌株具有好氧反硝化的功能，其速率和氧耐受性大大超过了*P. pantotrophus*。这一过程在纯培养中可能是普遍的，但它在环境中的意义仍不确定，甚至在纯培养中也有一些问题尚未解决，如 *P. pantotrophus* 在好氧条件下不表达亚硝酸盐还原酶基因（*nirS*），其好氧还原机制尚不清楚（Moir et al.，1995）。

　　AOB 也执行一部分常规的反硝化反应，可将亚硝酸盐还原为 NO 和 N_2O。该过程发生在有氧环境下，但显然在较低氧浓度的情况下更有利（Lipschultz et al.，1981）。这些气体是反硝化过程中的中间产物，但在低氧浓度或接近零氧浓度的条件下，也可能发生硝化作用。N_2O 和 NO 在大气过程中都很重要，它们会导致温室效应和催化平流层臭氧受到破坏，了解它们在哪些过程中生产，对于了解或调节它们的通量有重要意义。化能自养 AOB 通过与经典反硝化途径基本相同的途径产生 N_2O 和 NO，首先氨被氧化成亚硝酸盐，其中一些亚硝酸盐则被还原为 N_2O。还原反应是由亚硝酸盐还原酶基因和 NO还原酶基因编码的酶催化的，与传统反硝化细菌的 *nirK* 和 *norB* 基因同源（Casciotti and Ward，2001）。甚至一些与海洋硝化细菌相关的甲基氧化菌也具有与 *nirK* 和 *norB* 同源的基因（Ye and Thomas，2001）。这种反硝化代谢对硝化细菌生理生态学的意义尚不清楚，然而反硝化代谢的发现使"硝化细菌"和"反硝化剂"在海洋微量气体代谢中所起的作用更加不确定，这也使通过分子检测方法研究它们在环境中的活动更加复杂化。

1. 异化硝酸盐还原为亚硝酸盐

　　反硝化作用的第一步是异化硝酸盐还原生成亚硝酸盐，这是氮循环过程中亚硝酸盐的一个主要来源。异化硝酸盐还原反应常伴随有机物、甲烷、硫化物、氢气或铁等电子供体的氧化作用。能够完成异化硝酸盐还原为亚硝酸盐反应的微生物包括细菌、古菌及真核微生物，它们多分布于含有硝酸盐的低氧区、海洋沉积物等缺氧环境中。海洋水体中的硝酸盐异化还原成铵作用常被忽略，但在沉积物中可能发挥重要作用，硝酸盐的汇一般出现在有机碳含量较高的沿海沉积物中（Christensen et al.，2000），因为硝酸盐异化还原成铵这一过程常与沉积物中厌氧细菌的代谢有关。异化硝酸盐还原反应可以被膜结合硝酸还原酶（NAR）或者周质硝酸还原酶（NAP）催化，许多微生物（如反硝化细菌 *Paracoccus denitrificans*）同时含有 NAR 和 NAP（Moreno-Vivian et al.，1999）。许多微生物（如硫氧化菌 *Beggiatoa* sp.）是先将硝酸盐还原为亚硝酸盐，再进一步还原为氨盐（Preisler et al.，2007），而一些微生物（如某些 SAR11 细菌），只进行硝酸盐还原为亚硝酸盐这一步反应（Tsementzi et al.，2016）。

2. 亚硝酸盐还原为一氧化氮

　　亚硝酸盐还原为一氧化氮这一反应可以由含血红素的 cd1 亚硝酸盐还原酶（cd1-NIR）和含铜的亚硝酸盐还原酶（Cu-NIR）两种酶来催化，这两种酶分别由 *nirS* 和 *nirK*基因编码。许多微生物都能够将亚硝酸盐还原为一氧化氮，如变形菌、厌氧氨氧化菌和拟杆菌。这些微生物存在于多种环境中，如土壤、低氧区、海洋沉积物等，这些环境的共同特点是有可利用的硝酸盐且含氧量很低。盐度、pH、NO_3^-、NO_2^-及有机物含量被认为是影响反硝化菌群落组成与多样性的主要环境因子，其中以盐度和 pH 的影响最为显著（龚骏等，2013）。Nogales 等（2002）利用反转录 PCR 技术对英国科恩河口沉积物进行了研究，发现硝酸盐水平差异较大的两种沉积物中各基因类群（*narG*、*napA*、*nirS*、*nirK*、*nosZ*）均具有不同的群落结构。Jones 和 Hallin（2010）对全球分布的 *nirS* 型与 *nirK* 型反硝化菌的数据进行分析，结果显示，*nirS* 型与 *nirK* 型的反硝化菌群落形成机制并不一样，海洋环境中 *nirK* 的多样性最高，高于土壤，也高于 *nirS*，但 *nirS* 在环境梯度上的变化比 *nirK* 更为明显。最近有研究显示，*nirS* 和 *nirK* 这两个基因存在于某些厌氧氨氧化细菌、甲烷氧化细菌、古菌等微生物中，也有一些厌氧氨氧化细菌并不包含这两种基因，却可以将亚硝酸盐还原为一氧化氮（Kartal et al.，2013）。

3. 一氧化氮还原为一氧化二氮或氮气

一氧化氮是反硝化作用、硝化作用和厌氧氨氧化过程中的一个中间产物，而一氧化二氮是反硝化作用的中间产物。由微生物引起的一氧化氮还原反应是一氧化二氮的主要来源，可以由一氧化氮还原酶（NOR）催化。NOR 存在于 *Paracoccus denitrificans*、*Pseudomonas stutzeri* 等反硝化细菌中。氨氧化细菌在 NOR 的催化下可以将亚硝酸盐还原过程中产生的一氧化氮还原成一氧化二氮（Wrage et al.，2001），也可以将羟胺氧化产生的一氧化氮还原成一氧化二氮。嗜甲烷细菌也可以在 NOR 的催化下将羟胺氧化和亚硝酸盐还原过程中产生的一氧化氮还原成一氧化二氮。而氨氧化古菌只能通过中间产物一氧化氮和羟胺的非生物反应产生一氧化二氮。最近发现的一个新的氮转化反应是一氧化氮通过歧化作用转变成氮气和氧气，从富含甲烷和硝酸盐的缺氧系统中发现的微生物（如‘*Candidatus* Methylomirabilis oxyfera’）正是利用这种歧化反应从亚硝酸盐中产生氧气的。这种歧化反应包含一种特殊的酶 qNOR，并且发现这种酶的基因序列也存在于 γ-变形菌门的 HdN1 菌株、拟杆菌门等细菌中（Ettwig et al.，2012）。

4. 一氧化二氮还原为氮气

由微生物引起的一氧化二氮向氮气还原的反应，是减少一氧化二氮这种强大温室气体的主要途径，该反应由一氧化二氮还原酶（NOS）催化。一氧化二氮向环境中的排放，一方面是由于完全反硝化菌的 NOS 活性受到抑制，而另一方面不完全反硝化菌（只能进行亚硝酸盐还原为一氧化二氮反应或者只能进行一氧化二氮还原为氮气反应的微生物）在环境中的生态位差异，也可能导致一氧化二氮产生与消耗之间的不平衡（Hallin et al.，2018）。能利用一氧化二氮还原酶（NOS）进行一氧化二氮向氮气的还原反应的微生物多样性很高，包括变形菌门（Proteobacteria）、拟杆菌门（Bacteroidetes）、绿弯菌门（Chlorobi）的细菌及泉古菌门（Crenarchaeota）、嗜盐菌门（Halobacteria）的古菌等（Cabello et al.，2004）。一些真核生物，如有孔虫（Foraminifera）、网足虫（Gromiida）也可以减少一氧化二氮。

5. 联氨的合成和联氨向氮气的氧化

传统观点认为，只有氧气才能激活氨气，而可被生物利用的氮只有通过反硝化作用转化为氮气才能从系统中减少。然而，以亚硝酸盐作为终端电子受体转化成氮气的厌氧氨氧化反应的发现推翻了这种观点。联氨合成酶（HZS）是唯一已知的可以激活厌氧氨的酶，由 *hzsA* 和 *hzsB* 基因编码，通过这种酶可以将联氨氧化成氮气。

（二）异化亚硝酸盐还原

亚硝酸盐还原为铵盐的过程可以是同化过程，也可以是异化过程。异化亚硝酸盐还原为铵盐的反应是异化硝酸盐还原成铵（DNRA）过程中的关键反应，是由细胞色素 c 亚硝酸盐还原酶（ccNIR）、octahaem 亚硝酸盐还原酶（ONR）或者 octahaem 连四硫酸盐还原酶（OTR）催化完成的（Kuypers et al.，2018）。微生物可以利用 DNRA 和电子供体（如有机物、二价铁、氢气、硫化物、甲烷等）氧化的耦合来生长。细菌、古菌、真菌的某些种类能介导硝酸盐铵化过程，而大部分异化亚硝酸盐反应都是由泉古菌门（Crenarchaeota）的 *Pyrolobus fumarii* 来完成的。此外，厌氧氨氧化细菌 *Kuenenia stuttgartiensis* 在缺少产生铵盐的亚硝酸盐还原酶的情况下仍可以将亚硝酸盐还原为铵盐。

目前我们对 DNRA 这一过程仍知之甚少，尽管已针对肠道细菌的异化硝酸盐或亚硝酸盐还原反应开展了一系列生化和分子研究，以及开发了一些针对钙依赖性细胞色素 c 亚硝酸还原酶（ccNIR）的分子工具（Mohan et al.，2004）。在许多缺氧生态系统中，反硝化作用被认为是主要的硝酸盐去除途径，因此以往的研究较少关注 DNRA 产生铵这一过程。通过同位素和分子方法的重新应用，异化硝酸盐或亚硝酸盐还原、反硝化和厌氧氨氧化作用在自然生态系统与人工生态系统中的定量得以实现，这将有助于开展更多的研究以了解控制这些过程的因素。

细胞周质硝酸盐还原酶基因（*nrfA*）是研究硝酸盐铵化细菌多样性的一个分子标志物，在变形菌门（Proteobacteria）、拟杆菌门（Bacteroidetes）、浮霉菌目（Planctomycetales）、厚壁菌门（Firmicutes）中均有分布（Mohan et al.，2004）。Takeuchi（2006）对环境样品中的 *nrfA* 基因进行分析后发现，河口区海水与淡水站点沉积物中 DNRA 功能菌的群落结构与半咸水站点明显不同，沉积物深层的多样性较低，多为气单胞菌属（*Aeromonas*）、希瓦氏菌属（*Shewanella*）、脱硫弧菌属（*Desulfovibrio*）等的相关类群。在英国富营养化的科恩河口，DNRA 类群主要来自 δ-变形菌，也有少量来自 γ-变形菌，如冷海希瓦氏菌（*Shewanella frigidimarina*）、褐杆状绿菌（*Chlorobium phaeobacteroides*）等类群（Smith et al.，2007）。另外，一些厌氧氨氧化细菌（如 'Ca. Kuenenia stuttgartiensis'）能在高 NH_4^+ 浓度条件下将 NO_3^- 还原成 NH_4^+，介导 DNRA 过程（Kartal et al.，2007）。

六、厌氧氨氧化作用

近年来，在厌氧废水系统中发现了一种全新的可以将氨和亚硝酸盐在厌氧条件下转化为氮气的途径，即"厌氧氨氧化"（anaerobic ammonium oxidation，anammox），是由浮霉菌和自养氨氧化菌 *Nitrosomonas europaea* 或 *Nitrosomonas eutropha* 组成的联合菌群共同完成的（Strous et al.，1999）。浮霉菌利用传统氨氧化菌产生的 NO_2^- 作为氧化剂将铵氧化为氮气，对铵的净去除速度比报道的纯培养的 *N. eutropha* 在厌氧条件下对氮的去除速率要快 25 倍（Stepanauskas et al.，1999），然而，厌氧氨氧化菌群很难在自然环境中保持良好的活性（Van Loosdrecht and Jetten，1998）。直到厌氧氨氧化过程在自然环境中的发现，打破了人们传统的认识，这是氮循环研究的又一重要突破。Thamdrup 和 Dalsgaard（2002）利用 ^{15}N 稳定性同位素示踪技术在丹麦沿海沉积物中检测出了厌氧 氨氧化活性，首次证实了海洋沉积物中也存在厌氧氨氧化过程，并估算出高达 67% 的氮 气生成与厌氧氨氧化作用有关。

厌氧氨氧化可以说是传统氮循环的一个"捷径"，因为硝化和反硝化通过亚硝酸盐 相互联系，而不需要经过硝酸盐。铵和亚硝酸盐存在的低氧浓度的自然环境可能是容易 发生类似氨氧化反应的场所，这种环境包括好氧/缺氧界面，如在半远洋、浅层沉积物及 层化的湖泊、海洋的沉积物/水界面。但是根据观测到的化学分布判断，厌氧氨氧化似乎 不太可能在这些环境中占主导。微量需氧的自养硝化作用是一种跨好氧/缺氧界面的厌氧 反硝化反应，可以用它来解释化学分布，通常表现为界面上方氧和硝酸盐耗尽及界面下 方铵的积累。反硝化会产生固氮的净损失，如果厌氧氨氧化也参与其中，则估计的氮损 失会大得多。

除了常规硝化菌和反硝化菌的非常规活性，以及在新生物体内发现的新的氮代谢途 径，最近有人提出硝化/反硝化偶联的过程也可以非生物方式完成。在含锰量较高的海洋 沉积物中，氮气可以由氨和有机氮经大气中的二氧化锰氧化产生，也可以通过铁、硫化 氢等多种还原剂与缺氧有机质氧化串联产生（Hulth et al.，1999）。

缺氧的氨氧化过程，无论是直接导致氮气的形成（如厌氧氨氧化）还是硝酸盐的产 生（与锰还原有关），都会在水体和沉积物的氮循环中引入新的联系。没有考虑缺氧氨 氧化将可能会导致对铵去除量的低估，因为产物是不会积累的，要么立即散失在大气中， 要么在有机物厌氧循环的下一步迅速减少。

自养硝化细菌也表现出一定的厌氧代谢能力，在化能营养和非常低 O_2 浓度的条件下 进行富集培养使 NH_3 以 N_2 形式净去除（Muller et al.，1995）。Schmidt 和 Bock（1997） 已经证明 *Nitrosomonas eutropha* 在以 NO_2 和 NH_3 为底物生长的过程中，主要的气态产物 是 NO 和 N_2，这一过程的速率比在正常空气中氨氧化的速率要低，并可支持细胞生长。 在不添加有机碳底物的情况下，添加 NO_2 和 NO 可以促进氨及有机氮的完全去除（Zart and Bock，1998）。尽管这些观测结果与海洋氮循环的相关性尚不清楚，但对氨氧化菌 β 类群系统发育同源性的研究显示，在海洋菌株中很可能也存在类似的代谢能力。

研究发现，厌氧氨氧化菌群多样性在河口区变化较大，盐度是影响厌氧氨氧化菌分布 的主要因子之一。在高盐站点多检出 'Ca. Scalindua' 属，在低盐站点多检出 'Ca. Kuenenia' 和 'Ca. Brocadia' 属（Dale et al.，2009）。在盐沼沉积物中也只检测到 'Ca. Scalindua' 属厌氧氨氧化菌（Humbert et al.，2009）。而在受潮汐影响较大的珠江河岸沉积物中，优 势类群为 'Ca. Kuenenia' 和 'Ca. Brocadia' 属（Wang et al.，2012）。污染物类型和污 染状况也是影响海岸带厌氧氨氧化菌的重要因子（Hu et al.，2012）。在富营养化的胶州 湾沉积物中只检测到 'Ca. Scalindua' 属的厌氧氨氧化细菌，其群落结构受有机碳氮比、 亚硝酸盐浓度和沉积物粒径的影响较大（Dang et al.，2010）。

七、小　结

从氮转化反应来看，在过去数十年里，许多由微生物引起的新的氮转化反应和途径被发现，基于热力学方面的考虑，由微生物介导的放热反应是有可能发生的，但其中的一些反应需要由某些尚未被发现的催化剂来催化。反之，一些歧化反应是可以由某些已知的微生物通过已知的机制来实现的。例如，在硝化杆菌属（*Nitrobacter*）中观察到了一氧化氮的氧化反应，但是这种反应是生物反应还是非生物反应还不确定，与该反应有关的酶尚不清楚；从热力学上讲，需氧的一氧化二氮被氧化成亚硝酸盐或硝酸盐的反应是可行的，但是需要由新的生化途径来完成（Kuypers et al.，2018）。

　　从生态系统的角度来看，虽然我们已经对海洋生态系统中的氮循环有了较多的认识，但我们的知识是叠加在一个动态和空间可变的生物群落上的。长期研究得到的数据表明，以前的海洋氮循环模型不全面，并且已经发生和正在发生的生态系统乃至全球范围的变化也在一定程度上影响着海洋氮循环。长期观测已经注意到初级生产力的增加、群落结构的变化和氮动态的变化，其中一个重要的变化就是固氮作用作为氮的重要来源，其重要性更加凸显。这些生态系统的动态变化更突出了理解海洋环境中氮循环的重要性，并且加深了我们对海洋氮通量及其变化的理解。

参 考 文 献

龚骏，宋延静，张晓黎. 2013. 海岸带沉积物中氮循环功能微生物多样性. 生物多样性，21（4）：433-444.

龚骏，张晓黎. 2013. 微生物在近海氮循环过程的贡献与驱动机制. 微生物学通报，40（1）：44-58.

刘鹏远，陈庆彩，胡晓珂. 2018. 渤海湾湾口表层沉积物中的核心细菌群落结构及其对环境因子的响应. 微生物学通报，45（9）：106-121.

刘鹏远，张海坤，陈琳，等. 2019. 黄渤海海草分布区日本鳗草根际微生物群落结构特征及其功能分析. 微生物学报，59（8）：1484-1499.

王斌. 2017. 渤海及比邻海域的核心微生物组及其探讨. 中国科学院大学博士学位论文.

徐继荣，王友绍，孙松. 2004. 海岸带地区的固氮、氨化、硝化与反硝化特征. 生态学报，24（12）：232-239.

Adame M F，Virdis B，Lovelock C E. 2010. Effect of geomorphological setting and rainfall on nutrient exchange in mangroves during tidal inundation. Marine and Freshwater Research，61：1197-1206.

Arrigo K. 2005. Marine microorganisms and global nutrient cycles. Nature，437：349-355.

Bagwell C E，Lovell C R. 2000. Persistence of selected *Spartina alterniflora* rhizoplane diazotrophs exposed to natural and manipulated environmental variability. Applied and Environmental Microbiology，66：4625-4633.

Beman J M，Roberts K J，Wegley L，et al. 2007. Distribution and diversity of archaeal ammonia monooxygenase genes associated with corals. Applied and Environmental Microbiology，73：5642-5647.

Bianchi T S，Engelhaupt E，Westman P，et al. 2000. Cyanobacterial blooms in the Baltic Sea：natural or human-induced? Limnology and Oceanography，45：716-726.

Blackburn T H. 1979. A method for measuring rates of NH_4^+ dilution technique. Applied and Environmental Microbiology，37：760-765.

Braker G，Ayala-del-Rio H L，Devol A H，et al. 2001. Community structure of denitrifiers，bacteria，and archaea along redox gradients in Pacific Northwest marine sediments by terminal restriction fragment length polymorphism analysis of amplified nitrite reductase（*nirS*）and 16S rRNA genes. Applied and Environmental Microbiology，67：1893-1901.

Brito Â，Ramos V，Seabra R，et al. 2012. Culture-dependent characterization of cyanobacterial diversity in the intertidal zones of the Portuguese coast：a polyphasic study. Systematic and Applied Microbiology，35：110-119.

Burns J A，Zehr J P，Capone D G. 2002. Nitrogen fixing phylotypes of Chesapeake Bay and Neuse River Estuary sediments. Microbial Ecology，44：336-343.

Bushaw-Newton K L，Moran M A. 1999. Photochemical formation of biologically available nitrogen from dissolved humic substances in coastal marine systems. Aquatic Microbial Ecology，18：285-292.

Cabello P，Roldan M D，Moreno-Vivian C. 2004. Nitrate reduction and the nitrogen cycle in archaea. Microbiology，150：3527-3546.

Cai W J，Hu X P，Huang W J，et al. 2011. Acidification of subsurface coastal waters enhanced by eutrophication. Nature Geoscience，4（11）：766-770.

Campbell L，Liu H，Nolla H A，et al. 1997. Annual variability of phytoplankton and bacteria in the subtropical North Pacific Ocean at station ALOHA during the 1991-1994 ENSO event. Deep-Sea Research Part I-Oceanographic Research Papers，44：167-192.

Canfield D E，Glazer A N，Falkowski P G. 2010. The evolution and future of Earth's nitrogen cycle. Science，330：192-196.

Capone D G，Carpenter E J. 1982. Nitrogen fixation in the marine environment. Science，217（4565）：1140-1142.

Capone D G，Taylor B F. 1980. N₂ fixation in the rhizosphere of *Thalassia testudinum*. Canadian Journal of Microbiology，26（8）：998-1005.

Capone D G. 2000. The marine microbial nitrogen cycle. *In*：Kirchman D L. Microbial Ecology of the Oceans. New York：Wiley-Liss.

Carpenter E J. 1983. Nitrogen fixation by marine *Oscillatoria*（*Trichodesmium*）in the world's oceans. *In*：Carpenter E J，Capone D G. Nitrogen in the Marine Environment. New York：Academic Press.

Casciotti K L，Ward B B. 2001. Nitrite reductase genes in ammonia-oxidizing bacteria. Applied and Environmental Microbiology，67：2213-2221.

Chen Y B，Dominic B，Mellon M T，et al. 1998. Circadian rhythm of nitrogenase gene expression in the diazotrophic filamentous nonheterocystous cyanobacterium *Trichodesmium* sp. strain IMS 101. Journal of Bacteriology，180：3598-3605.

Chin W，Orellana M V，Verdugo P. 1998. Spontaneous assembly of marine dissolved organic matter into polymer gels. Nature，391：568-572.

Christensen P B，Rysgaard S，Sloth N P，et al. 2000. Sediment mineralization，nutrient fluxes，denitrification and dissimilatory nitrate reduction to ammonium in an estuarine fjord with sea cage trout farms. Aquatic Microbial Ecology，21：73-84.

Christian J，Karl D. 1995. Bacterial ectoenzymes in marine waters：activity ratios and temperature responses in three oceanographic provinces. Limnology and Oceanography，40：1042-1049.

Daims H，Lücker S，Wagner M A. 2016. New perspective on microbes formerly known as nitriteoxidizing bacteria. Trends in Microbiology，24：699-712.

Daims H，Lebedeva E V，Pjevac P，et al. 2015. Complete nitrification by *Nitrospira* bacteria. Nature，528：504-509.

Dale O R，Tobias C R，Song B，et al. 2009. Biogeographical distribution of diverse anaerobic ammonium oxidizing（anammox）bacteria in Cape Fear River Estuary. Environmental Microbiology，11（5）：1194-1207.

Dang H，Chen R，Wang L，et al. 2010. Environmental factors shape sediment anammox bacterial communities in hypernutrified Jiaozhou Bay，China. Applied and Environmental Microbiology，76：7036-7047.

Donnelly A P，Herbert R A. 1996. An investigation into the role of bacteria in the remineralization of organic nitrogen in shallow coastal sediments of Northern Adriatic Sea. *In*：Price N B，Giordani P，Monaco A，et al. Transfer Pathways and Flux of Organic Matter Related Elements in Water and Sediments of the Northern Adriatic Sea and Their Importance in Eastern Mediterranean Sea. Euromarge-AS Project，Final Report，European Union，Brussels，189-197.

Dore J E，Karl D M. 1996. Nitrification in the euphotic zone as a source for nitrite，nitrate，and nitrous oxide at Station ALOHA. Limnology and Oceanography，41：1619-1628.

Dore J E，Karl D M. 2001. Microbial ecology at sea：sampling，subsampling and incubation considerations，*In*：Paul J H. Methods in Microbiology：Marine Microbiology. London：Academic Press.

Duce R A，LaRoche J，Altieri K，et al. 2008. Impacts of atmospheric anthropogenic nitrogen on the open ocean. Science，320：893-897.

Erisman J W，Sutton M A，Galloway J，et al. 2008. How a century of ammonia synthesis changed the world. Nature Geoscience，1：636-639.

Ettwig K F，Butler M K，Le Paslier D，et al. 2010. Nitrite-driven anaerobic methane oxidation by oxygenic bacteria. Nature，464（7288）：543-548.

Ettwig K F，Speth D R，Reimann J，et al. 2012. Bacterial oxygen production in the dark. Frontiers in Microbiology，3：273.

Eyre B D，Ferguson A J P，Webb A，et al. 2011. Denitrification，N-fixation and nitrogen and phosphorus fluxes in different benthic habitats and their contribution to the nitrogen and phosphorus budgets of a shallow oligotrophic sub-tropical coastal system（southern Moreton Bay，Australia）. Biogeochemistry，102（1-3）：111-133.

Eyre B D，Maher D T，Sanders C. 2016. The contribution of denitrification and burial to the nitrogen budgets of three geomorphically distinct Australian estuaries：importance of seagrass habitats. Limnology and Oceanography，61（3）：1144-1156.

Fernex F E，Braconnot J C，Dallot S，et al. 1996. Is ammonification rate in marine sediment related to plankton composition and abundance? A time-series study in Villefranche Bay（NW Mediterranean）. Estuarine Coastal and Shelf Science，43（3）：359-371.

Fredriksson C，Bergman B. 1997. Ultrastructural characterisation of cells specialised for nitrogen fixation in a non-heterocystous cyanobacterium *Trichodesmium* spp. Protoplasma，197：76-85.

Gaby J C，Buckley D H. 2011. A global census of nitrogenase diversity. Environmental Microbiology，13：1790-1799.

Gamble M D，Bagwell C E，LaRocque J，et al. 2010. Seasonal variability of diazotroph assemblages associated with the rhizosphere of the salt marsh cordgrass，*Spartina alterniflora*. Microbial Ecology，59：253-265.

Griffin B M，Schott J，Schink B. 2007. Nitrite，an electron donor for anoxygenic photosynthesis. Science，316：1870.

Grosskopf T，Mohr W，Baustian T，et al. 2012. Doubling of marine dinitrogenfixation rates based on direct measurements. Nature，488：361-364.

Gruber N，Galloway J N. 2008. An Earth-system perspective of the global nitrogen cycle. Nature，451：293-296.

Gruber N，Sarmiento J L. 1997. Global patterns of marine nitrogen fixation and denitrification. Global Biogeochemical Cycles，11：235-266.

Hallin S，Philippot L，Löffler F E，et al. 2018. Genomics and ecology of novel N_2O-reducing microorganisms. Trends in Microbiology，26：43-55.

Hausinger R P，Colpas G J，Soriano A. 2001. Urease：a paradigm for protein-assisted metallocenter assembly. ASM News，67：78-84.

Hecky R E，Kilham P. 1988. Nutrient limitation of phytoplankton in freshwater and marine environments：a review of recent evidence on the effects of enrichment. Limnology and Oceanography，33：796-822.

Herbert R A. 1999. Nitrogen cycling in coastal marine ecosystems. FEMS Microbiology Reviews，23：563-590.

Hewson I，Fuhrman J A. 2006. Spatial and vertical biogeography of coral reef sediment bacterial and diazotroph communities. Marine Ecology Progress Series，306：79-86.

Hewson I，Moisander P H，Morrison A E，et al. 2007. Diazotrophic bacterioplankton in a coral reef lagoon：phylogeny，diel nitrogenase expression and response to phosphate enrichment. The ISME Journal，1：78-91.

Holguin G，Vazquez P，Bashan Y. 2001. The role of sediment microorganisms in the productivity，conservation，and rehabilitation of mangrove ecosystems：an overview. Biology and Fertility of Soils，33（4）：265-278.

Howarth R W，Marina R，Cole J J. 1988. Nitrogen fixation in freshwater，estuarine and marine ecosystems. 2. Biochemical controls. Limnology and Oceanography，33：688-701.

Hu B，Shen L，Du P，et al. 2012. The influence of intense chemical pollution on the community composition，diversity and abundance of anammox bacteria in the Jiaojiang Estuary（China）. PLoS One，7：33826.

Hulth S，Aller R C，Gilbert F. 1999. Coupled anoxic nitrification/manganese reduction in marine sediments. Geochimica et Cosmochimica Acta，63：49-66.

Humbert S，Tarnawski S，Fromin N，et al. 2009. Molecular detection of anammox bacteria in terrestrial ecosystems：distribution and diversity. The ISME Journal，4：450-454.

Jones C M，Hallin S. 2010. Ecological and evolutionary factors underlying global and local assembly of denitrifier communities. The ISME Journal，4：633-641.

Kartal B，Almeida N，Maalcke W，et al. 2013. How to make a living from anaerobic ammonium oxidation. FEMS Microbiology Reviews，37：428-461.

Kartal B，Kupers M M M，Lavik G，et al. 2007. Anammox bacteria disguised as denitrifiers：nitrate reduction to dinitrogen gas via nitrite and ammonium. Environmental Microbiology，9：635-642.

Kartal B，Maalcke W，Almeida N，et al. 2011. Molecular mechanism of anaerobic ammonium oxidation. Nature，479：127-130.

Kirchman D L. 2000. Uptake and regeneration of inorganic nutrients by marine heterotrophic bacteria. In：Kirchman D L. Microbial Ecology of the Oceans. New York：Wiley-Liss.

Könneke M，Bernhard A E，de la Torre J R，et al. 2005. Isolation of an autotrophic ammonia-oxidizing marine archaeon. Nature，437：543-546.

Koops H P，Pommerening-Roser A. 2001. Distribution and ecophysiology of the nitrifying bacteria emphasizing cultured species. FEMS Microbiology Ecology，37：1-9.

Kudela R M，Dugdale R C. 2000. Nutrient regulation of phytoplankton productivity in Monterey Bay，California. Deep-Sea Research Part II-Topical Studies in Oceanography，47：1023-1053.

Kuypers M M M，Marchant H K，Kartal B. 2018. The microbial nitrogen-cycling network. Nature Reviews Microbiology，16（5）：263-276.

Li M，Cao H，Hong Y，et al. 2011. Spatial distribution and abundances of ammonia-oxidizing archaea（AOA）and ammonia-oxidizing bacteria（AOB）in mangrove sediments. Applied Microbiology and Biotechnology，89：1243-1254.

Lipschultz F，Zafiriou O C，Wofsy S C，et al. 1981. Production of NO and N_2O by soil nitrifying bacteria. Nature，294：641-643.

Lomstein B A，Blackburn T H，Henriksen K. 1989. Aspects of nitrogen and carbon cycling in the northern Bering shelf sediment. I. The significance of urea turnover in the mineralisation of NH_4^+. Marine Ecology Progress Series，57：237-247.

Lopes V R，Vasconcelos V M. 2011. Planktonic and benthic cyanobacteria of European brackish waters：a perspective on estuaries and brackish seas. European Journal of Phycology，46：292-304.

López N I，Duarte C M，Vallespinós F，et al. 1998. The effect of nutrient additions on bacterial activity in seagrass（*Posidonia oceanica*）sediments. Journal of Experimental Marine Biology and Ecology，224（2）：155-166.

Lovell C R, Friez M J, Longshore J W, et al. 2001. Recovery and phylogenetic analysis of *nifH* sequences from diazotrophic bacteria associated with dead aboveground biomass of *Spartina alterniflora*. Applied and Environmental Microbiology, 67: 5308-5314.

Maalcke W J, Dietl A, Marritt S J, et al. 2014. Structural basis of biological NO generation by octaheme oxidoreductases. Journal of Biological Chemistry, 289: 1228-1242.

Martínez-Pérez C, Mohr W, Löscher C R, et al. 2016. The small unicellular diazotrophic symbiont, UCYN-A, is a key player in the marine nitrogen cycle. Nature Microbiology, 1: 16163.

McCarthy M D, Hedges J I, Benner R. 1998. Major bacterial contribution to marine dissolved organic nitrogen. Science, 281: 231-234.

Miyazaki J, Higa R, Toki T, et al. 2009. Molecular characterization of potential nitrogen fixation by anaerobic methane-oxidizing archaea in the methane seep sediments at the number 8 Kumano Knoll in the Kumano Basin, offshore of Japan. Applied and Environmental Microbiology, 75: 7153-7162.

Mohan S B, Schmid M, Jetten M, et al. 2004. Detection and widespread distribution of the *nrfA* gene encoding nitrite reduction to ammonia, a short circuit in the biological nitrogen cycle that competes with denitrification. FEMS Microbiology Ecology, 49: 433-443.

Mohr W, Großkopf T, Wallace D W R, et al. 2010. Methodological underestimation of oceanic nitrogen fixation rates. PLoS One, 5 (9): e12583.

Moir J W B, Richardson D J, Ferguson S J. 1995. The expression of redox proteins of denitrification in *Thiosphaera pantotropha* grown with oxygen, nitrate, and nitrous-oxide as electron-acceptors. Archives of Microbiology, 164: 43-49.

Moisander P H, Morrison A E, Ward B B, et al. 2007. Spatial-temporal variability in diazotroph assemblages in Chesapeake Bay using an oligonucleotide *nifH* microarray. Environmental Microbiology, 9: 1823-1835.

Moore J K, Villareal T A. 1996. Size-ascent rate relationships in positively buoyant marine diatoms. Limnology and Oceanography, 41: 1514-1520.

Moore L R, Rocap G, Chisholm S W. 1998. Physiology and molecular phylogeny of coexisting *Prochlorococcus* ecotypes. Nature, 393: 464-467.

Moreno-Vivian C, Cabello P, Martinez-Luque M, et al. 1999. Prokaryotic nitrate reduction: molecular properties and functional distinction among bacterial nitrate reductases. Journal of Bacteriology, 181: 6573-6584.

Muller E B, Stouthamer A H, Van Verseveld H W. 1995. Simultaneous NH_3 oxidation and N_2 production at reduced O_2 tensions by sewage sludge subcultured with chemolithotrophic medium. Biodegradation, 6: 339-349.

Naqvi S W A, Yoshinari T D A, Jayakumar M A, et al. 1998. Budgetary and biogeochemical implications of N_2O isotope signatures in the Arabian Sea. Nature, 391: 462-464.

Neveux J, Lantoine F, Vaulot D, et al. 1999. Phycoerythrins in the southern tropical and equatorial Pacific Ocean: evidence for new cyanobacterial types. Journal of Geophysical Research, 104: 3311-3321.

Nielsen L B, Finster K, Welsh D T, et al. 2001. Sulphate reduction and nitrogen fixation rates associated with roots, rhizomes and sediments from *Zostera noltii* and *Spartina maritima* meadows. Environmental Microbiology, 3 (1): 63-71.

Nielsen L P, Glud R N. 1996. Denitrification in a coastal sediment measured *in situ* by the nitrogen isotope pairing technique applied to a benthic flux chamber. Marine Ecology Progress Series, 137: 181-186.

Nogales B, Timmis K N, Nedwell D B, et al. 2002. Detection and diversity of expressed denitrification genes in estuarine sediments after reverse transcription-PCR amplification from mRNA. Applied and Environmental Microbiology, 68: 5017-5025.

Nyerges G, Stein L Y. 2009. Ammonia cometabolism and product inhibition vary considerably among species of methanotrophic bacteria. FEMS Microbiology Letters, 297: 131-136.

O'Neil J M, Capone D G. 1989. Nitrogenase activity in tropical carbonate marine sediments. Marine Ecology Progress Series, 56: 145-156.

Olson N D, Ainsworth T D, Gates R D, et al. 2009. Diazotrophic bacteria associated with Hawaiian Montipora corals: diversity and abundance in correlation with symbiotic dinoflagellates. Journal of Experimental Marine Biology and Ecology, 371: 140-146.

Ouverney C C, Fuhrman J A. 1999. Combined microautoradiography-16S rRNA probe technique for determination of radioisotope uptake by specific microbial cell types *in situ*. Applied and Environmental Microbiology, 65: 1746-1752.

Paerl H W. 1990. Physiological ecology and regulation of N_2 fixation in natural waters. Advances in Microbial Ecology, 11 (8): 305-344.

Palenik B, Koke J A. 1995. Characterization of a nitrogen-regulated protein identified by cell surface biotinylation of a marine phytoplankton. Applied and Environmental Microbiology, 61: 3311-3315.

Philippot L. 2002. Denitrifying genes in bacterial and archaeal genomes. Biochimica et Biophysica Acta, 1557: 355-376.

Preisler A, de Beer D, Lichtschlag A, et al. 2007. Biological and chemical sulfide oxidation in a *Beggiatoa* inhabited marine sediment. The ISME Journal, 1: 341-353.

Prosser J I, Nicol G W. 2008. Relative contributions of archaea and bacteria to aerobic ammonia oxidation in the environment. Environmental Microbiology, 10: 2931-2941.

Purkhold L, Pommerening-Roser A, Juretschko S, et al. 2000. Phylogeny of all recognized species of ammonia oxidizers based on comparative 16S and *amoA* sequence analysis: implications for molecular diversity surveys. Applied and Environmental Microbiology, 66: 5368-5382.

Rabalais N N, Turner R E, Díaz R J, et al. 2009. Global change and eutrophication of coastal waters. ICES Journal of Marine Science, 66 (7): 1528-1537.

Rahn T, Wahlen M. 2000. A reassessment of the global isotopic budget of atmospheric nitrous oxide. Global Biogeochemical Cycles, 14: 537-543.

Ravikumar S, Kathiresan K, Ignatiammal S T M, et al. 2004. Nitrogen-fixing azotobacters from mangrove habitat and their utility as marine biofertilizers. Journal of Experimental Marine Biology and Ecology, 312: 5-17.

Raymond J, Siefert J L, Staples C R, et al. 2004. The natural history of nitrogen fixation. Molecular Biology and Evolution, 21: 541-554.

Riederer-Henderson M A, Wilson P W. 1970. Nitrogen fixation by sulphate-reducing bacteria. Journal of General Microbiology, 61 (1): 27-31.

Risgaard-Petersen N, Langezaal A M, Ingvardsen S, et al. 2006. Evidence for complete denitrification in a benthic foraminifer. Nature (London), 443 (7107): 93-96.

Robertson L A, Dalsgaard T, Revsbeck N P, et al. 1995. Confirmation of aerobic denitrification in batch cultures, using gas chromatography and ^{15}N mass spectrometry. FEMS Microbiology Ecology, 18: 113-120.

Routray T K, Satapathy G C, Mishra A K. 1996. Seasonal fluctuation of soil nitrogen transforming microorganisms in Bhitarkanika mangrove forest. Journal of Environmental Biology, 17 (4): 325-330.

Sanudo-Wilhelmy S A, Kustka A B, Gobler C J, et al. 2001. Phosphorus limitation of nitrogen fixation by *Trichodesmium* in the central Atlantic Ocean. Nature, 411: 66-69.

Scanlan D J, Wilson W H. 1999. Application of molecular techniques to addressing the role of P as key effector in marine ecosystems. Hydrobiologia, 401: 151-177.

Schmidt I, Bock E. 1997. Anaerobic ammonia oxidation with nitrogen dioxide by *Nitrosomonas eutropha*. Archives of Microbiology, 167: 106-111.

Sharp J H. 1983. The distribution of inorganic nitrogen and dissolved and particulate organic nitrogen in the sea. *In*: Carpenter E J, Capone D G. Nitrogen in the marine environment. New York: Academic Press.

Short S M, Zehr J P. 2007. Nitrogenase gene expression in the Chesapeake Bay Estuary. Environmental Microbiology, 9: 1591-1596.

Sloth N P, Nielsen L P, Blackburn T H. 1992. Nitrification in sediment cores measured with acetylene inhabitation. Limnology and Oceanography, 37: 1108-1112.

Smith C J, Nedwell D B, Dong L F, et al. 2007. Diversity and abundance of nitrate reductase genes (*narG* and *napA*), nitrite reductase genes (*nirS* and *nrfA*), and their transcripts in estuarine sediments. Applied and Environmental Microbiology, 73: 3612-3622.

Stepanauskas R, Edling H, Tranvik L J. 1999. Differential dissolved organic nitrogen availability and bacterial aminopeptidase activity in limnic and marine waters. Microbial Ecology, 38: 264-272.

Strous M, Kuenen G, Jetten M S M. 1999. Key physiology of anaerobic ammonium oxidation. Applied and Environmental Microbiology, 65: 3248-3250.

Su J J, Liu B Y, Liu D Y. 2001. Comparison of aerobic denitrification under high oxygen atmosphere by *Thiosphaera pantotropha* ATCC 35512 and *Pseudomons stutzeri* SU2 newly isolated from the activated sludge of a piggery wastewater treatment system. Journal of Applied Microbiology, 90: 457-462.

Sun F, Zhang X, Zhang Q, et al. 2015. Seagrass (*Zostera marina*) colonization promotes the accumulation of diazotrophic bacteria and alters the relative abundances of specific bacterial lineages involved in benthic carbon and sulfur cycling. Applied and Environmental Microbiology, 81 (19): 6901-6914.

Takeuchi J. 2006. Habitat segregation of a functional gene encoding nitrate ammonification in estuarine sediments. Geomicrobiology Journal, 23: 75-87.

Teske A, Alm E, Regan J M, et al. 1994. Evolutionary relationships among ammonia- and nitrite-oxidizing bacteria. Journal of Bacteriology, 176: 6623-6630.

Thamdrup B, Dalsgaard T. 2002. Production of N_2 through anaerobic ammonium oxidation coupled to nitrate reduction in marine sediments. Applied and Environmental Microbiology, 68 (3): 1312-1318.

Thatoi H, Behera B C, Mishra R R, et al. 2013. Biodiversity and biotechnological potential of microorganisms from mangrove ecosystems: a review. Annals of Microbiology, 63: 1-19.

Therkildsen M S，King G M，Lomstein B A. 1996. Urea production and turnover following the addition of AMO，CMP，RNA and a protein mixture to a marine sediment. Aquatic Microbial Ecology，10：173-179.

Thompson A W，Foster R A，Krupke A，et al. 2012. Unicellular cyanobacterium symbiotic with a single-celled eukaryotic alga. Science，337：1546-1550.

Thompson P A，Levasseur M E，Harrison P J. 1989. Light-limited growth on ammonium vs. nitrate—what is the advantage for marine phytoplankton? Limnology and Oceanography，34：1014-1024.

Tsementzi D，Wu J，Deutsch S，et al. 2016. SAR11 bacteria linked to ocean anoxia and nitrogen loss. Nature，536：179-183.

Tupas L M，Koike I，Karl D M，et al. 1994. Nitrogen metabolism by heterotrophic bacterial assemblages in Antarctic coastal waters. Polar Biology，14：195-204.

Van Loosdrecht M C M，Jetten M S M. 1998. Microbiological conversions in nitrogen removal. Water Science and Technology，38：1-7.

Vazquez P，Holguin G，Puente M E，et al. 1998. Phosphate-solubilizing microorganisms associated with the rhizosphere of mangroves in a semiarid coastal lagoon. Biology and Fertility of Soils，30（5-6）：460-468.

Venter J C，Remington K，Heidelberg J F，et al. 2004. Environmental genome shotgun sequencing of the Sargasso Sea. Science，304：66-74.

Villareal T A，Carpenter E J. 1989. Nitrogen fixation，suspension characteristics and chemical composition of *Rhizosolenia* mats in the central North Pacific Gyre. Biological Oceanography，6：387-405.

Villareal T A，Pilskaln C，Brzezinski M，et al. 1999. Upward transport of oceanic nitrate by migrating diatom mats. Nature，397：423-425.

Vouvé F，Guiraud G，Marol C，et al. 2000. NH_4^+ turnover in intertidal sediments of Marennes-Oléron Bay（France）：effect of sediment temperature. Oceanologica Acta，23（5）：575-584.

Voytek M A，Ward B B，Priscu J C. 1998. The abundance of ammonium-oxidizing bacteria in Lake Bonney，Antarctica determined by immunofluorescence，PCR and *in situ* hybridization. *In*：Priscu J C. Ecosystem Dynamics in a Polar Desert：the McMurdo Dry Valleys，Antarctica. Washington，D C：American Geophysical Union.

Wang S，Zhu G，Peng Y，et al. 2012. Anammox bacterial abundance，activity，and contribution in riparian sediments of the Pearl River Estuary. Environmental Science and Technology，46：8834-8842.

Ward B B，Carlucci A F. 1985. Marine ammonia- and nitrite-oxidizing bacteria：serological diversity determined by immunofluorescence in culture and in the environment. Applied and Environmental Microbiology，50：194-201.

Ward B B，Kilpatrick K A，Renger E，et al. 1989. Biological nitrogen cycling in the nitracline. Limnology and Oceanography，34：493-513.

Ward B B，Martino D P，Diaz C M，et al. 2000. Analysis of ammonia-oxidizing bacteria from hypersaline Mono Lake，California，on the basis of 16S rRNA sequences. Applied and Environmental Microbiology，66：2873-2881.

Ward B B. 2000. Nitrification and the marine nitrogen cycle. *In*：Kirchman D L. Microbial Ecology of the Oceans. New York：Wiley-Liss.

Wasmund N，Voss M，Lochte K. 2001. Evidence of nitrogen fixation by non-heterocystous cyanobacteria in the Baltic Sea and re-calculation of a budget of nitrogen fixation. Marine Ecology Progress Series，214：1-14.

Watson S W. 1965. Characteristics of a marine nitrifying bacterium，*Nitrosocystis oceanus* sp. N. Limnology and Oceanography，10（suppl）：274-289.

Welsh D T，Bourgués S，de Wit R，et al. 1996. Seasonal variations in nitrogen fixation（acetylene reduction）and sulphate reduction rates in the rhizosphere of *Zostera noltii*：nitrogen fixation by sulphate reducing bacteria. Marine Biology，125（4）：619-628.

Whiting G J，Gandy E L，Yoch D C. 1986. Tight coupling of root-associated nitrogen fixation and plant photosynthesis in the salt marsh grass *Spartina alterniflora* and carbon dioxide enhancement of nitrogenase activity. Applied and Environmental Microbiology，52（1）：108-113.

Wrage N，Velthof G L，Beusichem M L V，et al. 2001. Role of nitrifier denitrification in the production of nitrous oxide. Soil Biology and Biochemistry，33（12）：1723-1732.

Wu J，Sunda W，Boyle E A，et al. 2000. Phosphate depletion in the western North Atlantic Ocean. Science，289：759-762.

Ye R W，Thomas S M. 2001. Microbial nitrogen cycles：physiology，genomics and applications. Current Opinion in Microbiology，4：307-312.

Yoshida N. 1988. ^{15}N-depleted N_2O as a product of nitrification. Nature，307：442-444.

Zart D，Bock E. 1998. High rate of aerobic nitrification and denitrification by *Nitrosomonas eutropha* grown in a fermentor with complete biomass retention in the presence of gaseous NO_2 or NO. Archives of Microbiology，169：282-286.

Zehr J P，Carpenter E J，Villareal T A. 2000. New perspectives on nitrogen-fixing microorganisms in tropical and subtropical oceans. Trends in Microbiology，8：68-73.

Zehr J P，Dominic B，Chen Y B，et al. 1999. Nitrogen fixation in the marine cyanobacterium *Trichodesmium*: a challenging model for ecology and molecular biology. *In*: Peschek G A，Loffelhardt W，Schmetterer G. The Phototrophic Prokaryotes. New York: Kluwer Academic/Plenum Publishers.

Zehr J P，Waterbury J B，Turner P J，et al. 2001. Unicellular cyanobacteria fix N_2 in the subtropical North Pacific Ocean. Nature，412：635-638.

Zumft W G. 1997. Cell biology and molecular basis of denitrification. Microbiology and Molecular Biology Reviews，61：533-616.

第十章　微生物参与磷循环

第一节　磷循环概述

一、磷循环概述

自然生态系统伴随着物质的转化与循环，磷循环是生态系统中重要的一环，通常，磷是随着水循环由陆地到海洋，但是磷元素从海洋水体环境循环到陆地生态系统则是相对困难的，因此磷循环也被称为不完全循环。磷循环是典型的沉积型循环，其主要的贮库是岩石和天然的磷酸盐沉积。通常是由于风化、侵蚀和淋洗等作用，将磷元素从岩石和天然沉积物中释放出来，以供植物吸收利用，再通过食物链传递给动物和微生物。动植物残体被微生物分解后还原为无机磷，其中一部分被植物吸收利用，构成循环，另一部分则流入江河湖泊和海洋。进入水体的磷元素可以被动植物吸收利用，动植物新陈代谢排出的代谢产物也含有磷元素，通常一部分沉积于浅层水底，一部分沉积于深层水底，以钙盐形式沉积于深海中的磷将长期沉积，暂时退出磷循环。

磷在海洋中的循环与沉积主要是靠生物作用进行的。海洋表层水中的溶解磷几乎全部被海洋植物吸收利用，海洋植物及动物死亡后以生物碎屑的形式沉入海底，在其沉降和到达深层水的过程中，大部分被微生物分解、破坏，从而使生物体中的磷元素又重新返回海水，促使深层水中磷浓度提高。含磷浓度高的深层水被上升洋流带到表层后又被生物吸收，重复循环（图 10-1）。

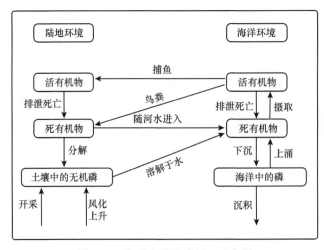

图 10-1　海洋和陆地磷循环示意图

因此，海洋中磷的生物地球化学循环是生态系统结构和功能的重要决定因素。海洋独特的地理环境孕育着多种多样的微生物，海洋微生物既是水体中的分解者，又是重要的生产者，海洋微生物分布广、数量多，在海洋生态系统中以其多样化的新陈代谢参与海洋中重要物质的转化和分解过程。自人类开发利用海洋以来，竞争性捕捞和航海活动带来的污染及海洋养殖场的无限扩大，使海洋生态系统的动态平衡遭受严重破坏。海洋微生物以其敏感的适应能力和快速的繁殖速度在发生变化的新环境中迅速形成异常环境微生物区系，积极参与氧化还原反应，调整与促进新动态平衡的形成和发展。从暂时或局部的效果来看，其活动结果可能是利与弊兼有，但从长远或全局的效果来看，微生物的活动始终是海洋生态系统发展过程中最积极的一环。

二、海洋环境中的磷元素

在自然界中，磷元素可以在水、土壤、沉积物和大气中以溶解态或沉淀态、有机或无机形式存在于地球上。其中无机磷被认为是生物利用度最高的磷形态，因而关于其丰度和变化的研究较为丰富。

在海水中，无机磷组分主要由正磷酸盐（PO_4^{3-}和HPO_4^{2-}）、焦磷酸盐（$H_2P_2O_7^{2-}$）和其他缩合无机磷化合物组成。在水生系统中有机磷组分主要是有机磷化合物，通常是指核酸、磷脂、肌醇磷酸盐、磷酰胺、磷酸化蛋白和溶解态、胶体或颗粒形式的有机缩合磷酸盐。此外，海洋环境中存在一种容易被忽视的磷化物——磷化氢。研究人员在污泥处理的生物过程中，证实了磷化氢的存在（Devai et al.，1988），后来又有研究者相继在海洋表层沉积物、陆地土壤和沼泽湿地等环境中检测出痕量磷化氢，因此证明了磷化氢是磷在陆地环境和海洋沉积环境中普遍存在的一种形态，并与磷的其他氧化形态之间存在一定的相互转化关系。虽然目前对其相互转化的机制、在磷循环中的地位和作用等了解不足，但磷化氢在磷循环过程中应是非常重要的一环，将来在磷的生物地球化学过程、揭示海洋环境磷循环机制中应当进一步探索和讨论。

在海洋沉积物中，磷元素主要来源于一些浮游生物体、水生生物的分泌排泄物、有机质的降解产物、沉积的腐殖质物质及自生碳酸钙沉积过程中结合的磷等。研究表明，沉积物中磷含量主要受以下因素影响：一是沉积速率；二是有机质的含量与类型；三是沉积物及底层水的氧化还原环境；四是沉积物的类型；五是钙、铝和铁等在沉积物及底层水中的含量；六是沉积物中有机质的矿化强度。由此可知，水体沉积物中磷的含量水平和存在形态受沉积物的物质来源、生物活性及理化条件等诸多因素影响（万国江和白占国，1996）。此外，海洋底泥在不断接纳沉积的无机颗粒物和有机物时，也不断向上层水体中释放营养物质，在沉积物-水界面上为各类物质构成了特殊的缓冲载体，从而对水体中的磷浓度产生影响（Komatsu et al.，2006；黄清辉等，2006）。

海水沉积物中磷元素的释放也受到多种因素的影响，首先是温度，温度升高，微生物、藻类、浮游生物等的生理活性增加，各种理化、生物反应速率加快，磷释放量增加。其次是酸碱度，研究表明，pH 与沉积物中磷的释放量呈抛物线关系。当 pH 接近中性时，磷的释放量最低，pH 偏酸、偏碱都有利于磷的释放（尹大强等，1994；王晓蓉等，1996；隋少峰和罗启芳，2001；Nguyen et al.，1997）。最后是氧化还原作用，若铁、锰的氧化物被还原，其溶解度则增大，被其吸附、沉淀的磷就会被释放，反之，磷被吸附或沉淀。研究发现，大部分的磷吸附于直径<16μm 的沉积颗粒上，而沉积物中磷的释放程度与沉积物的氧化还原条件、平衡点有关（Nguyen et al.，1997）。此外，研究发现，微生物是控制和影响磷释放的重要因素，并直接参与磷循环。微生物将沉积物中的有机磷分解

为无机磷，把不溶性磷化合物转化成可溶性磷。在好氧条件下微生物能够固定大量的磷，而在厌氧条件下微生物又将其释放（Pettersson，1999）。因此，海洋沉积物中磷元素的循环构成海洋生态系统物质转化和分解的重要部分。

第二节　微生物参与磷循环过程

在海洋生态系统中微生物参与磷循环的方式主要包括可溶性无机磷的同化、有机磷的矿化与再矿化、不溶性磷酸盐的溶解等，本章节将逐步阐述其相关机制及意义。

一、可溶性无机磷的同化

可溶性无机磷的同化是指溶解在水体中的无机磷通过生物作用转化为有机磷的过程。可溶性的无机磷化合物被微生物吸收后合成有机磷化合物，成为微生物生命物质结构的组分（同化作用）。浮游生物通常可直接同化海水中 PO_4^{3-} 形式的磷。磷酸盐的利用对浮游生物的生长起着极为重要的作用，尤其是在经受陆地径流的近岸海域及经历营养上升流的海域，磷酸盐的作用更为重要。

二、有机磷的矿化与再矿化

有机磷的矿化是指有机态磷化合物在微生物酶的作用下，逐步降解，最终释放出无机磷的过程。在海洋复杂的环境中存在多种多样的微生物，这些微生物自身能够合成多种多样的酶，如植酸酶和碱性磷酸酶，因此具有很强的分解核酸、卵磷脂和植酸等有机磷化合物的能力，它们能够将含磷的有机物分解，产生无机磷化合物，通过这种转化方式释放磷酸以供海洋生态系统中其他藻类及浮游生物吸收利用。

研究表明，对于以 C—O—P 键（酯）为特征的邻苯二甲酸二辛酯（DOP）化合物来说，其能够被一类称为碱性磷酸酶的酶催化水解。因此，微生物如果具有生成这一类催化酶的能力，就能够通过水解 DOP 来获取磷。研究表明，在沿海上升流环境中，无机氮（C）：磷（P）的变化可能会调节 DOP 的产生速率，为海洋中 DOP 的产生提供了新的见解（Ruttenberg and Dyhrman，2012）。研究人员在贫营养的北太平洋（磷含量很少）进行的相关工作中，使用放射性同位素方法进行实验，结果显示，异养细菌和光能自养细菌是磷酸盐的同等竞争者，但是异养细菌在清除 DOP 模型化合物方面更为有效（Björkman et al.，2012）。异养细菌可能并不总是通过水解 DOP 来获取所需的磷；相反，这些生物可能会分解 DOP 以获取碳或氮，从而使裂解的磷酸盐以溶解的无机形式（再矿化）得到保留。

因此，影响磷的再矿化过程的主要因素包括资源的可获得性、再矿化细菌的元素需求、有机磷资源的不稳定性及环境控制（如温度）等。此外，在研究过程中发现，高生物量沿海海洋中 DOP 的再矿化率高于远海，且 DOP 水解与远海中的磷酸盐浓度成反比（Suzumura et al.，2012）。研究表明，不同的微生物通过对环境中有机底物的 C：P 的响应，调节其磷成分含量，如通过增加环境中有机底物的磷含量，从而降低 C：P，进而导致某些细菌吸收大量磷，而另一些细菌导致磷再矿化（Scott et al.，2012）。从这个意义上讲，磷再矿化的速度将取决于化学计量要求和细菌种群的多样性。DOP 再矿化的情况与环境也有关系。研究表明，温度与所选单个底物的 DOP 衰减常数有关，尽管这些底物在不同的微生物群落之间的关系斜率差异很大（White et al.，2012）。这些研究表明，用一个主方程很难掌握不稳定的 DOP 再矿化的环境控制。

当然，还有其他一些化学键是磷营养元素的重要来源，特别是 C—P 键连接的磷酸酯化合物，相对于碱性磷酸酶来说，我们对于水解 C—P 键的催化酶了解甚少，但它们同样在 DOP 的再矿化过程中起着非常重要的作用。

三、不溶性磷酸盐的溶解

海洋水体环境中的磷酸及可溶性的磷酸盐与海洋沉积物或者海底岩石中的一些盐基进行结合，形成不溶性磷酸盐。这些不溶性磷酸盐很难被生物体直接利用，只有对其进行分解才能被海洋浮游生物吸收利用。在天然海水中，大部分的磷存在于水下的沉积物中，同时海洋生态系统中存在大量产酸微生物，它们通过生命活动及新陈代谢所产生的代谢产物如硝酸、硫酸和有机酸等将不溶性磷酸盐溶解；此外，这些微生物还可以通过氧化还原作用生成磷酸，如将磷铁矿中的 Fe^{3+} 转化为 Fe^{2+}，生成磷酸及其他产物。微生物正是通过这些方式使海洋生态系统中的磷循环周而复始地不断进行。

四、磷循环对微生物的影响

海洋微生物已经渐渐进化出一种适应机制，其通过这种机制应对海洋环境中日益复杂的化学环境，特别是人类生产生活所造成的海洋中磷含量的改变。最近的研究表明，磷可能像氮、铁一样，能够影响微生物的进化和生态位分布。在低磷环境中，浮游微生物能从环境中获取的磷特别少，通常磷脂和核酸是海洋中浮游微生物体内磷的主要储集区，但最近的研究表明，浮游生物已经进化出可以降低这些生化磷需求的适应机制。研究表明，常年在低磷海洋环境中占主导地位的原绿球藻属和聚球藻属，主要合成一种包含硫和糖的膜脂，而不是我们最为常见的含有磷酸盐的脂质形式（如磷脂）（Van Mooy et al.，2006）。研究发现，从磷脂质到硫脂质的这种结构转变可以降低细胞对磷的生化需求，这可能也是微型蓝细菌适应低磷环境的重要原因。基因组 DNA 的合成可能构成了微型蓝细菌总磷需求的一半，但这些浮游生物应该保留遗传信息的绝对最小数量。同样，海洋中普遍存在的异养细菌也发展出了这种适应机制，（Giovannoni et al.，2005）。研究表明，在 Sargasso Sea 环境基因组（SSEG）测序项目中（Venter et al.，2004）海洋蓝细菌、病毒和真核浮游植物的基因组中存在与磷酸盐吸收能力有关的基因。因此，从目前的研究进展中我们可以得到海洋微生物正在改变自身机制来适应多变的海洋磷环境。

第三节　沉积物中的微生物参与磷循环过程

沉积物-水界面是水环境生态系统中重要的理化界面和重要的物质输送及交换中介，是水体环境科学研究的重要课题，水体底泥与水体之间的磷交换过程十分复杂，它包括磷的生物循环、颗粒物的沉降与再悬浮、吸附与解吸、沉淀与溶解等。

一、沉积物中的磷形态

海洋沉积物中的磷有松散结合态磷、铁结合态磷、自生磷、碎屑磷和有机磷 5 种，其中以有机磷（有机磷中不易被生物利用的部分称为惰性磷，生物可用性磷不包括惰性磷）、铁结合态磷和松散结合态磷为主。例如，沉积物中松散结合态磷能够很容易地被浮游植物利用，铁结合态磷是沉积环境中随氧化还原电位的变化而变化的组分，自生磷和碎屑磷在弱碱性环境中活性较低。碱提取有机磷有溶解态富里酸结合磷、中性条件下不溶的胡敏酸结合磷、少量结合态原磷酸盐及其他形态的磷酸酯；而酸性有机磷多数以磷酸酯、磷脂、核酸、磷蛋白和磷酸糖类等为主。碱提取有机磷和有机磷化合物为沉积物中有机质的重要组成部分，水提取弱吸附态磷的含量在沉积物总磷中的比例很低。碱提取有机磷由于以腐殖质结合态形式存在，生物可利用性低，因此比较稳定，在沉降过程中变化不大；而酸性提取有机磷多为易分解的生物大分子，稳定性差，易于发生形态的转化，因此在沉淀物中含量很低。

二、微生物的释磷机制

微生物对无机磷的释放有影响，是因为解磷细菌会产生有机酸，可以溶解沉积物中的难溶性磷酸盐，并且解磷细菌释放出的 H_2S 与磷酸铁反应会生成硫酸亚铁和可溶性磷酸盐，解磷细菌通过呼吸作用放出 CO_2 及通过 NH_4^+ 的同化作用放出质子，都能使 pH 降低，引起磷酸盐的溶解（Zhou et al.，2002）。

微生物对有机磷的分解主要是依靠矿化作用，有机磷的矿化是指有机磷化合物转化为溶解无机磷的过程。很多微生物能够分泌核酸酶、磷脂酶等进而催化水解核酸、膜磷脂等含磷有机物，释放无机磷。碱性磷酸酶是一种专一性水解磷酸单酯的诱导酶，当水体中缺乏正磷酸盐时，可在藻类及细菌体内诱导产生碱性磷酸酶，以利用有机磷及无机磷的多聚磷作为磷源，使生长和繁殖得以延续（王锐萍和陈玉翠，2003）。

三、微生物在不同沉积物中的磷循环差异

沉积物中的大部分解磷细菌属于假单胞杆菌和芽孢杆菌属，它们对磷的存储和释放是氧化还原依赖性过程，沉积物中大量磷与有机物有关，沉积物细菌不仅使 PO_4^{3-} 再生，还有助于产生有机磷化合物，不仅有助于循环利用，还有助于从水生生态系统中去除生物可利用磷。

在富营养化的湖泊中，沉积细菌在一年中的磷含量与有机碎屑沉积物中一样多，底栖细菌的作用不仅是使有机磷化合物矿化，底栖微生物还将更多的由有机碎屑沉积的磷转化为难降解的有机化合物；在贫营养型湖泊中，底栖细菌生物量中掺入的磷可能超过生物可利用磷年沉积量的几倍，与富营养化湖泊相比，它们将更大比例的被吸收的磷转化为难处理的有机磷化合物，还可以调节磷在沉积物-水界面上的通量，并产生难处理的有机磷化合物，稳定了贫营养条件（Gächter and Meyer，1993）。

　　在有光的环境中，好氧环境下，微生物有助于磷的积聚；而在厌氧环境下，随着厌氧微生物对铁结合态磷的利用，磷又从沉积物中转化为溶解态被释放出来（孙晓杭等，2006）。

　　在由磷矿开发污染造成沉积物磷积蓄量高而沉积物有机质含量低的地区，微生物生物量虽然低，但是也有较强的解磷能力；农业源污染地区的沉积物中微生物生物量和碱性磷酸酶活性远高于污染浓度低的沉积物，反映出人类活动造成了水环境的恶化（苏争光等，2014）。

参 考 文 献

黄清辉，王磊，王子建. 2006. 中国湖泊水域中磷形态转化及其潜在生态效应研究动态. 湖泊科学，18（3）：199-206.

苏争光，冯慕华，宋媛媛，等. 2014. 抚仙湖不同污染来源沉积物微生物解磷能力分析. 湖泊科学，26（1）：83-91.

隋少峰，罗启芳. 2001. 武汉东湖底泥释磷特点. 环境科学，22（1）：102-105.

孙晓杭，张昱，张斌亮，等. 2006. 微生物作用对太湖沉积物磷释放影响的模拟实验研究. 环境化学，1：24-27.

万国江，白占国. 1996. 湖泊现代沉积作用核素示踪研究新进展. 地质地球化学，（2）：9-13.

王晓蓉，华兆哲，徐菱，等. 1996. 环境条件变化对太湖沉积物磷释放的影响. 环境科学，15（1）：15-19.

王锐萍，陈玉翠. 2003. 海口东湖降解磷细菌研究初报. 海南师范学院学报，14（1）：84-89.

尹大强，覃秋荣，阎航. 1994. 环境因子对五里湖沉积物磷释放的影响. 湖泊科学，6（3）：240-244.

Björkman K，Duhamel S，Karl D M. 2012. Microbial group specific uptake kinetics of inorganic phosphate and adenosine-5-triphosphate（ATP）in the north pacific subtropical gyre. Frontiers in Microbiology，3：235.

Giovannoni S J，Tripp H J，Givan S，et al. 2005. Genome streamlining in a cosmopolitan oceanic bacterium. Science，309：1242-1245.

Komatsu E，Fukushima T，Shiraishi H. 2006. Modeling of P-dynamics and algal growth in a stratified reservoir-mechanisms of P-cycle in water and interaction between overlying water and sediment. Ecological Modeling，197（3-4）：331-349.

Koski-Vähälä J，Hartikainen H. 2001. Assessment of the risk of phosphorus loading due to resuspended sediment. Journal of Environmental Quality，30（3）：960-996.

Nguyen L M，James G C，Graham B M. 1997. Phosphorus retention and release characteristics of sewage-impacted wetland sediment. Water，Air and Soil Pollution，（100）：163-179.

Devai I，Felföldy L，Wittner I，et al. 1988. Detection of phosphine：new aspects of the phosphorus cycle in the hydrosphere. Nature，333（6171）：343-345.

Pettersson K. 1999. Mechanisms for internal loading of phosphorus in lakes. Hydrobiologia，373-374：21-25.

Gächter R，Meyer J S. 1993. The role of microorganisms in mobilization and fixation of phosphorus in sediments. Hydrobiologia，253（1-3）：103-121.

Ruttenberg K C，Dyhrman S T. 2012. Dissolved organic phosphorus production during simulated phytoplankton blooms in a coastal upwelling system. Frontiers in Microbiology，3：274.

Suzumura M，Hashihama F，Yamada N，et al. 2012. Dissolved phosphorus pools and alkaline phosphatase activity in the euphotic zone of the western north pacific ocean. Frontiers in Microbiology，3：99.

Scott J T，Cotner J B，Lapara T M. 2012. Variable stoichiometry and homeostatic regulation of bacterial biomass elemental composition. Frontiers in Microbiology，3：42.

Van Mooy B A S，Rocap G，Fredricks H，et al. 2006. Sulfolipids dramatically decrease phosphorus demand by picocyanobacteria in oligotrophic marine environments. Proceedings of the National Academies of Sciences United States of America，103：8607-8612.

Venter J C，Remington K，Heidelberg J F，et al. 2004. Environmental genome shotgun sequencing of the Sargasso Sea. Science，304：66-74.

White A E，Watkins-Brandt K S，Engle M A，et al. 2012. Characterization of the rate and temperature sensitivities of bacterial remineralization of dissolved organic phosphorus compounds by natural populations. Frontiers in Microbiology，3：276.

Zhou Y Y，Li J G，Zhang M. 2002. Temporal and spatial variations in kinetics of alkaline phosphatase in sediments of sallow Chinese eutrophic lake（Lake Donghu）. Water Research，36（8）：2084-2090.

第十一章　功能微生物参与硫循环

第一节　硫循环概述

硫是一种常见的无臭无味的非金属元素。硫元素总量大约为 1.3×10^9Tg（Vairavamurthy et al.，1995）。对所有的生物来说，硫都是一种必不可少的元素，是多种氨基酸的组成部分。海洋是地球上最大的硫库，陆地土壤中的硫酸盐随着雨水的冲刷进入河流，由河流携带汇入海洋。海底覆盖着超过 1000m 厚的沉积物，拥有着一个巨大的微生物生态系统，其内的大部分微生物可以在不同氧化还原状态下利用硫化合物，是能量流动和元素循环的重要阵地。硫酸盐是海洋沉积物质的重要组成，硫酸盐还原作用是硫循环的重要驱动。硫循环与其他重要的元素（碳、氮、铁、锰）循环紧密交织在一起，对物质循环和生态系统具有深远的影响。此外，硫转化微生物已进化出多种遗传、代谢和特定的表型特征，来填补海洋沉积物中的一系列生态位。

一、海洋中的硫元素

硫有许多不同的化合价，常见的价态有 -2 价（H_2S）、0 价（S）、$+4$ 价（SO_2、SO_3^{2-}）、$+6$ 价（SO_4^{2-}），而且具有多种物态形式，包括气态、固态和液态，以及多种同素异形体，在自然界中常以硫化物和硫酸盐的形式出现，纯硫常出现在火山地区。硫元素以多种价态在无机物和有机物之间的转化与代谢过程，对于全球生物地球化学循环有着十分重要的作用。

无机硫和有机硫是硫元素存在的两大形式。有机硫是组成生命体必不可少的成分，主要是含硫氨基酸如半胱氨酸、牛磺酸、甲硫氨酸等和一些常见的含硫酶。在蛋白质中，多肽之间的二硫键是蛋白质构造中的重要组成部分。无机硫形式多样，主要为单质硫化物和硫酸盐等形态。虽然土壤中有机硫的含量大于无机硫含量，但无机硫的有效性大于有机硫。在无机硫中，S^{2-} 对细胞具有较大的毒性，绝大部分微生物不能直接吸收利用。单质硫（0 价）不溶于水，微生物亦不能直接利用。植物通过吸收硫酸盐的形式吸收元素硫用以自身生长繁殖。金属铁（Ⅲ）会被埋藏在较深的沉积物层中作为硫化物的氧化剂，它与硫化物结合生成硫化亚铁（FeS）和黄铁矿（FeS_2）。其中黄铁矿是硫铁矿形成的产物，为硫元素提供了一个较深的储集层。

在地球形成生命之前，海洋是缺氧或低氧环境，存在大量的硫化物，被称为"硫化海洋"（谢树成等，2017）。海洋沉积物中的硫元素储量巨大，是典型的富硫生境，因此元素硫很少成为海洋植物的限制因子。硫酸根（SO_4^{2-}）是海洋环境中除氯离子（Cl^-）之外最丰富的阴离子，海水中硫酸盐的平均含量高达 29mmol/L（2.71g/kg）。硫酸盐还原为硫化物（H_2S、HS^-、S^{2-}）主要有两个途径：一是由有机碳（C_{org}）的氧化作用驱动的，二是由甲烷（CH_4）在地下经过硫酸盐-甲烷过渡带（SMTZ）的厌氧氧化作用完成。

　　微生物参与硫元素不同价态间的转化过程，实现了硫元素的生物地球化学循环。硫酸盐还原菌（即反硫化细菌）在无氧的条件下可将硫酸盐作为有机质氧化时的电子受体，还原生成 H_2S，此过程称为反硫化作用（又称硫酸盐呼吸）。含硫有机物如硫醇、硫酚、硫醚、含硫氨基酸等在腐败微生物的作用下分解，如果分解不彻底会导致硫醇暂时积累，后进一步经过脱硫氢基作用生成 H_2S，完成了含硫有机物的无机矿化过程。自然界中存在大量能够分解含硫有机物产生硫化氢的微生物，如伤寒杆菌、放线菌、真菌、众多氨化微生物等。在无氧、富含有机质的沉积物中硫酸盐还原菌的呼吸代谢作用导致 H_2S 的积累，对地下铁管具有强烈的腐蚀作用；另外在某些废水中同样富含 SO_4^{2-}，在进行厌氧处理时硫酸盐还原菌大量繁殖，产生的过量 H_2S 严重制约着沼气质量，并对环境造成污染；在长期浸水的沉积物中通常没有足够的氧气，厌氧硫酸盐还原细菌滋生，通过硫酸盐呼吸产生植物毒素 H_2S，对植物的根系生长十分不利，导致烂根现象。海草床与红树林、珊瑚礁并称三大海洋生态系统，具有重要的经济和生态价值，但最近研究发现硫化物的积累可能与海草全球大面积死亡有直接联系。

　　大部分硫化物是通过与金属离子产生沉淀而滞留在沉积物中的，但有些硫化物可溶解在孔隙水中，并到达沉积物的氧化层和真光层，在这里它通过中间氧化步骤被再次氧化为硫酸盐，其中一部分通过自发的化学反应完成，另一部分通过化能自养或光能自养硫细菌的催化完成。硫细菌通过对无机硫化物如 H_2S、S、FeS 等的氧化作用生成 SO_4^{2-}，称为硫的氧化作用（sulfur oxidation）。其氧化硫化氢的过程为：

$$2H_2S+O_2 \longrightarrow 2H_2O+S_2+能量$$
$$S_2+3O_2+2H_2O \longrightarrow H_2SO_4+能量$$

　　该过程需要在氧气充足的条件下进行。硫化作用不仅可以消除环境中的 H_2S 毒害作用，还是重要的植物营养来源途径。例如，在农业上，微生物以硫化作用产生的硫酸作为植物的硫素营养来源，并且还有助于磷、钾等营养元素的溶出和利用。但硫化作用过于强烈时，在热带滨海地区可形成强酸性的"反酸田"，反而抑制了植物生长。

二、元素硫的影响因素

　　硫元素以多种形式广泛存在于地球上，同时其自然分布受多种外界因素影响，包括土壤质地、有机质、pH、盐度、植被及人类活动等。不同类型的生境有着不同的土壤质地，不同土壤质地中硫含量是不同的，其含硫量高低具体表现为黏性土＞壤土＞沙性土（邓纯章等，1994；刘崇群等，1993；肖厚军，2003）。土壤有机质是有机硫化物的主要来源，而有机硫化物占据土壤硫元素的绝大部分，因此土壤中的硫含量与土壤中有机质含量呈显著正相关关系（肖厚军，2003）。植物对土壤中的硫元素具有吸收、利用、转化的能力，而不同生长阶段及不同类型的植被对硫元素的需求都有所不同。土壤盐度是影响植物生长的重要参数之一，因此植被覆盖度及盐度高低均会影响土壤中硫含量的变化（张艳，2017；曾从盛等，2010；刘兴华，2013）。土壤酸碱度对硫分布的影响也不容忽视，研究发现 pH 随土壤深度的增加而增大，但硫的含量会随之减少，原因可能是表层土壤中动植物碎屑等有机物腐殖质分解产生了有机酸及多价态硫，它们进一步被氧化成硫酸造成表层土壤酸性较高（Johnston et al.，2014）。除此之外，多样的土地开垦和农业施肥等人类活动会通过改变土壤地貌结构或增加土壤中硫的含量，直接或间接地影响着土壤中硫的分布（张艳，2017；林舜华等，1994；姚凯等，2011）。

第二节　硫循环功能微生物

一、微生物催化的硫循环

微生物在硫循环过程中发挥不可替代的作用。自然界中的 H_2S 和单质硫会被硫氧化细菌氧化生成硫酸盐，硫酸盐进而被海洋植物从周围海水及沉积物中获取用来同化合成自身有机硫化物，经过食物链的传递，鱼、虾等海洋生物捕食微生物及植物碎屑，将其吸收转化成动物有机硫化物。当海洋动植物死亡后尸体通过微生物分解作用，含硫有机质通过有机硫矿化作用重返无机硫化物形态（主要是蛋白质降解为 H_2S 进入环境）。另外，海洋沉积物多为缺氧环境，硫酸盐会被硫酸盐还原菌还原为 H_2S。因此，微生物参与自然界中的硫循环过程，主要包括如下几步。

（一）硫的氧化（硫化作用）

硫氧化细菌可以将还原态硫化物或单质硫部分氧化，生成亚硫酸盐和硫代硫酸盐等中间产物；也可将其完全氧化成硫酸盐并产生能量，称为"异化型硫氧化作用"。硫氧化过程中会形成多种硫中间产物，如单质硫（S^0）、硫代硫酸盐（$S_2O_3^{2-}$）、连四硫酸盐（$S_4O_6^{2-}$）、亚硫酸盐（SO_3^{2-}）。这些中间产物可以还原成硫化物，或进一步氧化成硫酸盐，或歧化成硫化物和硫酸盐。在硫化物含量很高的沉积物中，部分硫化物会扩散到沉积物表面，在那里它可能被电缆细菌、大型硫细菌或其他硫化物氧化剂氧化。

（二）硫的同化

植物根系能主动吸收可溶性硫酸盐，并在一系列酶和硫转运蛋白参与下，将硫元素从无机态转化为有机硫化物，这个过程称为硫的同化。研究表明，在高浓度重金属环境中，硫的同化作用可能会增加植物应对金属胁迫的抗逆性，植物会通过调节自身代谢活动，增强对硫酸盐的吸收和还原作用，合成谷胱甘肽和半胱氨酸等代谢物，产生足够的植物螯合肽（phytochelatins，PCs）来满足植物生存需求。

（三）硫的还原

硫的还原（又称硫酸盐呼吸或反硫化作用）是硫酸盐还原菌（或反硫化细菌）在厌氧或低氧条件下获取能量的方式，主要通过底物脱氢后，经过呼吸链传递到末端电子受体硫酸盐，在递氢过程中与氧化磷酸化作用相偶联获得 ATP。由于海水中硫酸盐浓度较高，硫酸盐一般会渗透到海底几米深处，为硫酸盐还原微生物的呼吸提供了电子受体。在长期浸水的土壤中，硫酸盐还原菌的生命活动会产生大量植物毒素 H_2S，毒害植物根系。

（四）有机硫的矿化

有机态含硫化合物在微生物的作用下转化为无机态硫化合物，主要是通过对含硫氨基酸（如半胱氨酸、甲硫氨酸）的降解生成元素硫及硫化物。有机硫的矿化作用对硫元素的生物循环十分重要，可以使有机态硫化合物重新进入自然环境中被动植物吸收利用。矿化作用主要受土壤理化性质影响，还与被矿化的有机化合物中有关元素含量比例有关。

二、硫循环微生物及其生理生化特性

（一）硫酸盐还原微生物

硫酸盐还原菌（SRB）通常是指在无氧或低氧条件下，能够通过异化作用把硫酸盐、亚硫酸盐、硫代硫酸盐等硫氧化物及单质硫还原为 H_2S 的一类微生物，广泛存在于陆地土壤、河口湿地、海洋沉积物等富含硫酸盐、有机质的厌氧环境中，它们甚至可以存在于反刍动物第一胃中。近年来，随着海水养殖业的兴盛，养殖区域大量饵料的投放及其他营养物质的富集，导致海水表层好氧微生物大量繁殖，在降解营养物质的同时消耗了大量氧气，导致海洋沉积物特别是靠近渔业养殖区域的沉积物形成缺氧生境（Purdy et al.，2003），促进了硫酸盐还原菌的大量繁殖。硫酸盐通过硫酸盐转运体从环境中吸收，并经硫酸盐腺苷转移酶（Sat）催化形成 APS。并通过腺苷-磷酸硫酸还原酶还原为亚硫酸盐。亚硫酸盐可在亚硫酸盐还原酶（SiR）的催化作用下还原生成 H_2S，产生的 H_2S 通过细胞膜被动扩散。虽然这是微生物硫酸盐还原的主要方向，但每一步都有一定的可逆性，由中间底物和产物浓度决定，共同产生正向热力学驱动。SRB 在缺氧条件下通过硫酸盐呼吸作用将硫酸盐作为电子受体产生硫化物（Garcia et al.，2011），但残留的高浓度硫化物对底栖生物及水生植物有显著的毒害作用（Vaquer-Sunyer and Duarte，2010），并且会产生具有臭味的污染水体。

目前已知的 SRB 从生理学上分为两大亚类：第一类，如脱硫肠状菌属、脱硫弧菌属、脱硫叶菌属、脱硫单胞菌属，可以利用乳酸、丙酮酸、乙醇或者某些脂肪酸为碳源，并将硫酸盐还原为 H_2S；第二类，如脱硫球菌属、脱硫八叠球菌属和脱硫线菌属等，可以氧化脂肪酸，并将硫酸盐还原为硫。根据所利用底物的不同，SRB 又可以分为 4 类：①可以氧化氢的氢营养型（HSRB）；②可以氧化乙酸的乙酸营养型（ASRB）；③可以氧化较高级脂肪酸的高级脂肪酸营养型（FASRB）；④可以氧化芳香族化合物的芳香族化合物营养型（PSRB）。根据有无孢子形成，而把 SRB 分为脱硫弧菌属和脱硫肠状菌属两大类，环境中主要以脱硫弧菌属存在。在实验室条件下脱硫弧菌属 SRB 繁殖速度比一般细菌缓慢得多且为革兰氏阴性，形状似稍微弯曲的圆筒，有一根极毛，具有细胞色素 b，不形成孢子，细胞大小（0.5～1.0）×2μm。根据 DNA 碱基中 GC 所占比例将 SRB 分为三大类：45%（G+C）、52%（G+C）、61%（G+C）。另外根据进化距离将 SRB 分为细菌和古细菌界两大类。细菌界主要由 δ-变形菌门（Deltaproteobacteria）中的紫色光合细菌、热脱硫杆菌门（Thermodesulfobacteria）、厚壁菌门（Firmicutes）和硝化螺旋菌门（Nitrospirae）构成。其中，δ-变形菌门中的紫色光合细菌占主导地位，有 34 属已被发现。

SRB 最早被认为是一类严格的厌氧菌群，在氧气存在的条件下不能存活。但随着科学研究发展，人们发现 SRB 在暴露于氧气的条件下仍然可以生存，并且耐氧特性取决于 SRB 的种类（Cypionka et al., 1985）。现代科学认为 SRB 是一种非严格的厌氧微生物，含有不受氧气毒害的酶系，有些菌株能够耐受一定浓度的溶解氧。有的 SRB 甚至具有氧呼吸能力，如 *Desulfococcus*、*Desulfobacterium*、*Desulfobulbus*、*Desulfovibrio*。某些 SRB 的氧还原速率甚至可以与好氧细菌的氧还原速率相匹敌，如 *Desulfovibrio termitidis*。Mogensen 等（2005）从污泥中发现的脱硫弧菌 DvO5（T）菌株能够持续在 120h 通气的条件下仍占据微生物群落的主导地位，并通过合成葡萄糖来还原硫酸盐解除氧气的毒害。虽然某些 SRB 能在氧气下生长繁殖，但 O_2 过高时会对 SRB 的细胞产生一定毒害，这可能与细胞内某些蛋白质（如脱氢酶、氢化酶）对 O_2 的敏感程度有关。*Desulfovibrio* 氧还原速率达到 670nmol O_2/(min·mg pr)，但随着 O_2 浓度的增加会降低氧还原速率。Marschall 等（1993）也报道了几种硫酸盐还原菌在充气培养下，随着 O_2 浓度的增加，硫化物的生成速率下降，当 O_2 浓度上升为 15μmol/L 时硫化物不再产生，O_2 浓度继续上升时细胞活性也在下降。Sigalevich 等（2000）发现在有 O_2 的纯培养条件下 *Desulfovibrio oxyclinae* 的细胞会聚集形成细胞簇，并且连续充 O_2 比间歇性通气条件更容易发生这种聚集行为，这种聚集行为可能是抵抗 O_2 毒害的策略之一。

早在 1924 年，Bengough 和 May 就推测 SRB 的代谢活动会促进金属材料的腐蚀进程，现在我们把这种现象称为微生物腐蚀（MIC）。SRB 含有的氢化酶产生硫化氢，会引起硫化物应力破裂现象，加速金属腐蚀。此外，SRB 在还原 SO_4^{2-} 时，产生的 S^{2-} 可与 Fe 反应生成 FeS 附着在铁表面形成阴极，与阳极 Fe 形成了局部电池，也会加重金属的腐蚀。在氧气环境中，某些 SRB 会直接将铁氧化成铁的氧化物和氢氧化物，而其他的一些细菌会氧化硫从而产生硫酸，导致生源硫化物腐蚀。另外在腐蚀产物中，通常还会形成浓差电池，加速电化学腐蚀，如铁细菌或一些产黏液菌在金属表面附着生长形成菌落或黏液层，构成氧的浓差电池，在污垢面积扩大的同时也营造了适宜 SRB 生活的厌氧条件，SRB 的加入促进了金属的进一步腐蚀。氧浓差电池的理论实质是当金属表面存在液体或腐蚀产物时，导致氧气不能在液体均匀扩散造成金属某些区域周围的电解质具有较高的氧含量，电解质中氧含量高的金属区域（阴极）受到保护，氧含量低的部分（阳极）受到腐蚀。

（二）硫氧化菌

硫氧化菌（SOB）通常指一大类能够将自然界中的还原性硫化物氧化为硫磺或硫酸的微生物，是自然界中硫循环中不可缺少的一环，可分为有色硫细菌和无色硫细菌两大类。有色硫细菌主要指含有光合色素（如叶绿素和胡萝卜素）的细菌，菌体颜色丰富如红、绿、橙、紫等色，它们从光中获得能量，依靠体内特殊的光合色素进行光合作用同化 CO_2。有色硫细菌，包括光能自养型（如紫硫细菌、绿硫细菌等）和光能异养型（如红杆菌科、球形红杆菌、沼泽红杆菌等）。而无色硫细菌不能产生色素，大部分是严格好氧菌，存在于富含硫化物且氧气充足的水域里，包括化能自养菌和化能异养菌。

SOB 可以氧化多种底物，包括单质硫、硫化物、硫代硫酸盐、亚硫酸盐和各种连多硫酸盐，最终氧化产物都为硫酸盐，但不同的微生物有着不同的氧化途径。目前许多途径仍然未知，其中研究相对较多的是化能营养型硫杆菌属（*Thiobacillus*）的氧化途径，主要步骤包括：①硫化物失去 2 个电子，生成细胞膜含硫聚合物；②以单质硫形式排除细胞外，也可以被氧化成 $S_2O_3^{2-}$，进而被氧化成 SO_4^{2-}。而光能营养型紫硫细菌和绿硫细菌在光照条件下能直接氧化 H_2S 成单质硫（幸颖等，2007）。

SRB 可以还原沉积物中的硫酸盐为硫化物，除与重金属结合形成沉淀的硫化物外（约 10%），大部分硫化物会经过 SOB 氧化为硫酸盐被植物吸收利用。但如果 SRB 产生的还原性硫化物大量累积，那么将会毒害植物抑制其生长发育。SOB 的硫氧化过程与 SRB 的硫还原过程互为补充，相辅相成，此消彼长的动态过程为海岸带植物提供了可利用的硫元素，促进植物生长繁殖，并通过改变群落组成、结构和活性，降低 H_2S 等对植物的毒害作用。另外，植物根系会分泌溶解性有机物、溶解氧等改变土壤的理化性质，影响 SOB 和 SRB 的群落组成与生物活性。因此 SOB 和 SRB 两大类硫循环菌群保持良好的种群动态平衡，对于海岸带生态系统具有重要的作用。

（三）参与硫循环的古菌群

古菌，又称为古生菌、古细菌、太古生物或古核生物，是单细胞原核微生物，构成生物分类的一个域或界。古菌与细菌和真核生物均有相似之处。总的来说，古菌细胞壁中不含有胞壁酸，没有细胞核及内膜系统，存在重复序列与核小体，严格厌氧是古菌的主要呼吸类型。最初，古菌被认为是一些生活在热泉、盐湖等极端环境中的嗜极生物，但近来发现它们的栖息地其实十分广泛，从陆地土壤到河流湿地再到深海大洋，甚至在人类的大肠、口腔与皮肤上均发现了古菌的存在，尤其在海洋中的古菌数量特别多。一些浮游生物中的古菌可能是地球上数量最大的生物群体。现在古菌被认为是地球生命的一个重要组成部分，在元素循环中扮演重要的角色。嗜极生物古菌中的酶能承受高温和有机溶剂，已被生物技术利用。

由于大多数古菌生活在极端环境中，因此参与硫循环的古菌多具有耐高温、耐极酸等特点。极端嗜热硫化古菌群是指那些通常生存在高温环境下，其生长温度在 65℃以上，绝大多数为专性厌氧菌，最适生长 pH 3.5 以下，其中许多能将硫氧化以取得能量。嗜热的硫化古菌类群包括化能自养、化能异养和兼性自养三种营养类型，它们可以利用元素硫，并且元素硫既可以作为电子受体被还原，又可以作为电子供体被氧化。嗜热硫化古菌在有氧条件下，可以氧化 H_2S 或单质硫为硫酸盐，在无氧条件下可将硫还原为 H_2S。

第三节　海洋沉积物中硫循环的微生物生态

海洋沉积物是生物和非生物相互作用的动态环境。硫酸盐在海水中浓度较高（28mmol/L），是海洋沉积物中普遍存在的电子受体。硫酸盐呼吸作用是海洋沉积物中最重要的微生物氧化还原过程之一（图 11-1），海洋沉积物中高达 29%有机质的再矿化作用是被硫酸盐还原微生物（SRM）利用的（Bowles et al.，2014）。全球估计表明，每年海洋沉积物中有 11.3×10^{12}mol 的硫酸盐被还原为硫化氢（Bowles et al.，2014）。反过来，H_2S 和其他还原性硫化合物又为硫氧化微生物（SOM）提供电子。

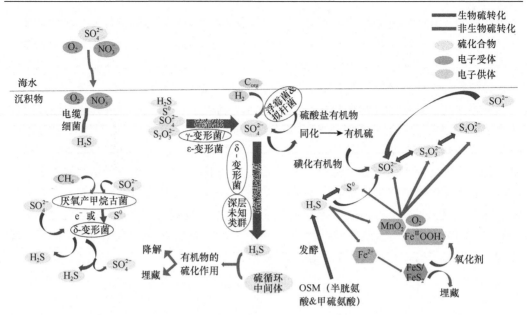

图 11-1　海洋沉积物中的硫循环（修改自 Wasmund et al.，2017）（彩图请扫封底二维码）

一、海洋中的硫酸盐还原微生物

尽管硫酸盐还原微生物（SRM）具有多种来源，且具有多种生理适应性，但它们都具有核心酶 ATP 硫酰化酶（Sat）、腺苷酸-硫酸还原酶（Apr）和异化亚硫酸还原酶（Dsr）。估计表明，SRM 在地表富含硫酸盐的区域中占到很大一部分的微生物生物量（5%～25%），并且在硫酸盐-甲烷过渡带（SMTZ）中所占的相对丰度可能更高（达 30%～35%）（Leloup et al.，2007，2009）。底物的可利用性及温度变化是决定 SRM 群落结构的关键因素（Robador et al.，2016）。

SRM 大都属于 δ-变形菌纲，其中脱硫杆菌科（Desulfobacteraceae）的成员通常在丰度和活性方面是最重要的分类学类别之一（Robador et al.，2016）。对海洋脱硫杆菌科蛋白质组学的分析表明，它们的灵活性和适应性是由多种生理机制共同完成的（Dorries et al.，2016a，2016b），包括利用多种氧气防御机制及各种信号转导途径来感应不同的环境条件，如底物的可用性。最近的研究表明，脱硫杆菌科未培养的 Sva0081 分支在世界各地的沿海表层沉积物中尤其丰富。它们似乎特别擅长处理浅层沉积物中氧渗透所造成的氧化应激反应，并且从它们非常大的基因组（高达 9Mb）中推断出它们在代谢上可能非常灵活。然而，脱硫杆菌科只是海洋沉积物中 SRM 分类单元多样性的冰山一角。

令人惊讶的是，SRM 特殊的多样性只有在 SRM 功能标记基因即 aprBA 和 dsrAB 的分子生态学调查中才发现存在（Müller et al.，2015）。海洋中含有 dsrAB 的微生物隶属于几个未培养的 dsrAB 谱系家族甚至更高的分类单元，其中一些如 dsrAB 谱系 2、3 和 4 几乎只在海洋生态系统中发现（Müller et al.，2015）。单细胞基因组学和宏基因组学在海洋沉积物中的最新应用才刚开始揭示这含 dsrAB 的微生物系统发育特性。例如，在海藻成员中发现了与海洋特定 dsrAB 谱系 2、3 和 4 相关的 dsrAB 序列，这些序列在深层沉积物中相对丰富，因此可能暗示了它们在地下深层硫循环中的作用

（Wasmund et al.，2016）。此外，最近在芽单胞菌门（Gemmatimonadetes）成员的基因组 *bin*（SG8-17）中发现了一个完整的硫酸盐还原核心基因集，包括来自未培养谱系的 *dsr*AB。

硫酸盐耗竭、养分有效性降低、压力和温度升高一般是制约 SRM 群落在深层沉积物中聚集的环境因素（Glombitza et al.，2015；Roussel et al.，2015）。硫酸盐还原过程中，伴随着沉积物中 Fe（Ⅲ）和其他潜在氧化剂驱动的硫化物氧化，从而部分再生成硫酸盐，这在硫酸盐枯竭的硫酸盐-甲烷过渡带尤为明显，此种再氧化的现象称为"隐伏硫循环"。隐伏硫循环的"热区"可能为硫酸盐还原提供了机会，但 SRM 也可能由于深层底物可用性降低而日益依赖于发酵等其他替代性的代谢能力（Glombitza et al.，2015）。代谢的多功能性（Plugge et al.，2011）和由孢子形成的细胞抗性机制（Aüllo et al.，2013），将使一些 SRM 能够在沉积物埋藏期间得以存活或旺盛生长（Hubert et al.，2009）。尽管如此，富含硫酸盐区和硫酸盐贫瘠区 SRM 群落存在显著差异（Leloup et al.，2009），但是哪些 SRM 是活跃的（Orsi et al.，2016）及它们如何在深层沉积物中生存仍然是关键的研究问题。

二、甲烷的厌氧氧化与硫酸盐还原反应

甲烷（CH_4）是天然气的主要成分，在以硫酸盐为主要电子受体的缺氧沉积物中会被氧化，因此沉积物中有机物分解产生的甲烷大多不会进入水柱。目前普遍认为硫酸盐耦合的甲烷氧化是由厌氧甲烷氧化古菌（ANME archaea）和还原硫酸盐的 δ-变形菌催化的。相关学者认为，这些厌氧菌群进化出了多种硫酸盐依赖性甲烷氧化机制。一种机制是厌氧甲烷氧化古菌本身会将硫酸盐还原为单质硫（Milucka et al.，2012），再通过歧化单质硫从中获取能量。在这种机制中，δ-变形菌并非必要条件。另一种可能是古细菌将甲烷氧化为 CO_2，而 δ-变形菌将硫酸盐还原为硫化物（McGlynn et al.，2015；Wegener et al.，2015；Krukenberg et al.，2016）。

三、异化还原中间体

硫酸盐的异化还原作用驱动了海洋沉积物中大量还原性硫化物的形成，而这些硫化物中的大多数（80%～90%）最终会被重新氧化，而只有 10%～20% 通过与金属（如铁）或有机物形成络合物等最终被掩埋。在海洋沉积物中，硫循环中间体（SCI）通常只能在低微摩尔浓度范围内测量，并且不会积聚到高浓度水平，因为它们会被迅速利用或在形成时发生反应（Zopfi et al.，2004）。沉积物具有特别高的硫酸盐还原速率，因此能产生高水平的硫化物，并且高浓度有机物负荷似乎表现出 SCI 的积累（Zopfi et al.，2004）。向沉积物中添加硫代硫酸盐会导致硫酸盐还原速率急剧下降，这表明它们将电子流从 SRM 转移到其他生物，或者 SRM 可能会转向使用 SCI 或将其组合使用。SCI 的快速周转可能不足为奇，因为与硫酸盐相比，某些 SCI 具有更高的氧化还原电势和更有利的获得能量的途径，如连四硫酸盐具有非常高的氧化还原电位 [（198±4）mV]。

四、海洋中的硫氧化微生物

通常硫氧化微生物（SOM）仅存在于上层沉积物中，在这里它们可以获得足够高的氧化还原电位及充足的电子受体（如氧或硝酸盐）。还原性硫化合物的生物氧化与化学反应之间存在竞争关系，特别是铁驱动的硫化物氧化为 FeS 或 FeS_2（Nelson et al.，2004）。微生物群落中硫化物的半衰期受细胞密度制约，通常低于含氧（或富含铁）海水中的半衰期（Poulton et al.，2004；Canfield et al.，2005）。在大多数环境中，生物氧化量可能远超过硫化物的化学氧化（Luther et al.，2011）。但目前关于微生物对海洋沉积物中硫氧化的总贡献仍然未知。

γ-变形菌中 Beggiatoaceae 是形态较大的硫细菌（LSB），几十年来一直是底栖生物硫氧化的模式生物，该科包括几个形态上截然不同的属，它们采用不同的生态策略，反映了对海洋表面沉积物物理化学特征的广泛适应性（Teske and Salman，2014）。LSB 是典型的"梯度生物"，指示了水生沉积物中的缺氧和硫化物条件。为了填补氧和硫化物之间的空间缺口，它们在内部储存了大量的硝酸盐和单质硫（作为电子受体），其中单质硫是硫化物和硫代硫酸盐氧化的中间产物。在缺氧沉积物中，海洋反硝化细菌将硝酸盐还原为氨并生成亚硝酸盐，可通过相关的厌氧菌将氨气厌氧氧化为 N_2，从而导致大量的氮损失（Prokopenko et al.，2013）。相反，与 LSB 相关的硝化细菌可以将氨氧化为硝酸盐，从而在 LSB 群落内循环利用生物氮（Winkel et al.，2014）。有趣的是，海洋 LSB 的某些成员（如 'Candidatus Thiomargarita nelsonii'）可能同时使用卡尔文循环和反向三羧酸循环进行碳固定。因此，它们是目前已知的唯一具有两种碳固定途径的自养细菌（Winkel et al.，2016）。

SOM 的另一个进化策略是与能动性强的真核生物宿主合作，克服海洋表面沉积物中对氧化剂和还原剂的有限获取。在这种化学合成的互惠共生中，硫代自养菌为宿主提供营养，而宿主又为共生的 SOM 提供更多的资源和庇护。这种生活方式已经独立发展，并在 α-变形菌和 γ-变形菌中的硫代自养生物及寄居于沉积物的纤毛虫、寡毛虫、线虫和扁虫之间发生了多次变化。海草草甸下一些 SOM 寄居在蛤中，并可能对硫化物的氧化起重要作用（van der Heide et al.，2012）。这些共生的 SOM 还能够固定 N_2，不仅可以为宿主提供碳，还可以提供生物可利用的氮（Petersen et al.，2016）。

五、无机硫化合物的歧化

硫循环中间体（SCI）的歧化即"无机发酵"，需要利用 SCI 作为电子供体和受体，是由各种厌氧菌共同完成的。SCI 歧化的生物地球化学重要性已经通过不同硫原子的放射性同位素示踪研究得到了证实，并证明了一个重要的比例，即 62%～66% 和 35%～39% 的硫代硫酸盐（通常为关键 SCI）在氧化或还原的沉积层中不均匀分布。虽然关于海洋沉积物中其他 SCI 歧化的生物地球化学影响的数据仍然有限，但已经证明了单质硫的歧化可能是连接 δ-变形菌和厌氧甲烷菌生理机制的关键环节。尽管仍有争议，但最近的研究提出，在古代海洋沉积物（34 亿年历史）中硫同位素特征是硫歧化代谢存在的证据，并可能先于硫酸盐还原代谢（Philippot et al.，2007；Wacey et al.，2011）。

六、有机硫分子转化

有机硫分子（OSM）包含常见的细胞成分，既包含可以构成相对较小的有机物的组成部分如半胱氨酸、甲硫氨酸、辅酶和辅因子，又包含构成有机物比例更高的组分即硫酸盐酯或磺酸盐。OSM 共同组成了海洋沉积物环境中重要的还原硫库，占还原硫的35%～80%。磺化有机物可能占海洋沉积物中有机硫的 20%～40%。带有同位素标记的硫"示踪剂"在土壤中的研究表明，硫不断地流入和流出有机分子池，被认为是由微生物介导的。通过脱硫作用将部分硫从有机物中分离出来，可以释放出氧化的硫化合物，如亚硫酸盐或硫酸盐，它们可以被厌氧微生物吸收、转化和排泄，或者用作电子受体。重要的是，脱硫可以使有机分子进一步分解代谢或降解，从而使它们可以用作营养物质和能源。自然界中存在大量的硫酸化有机分子，主要包括硫酸化衍生物，如（多）糖、脂类、氨基聚糖、多芳基化合物、类黄酮和类固醇（Barbeyron et al.，2016）。已知多种微生物利用不同的蛋白酶对多种有机物进行脱硫，例如，*Rhodopirellula*（Planctomycetes）的成员是脱硫及多糖降解体，其基因组中有大量（多达 110 个）硫酸酯酶基因，这似乎反映了一个高度多样化的底物范围（Wegner et al.，2013）。海洋生态系统中许多脱硫微生物来自需氧生物，而在缺氧海洋沉积物中微生物的脱硫能力却十分有限。

第四节　二甲基硫丙酸和二甲基硫

自 20 世纪 70 年代以来，海洋生物产生的挥发性有机硫化合物二甲基硫（dimethyl sulfide，DMS）及二甲基硫丙酸（dimethylsulfoniopropionate，DMSP）受到诸多学者的广泛关注。DMSP 的重要性不仅在于其可作为海洋微生物还原性硫和碳的来源，还在于DMSP 是气候活性气体 DMS 的前体。生物来源的 DMS 是海洋主要的挥发性硫化物，也是大气硫化物的主要来源。海洋 DMS 排放可能与气候的生物调节有关。

一、二甲基硫丙酸

DMSP 在透光层中几乎无处不在，是由多种盐生（halophytic）植物产生的一种有机硫化合物。DMSP 在海洋浮游植物中分布广泛，尤其在许多海洋藻类中多以很高的细胞浓度（100～400mmol/L）出现。在全球范围内，DMSP 的主要生产者是甲藻纲、颗石藻纲等浮游植物。金藻科和硅藻科（硅藻）的一些成员也能产生大量的 DMSP。在一些鞭毛藻中，DMSP 细胞内浓度可能在 0～1.2mol/L 变化。在这些藻类中，DMSP 可以构成50%～100%的细胞有机硫。DMSP 的整体生理功能尚不清楚，但很多学者普遍认为它与细胞的渗透保护有关，一些有限的证据表明其功能是作为甲基（methyl）供体和phospholipid phosphatidylsulphocholine 的前体。另外，DMSP 被提议可作为极地藻类的低温保护剂，并可以通过 DMSP 裂解酶的裂解作用产生丙烯酸酯阻碍原生动物的捕食。在许多藻类物种中，它的细胞浓度随光的增强而增加，这一效应很难用现有的功能解释。此外，实验还发现 DMSP 能与羟基自由基（·OH）迅速反应，因此可以作为这种有害自由基的高效清除剂。

（一）DMSP 的生物合成

　　将硫酸盐吸收和还原为硫化物是一个需要能量的过程。首先，硫酸盐被细胞质吸收并进入叶绿体中，随后被 ATP 硫酰化酶激活，形成腺苷 5′-磷酰硫酸酐（adenosine 5′-phosphosulphate，APS）。APS 可被激活形成硫脂类和硫酸酯多糖的前体 3′-磷酸腺苷-5′-磷酸硫酸盐（adenosine 3′-phosphate 5′-phosphosulphate，PAPS）。硫酸盐在植物代谢物中的非还原性结合发生在细胞质中。硫酸酯多糖（sulphate esters of polysaccharide）通常由硅藻产生，并形成胞外聚合物（extracellular polymeric substance，EPS）的主要成分。随后还原途径的确切过程仍在争论中，但现在公认谷胱甘肽（glutathione，GSH）在其中起着关键作用。APS 中活化的硫酸盐通过 APS 硫转移酶转移到 GSH 中，生成 S-硫谷胱甘肽（S-sulphoglutathione）。该途径中最有可能在 GSH 还原后向游离亚硫酸盐方向发展，但不能排除载体结合途径。谷胱甘肽可能在这些反应中作为还原剂和载体。目前认为，APS 途径在高等植物和藻类中占主导地位，而在细菌、酵母和某些蓝藻中主要通过 PAPS 途径。随后，载体结合态或游离态的亚硫酸盐被还原为载体结合态或游离态的硫化物，两种反应都需要 6 个电子，通常由还原的铁氧还原蛋白提供。然而，在许多生物体中还原吡啶核苷酸（pyridine nucleotide）也可用于与游离的亚硫酸盐发生反应。游离硫化物与 O-乙酰丝氨酸（硫醇，O-acetylserine）结合形成半胱氨酸（cysteine）和乙酸盐。虽然硫酸盐在叶绿体中被还原为硫化物，但在细胞质和线粒体中也发现了产生半胱氨酸的酶。半胱氨酸（cysteine）除是谷胱甘肽的前体外，还参与两个重要的代谢途径：蛋白质的合成和甲硫氨酸的从头合成，对于后一个过程，半胱氨酸的巯基转移到 O-磷酸高丝氨酸（O-phosphohomoserine）形成同型半胱氨酸（homocysteine），随后甲基化为甲硫氨酸（methionine）。部分甲硫氨酸与蛋白质结合，但甲硫氨酸代谢的主要途径是利用其甲基基团通过 S-腺苷甲硫氨酸（S-adenosylmethionine，SAM，AdoMet）进行转甲基反应。在这一过程中，甲硫氨酸本质上是一种催化剂，伴随着一个回收系统，甲硫氨酸在其中再生。除与蛋白质结合外，大部分甲硫氨酸可被 DMSP 的产生消耗，但并非在所有植物中都如此。研究表明，从甲硫氨酸到 DMSP 的生物化学途径已经通过不同的中间产物独立进化了至少三次（Stefels，2000）。

　　第一种途径借助于 Wollastonia biflora（菊科），它是一种分布在印度及太平洋等地区的海滨植物。在 W. biflora 中，首先通过依赖于 AdoMet 的 S-甲基化产生 S-甲基甲硫氨酸（S-methylmethionine，SMM）。之后，通过转氨作用和脱羧反应，得到产物 DMSP-aldehyde，但还没有找到中间产物。大多不含 DMSP 的高等植物也具有介导甲硫氨酸甲基化和 DMSP-aldehyde 氧化的酶，但只有 SMM 向 DMSP-aldehyde 的转化才是 DMSP 合成的特异性反应。在 W. biflora 中，甲基化反应发生在胞质溶胶（cytosol）中。然后，SMM 被运送到叶绿体，在叶绿体中发生 DMSP-aldehyde 和 DMSP 的转换，其氧化反应是由以 NAD 为辅助因子的脱氢酶催化的。

　　第二种途径已经在互花米草（Spartina alterniflora）中发现。在这种植物中，DMSP-胺（DMSP-amine）被鉴定为 SMM 和 DMSP-aldehyde 之间的中间体，催化 DMSP-胺生成和转化的酶仍有待鉴定，极可能为脱羧酶和氧化酶。由于在互花米草中 DMSP-胺的特异性，学者推测，从 SMM 到 DMSP-aldehyde 的 DMSP 特异性途径在菊科和禾本科植物中已独立进化。

　　第三个完全不同的途径在 Enteromorpha intestinalis 中被发现。第一步是甲硫氨酸转胺生成 4-甲硫基-2-氧丁酸酯（4-methylthio-2-oxobutyrate，MTOB），再还原为 4-甲基硫-2-羟基丁酸盐（4-methylthio-2-hydroxybutyrate，MTHB），之后通过依赖性 AdoMet 的甲基化，生成新的 4-二甲基磺基-2-羟基丁酸盐（4-dimethylsulphonio- 2-hydroxybutyrate，DMSHB）化合物，再氧化脱羧生成 DMSP。MTHB 到 DMSHB 的转化似乎是 DMSP 合成的特异性过程。

（二）DMSP 的分解代谢

海洋细菌被确定为 DMSP 分解代谢的主要介质，并且还能通过替代途径消耗 DMSP 而不产生 DMS。取而代之的是，细菌产生了更高活性的挥发性甲硫醇（methanethiol，MeSH），对大气中的硫通量几乎没有贡献。这种现象使学者关注于海洋细菌在 DMS 和 MeSH 生产间的转移，称"细菌转换"。Howard 等（2006）发现了使 DMSP 脱甲基从而产生 MeSH 的基因，该基因的表达和活性有助于控制细菌的转换。

海水中的 DMSP 经过非酶水解作用，释放出 DMS 和丙烯酸酯。在没有生物过程的情况下，DMSP 在海水中的半衰期约为 8 年，其水解速度极低，不足以解释在自然水域中观察到的 DMSP 的周转率，这一认识及可产生 DMS 的细菌的鉴定，表明细菌是 DMSP 降解的主要介质。细菌 DMSP 裂解酶于 1995 年首次从海洋分离菌种 *Alcaligenes faecalis* M3A 中纯化并鉴定得到（Reisch et al.，2011）。关于 *Emiliania huxleyi* 的研究表明，仅当细胞受损时才会产生大量的 DMS。这表明，DMSP 裂解酶与细胞的细胞质在物理上是分离的，细胞内的 DMSP 被储存在细胞质中，并可能充当信号分子。海洋浮游植物是 DMSP 的主要合成器，而海洋细菌是主要的降解者。但是鞭毛藻可能对浮游植物水华中 DMS 的释放起重要作用，一些海洋浮游生物也具有降解 DMSP 的能力。

DMSP 中的硫有三种不同的"命运"：①产生挥发性物质并向大气中演化；②海洋微生物的同化作用；③氧化，然后释放或重新同化。大约 15% 的 DMSP 被细菌细胞吸收，但即使经过 24h 的孵育也没有进一步代谢，表明 DMSP 在细胞内蓄积。大多数 DMSP 被掺入蛋白质或转化为溶解的非挥发性产物（dissolved non-volatile product，DNVS）。DNVS 可能是由二甲基亚砜（dimethyl sulfoxide，DMSO）和硫酸盐氧化形成的。在沿海水域和开放海域中，通过脱甲基途径转运的 DMSP 或 DNVS 的数量也有较大差异。在沿海样品中，60% 的 DMSP 被吸收；在海洋样本中，只有 16% 被同化，其余为 DNVS。产生这种差异的原因被认为与不同海洋环境中样本细胞对硫的需求有关。海洋样本中的细胞可能有更高的生长速度，因此硫需求量增加，导致更多的硫元素被吸收，而较少被氧化。在沿海和海洋样品中，总 DMSP 中只有小部分（平均为 10%）通过 DMSP 裂解途径。

二、二甲基硫

二甲基硫（DMS）主要是海洋浮游微生物群落的产物。DMS 的前体 DMSP 主要由微藻合成，通过活性渗出、衰老过程中的细胞破裂、病毒裂解和微型浮游动物捕食转化为溶解的 DMS 或 DMSP。一旦进入溶解阶段，细菌就在海洋 DMSP 降解方面起主要作用。放射性标记示踪剂研究表明，远洋细菌通常要么裂解 DMSP 生成 DMS，要么将 DMSP 脱甲基/去甲基化为硫基丙酸甲酯和甲硫醇。这些分解代谢途径的相对量决定了 DMS 产量，这可能与细菌对硫的需求有关。由于 DMS 的光化学特性和生物消耗，DMS 生产中只有 2%～10%排放到大气中。人们对 DMS 生物转化了解甚少，但在远洋环境中最可能的产物为二甲基亚砜（DMSO）和硫酸盐，可能是因为 DMS 的代谢是通过硫代硫酸盐或连四硫酸盐进行的，硫代硫酸盐或连四硫酸盐被迅速消耗以产生硫酸盐。

微量气体 DMS 是海洋和大气之间交换的混合气体的关键成分。海洋 DMS 排放总量为 17～34Tg S/年，占海洋生物硫源排放总量的 80%～90%，占全球生物硫源排放总量的50%。DMS 被描述为"海洋的气味"，更准确地说，DMS 及其他成分是海洋气味的重要组成，其他成分包括 DMS 的化学衍生物（如氧化物）及藻类信息素（如 dictyopterene）。海洋排放的 DMS 是大气中硫的主要天然来源，在大气中它被氧化成硫酸盐、二氧化硫、甲磺酸和其他作为大气含硫气溶胶的前体，具有重要作用。这些气溶胶通过太阳辐射的直接反向散射和云的形成，影响着地球的气候系统。尽管 DMS 的总通量小于人为 SO_2排放量的一半，但 DMS 氧化产物在大气中的停留时间更长，加上 DMS 释放在全球的分布，使得 DMS 对大气硫负荷的贡献更大。

CLAW 假设（图 11-2）认为，通过 DMS 的产生，海洋浮游植物和气候之间可能存在一种平衡反馈。CLAW 假设最初由 Robert Jay Charlson、James Lovelock、Meinrat Andreae 和 Stephen G. Warren 1987 年提出，其假设名称缩写来自他们的姓氏首字母。CLAW 假设描述的负反馈回路为，首先是浮游植物通过增加获取自太阳的可用性能量，促进其生理作用或增强光合作用，从而加快自身生长速率。某些能合成 DMSP 的浮游植物，如球石藻（coccolithophorid），它们的生长会增加这种渗透压调节物的生产，进而导致其分解产物 DMS 的浓度在海水中增加，之后其含量在大气中增加。DMS 在大气中被氧化形成 SO_2，这导致产生硫酸盐气溶胶。这些气溶胶起着云凝结核的作用，并增加了云滴的数量，进而提高了云和云区液态水含量。这些能够增加云的反射作用，导致入射阳光的更大反射（图 11-2A）。后来一些 CLAW 相关研究发现了支持其机制的证据，虽然并不明确。其他研究人员认为 CLAW 假设的机制可能揭示了地球上无需生物活性成分参与的硫循环。但也有学者认为该模型过于简单，其效果可能比所设想的情况要弱得多。

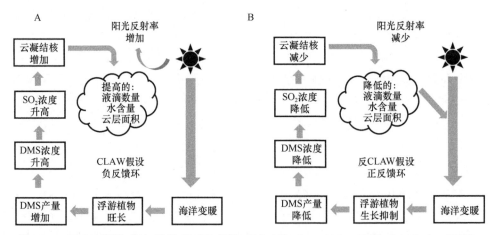

图 11-2　CLAW 假设（A）及反 CLAW 假设（B）（Charlson et al.，1987；Lovelock，2007）

越来越多的实验证据表明，DMS 浓度和排放可能会随着全球变暖及海洋酸化而改变。Lovelock 在 2007 年的《盖亚的复仇》（*The Revenge of Gaia*）一书中提出，CLAW 假设不但不会在气候系统中提供负反馈，而且可能具有正反馈作用（Lovelock，2007）。在未来全球变暖的情况下，温度升高和由此产生的地表水温度可能会导致海洋分层增加，从而减少从深水流向地表的养分供应，导致浮游植物的生长减慢，同时 DMSP 和 DMS 的产量也会下降。与 CLAW 假设相反，DMS 产量的下降将导致云凝结核的减少和云反射率的下降。其结果将是气候进一步的变暖，这可能导致 DMS 产量减少，进一步加剧全球气候的变暖进程（图 11-2B）。目前，模拟未来海洋初级生产的研究人员已经发现随着海洋分层增加 DMS 产量下降的证据，为这种假设提供了可信性。

第五节　我国硫循环研究进展

硫元素是组成海洋沉积物中氧化还原体系的重要元素。目前，我国在硫循环方面多关注于陆地土壤、草场、河口、沼泽等生态系统（尹希杰，2008；刘淼和梁正伟，2009），针对海洋或海岸带微生物参与的硫循环研究工作也循序渐进地开展且研究涉及硫循环的多个维度。

一、对不同海洋生境中硫元素的探究

海洋中硫形态多种多样，包括有机硫化合物和无机硫化合物，硫酸盐是无机硫化合物的主体。为了探究这些不同形式的硫在不同海洋生境中的含量、分布规律及其影响因素，诸多学者开展了众多相关研究。Lin 等（2002）研究了黄铁矿（硫铁矿）和硫酸盐还原在水深、沉积速率方面的空间分布与控制因素，发现硫酸盐还原速率和硫铁矿硫含量随上覆水深度的增加而降低。并且，在富含有机碳和沉积速率较高的斜坡区，硫酸盐还原速率和硫铁矿硫埋藏速率较高，极高的有机碳沉积速率促进了该地区硫酸盐的还原和硫铁矿的埋藏，硫酸盐还原速率和硫铁矿硫埋藏速率均随有机碳埋藏速率的增加而呈线性增加，说明坡面有机碳的沉积是黄铁矿形成的主要控制因素。王国平等（2003）在探究向海湿地沉积物中全硫与有效硫分布状况的研究中发现元素硫含量高值均出现在细粒径（粉砂和黏土）沉积物中，向海湿地沉积物中全硫含量接近于世界上土壤中硫的平均含量（约 700mg/kg），从沉积物表层向下全硫含量呈递减趋势，并且硫元素主要富集于植被根部所在岩层。总的来说，有机物含量与沉积物中总硫和有效硫含量呈正相关，证明有机物对沉积物中硫的分布做出了十分重要的贡献。高效江（2009）采用冷扩散法对潮间带沉积物中的还原无机硫进行了定量分析，黄铁矿硫（CRS）是沉积物中还原性无机硫化合物的主要形式，含量为 0.36～2.44mg/g，另外酸可挥发性硫（AVS）含量为 0.23～2.70mg/g，元素硫（ES）含量 0.23～1.32mg/g。除此之外，高潮滩、中潮滩及低潮滩沉积物中的还原性无机硫含量呈依次递减的趋势，不同沉积物环境条件如水动力、生物扰动、有机物组成、植被根系作用等都会影响沉积物中三种无机硫含量的不规则垂向分布变化。褚磊（2014）通过原位实验及室内测定，研究了黄河三角洲滨海湿地各种形态硫的时空分布变化，发现有机硫是滨海湿地土壤中元素硫存在的主要形式，湿地土壤总硫含量为 364～1089mg/kg，并且硫含量与植物分布密切相关，沿着植物演替方向呈递减趋势。滨海湿地植物芦苇和碱蓬硫累积器官分别是根和叶，并且植株器官中硫含量季节变化存在差异。观察两种植物碎屑分解返还的硫动态过程，发现 C/S 值是影响分解物中硫累积和释放的关键因素：当 C/S 值高时，硫固持；当 C/S 值降低时，硫释放。于君宝等（2014）同样在研究黄河三角洲滨海湿地土壤硫含量分布特征中发现，$0 \sim 30 \mathrm{cm}$ 深的沉积物中平均总硫质量比约为 $822 \mathrm{mg/kg}$，高于世界平均水平。土壤中总硫含量受土壤类型、植被、距岸距离等因素影响。在土壤类型上，新生湿地土壤中总硫含量相对较高，其次为退化湿地，稳定湿地土壤总硫含量最低。在植被类型上，裸露区（无植被）土壤总硫含量最高，其次为自然植被覆盖区，防护林和农田的土壤总硫含量最低。在空间分布上，土壤总硫含量表现为由海岸到内陆呈递减趋势。元素硫（ES）是无机硫循环中间体之一，在不同储集层和海洋环境中稳定硫同位素的分馏方面起着关键作用。Lin 等（2015）通过扫描电镜和拉曼光谱术（Raman spectroscopy）在南海北部九龙甲烷礁附近的沉积物中发现了固体 ES，并结合硫铁矿浓度、硫同位素的形态和分布发现固体 ES 与硫铁矿微晶、硫化物氧化物及黏土矿物共存，主要分布在矿物团聚体表面；在硫酸盐-甲烷过渡带（SMTZ）中，由于甲烷的厌氧氧化作用增强，再加上硫酸盐的异化还原作用，H_2S 生成，黄铁矿沉淀下来，这提高了无机硫循环的效率，为 ES 的形成提供了有利条件。孙启耀（2016）通过选取北方典型海岸带重污染河口——烟台鱼鸟河的沉积物为研究对象，探究了沉积物中硫的生物地球化学特征及其与铁、磷元素的耦合机制，发现海岸带沉积物富含可利用性硫酸盐和活性有机质，表层和次表层硫酸盐还原速率较高，并随着沉积物深度的增加还原作用减弱，且活性有机质是控制河口沉积物中硫酸盐还原的主要因素，泥质沉积物硫酸盐还原作用显著高于砂质沉积物。在沉积物表层和次表层中，还原性硫化物以 AVS 为主，而在沉积物深处主要以黄铁矿的形式埋藏于地下。重污染的入海口通常富含可利用性硫酸盐和活性有机物，拥有较高的硫酸盐还原速率，其产物 H_2S 还原铁氧化物生成 FeS_2 和 FeS。在铁氧化物的还原溶解过程中，被铁氧化物吸附固定的磷酸盐重新获得释放，而溶解性磷酸盐在潮汐作用下加速从沉积物扩散迁移至上覆水体中，增加了水体中可利用性磷的浓度，加剧了入海口附近的富营养化程度。

二、海洋硫元素的微生物代谢研究

海岸带是有机物沉积、矿化的重要场所，是陆地、海洋和大气三大生态系统之间互相作用发生最为频繁的区域。微生物在海洋硫循环过程中发挥了举足轻重的作用，因此它是海洋硫元素研究章节内不能缺少的主题。王明义等（2007）采用最大概率法（MPN）分析了阿哈湖和洱海春秋两季沉积物中硫酸盐还原菌（SRB）含量，发现淡水沉积物中 SRB 含量低于海洋沉积物中，春季沉积物中 SRB 含量低于秋季，沉积物中 SO_4^{2-} 浓度、温度、有机质含量等都是影响 SRB 丰度变化的重要参数。在早期成岩过程中，微生物介导下的硫酸盐还原是有机质矿化的主要途径。微生物的代谢作用会导致有机质降解为 NH_3、CO_2、CH_4 及 PO_4^{3-} 等并产生大量的硫酸盐还原产物如 S^{2-}、H_2S，从而改变（多降低）沉积物 pH，加快碳酸盐矿物溶解速率。因此硫元素的早期成岩过程对全球碳含量及微量元素循环起着关键作用。聂永胜（2016）以河口海岸及淤泥质海岸柱状沉积物为研究对象，分析了金属及硫酸盐的早期成岩地球化学过程，发现金属（Mn、Fe）氧化物与有机质发生氧化还原反应产生金属阳离子，且与硫酸盐还原产生的负二价硫结合形成金属硫化物并最终矿化，硫酸盐扩散通量大于金属阳离子的扩散通量，说明 SO_4^{2-} 的迁移活化能力较强。

三、我国海域中的二甲基硫

海水中的二甲基硫（DMS）是最重要的挥发性还原态生源有机硫化合物，被认为主要是由海洋浮游植物产生的，在海水中普遍存在，约占海水表层挥发性硫的 90%（Yang et al.，1999），DMS 在全球气候变化中的作用及其对降雨酸度的贡献已经被许多学者研究过。海水排放到大气中的 DMS 可以被光化学反应迅速氧化为 SO_2、甲磺酸盐（MSA）等中间产物，最终氧化生成非海洋硫酸盐（nss-SO_4^{2-}）。在海洋对流层中 SO_2、MSA、nss-SO_4^{2-} 都是天然酸雨形成的主要贡献者（马奇菊等，2004），并且 DMS 的这些氧化产物可能是海洋气溶胶粒子的主要来源，且作为云中水滴形成的核心，导致海洋上空反射率增加，因此海洋中 DMS 的产生可能对全球气候产生重要影响。由于人为活动对近岸生态环境的严重干扰，包括 DMS 在内的硫污染物大幅度增加。对海水中 DMS 的测定可以准确评估人为和生源性硫在大气硫酸盐形成中的作用及对环境污染与世界气候变化的影响。我国学者针对中国海域 DMS 含量变化做了大量的现场测量（Yang et al.，1998，1999；Yang，2000；马奇菊等，2004）。早在 1999 年，Yang 等就研究了南海南沙群岛海域表层海水和垂向海水中 DMS 的分布情况，发现 DMS 在表层（0~1m）海水的浓度为 64~140ng S/L，DMS 的垂直剖面呈现单峰状，最大浓度出现在 30~75m 的深度。DMS 浓度与海水上层（20m）水平叶绿素含量、垂向叶绿素含量、海水温度、溶解氧和营养物含量等环境因素有关。虽然 DMS 与叶绿素 a 相关，但浮游植物物种的形成是造成该海域浮游植物生物量 DMS 浓度明显较高的主要原因。Yang（2000）又测定了东海 32 个站点地表海水样品中的 DMS，其浓度为 1.8~5.7nmol/L，平均为 3.4nmol/L，在大陆架区发现浮游生物的生物量和硝酸盐含量似乎都与 DMS 浓度显著相关，DMS 从东海到大气的通量估计为 3.4μmol/（$m^2\cdot d$）。马奇菊等（2004）对青岛近岸海域海水和大气中的 DMS 进行了采样与分析，结果表明，海水 DMS 浓度呈现明显的空间分布和季节变化，夏季海水及海洋大气中的 DMS 平均浓度最高，分别为 1169ng/L 和 256ng/m^3。Zhang 等（2014）在南黄海和东海进行了生物活性硫化合物的空间分布研究，包括 DMS、溶解的和颗粒状的二甲基硫丙酸（溶解态 DMSPd 和颗粒 DMSPp）。DMS 和 DMSPp 的浓度与地表水中叶绿素 a 的含量显著相关，并且在浮游植物群落以鞭毛虫为主的地区 DMSP/叶绿素 a 比值及 DMS/叶绿素 a 比值相对较高。根据 DMSPp 和叶绿素 a 大小分级，结果发现，较大的微型浮游生物（5~20μm）是研究区域中最重要的 DMSPp 生产者。此外，在地表水中溶解的二甲亚砜（DMSOd）与 DMS 浓度之间也观察到呈线性正相关。DMS 是二甲基硫丙酸（DMSP）的分解产物，细菌可以通过裂解与脱甲基两种途径降解海水中的 DMSP，从而限制 DMS 的产生。刘会军等（2020）对北极王湾海水中关于细菌降解 DMSP 的两条主要代谢途径中的裂解酶基因 *dddP* 和脱甲基酶基因 *dmdA* 的丰度及分布进行了监测，结果显示，从湾口至湾内，表层水中 *dddP* 及 *dmdA* 的相对丰度均呈递增趋势，而深层水中 *dddP* 基因相对丰度呈递减趋势，含有 DMSP 降解基因的浮游细菌的相对丰度在夏季水体中较低。

第六节　硫循环的应用

一、微生物冶金

全球生物冶金技术在矿业开采中的应用和研究可以追溯到 20 世纪 40 年代，我国在 20 世纪 60 年代也逐步开始生物冶金工艺的研究，并在铜矿浸出的应用中得到了喜人进展。生物冶金最早应用于回收井下难以开采的金属铜，然而 Colmer 和 Hinkel（1947）从酸性矿坑水中首次分离得到氧化亚铁硫杆菌（*Thiobacillus ferrooxidans*），随后 Temple 和 Leathen 等相继发现这种细菌能够氧化 Fe^{2+} 为 Fe^{3+}。Zimmerley 等（1958）首次申请了生物堆浸技术的专利，从此微生物冶金的工业应用正式步入了人类社会生活。

微生物冶金，是利用相关微生物生理生化特性来催化氧化以硫化矿为主（包括原生硫化矿和次生硫化矿）的非溶性矿，并将其中包含的有价金属以离子的形式溶解到浸出液中加以回收利用的过程，或溶解并去除矿物质中有害元素的方法。根据微生物在冶金加工过程中的功能可以将微生物冶金技术划分为：生物氧化、生物浸出、生物分解。相对于传统冶金技术，微生物冶金技术具有很大优势，包括成本低、无污染、能耗少、工艺流程简便、操作方便、设备简易等。

微生物冶金可以通过多种途径对矿石发挥作用，并能氧化矿石中的酸性金属为可溶性的金属无机盐，不溶性金属则保留在残余物中。据报道，可用于浸矿的微生物有几十种，按其最适温度区分为中温（<40℃）、中度嗜热（40～60℃）和极端嗜热（>60℃）。目前常用的有氧化亚铁硫杆菌、氧化亚铁微螺杆菌（*Leptospirum ferrooxidans*）、排硫硫杆菌（*T. thioparus*）、氧化亚铁铁杆菌（*Ferrobacillus ferrooxidans*）和氧化硫硫杆菌（*T. thiooxidans*）。另外在极端环境中也存在一些嗜酸嗜高温的浸矿菌种，如布氏酸菌（*Acidianus brierleyi*）、热氧化硫化杆菌（*Sulfobacillus thermosulfidooxidans*）和嗜酸热硫化叶菌（*S. acidocaldarius*）等。具有硫和铁氧化能力的嗜酸微生物在酸性矿坑水中生长繁殖，不仅在元素生物地球化学循环中起重要作用，还可以应用于生物冶金工艺。硫氧化嗜酸微生物主要包括 *Thiomonas cuprina*、*Acidithiobacillus thiooxidans*、*A. caldus*、*A. albertensis*、*Metallosphaera* sp. 和 *Sulfolobus* sp. 等，通常认为其不能直接氧化分解硫化矿，但能通过氧化单质硫去除硫化矿表面因氧化分解产生的硫钝化层，从而加速硫化矿的风化速率（周洪波等，2015）。某些微生物既能氧化硫又能氧化铁，如 *A. ferrooxidans*、*Acidianus* sp. 和 *Sulfobacillus* sp.。*A. ferrooxidans* 作为第一个在酸性矿坑水中发现具有氧化硫化矿能力的微生物，已经成为目前硫化矿氧化细菌中研究最多的菌种。*A. ferrooxidans* 是严格自养菌，广泛分布于煤矿、含硫金属矿床及废弃矿堆等酸性水中，最适生长温度为 28～30℃，最适生长 pH 为 1.7～2.5，能够以还原态硫化物（单质硫、连四硫酸盐和硫代硫酸盐等）、无机硫及 Fe^{2+} 作为能量来源。*A. ferrooxidans* 还可以在无氧条件下生长，并以 H_2 或硫化物为还原剂还原 Fe^{3+}（周洪波等，2015）。

二、含硫废水的生物处理

工业生产、生活用水和农业污水处理过程中会产生大量的含硫废水，这些含硫废水通常具有强腐蚀性、剧毒性等特点，具有极大危害，不仅对生态环境造成了巨大的压力，还威胁着人类自身的生命健康，存在潜在的安全隐患。传统处理含硫废水的方法通常有空气氧化法、臭氧氧化法、湿式空气氧化法、汽提法和超临界水氧化法等。

相比于传统废水处理工艺成本高、占地大、易引起二次污染等局限性，微生物在处理含硫废水过程中通常具有无污染、工艺简单、成本低、见效快等特点。微生物技术在处理含硫废水中，包括有氧生物氧化、缺氧生物处理等技术。在有氧生物氧化中菌种的选择至关重要，能够在细胞外产生单质硫的菌种才符合条件。荷兰 Paques 公司在 1993年开创性地应用无色硫细菌去除造纸过程中经厌氧处理生成的含硫废水，后经不断发展改进，此方法广泛在工业领域中应用。此外脱硫弧菌属广泛分布在海洋、湖泊、河流及陆地区域，它可在无氧条件下还原含 SO_4^{2-} 的废水并获得能量，还能使还原度很大的硫酸盐转化成极难溶解的硫化物或硫化氢，并且促使废水中的重金属结合硫化物一同沉淀，去除废水中重金属污染。

三、燃料电池

微生物燃料电池技术是一种利用微生物将有机物中的化能转化为电能的新型技术，具有效能高、原料广泛、价格低廉、绿色清洁、无二次污染等优点，微生物在此系统中不仅可以降解有机物，还能通过电子传递链转移电子。目前我国水污染严重，硫酸盐污染也是含硫废水的重要组成，硫酸盐污染的治理迫在眉睫。微生物燃料电池可以在处理含硫废水的同时再回收电能，具有较好的经济价值和发展前景。

第七节 展　望

近年来，我们对硫循环过程和催化这些过程的微生物的了解已大大提高。硫的最大氧化价态（+6，硫酸盐）和最大还原价态（-2，硫化物）之间的循环，涉及多种中间氧化状态的无机硫化合物（即硫循环中间体，SCI），而先前的研究集中于无机硫化合物的循环，有机硫化合物及多种硫循环中间产物对海底生物的影响尚待探索，驱动海洋沉积物中硫化合物转化的因素的研究仍然存在欠缺。此外，单个微生物已经进化出各种酶系统，以催化多种硫化合物在不同氧化还原态之间的转化。这些酶的生物化学表征不断取得进展，而一些硫代谢途径和硫转化酶还尚未被发现。

参 考 文 献

褚磊.2014. 黄河三角洲新生滨海湿地土壤——植物系统硫时空分布特征研究. 中国科学院烟台海岸带研究所知识产出.

邓纯章，龙碧云，侯建萍. 1994. 我国南方部分地区农业中硫的状况及硫肥的效果. 土壤肥料，3：24-28.

高效江，曹爱丽，周桂平，等. 2009. 长江口湿地沉积物中无机硫的形态特征. 中国地理学会百年庆典学术大会.

林舜华，黄银晓，蒋高明，等. 1994. 海河流域植物硫素含量特征的研究. 生态学报，14（3）：235-242.

刘崇群，曹淑卿，吴锡军. 1993. 中国土壤硫素状况和对硫的需求//胡思农硫、镁和微量元素在作物营养平衡中的作用国际学术讨论会论文集. 成都：四川科学技术出版社.

刘会军，曾胤新，陆志波，等. 2020. 北极王湾夏季海水中 DMSP 降解基因的丰度及分布调查. 极地研究，32（1）：37-46.

刘淼，梁正伟. 2009. 草地生态系统硫循环研究进展. 华北农学报，24（S2）：257-262.

刘兴华. 2013. 黄河三角洲湿地植物与土壤 C、N、P 生态化学计量特征研究. 山东农业大学硕士学位论文.

马奇菊, 胡敏, 田旭东, 等. 2004. 青岛近岸海域二甲基硫排放和大气中二甲基硫浓度变化. 环境科学, 25 (1): 20-24.

聂永胜. 2016. 海岸带沉积物早期成岩作用过程中硫地球化学研究. 中国地质大学硕士学位论文.

孙启耀. 2016. 河口沉积物硫的地球化学特征及其与铁和磷的耦合机制初步研究. 中国科学院大学博士学位论文.

王国平, 刘景双, 张玉霞. 2003. 向海湿地全硫与有效硫垂向分布. 水土保持通报, 23 (2): 5-8.

王明义, 张伟, 梁小兵, 等. 2007. 阿哈湖和洱海沉积物硫酸盐还原菌研究. 水资源保护, 3: 13-14.

肖厚军. 2003. 贵州主要耕地土壤硫素状况及硫肥效应研究. 西南农业大学硕士学位论文.

谢树成, 陈建芳, 王风平, 等. 2017. 海洋储碳机制及区域碳氮硫循环耦合对全球变化的响应. 中国科学: 地球科学 47 (3): 378-382.

幸颖, 刘常宏, 安树青. 2007. 海岸盐沼湿地土壤硫循环中的微生物及其作用. 生态学杂志, 26 (4): 577-581.

姚凯, 刘映良, 黄俊学. 2011. 喀斯特地区植物根系对土壤元素迁移的影响. 东北林业大学学报, 39 (3): 81-82.

尹希杰. 2008. 珠江口沉积物中硫循环和海洋甲烷分布的生物地球化学研究. 中国科学院广州地球化学研究所博士学位论文.

于君宝, 褚磊, 宁凯, 等. 2014. 黄河三角洲滨海湿地土壤硫含量分布特征. 湿地科学, 12 (5): 559-565.

曾从盛, 王维奇, 翟继红. 2010. 闽江河口不同淹水频率下湿地土壤全硫和有效硫分布特征. 水土保持学报, 24 (6): 246-250.

张艳. 2017. 胶州湾互花米草湿地土壤硫素分布特征及其影响因素. 青岛大学硕士学位论文.

周洪波, 毛峰, 王玉光. 2015. 嗜酸微生物与生物冶金技术. 矿物岩石地球化学通报, 2: 269-276.

Aüllo T, Ranchou-Peyruse A, Ollivier B, et al. 2013. *Desulfotomaculum* spp. and related Gram-positive sulfate-reducing bacteria in deep subsurface environments. Frontiers in Microbiology, 4: 362.

Barbeyron T, Brillet-Gueguen L, Carre W, et al. 2016. Matching the diversity of sulfated biomolecules: creation of a classification database for sulfatases reflecting their substrate specificity. PLoS One, 11: e0164846.

Bowles M W, Mogollon J M, Kasten S, et al. 2014. Global rates of marine sulfate reduction and implications for sub-sea-floor metabolic activities. Science, 344: 889-891.

Canfield D E, Kristensen E, Thamdrup B. 2005. Aquatic Geomicrobiology. Elsevier: Academic Press.

Charlson R J, Lovelock J E, Andreae M O, et al. 1987. Oceanic phytoplankton, atmospheric sulphur, cloud albedo and climate. Nature, 326 (6114): 655-661.

Colmer A R, Hinkle M E. 1947. The role of microorganisms in acid mine drainage: a preliminary report. Science, 106 (2751): 253-256.

Cypionka H, Widdel F, Pfennig N. 1985. Survival of sulfate-reducing bacteria after oxygen stress, and growth in sulfate-free oxygen-sulfide gradients. FEMS Microbiology Ecology, 1 (1): 39-45.

Dorries M, Wohlbrand L, Kube M, et al. 2016b. Genome and catabolic subproteomes of the marine, nutritionally versatile, sulfate-reducing bacterium *Desulfococcus multivorans* DSM 2059. BMC Genomics, 17: 918.

Dorries M, Wohlbrand L, Rabus R. 2016a. Differential proteomic analysis of the metabolic network of the marine sulfate-reducer *Desulfobacterium autotrophicum* HRM2. Proteomics, 16: 2878-2893.

Garcia C A B, Passos E D A, José do P H A. 2011. Assessment of trace metals pollution in estuarine sediments using SEM-AVS and ERM-ERL predictions. Environmental Monitoring & Assessment, 181 (1-4): 385-397.

Glombitza C, Jaussi M, Roy H, et al. 2015. Formate, acetate, and propionate as substrates for sulfate reduction in sub-arctic sediments of Southwest Greenland. Frontiers in Microbiology, 6: 846.

Howard E C, Henriksen J R, Buchan A, et al. 2006. Bacterial taxa that limit sulfur flux from the ocean. Science, 314: 649-652.

Hubert C, Loy A, Nickel M, et al. 2009. A constant flux of diverse thermophilic bacteria into the Cold Arctic Seabed. Science, 325: 1541-1544.

Johnston S G, Burton E D, Aaso T, et al. 2014. Sulfur, iron and carbon cycling following hydrological restoration of acidic freshwater wetlands. Chemical Geology, 371: 9-26.

Krukenberg V, Harding K, Richter M, et al. 2016. Candidatus *Desulfofervidus auxilii*, a hydrogenotrophic sulfater-educing bacterium involved in the thermophilic anaerobic oxidation of methane. Environmental Microbiology, 18: 3073-3091.

Leloup J, Fossing H, Kohls K, et al. 2009. Sulfate-reducing bacteria in marine sediment (Aarhus Bay, Denmark): abundance and diversity related to geochemical zonation. Environmental Microbiology, 11: 1278-1291.

Leloup J, Loy A, Knab N J, et al. 2007. Diversity and abundance of sulfate-reducing microorganisms in the sulfate and methane zones of a marine sediment, Black Sea. Environmental Microbiology, 9: 131-142.

Lin Q, Wang J, Fu S, et al. 2015. Elemental sulfur in northern South China Sea sediments and its significance. Science China Earth Sciences, 58 (12): 2271-2278.

Lin S, Huang K M, Chen S K. 2002. Sulfate reduction and iron sulfide mineral formation in the southern East China Sea continental slope sediment. Deep Sea Research Part I: Oceanographic Research Papers, 49 (10): 1837-1852.

Lovelock J. 2007. The Revenge of Gaia. Penguin.

Luther G W，Findlay A J，Macdonald D J，et al. 2011. Thermodynamics and kinetics of sulfide oxidation by oxygen: a look at inorganically controlled reactions and biologically mediated processes in the environment. Frontiers in Microbiology，2: 62.

Marschall C，Frenzel P，Cypionka H. 1993. Influence of oxygen on sulfate reduction and growth of sulfate-reducing bacteria. Archives of Microbiology，159（2）: 168-173.

McGlynn S E，Chadwick G L，Kempes C P，et al. 2015. Single cell activity reveals direct electron transfer in methanotrophic consortia. Nature，526: 531-535.

Milucka J，Ferdelman T G，Polerecky L，et al. 2012. Zero-valent sulphur is a key intermediate in marine methane oxidation. Nature，491: 541-546.

Mogensen G L，Kjeldsen K U，Ingvorsen K. 2005. *Desulfovibrio aerotolerans* sp. nov.，an oxygen tolerant sulphate-reducing bacterium isolated from activated sludge. Anaerobe，11（6）: 339-349.

Müller A L，Kjeldsen K U，Rattei T，et al. 2015. Phylogenetic and environmental diversity of DsrAB-type dissimilatory（bi）sulfite reductases. The ISME Journal，9: 1152-1165.

Nelson D C，Amend J P，Edwards K J，et al. 2004. Sulfide oxidation in marine sediments: geochemistry meets microbiology. Special Paper 379: Sulfur Biogeochemistry-Past and Present. Geol Soc Am Spec Pap，379: 63-81.

Orsi W D，Jørgensen B B，Biddle J F. 2016. Transcriptional analysis of sulfate reducing and chemolithoautotrophic sulfur oxidizing bacteria in the deep subseafloor. Environmental Microbiology Reports，8: 452-460.

Petersen J M，Kemper A，Gruber-Vodicka H，et al. 2016. Chemosynthetic symbionts of marine invertebrate animals are capable of nitrogen fixation. Nature Microbiology，2: 16195.

Philippot P，Van Zuilen M，Lepot K，et al. 2007. Early Archaean microorganisms preferred elemental sulfur, not sulfate. Science，317: 1534-1537.

Plugge C M，Zhang W W，Scholten J C M，et al. 2011. Metabolic flexibility of sulfate-reducing bacteria. Frontiers in Microbiology，2: 81.

Poulton S W，Krom M D，Raiswell R. 2004. A revised scheme for the reactivity of iron（oxyhydr）oxide minerals towards dissolved sulfide. Geochimica et Cosmochimica Acta，68: 3703-3715.

Prokopenko M G，Hirst M B，De Brabandere L，et al. 2013. Nitrogen losses in anoxic marine sediments driven by *Thioploca*-anammox bacterial consortia. Nature，500: 194-198.

Purdy K J，Nedwell D B，Embley T M，et al. 1997. Use of 16S rRNA-targeted oligonucleotide probes to investigate the occurrence and selection of sulfate-reducing bacteria in response to nutrient addition to sediment slurry microcosms from a Japanese estuary. FEMS Microbiology Ecology，24（3）: 221-234.

Purdy K J，Munson M A，Cresswell-Maynard T，et al. 2003. Use of 16S rRNA-targeted oligonucleotide probes to investigate function and phylogeny of suphate-reducing bacteria and methanogenic archaea in a UK estuary. FEMS Microbiology Ecology，44（3）: 361-371.

Reisch C R，Moran M A，Whitman W B. 2011. Bacterial catabolism of dimethylsulfoniopropionate（DMSP）. Frontiers in Microbiology，2: 172.

Robador A，Muller A L，Sawicka J E，et al. 2016. Activity and community structures of sulfate-reducing microorganisms in polar, temperate and tropical marine sediments. The ISME Journal，10: 796-809.

Roussel E G，Cragg B A，Webster G，et al. 2015. Complex coupled metabolic and prokaryotic community responses to increasing temperatures in anaerobic marine sediments: critical temperatures and substrate changes. FEMS Microbiology Ecology，8: fiv 084.

Sigalevich P，Meshorer E，Helman Y，et al. 2000. Transition from anaerobic to aerobic growth conditions for the sulfate-reducing bacterium *Desulfovibrio oxyclinae* results in flocculation. Applied and Environmental Microbiology，66（11）: 5005-5012.

Stefels J. 2000. Physiological aspects of the production and conversion of DMSP in marine algae and higher plants. Journal of Sea Research，43（3-4）: 183-197.

Teske A，Salman V. 2014. The family Beggiatoaceae. *In*: Rosenkerg E，DeLong E F，Lory S，et al. The Prokaryotes. Verlag，Berlin: 93-134.

Vairavamurthy M A，Orr W L，Manowitz B. 1995. Geochemical transformation of sedimentary sulfur: an introduction. *In*: Vairavamurthy M A，Schoonen M A A. Geochemical Transformations of Sedimentary Sulfur. ACS Symposium，612. Washington，DC: 1-17.

Van der Heide T，Govers L L，de Fouw J，et al. 2012. A three-stage symbiosis forms the foundation of seagrass ecosystems. Science，336: 1432-1434.

Vaquer-Sunyer R，Duarte C M. 2010. Sulfide exposure accelerates hypoxia-driven mortalit. Limnology and Oceanography，55（3）: 1075-1082.

Wacey D，Kilburn M R，Saunders M，et al. 2011. Microfossils of sulphur-metabolizing cells in 3.4-billion-year-old rocks of Western Australia. Nature Geoscience，4: 698-702.

Wasmund K, Cooper M, Schreiber L, et al. 2016. Single-cell genome and group-specific *dsr*AB sequencing implicate marine members of the class Dehalococcoidia (Phylum Chloroflexi) in sulfur cycling. Microbiology, 7: 00266-00216.

Wasmund K, Mußmann M, Loy A. 2017. The life sulfuric: microbial ecology of sulfur cycling in marine sediments. Environmental Microbiology Reports, 9 (4): 323-344.

Wegener G, Krukenberg V, Riedel D, et al. 2015. Intercellular wiring enables electron transfer between methanotrophic archaea and bacteria. Nature, 526: 587-590.

Wegner C E, Richter-Heitmann T, Klindworth A, et al. 2013. Expression of sulfatases in *Rhodopirellula baltica* and the diversity of sulfatases in the genus *Rhodopirellula*. Marine Genomics, 9: 51-61.

Winkel M, de Beer D, Lavik G, et al. 2014. Close association of active nitrifiers with *Beggiatoa* mats covering deep-sea hydrothermal sediments. Environmental Microbiology, 16: 1612-1626.

Winkel M, Salman-Carvalho V, Woyke T, et al. 2016. Single-cell sequencing of *Thiomargarita* reveals genomic flexibility for adaptation to dynamic redox conditions. Frontiers in Microbiology, 7: 964.

Yang G P, Liu X L, Zhang J W. 1998. Distribution of dibenzothiophene in the sediments of the South China Sea. Environmental Pollution, 101 (3): 405-414.

Yang G P, Liu X T, Li L, et al. 1999. Biogeochemistry of dimethylsulfide in the South China Sea. Journal of Marine Research, 57 (1): 189-211.

Yang G P, Zhang J W, Li L, et al. 2000. Dimethylsulfide in the surface water of the East China Sea. Continental Shelf Research, 20 (1): 69-82.

Zhang S H, Yang G P, Zhang H H, et al. 2014. Spatial variation of biogenic sulfur in the south Yellow Sea and the East China Sea during summer and its contribution to atmospheric sulfate aerosol. Science of the Total Environment, 488: 157-167.

Zopfi J, Ferdelman T G, Fossing H. 2004. Distribution and fate of sulfur intermediates-sulfite, tetrathionate, thiosulfate, and elemental sulfur-in marine sediments. *In*: Amend J P, Edwards K J, Lyons T W. Sulfur Biogeochemistry—Past and Present. Boulder Colorado: Geological Society of America: pp. 97-116.

Zmmerley S R, Wilso D G, Prater J D. 1985. Cyclic leaching process employing iron oxiding bacteria. United States Patent Office.

第三篇
海岸带微生物与
酶资源开发

第十二章 产多糖降解酶的微生物与酶资源开发

海洋特殊的生态环境孕育了结构独特的海洋多糖，包括海藻（如褐藻、红藻、绿藻）来源的褐藻胶、褐藻糖胶、琼胶、卡拉胶、石莼多糖，甲壳类动物（如虾、蟹）来源的甲壳素、壳聚糖，以及海洋无脊椎动物（如海参、海胆）来源的岩藻聚糖。目前，海洋多糖因理化性质优越、生物活性多样及产量巨大，广泛应用于医药、医疗材料、食品、化妆品、轻工、环境保护和农业等领域。以褐藻胶为例，其产量约 3 万 t/年，在食品工业中可作为增稠剂、凝胶剂、乳化剂、稳定剂、品质改良剂，在医药领域以褐藻胶为原料开发出藻酸双酯钠、甘露特钠等多个海洋药物，同时褐藻胶可作为止血剂、牙科印模剂、药品赋形剂、新型钡餐造影剂等，应用前景广阔。

多糖经降解后分子量降低，溶解性改善，生物活性增强，应用范围拓宽，逐渐成为研究的热点。生物酶法温和、高效、专一、稳定，且多糖降解酶来源广泛，已成为降解多糖的主要方式。目前，已经从海藻、海洋软体动物、海洋棘皮动物、甲壳类动物、海洋及陆地微生物等多种生物体内分离出了具有各种底物特异性的海洋多糖降解酶，包括褐藻胶裂解酶、岩藻聚糖降解酶、琼胶酶、卡拉胶酶、甲壳素酶和壳聚糖酶等。

海洋微生物是海洋多糖降解酶的主要来源，包括大量的细菌及小部分的真菌和病毒。目前，已经有成百上千种来自不同海洋微生物的海洋多糖降解酶实现了分离纯化和酶学性质表征。其中数十种完成了晶体结构解析及催化机制研究，其在海藻和真菌原生质体制备、铜绿假单胞菌感染相关疾病治疗、生物乙醇制备、病虫害防治等方面具有广阔的应用前景。

随着对海洋微生物的不断发掘和认识，具有特殊性质和广泛底物特异性的新酶不断被发现。在此基础上，利用基因工程、代谢工程、酶固定化等技术实现海洋多糖降解酶的商业化开发，对于高效利用海洋资源，推动海洋多糖在食品、医药、农业等多个领域的应用开发，提高海洋多糖的附加值具有重要意义。

第一节 褐藻胶降解酶及其产生菌

褐藻胶（alginate）主要来自海带、巨藻、泡叶藻和马尾藻等褐藻的细胞壁，是一类线性聚阴离子多糖，约占褐藻干重的 40%。此外，部分原核生物如假单胞菌和固氮菌也能合成褐藻胶。褐藻胶因其良好的凝胶特性和生物相容性，广泛应用于食品、饮料、印染、制药和医用材料等工业。褐藻胶降解后产生的褐藻胶寡糖具有改善植物抗逆性、降血糖、免疫调节、抗肿瘤等活性，在农业、功能食品和医药领域具有广阔的开发前景。

一、褐藻胶结构

褐藻胶由β-D-甘露糖醛酸（β-D-mannuronic acid，M）与其C5差向异构体α-L-古罗糖醛酸（α-L-guluronic acid，G）两种单体通过1→4糖苷键聚合而成，无分支结构。根据M和G的组合方式，其结构可分为3种（图12-1）：仅由M或G单体组成的片段（M blocks或G blocks）或M和G以不同比例交替构成的片段（MG blocks）。细菌来源的褐藻胶在C2或C3位羟基发生了不同程度的乙酰基取代。

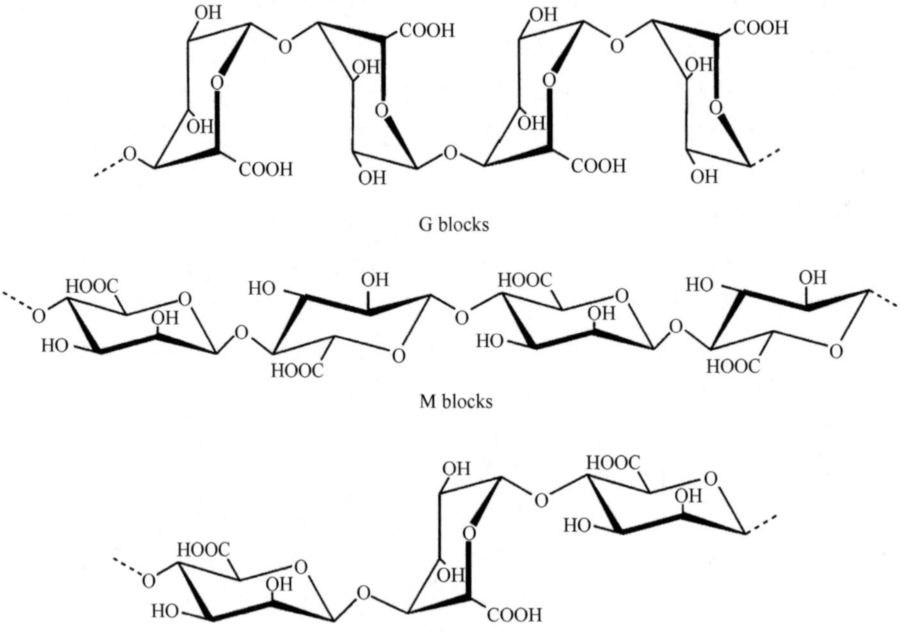

G blocks

M blocks

MG blocks

图12-1　褐藻胶代表性结构

褐藻来源的褐藻胶，M和G的比例（M/G）因褐藻种类、生长地域、生长年限、生长季节甚至藻体部位的不同而有所差异，如提取自马尾藻（*Sargassum fluitans* 和 *Sargassum oligocystum*）的褐藻胶M/G为0.5～0.6，提取自巨藻（*Macrocystis pyrifera*）的褐藻胶M/G为0.9～1.3。常见的海带中褐藻胶的M/G可达2.2～4.0，且各部位M/G为：基部＞中部＞尖部。同时，随着藻体的不断成熟，在C5差向异构酶的作用下，M会逐渐向G转化。

M/G是褐藻胶的一种重要指标，对褐藻胶的理化性质尤其是离子结合特性和凝胶特性有重要影响。褐藻胶是一种离子交联型凝胶，主要通过G blocks与多价离子如Ca^{2+}相互作用形成交联网络状凝胶，产生“蛋盒”（egg-box）构象（图12-2），M blocks与Ca^{2+}则仅形成柔软结构。因此，G含量高的褐藻胶制备的凝胶刚性大，持水力差，可作为凝胶剂。M含量高的褐藻胶持水力好，具有良好的增稠性能。

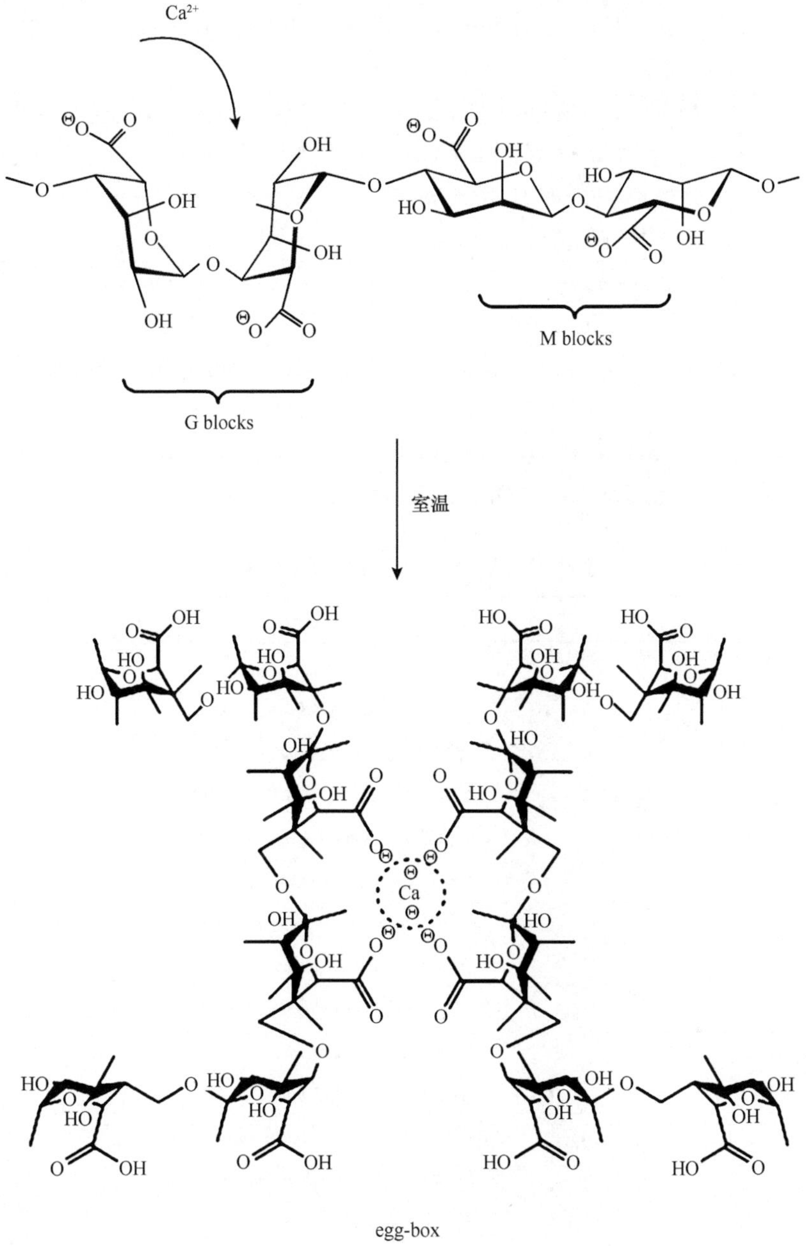

图 12-2　古罗糖醛酸片段（G blocks）与 Ca²⁺相互作用的"蛋盒"（egg-box）结构示意图（Agüero et al.，2017）

二、褐藻胶降解菌

　　褐藻胶降解后产生的褐藻胶寡糖水溶性好，且具有多种生物活性，逐渐受到人们的关注。褐藻胶裂解酶（alginate lyase）已成为降解褐藻胶的主要工具。褐藻胶裂解酶来源广泛，已经从褐藻、海洋软体动物、海洋棘皮动物及陆地微生物等多种生物体内分离出了具有各种底物特异性的褐藻胶裂解酶，如掌状海带（*Laminaria digitata*）、裙带菜（*Undaria pinnatifida*）、沟鹿角菜（*Pelvetia canaliculata*）、囊藻（*Colpomenia sinuosa*）

的叶状体中，海兔（*Dolabella auricularia*）、红鲍（*Haliotis rufescens*）、滨螺（*Littorina littorea*）的肝、胰脏中。

海洋微生物是褐藻胶裂解酶的主要来源，包括大量的细菌及小部分真菌和病毒（表12-1）。目前发现的能够降解褐藻胶的海洋细菌超过 50 种，分布在噬琼胶菌属（*Agarivorans*）、交替单胞菌属（*Alteromonas*）、芽孢杆菌属（*Bacillus*）、棒杆菌属（*Corynebacterium*）、黄杆菌属（*Flavobacterium*）、假单胞菌属（*Pseudomonas*）、假交替单胞菌属（*Pseudoalteromonas*）、鞘氨醇单胞菌属（*Sphingomonas*）、链霉菌属（*Streptomyces*）及弧菌属（*Vibrio*）等多个属。真菌属中，星球霉菌（*Asteromyces cruciatus*）、中生花冠菌（*Corollospora intermedia*）、小树状霉（*Dendryphiella salina*）、米曲霉（*Aspergillus oryzae*）、黑曲霉（*Aspergillus niger*）、青霉（*Penicillium* H18）等都表现出降解褐藻胶的能力。Suda 等（2010）在小球藻病毒（*Chlorella* virus）中也发现了褐藻胶裂解酶的基因，这也是病毒来源的褐藻胶裂解酶的唯一报道。

表12-1　部分海洋来源的褐藻胶降解微生物

来源	物种
细菌	噬琼胶菌属 *Agarivorans* sp. L11
	交替单胞菌属 *Alteromonas macleodii*
	交替单胞菌属 *Alteromonas* sp. No. 272
	芽孢杆菌属 *Bacillus* sp. ATB-1015
	芽孢杆菌属 *Bacillus* sp. Alg07
	棒杆菌属 *Corynebacterium* sp. ALY-1
	黄杆菌属 *Flavobacterium* sp. S20
	黄杆菌属 *Flavobacterium* sp. UMI-01
	假单胞菌属 *Pseudomonas* sp. QD03
	假单胞菌属 *Pseudomonas* sp. KS-408
	假单胞菌属 *Pseudomonas* sp. HZJ 216
	假交替单胞菌属 *Pseudoalteromonas elyakovii*
	假交替单胞菌属 *Pseudoalteromonas atlantica* AR06
	假交替单胞菌属 *Pseudoalteromonas* sp. SM0524
	鞘氨醇单胞菌属 *Sphingomonas* sp. A1
	鞘氨醇单胞菌属 *Sphingomonas* sp. MJ-3
	链霉菌属 *Streptomyces* sp. A5
	链霉菌属 *Streptomyces* sp. ALG-5
	弧菌属 *Vibrio* sp. O2
	弧菌属 *Vibrio* sp. YWA
	弧菌属 *Vibrio* sp. NJU-03
真菌	星球霉菌 *Asteromyces cruciatus*
	中生花冠菌 *Corollospora intermedia*
	小树状霉 *Dendryphiella salina*

来源	物种
真菌	米曲霉 *Aspergillus oryzae*
	黑曲霉 *Aspergillus niger*
	青霉 *Penicillium* H18
病毒	小球藻病毒 *Chlorella* virus

三、褐藻胶裂解酶

（一）褐藻胶裂解酶的分类

褐藻胶裂解酶的分类方式多样。根据酶的作用方式其可分为内切酶和外切酶。其中，大部分的褐藻胶裂解酶为内切型，生成以不饱和二糖和三糖为主的产物。内切型褐藻胶裂解酶根据底物特异性又可分为四类：聚甘露糖醛酸裂解酶（poly M lyase，EC 4.2.2.3）、聚古罗糖醛酸裂解酶（poly G lyase，EC 4.2.2.11）、杂聚甘露古罗糖醛酸裂解酶（poly MG lyase）及具备多种底物特异性的裂解酶。其作用位点和降解产物如图 12-3 所示，产物非还原末端为 4-脱氧-L-赤藓-糖醛酸（用△表示）。poly M 和 poly G 裂解酶较多，其中细菌来源的褐藻胶裂解酶多为 poly M 特异性，降解产物非还原末端为△M，还原末端为 M，对聚甘露糖醛酸糖链的最小降解终产物为△M-M 二糖片段。poly G 裂解酶降解产物非还原末端为△G，还原末端为 G，对聚古罗糖醛酸糖链的最小降解终产物为△G-G 二糖片段。poly MG 裂解酶在自然界中很少，仅从嗜麦芽寡养单胞菌（*Stenotrophomas maltophilia*）和铜绿假单胞菌（*Pseudomonas aeruginosa*）等少数几个物种中发现（Lee et al.，2012；Yamasaki et al.，2004）。poly MG 裂解酶降解 M-G 之间

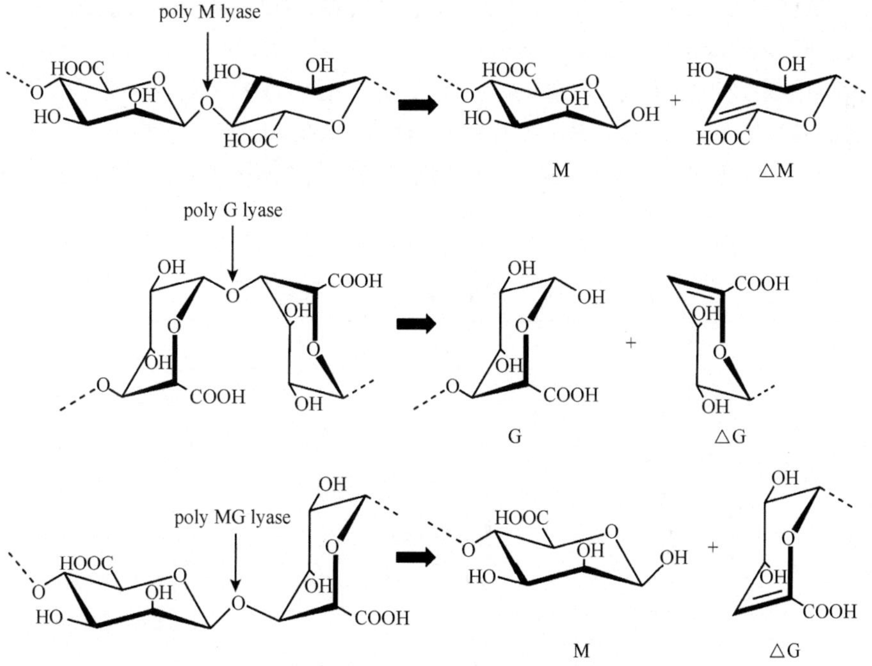

图 12-3　不同底物特异性的褐藻胶裂解酶及降解产物特征

的 β-1,4 糖苷键，产物非还原末端为ΔG，还原末端为 M，对 M 和 G 交替排列的糖链的最小降解终产物为ΔG-M 二糖片段。

外切型褐藻胶裂解酶的发现较少，主要为外切型褐藻胶寡糖裂解酶（EC 4.2.2.26）。它作用于内切酶裂解多糖后生成的不饱和二糖、三糖或四糖等，逐个切割非还原末端的不饱和残基，最终将寡糖全部降解成不饱和单糖（图 12-4）。

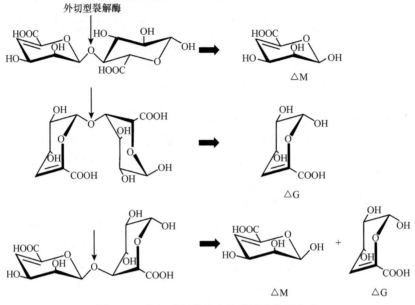

图 12-4　外切型褐藻胶寡糖裂解酶作用方式

褐藻胶裂解酶也可根据氨基酸序列的相似性进行分类。CAZy（carbohydrate-active enzymes）数据库将 EC 4.2.2 的酶分成了 40 个多糖裂解酶（polysaccharide lyases，PL）家族，褐藻胶裂解酶分布在 PL 5、6、7、14、15、17、18 这 7 个家族中（表 12-2）。其中约 56%归属于 PL 5 和 PL 7 家族，前者具有 poly M 底物特异性，后者包含了具有三种底物特异性的酶。外切型褐藻胶寡糖裂解酶分布在 PL 14、15 和 17 家族，多功能裂解酶属于 PL 18 家族。海洋动物、真菌和病毒来源的褐藻胶裂解酶主要集中在 PL 14 家族。

表12-2　不同PL家族的褐藻胶裂解酶

褐藻胶裂解酶	已功能表征的数量	主要作用特点	三维结构
PL 5	13	poly M	α/α 桶（α/α barrel）
PL 6	18	poly G、poly MG	平行 β 螺旋（parallel β-helix）
PL 7	37	poly M、poly G、poly MG	β 果冻卷（β-jelly roll）
PL 14	6	poly M、exotype	β 果冻卷（β-jelly roll）
PL 15	4	poly M、exotype	α/α 桶（α/α barrel）
PL 17	7	poly M、exotype	α/α 桶（α/α barrel）
PL 18	4	poly M、poly G、poly MG	β 果冻卷（β-jelly roll）

此外，根据分子量大小可将褐藻胶裂解酶分为三类：25～30kDa 的小分子量褐藻胶裂解酶，40kDa 左右的中间分子量褐藻胶裂解酶及大于 60kDa 的大分子量褐藻胶裂解酶。

（二）褐藻胶裂解酶的结构及催化机制

1. 褐藻胶裂解酶的结构

图 12-5 展示了不同 PL 家族褐藻胶裂解酶的三维结构。PL 5 家族中以鞘氨醇单胞菌（*Sphingomonas* sp. A1）产的 A1-Ⅲ 为例（Yoon et al.，2001），其结构中含大量的 α 螺旋，主要含 3 个短 α 螺旋和 9 个长 α 螺旋。除 N 端的第一个短 α 螺旋外，其他 11 个 α 螺旋构成了（α_6/α_5）桶结构。桶结构内具有一个深隧道状裂缝的催化活性结构域，约 1/3 的保守氨基酸残基位于其中。该裂缝至少可进入 5 个甘露糖醛酸残基，进而与催化位点相互作用。

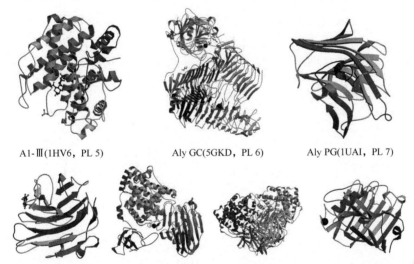

A1-Ⅲ(1HV6, PL 5)　　　Aly GC(5GKD, PL 6)　　　Aly PG(1UAI, PL 7)

vAL-1(3A0N, PL 14)　　Atu3025(3A0O, PL 15)　　Alg17c(4OJZ, PL 17)　　Aly-SJ02(4Q8K, PL 18)

图 12-5　不同 PL 家族褐藻胶裂解酶的三维结构（彩图请扫封底二维码）

PL 6 家族中仅有来自海洋细菌（*Glaciecola chathamensis* S18K6）的褐藻胶裂解酶 Aly GC 完成了晶体结构表征（Xu et al.，2017）。Aly GC 是同型二聚体酶，每个单体有两个结构域，即 N 端结构域和 C 端结构域，N 端结构域属于 PL 6 家族，而 C 端结构域功能未知。Aly GC 的结构与其他褐藻胶裂解酶结构不同，只有两个 α 螺旋，N 端结构域和 C 端结构域均为平行 β 螺旋（parallel β-helix）结构，其中 N 端结构域由 12 个线圈（一个线圈是指三个平行 β 折叠及它们之间的环构成的三链平行 β 折叠结构）组成，C 端结构域由 8 个线圈组成。

在 CAZy 数据库中，已有 8 种 PL 7 家族的褐藻胶裂解酶完成了晶体结构表征。其整体结构以 β 折叠为主，具有与 PL 5 家族相似的深裂缝状催化活性结构域。以来自棒状杆菌（*Corynebacterium* sp.）的聚古罗糖醛酸裂解酶 Aly PG 为例（Osawa et al.，2005），其结构中含有 2 个 α 螺旋和 14 个 β 折叠，14 个 β 折叠分为两组弯曲反平行，形成了 β 果冻卷结构。

来自小球藻病毒的 PL 14 家族的褐藻胶裂解酶 vAL-1 和假交替单胞菌（*Pseudoalte-romonas* sp. SM0524）的 PL 18 家族的褐藻胶裂解酶 Aly-SJ02 呈现与 Aly PG 相似的　β果冻卷结构（Ogura et al.，2009；Dong et al.，2014）。PL 15 和 PL 17 家族均仅有一种外切型褐藻胶裂解酶完成了结构表征，分别为分离自土壤的根癌农杆菌（*Agrobacterium tumefaciens*）的 Atu3025 和海洋细菌（*Saccharophagus degradans*）的 Alg17c（Ochiai et al.，2010；Park et al.，2014）。这两种酶都由 α/α 桶和反平行 β 折叠作为基本支架，Atu3025含有三个结构域：N 端小 β 折叠结构域、中心（α6/α6）桶结构域和 C 端 β 折叠结构域；Alg17c 含有两个结构域：N 端的类（α6/α6）桶结构域和 C 端反平行 β 折叠结构域。

2. 褐藻胶裂解酶的催化机制

褐藻胶裂解酶通过 β-消除机制催化褐藻胶的降解，断裂单体之间的糖苷键，在糖环 C4 和 C5 之间产生双键。其催化机制分为三步，如图 12-6 所示，第一步是去除羧基阴离子上的负电荷以降低 C5 质子的 *pKa*，一般通过盐桥进行中和，如 Asx（Asp/Asn）、Glx（Glu/Gln）、His 或 Arg 等，而 PL 6 家族的 Aly GC 通过 Ca^{2+} 中和 C5 羧基的负电荷。第二步夺取 C5 的质子，一般是 His 或 Tyr 作为碱催化。第三步 Tyr 作为酸向 O4 原子提供质子，从而在 C4 和 C5 之间形成双键并裂解糖苷键。

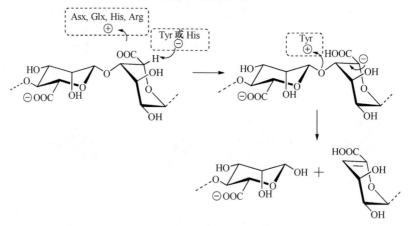

图 12-6　褐藻胶裂解酶的催化机制

（三）褐藻胶裂解酶的酶学性质及调控

不同来源的褐藻胶裂解酶的性质差异较大，表 12-3 列出了 10 余种不同海洋微生物来源的褐藻胶裂解酶的分子量、最适 pH、最适温度、底物特异性及离子对酶活力的调控。大多数褐藻胶裂解酶分子量为 30～40kDa，属于中间分子量。最适 pH 一般为 7.5～8.5，最适温度一般为 25～50℃。

表12-3　不同海洋微生物来源的褐藻胶裂解酶的酶学性质

微生物来源	分子量/kDa	最适 pH	最适温度/℃	离子影响	底物特异性
Agarivorans sp. L11	31	10	30	Na^+、NH_4^+、K^+增强 Pd^{2+}、Hg^{2+}、Sr^{2+}抑制	poly MG、poly G

微生物来源	分子量/kDa	最适 pH	最适温度/℃	离子影响	底物特异性
Alteromonas sp. No. 272	33.9	7.5～8.0	30	Zn^{2+}、Ni^{2+}、Ba^{2+}轻微抑制	poly M、poly G
Bacillus sp. ATB-1015	41	7.5	37	Ca^{2+}、Mn^{2+}、Co^{2+}增强 Cu^{2+}抑制	poly M、poly G
Bacillus sp. Alg07	60	7.5	40	Na^+、Mg^{2+}、Ca^{2+}增强 Co^{2+}、Mn^{2+}抑制	poly M
Corynebacterium sp. ALY-1	27	7.0	55	Mn^{2+}、Ni^{2+}增强 Hg^{2+}、Cu^{2+}、Fe^{2+}抑制	poly G
Flavobacterium sp. S20	33	8.5	45	Na^+、K^+增强 Fe^{2+}、Co^{2+}、Zn^{2+}、Cu^{2+}抑制	poly G
Flavobacterium sp. UMI-01	30	7.7	55	Na^+、Mg^{2+}增强 Co^{2+}、Ni^{2+}抑制	poly M
Pseudomonas sp. QD03	42.8	7.5	37	Na^+、K^+、Mg^{2+}、Ba^{2+}、Ca^{2+}、Al^{3+}、Mn^{2+}增强 Fe^{3+}抑制	poly M
Pseudomonas sp. KS-408	42.4	8	20～30	Zn^{2+}、Hg^{2+}、Co^{2+}抑制	poly M
Pseudoalteromonas atlantica AR06	43、33、30.5	7.4	40	Mg^{2+}增强	poly M、poly G
Pseudoalteromonas sp. SM0524	32	8.5	50	Na^+、Ba^{2+}、Ca^{2+}增强	poly M、poly G
Sphingomonas sp. MJ-3	79.9	6.5	30	Na^+、K^+、Ba^{2+}、Ca^{2+}增强 Cu^{2+}、Zn^{2+}抑制	外切
Streptomyces sp. A5	32	7.5	37	Hg^{2+}、Cu^{2+}、Fe^{3+}抑制	poly G
Vibrio sp. YWA	62.5	7.0	25	Zn^{2+}增强 Ba^{2+}抑制	poly M
Vibrio sp. QY105	28.5	7.1	40	Ca^{2+}、Mg^{2+}增强 Ni^{2+}、Zn^{2+}、Al^{3+}、Ba^{2+}抑制	poly M
Vibrio sp. NJU-03	48.1	7.0	30	Ca^{2+}、Co^{2+}增强 Zn^{2+}、Cu^{2+}、Mn^{2+}抑制	poly M、poly G

　　对于多种海洋微生物来源的褐藻胶裂解酶而言，较高浓度的 NaCl 是酶发挥作用的必要条件，其在褐藻胶分子中结合水的去除和褐藻胶-酶复合物的形成中可能发挥了重要作用。例如，分离自 *Bacillus* sp. Alg07 的褐藻胶裂解酶在 NaCl 浓度为 0 时未检测到任何活性，在 NaCl 浓度为 200mmol/L 时酶活力最高。此外，其他离子对酶活力也有显著的影响，一般 K^+、Mg^{2+}、Ca^{2+}可以提高褐藻胶裂解酶的酶活力，Hg^{2+}、Cu^{2+}等可以抑制酶活力。

四、褐藻胶裂解酶及酶解产物的应用

（一）褐藻胶裂解酶的应用

1. 铜绿假单胞菌感染相关疾病治疗

铜绿假单胞菌在自然界中广泛分布，是导致患者手术后感染的重要病原菌之一，常引起败血症、呼吸道感染、尿路感染和皮肤组织感染等。铜绿假单胞菌在人体内主要以生物被膜形式存在，这些生物被膜使其具有极强的抗生素抗性，比游离细胞高出1000倍，抗生素难以对其进行有效杀灭。铜绿假单胞菌生物被膜的主要成分是乙酰化褐藻胶，利用褐藻胶裂解酶高效降解生物被膜，使铜绿假单胞菌对抗生素恢复敏感。因此，褐藻胶裂解酶可以作为治疗铜绿假单胞菌引起的肺炎、囊性纤维化等疾病的有效辅助药物。

2. 海藻原生质体制备

原生质体具有结构简单、发育同步、外源遗传物质易进入等优点，是植物育种、性状改良和遗传学研究等基础领域的重要材料。利用纤维素酶等制备褐藻原生质体时，存在于褐藻细胞壁及细胞间质的高黏度褐藻胶不利于原生质体与其他杂质的分离。褐藻胶裂解酶与纤维素酶配合使用，可迅速降低体系黏度，提高褐藻原生质体制备效率。

3. 生物乙醇制备

生物质向生物乙醇的转化通常包括原料预处理、水解及生物乙醇发酵三步，而水解效率的高低将直接影响整个转化工艺的效率和乙醇产量。褐藻中褐藻胶含量可达藻体干重的30%以上，如果利用内切型和外切型褐藻胶裂解酶将褐藻胶转化为不饱和单糖，再利用可发酵不饱和单糖的天然微生物或工程菌株，将进一步提高褐藻的乙醇产量。

（二）褐藻胶酶解产物的应用

利用褐藻胶裂解酶生产的不同结构和聚合度的低分子量褐藻胶及褐藻胶寡糖具有抗氧化、抗肿瘤、免疫调节、促进植物生长和抗逆等多种生物活性，褐藻胶酶解产物在食品、医药、化妆品、农业等方面有广阔的应用前景。

1. 在功能保健食品领域的应用

人体内肠道菌群在摄取食物能量、产生重要代谢产物、促进免疫系统的发育成熟及保护宿主免受病原感染等方面发挥着重要作用。益生元可以促进肠道内有益菌繁殖，抑制有害菌，在维持肠道健康中具有重要作用。非消化性寡糖是一类重要的益生元，常见的低聚果糖和低聚半乳糖已经广泛应用于婴幼儿奶粉、低糖食品中。褐藻胶寡糖同样可以增加肠道中双歧杆菌的数量，降低肠杆菌和肠球菌丰度，而且其效果优于低聚果糖。

2. 在生物医药领域的应用

我国已有以褐藻胶寡糖为原料的海洋药物上市，如具有抗血栓、降血脂作用的藻酸双脂钠（PSS）和甘藻酯。褐藻胶寡糖还具有免疫调节和抗肿瘤活性，可作用于 Toll 样受体，调节巨噬细胞中一氧化氮、活性氧和肿瘤坏死因子的产生，褐藻胶寡糖的活性依赖于不饱和末端的种类、聚合度大小和 M/G。

3. 在农业领域的应用

许多研究表明，褐藻胶寡糖可以促进作物生长，提高作物抗逆性，是一种天然的植物生长调节物质。例如，Xu 等（2003）报道聚古罗糖醛酸寡糖在 0.5mg/ml 时可显著促进胡萝卜和水稻根的伸长，且聚合度为 5 的寡糖活性最高，此外，褐藻胶寡糖在诱导作物抗低温、重金属等非生物胁迫及病虫害生物胁迫方面都有报道。褐藻胶寡糖对作物生长、抗逆的多样化调节使其在农业生产中可作为生长调节剂和抗逆剂。

第二节　岩藻聚糖降解酶及其产生菌

岩藻聚糖（fucoidan）又称褐藻糖胶、岩藻聚糖硫酸酯，是一种水溶性多糖，主要由 L-岩藻糖和硫酸基组成，含有不同比例的糖醛酸和少量的鼠李糖、甘露糖、葡萄糖、半乳糖、木糖、阿拉伯糖等。岩藻聚糖广泛存在于褐藻和海洋无脊椎动物（如海参、海胆）中，是组成海藻细胞壁和海参体壁的多聚糖成分之一，具有抗凝血、抗血栓、抗病毒、抗炎等多种生物活性，在化妆品、医药、保健食品领域具有广泛的应用，目前已成为海洋药物研究的热点之一。

一、岩藻聚糖结构

岩藻聚糖是一种高分子量的硫酸杂多糖，海藻中岩藻聚糖结构因藻的种类、生长季节、藻体部位及提取手段的不同而复杂多样，代表性结构如图 12-7 所示。

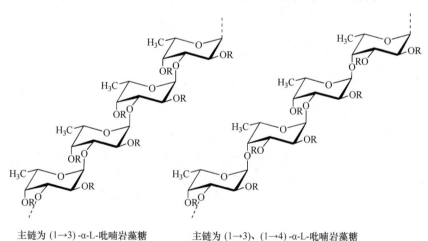

主链为 (1→3)-α-L-吡喃岩藻糖　　主链为 (1→3)、(1→4)-α-L-吡喃岩藻糖

图 12-7　岩藻聚糖代表性结构

（一）主链为(1→3)-α-L-吡喃岩藻糖

绳藻（*Chorda filum*）中的岩藻聚糖结构为(1→3)-α-L-吡喃岩藻糖主链上含有大量 α-1,2 的分支，主要由硫酸化的岩藻糖和乙酰基组成。海带（*Laminaria japonica*）和雷松藻（*Lessonia vadosa*）中也分离到了与上述结构类似的岩藻聚糖。冈村枝管藻（*Cladosiphon okamuranus*）中的岩藻聚糖部分乙酰化，在(1→3)-α-L-吡喃岩藻糖骨架上有 O2 位葡萄糖

醛酸取代，约 1/2 的岩藻糖残基在 C4 位硫酸化，岩藻糖：葡萄糖醛酸：硫酸基的摩尔比约为 6.1：1.0：2.9（Nagaoka et al.，1999）。另外，叉枝索藻（*Chordaria flagelliformis*）中的岩藻聚糖高含葡萄糖醛酸，且支链较为复杂，近 1/3 的(1→3)-α-L-吡喃岩藻糖残基上具有 O2 位葡萄糖醛酸取代，而近 1/2 的葡萄糖醛酸 C4 位被岩藻糖糖基化，岩藻糖：硫酸基：葡萄糖醛酸的摩尔比接近 1：1：0.25，硫酸基主要位于主链 C4 位（Bilan et al.，2008）。

（二）主链为(1→3)、(1→4)-α-L-吡喃岩藻糖

泡叶藻（*Ascophyllum nodosum*）、墨角藻（*Fucus vesiculosus*）中的岩藻聚糖具有相同的重复单元，即→3)-α-L-吡喃岩藻糖-2-硫酸基-(1→4)-α-L-吡喃岩藻糖-2,3-硫酸基-(1→。来源于齿缘墨角藻（*Fucus serratus*）中的岩藻聚糖，岩藻糖：硫酸基：乙酰基的摩尔比约为 1：1：0.3，硫酸基主要位于 C2 位，乙酰基位于 1→3 连接岩藻糖的 O4 位和 1→4 连接岩藻糖的 O3 位。在库墨角藻（*Fucus evanescens*）中，主链重复单元是→3)-α-L-吡喃岩藻糖-2-硫酸基-(1→4)-α-L-吡喃岩藻糖-2-硫酸基-(1→，另外的硫酸基位于主链 1→3 连接的岩藻糖 C4 位，主链 1→4 连接的岩藻糖 C3 位羟基部分乙酰化，岩藻糖：硫酸基：乙酰基的摩尔比近似 1：1.23：0.36（Bilan et al.，2002）。在边缘列子藻（*Stoechospermum marginatum*）中也发现(1→3)-α-L-吡喃岩藻糖和(1→4)-α-L-吡喃岩藻糖交替连接的岩藻聚糖。

（三）岩藻糖-半乳聚糖硫酸酯/岩藻糖-木聚糖硫酸酯

岩藻聚糖中除岩藻糖外，一般还含有其他组分的单糖，这些单糖构成复杂，形式多样。围氏马尾藻（*Sargassum wightii*）中岩藻聚糖的主链结构为→1)-α-L-岩藻糖-2-硫酸基-(3→1)-α-L-岩藻糖-2-硫酸基-(4→1)-β-半乳糖-(4→1)-β-半乳糖-(4→（Maneesh and Chakraborty，2018）。在饵料马尾藻（*Sargassum polycystum*）中，1→3 连接的岩藻糖主链上嵌有 1→2 连接的 α-D-半乳糖，硫酸基主要位于岩藻糖和半乳糖的 C4 位，结构不同于红藻中的半乳聚糖硫酸酯。小腺囊藻（*Adenocystis utricularis*）中岩藻聚糖的主链是 (1→3)-α-L 岩藻糖，C4 位硫酸化，C3 位和 C6 位连接半乳糖（Ponce et al.，2003）。从海带（*Laminaria japonica*）、展枝马尾藻（*Sargassum patens*）、裙带菜（*Undaria pinnatifida*）和狭叶马尾藻（*Sargassum stenophyllum*）中也分离到了高含半乳糖和硫酸基的岩藻聚糖。点叶藻（*Punctaria plantaginea*）中的岩藻聚糖含有 D-木糖，岩藻糖：硫酸基：木糖的摩尔比为 5：3：2，主链结构为→3)-α-L-岩藻糖-2-硫酸基-(1→3)-α-L-岩藻糖-2-硫酸基-(1→3)-α-L-岩藻糖-(1→，β-D-木糖随机地以 C4 位取代方式分布（Bilan et al.，2014）。

（四）结构更复杂的岩藻聚糖

从羊栖菜（*Hizikia fusiforme*）中提取的岩藻聚糖结构非常复杂，含有岩藻糖、甘露糖、半乳糖和少量的木糖、葡萄糖醛酸等，对分离纯化后的主要成分进行结构解析，主链缺少岩藻糖，由→2)-α-D-甘露糖-(1→、→4)-β-D-葡萄糖醛酸-(1→及少量的→4)-β-D-半乳糖-(1→交替组成，其中近 2/3 的甘露糖 C3 位有分支，半乳糖主要是 1→6 连接；近

2/3 的岩藻糖位于非还原端，其余的连接在 C2、C3 和 C4 位；约 2/3 的木糖位于非还原端，其余的连接在 C4 位；硫酸基位于 2、3 位连接的甘露糖的 C6 位、2 位连接的甘露糖的 C4 和 C6 位、6 位连接的半乳糖的 C3 及岩藻糖的 C2、C3 和 C6 位，葡萄糖醛酸和木糖中无硫酸基。

相对于海藻中的岩藻聚糖，海洋无脊椎动物中的岩藻聚糖结构通常较为简单，主要由 α-L-吡喃岩藻糖通过 1→3 或 1→4 连接方式形成线性聚合物，如巨紫球海胆（*Strongylocentrotus franciscanus*）、海参（*Ludwigothurea grisea*）中的岩藻聚糖由 1→3 连接的岩藻糖组成，硫酸基 C2 位或 C4 位取代；球海胆（*S. droebachiensis*）中的岩藻聚糖主链是 1→4 连接，硫酸基以 C2 位取代为主。硫酸基的取代位置因岩藻聚糖来源不同而有所差异。

二、岩藻聚糖降解菌

岩藻聚糖降解酶是一类降解岩藻聚糖以获得低分子量产物的酶的统称，来源广泛。目前报道的岩藻聚糖降解酶大部分来源于海洋微生物（表 12-4），其中大部分菌株都属于 Flavobacteriaceae。Descamps 等（2006）分离得到的菌株 SW5 即属于 Flavobacteriaceae，其胞外酶可降解沟鹿角菜（*Pelvetia canaliculata*）中的岩藻聚糖。Sakai 等（2002）也发现了一株 Flavobacteriaceae，该细菌可降解裙带菜（*Undaria pinnatifida*）和淡黑巨海藻（*Lessonia nigrescens*）中的岩藻聚糖。王莹（2014）分离纯化出可降解海带岩藻聚糖的菌株 RC2-3，该菌株也属于 Flavobacteriaceae。已报道的产岩藻聚糖降解酶的海洋微生物还有：交替单胞菌属（*Alteromonas*）、芽孢杆菌属（*Bacillus*）、双歧杆菌属（*Bifidobacterium*）、假交替单胞菌属（*Pseudoalteromonas*）、硫化叶菌属（*Sulfolobus*）、假单胞菌属（*Pseudomonas*）、弧菌属（*Vibrio*）、小树状霉属（*Dendryphiella*）、曲霉属（*Aspergillus*）、青霉属（*Penicillium*）、镰刀菌属（*Fusarium*）、链霉菌属（*Streptomyces*）、疣微菌门（*Verrucomicrobia*）等。

表12-4　部分岩藻聚糖降解菌

来源	物种
细菌	交替单胞菌属 *Alteromonas* sp. SN-1009
	芽孢杆菌属 *Bacillus* sp. K40T
	双歧杆菌属 *Bifidobacterium bifidum*
	黄杆菌属　*Flavobacterium* sp.CZ1127
	黄杆菌属　*Flavobacterium* sp. SW5
	黄杆菌属　*Flavobacterium* sp. RC2-3
	黄杆菌属　*Flavobacterium* sp. SA-0082
	黄杆菌属　*Flavobacterium* sp. F-31
	革兰菌属 *Gramella* sp. KMM 6054
	苍黄杆菌属 *Luteolibacter algae* H18

续表

来源	物种
细菌	海洋杆菌属 *Maribacter* sp. KMM 6211
	假交替单胞菌属 *Pseudoalteromonas citrea* KMM 3296
	假单胞菌属 *Pseudomonas carrageenovora*
	鞘氨醇单胞菌属 *Sphingomonas paucimobilis* PF-1
	鞘氨醇单胞菌属 *Sphingomonas* sp. AS6330
	硫化叶菌属 *Sulfolobus solfataricus*
	栖热菌属 *Thermus* sp. Y5
	疣微菌门 *Verrucomicrobia* SI-1234
	弧菌属 *Vibro* sp. N-5
真菌	曲霉属 *Aspergillus wentii* PZ322
	小树状霉属 *Dendryphiella arenaria* TM94
	镰刀菌属 *Fusarium* oxysporum
	镰刀菌属 *Fusarium* sp. LD8
	青霉素 *Penicillium multicolor*
	链霉菌属 *Streptomyces* sp. OH11242

三、岩藻聚糖降解酶

（一）岩藻聚糖降解酶的分类

岩藻聚糖降解酶是一种糖苷水解酶,根据作用方式不同将其分为三类:第一类为 α-L-岩藻糖苷酶（EC 3.2.1.51），包括 1,2-α-L-岩藻糖苷酶、1,3-α-L-岩藻糖苷酶和 1,6-α-L-岩藻糖苷酶,从非还原末端切割糖苷键释放岩藻糖,属于外切酶;第二类为岩藻聚糖酶（EC 3.2.1.44）,水解糖链内部或边缘的 α-1,3 或 β-1,4 岩藻糖苷键,生成低分子量的岩藻聚糖或寡糖,既有内切酶又有外切酶;第三类是硫酸酯酶（EC 3.1.6）,水解岩藻聚糖中 C2 位的硫酸基团,催化裂解硫酸酯键。

（二）岩藻聚糖降解酶的结构及催化机制

在 CAZy（carbohydrate-active enzymes）数据库中,岩藻聚糖降解酶被分成 9 个糖苷水解酶（glycoside hydrolases, GH）家族,分别为 GH 1、3、29、30、95、107、141、151 和 NC 家族,α-L-岩藻糖苷酶主要归类于 GH 29 和 GH 95 家族,岩藻聚糖酶主要归类于 GH 107 家族,硫酸酯酶不在该分类范围内。有些家族中的蛋白晶体结构还未进行表征,图 12-8 展示了部分已表征的不同 GH 家族中岩藻聚糖降解酶的三维结构。在已报道的岩藻聚糖降解酶的催化作用机制中,主要有保留水解机制（retaining mechanisms）和反转水解机制（inverting mechanisms）两种方式。

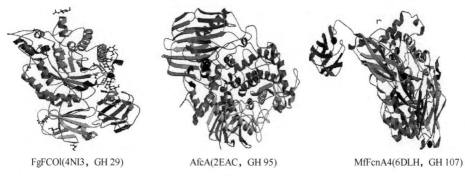

FgFCOl(4NI3, GH 29)   AfcA(2EAC, GH 95)   MfFcnA4(6DLH, GH 107)

图 12-8 不同 GH 家族中岩藻聚糖降解酶的三维结构（彩图请扫封底二维码）

GH 29 家族以 α-L-岩藻糖苷酶 FgFCO1（PDB ID：4NI3）为例（Cao et al.，2014）。FgFCO1 的 3D 结构为$(\beta/\alpha)_8$TIM 桶状结构域，总体结构由三个域组成：N 端保守$(\beta/\alpha)_8$TIM 桶状域、β 夹心域和 C 端非保守 βγ 结晶域。N 端保守区是 FgFCO1 的活性位点，β 夹心域是 GH 29 家族岩藻聚糖降解酶的典型结构。α-L-岩藻糖苷酶 FgFCO1 采用保留水解机制进行催化反应，如图 12-9 所示，Asp^{226}亲和攻击底物 C1 原子形成酶-底物中间产物后，游离苷元离开，然后 Glu^{288} 提供质子稳定中间产物构象，并对其进行水解得到酶-产物复合物，酶释放产物成游离态后，进行下一轮催化反应。催化过程中，酶的构象变化遵循 $^1C_4$-$^3S_1$-$^1C_4$ 途径，可能存在含有 sp^2 杂化碳的 $^3H_4$ 过渡态，FgFCO1 中的其他活性残基如 His^{126}、His^{127}、His^{171} 和 Lys^{272} 通过氢键参与过渡态的稳定。

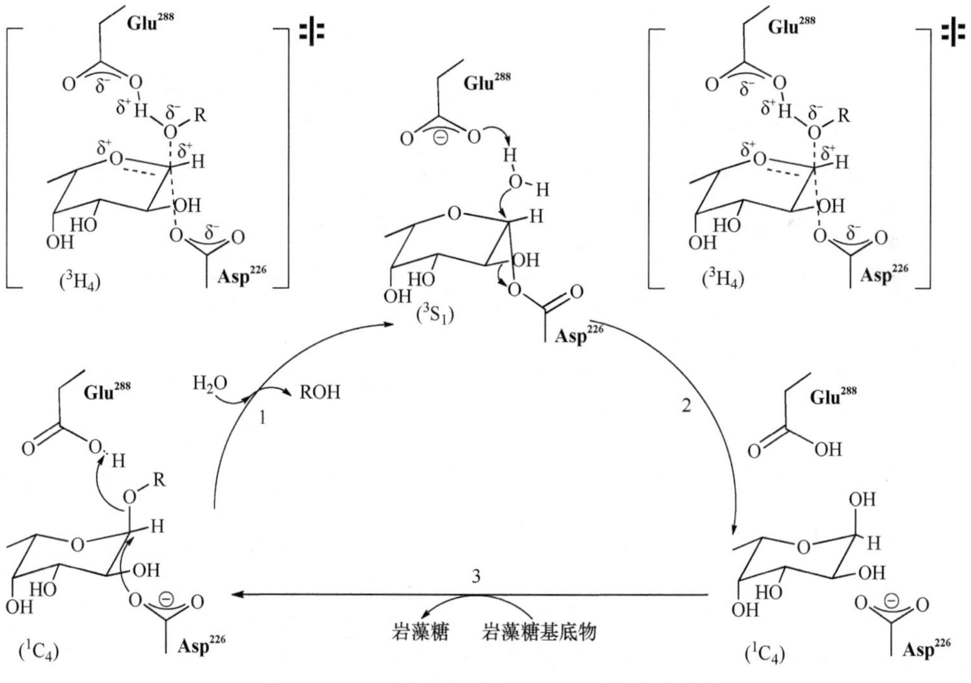

图 12-9 α-L-岩藻糖苷酶 FgFCO1 的催化机制

GH 95 家族以 α-L-岩藻糖苷酶 AfcA（PDB ID：2EAC）为例（Nagae et al.，2007）。AfcA 的 3D 结构为$(\alpha/\alpha)_6$ 螺旋桶状结构域，功能区由 4 个区域组成：N 端 β 区、螺旋连接区、螺旋桶区和 C 端 β 区。N 端 β 区由 16 条反平行链组成，排列在一个超级 β 夹角

中，并与连接区的 4 个 α 螺旋相连，但 N 端 β 区的功能仍不清楚。中心螺旋桶区由一个
(α/α)₆ 折叠域组成，分子表面具有一个深的带负电荷的口袋，该区域可能代表底物结合口
袋。C 端 β 区形成两层胶状卷褶皱，与麦芽糖磷酸化酶和几丁质磷酸化酶的 C 端结构域
高度相似，但其功能尚不清楚。α-L-岩藻糖苷酶 AfcA 采用反转水解机制进行催化反应，
如图 12-10 所示，蛋白质中的 Glu566 和 Asp766 高度保守，对催化反应起着决定性作用，
位于催化中心的底部。水分子与 Asn421 和 Asn423 分别形成氢键，并亲和攻击底物的 C1
原子，Glu566 作为酸催化剂，提供 H+，从而使活性羧基氧直接攻击异头碳使 C-O 糖苷键
断裂，完成酶促反应。

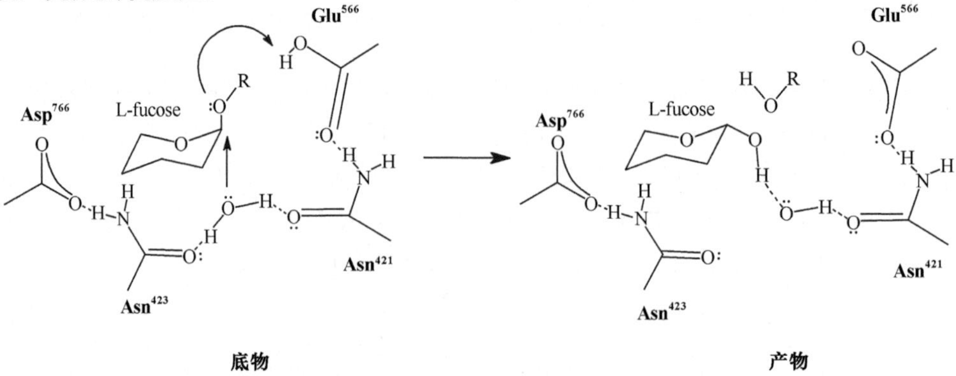

底物　　　　　　　　　　　　　　　　　　　产物

图 12-10　α-L-岩藻糖苷酶 AfcA 的催化机制

（三）岩藻聚糖降解酶的酶学性质及调控

不同来源的岩藻聚糖降解酶性质差异较大（表 12-5），大多数岩藻聚糖降解酶的最
适反应温度一般为 30~50℃，最适 pH 一般在 7.0 左右、微酸。岩藻聚糖降解酶一般是
单聚体，分子量为 50~100kDa，差异较大，如 *Dendryphiella arenaria* TM94 来源的岩藻
聚糖降解酶分子量为 180kDa，而 *Pseudoalteromonas citrea* 来源的岩藻聚糖降解酶分子量
为 30kDa。

表12-5　不同来源岩藻聚糖降解酶的部分酶学性质

产酶微生物	分子量/kDa	最适 pH	最适温度/℃	金属离子的影响	酶切方式	定位
Alteromonas sp. SN-1009	100	6.5~8.0	30~35	Ag^+、K^+、Mn^{2+}无影响；Mg^{2+}、Cd^{2+}、Hg^{2+}、Co^{2+}、Cu^{2+}、Zn^{2+}抑制	外切	胞外
Dendryphiella arenaria TM94	180	6.0	50	—	内切	胞内
Fusarium sp. LD8	64	6.0	60	—	—	胞外
Pecten maximus	200	4.0	60	Ca^{2+}、Mg^{2+}、Mn^{2+}、Co^{2+}、Zn^{2+}促进；Hg^{2+}、Cu^{2+}抑制	α-L-岩藻糖苷键	胞外
Sphingomonas paucimobilis PF-1	130	6.0~7.0	40~45	Na^+、Mn^{2+}促进；K^+、Ca^{2+}、Ba^{2+}、Cu^{2+}抑制	内切	胞外
Sphingomonas sp. AS6330	62	7.0	45	—	硫酸酯键	—
Vibrio sp. N-5	40~68	6.0~7.5	38~45	Na^+、Mn^{2+}、Sn^{2+}、Fe^{2+}、Co^{2+}促进；Ag^+、Fe^{3+}、Hg^{2+}抑制	外切	胞外

四、岩藻聚糖降解酶及酶解产物的应用

（一）岩藻聚糖降解酶的应用

岩藻聚糖经岩藻聚糖降解酶的作用后，生物活性和生物利用度普遍提高，并且分子量小，便于研究多糖结构，明晰结构和生物功能之间的构效关系。与此同时，酶的作用条件温和、效率高、底物特异性强，也可应用于临床检测。

1. 低分子量岩藻寡糖的制备

岩藻聚糖的分子量极大，从几万到几十万不等，且具有一定的黏性，影响了其吸收效率和药用价值。通过酶解获得低分子量的寡糖是提高其生物利用度的有效途径。分子量为 5～50kDa 的岩藻寡糖在抗氧化、抗血栓、抗炎等方面比大分子量的多糖更具有优势。目前，在岩藻寡糖的制备方法中，酶法降解由于专一性强、条件温和、硫酸基损失少、重复性好等优势，被认为是最理想的方法。

2. 岩藻聚糖结构的研究

多糖生物活性的基础是其化学结构，而多糖化学结构的变化会影响其生物活性，因此多糖生理功能的研究焦点是对其化学结构的解析。利用岩藻聚糖降解酶对岩藻聚糖进行专一性酶解和特定分子量产物制备，结合质谱、核磁等光谱分析技术，解析寡糖片段结构，推断多糖的结构已成为一种有效的研究手段。

3. 临床应用

α-L-岩藻糖苷酶广泛分布于人体细胞及体液中，在肝、肾组织中含量较高，参与含 α-L-岩藻糖复合物的水解。α-L-岩藻糖苷酶在血清或组织中活性的改变与肿瘤的发生具有密切关系。α-L-岩藻糖苷酶在临床方面最早用于因先天性缺乏该酶而引起的岩藻糖苷贮积病的辅助诊断，随着研究的深入，该酶逐渐应用在肝细胞癌、结直肠癌、胃癌、乳腺癌、胰腺癌、炎症、糖尿病等疾病的诊断和治疗中。α-L-岩藻糖苷酶不是一种特异性很高的诊断指标，但是联合检测其他指标或同时对血清、尿液中的酶活性进行检测可发挥较好的作用，如 α-L-岩藻糖苷酶联合甲胎蛋白异质体、同型半胱氨酸用于原发性肝癌的诊断，α-L-岩藻糖苷酶联合总胆固醇用于良性、恶性腹腔积液（腹水）的鉴别诊断，联合 β-N-乙酰-D-己胺酶、α-D-甘露糖苷酶用于胰腺癌的诊断等。

（二）岩藻聚糖酶解产物的应用

岩藻聚糖经岩藻聚糖降解酶专一性酶解后，获得的不同分子量的多糖及寡糖具有抗凝血、美白、调节免疫等生物活性，在化妆品、医药和保健食品等领域广泛应用。

1. 在医药领域的应用

岩藻聚糖药理活性非常广泛，在日本、美国，该物质作为预防和治疗癌症、血栓疾病的药物已进入市场，挪威和德国开展了其在抗 HIV 和抑制白细胞生长方面的研究，我国学者对岩藻聚糖也进行了大量研究，已开发出防治心血管疾病、脑血管疾病、肾血管疾病的药物，并在临床上取得了满意的效果。目前，以岩藻聚糖为原料开发上市的药品有中国吉林省辉南长龙生化药业股份有限公司生产的海昆肾喜胶囊、日本的福可达、美国的 Arabino Fucoidan 和 Bes Fucoidan 等。

2. 在功能保健食品领域的应用

生活的快节奏、饮食的不规律和社会的高速发展，致使身体的亚健康和慢性疾病越来越普遍，人们开始广泛地关注功能保健食品。而岩藻聚糖作为一种天然糖聚物，具有清除肠胃系统紊乱、双向调和免疫力等功能，在功能保健食品的开发中具有潜力。以岩藻聚糖为原料研制的功能食品如美国 Youngevity 公司的 ZRadical 功能饮料、韩国的 FUCOIDAN 口服液和日本的海の雫冲剂、胶囊和口服液系列产品等，受到人们的关注和喜爱。

3. 在化妆品领域的应用

岩藻聚糖的硫酸化、分子量差异及复杂的化学结构赋予了其优良的保湿性能和延迟保湿能力，是一种天然长效保湿剂。刘冰月（2017）对羊栖菜岩藻聚糖进行保湿活性研究，在 43%和 81%的湿度条件下，该岩藻聚糖的短效吸湿性（8h）优于甘油，1%岩藻聚糖溶液的保湿性能与 5%甘油相当。岩藻聚糖在皮肤表面会形成一层高度含水膜，有效保护皮肤，抵抗脱水。另外，岩藻聚糖具有复杂的抗过敏机制和对油溶性物质的自动乳化能力。

第三节　琼胶降解酶及其产生菌

琼胶（agar）又称琼脂，还有其他俗称如冻粉、洋菜、大菜、洋粉、凉粉、燕菜等。琼胶是石花菜科（Gelidiaceae）和龙须菜科（Gracilariaceae）红藻细胞壁的主要组分。琼胶与卡拉胶类似，属于复杂水溶性红藻多糖，应用价值较高。我国使用琼胶的历史早已有典籍报道，1000 多年前我国沿海地区人们已用石花菜煮胶，将其制作成凝胶食品，后来传至日本等其他国家。琼胶不仅具有食用价值，还可以作为一种高分子材料进行应用。

一、琼　胶　结　构

琼胶是一种热可逆性凝胶，能够反复进行加热与冷却而不破坏其结构，无色无味，在加热时具有很好的吸水性，而不溶于冷水。其对 pH 在 4～12 的波动不敏感，耐碱性能优于耐酸性能，具有良好的热稳定性。琼胶有两大特性较为显著，一是其熔点高于凝固点，琼胶凝固点一般为 32～43℃，熔点一般为 75～90℃；二是在室温放置时，琼胶溶液能形成良好的凝胶体系而不需要加入任何物质，这主要是因为琼胶双螺旋结构的聚集，而其他胶体要加入不同的物质才能有此性质。此外，琼胶干品有很强的稳定性，不易吸湿、腐败等，可长期干燥储存。

琼胶是一类由半乳聚糖形成的复杂多聚物，分子式为（$C_{12}H_{18}O_9$）$_n$，主要包括中性琼脂糖和酸性琼脂胶。琼脂糖（agarose）结构相对简单，多糖重复单元为→3)-β-D-半乳糖-（1→4）-3,6-内醚-α-L-半乳糖-（1→（图 12-11），分子量在 100kDa 以上，硫酸基含量在 0.15% 以下。琼脂胶（agaropectin）是一类硫酸化的半乳糖聚合物，相对于琼脂糖组成成分较复杂，糖链上含有 D-半乳糖、半乳糖醛酸及硫酸基、丙酮酸、甲基等取代基团，其分子量较低，一般小于 20kDa，硫酸基含量在 5%～8%。

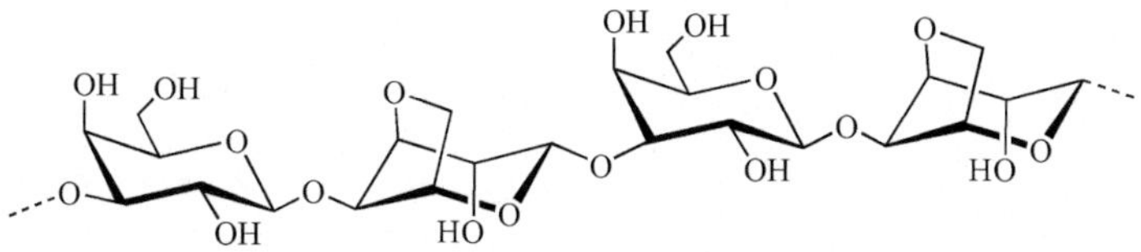

图 12-11 琼脂糖的结构（Fu and Kim，2010）

紫菜聚糖（porphyran）是红藻中不产生琼胶藻的主要多糖形式，在紫菜属中含量最高，其基本结构是→3)-β-D-半乳糖-(1→4)-α-L-半乳糖-6-硫酸基-(1→，部分 L-半乳糖残基被 3,6-内醚-α-L-半乳糖替换，部分 D-半乳糖的 C6 位和 L-半乳糖的 C2 位发生甲基化。紫菜聚糖中硫酸基含量在 17%～21%，因硫酸化程度高而无法形成琼胶，严格来讲紫菜聚糖是一种类似于琼胶的海藻多糖，但不属于已商品化范畴的琼胶多糖。

二、琼胶降解菌

天然琼胶酶的来源极其广泛，可以从海水、海藻、海底沉积物、土壤及海洋软体动物等中获得（表 12-6）。1902 年，能够降解琼胶的菌株第一次从海水中分离得到。自此之后，又陆续从世界各地分离得到产琼胶酶菌株，如智利的圣维森特湾、法国的地中海等区域的海水中；中国厦门海岸、日本伊势湾等区域的海泥中；日本的腐烂紫菜、中国海南岛南岸的腐烂藻体中等。在一些淡水和土壤中也有具有琼胶酶活性的菌株产生，如日本岐阜的土壤样品、印度卡纳塔克邦的海水样品等。但是大多数的产琼胶酶菌株来源于海洋环境，且以细菌为主。目前，具有琼胶酶活性的细菌主要集中在弧菌属（Vibrio）、交替单胞菌属（Alteromonas）、噬琼胶菌属（Agarivorans）、假交替单胞菌属（Pseudoalteromonas）、噬纤维菌属（Cytophaga）、不动杆菌属（Acinetobacter）和芽孢杆菌属（Bacillus）等。

三、琼 胶 酶

（一）琼胶酶的分类

琼胶酶（agarase）隶属于糖苷水解酶（GH）家族，是一类特异性降解琼胶且主要水解产物是琼胶寡糖的降解酶类。根据其酶解方式的不同，可以将琼胶酶分为 α-琼胶酶（EC 3.2.1158）、β-琼胶酶（EC 3.2.1.81）和 β-紫菜胶酶（EC 3.2.1.178）。α-琼胶酶主要水解 α-1,3 糖苷键，得到的酶解产物主要为琼寡糖（agaro-oligosaccharide）。琼寡糖是以琼二糖为重复单元，且该系列寡糖的还原末端为 3,6-内醚-α-L-半乳糖；β-琼胶酶特异性水解 β-1,4 糖苷键，酶解产物为新琼寡糖（neoagaro-oligosaccharide），新琼寡糖以新琼二糖为重复单元，该系列寡糖的还原性末端为 β-D-半乳糖（Fu and Kim，2010）。β-紫菜胶酶水解紫

菜聚糖中的 β-1,4 糖苷键，酶解产物为新紫菜寡糖，新紫菜寡糖以紫菜二塘为重复单元，该系列寡糖的还原末端为 β-D-半乳糖。

α-琼胶酶和 β-琼胶酶的酶切位点示意图如图 12-12 所示，β-紫菜胶酶的酶切位点示意图如图 12-13 所示。

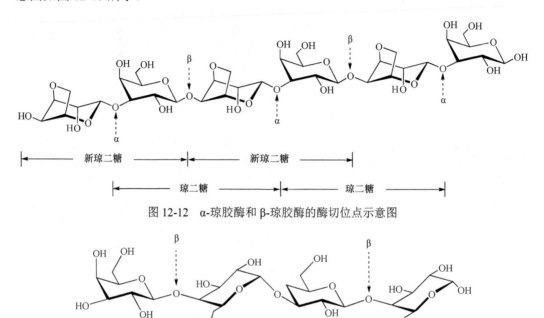

图 12-12　α-琼胶酶和 β-琼胶酶的酶切位点示意图

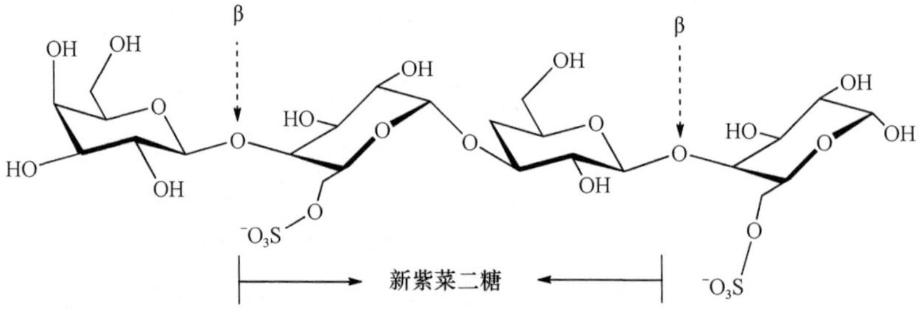

图 12-13　β-紫菜胶酶的酶切位点示意图

目前研究中分离鉴定到的琼胶酶大部分属于 β-琼胶酶。在 CAZy 数据库（http://www.cazy.org/）中，β-琼胶酶可被归类在 GH 16、50、86 及 118 四个家族中。研究表明，大多数 β-琼胶酶属于 GH 16 家族，只有少数 β-琼胶酶属于 GH 50 和 GH 86 家族。除 GH 118 家族外，其他三种 GH 家族均具有完整的模块化结构。来自 GH 16、50 和 86 家族的琼胶酶通常携带保守性的糖苷水解酶模块，从而在催化反应中发挥重要作用。

来自 GH 16 家族的 β-琼胶酶的主要降解产物为新琼四糖。来自 GH 50 家族的 β-琼胶酶的降解产物是新琼二糖，且是唯一可以水解琼脂糖产生新琼二糖的琼胶酶。新琼二糖能够进一步被新琼二糖水解酶降解为单糖。因此来自 GH 50 家族的 β-琼胶酶在以琼胶作为生物质的实验中被大量研究和应用。然而，只有少数几个 GH 50 家族的琼胶酶的结构得到鉴定。酶解产物为新琼二糖、新琼四糖或者以新琼二糖和新琼四糖作为主要产物的混合物。

此外，在天然琼胶酶的分离鉴定中，还存在少量的 α-琼胶酶。α-琼胶酶只在 GH 96 和 GH 117 家族中被发现。其中，GH 96 家族中只含有 α-琼胶酶；GH 117 家族中则包括新琼寡糖水解酶和新琼二糖水解酶。

β-紫菜胶酶主要分布于 GH 16 家族，在 GH 86 家族中也有报道，酶解终产物是新紫菜二糖。

（二）琼胶酶的结构及催化机制

1. 琼胶酶的结构

糖苷水解酶具有特定的分子结构，通常为典型的模块化结构，即酶分子中可分为催化模块和非催化模块。其中最常见的非催化模块是碳水化合物结合模块（carbohydrate-binding modules，CBMs），CBMs 可以显著提高催化活性，其作用机制是通过使酶与底物接近，进而增加底物表面的有效酶活浓度。

CBMs 中发挥重要作用的结构域是 CBM 6，CBM 6 结构域存在于纤维素酶、木聚糖酶、甘露糖聚酶和琼胶酶等多种糖苷水解酶中。生物信息学研究结果表明，CBM 6 模块主要存在于 GH 16 家族酶的 C 端。因此在琼胶酶中，具有非催化活性的 CBM 6 模块能特异性地结合琼胶糖链的非还原性末端，识别第一个二糖重复单元，从而使催化模块连接到 β-琼胶酶作用的目标区域。

ZgAgaA 和 ZgAgaB 是两个最先被测定三维结构的 β-琼胶酶，它们是从海洋细菌 *Zobellia galactanivorans* 中分离出来的，都属于 GH 16 家族。生物信息学研究结果显示，两个琼胶酶中都存在一个 β 凝胶卷形折叠结构，其立体化学结构采用的是保留异头碳的方式，结构中包含的两个催化性谷氨酸残基是其能够发挥水解催化作用的关键。琼胶酶 ZgAgaA 和 ZgAgaB 的酶切方式都是内切，酶解琼胶多聚糖产生的主要终产物是新琼四糖和新琼六糖。在将新琼四糖和新琼六糖继续降解为寡糖的过程中，则需要多个糖苷水解酶家族共同参与，因为 GH 16 家族中的酶对聚合度较低的寡糖如四糖或者六糖的降解能力较弱，因此常用来自 GH 50 家族的 β-琼胶酶或者来自 GH 117 家族的 α-琼胶酶参与到琼胶水解系统中（朱磊和薛永常，2016）。

GH 50 家族中的 β-琼胶酶酶切方式主要是外切，如从多糖降解菌 *Saccharophagus degradans* 2-40 中分离得到的 Aga50D 琼胶酶。Aga50D 琼胶酶可以在琼脂糖非还原性末端脱去一个新琼二糖单元，产物为新琼寡糖。这种特异性的作用方式是 GH 16 家族中的 β-琼胶酶不具备的。对 Aga50D 琼胶酶进行三维结构分析，发现其结构中包含两个复杂结构域，一个是（α/β）$_8$ 桶状折叠催化结构域，另一个是类似于 β 凝胶卷形折叠 CBMs 结构域。Aga50D 的催化机制是由两个具有催化活性的谷氨酸完成的，谷氨酸位于洞穴形状活性位点的底部，这样的定位方式符合外切酶的活动方式。CBMs 结构域一般连接在琼胶酶催化结构域连接器上，但在 Aga50D 琼胶酶中类似于 CBMs 的结构域则融合在催化结构域中，位于洞穴形状活性位点的入口处，通过色氨酸残基与底物结合以发挥催化水解的作用（Jan-Hendrik et al.，2012）。

来自 GH 117 家族的 α-琼胶酶是一种新琼二糖水解酶，通过外切酶的作用将新琼寡糖非还原性末端的一个 3,6-内醚-L-半乳糖脱去。对细菌 *Zobellia galactanivorans* 和 *Saccharophagus degradans* 2-40 中的 α-琼胶酶结构进行解析，结果表明，这些酶中都含有一个五叶片状的 β 螺旋折叠结构，并且通过结构域的交换形成了稳定的二聚体。分泌自人类肠道细菌 *Bacteroides plebeius* 的 BpGH 117 琼胶酶属于 GH 117 家族中的一员，BpGH 117 琼胶酶是一种伴随新琼二糖的米氏复合物（Michaelis-complex）结构，其三维结构分析显示，在 β 螺旋中心存在活性位点，并且邻近活性位点的是一个金属结合位点（周峥嵘，2013）。

2. 琼胶酶的催化机制

琼胶酶可通过三种机制降解琼胶，分别是水解琼胶中重复单元的 α-琼胶水解机制和 β-琼胶水解机制（图 12-14），以及水解紫菜聚糖中重复单元的 β-紫菜胶水解机制。

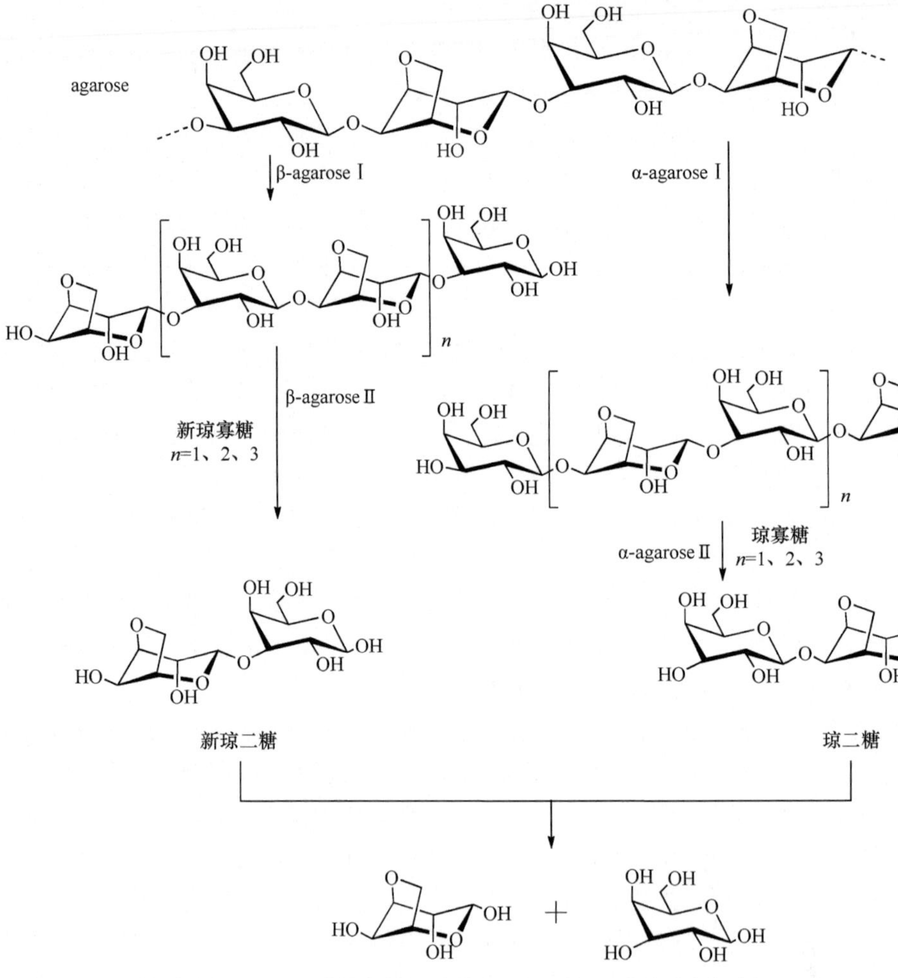

图 12-14 琼脂糖（agarose）降解中的 α-琼胶水解机制和 β-琼胶水解机制（Young et al.，1971）

（1）α-琼胶水解机制

α-琼胶水解机制是指 α-琼胶酶特异性地水解琼胶中的糖苷键，从而完成酶解反应的过程。实验表明，α-琼胶酶能够选择性断裂琼寡糖中的 α-1,3 糖苷键。其中来自海洋的交替单胞菌（*Alteromonas agarlyticus* GJ1B）和噬琼胶塔拉萨单胞菌（*Thalassomonas* sp. JAMB-A33）就是 α-琼胶水解机制。将来源于 *Alteromonas agarlyticus* GJ1B 和 *Thalassomonas* sp. JAMB-A33 的两个 α-琼胶酶的氨基酸序列进行比对，结果显示这两个琼胶酶结构上有 64% 的序列一致性。这两种酶属于新的 GH 96 家族。进一步的生物信息学分析表明，这两个琼胶酶存在一个复杂的模块化结构，包含了 3 个 CBM 6 结构域。

AgaA 是由细菌 *A. agarlyticus* GJ1B 分泌的一种 α-琼胶酶，天然状态下的 AgaA 以同源二聚体的形式存在，其分子量约为 360kDa。AgaA 水解琼脂糖生成的终产物为琼胶四糖和琼胶六糖。琼胶酶 AgaA33 是由细菌 *Thalassomonas* sp. JAMB-A33 分泌得到的，从深海沉积物中分离得到，分子量约为 87kDa，主要以单体形式存在。AgaA33 是一种外切型 α-琼胶酶，可作用于琼脂糖、琼胶六糖、新琼六糖和紫菜聚糖中的 α-1,3 糖苷键。AgaA33 水解琼脂糖时产生的终产物是琼胶四糖。

（2）β-琼胶水解机制

β-琼胶水解机制是指 β-琼胶酶选择性地破坏琼胶中的 β-1,4 糖苷键。β-琼胶酶主要来源于 GH 16 家族。GH 16 家族是由超过 2800 个功能异构的成员组成的，其中包括琼胶酶、卡拉胶酶、紫菜胶酶、半乳糖苷酶和葡聚糖酶等。所有 GH 16 家族的水解酶都有一个共同的特点，即其催化机制为保留水解机制且具有转糖基活性。尽管 β-琼胶酶具有多种多样的酶学性质，但大部分 GH 16 家族中的 β-琼胶酶在水解琼脂糖的反应中更趋向于生成长链低聚糖而不是新琼二糖。GH 50 家族只由 β-琼胶酶组成，这一点与 GH 16、GH 86 家族有所不同。目前 GH 50 和 GH 86 家族分别包含 79、40 个成员。

进一步的生物信息学分析研究表明，GH 50 家族中的催化结构域模块基本位于多肽链的 C 端，与 GH 16 家族中的结构域模块相距甚远。在 GH 86 家族的成员中，分离自产微球茎菌（*Microbulbifer thermotolerans* JAMB-A94）的琼胶酶 AgaO 与分离自细菌（*Saccharophagus degradans* 2-40）的琼胶酶 Aga86E 经过了琼胶酶功能的验证。结果表明，AgaO 是一个内切 β-琼胶酶，能够特异性降解琼脂糖和琼脂低聚糖，得到的主要产物是新琼六糖。Aga86E 同样具有外切 β-琼胶酶活性，但其作用于琼脂糖的主要产物为新琼二糖。

目前对于 GH 118 家族的研究有限，已知的 GH 118 家族只有 5 个成员，其中包括两个推测出的和两个功能上经过验证的 β-琼胶酶。AgaC 和 AgaB 是分别来自 *Vibrio* sp. PO-303、*Pseudoalteromonas* sp. CY24 的 β-琼胶酶，但对这两个 β-琼胶酶分析后发现它们的氨基酸序列是一致的，意味着这两个细菌属之间存在水平基因转移。此外，AgaC 和 AgaB 琼胶酶作用于琼脂糖产生的产物有新琼八糖、新琼四糖和新琼六糖。

在 β-琼胶水解途径中，由于多种不同性质的 β-琼胶酶的水解作用，琼胶聚合物往往会被降解成不同聚合度的寡糖，如新琼四糖、新琼六糖和新琼八糖等，但这些反应产物不是最终的产物，还会通过其他琼胶酶的继续作用，得到最终产物新琼二糖。菌体在吸收了新琼二糖后，还会通过体内特定的糖苷酶继续将二糖水解为单糖（Young et al.，1971）。

（3）β-紫菜胶水解机制

β-紫菜胶水解机制是指 β-紫菜胶酶特异性地水解紫菜聚糖中的 β-1,4 糖苷键。β-紫菜胶酶最早于海洋细菌 *Zobellia galactanivorans* 中发现，目前已在该菌株中发现 PorA、PorB、PorC、PorD 和 PorE 共 5 种 β-紫菜胶酶，均属于 GH 16 家族。对 PorA 和 PorB 的功能分析发现，这两种酶对纯的琼脂糖和卡拉胶表现低酶活或者不表现活性，但对紫菜聚糖表现高酶活，且降解产物主要为新紫菜二糖。PorA 的降解产物中还包含部分新紫菜四糖、杂合新紫菜二糖和新紫菜四糖的混合物及多聚己糖等，在这些混合寡糖两端，至少存在一个新紫菜二糖部分，证明 PorA 特异性水解紫菜聚糖中的

β-1,4 糖苷键。

对 PorA 和 PorB 进行三维结构分析,结果显示 β-紫菜胶酶与 β-琼胶酶的结构差异决定了他们识别不同的底物。β-紫菜胶酶 PorA 结构中的亚位点-2 识别并结合 L-半乳糖-6-硫酸基,β-琼胶酶 AgaA 结构中亚位点-2 结合 L-半乳糖。此外,底物结合部位的正电荷及突出到底物结合部位的疏水腔为 L-半乳糖-6-硫酸基上的庞大硫酸基团提供空间,这是紫菜胶酶识别底物的关键。对 PorA 和 PorB 进行生物信息学分析,发现这两种 β-紫菜胶酶与其他 6 个同源蛋白在进化上形成了一个不同于 β-琼胶酶和卡拉胶酶的新亚群(Hehemann et al.,2010)。

β-紫菜胶酶除分布于 GH 16 家族外,在 GH 86 家族中也有分布,其中来自肠道细菌 *Bacteroides plebeius* 的 β-紫菜胶酶 BpGH86A 是首个在结构和功能上被鉴定的紫菜胶酶,BpGH86A 属于内切酶,受 β-琼胶酶调控。

目前暂未发现其他酶在紫菜聚糖的降解途径中发挥作用,但是仍可推断出 β-紫菜胶酶最终降解产物的去向。新紫菜二糖被进一步水解形成 D-半乳糖和 L-半乳糖-6-硫酸,或者新紫菜二糖先脱硫酸基团,然后水解成 D-半乳糖和 L-半乳糖(图 12-15),以供微生物代谢利用(Chi et al.,2012)。

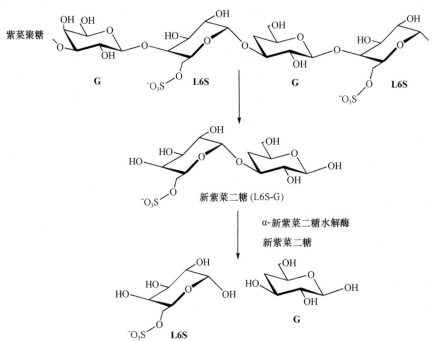

图 12-15　紫菜聚糖降解中的 β-紫菜胶水解机制
G:β-D-半乳糖;L6S:α-L-半乳糖-6-硫酸基

（三）琼胶酶的酶学性质及调控

目前已有研究对来自海水、海洋沉积物、海藻和海洋软体动物等来源的琼胶酶进行提取纯化及结构表征,它们的重要性质列于表 12-6。不同琼胶酶的分子量具有显著差异,

表12-6　部分琼胶酶：酶切位点、特性及产物（Fu and Kim，2010）

来源	定位	分类	分子量/kDa	比活力/（U/mg）	最适温度/℃	最适 pH	产物
海水							
Vibrio sp. JT0107	胞外	β-琼胶酶	107	6.3	30	8.0	NA2、NA4
Alteromonas sp. C-1	胞外	β-琼胶酶	52	234	30	6.5	NA4
Cytophaga sp.	胞外	β-琼胶酶	—	—	40	7.2	—
Alteromonas agarlyticus GJ1B	胞外	α-琼胶酶	180（SDS-PAGE）360（凝胶过滤层析）	—	—	7.2	A4
海底沉积物							
Vibrio sp. PO-303	胞外	β-琼胶酶	87.5	7.54	38~55	6.5~ 7.5	NA4、NA6、NA2
			115	28.4			
			57	20.8			
Thalassomonas sp. JAMB-A33	胞内	α-琼胶酶	85	40.7	45	8.5	A2、A4、A6
Agarivorans sp. HZ105	胞外	β-琼胶酶	58	76.8	—	6.0~ 9.0	—
			54	57.45			
海藻							
Alteromonas sp. SY37-12	胞外	β-琼胶酶	39.5	83.5	35	7.0	NA4、NA6、NA8
Pseudoalteromonas antarctica N-1	胞外	β-琼胶酶	33	292	—	7.0	NA4、NA6
Pseudomonas atlantica	胞内	β-琼胶酶	32	—	—	7.0	NA2
Vibrio sp. AP-2	胞外	β-琼胶酶	20	—	—	5.5	NA2
Zobellia galactanivorans	胞外	β-紫菜胶酶	45	—	—	—	NP2
海洋软体动物							
Agarivorans albus YKW-34	胞外	β-琼胶酶	50	25.54	40	8.0	NA2、NA4

续表

来源	定位	分类	分子量/kDa	比活力/(U/mg)	最适温度/℃	最适pH	产物
淡水							
Cytophaga flevensis	胞外	β-琼胶酶	26	—	35	6.3	NA2、NA4、NA6、NA8、NA10、NA12、NA14、NA16
土壤							
Bacillus sp. MK03	胞外	β-琼胶酶	92（SDS-PAGE）113（凝胶过滤）	14.2	40	7.6	NA2、NA4
Alteromonas sp. E-1	胞内	β-琼胶酶	82（SDS-PAGE）180（凝胶过滤）	34	40	7.5	NA2
Acinetobacter sp. AGLSL-1	胞外	β-琼胶酶	100	397	40	6.0	NA2
未知来源							
Pseudomonas-like bacteria	胞外	β-琼胶酶	210	—	38	—	NA2、NA4、NA6
			63	—	43	—	NA4
Pseudomonas atlantica	胞内	β-琼胶酶	—	—	—	—	NA4、NA6、NA8、NA10

注：A4 为琼四糖，NA4 为新琼四糖，余类似。

为 20～360kDa。大多数琼胶酶的结构都是由单一多肽组成的（除 *Alteromonas agarlyticus* GJ1B 产生的琼胶酶外）。在使用 SDS-PAGE 纯化后，*Alteromonas agarlyticus* GJ1B 琼胶酶由分子量为 180kDa 的单一条带组成。然而，在经过亲和色谱分析后，测得其天然分子量约为 360kDa，表明天然酶是以二聚体的形式存在的（Fu and Kim，2010）。

大多数琼胶酶来自海洋环境，除了海洋环境中的琼胶酶，还有来自其他环境中的 6 种琼胶酶（表 12-6）。比较 SDS-PAGE 和凝胶过滤（gel filtration）的数据发现，土壤来源的前两种琼胶酶都是二聚体结构。来自 *Acinetobacter* sp. AGLSL-1 的琼胶酶显示出 397U/mg 的独特的比活力，这是迄今为止报道的天然琼脂中比活力最高的。将这 6 种琼胶酶与海洋衍生的琼胶酶进行比较，结果发现，来自淡水和陆地环境中的天然琼胶酶在 pH 特性和温度特性等方面没有表现出特殊的性质。

（四）琼胶酶的分子生物学研究

目前已对几种琼胶酶的基因进行了克隆和测序。1987 年，Buttner 等报道了天蓝色链霉菌的琼胶酶基因 *dagA* 的序列；1989 年，Robert Belas 报道了大西洋假单胞菌编码产生的 β-琼胶酶的 *agrA* 基因，其长度为 1515bp。1993 年 Yasushi 对来源于 *Vibrio* 的一种独特的基因 *agaA* 进行了克隆和测序，1994 年他又对同种菌的一种新的 β-琼胶酶的基因 *agaB* 进行了序列分析，1997 年，Ha 等对源于假单胞菌的 β-琼胶酶在大肠杆菌上进行了异源表达。2004 年，Ohta 等对海洋菌 JAMB-A94 产生的 β-琼胶酶的 *agaA* 基因进行了克隆和测序。有研究证实，即使有些 β-琼胶酶在氨基酸序列、分子量、底物特异性、反应特性等方面存在很大的差异，它们也可能仍然具有相似的功能。

1. 克隆 α-琼胶酶

已经从深海沉积物细菌 *Thalassomonas* sp. JAMB-A33 中克隆出了 rAgaA33。现在已有两种天然 α-琼胶酶被分离出来。其中 rAgaA33 是第一种且唯一一种重组的 α-琼胶酶（表 12-7）。目前已经以枯草芽孢杆菌作为 rAgaA33 琼胶酶的宿主进行细胞外生产，优化后其酶活力可以达到 6950U/L。重组琼胶酶与天然琼胶酶相比，酶学性质如分子量、比活力、反应温度、反应 pH 和稳定性，以及最终产物并没有发生明显改变。因此，重组 α-琼胶酶因其高产量且能够保持其天然特性而得到广泛研究应用。

2. 克隆 β-琼胶酶

除 rAgaA33 重组 α-琼胶酶外，其他重组琼胶酶均属于 β-琼胶酶。大肠杆菌通常用作重组琼胶酶的表达宿主，多数情况下为胞内分泌，少数情况下，一些琼胶酶借助自身信号肽可实现胞外分泌。而枯草芽孢杆菌则用于 *Microbulbifer*-like JAMB-A94，*Agarivorans* sp. JAMB-A11、*Microbulbifer thermotolerans* JAMB-A94 和 *Microbulbifer* sp. JAMB-A7 等细菌的 β-琼胶酶的胞外分泌表达（表 12-7）。从 *Vibrio* sp. V134 和 *Agarivorans* sp. LQ48 中克隆出的琼胶酶存在于培养上清液及细胞沉淀中。为了维持其生物活性，已在天然条件下从培养上清液中纯化重组琼胶酶。

表12-7　来自工程微生物的重组琼胶酶：定位、特性、产物和基因编号 (Fu and Kim, 2010)

来源	宿主	基因名	定位	糖苷水解酶家族	分子量/kDa	比活力/ (U/mg)	产物	基因编号
β-琼胶酶								
Pseudomonas sp. W7	Escherichia coli JM83	—	胞外	16	59	—	NA4	AAF82611
Vibrio sp. PO-303	Escherichia coli BL21	agaA	胞内	16	106	16.4	NA4, NA6	BAF62129
Vibrio sp. PO-303	Escherichia coli DH5α	agaD	胞内	16	51	63.6	NA4, NA2, NA6	BAF34350
Vibrio sp. PO-303	Escherichia coli BL21	agaC	胞内	22	51	329	NA4, NA6, NA8	BAF03590
Agarivorans JA-1	Escherichia coli DH5α	—	胞内	50	109	167	NA4, NA2	ABK97391
		aga50A		50	87			ABD80438
		aga16B		16	64			ABD80437
Saccharophagus degradans 2-40	Escherichia coli EPI300	aga86C	胞内	86	86	—	—	ABD81910
		Aga50D		50	89			ABD81904
		Aga86E		86	146			ABD81915
Microbulbifer-like JAMB-A94	Bacillus subtilis	agaO	胞外	86	127	98	NA6	BAD86832
Zobellia galactanivorans	Escherichia coli DH5α	agaA	胞内	16	60	160	NA4, NA6, NA2,	AAF21820
		agaB			31	100	NA4	AAF21821
Agarivorans sp. JAMB-A11	Bacillus subtilis	AgaA11	胞外	50	105	371	NA2	BAD99519
Microbulbifer thermotolerans JAMB-A94	Bacillus subtilis	agaA	胞外	16	48	517	NA4	BAD29947
Microbulbifer sp. JAMB-A7	Bacillus subtilis	AgaA7	胞外	16	49	398	NA4	BAC99022
Pseudomonas sp. SK38	Escherichia coli BL21	pagA	胞内	16	37	32.3	—	AF534639

续表

来源	基因名	定位	糖苷水解酶家族	分子量/kDa	比活力/ (U/mg)	产物	基因编号
Vibrio sp. JT0107	agaA	胞内	50	105	—	—	BAA03541
	agaB		50	103	—	—	BAA04744
Vibrio sp. V134	agaV	胞外/胞外	16	52	40	NA4、NA6	ABL06969
Agarivorans albus YKW-34	agaB34	胞外/胞外	16	30	242	NA4	ABW77762
Agarivorans sp. LQ48	agaA	胞外/胞内	16	51	349.3	NA4、NA6	ACM50513
Pseudoalteromonas sp. CY24	agaB	胞外	118	51	5000	NA8、NA10	AAQ56237.1
α-琼胶酶 Thalassomonas sp. JAMB-A33	AgaA33	胞外	96	87	44.7	NA4	BAF44076.1

注: A4 为琼胶四糖; NA4 为新琼四糖, 余类似。

四、琼胶酶及酶解产物的应用

（一）琼胶酶的应用

琼胶酶因其能够高效、专一性降解琼胶而得到了广泛应用，而且琼胶酶降解所需条件较为温和，得到的水解产物结构稳定、不易被破坏，有利于产物分析和回收，因而逐渐成为制备琼胶低聚糖的主要方法，代替了传统的酸解法。通过酶解制备的琼胶低聚糖具有多种特殊功能。在食品中，琼胶低聚糖可以显著延迟高淀粉含量食品中的淀粉硬化，保证食品的质量，因此普遍用于挂面、面包和糕点等淀粉类食品中。

琼胶存在于某些红藻的细胞壁中，利用琼胶酶特异性水解琼胶的特点，可将琼胶酶用作海藻遗传工程中的工具酶来获得单细胞或原生质体，以用于海藻细胞生理生化的研究，也可以利用琼胶酶进行细胞间的融合及目的基因的导入实验。初建松等（1998）利用琼胶酶、纤维素酶等组成的复合酶系处理江蓠菜，分离到大量的原生质体；Araki 等（1998）利用 *Vibrio* sp. PO-303 产生的琼胶酶、配合纤维素酶等，降解红藻获得大量海藻单细胞，海藻单细胞可以作为饵料以用于海水动物的养殖中。

此外，利用琼胶酶降解琼脂糖并从琼脂糖凝胶中回收 DNA 和 RNA 的方法得到了广泛应用，还可通过琼胶酶水解的方法研究某些海藻多糖的结构：利用琼胶酶特异性水解海藻多糖，测定其水解产物的结构，进而推测多糖的结构。高洪峰等（1996）利用 β-琼胶酶降解多管藻多糖，然后利用核磁共振波谱法（NMR）对其降解产物的结构进行分析，从而推知多管藻多糖的结构。

（二）琼胶酶解产物的应用

琼胶经酶解后获得的琼胶寡糖可按还原性末端的不同分为两类：还原性末端为 3,6-内醚-α-L-半乳糖残基的琼寡糖和还原性末端为 β-D-半乳糖残基的新琼寡糖。琼胶寡糖具有抗氧化、抗菌等多种生物活性，在食品、医药和保健品、化妆品等领域均有良好的应用前景。

1. 在食品领域的应用

琼胶寡糖可以有效防止淀粉老化，且具备一定的抑菌性能，可作为食品防腐剂。琼胶寡糖既不能被人体吸收，也不能被肠道微生物利用，可作为甜味剂的填充剂和分散剂用于饮料、面包等食品的生产。

2. 在医药和保健食品领域的应用

琼胶寡糖具有良好的抗氧化性能，可有效清除自由基，提高体内抗氧化酶活力，从而起到延缓衰老的作用。作为一种新型益生元，琼胶寡糖有利于肠道有益微生物的生长，促进肠道健康。研究表明，琼胶寡糖能提高谷胱甘肽过氧化物酶活力，对肝损伤有一定的保护作用。此外，琼胶寡糖能够有效抑制癌细胞生长，抑制血管生成，有望应用于抗癌药物的开发。

3. 在化妆品领域的应用

琼胶寡糖具有良好的美白、保湿性能，其结构中含有大量羟基，可通过氢键与水分子结合，达到锁水、保湿效果；琼胶经酶解获得的低聚糖可以抑制酪氨酸单酚酶和二酚酶活性，从而减少黑色素的生成，起到美白作用，在化妆品、护肤品生产中广泛应用。

第四节　卡拉胶降解酶及其产生菌

卡拉胶（carrageenan）作为一种水溶性多糖，是重要的海藻胶工业产品，可从角叉菜、麒麟菜、杉藻和沙菜等红藻中提取得到。卡拉胶在食品行业的应用已很丰富，是健康的天然食品添加剂。联合国粮农组织（FAO）和世界卫生组织食品添加剂专家委员会（JECFA）于 2001 年取消了卡拉胶每日允许摄入量（acceptable daily intake，ADI）的限制，将其认定为安全的食品添加剂，且无毒、无副作用。据统计，2016 年全球的 κ 型精制（钾提）卡拉胶产量约为 15 600t，κ 型半精制卡拉胶产量约为 37 000t。

卡拉胶寡糖作为卡拉胶的降解产物，分子量较小，并且溶解性较好，易于吸收，其生物活性与卡拉胶相比显著提高，拓宽了卡拉胶的应用领域。传统的化学和物理降解方法反应条件不易控制，导致其产物分布不均匀，特定聚合度寡糖回收率低。酶法降解的反应条件温和且底物专一，可以最大程度地保护反应底物的活性基团不会在降解过程中受到破坏。卡拉胶酶的应用有利于卡拉胶寡糖构效关系的研究和进一步的深入开发利用。

一、卡拉胶结构

卡拉胶中的多糖链呈线性，且含有硫酸基团，具有 1→3 连接或 1→4 连接的半乳糖重复二糖单元结构。卡拉胶可根据半乳糖单体中的 3,6-内醚-半乳糖含量、硫酸基含量及硫酸基的连接位置来进行分类。目前使用最多的是 κ-卡拉胶、ι-卡拉胶、λ-卡拉胶三种类型，其重复的二糖结构中含有不同的硫酸基团，分别为 1、2、3 个，硫酸基因在上述三种卡拉胶中的占比分别为 20%、33% 和 41%（质量百分比）。

（一）κ-卡拉胶

κ-卡拉胶可从麒麟菜属（*Eucheuma*）中提取得到，其结构由重复的→3)-β-D-半乳糖-4-硫酸基-(1→4)-3,6-内醚-α-D-半乳糖-(1→二糖单元组成（图 12-16），已广泛应用于食品领域。随着技术的不断创新，对 κ-卡拉胶的结构的研究也逐渐深入，其在水溶液中存在双链螺旋和线性结构两种构象，分别呈有序状态和无序状态。

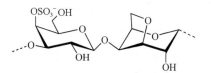

图 12-16　κ-卡拉胶结构式

在流变性方面，κ-卡拉胶溶液浓度增加会导致分子间相互作用增强，从而使其黏度增大。由于滞后现象，κ-卡拉胶溶液的黏度随温度的升高而下降。温度升高幅度较小时，黏度随温度的变化具有可逆性。κ-卡拉胶溶液的黏度随搅拌速率的加快而下降，具有假塑性。

在凝胶性方面，卡拉胶的凝胶性因硫酸基的含量而显示出较大差异，其中κ-卡拉胶的凝固性最好。当加热至 60℃以上时，κ-卡拉胶形成溶胶，随着温度逐步降低，其分子变化为单螺旋体→双螺旋体→网状结构→凝胶。阳离子可以诱导溶液中的无规则线性结构向螺旋结构转变，同时加快凝胶形成速度，增大凝胶强度。κ-卡拉胶凝胶还具有热可逆和抗蛋白凝结性。此外，κ-卡拉胶与明胶、刺槐豆胶、ι-卡拉胶、魔芋胶等存在协同增效作用，复配后可应用于肉类、果汁等食品加工中。

在食品工业中，κ-卡拉胶与面筋蛋白相互作用可产生增筋效果，添加到蒸制面食制品中可以改善口感，κ-卡拉胶还具有稳定、增稠等作用。此外，κ-卡拉胶可用作酒水饮料的澄清剂，缩短澄清时间。

（二）ι-卡拉胶

ι-卡拉胶可从麒麟菜属（*Eucheuma*）中提取，其结构单元为→3)-β-D-半乳糖-4-硫酸基-(1→4)-3,6-内醚-α-D-半乳糖-2-硫酸基-(1→，重复的二糖结构中含有 2 个硫酸基团（图 12-17）。

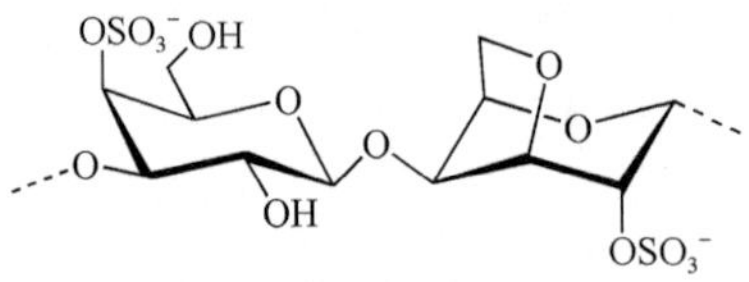

图 12-17　ι-卡拉胶结构式

ι-卡拉胶形成的凝胶具有保水性、触变性及稳定性，其与 κ-卡拉胶配合时能增强内聚力的稳定性，从而能提高凝胶的持水性和弹性。

ι-卡拉胶可以添加到肉制品中作为脂肪替代物，添加到炼乳和果味酸奶中可改善口感，增强稳定性。卡拉胶的类型影响水包油相乳化剂的性质，ι-卡拉胶中电荷密集的螺旋结构形成带电量高的界面膜，可使乳化剂的絮凝作用降低。ι-卡拉胶常与 κ-卡拉胶进行复配使用。

（三）λ-卡拉胶

λ-卡拉胶一般提取自衫藻属（*Gigartina*）红藻。λ-卡拉胶在 β-1,4 连接的 D-吡喃半乳糖基上不含有内醚键。λ-卡拉胶的结构单元为→3)-β-D-半乳糖-2-硫酸基-(1→4)-α-D-半乳糖-2,6-硫酸基-(1→（图 12-18）。

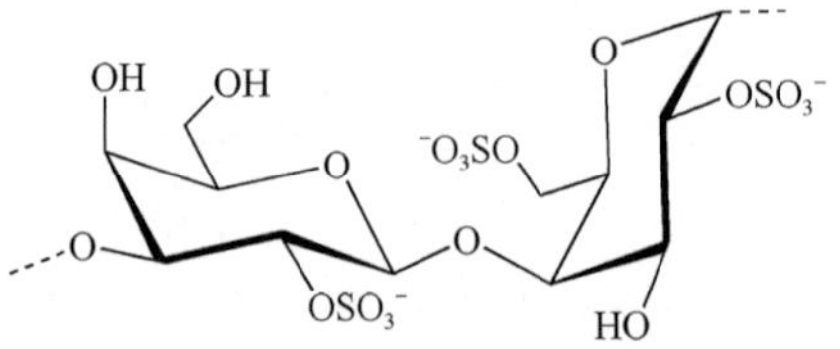

图 12-18　λ-卡拉胶结构式

λ-卡拉胶是所有卡拉胶中黏度最大的，呈直链状，连接有许多带负电荷的硫酸基团，这些基团增加了分子间的排斥作用。λ-卡拉胶因具有较多的亲水基团，从而影响分子间的流动。λ-卡拉胶黏度随浓度增大而增加，一般不形成凝胶，不具有凝胶性。

λ-卡拉胶在食品工业中有诸多用处。在酱汁调味料中加入一定量的 λ-卡拉胶代替淀粉可以减少水分流失，改善食品口感。卡拉胶与蛋白质会发生相互作用，将 λ-卡拉胶添加到牛奶乳清蛋白中，可以改善乳清蛋白的乳化性和起泡性。λ-卡拉胶常与 κ-卡拉胶复配使用以产生更好的效果。

二、卡拉胶降解菌

从海洋生物中发现的卡拉胶酶主要来源于海洋动物和海洋微生物。一些以红藻为食的海洋动物肠道消化液中存在多种卡拉胶酶。来源于海洋微生物的卡拉胶酶底物专一性、产率、开发利用性均优于来源于海洋动物的。现已报道的能够产生卡拉胶酶的微生物绝大部分都是海洋细菌，最早研究的可以产生卡拉胶酶的是海洋假单胞菌（*Pseudomonas carrageenovora*），多个属的海洋微生物中都存在卡拉胶酶，其中包括假交替单胞菌属（*Pseudoalteromonas*）、假单胞菌属（*Pseudomonas*）、噬纤维菌属（*Cytophaga*）、弧菌属（*Vibrio*）和交替单胞菌属（*Alteromonas*）。

三、卡 拉 胶 酶

卡拉胶酶可使 β-1,4 糖苷键断裂而降解卡拉胶，其产物为卡拉胶寡糖，主要是偶数寡糖。采用生物酶法降解卡拉胶，具有反应条件温和、底物专一性强等优势。卡拉胶酶对研究卡拉胶的结构与功能特性、卡拉胶寡糖的生物活性等具有重要的理论意义和应用价值。

（一）卡拉胶酶的分类

卡拉胶酶根据降解底物的专一性可以分为 κ-卡拉胶酶、ι-卡拉胶酶和 λ-卡拉胶酶三类。κ-卡拉胶酶特异性降解 β-D-半乳糖-4-硫酸基和 3,6-内醚-α-D-半乳糖之间的 β-1,4 糖苷键，产物主要为 κ-新卡拉二糖和 κ-新卡拉四糖，归属于 GH 16 家族；ι-卡拉胶酶特异性水解 β-D-半乳糖-4-硫酸基和 3,6-内醚-α-D-半乳糖-2-硫酸基之间的 β-1,4 糖苷键，产物主要为 ι-新卡拉四糖和 ι-新卡拉六糖，归属于 GH 82 家族；λ-卡拉胶酶专一性降解 β-D-半乳糖-2-硫酸基和 α-D-半乳糖-2,6-硫酸基之间的 β-1,4 糖苷键，产物以 λ-新卡拉四糖和 λ-新卡拉六糖为主，不属于任何目前已知的糖苷水解酶家族。

1. κ-卡拉胶酶

Weigl 和 Yaphe（1996）从 *Pseudomonas carrageenovora* 的培养基上清中分离得到了 κ-卡拉胶酶和 λ-卡拉胶酶，并采用硫酸铵沉淀和离子色谱法分离纯化了 κ-卡拉胶酶。Dyrset 等（1997）优化了该菌株的发酵条件，培养基中碳源和氮源的浓度是影响产酶的重要因素。Mclean 等（1979）研究了经纯化的 κ-卡拉胶酶的性质，SDS-PAGE 结果表明，该降解酶的分子量为 35kDa，降解产物为 κ-新卡拉二糖。Araki 等（1999）筛选到的海洋弧菌 CA-1004 可产生 κ-卡拉胶酶，其最适反应条件为 pH 8.0、40℃，分离纯化后，其分子量为 35kDa，分析得到的主要降解产物为 κ-新卡拉二糖与 κ-新卡拉四糖。Barbeyron 等（1994）从菌株 *Alteromonas carrageenovora* 中也分离得到 κ-卡拉胶酶，克隆其基因，核苷酸序列和氨基酸序列分析结果显示其结构基因为 *cgkA*，编码的蛋白质中共含 397 个氨基酸，其中包含一个具有 25 个氨基酸的信号肽，属于 GH 16 家族。*Alteromonas carrageenovora* 产的 κ-卡拉胶酶的 Glu[163] 与已经报道的来自 *Streptomyces coelicolor* 的 β-琼胶酶中的 Glu[155] 一样，对催化起很重要的作用。

2. ι-卡拉胶酶

Michel 等（2000）对重组的 ι-卡拉胶酶进行表达、纯化、结晶、X 射线的预分析，该酶属于空间组 P21，晶胞参数 a=56.75、b=91.04、c=125.01Å。ι-卡拉胶酶由 10 个转角和表面环（loop）组成，具有折叠的 β 螺旋结构，核心为三个平行的 β 折叠片，两平面垂直，另一片嵌在两个折叠片形成的凹槽中，并且这个凹槽很有可能为底物的结合位点。ι-卡拉胶酶在 N 端区域具有一个两亲性 α 螺旋，C 端区域复杂性高，是一种 α/β 折叠。

3. λ-卡拉胶酶

Weigl 和 Yaphe（1966）从 *Pseudomonas carrageenovora* 的发酵上清液中分离检测到了 λ-卡拉胶酶。Guibet 等（2007）从 *Pseudualteromonas carrageenovora* 中分离纯化得到的 λ-卡拉胶酶分子质量为 97kDa，最适反应条件为 pH 7.5、30℃，降解产物主要为 λ-新卡拉四糖，还能将 λ-新卡拉六糖降解为 λ-新卡拉四糖和 λ-新卡拉二糖。该酶的氨基酸序列较新颖，不属于已知的糖苷水解酶家族。其与底物通过反转水解机制作用，以异头碳构象倒置的方式来降解 λ-卡拉胶。

（二）卡拉胶酶的结构及降解机制

从 *Pseudomonas carrageenovora* 中提取得到的 κ-卡拉胶酶分子量为 35kDa，其酶解产物为 κ-新卡拉二糖。来源于 *Pseudoalteromonas carrageenovora* 的 κ-卡拉胶酶属于 GH 16 家族。研究表明，该酶 N 端的信号肽在加工时被切除，C 端在蛋白质分泌过程中也被加工了，在分泌过程中一个前蛋白进行两次水解后才能得到 κ-卡拉胶酶。对 κ-卡拉胶酶降解产物 κ-新卡拉六糖进行分析，结果发现在降解过程中异头碳的构象未发生变化，说明 κ-卡拉胶酶通过保留水解机制进行水解。κ-卡拉胶酶的三级结构由表面不规则卷曲和 β 折叠片组成，其中每个 β 折叠片由 6 或 7 个 β 链组成。β 折叠片两两进行反向堆积，从而形成催化腔，催化中心的裂缝处为酶与底物的结合位点，底物中有一个用来识别 β 连接的卡拉胶中硫酸基团的精氨酸残基。

从海洋细菌 *Alteromonas fortis* 中分离的 ι-卡拉胶酶为折叠的 β 螺旋状结构。与 κ-卡拉胶酶的保留水解机制不同，ι-卡拉胶酶以异头碳构象倒置的方式，通过进一步亲核取代降解 ι-卡拉胶内部的 β-1,4 糖苷键。

对 λ-卡拉胶酶的基因进行克隆，经过氨基酸序列比对分析，发现该酶不同于任何已知的蛋白质，不归属于已知糖苷水解酶家族。蛋白质中间具有一段复杂度较低的连接序列，λ-卡拉胶酶可能具有两段彼此相连但互相独立的功能域，同时推测 N 端含有 β 螺旋桨结构，其通过反转型分子机制与底物相互作用。与 ι-卡拉胶酶降解的作用机制类似，λ-卡拉胶酶通过异头碳构象倒置的方式对 λ-卡拉胶进行降解。

（三）卡拉胶酶的酶学性质

根据报道，κ-卡拉胶酶的分子量为 30～128kDa，从不同属的海洋细菌中提取所得的 κ-卡拉胶酶的分子量略有不同。从不同属海洋细菌中提取的 κ-卡拉胶酶发挥最高活性的温度不同，κ-卡拉胶酶的最适反应温度为 25～55℃，大多数的 κ-卡拉胶酶仅在温度 0～30℃时能保持较高的活性，温度稳定性较差。κ-卡拉胶酶的最适反应 pH 为 7.0～8.0，在酸性和较强的碱性环境中活性降低。

从 *Pseudoalteromonas carrageenovora* 中提取纯化得到的 ι-卡拉胶酶分子量为 32kDa，从 *Zobellia galactanovorans* 中提取纯化所得的 ι-卡拉胶酶分子量为 45kDa。两种酶的最适反应温度相同，在 50℃下发挥最大活性，两种酶的最适反应 pH 也相同，在 pH 8 条件下发挥最大活性。这两种 ι-卡拉胶酶只在 0～30℃时保持稳定，其他温度条件下稳定性较差。

从 *Pseudoalteromonas carrageenovora* 中得到的 λ-卡拉胶酶分子量为 97kDa，降解产物主要是 λ-新卡拉四糖，并能将 λ-新卡拉六糖降解为 λ-新卡拉四糖和 λ-新卡拉二糖，但是不能再继续降解。其最适反应温度为 30℃，最适反应 pH 为 7.5。

四、卡拉胶酶及酶解产物的应用

（一）卡拉胶酶的应用

经过降解所得的卡拉胶寡糖具有多种优良的生物活性，受到人们的广泛关注。酶法降解卡拉胶具有底物专一性、反应条件温和等优点。关于卡拉胶酶的研究对于卡拉胶、卡拉胶寡糖的构效关系及其进一步的开发利用具有重要的意义。

1. 制备卡拉胶寡糖

卡拉胶寡糖具有多种优良的生物学和药理学功能，可以用于治疗肿瘤、结肠炎等疾病。酶法降解卡拉胶特异性高、降解过程温和、产物单一、结构稳定且产物易于回收，是制备卡拉胶寡糖最重要的方法。卡拉胶寡糖的活性与其分子量、空间结构及硫酸基含量和位置密切相关。对卡拉胶寡糖空间结构的深入解析有利于进一步探索其生物活性。

2. 研究海藻遗传工程

卡拉胶位于海藻表面，是红藻细胞壁的主要成分。卡拉胶过大的黏度阻碍了海藻基因组的提取。在提取基因组之前加入卡拉胶酶对海藻表面的卡拉胶进行酶解，有利于提取海藻内部的 DNA、原生质体、蛋白质等。使用酶解法提取极大地提高了海藻细胞原生质体的产量，并缩短了提取时间。DNA、原生质体的研究有利于保障海藻遗传工程的顺利进行。

3. 研究卡拉胶结构

卡拉胶结构复杂，可以利用卡拉胶酶降解卡拉胶，通过分析产物的结构来推测卡拉胶的结构，确定硫酸基团的构效关系。卡拉胶酶的作用具有专一性，可针对不同糖基、连接方式和异头碳立体构型进行降解。内切酶可特异性切割特定类型的糖苷键，将卡拉胶降解为小片段寡糖后，有利于进一步的分析。卡拉胶的结构与理化性质具有密切关系，对卡拉胶结构的逐渐明晰，是研究其理化性质的基础。卡拉胶酶的专一性对卡拉胶结构的分析十分重要，这是化学方法所达不到的。

4. 研究细菌中的卡拉胶代谢

一些附着于红藻表面的海洋微生物通过分泌产生卡拉胶酶，将卡拉胶降解为卡拉胶寡糖，以利用卡拉胶获取所需能量。卡拉胶酶是研究卡拉胶的关键，也是分析细菌体内卡拉胶代谢的重要物质基础。

（二）卡拉胶酶解产物的应用

卡拉胶寡糖是一种硫酸酯寡糖，因其特殊的结构而具有良好的生物活性。卡拉胶寡糖在食品、医药等领域具有广泛的应用前景。随着对卡拉胶酶的深入研究，高产量、高纯度的卡拉胶寡糖更易获取，促进了卡拉胶寡糖的研究及应用。

1. 抗肿瘤活性

卡拉胶寡糖可以阻碍癌变组织的扩散，它能通过破坏蛋白聚糖中糖胺聚糖和胞外基质蛋白之间的作用，抑制癌细胞与基质的粘连。对比卡拉胶多糖与寡糖的抗肿瘤活性，寡糖的体外抗肿瘤活性相对要好于多糖，卡拉胶的抗肿瘤活性与分子量有关，低分子量的卡拉胶具有更好的抗肿瘤活性。

2. 抗病毒活性

Yamada 等（2000）的研究显示，低分子量卡拉胶具有抗 HIV 病毒的活性，且 κ-卡拉胶和 ι-卡拉胶及其低聚物的活性均低于 λ-卡拉胶。对 κ-卡拉胶寡糖和 ι-卡拉胶寡糖的硫酸基进行修饰能够增强其抗 HIV 病毒的活性，且其活性高于硫酸葡聚糖及其他的卡拉胶制品。多糖的抗病毒活性基于阻断病毒细胞之间的吸附来实现，而寡糖则可以进入细胞中阻断病毒 mRNA 和蛋白质的合成。

3. 免疫活性

卡拉胶寡糖具有免疫调节活性，在不同的实验条件下，能够对巨噬细胞选择性地表现出促进或抑制作用。卡拉胶寡糖可以调节小鼠 T 细胞功能，并诱导相关的细胞因子发挥作用，减弱辐射损伤。卡拉胶寡糖的抗辐射能力与提高机体免疫功能有关。

第五节 甲壳素类降解酶及其产生菌

甲壳素（chitin），又称几丁质，是一类特殊的碱性多糖，其资源量仅次于纤维素，是地球上第二大有机再生资源。由甲壳类动物、昆虫、真菌和藻类等产生的甲壳素每年可达 100 亿 t。目前，甲壳素的主要商业来源是蟹壳和虾壳。甲壳素及其脱乙酰产物壳聚糖的应用涉及医药、医疗材料、食品、环境保护和农业等领域。甲壳素和壳聚糖性质稳定、溶解困难，降解后产生的寡糖水溶性好，具有更广泛的开发前景。

一、甲壳素结构及壳聚糖结构

甲壳素是 2-乙酰氨基-2-脱氧-D-吡喃葡萄糖（GlcNAc）通过 β-1,4 糖苷键连接而成的线性多糖，无分支结构，可以看作 C2 位羟基被乙酰氨基取代的纤维素（图 12-19）。单糖单元彼此旋转 180°，其中 N, N'-二乙酰基壳二糖[(GlcNAc)$_2$]作为结构亚单元。在自然界中，甲壳素不会完全以乙酰氨基的形式存在，其乙酰化程度通常在 90%以上，存在少量氨基。

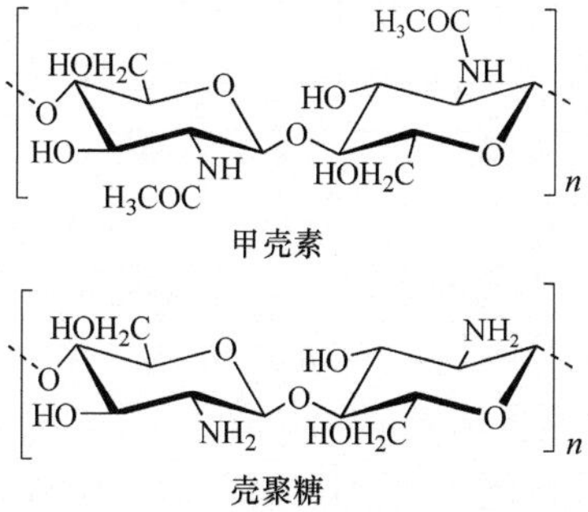

图 12-19　甲壳素与壳聚糖的化学结构

甲壳素存在于节肢动物、环节动物、软体动物、腔肠动物、海藻和真菌等物种的不同组织部位中，其在生物体内的功能与晶体结构有很大关系。根据分子内和分子间氢键作用方式的不同，甲壳素存在 α、β 和 γ 三种晶体结构（图 12-20）。α-甲壳素分子链逆平行排列，呈片层状结构，组成紧密，是甲壳素在自然界中最常见且最稳定的存在形式，主要分布在甲壳类动物和昆虫的外壳等高硬度部位。β-甲壳素较为少见，主要存在于鱿鱼、乌贼等软体动物的羽状壳中，所有链以平行方式排列，分子间相互作用较弱，结构松散，比 α-甲壳素具有更高的溶解度和溶胀性。γ-甲壳素被认为是 α-甲壳素的一种变形，是平行链和反平行链的混合物，在昆虫的茧和鱿鱼的胃中发现。

```
↑ ↓ ↑ ↓          ↑ ↑ ↑ ↑          ↑ ↑ ↓ ↑
```

α-甲壳素　　　　　　β-甲壳素　　　　　　γ-甲壳素

图 12-20　不同晶体结构的甲壳素分子链排列方式（朱婉萍，2014）

壳聚糖（chitosan）是甲壳素脱乙酰化的产物，完全脱乙酰化的壳聚糖是 β-1,4 连接的 2-氨基-2-脱氧-D-吡喃葡萄糖（GlcN）的均聚物（图 12-19）。一般甲壳素脱乙酰度超过 50%称为壳聚糖，其在稀酸中有良好的溶解度。壳聚糖是甲壳素最重要的衍生物，可进一步对其糖链上游离的氨基和羟基进行化学修饰以应用于食品、化工、生物医学等领域。目前，工业上主要采用碱法对甲壳素进行脱乙酰化。将甲壳素置于浓 NaOH 中加热处理，脱乙酰度可达 80%～90%。

二、甲壳素降解菌及壳聚糖降解菌

（一）甲壳素降解菌

甲壳素难溶于水和有机溶剂的性质极大程度地限制了它的应用。甲壳素降解酶可以催化 GlcNAc-GlcNAc、GlcNAc-GlcN 或 GlcN-GlcNAc 之间的 β-1,4 糖苷键水解，对甲壳素应用的拓展具有重要作用。目前发现的产甲壳素降解酶的微生物已有 100 余种，包括沙雷菌属（*Serratia*）、芽孢杆菌属（*Bacillus*）、链霉菌属（*Streptomyces*）等细菌，以及木霉属（*Penicillium*）、酵母菌属（*Saccharomyces*）等真菌。在小球藻病毒、棉铃虫单核衣壳核多角体病毒等病毒中也分离到了甲壳素降解酶。

海洋中甲壳素降解微生物在甲壳素分解代谢、维持海洋生态系统碳氮平衡中发挥着重要作用，包括大量的细菌及小部分真菌和病毒（表 12-8）。目前发现的能够降解甲壳素的海洋细菌主要分布在不动杆菌属（*Acinetobacter*）、产碱杆菌属（*Alcaligenes*）、交替单胞菌属（*Alteromonas*）、芽孢杆菌属（*Bacillus*）、微球菌属（*Micrococcus*）、类芽孢杆菌属（*Paenibacillus*）、假交替单胞菌属（*Pseudoalteromonas*）、链霉菌属（*Streptomyces*）及弧菌属（*Vibrio*）等几个属中。海洋真菌中分泌甲壳素降解酶的主要有木霉属（*Trichoderma*）和曲霉属（*Aspergillus*），如豁免木霉（*Trichoderma asperelloides*）、深绿木霉（*Trichoderma atroviride*）、土曲霉（*Aspergillus terreus*）和黄曲霉（*Aspergillus flavus*）。此外，白僵菌（*Beauveria bassiana*）等也表现出甲壳素降解能力。具有甲壳素降解能力的病毒大多来自陆地，海洋中极少，如小球藻病毒 CVK2（*Chlorella* virus CVK2）。

表12-8　海洋来源的甲壳素降解微生物

来源	物种
甲壳素降解微生物	
	不动杆菌属 *Acinetobacter* WC-17
	不动杆菌属 *Acinetobacter* ASK18
	产碱杆菌属 *Alcaligenes xylosoxydans*
	产碱杆菌属 *Alcaligenes faecalis* AU02
	交替单胞菌属 *Alteromonas* sp. strain O-7
	芽孢杆菌属 *Bacillus* sp. R2
	微球菌属 *Micrococcus* sp. AG84
细菌	类芽孢杆菌属 *Paenibacillus barengoltzii*
	假交替单胞菌属 *Pseudoalteromonas* sp. DL-6
	假交替单胞菌属 *Pseudoalteromonas* sp. DC14
	假交替单胞菌属 *Pseudoalteromona tunicata*
	链霉菌属 *Streptomyces* sp. DA11
	链霉菌属 *Streptomyces* sp. P6B2
	弧菌属 *Vibrio parahaemolyticus*

续表

来源	物种
细菌	弧菌属 *Vibrio* sp. 11211
	弧菌属 *Vibrio* sp. 98CJ11027
	弧菌属 *Vibrio harveyi*
真菌	豁免木霉 *Trichoderma asperelloides*
	深绿木霉 *Trichoderma atroviride*
	土曲霉 *Aspergillus terreus*
	黄曲霉 *Aspergillus flavus*
	白僵菌 *Beauveria bassiana*
病毒	小球藻病毒 *Chlorella* virus CVK2
壳聚糖降解微生物	
细菌	芽孢杆菌属 *Bacillus subtilis* CH2
	假交替单胞菌属 *Pseudoalteromonas* sp. SY39
	肾杆菌属 *Renibacterium* sp. QD1
	链霉菌属 *Streptomyces* FXJ 7.023
真菌	黄曲霉 *Aspergillus flavus* MF-08
	黄曲霉 *Aspergillus flavus* N-8
	青霉 *Penicillium* sp. PCS-7

（二）壳聚糖降解菌

相较于甲壳素降解酶，壳聚糖降解酶则水解 GlcN-GlcN、GlcN-GlcNAc 或 GlcNAc-GlcN 之间的 β-1,4 糖苷键，即水解位点至少有一侧为 GlcN。壳聚糖降解酶主要来源于微生物，植物的不同组织中也有该酶的存在，动物来源的报道较少。

目前报道的壳聚糖降解菌主要包括芽孢杆菌属（*Bacillus*）、假交替单胞菌属（*Pseudoalteromonas*）和链霉菌属（*Streptomyces*）等细菌及曲霉属（*Aspergillus*）、青霉属（*Penicillium*）等真菌，大多是从土壤中筛选得到的。海洋来源的壳聚糖降解菌报道相对较少，包括芽孢杆菌 *Bacillus subtilis* CH2、假交替单胞菌 *Pseudoalteromonas* sp. SY39、肾杆菌 *Renibacterium* sp. QD1 等（表 12-8）。

三、甲壳素降解酶及壳聚糖降解酶

（一）甲壳素降解酶

1. 甲壳素降解酶的分类

甲壳素降解酶根据其水解甲壳素位点的不同分为内切酶和外切酶两大类（图 12-21）。其中内切酶，更常称为甲壳素酶（chitinase，EC 3.2.1.14），在甲壳素链内部位点随机切割，终产物为甲壳二糖和寡糖。外切酶为 β-*N*-乙酰氨基己糖苷酶（EC 3.2.1.52），可从非还原端降解甲壳素或其寡糖，生成 GlcNAc 单体。

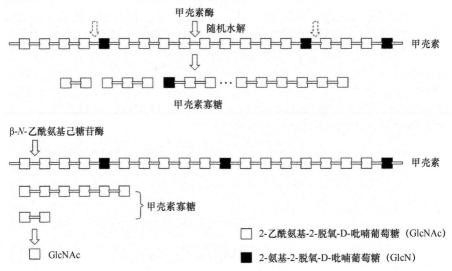

图 12-21　甲壳素酶和 β-N-乙酰氨基己糖苷酶的作用方式

　　根据氨基酸序列的相似性，甲壳素降解酶在 CAZy 数据库中分布在 3 个糖苷水解酶（glycoside hydrolases，GH）家族中，即 GH 18、19 和 20 家族。甲壳素酶属于 GH 18 和 GH 19 家族，其中 GH 18 家族的甲壳素酶特异性作用于 GlcNAc 和 GlcNAc、GlcNAc 和 GlcN 之间的键，GH 19 家族的甲壳素酶主要作用于 GlcNAc 和 GlcNAc、GlcN 和 GlcNAc 之间的键。β-N-乙酰氨基己糖苷酶属于 GH 20 家族。甲壳素酶根据其 N 端序列、位置、等电点和信号肽等特征的差异又可分为五类。例如，Ⅰ类甲壳素酶特点是 N 端富含半胱氨酸，具有富含亮氨酸或缬氨酸的信号肽，位于植物液泡中，而Ⅲ类氨基酸序列与Ⅰ类相似，但 N 端少含半胱氨酸。GH 18 家族包括Ⅲ和Ⅴ类甲壳素酶，存在于细菌、真菌、病毒、昆虫和甲壳类动物中。GH 19 家族包括Ⅰ、Ⅲ和Ⅳ类甲壳素酶，主要来源于植物。

2. 甲壳素酶（内切型）的催化机制

　　根据酶解产物还原末端糖单元异头构型是否改变，糖苷水解酶的催化机制分为两种：保留型和反转型，GH 18 和 GH 19 家族的甲壳素酶分别属于保留型、反转型。保留型糖苷水解酶的催化作用通常需要两个羧基侧链，其中一个作为广义酸/碱，首先向脱离的基团提供质子并随后从水分子中夺取质子。另一个则作为亲核基，通过形成共价糖-酶中间体来稳定羧基高价碳正离子中间体。GH 18 家族的甲壳素酶与常见的保留型糖苷水解酶不同，它们缺少作为亲核基的羧基侧链，是在底物辅助下完成水解的（图 12-22）。该反应通过两步双重置换机制进行，在 N-乙酰基的羧基氧的亲核攻击下形成恶唑啉中间体，反应后异头构型未改变。

　　相反，在广义酸和广义碱的作用下，GH 19 家族反转型甲壳素酶通过一步单一置换完成水解。广义碱使水分子极化而形成更强的亲核基以攻击异头碳，而广义酸使糖苷氧质子化以加速反应，水解后糖基构型反转。

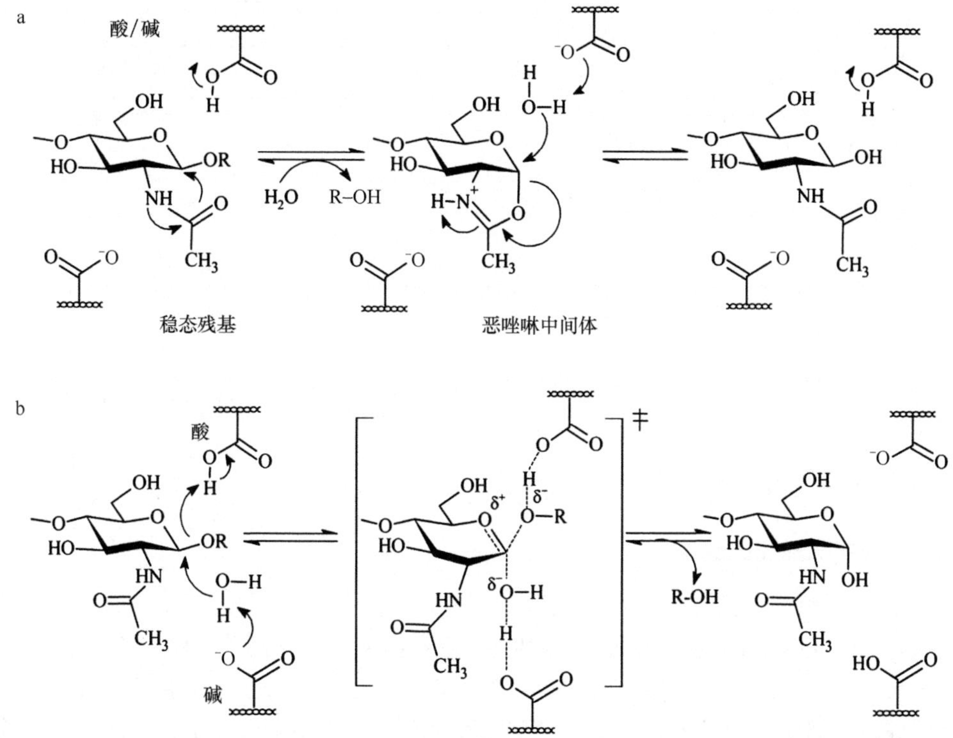

图 12-22　GH 18（a）和 GH 19（b）家族甲壳素酶的催化机制（Beygmoradi et al.，2018）

3. 甲壳素酶（内切型）的酶学性质

部分海洋微生物来源的甲壳素酶的酶学性质如表 12-9 所示，其分子量一般为 30～60kDa，分子量大的可达 100kDa 以上。等电点多在 7 以下，为酸性酶。最适 pH 为 3～9，pH 耐受范围较宽。甲壳素酶比较耐热，最适温度一般为 40～60℃，也有部分低温甲壳素酶，如 *Pseudoalteromonas* sp. DL-6 产生的甲壳素酶 ChiA 最适温度为 20℃。金属离子对甲壳素酶活力的影响差异较大，一般 Na^+、Mg^{2+}、Ca^{2+}、Mn^{2+}对酶活力有一定的增强，Cu^{2+}、Pb^{2+}、Hg^{2+}作为酶的变性剂强烈抑制酶活力。

表12-9　部分海洋微生物来源的甲壳素酶的酶学性质

微生物	分子量/kDa	最适 pH	最适温度/℃	离子影响
Alcaligenes faecalis AU02	36	8.0	40	—
Bacillus sp. R2	42	7.5	40	—
Micrococcus sp. AG84	33	8.0	45	Fe^{2+}、Ca^{2+}、Ni^{2+}增强
Paenicibacillus barengoltzii	67	3.5	60	Na^+、Mg^{2+}、Ca^{2+}增强 Hg^{2+}、Ag^+、Ni^{2+}、Cr^{2+}抑制
Pseudoalteromonas sp. DL-6	110	8.0	20	Na^+、Mg^{2+}、Ca^{2+}增强 Cu^{2+}、Zn^{2+}、Co^{2+}抑制
Pseudoalteromonas sp. DC14	65	9.0	40	—

微生物	分子量/kDa	最适 pH	最适温度/℃	离子影响
Streptomyces sp. DA11	34	8.0	50	Mn^{2+}增强 Fe^{2+}、Ba^{2+}抑制
Vibrio sp. 11211	30	6.5	50	—
Aspergillus terreus	60	5.6	50	Na^+、Ca^{2+}、Mn^{2+}增强 Zn^{2+}、Pb^{2+}、Hg^{2+}抑制
Aspergillus flavus	30	7.4	60	Fe^{2+}、Mn^{2+}增强 Cu^{2+}、Zn^{2+}、Mg^{2+}抑制

（二）壳聚糖降解酶

1. 壳聚糖降解酶的分类

根据壳聚糖降解方式的不同可将壳聚糖降解酶分为内切酶和外切酶。其中内切酶即壳聚糖酶（chitosanase）在壳聚糖降解中发挥主要作用。壳聚糖酶（EC 3.2.1.132）为一种能够水解部分乙酰化壳聚糖中 GlcN 残基之间 β-1,4 键的内切酶，降解终产物为壳二糖或壳寡糖。根据底物特异性的差异，壳聚糖酶可分为三个不同的亚类：第一亚类壳聚糖酶作用于 GlcN 和 GlcN、GlcNAc 和 GlcN 之间的键；第二亚类仅作用于 GlcN 和 GlcN 之间的键；第三亚类可水解 GlcN 和 GlcN、GlcN 和 GlcNAc 之间的键。壳聚糖酶的共同特点是都可断裂 GlcN 和 GlcN 之间的键，无法降解 GlcNAc 和 GlcNAc 之间的键，在这一点有别于甲壳素酶。

壳聚糖酶分布在 5 个 GH 家族：5、8、46、75 和 80（表 12-10）。真菌来源的壳聚糖酶主要分布在 GH 75 家族，病毒来源的主要分布在 GH 46 家族。在这些家族中，GH 46 家族的壳聚糖酶研究最为广泛，有 26 种酶完成了酶学性质的表征。

表12-10　不同GH家族的壳聚糖酶

壳聚糖酶	已进行功能表征的数量	主要来源	三维结构
GH 5	2	细菌	$(\beta/\alpha)_8$
GH 8	23	细菌	$(\alpha/\alpha)_6$
GH 46	26	细菌、病毒	—
GH 75	16	细菌、真菌	—
GH 80	4	细菌	—

选择 GH 46 家族中已经进行功能表征的 5 种不同种属来源的壳聚糖酶的氨基酸序列进行多重比较。如图 12-23 所示，5 种壳聚糖酶高度相似的氨基酸序列决定了它们相似的 α/α 桶状空间结构。星号标记的谷氨酸和天冬氨酸是催化底物水解的保守氨基酸。

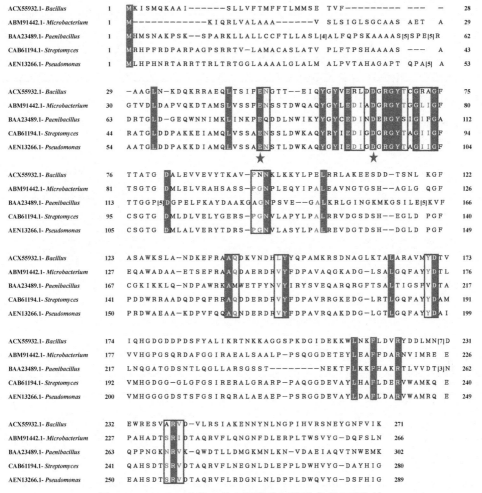

图 12-23 GH 46 家族 5 种壳聚糖酶氨基酸序列多重比较

相同的氨基酸用灰底白字标记，保守催化氨基酸用星号标记

2008 年，国际酶学委员会创建了一个新的酶种类——外切 β-D-氨基葡萄糖苷酶（EC 3.2.1.165），也称为外切壳聚糖酶，该酶属于 GH 2、9 和 35 三个家族。其从非还原末端水解壳聚糖或壳寡糖，作用于 GlcN 和 GlcN、GlcN 和 GlcNAc 之间的键，产物为 GlcN 单体（图 12-24）。

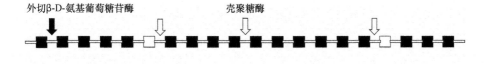

□ 2-乙酰氨基-2-脱氧-D-吡喃葡萄糖（GlcNAc）

■ 2-氨基-2-脱氧-D-吡喃葡萄糖（GlcN）

图 12-24 壳聚糖酶和外切 β-D-氨基葡萄糖苷酶的作用方式

2. 壳聚糖酶（内切型）的结构及催化机制

5 个家族的壳聚糖酶中，GH 5 和 GH 75 家族中尚未有壳聚糖酶晶体结构的报道，

GH 8 和 GH 80 家族各有一个进行了晶体结构的分析，GH 46 家族中有 4 个阐明了晶体结构。部分壳聚糖酶的三维结构如图 12-25 所示，来自 *Bacillus* sp. K17 的壳聚糖酶 ChoK中心由 6 个 α 螺旋形成圆桶，外围又有 6 个 α 螺旋环绕，形成典型的（α_6/α_6）桶结构。外层 α 螺旋上伸出的环与 β 折叠在套桶顶部形成了一个底物结合口袋，一次可结合 4 个氨基葡萄糖单元。催化中心保守氨基酸残基 Glu[122] 和 Glu[309] 分别作为质子的供体、受体，催化 GlcN 和 GlcN 之间的键水解。

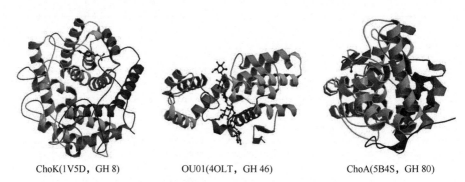

ChoK(1V5D, GH 8)　　　　OU01(4OLT, GH 46)　　　　ChoA(5B4S, GH 80)

图 12-25　不同家族壳聚糖酶的三维结构（彩图请扫封底二维码）

　　GH 46 家族中一种芽孢杆菌来源、一种微球菌来源和两种链霉菌来源的壳聚糖酶的晶体结构被报道。这 4 种酶的结构均为 α+β 型，由通过 α 螺旋连接的 2 个球状结构域组成，两个结构域之间进行底物结合，参与底物催化的 2 个保守氨基酸残基（谷氨酸和天冬氨酸）分别位于 2 个结构域上。来自微球菌的壳聚糖酶 OU01 与底物$(GlcN)_6$结合的三维结构如图 12-25 所示，OU01 由 11 个 α 螺旋和 6 个 β 折叠组成。底物特异性分析表明，该酶属于第一亚类壳聚糖酶，作用于 GlcN 和 GlcN、GlcNAc 和 GlcN 之间的键（Lyu et al.，2014）。GH 80 家族中来自 *Mitsuaria chitosanitabida* 的壳聚糖酶 ChoA 虽然与 GH 46 家族酶的氨基酸序列相似度较低，但整体结构较为相似。ChoA 由 12 个 α 螺旋和 5 个 β 折叠组成了两个大小相当的球状结构域，由一个长 α 螺旋连接，两个结构域之间进行底物结合。

　　壳聚糖酶的催化机制也分为保留型和反转型，其中 GH 5 家族的催化机制为保留型，GH 8、46 和 80 家族为反转型，GH 75 家族的催化机制尚未得知。保留型壳聚糖酶采用常见的催化机制（图 12-26），酶活性中心起催化作用的两个关键氨基酸残基中的一个作为亲核基，而另一个作为广义酸/碱，不同于甲壳素酶。反转型的催化机制则与甲壳素酶一致。

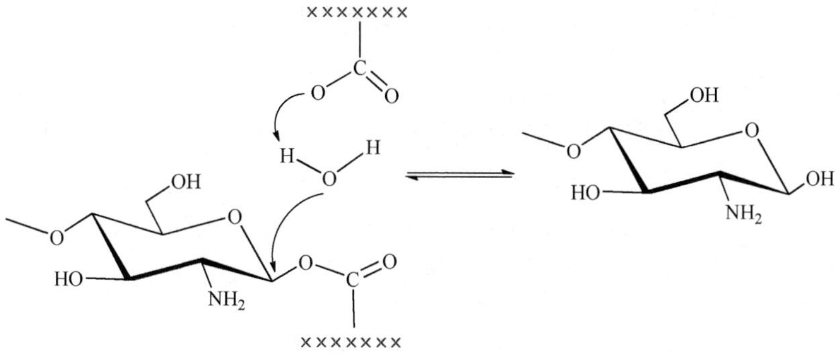

图 12-26　保留型壳聚糖酶的催化机制

四、甲壳素类降解酶及酶解产物的应用

（一）酶的应用

1. 防治病虫害

昆虫、真菌等引起的病虫害是导致作物减产的主要因素。甲壳素酶可以降解害虫的不同生命结构，如昆虫的围食膜基质和角质层、线虫卵壳和真菌细胞壁，对不含几丁质的植物和脊椎动物无害，又不会造成环境污染，在病虫害防治中发挥着重要作用。

除直接使用甲壳素酶外，还可将甲壳素酶基因转入植物中开发抗病性转基因作物。Shin 等（2008）将一种第二亚类的甲壳素酶基因转入小麦中，通过温室和田间试验证实其可以防治由禾谷镰刀菌引起的镰刀枯萎病。

2. 海产品加工废弃物利用

随着水产品养殖和加工产业的迅速发展，甲壳素废物大量堆积，由于降解缓慢，对环境造成巨大压力。利用甲壳素酶对这些废弃物进行降解，产生的甲壳素低聚糖或寡糖用于饲料添加剂或植物生长调节剂，避免了大量资源的浪费。另外，以这些虾蟹壳废弃物作为产甲壳素酶菌株发酵的碳源和氮源，也可降低甲壳素酶的生产成本。

3. 真菌原生质体制备

原生质体已被广泛用于制备无细胞提取物和细胞器，以及进行遗传转化和原生质体融合，是菌株改良的重要工具。这些生化研究的基础是获得大量可用的原生质体。Patil 等（2013）利用赭绿青霉产生的甲壳素酶进行黑曲霉原生质体的制备，使用 1mg/ml 的酶可获得 2×10^6 个原生质体，其再生效率可达 60%。

（二）酶解产物的应用

1. 在农业领域的应用

甲壳素或壳聚糖的降解产物是一种有效的植物免疫诱抗剂，可以通过激活植物的天然免疫来增强植物对各种生物胁迫（细菌、真菌和昆虫）及非生物胁迫（干旱、盐渍和寒冷）的适应，该活性在小麦、水稻、烟草、黄瓜、番茄、苹果等数十种作物中得到了验证。壳寡糖还可以作为植物生长调节剂，浸种处理可促进种子萌发和幼苗生长；可提高光合效率，增加作物产量；可提高营养物质含量，改善作物品质。

2. 在食品领域的应用

广谱抗菌活性是壳聚糖及其降解产物最重要的性质之一，对革兰氏阳性菌、革兰氏阴性菌和真菌具有抑制活性。壳寡糖无毒、安全，其作为新型防腐保鲜剂在水产品、肉制品和蔬菜水果的储藏与运输过程中具有重要的应用价值，尤其是在水产品和蔬菜水果等涂膜保鲜中。壳寡糖水溶性好，不需借助酸性溶剂，不会对产品的风味产生影响，较壳聚糖应用更为广泛。

此外，壳寡糖具有金属离子结合特性，可以增加钙、铁等矿物质在体内的滞留，提高矿物质的吸收效率；可以作为肠道益生元，提高肠道益生菌的种类和丰度，恢复由抗生素引起的肠道微生态失调。

3. 在医药领域的应用

壳寡糖的生物活性被广泛报道，包括抗氧化、抗病毒、抗肿瘤、免疫调节、降血糖、降血脂等，具有极大的药用潜力。而且壳寡糖具有阳离子性质，可以通过离子交联进行药物递送。经过疏水改性的两亲性壳寡糖衍生物形成自组装纳米颗粒，可以改善不溶性药物的溶解性、药物靶向性并增强药物吸收。Zhang 等（2015）合成两亲性全反式视黄酸-壳寡糖接枝共聚物，自组装成纳米颗粒后负载紫杉醇，通过细胞实验证实该纳米颗粒可以通过内吞作用被细胞快速吸收并转运到细胞核中。

壳寡糖还具有促进伤口愈合的功能。壳寡糖具有良好的生物相容性，与人体细胞亲和力强，可以促进细胞活化，并产生大量胶原纤维，迅速形成细致皮肤，减少伤口疤痕。

第六节　石莼多糖降解酶及其产生菌

石莼多糖（ulvan）是一类水溶性硫酸多糖，占藻体干重的 8%～29%，主要存在于石莼藻体的细胞间质中，常见的单糖组成包括鼠李糖、葡萄糖、木糖、甘露糖、半乳糖和阿拉伯糖等。早在 20 世纪 60 年代初，就有英国的 Percival 研究团队对石莼多糖进行分离、提纯与结构性质的研究。不同于其他绿藻多糖，石莼多糖中硫酸基与鼠李糖含量较高，流变性能较好，凝胶化能力不显著。天然石莼多糖及降解、修饰后制备的低聚糖复合物均具有不同的生理、药理功能活性，主要体现在增强机体免疫力、降血脂、降血压、降血糖及抗凝血等方面。

一、石莼多糖结构

石莼多糖是从石莼细胞壁中提取的水溶性阴离子多糖，是藻体内的主要基质物质。藻体种属差异、采集的地域和时间及不同提取方法对石莼多糖组成均有影响。目前已报道的石莼多糖组分含量见表 12-11（Lahaye and Robic，2007）。

表12-11 已报道的石莼多糖组分含量

多糖组分	含量/%
鼠李糖	16.8~45
木糖	2.1~12
葡萄糖	0.5~6.4
糖醛酸	6.5~19
硫酸盐	16~23.2
艾杜糖醛酸	1.1~9.1

　　从结构上分析，石莼多糖是由 3-硫酸鼠李糖（3-sulfated rhamnose，Rha3S）、葡萄糖醛酸（glucuronic acid，GlcA）、艾杜糖醛酸（iduronic acid，IdoA）和一些木糖（xylose，Xyl）单元组成的阴离子硫酸化多糖。其中，葡萄糖醛酸、艾杜糖醛酸和木糖分别与鼠李糖组合成为二糖单元（作为主要存在形式）。经典的二糖单元主要分为三种类型：第一种为 A3S 型石莼多糖，也是最为常见的一种结构，具体结构为→4)-β-D-葡萄糖醛酸-(1→4)-α-L-3-硫酸鼠李糖-(1→，即葡萄糖醛酸通过 1→4 糖苷键与鼠李糖进行连接，然后鼠李糖再通过 1→4 糖苷键与葡萄糖醛酸进行连接，形成重复二糖结构，进而形成主链。此糖链鼠李糖的 C3 位上可能会存在硫酸基，C2 位上可能会存在分支结构。第二种为 B3S 型石莼多糖，具体结构为→4)-α-L-艾杜糖醛酸-(1→4)-α-L-3-硫酸鼠李糖-(1→，即艾杜糖醛酸通过 1→4 糖苷键与鼠李糖进行连接，形成二糖单元。第三种为 U3S 型石莼多糖，具体结构为→4)-β-D-木糖-(1→4)-α-L-3-硫酸鼠李糖-(1→，即木糖通过 1→4 糖苷键与鼠李糖进行连接，形成二糖单元（图 12-27）。

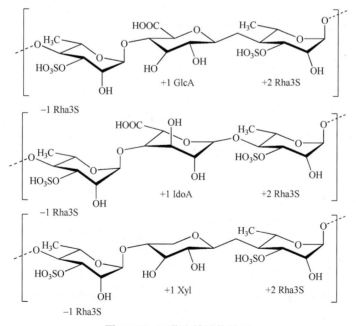

图 12-27 石莼多糖结构单元

二、石莼多糖降解菌

相对于褐藻多糖降解酶（如褐藻胶裂合酶、岩藻聚糖降解酶等）和红藻多糖降解酶（如琼胶酶、卡拉胶酶等），关于绿藻源的石莼多糖降解酶的相关研究较少。早期 Lahaye 等（1997）从法国布列塔尼海湾地区采集的绿藻中分离出一株能够降解 A3S 型（L-3-硫酸鼠李糖和 D-葡萄糖醛酸之间的 β-1,4 糖苷键）石莼多糖的细菌，根据其降解后释放非还原端不饱和糖醛酸的特性，命名该菌所产的能降解石莼多糖的酶为石莼多糖裂解酶。随着研究的深入，源自海洋的石莼多糖裂解酶产生菌逐渐被发现和报道。能够产生石莼多糖裂解酶的菌株主要有交替单胞菌属（*Alteromonas*）、假交替单胞菌属（*Pseudoalteromonas*）及黄杆菌属中的 *Formosa agariphila* 和 *Nonlabens ulvanivorans* 两类（胡富等，2019）。

三、石莼多糖裂解酶

（一）石莼多糖裂解酶的分类及酶学性质

石莼多糖裂解酶是一种内切酶，特异性断裂硫酸鼠李糖和糖醛酸或硫酸鼠李糖和木糖之间的 1→4 糖苷键。根据氨基酸序列的相似性，在 CAZy（carbohydrate-active enzymes）数据库中石莼多糖裂解酶分布在 PL 24、25、28 和 40 家族。有些蛋白质通过功能预测已进行家族归属，但还未进行具体功能表征和验证。表 12-12 列出了不同 PL 家族中部分石莼多糖裂解酶及其酶学性质。

表12-12　不同PL家族中部分石莼多糖裂解酶及其酶学性质

石莼多糖裂解酶 所属家族	蛋白质名称	菌种来源	GenBank 号	分子量/kDa	最适温度/℃	最适 pH	产物
PL 24	LOR_107		AMA19991.1	60	40	8.	DP2、DP4
	LOR_61	*Alteromonas* sp. LOR	WP_032096165.1	110.9	—	—	—
	LOR_29		WP_052010178.1	52	45	7.5	DP2、DP4
	UllA	*Alteromonas* sp. KUL17	BAY00694.1	55			DP2、DP4、 DP6
	XM47_11230	*Catenovulum maritimum* Q1	KMT65093.1	—	—	—	—
	PLSV_3875	*Pseudoalteromonas* sp. PLSV	AMA19992.1	59	35	8.0	DP2、DP4
	PLSV_3925		WP_033186955.1	111	—	—	—
PL 25	PLSV_3936	*Pseudoalteromonas* sp. PLSV	WP_033186995.1	54			DP2、DP4
	ALT3695	*Alteromonas* sp. A321	QFR04505.1	53	50	8.0	DP2、DP4
	VCE7224	*Vibrio celticus* CECT 7224	SBT15724.1	—	—	—	—
PL 28	BN863_22190	*Formosa agariphila* KMM 3901[T]	WP_038530530.1	54	29.5	8.5	DP2、DP4

续表

石莼多糖裂解酶所属家族	蛋白质名称	菌种来源	GenBank 号	分子量/kDa	最适温度/℃	最适 pH	产物
PL 28	IL45_01510	*Nonlabens ulvanivorans* PLR	AEN28574.1	46	50	9	DP2~DP6
	IL45_01530		KEZ94336.1	30	—	—	—
PL 40	BN863_21990	*Formosa agariphila* KMM 3901	CDF79911.1	69	40	8	DP2、DP4
	ZOBELLIA_3449	*Zobellia galactanivorans* DsiJT	CAZ97587.1	—	—	—	—

已报道的石莼多糖裂解酶的分子量有两类：第一类分子量一般为 30~60kDa，如 LOR_107、PLSV_3936、BN863_22190 和 IL45_01530 等；第二类分子量在 110kDa 左右，如 LOR_61 和 PLSV_3925 等。石莼多糖裂解酶的最适反应温度一般为 30~50℃，最适 pH 为 8 左右，中性偏碱。目前文献报道的石莼多糖裂解酶均不能断裂硫酸鼠李糖与木糖之间的 1→4 糖苷键，石莼多糖的降解产物中都存在含有木糖的四糖单元。现已知石莼多糖降解酶只能将多糖降解至二糖单元，降解产物多为二糖和四糖的混合物。

（二）石莼多糖裂解酶的结构及作用机制

目前只有 PL 24、25 和 28 家族的石莼多糖裂解酶进行了蛋白晶体结构解析（图 12-28）。

LOR_107(6BYP，PL 24)　　　PLSV_3936(5UAM，PL 25)　　　IL45_01530(6D2C，PL 28)

图 12-28　不同 PL 家族石莼多糖裂解酶的三维结构（彩图请扫封底二维码）

PL 24 家族中的石莼多糖裂解酶 LOR_107（PDB：6BYP）晶体结构已被解析（Ulaganathan et al.，2018a）。LOR_107 为同型二聚体。单链的三维结构为 7 个 β 折叠片围绕成的螺旋桨叶片（seven-bladed β-propeller fold），类似桶状结构。每个螺旋桨叶片由 4 个反平行的 β 链组成；叶片 7 由 C 端的三个 β 链和 N 端的一个 β 链组成。叶片 2 的第 4 个 β 链扭曲形成部分链内氢键，并与一个金属离子稳定的长环相连，该环继续与下一个螺旋桨叶片的 β 链相连。螺旋桨叶片 1、2、4、5 和 7 之间的环较短，螺旋桨叶片 3 和 6 之间的环较长，由此在蛋白质顶端形成了一个深峡谷，且该峡谷内有保守氨基酸残基簇，为石莼多糖裂解酶 LOR_107 的底物结合位点。LOR_107 的蛋白质结构中结合有 Ca^{2+} 以稳定结构，并且 Ca^{2+} 远离活性中心。

　　PL 25 家族中的石莼多糖裂解酶 PLSV_3936（PDB：5UAM）晶体结构已被解析
（Ulaganathan et al.，2017）。PLSV_3936 也是同型二聚体，晶体结构与 LOR_107 较为相
似，每个单链为 7 个 β 折叠片围绕成的螺旋桨叶片（seven-bladed β-propeller fold），类似
桶状结构。不同的是，PLSV_3936 的叶片 4 和叶片 5、叶片 1 和叶片 2 之间的环较长，因
此该酶的底部较为平坦，活性位点的深峡谷较 LOR_107 的深且窄，该酶结合有 Zn^{2+} 以稳
定蛋白质结构，金属离子距离活性位点较 LOR_107 的近，可能更有利于三维结构和活性
位点的稳定。在 PLSV_3936 的蛋白质结构中，叶片 3 附近的缝隙内有底物结合位点。

　　PL 28 家族中的石莼多糖裂解酶 IL45_01530（PDB：6D2C）晶体结构已被解析
（Ulaganathan et al.，2018b）。IL450_01530 也是同型二聚体，单链的三维结构为两个凹
β 折叠堆积而成的 β 夹心果冻卷（β-sandwich jelly roll fold），每个 β 折叠由 7 个反平行且
强烈弯曲的 β 链组成。β 折叠内片组成为 β1-β4-β13-β6-β7-β8-β9，外片为
β2-β3-β14-β5-β10-β11-β12，内片和外片有 7 处交叉。N 端的 21-50 氨基酸残基没有二级
结构基础，通过 Cys^{32} 和 Cys^{59} 的二硫键连接到 β1（内片）和 β2（外片）。β 折叠内片形
成一个深裂缝，该裂缝可能是酶与底物的结合位点，由主要侧链和极性侧链组成，并沿
与股线垂直的方向延伸到整个 β 折叠。裂缝的底部由 β 折叠的中心组成，一个壁由 β3
到 β4 和 β5 到 β6 组成，另一个壁由 β6 到 β7 和 β8 到 β9 组成。IL45_01530 的蛋白质中
结合有 Ca^{2+} 以稳定三维结构，金属离子不参与酶促反应。

　　石莼多糖裂解酶以 β 消除反应进行石莼多糖糖链的降解，产物的一端为硫酸鼠李糖，
另一端为不饱和糖醛酸。目前报道的 PL 24 家族的石莼多糖裂解酶只特异性作用于硫酸
鼠李糖和葡萄糖醛酸之间的键，PL 25、28 和 40 家族的石莼多糖裂解酶可以降解硫酸鼠
李糖和葡萄糖醛酸或硫酸鼠李糖和艾杜糖醛酸之间的键。多糖裂解酶主要采用金属离子
辅助催化和 His/Tyr 依赖催化两种机制（Garron and Cygler，2010），已报道的三个家族
的石莼多糖裂解酶均采用 His/Tyr 依赖催化机制，但是具体的氨基酸残基会略有不同，
如 LOR_107 和 PLSV_3936 均通过 Arg 中和糖醛酸的负电荷，而 IL45_01530 通过 Gln^{160}
与底物形成两个氢键以中和负电荷。石莼多糖裂解酶的催化机制详见图 12-29。

(a) PL 24 (LOR_107)

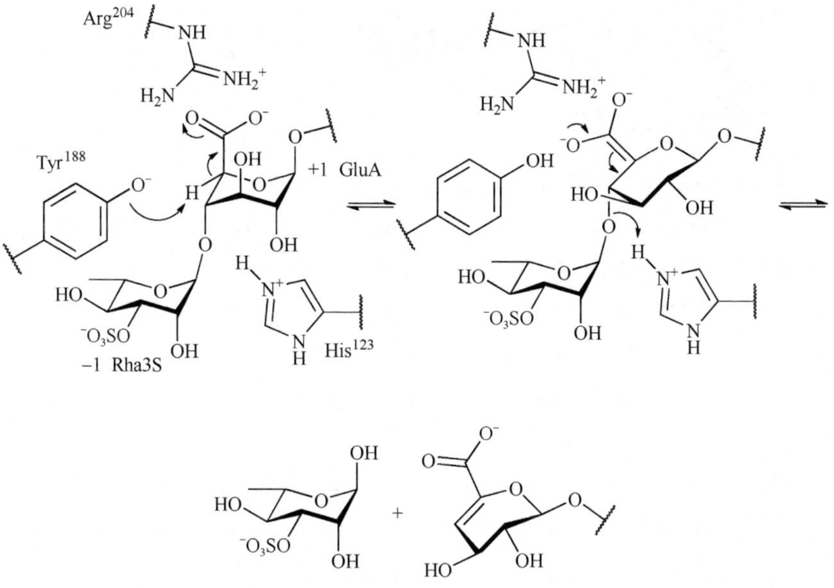

(b) PL 25 (PLSV_3936)

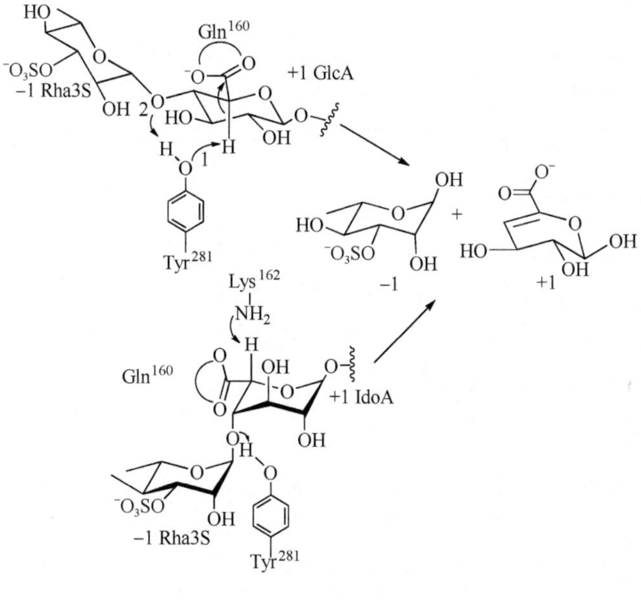

(c) PL 28 (IL45_01530)

图 12-29　不同 PL 家族石莼多糖裂解酶的催化机制

以 PL24 家族的石莼多糖裂解酶 LOR_107 为例：①Arg[259] 侧链结合葡萄糖醛酸的酸性基团以中和羧酸上的负电荷，降低 C5 质子的 pKa，并延伸到+1 位置以促进底物结合；His[167] 协助 Arg[259] 进行正确定位基团且是必不可少的。②His[146] 提取糖醛酸 C5 的质子并将其桥接 O4（到硫酸鼠李糖）；His[167] 和 Tyr[243] 堆积定位实现 His[146] 的催化，Tyr[243] 不直接参与质子转移。③糖链中的 1→4 糖苷键断裂，并在糖醛酸的 C4 和 C5 之间形成双键，降解反应完成。值得注意的是，Arg[320] 可协调酶与底物的初始结合，对键的断裂具有重要作用（Ulaganathan et al.，2018a）。

四、石莼多糖裂解酶及酶解产物的应用

（一）石莼多糖裂解酶的应用

多糖裂解酶可将分子量较大的多糖降解为寡糖，暴露活性基团，提高生物活性。石莼多糖由于其丰富的单糖组成形式，具有多种独特的生物活性。然而，在实际应用过程中，多糖分子量和黏度较大，在一定程度上降低了机体的吸收率。采用石莼多糖裂解酶专一性降解多糖获得的石莼低聚糖，在功能活性及生物利用度上更胜一筹。例如，利用生物酶解法转化制备的葡萄糖醛酸具有保肝护肝、排解毒素的作用；而鼠李糖硫酸酯产物作为目前自然界发现的仅有的两种天然 6-脱氧己醛糖之一的化合物，是参与合成强心苷类药物及相关外源凝集素的重要原料之一。

相对于褐藻多糖降解酶和红藻多糖降解酶的发现及研究，绿藻多糖降解酶起步较晚。石莼多糖裂解酶的深入研究，在有助于绿藻功能性低聚糖酶法制备研究的同时，也有效丰富了海藻降解工具酶库，为海藻资源的高值化开发添砖加瓦。

（二）石莼多糖酶解产物的应用

石莼多糖的单糖组成形式丰富，具有众多独特的生物活性，在食品、生物医药领域应用广泛。石莼多糖经专一性降解之后获得的功能性低聚糖，因其分子量较小，便于胞间传输与跨膜转运，使得其在抗氧化、降血脂、抗病毒及免疫调节方面性能更优。

1. 在生物医药领域的应用

鼠李糖是一种重要的稀有 L 构型单糖，其具有多种生理功能。Carneiro 等（2015）报道，L-鼠李糖可以与鼠李糖结合凝集素（RBL）特异性结合，而某些癌细胞表面的抗原也可以和 RBL 结合，将药物进行鼠李糖糖基化修饰以加强药物的疗效，使药物与癌细胞进行靶向结合，降低对正常细胞的损伤。

2. 在生物功能制品领域的应用

随着生活水平的提高，“三高”（高血脂、高血压、高血糖）、免疫缺陷及相关亚健康症状已经普遍发生于千家万户。筛选具有降血脂、降血糖的无毒副作用的天然产物已经逐渐成为热点需求之一。Yu 等（2003）研究发现，低分子量孔石莼多糖能够显著降低生物体血清中的总胆固醇（TC）、低密度脂蛋白胆固醇（LDL-C），同时升高高密度脂蛋白胆固醇（HDL-C），从而 HDL-C/TC 的值升高，降低动脉粥样硬化指数，在预防心脑血管疾病方面具有较大的应用潜力；卞俊等（2006）研究发现，200mg/（kg·d）的孔石莼多糖可以显著增加受试小鼠胸腺和脾指数，促进伴刀豆球蛋白 A（ConA）诱导的小鼠脾 T 淋巴细胞的增殖反应，提高小鼠的血清溶血素水平和 NK 细胞活性，此实验结果表明，孔石莼多糖可通过调节机体的细胞免疫和体液免疫，增加机体免疫力，在相关生物功能制品的制备方面具有潜在应用价值。

3. 在化妆品领域的应用

海洋中含有多种珍稀生物质资源，如红藻提取物、墨角藻提取物及珊瑚藻提取物等在面膜、乳霜等护肤产品中均有广泛应用。虽绿藻石莼研究起步较晚，但因其提取物中营养物质种类（活性多糖、氨基酸和微量元素等）繁多，其在化妆品中的应用也逐渐被深入研究。已有研究表明，石莼多糖中糖醛酸和硫酸基含量丰富，且其单糖组成种类与透明质酸较为相似，具有良好的护肤保湿功能。目前，已有多家化妆品品牌应用石莼多糖作为保湿产品原料，如法国 Elicityl 公司将石莼提取物进行有效处理，并应用于具有调理皮肤、保水等功能的面膜中。

参 考 文 献

卞俊，储智勇，鲍蕾蕾，等. 2006. 孔石莼多糖对小鼠免疫功能的影响. 中国生化药物杂志，（5）：276-279.

初建松，刘万顺，张朝阳. 1998. 江蓠原生质体分离和培养的初步研究. 海洋通报，17（6）：17-20.

高洪峰，纪明侯，曹文达，等. 1996. 用 β-琼胶酶和 NMR 光谱法研究多管藻多糖的寡糖结构. 海洋与湖沼，27（5）：505-510.

胡富，李谦，朱本伟，等. 2019. 石莼多糖裂解酶的研究进展. 中国生物工程杂志，39（8）：104-113.

刘冰月. 2017. 羊栖菜岩藻多糖的提取分离及其应用研究. 江南大学硕士学位论文.

王莹. 2014. 不同方法对 RC2-3 产岩藻多糖酶条件优化的对比研究. 青岛农业大学学报（自然科学版），（1）：36-40.

周峥嵘. 2013. 琼胶酶 AgaXa 结构与功能关系的初步研究. 汕头大学硕士学位论文.

朱磊，薛永常. 2016. 琼胶酶酶学研究进展. 生命的化学，36（2）：193-197.

朱婉萍. 2014. 甲壳素及其衍生物的研究与应用. 杭州：浙江大学出版社.

Agüero L，Zaldivar-Silva D，Pena L，et al. 2017. Alginate microparticles as oral colon drug delivery device: a review. Carbohydrate Polymers，168：32-43.

Araki T，Higashimoto Y，Morishita T. 1999. Purification and characterization of κ-carrageenase from a marine bacterium，*Vibrio* sp. CA-1004. Fisheries Science，65（6）：937-942.

Araki T，Lu Z，Morishita T. 1998. Optimization of parameters for isolation of protoplasts from *Gracilaria verrucosa*. Journal of Marine Biotechnology，6（3）：193-197.

Barbeyron T，Henrissat B，Kloareg B. 1994. The gene encoding the kappa-carrageenase of *Alteromonas carrageenovora* is related to β-1,3-1, 4-glucanases. Gene，139（1）：105-109.

Beygmoradi A，Homaei A，Hemmati R，et al. 2018. Marine chitinolytic enzymes，a biotechnological treasure hidden in the ocean. Applied Microbiology and Biotechnology，102（23）：9937-9948.

Bilan M I，Grachev A A，Ustuzhanina N E，et al. 2002. Structure of a fucoidan from the brown seaweed *Fucus evanescens* C. Ag. Carbohydrate Research，337（8）：719-730.

Bilan M I，Shashkov A S，Usov A I. 2014. Structure of a sulfated xylofucan from the brown alga *Punctaria plantaginea*. Carbohydrate Research，393：1-8.

Bilan M I，Vinogradova E V，Tsvetkova E A，et al. 2008. A sulfated glucuronofucan containing both fucofuranose and fucopyranose residues from the brown alga *Chordaria flagelliformis*. Carbohydrate Research，343（15）：2605-2612.

Cao H，Walton J D，Brumm P，et al. 2014. Structure and substrate specificity of a eukaryotic fucosidase from *Fusarium Graminearum*. Journal of Biological Chemistry，289（37）：25624-25638.

Carneiro R F，Teixeira C S，Melo A A，et al. 2015. L-rhamnose-binding lectin from eggs of the *Echinometra lucunter*: Amino acid sequence and molecular modeling. International Journal of Biological Macromolecules，78：180-188.

Chi W，Chang Y，Hong S. 2012. Agar degradation by microorganisms and agar-degrading enzymes. Applied Microbiology Biotechnology，94：917-930.

Descamps V，Colin S，Lahaye M，et al. 2006. Isolation and culture of a marine bacterium degrading the sulfated fucans from marine brown algae. Marine Biotechnology（New York），8（1）：27-39.

Dong S，Wei T D，Chen X L，et al. 2014. Molecular insight into the role of the N-terminal extension in the maturation，substrate recognition and catalysis of a bacterial alginate lyase from polysaccharide lyase family 18. Journal of Biological Chemistry，289（43）：29558-29569.

Dyrset N，Lystad K Q，Levine D W. 1997. Development of a fermentation process for production of a κ-carrageenase from *Pseudomonas carrageenovora*. Enzyme and Microbial Technology，20（6）：418-423.

Fu X T，Kim S M. 2010. Agarase: review of major sources，categories，purification method，enzyme characteristics and applications. Marine Drugs，8（1）：200-218.

Garron M L，Cygler M. 2010. Structural and mechanistic classification of uronic acid-containing polysaccharide lyases. Glycobiology，20（12）：1547-1573.

Guibet M，Colin S，Barbeyron T，et al. 2007. Degradation of λ-carrageenan by *Pseudoalteromonas carrageenovora* λ-carrageenase: a new family of glycoside hydrolases unrelated to κ- and ι-carrageenases. Biochemical Journal，404（1）：105-114.

Hehemann J, Correc G, Barbeyron T, et al. 2010. Transfer of carbohydrate-active enzymes from marine bacteria to Japanese gut microbiota. Nature, 464: 908-912.

Jan-Hendrik H, Leo S, Anuj Y, et al. 2012. Analysis of keystone enzyme in agar hydrolysis provides insight into the degradation of a polysaccharide from red seaweeds. Journal of Biological Chemistry, 287: 13985-13995.

Lahaye M, Brunel M, Bonnin E. 1997. Fine chemical structure analysis of oligosaccharides produced by an ulvan-lyase degradation of the water-soluble cell-wall polysaccharides from *Ulva* sp. (Ulvales, Chlorophyta). Carbohydrate Research, 304 (3-4): 325-333.

Lahaye M, Robic A. 2007. Structure and functional properties of ulvan, a polysaccharide from green seaweeds. Biomacro-molecules, 8 (6): 1765-1774.

Lee S I, Choi S H, Lee E Y, et al. 2012. Molecular cloning, purification, and characterization of a novel polyMG-specific alginate lyase responsible for alginate MG block degradation in *Stenotrophomas maltophilia* KJ-2. Applied Microbiology and Biotechnology, 95 (6): 1643-1653.

Lyu Q, Wang S, Xu W, et al. 2014. Structural insights into the substrate-binding mechanism for a novel chitosanase. Biochemical Journal, 461 (2): 335-345.

Maneesh A, Chakraborty K. 2018. Pharmacological potential of sulfated polygalactopyranosyl-fucopyranan from the brown seaweed *Sargassum wightii*. Journal of Applied Phycology, 30: 1971-1988.

Mclean M W, Williamson F B. 1979. χ-carrageenase from *Pseudomonas carrageenovora*. European Journal of Biochemistry, 93 (3): 553-558.

Michel G, Flament D, Barbeyron T, et al. 2000. Expression, purification, crystallization and preliminary X-ray analysis of the ι-carrageenase from *Alteromonas fortis*. Acta Crystallographica Section D: Biological Crystallography, 56 (6): 766-768.

Nagae M, Tsuchiya A, Katayama T, et al. 2007. Structural basis of the catalytic reaction mechanism of novel 1,2-α-L-fucosidase from *Bifidobacterium bifidum*. Journal of Biological Chemistry, 282 (25): 18497-18509.

Nagaoka M, Shibata H, Kimura-Takagi I, et al. 1999. Structural study of fucoidan from *Cladosiphon okamuranus* tokida. Glycoconjugate Journal, 16 (1): 19-26.

Ochiai A, Yamasaki M, Mikami B, et al. 2010. Crystal structure of exotype alginate lyase Atu3025 from *Agrobacterium tumefaciens*. Journal of Biological Chemistry, 285 (32): 24519-24528.

Ogura K, Yamasaki M, Yamada T, et al. 2009. Crystal structure of family 14 polysaccharide lyase with pH-dependent modes of action. Journal of Biological Chemistry, 284 (51): 35572-35579.

Osawa T, Matsubara Y, Muramatsu T, et al. 2005. Crystal structure of the alginate (poly α-l-guluronate) lyase from *Corynebacterium* sp. at 1.2Å Resolution. Journal of Molecular Biology, 345 (5): 1111-1118.

Park D, Jagtap S, Nair S K. 2014. Structure of a PL17 family alginate lyase demonstrates functional similarities among exotype depolymerases. Journal of Biological Chemistry, 289 (12): 8645-8655.

Patil N S, Waghmare S R, Jadhav J P. 2013. Purification and characterization of an extracellular antifungal chitinase from *Penicillium ochrochloron* MTCC 517 and its application in protoplast formation. Process Biochemistry, 48 (1): 176-183.

Ponce N M A, Pujol C A, Damonte E B, et al. 2003. Fucoidans from the brown seaweed *Adenocystis utricularis*: extraction methods, antiviral activity and structural studies. Carbohydrate Research, 338 (2): 153-165.

Sakai T, Kimura H, Kato I. 2002. A marine strain of Flavobacteriaceae utilizes brown seaweed fucoidan. Marine Biotechnology, 4 (4): 399-405.

Shin S, Mackintosh C A, Lewis J, et al. 2008. Transgenic wheat expressing a barley class II chitinase gene has enhanced resistance against *Fusarium graminearum*. Journal of Experimental Botany, 59 (9): 2371-2378.

Suda K, Tanji Y, Hori K, et al. 2010. Evidence for a novel *Chlorella* virus-encoded alginate lyase. FEMS Microbiology Letters, 180 (1): 45-53.

Ulaganathan T S, Banin E, Helbert W, et al. 2018b. Structural and functional characterization of PL28 family ulvan lyase NLR48 from *Nonlabens ulvanivorans*. Journal of Biological Chemistry, 293 (29): 11564-11573.

Ulaganathan T S, Boniecki M T, Foran E, et al. 2017. New ulvan-degrading polysaccharide lyase family: structure and catalytic mechanism suggests convergent evolution of active site architecture. ACS Chemical Biology, 12 (5): 1269-1280.

Ulaganathan T S, Helbert W, Kopel M, et al. 2018a. Structure–function analyses of a PL24 family ulvan lyase reveal key features and suggest its catalytic mechanism. Journal of Biological Chemistry, 293 (11): 4026-4036.

Weigl J, Yaphe W. 1996. The enzymic hydrolysis of carrageenan by *Pseudomonas carrageenovora*: purification of a κ-carrageenase. Canadian Journal of Microbiology, 12 (5): 939-947.

Xu F, Dong F, Wang P, et al. 2017. Novel molecular insights into the catalytic mechanism of marine bacterial alginate lyase AlyGC from polysaccharide lyase family 6. Journal of Biological Chemistry, 292 (11): 4457-4468.

Xu X, Iwamoto Y, Kitamura Y, et al. 2003. Root growth-promoting activity of unsaturated oligomeric uronates from alginate on carrot and rice plants. Bioscience, Biotechnology, and Biochemistry, 67 (9): 2022-2025.

Yamada T，Ogamo A，Saito T，et al. 2000. Preparation of O-acylated low-molecular-weight carrageenans with potent anti-HIV activity and low anticoagulant effect. Carbohydrate Polymers，41（2）：115-120.

Yamasaki M，Moriwaki S，Miyake O，et al. 2004. Structure and function of a hypothetical *Pseudomonas aeruginosa* protein PA1167 classified into family PL-7: a novel alginate lyase with a β-sandwich fold. Journal of Biological Chemistry，279（30）：31863-31872.

Yoon H J，Hashimoto W，Miyake O，et al. 2001. Crystal structure of alginate lyase A1-III complexed with trisaccharide product at 2.0Å resolution. Journal of Molecular Biology，307（1）：9-16.

Young K S，Hong K C，Duckworth M，et al. 1971. Enzymic hydrolysis of agar and properties of bacterial agarases. Process International Seaweed Symptom，7：15-22.

Yu P Z，Zhang Q B，Li N，et al. 2003. Polysaccharides from *Ulva pertusa*（Chlorophyta）and preliminary studies on their ant-ihyperlipidemia activity. Journal of Applied Phycology，15（1）：21-27.

Zhang J，Han J，Zhang X，et al. 2015. Polymeric nanoparticles based on chitooligosaccharide as drug carriers for co-delivery of all-trans-retinoic acid and paclitaxel. Carbohydrate Polymers，129：25-34.

第十三章　产蛋白酶的微生物与酶资源开发

海洋是地球上面积最大、最古老的生境，海洋生态系统由不同海洋生境区域所组成，海水的运动带动海洋环境中整体物质和能量的变化，最终构成了复杂的海洋生态系统。微生物在海洋生态系统中广泛分布，是海洋环境中的分解者和生产者，在海洋物质循环、能量流动过程中占据重要地位。氮元素是生命活动必需的元素，是组成蛋白质、核酸等生物大分子及氨基酸、维生素等小分子化合物的必需成分。海洋生态系统中氮的化学形态包括有机氮和无机氮两大类。有机氮主要为颗粒有机氮和溶解有机氮，颗粒有机氮主要来源于生物体和各种有机碎屑中的氮，溶解有机氮主要来源于生物代谢排出及死亡之后分解过程中排出的各种组分；无机氮为分子态的氮气、硝酸氮、氨氮等（周明扬，2013）。

在海洋环境中，有机氮的浓度远超过无机氮的含量。海底沉积物中的氮含量高于上层水，主要是因为上方的碎屑和底栖动物产生的碎屑在沉积物中的沉降。海水中的悬浮颗粒物质来源于浮游植物、动物、大型动植物的新陈代谢和死亡后的残体，此外，陆源的矿物碎屑也是海洋有机氮的重要来源。据估计，海洋中颗粒有机氮每天以 $24 \sim 80 \mu mol/m^2$ 的速度从海洋表层沉降到沉积物中（Bianchi et al.，2002；Brunnegard et al.，2004）。颗粒有机氮被生物降解为溶解态的有机氮之后，再进行分解、氨化、硝化和反硝化，参与海底沉积物中氮循环过程（图 13-1）。^{15}N-NMR 证实，表层海水中的颗粒有机氮和深海沉积物中的颗粒有机氮明显不同，表层海水中的颗粒有机氮在沉降过程中经受多次化学或生物降解过程，在降至深海时几乎全是难被化学水解和生物降解的氨基化合物，这些氨基化合物数量巨大，但它们在沉积物氮循环中是如何被微生物及其所产生的酶类降解的机制尚不清楚（Aluwihare et al.，2005；Ogawa et al.，2001）。

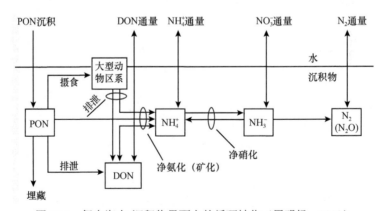

图 13-1　氮在海水-沉积物界面上的循环转化（周明扬，2013）

海洋中的微生物可以把颗粒有机氮（PON）降解为高分子量的溶解性有机氮（DON），DON 再经过一系列的生物生化反应，包括再分解、氨化、硝化和反硝化等将有机氮转化为无机氮，最终参与海洋氮循环。在有机氮降解方面，海洋沉积物中产胞外蛋白酶细菌胞外分泌的蛋白酶能够降解沉积物中的大分子蛋白质等并将其转化为小分子的有机氮。海洋中蕴含复杂多样的蛋白质类型，种类复杂，且受海洋沉积物中高盐、低温等的影响，海洋沉积物中可能蕴藏着代谢能力多元、适应盐碱和低温等的多元化蛋白酶及多样性丰富的高效产蛋白酶菌株资源。

第一节　海洋产蛋白酶细菌的分离、培养、鉴定方法

一、产蛋白酶细菌的分离、培养

（一）培养基配制

对于海洋沉积物中产蛋白酶细菌的分离，沿海地区工作人员可以直接用海水配制培养基，而其他地区研究者一般需配制人工海水后进一步配制相关培养基。

人工海水：NaCl 2.75%、MgCl$_2$ 0.5%、MgSO$_4$ 0.2%、CaCl$_2$ 0.05%、KCl 0.1%、FeSO$_4$ 0.0001%，去离子水配制（周明扬，2013）。

选择性分离培养基（周明扬，2013）：选择性分离培养基一般分别以酪蛋白、明胶、弹性蛋白为底物配制，配制方法分别如下。

酪蛋白-明胶培养基：称取 0.3g 酪素，用少许 1mol/L NaOH 浸润，加少许去离子水，微波加热至溶解；称取 0.5g 明胶，加少许去离子水，加热至溶解；溶化的酪素和明胶混合，用去离子水定容至 20ml，调整 pH 为 8.0；在 80ml（人工）海水中加入 0.2g 酵母粉，调 pH=8.0；分装至每瓶 40ml，分别灭菌（121℃、20min）。接种时，每瓶培养基中加入 10ml 酪蛋白明胶溶液。

酪蛋白培养基：称取 0.3g 酪素，用少许 1mol/L NaOH 浸润，加少许去离子水，微波加热至溶解，用去离子水定容至 20ml，调 pH 为 8.0；在 80ml 海水或人工海水中加入 0.2g 酵母粉和 1.5g 琼脂粉，调 pH 为 8.0，两种溶液分别进行灭菌，冷却到 45～50℃时，两种溶液混匀倒平板。

明胶培养基：称取 0.5g 明胶，加少许去离子水，加热至溶解，用去离子水定容至 20ml，调 pH 为 8.0；在 80ml 海水或人工海水中加入 0.2g 酵母粉和 1.5g 琼脂粉，调 pH 为 8.0，两种溶液分别进行灭菌，冷却到 45～50℃时，两种溶液混匀倒平板。

弹性蛋白培养基：称取 0.3g 弹性蛋白，加入 20ml 去离子水和适量玻璃珠，在摇床上振荡一天以使弹性蛋白变为粉末状。在 80ml 海水或人工海水中加入 0.2g 酵母粉与 1.5g 琼脂粉，调 pH 为 8.0；两种溶液分别灭菌，冷却到 45～50℃时，两种溶液混匀倒平板。

（二）产蛋白酶细菌的分离、纯化及保藏

1）称取 1g 沉积物样品，加入到 10ml 无菌海水或人工海水中混匀。

2）分别用无菌（人工）海水将样品以 10 倍稀释梯度稀释至 10^{-6}。

3）分别取 100μl（样品稀释：10^{-2}～10^{-6}）的稀释样品涂布于酪蛋白明胶筛选培养基上，置于 20℃培养 2～7 天。

4）挑取不同菌落形态的产透明水解圈的单菌落（图 13-2），每个平板仅挑取一株具有同一种菌落形态的细菌菌株，在相同的培养基上采用连续划线的方法纯化菌株，反复挑取单菌落划线，直至菌落形态单一。

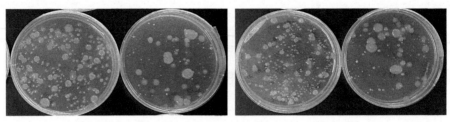

图 13-2　产蛋白酶细菌分离图片（彩图请扫封底二维码）

5）分别将菌株接种至 2216E 液体培养基［培养基配方：酵母提取物 2.5g/L、蛋白胨 5g/L、（人工）海水 1L，121℃灭菌 30min］中，在 20℃、160r/min 条件下扩大培养至对数期，取 1ml 菌液，加入终浓度为 20%的甘油，保藏于–80℃（Zhou et al.，2009）。

二、产蛋白酶细菌的鉴定

（一）基因组 DNA 提取

将所有纯化后的菌株分别接种至 2216E 液体培养基中，在 20℃、160r/min 条件下培养至对数生长期，12 000g 离心 2min 收集菌体，利用细菌基因组提取试剂盒，如天根细菌基因组 DNA 提取试剂盒（DP302）等，按照试剂盒要求的实验流程进行基因组 DNA 提取，提取结束后用 NanoDrop 检测 DNA 浓度和纯度，检测合格的样品置于–20℃条件下保存备用。

（二）产蛋白酶细菌的 16S rRNA 基因扩增及序列测定

以提取合格的细菌基因组 DNA 为模板，利用细菌 16S rRNA 基因通用引物 27F（5′-AGAGTTTGATCCTGGCTCAG-3′）/1492R（5′-TACGGCTACCTTGTTACGACTT-3′）扩增所有菌株的 16S rRNA 基因序列（三步法 PCR 程序：94℃ 5min，94℃变性 1min、56℃退火 1min、72℃延伸 1.5min 退火 29 个循环，最后 72℃延伸 5min）（Engel et al.，2004；Tan et al.，2001），扩增结束后，用微量移液器吸取 3～5μl 样品加入 1.0%琼脂糖凝胶的上样孔中，100V 下电泳 30min，然后将凝胶置于凝胶成像仪中进行观察，于 marker 1500bp 处有一条单一明亮的条带的样点即扩增成功的样品；将扩增成功的 PCR 产物送至测序公司进行 DNA 序列的双向测定。

（三）产蛋白酶细菌的分子鉴定

用 BioEdit 软件打开.abi 格式的文件，观察测序质量，峰型单一的结果为测序质量好的序列，将测得的 16S rRNA 的双向序列用 DNAstar 的 SeqMan 程序拼接，拼接结束后，导出序列。

分别将序列在 NCBI 上进行 BLAST 程序在线比对，并从 GenBank 中下载同源性最高的近缘物种的模式菌株序列，一般来说，与标准菌株最高同源性高于 95%的保存为

FASTA 文件，使用 Clustal 程序比对序列，比对结束后转化为.meg 格式的文档，并用 MEGA 7.0 打开，再选择邻接法（neighbor-joining method）构建系统进化树，自展值（bootstrap）设定为 1000（Kumar et al.，2016）。通过 MEGA 7.0 软件计算所有菌株之间及菌株与模式菌株之间的相似性。

第二节　产蛋白酶细菌的胞外蛋白酶分类及种类测定

一、蛋白酶分类

蛋白酶也称肽酶，是一类能够催化蛋白质水解生成多肽及小分子氨基酸的酶。按照国际生物化学和分子生物学联合会命名委员会（the Nomenclature Committee of the International Union of Biochemistry and Molecular Biology，NC-IUBMB）的规定，蛋白酶被归为第三大类水解酶类（EC3）的第四分组：水解肽键的酶类（EC3.4）。蛋白酶广泛存在于动植物和微生物中，约占所有蛋白质的 2%；蛋白酶分类方式有很多种，根据蛋白酶的来源可分为植物蛋白酶、动物蛋白酶、微生物蛋白酶，微生物蛋白酶又可分为细菌蛋白酶和真菌蛋白酶；根据蛋白酶作用的最适 pH 进行分类，可分为酸性蛋白酶、中性蛋白酶及碱性蛋白酶；根据蛋白酶活性位点可分为外肽酶、内肽酶和转肽酶，其中外肽酶水解最接近蛋白质的 N 端或 C 端的肽键，而内肽酶的作用位点为蛋白质内部，远离蛋白质 N 端和 C 端。

目前最常用的分类方式是根据底物类型和蛋白酶反应中心的功能基团与催化类型分类。基于底物类型，可以将蛋白酶分为酪蛋白酶、明胶酶、弹性蛋白酶等。根据蛋白酶反应中心的功能基团和催化类型来分类，蛋白酶可以分为丝氨酸蛋白酶（serine peptidase，EC 3.4.21）、半胱氨酸蛋白酶（cysteine peptidase，EC 3.4.22）、天冬氨酸蛋白酶（aspartic peptidase，EC 3.4.23）、金属蛋白酶（metallo peptidase，EC 3.4.24）、苏氨酸内肽酶（EC 3.4.25）及催化机制不详的内肽酶（EC 3.4.99）等。如图 13-3 所示，每种酶的分类编号由 4 个数字表示，依次代表大类、亚类、亚亚类、亚亚亚类中的编号（Puente et al.，2003），其中丝氨酸蛋白酶、半胱氨酸蛋白酶、天冬氨酸蛋白酶和金属蛋白酶是研究最多的四类蛋白酶。丝氨酸蛋白酶、半胱氨酸蛋白酶在催化过程中分别由丝氨酸和半胱氨酸对底物进行亲核攻击，形成酯键或硫酯键连接的酰化中间体。而天冬氨酸蛋白酶和金属蛋白酶对底物的亲核攻击则来自活性中心的水分子。

丝氨酸蛋白酶是一类以丝氨酸为活性中心的蛋白水解酶，大多数丝氨酸蛋白酶的活性部位包含组氨酸、天冬氨酸和丝氨酸三种保守的氨基酸，目前发现的蛋白酶中有三分之一以上是丝氨酸蛋白酶（Puente et al.，2003），活性可受到二异丙基磷酰氟（DIFP）、苯甲基磺酰氟（PMSF）和马铃薯抑制剂（PI）等的抑制。有些酶因活性中心也含有半胱氨酸残基，可被巯基试剂对氯汞苯甲酸（PCMB）所抑制。

金属蛋白酶是一类金属离子依赖性胞外水解酶类，能够降解细胞外基质包括胶原蛋白在内的多肽大分子，活性中心大多数含 Zn^{2+}、Ca^{2+} 等二价金属离子，可受到金属螯合剂或邻菲罗啉（o-phenanthroline，OP）的抑制。半胱氨酸蛋白酶能够被 E-64 显著抑制，天冬氨酸蛋白酶的活性中心含天冬氨酸，可被抑肽素（P-A）抑制。

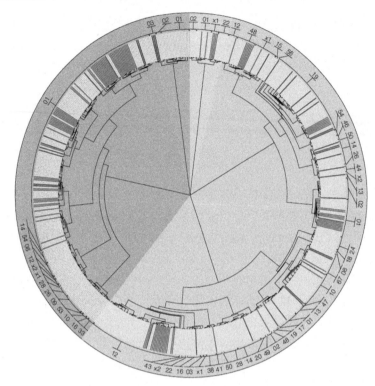

— 人特异　　■ 苏氨酸蛋白酶　　■ 半胱氨酸蛋白酶　　■ 丝氨酸蛋白酶
— 鼠特异　　■ 天冬氨酸蛋白酶　　■ 金属蛋白酶

图 13-3　蛋白酶分类图（Puente et al.，2003）（彩图请扫封底二维码）

二、产蛋白酶细菌胞外蛋白酶的分类方法

（一）根据底物类别评价蛋白酶种类

1）分别配制以酪蛋白、明胶、弹性蛋白为底物的鉴别培养基，培养基的配制方法及配方见前文培养基介绍部分。

2）将待测菌株活化，待长出单菌落后，挑取单菌落，分别点接至酪蛋白、明胶、弹性蛋白鉴别培养基上，20℃培养 2～5 天。

3）分别测定菌落直径（C）和透明圈直径（H）（图 13-4），并计算透明圈直径和菌落直径比值（H/C），比值越大，相应的酶活越高，在鉴别培养基上无水解圈的菌株，无相应酶活。

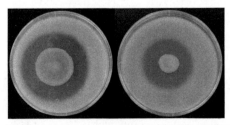

图 13-4　产蛋白酶细菌在酪蛋白平板上形成的水解圈（彩图请扫封底二维码）

（二）利用酶活抑制实验评价蛋白酶种类

1. 酪氨酸标准曲线的制作

1）用 50mmol/L Tris-HCl（pH 8.0）配成 1mg/ml 酪氨酸标准溶液，并梯度稀释成 $10\mu g/ml$、$20\mu g/ml$、$30\mu g/ml$、$40\mu g/ml$、$50\mu g/ml$、$60\mu g/ml$、$70\mu g/ml$、$80\mu g/ml$、$90\mu g/ml$、$100\mu g/ml$ 的酪氨酸溶液。

2）分别取各浓度液体 $100\mu l$，并分别加入 $500\mu l$ 0.4mol/L Na_2CO_3 溶液和 $100\mu l$ 福林酚（Folin-phenol）（Sigma 公司），40℃显色 10min 后于 660nm 处测吸光度，并绘制标准曲线。

2. 使用福林酚试剂法测定细菌胞外蛋白酶酶活

1）分别将活化后的菌体接种到酪蛋白明胶发酵培养基（配制方法：称取 0.3g 酪素，用少许 1mol/L NaOH 浸润，加少许去离子水，微波加热至溶解；称取 0.5g 明胶加少许去离子水，加热至溶解；溶化的酪素和明胶混合，用去离子水定容至 20ml，调整 pH 为 8.0；在 80ml（人工）海水中加入 0.2g 酵母粉，调 pH=8.0；分装至每瓶 40ml，分别灭菌（121℃、20min）。接种时，每瓶培养基中加入 10ml 酪蛋白明胶混合物）中，20℃、180r/min 摇床培养 3d（Chen et al., 2003）。

2）取适量发酵液，13 000g 离心弃沉淀，上清即为粗酶液。

3）分别向 $100\mu l$ 粗酶液中加入已于 40℃预热的 $100\mu l$ 2%酪素溶液（50mmol/L Tris-HCl pH 8.0 配制），40℃水浴 10min。

4）加入 $200\mu l$ 0.4mol/L 三氯乙酸（TCA）终止反应，40℃保温 10min。

5）13 000g 离心 3min，取 $100\mu l$ 上清，加入 $500\mu l$ 0.4mol/L Na_2CO_3，再加入 $100\mu l$ Folin-phenol，40℃显色 10min，于 660nm 处测吸光度。酶活力单位（IU）定义为：在以上条件下，每毫升液体酶水解酪蛋白时每分钟释放 $1\mu g$ 酪氨酸所需要的酶量。

3. 利用蛋白酶的抑制剂实验进行胞外蛋白酶分类

1）分别取 $100\mu l$ 粗酶液，分别加入终浓度为 1.0mmol/L 苯甲基磺酰氟（PMSF）、1.0mmol/L 邻菲罗啉（OP）、0.1mmol/L E-64、0.1mmol/L Pepstatin A，20℃下放置 20min（Zhou et al., 2009）。

2）以加入抑制剂反应后的粗酶液为反应酶液，测定其对酪蛋白的降解酶活，以不加抑制剂的对照组为阳性对照，将其酶活定义为 100%，减去加入抑制剂后的酶活即为抑制率（Zhou et al., 2009）。

3）蛋白酶种类界定：酶活能够被苯甲基磺酰氟（PMSF）显著抑制的为丝氨酸蛋白酶，能够被邻菲罗啉抑制的为金属蛋白酶，能够被 E-64 显著抑制的为半胱氨酸蛋白酶，能被抑肽素（P-A）抑制的为天冬氨酸蛋白酶（Zhou et al., 2009）。

第三节　海洋产蛋白酶微生物及蛋白酶多样性研究

地球表面的 2/3 以上由海洋沉积物覆盖，海洋沉积物具有高盐、低温等环境特征，其中也蕴藏着丰富的耐盐碱、耐低温等抗逆性强的产蛋白酶微生物及蛋白酶资源。抗逆性强的微生物及蛋白酶资源，在食品、工业等方面有着广阔的应用前景。近年来，对于海洋产蛋白酶微生物多样性及产胞外蛋白酶多样性的研究逐渐受到青睐。其中，中国学者在这方面的研究贡献最大，如山东大学、中国科学院烟台海岸带研究所等单位的研究人员。目前，对于产蛋白酶细菌资源多样性及所产胞外蛋白酶多样性研究较为透彻的海域包括中国的渤海湾、莱州湾、胶州湾、北黄海、南海及南极的菲尔德斯半岛等海域。

一、中国南海沉积物中产蛋白酶细菌及蛋白酶多样性研究

南海是中国最大的边缘海，是世界著名的热带大陆边缘海之一，也是中国最大和最深的海域。其生物多样性非常丰富，有着丰富的渔业资源，南海中也蕴藏着大量的微生物资源，科研工作者已经从中发现了大量的微生物新分类单元。Zhou 等（2009）对南海产蛋白酶微生物多样性及产蛋白酶的多样性进行了相关研究，该研究是最早的系统地针对沉积物中产蛋白酶细菌及其胞外蛋白酶多样性的研究，该研究从中国南海具有不同地域特点和生物地球化学背景的 8 个站点采集了沉积物样品，使用酪蛋白明胶培养基对沉积物中产蛋白酶的细菌进行了分离纯化，对相应菌株进行了基于 16S rRNA 基因序列的鉴定分析，并通过蛋白酶抑制剂实验及其对不同蛋白质底物的降解能力研究了这些产蛋白酶细菌的多样性。

（一）中国南海沉积物采样点信息及沉积物理化性质

从南海的 8 个采样点采集沉积物，站位深度 154～2456m，温度 3.8～17.3℃，pH 6.93～7.09。有机碳和有机氮的含量分别为 0.47%～1.32%、0.06%～0.16%。

（二）中国南海沉积物中可培养产蛋白酶细菌丰度

对沉积物样品进行梯度稀释后，涂布在分离培养基表面，在稀释梯度为 10^{-2}～10^{-4} 的平板上，长出大量带有水解圈的菌落。对菌落进行计数分析，结果表明，在这些沉积物样品中，可培养的细菌浓度最大可达 10^6 个/g 沉积物样品，并且 90% 以上的菌落在筛选培养基上形成明显的水解圈。虽然不同沉积物样品的理化性质有差异，但并没有导致可培养的产蛋白酶细菌丰度的明显差异，共从平板上挑取形态差异的 102 株菌用于后续分析。

（三）中国南海沉积物中可培养产蛋白酶细菌的系统发育分析

基于菌株的 16S rRNA 基因序列，对 102 株菌进行系统发育分析（图 13-5），发现除一株菌是 *Bacillus* 的革兰氏阳性菌外，其余菌株均为 γ 变形菌纲的革兰氏阴性菌，包括：*Pseudoalteromonas*、*Alteromonas*、*Marinobacter*、*Idiomarina*、*Halomonas*、*Vibrio*、*Shewanella*、*Pseudomonas*、*Rheinheimera*。其中 *Alteromonas*（34.6%）和 *Pseudoalteromonas*（28.2%）是优势菌，其余属的菌株占所有菌株的 2.6%～7.7%。

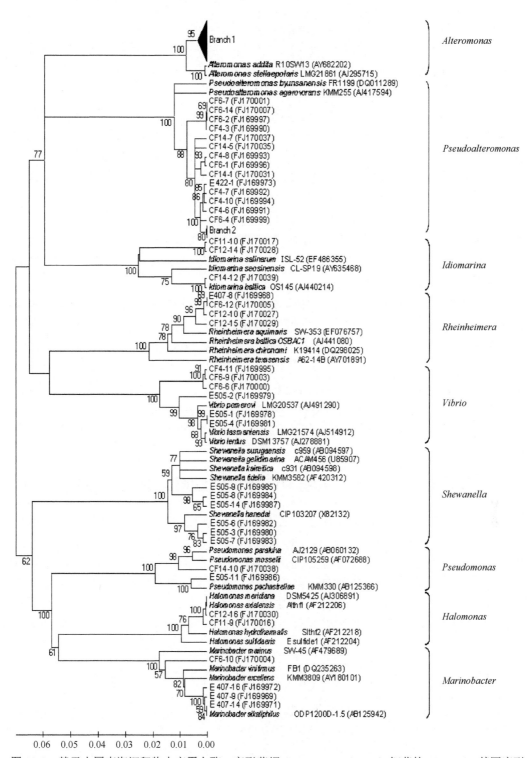

图 13-5 基于中国南海沉积物中产蛋白酶 γ-变形菌纲 Gammaproteobacteria 细菌的 16S rRNA 基因序列构建的系统发育树（Zhou et al., 2009）

（四）中国南海沉积物中可培养产蛋白酶细菌的胞外蛋白酶多样性

选择在平板上产水解圈较大的 78 株菌，进行胞外蛋白酶酶活测定，发现有 62 株菌的酶活较高，对 62 株菌分别使用丝氨酸蛋白酶抑制剂 PMSF、金属蛋白酶抑制剂 OP、半胱氨酸蛋白酶抑制剂 E-64、天冬氨酸蛋白酶抑制剂 pepstin A 进行抑制率分析，确定蛋白酶种类。

抑制实验表明，PMSF 对 62 株菌产的蛋白酶均有抑制作用，抑制率为 23%～100%，表明这些菌株都能产生丝氨酸蛋白酶，其中 13 株菌分泌的胞外蛋白酶活性被 PMSF 抑制的抑制率超过 90%，说明这些菌株分泌的蛋白酶主要或者全部是丝氨酸蛋白酶。OP 对 47 株菌产生的蛋白酶活性有抑制作用，抑制率为 20%～84%，说明这些菌产的蛋白酶也属于金属蛋白酶；大部分菌株产生的胞外蛋白酶活性能够同时被 PMSF 和 OP 抑制，表明这些菌株能够同时产生丝氨酸蛋白酶和金属蛋白酶。E-64 和 pepstin A 对菌株产生的蛋白酶活性的最高抑制率低于 10%，或者无抑制，这表明这些菌株不产生或者极少产生半胱氨酸蛋白酶和金属蛋白酶。因此，该研究中产蛋白酶细菌产生的胞外蛋白酶均为丝氨酸蛋白酶和金属蛋白酶。

将分离平板上水解圈较大的 78 株菌分别接种至以酪氨酸、明胶、弹性蛋白为底物的固体培养基上，有 68 株菌能在以酪蛋白、明胶为底物的平板上产生明显的水解圈。其中 *Alteromonas* 的 4 株菌和 *Pseudoalteromonas* 的 3 株菌对酪蛋白的降解能力较强，*H/C* 在 6 以上。*Pseudoalteromonas* 的 4 株菌和 *Shewanella* 的 1 株菌对明胶的降解能力较强，水解圈/菌落直径比大于 6。有 47 株菌能够在弹性蛋白平板上产生较为明显的水解圈，这与弹性蛋白结构复杂、难以降解有关，其中 *Pseudoalteromonas* 有 2 株菌对弹性蛋白的降解能力较强，在弹性蛋白平板上，*H/C* 大于 6。部分菌对三种蛋白质均有较强的降解能力。

二、南极乔治王岛海域沉积物中产蛋白酶细菌及蛋白酶多样性研究

南极洲被南大洋所包围，底层水体营养丰富，该地区各类生境微生物长期适应极地极端寒冷、强烈辐射变化等特殊环境，在湖泊、海洋、沉积物、土壤及其冰冻环境中形成了各种代谢水平和分子水平的适应机制，长期适应性造就了该地区丰富的物种多样性、代谢多样性和遗传多样性。南极乔治王岛海洋性气候区域，气候条件相对于南极大陆偏暖，降水丰富，动植物资源丰富。Zhou 等（2013）对南极乔治王岛 Maxwell 湾沉积物中可培养的产蛋白酶细菌及其产生的细胞外蛋白酶多样性进行了系统研究。

（一）南极乔治王岛海域沉积物样点信息及沉积物理化性质

从 8 个站位采集样品，采样点沉积物中有机碳（orgC）和有机氮（orgN）含量分别为 0.32%～3.59% 和 0.49%～1.07%；C/N 为 0.598～3.66，水深为 15～55m。

（二）南极乔治王岛海域沉积物中可培养产蛋白酶细菌丰度

将 8 个沉积物样品溶解后，进行梯度稀释，涂布在产蛋白酶细菌分离培养基表面，15℃培养 2～4d，可培养细菌丰度最高达到 10^5 个细菌/g 沉积物，约 40%的菌落能产生明显的水解圈。不同站位沉积物的理化性质差异对可培养产蛋白酶细菌的丰度无显著影响。

（三）南极乔治王岛海域沉积物中可培养产蛋白酶细菌多样性

对 224 株分离株的 16S rRNA 基因序列进行分析，共鉴定出 203 种有差异的序列，选择 203 株菌进行分析，在筛选培养基上产生水解圈较大的 105 株菌隶属于 4 门（Firmicutes、Bacteroidetes、Actinobacteria、Proteobacteria）23 属：*Exiguobacterium*、*Planococcus*、*Bacillus*、*Zobellia*、*Aequorivita*、*Formosa*、*Psychroserpens*、*Gillisia*、*Lacinutrix*、*Flavobacterium*、*Nocardiopsis*、*Leifsonia*、*Janibacter*、*Streptomyces*、*Microbacterium*、*Arthrobacter*、*Micrococcus*、*Hyphomonas*、*Caulobacter*、*Photobacterium*、*Burkholderia*、*Sphingopyxis*、*Pseudoalteromonas* 和 1 个潜在新分类单元（5 株菌）（图 13-6）。

其中 *Bacillus*（22.9%）、*Flavobacterium*（21.0%）、*Lacinutrix*（16.2%）等属的菌为优势菌（>10%）。23 属的菌中，有 14 属仅有 1 株菌。站点 SS9、SS15 的多样性最为丰富，这两个站位沉积物中分离到的菌分别分类为 9 属。基于 16S rRNA 构建 NJ 树和进行同源性分析，结果表明，部分菌株如 Bacteroidetes 的 SS9.17、SS11.5 和 Actinobacteria 的 SS13.21 与已知物种的同源性较低，它们可能代表潜在新物种。此外，菌株 SS9.12、SS9.38、SS14.29、SS14.30 和 SS14.31 与已知的 Bacteroidetes 所有属的同源性较低，表明这些菌株可能属于一个新属。

（四）南极乔治王岛海域沉积物中可培养产蛋白酶细菌的胞外蛋白酶多样性

对 105 株细菌进行酶活测定分析，结果表明，仅 20 株菌的蛋白酶酶活较高，能够用于后续酶活抑制实验分析。对这 20 株菌分别利用 PMSF、OP、碘乙酸、pepstin A 进行酶活抑制实验，分析蛋白酶种类。结果表明，PMSF 对 17 株菌的蛋白酶活性有 20%～100%的抑制作用，表明这些菌能产生丝氨酸蛋白酶，其中 12 株菌的蛋白酶活性抑制率达 90%以上。OP 对 7 株菌的蛋白酶活性均有 20%～100%的抑制作用，说明 7 株菌的蛋白酶属于金属蛋白酶。而碘乙酸和 pepstin A 对 20 株菌株蛋白酶活性的抑制作用均小于 10%或无抑制作用，说明这些菌株几乎不产生半胱氨酸蛋白酶或天冬氨酸蛋白酶。因此，这 20 株菌产生的胞外蛋白酶都是丝氨酸蛋白酶和/或金属蛋白酶。

将 105 株菌分别接种至以酪氨酸和明胶为底物的固体培养基上，有 57 株菌在酪蛋白-明胶平板上产生明显的水解圈。其中菌株 SS9.41、SS10.34、SS14.19、SS14.26 的 *H/C* 较大，大于 8。其余 48 株菌产生的水解圈不明显。

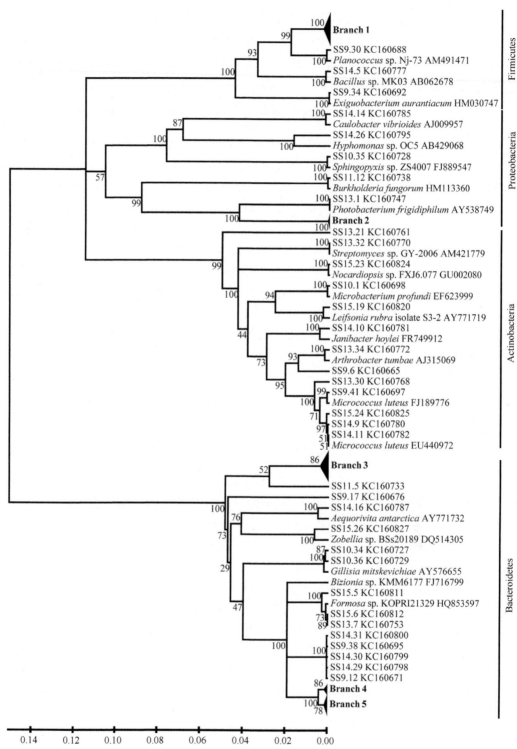

图 13-6 基于乔治王岛沉积物中产蛋白酶细菌的 16S rRNA 基因序列构建的系统发育树(Zhou et al., 2013)

三、胶州湾沉积物中产蛋白酶细菌及蛋白酶多样性研究

胶州湾位于中国山东半岛南岸、黄海西岸，是典型的温带半封闭式海湾，面积 362km², 平均水深 7m。胶州湾受到人类活动的影响较大，周围的河流、污水处理厂和工业及农业生产活动都影响着胶州湾的水体生态。利用分子生态学技术的研究表明，胶州湾富营养化导致氮循环等过程中关键微生物群落结构变化。Zhang 等（2015）从胶州湾 6 个环境特征差异较大的站位采集沉积物样品，分离了产蛋白酶细菌并进行了产蛋白酶细菌及蛋白酶的多样性分析。

（一）胶州湾站位信息及样品的理化性质

沉积物样品采集自 6 个站位，水深为 4.0～12.8m。除胶州湾入口 D1 样点外，其他站均位于内湾：A5、C4、Y1 站位于胶州湾东部沿海地区，是胶州湾营养最丰富、污染最严重的区域。所有样点沉积物样品均表现出弱碱性（pH 8.0～8.2）。沉积物中 orgC 和 orgN 的含量分别为 0.77%～1.88%和 0.02%～0.15%。

（二）胶州湾沉积物中可培养产蛋白酶细菌丰度

将沉积物样品溶解、梯度稀释后涂布至分离培养基（酪蛋白-明胶培养基）中，15℃培养 2～5d，菌落统计分析表明，沉积物中可培养细菌的丰度约 10^4 个细菌/g 沉积物样品，约 60%的菌落可产生清晰的水解圈。各站位间可培养产蛋白酶细菌的丰富度无明显差异，选取能产生水解圈的 69 个菌落进行纯化，并进行后续分析。

（三）胶州湾沉积物中可培养产蛋白酶细菌多样性

对 69 株菌的 16S rRNA 基因序列进行分析，有 3 株菌的序列完全一样，共得到 66 种不同序列，对 66 株菌的序列进行分析，结果表明，其分属于 Bacteroidetes、Proteobacteria、Firmicutes 的 9 属：*Asinibacterium*、*Photobacterium*、*Bacillus*、*Vibrio*、*Shewanella*、*Pseudoalteromonas*、*Halobacillus*、*Microbulbifer*、*Psychrobacter*（图 13-7）。其中以 *Photobacterium*（39.4%）、*Bacillus*（25.8%）、*Vibrio*（19.7%）、*Shewanella*（7.6%）为优势类群（＞5%），而 *Pseudoalteromonas*、*Halobacillus*、*Microbulbifer*、*Psychrobacter*、*Asinibacterium* 的菌均仅有一株菌。同时，*Photobacterium* 细菌分布在 5 个沉积物样品中，在 4 个样品中为优势菌。B2 站位采集的沉积物样品中可培养产蛋白酶细菌的多样性最高，分属于 6 属。而多样性最低的 D1 样品中仅分离到 *Photobacterium* 细菌。

（四）胶州湾沉积物中可培养产蛋白酶细菌的蛋白酶多样性

对 66 株菌进行蛋白酶测定，结果表明，仅有 28 株菌的蛋白酶酶活较高，可进行酶活抑制实验。对 28 株菌分别利用 PMSF、OP、碘乙酸、pepstin A 进行酶活抑制分析，有 16 株菌蛋白酶活性被 PMSF 抑制 23%～100%，这些菌株可产丝氨酸蛋白酶。OP 对 18 株菌株蛋白酶活性的抑制率为 11%～86%，说明这些菌产胞外金属蛋

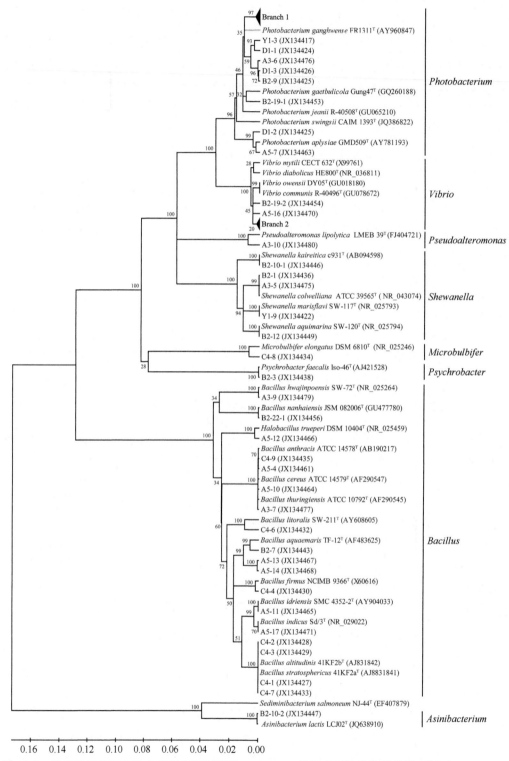

图 13-7 基于胶州湾沉积物中产蛋白酶细菌的 16S rRNA 基因序列构建的系统发育树 (Zhang et al.,
2015)

白酶。碘乙酸对 21 株菌株的蛋白酶活性有 11%～46%的抑制率，这些菌能产生胞外半胱氨酸蛋白酶。大部分菌株（17/28）的蛋白酶活性受到 OP 和碘乙酸的抑制，说明这些菌株同时产金属蛋白酶和半胱氨酸蛋白酶。Y1-3、A5-16、B2-15-2、B2-19-2 等菌株的蛋白酶活性能明显被 PMSF、OP、碘乙酸抑制，这些菌具有产丝氨酸蛋白酶、金属蛋白酶、半胱氨酸蛋白酶的能力。而 pepstin A 对所有 28 株菌的蛋白酶活性的抑制率都很低，说明这些菌株不产生胞外天冬氨酸蛋白酶。

对所有菌株分别进行三种底物酪蛋白、明胶、弹性蛋白的降解实验，结果表明，有 56 株菌（占总株的 84.8%）可以水解酪蛋白，56 株菌可以水解明胶，只有 17 株（占总株的 25.8%）具有水解弹性蛋白的能力。

Photobacterium sp. A3-1、B2-26、Y1-3、Y1-6、Y1-8 和 *Bacillus* sp. A3-9 在以酪蛋白为底物的平板上水解圈直径/菌落直径比值大于 6，而菌株 *Photobacterium* sp. B2-4、B2-14、B2-17、B2-24、B2-26、B2-27、Y1-3、Y1-6、Y1-7、Y1-8，*Bacillus* sp. C4-2、C4-9，*Halobacillus* sp. A5-12，以及 *Pseudoalteromonas* sp. A3-10 在以明胶为底物的平板上水解圈很大，水解圈直径/菌落直径比值大于 10。仅 *Photobacterium* sp. A3-8、B2-4、B2-24 及 *Bacillus* sp. B2-7 具有较强的降解弹性蛋白的能力（H/C 为 3～5），如 *Photobacterium* sp. B2-9、*Bacillus* sp. B2-22-1、*Vibrio* sp. Y1-5 具有较弱的降解能力（H/C 为 1.63～2.53），其他菌均有非常微弱或没有降解弹性能力，这与弹性蛋白结构较复杂、难以降解有关。仅 *Photobacterium* sp. B2-24、*Bacillus* sp. B2-7、*Pseudoalteromonas* sp. Y1-5 对三种底物均有降解能力，反映出蛋白酶对底物降解的特异性。

四、莱州湾沉积物中产蛋白酶细菌及蛋白酶多样性研究

莱州湾是渤海三大海湾之一，坐落于渤海南部，是中国重要的渔业产地，其海域环境蕴藏着丰富的营养物质，也有丰富的微生物资源，关于渤海莱州湾的微生物学研究还很少。Li 等（2017）从中国渤海莱州湾选取了 7 个不同样点采集了沉积物样品，选择性分离了沉积物中的产蛋白酶细菌，并进行了产蛋白酶细菌及其蛋白酶多样性的研究。

（一）莱州湾采样点信息及沉积物的理化性质

从莱州湾 7 个站点采集海底表层沉积物样品，各样品呈偏碱性，其 pH 8.15～8.28，水深为 7～14.4m，有机碳含量为 0.29%～1.82%，有机氮含量为 0.01%～0.10%，站点 S7 的 C/N 为 14.13～95。

（二）莱州湾沉积物中可培养产蛋白酶细菌丰度

将沉积物样品用无菌海水溶解后，梯度稀释涂布至分离平板上，25℃培养 1～5d 后，统计菌落数量，发现可培养细菌最高丰度为 10^4 个细菌/g 沉积物样品，约 60%的菌有产蛋白酶的能力。

（三）莱州湾沉积物中可培养产蛋白酶细菌多样性

从 7 个莱州湾沉积物样品中分离获得 121 株产蛋白酶细菌，基于菌株 16S rRNA 基

因序列构建系统发育树，所有菌隶属于 Firmicutes、Actinobacteria、Proteobacteria、Bacteroidetes 4 门的 17 属，除菌株 70409 属于 Bacteroidetes 的 *Salegentibacter*、菌株 70016 属于 Actinobacteria 的 *Micrococcus*、菌株 70071 属于 Actinobacteria 的 *Nocardioides* 外，其余的菌株属于 Firmicutes 和 Proteobacteria 的 14 属，包括 Firmicutes 的 *Bacillus*、*Jeotgalibacillus*、*Halobacillus*、*Planococcus*、*Oceanobacillus* 和 Proteobacteria 的 *Pseudoalteromonas*、*Photobacterium*、*Halomonas*、*Rheinheimera*、*Alcanivorax*、*Celeribacter*、*Sulfitobacter*、*Marinobacter*、*Ruegeria*（图 13-8）。其中 *Bacillus*（36.4%）、*Pseudoalteromonas*（40.5%）和 *Photobacterium*（5.8%）是优势类群。

　　Pseudoalteromonas 的菌株在所有站点的沉积物样品中均有分布，并且是 S5、S8、S16 三个站点的优势菌群。*Bacillus* 的菌株在 5 个站点中有分布，是三个站点 S7、S22 和 S26 中的优势菌群。*Bacillus* 和 *Pseudoalteromonas* 的细菌是最丰富的菌群，这两属的细菌总数为 93 株，占所有菌的 76.9%。站点 S26 产蛋白酶细菌物种多样性最丰富，其菌株属于 6 属，站点 S8 和 S16 分别仅有 3 属的细菌，其物种多样性最小。筛选到的 7 株 *Photobacterium* 的细菌中，13-4、13-12、13-13、13-16 与 *Photobacterium jeanii* R-40508[T] 和 *Photobacterium aplysiae* GMD509[T] 的同源性最高，仅为 95.7%～97.1%，是潜在新物种。*Photobacterium* sp. 13-12 在后来的研究中已被鉴定为新种发表，命名为 *Photobacterium proteolyticum*（Li et al.，2017），*Jeotgalibacillus* sp. 22-7 在后来的研究中也被鉴定为新物种，命名为 *Jeotgalibacillus proteolyticus*（Li et al.，2018）。

（四）莱州湾沉积物中可培养产蛋白酶细菌的蛋白酶多样性

　　对筛选到的 121 株产胞外蛋白酶菌株进行发酵培养测定酶活，发现有 62 株菌的酶活相对较高且能用于蛋白酶抑制实验。对 62 株菌测定了基于 PMSF、OP、碘乙酸、pepstin A 4 种蛋白酶抑制剂的酶活抑制率，并分析了其胞外蛋白酶种类及多样性。

　　苯甲基磺酰氟（PMSF）对 62 株菌的蛋白酶活性抑制率为 19.36%～100%，表明这些菌株都可以分泌丝氨酸蛋白酶，对 11 株菌的胞外蛋白酶抑制率超过 90%，表明这些菌株产的蛋白酶主要或全部是丝氨酸蛋白酶。邻菲罗啉（OP）对 27 株菌的胞外蛋白酶活性有较明显的抑制作用，抑制率为 21.12%～66.37%，对 25 株菌的胞外蛋白酶活性抑制率较低（2.5%～19.04%），表明绝大多数蛋白酶产生的菌株能分泌金属蛋白酶。抑制剂 PMSF 和 OP 能够同时对 52 株蛋白酶菌株分泌的蛋白酶的活性产生抑制作用，表明这些产蛋白酶细菌能够同时分泌丝氨酸蛋白酶、金属蛋白酶两种蛋白酶。E-64 对 7 株菌的蛋白酶酶活有较弱的抑制作用，抑制率为 12.14%～65.11%，pepstin A 对 7 株菌的蛋白酶酶活有抑制作用，抑制率为 12.91%～34.5%。因此，测定的菌株产的蛋白酶几乎都属于丝氨酸蛋白酶和/或金属蛋白酶，仅少部分菌株产天冬氨酸蛋白酶或半胱氨酸蛋白酶。

　　对 121 株菌分别进行以酪蛋白、明胶和弹性蛋白等这三种蛋白为底物的降解实验，分析表明，除菌株 22-14、70019、70406、70422 和 70423 不能在酪蛋白平板上产生水解圈，菌株 7-6、22-6、70017、70018 和 70334 不能在明胶平板上产生水解圈外，其他菌

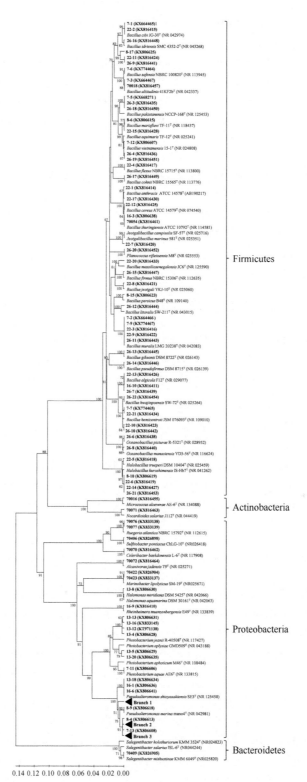

图 13-8 基于莱州湾沉积物中产蛋白酶细菌 16S rRNA 基因序列构建的系统发育树（Li et al.，2017）

株都能水解酪蛋白和明胶，其中 *Bacillus* sp. 22-21、*Photobacterium* sp. 13-4、*Rheinheimera* sp. 16-9 对酪蛋白的水解能力最强（$H/C>5$）。*Bacillus* sp. 7-2、7-3、7-5、7-7、7-12、8-17、16-3、16-10、22-10、22-11、22-17、22-21、26-9、26-10，*Planococcus* sp. 26-20，*Rheinheimera* sp. 16-9，以及 *Pseudoalteromonas* sp. 16-4 等菌株对明胶有较强的水解能力（$H/C>5$），*Bacillus* sp. 7-5 水解能力最强，其 H/C 为 9.8。仅有 42 株菌在弹性蛋白平板上能产生水解圈。*Bacillus* sp. 26-12、7-5、26-3 对弹性蛋白有较强的水解能力，H/C 大于 5。能够水解弹性蛋白的所有菌株，对酪蛋白和明胶也有水解能力。总体来说，在该研究中，*Bacillus* 的菌株对三种蛋白底物有最强的水解能力。

五、北黄海海域沉积物中产蛋白酶细菌及蛋白酶多样性研究

北黄海位于渤海以东，是山东半岛、辽东半岛和朝鲜半岛之间的温暖带半封闭海域，海洋面积近 80 000km²，平均水深约 40m（杜俊涛等，2010）。沿岸河流如鸭绿江、大洋河、庄河、登沙河及碧流河等每年流入北黄海。伍朝亚等（2017）对北黄海 5 个站位沉积物中产蛋白酶细菌及其产的胞外蛋白酶多样性进行了相关研究。

（一）北黄海样点信息及沉积物的理化性质

沉积物样品采集自 2014 年 9 月中国科学院烟台海岸带研究所北黄海航次，用 0.05m² 箱式采泥器采集了 5 个站位样品。水深为 18~50.8m，温度与水深有关，水深越深的样点温度越低，最低温度为 9.21℃，各个样品的 pH 均偏碱，最大 pH 为 8.05，orgC 的含量为 0.15%~0.97%，orgN 的含量为 0.02%~0.09%，C/N 为 5.07~54。

（二）北黄海沉积物中可培养产蛋白酶细菌丰度

将沉积物以不同浓度梯度稀释后，统计菌落数量，分析表明，沉积物样品中产蛋白酶细菌的丰度约为 10⁴ 个/g 沉积物样品。站点不同的有机质的含量和不同 C/N 对可培养的产蛋白酶细菌丰度无明显影响。根据菌落形态、颜色，共纯化得到 66 株产蛋白酶细菌。

（三）北黄海沉积物中可培养产蛋白酶细菌多样性

对所有菌株进行基于 16S rRNA 基因序列的分析，结果表明，66 株菌分别隶属于 4 门 7 属：Bacteroidetes（*Salegentibacter*）、Proteobacteria（*Pseudoalteromonas*、*Marinobacter*、*Sulfitobacter*、*Vibrio*）、Actinobacteria（*Nesterenkonia*）、Firmicutes（*Chryseomicrobium*）（图 13-9）。其中 *Pseudoalteromonas*（69.9%）、*Sulfitobacter*（12.1%）和 *Salegentibacter*（10.6%）是优势类群。*Pseudoalteromonas* 菌株分布在所有站点沉积物样品中，且是所有站点的优势菌。*Marinobacter*、*Sulfitobacter*、*Nesterenkonia*、*Chryseomicrobium* 4 属的菌株各仅分离到 1 株菌。站点 S4 的多样性最为丰富，其样点分离的细菌分布于 6 属，站点 S2 和 S5 的菌株物种多样性最低，其菌株分布于 2 属：*Pseudoalteromonas* 和 *Sulfitobacter*。

图 13-9　基于北黄海沉积物中产蛋白酶细菌 16S rRNA 基因序列构建的系统发育树
（伍朝亚等，2017）

（四）北黄海沉积物中可培养产蛋白酶细菌的胞外蛋白酶多样性

对所有 66 株产蛋白酶细菌进行蛋白酶酶活测定，发现有 39 株菌可产生较高的蛋白酶酶活，用于后续酶活抑制分析。对 39 株菌分别利用蛋白酶抑制剂 PMSF、OP、E-64、pepstin A 进行蛋白酶酶活抑制实验，并分析了这些菌的胞外蛋白酶种类及多样性。

PMSF 对 39 株菌的蛋白酶活性均有抑制作用，抑制率为 2.34%～98.35%，表明这些菌株都能产丝氨酸蛋白酶，除对 1 株菌（70338）的抑制率较低（2.34%）外，对其他菌的酶活抑制率均＞10%，表明这些菌株产的蛋白酶主要或全部是丝氨酸蛋白酶。OP 对 33 株菌的胞外蛋白酶活性有抑制作用，抑制率为 1.16%～97.62%，对 29 株菌的抑制率明显（抑制率＞10%），表明这些菌可以产金属蛋白酶。这 33 株菌的蛋白酶酶活能同时被 PMSF 和 OP 抑制，证明了这些菌株可分泌丝氨酸蛋白酶和金属蛋白酶两种蛋白酶。E-64 对 10 株菌的蛋白酶酶活有抑制作用，抑制率为 1.81%～17.55%，但仅对 1 株菌（70420）有较为明显的抑制作用（＞10%）。pepstin A 对 16 株菌的蛋白酶酶活有抑制作用，抑制率为 1.19%～13.68%，但仅对 1 株菌（70399）有较为明显的抑制作用（＞10%）。这表明测定菌株的蛋白酶属于丝氨酸蛋白酶和/或金属蛋白酶，仅少部分菌株能分泌天冬氨酸蛋白酶或半胱氨酸蛋白酶。

对 66 株菌降解酪蛋白、明胶、弹性蛋白能力进行分析，结果表明，除 70421 不能在酪蛋白平板上产生水解圈，70336、70337、70338、70392、70402、70405、70427 不能在明胶平板上产生水解圈外，其他产蛋白酶细菌分泌的蛋白酶在酪蛋白平板和明胶平板上都产生了透明的水解圈。其中 70397 对酪蛋白的水解能力最强，其 H/C 为 6.75；菌株 70399 对明胶的水解能力最强，其 H/C 为 7.2。有 48 株菌在弹性蛋白平板上能产生水解圈，其中 70420 的水解能力最强，其 H/C 为 4.33。

六、渤海湾沉积物中产蛋白酶细菌及蛋白酶多样性研究

渤海湾总面积 14 700km²，相当于渤海总面积的 20%，是渤海西部最大的半封闭式浅水盆地，是重要的产卵场和传统渔场、鱼虾蟹类养殖区（Fu et al.，2016）。渤海湾沿海地区是中国人口最密集、经济最发达的三个地区之一，也是我国海洋开发利用最严重、污染最严重的海域（Mu et al.，2017）。Zhang 等（2020）从采自渤海湾的沉积物样品中分离出了产蛋白酶细菌，并评价了其多样性及所产胞外蛋白酶的多样性。

（一）渤海湾采样点信息及沉积物的理化性质

从 6 个采样点采集沉积物，水深为 9.66～25.57m，沉积物样品均呈弱碱性，pH 7.90～8.18。沉积物中有机碳和有机氮含量分别为 0.42%～0.87%、0.06%～0.11%，C/N 为 5.7～7.91。

（二）渤海湾沉积物中可培养产蛋白酶细菌丰度

将沉积物样品溶解并进行梯度稀释后涂布至分离培养基上，25℃培养 1～5d 后，统计平板上菌落数量，结果表明，沉积物中可培养细菌的丰度约 10⁴ 个细菌/g 沉积物，近 80% 的菌落周围产生水解圈。产蛋白酶细菌的丰度与沉积物中有机物含量之间没有明显的相关性。基于菌落形态、颜色，最终选取 109 株在分离培养基上产生水解圈的菌进行后续分析。

（三）渤海湾沉积物中可培养产蛋白酶细菌多样性

对 109 株菌 16S rRNA 基因序列的分析（图 13-10）表明，这些菌分属于为 4 门（Proteobacteria、Firmicutes、Actinobacteria、Bacteroidetes）14 属：*Pseudoalteromonas*、*Shewanella*、*Marinobacter*、*Sulfitobacter*、*Celeribacter*、*Albirhodobacter*、*Bacillus*、*Halobacillus*、*Fictibacillus*、*Micrococcus*、*Citricoccus*、*Brachybacterium*、*Arenibacter*、*Salegentibacter*。*Pseudoalteromonas*（57.80%）、*Bacillus*（8.26%）、*Sulfitobacter*（7.34）、*Salegentibacter*（5.50%）为优势类群。BH17 样点分离到的菌分属于 9 属，其多样性最高，其香农指数也最高。BH20 样点分离到的菌分属于 2 属，是多样性最低的样点。

（四）渤海湾沉积物中可培养产蛋白酶细菌的蛋白酶多样性

对 109 株菌进行胞外蛋白酶酶活测定，有 50 株菌的酶活较高，可用于后续酶活抑制实验。PMSF 对 50 株菌均有抑制作用，抑制程度从 9.42% 到 99.23% 不等，表明所有菌株均能产生不同比例的丝氨酸蛋白酶，有 6 株菌的酶活性抑制率＞90%，证明它们主要或只产生丝氨酸蛋白酶。OP 对 41 株菌株的酶活性有抑制作用，有效抑制 23 株菌（20.35%～53.84%），轻度抑制 18 株（1.31%～18.48%），对其他菌无抑制作用，说明大部分菌株能产生金属蛋白酶。同时，50 株菌株中有 40 株（占 80%）被 PMSF 和 OP 不同程度地抑制，表明大部分菌株同时产生丝氨酸蛋白酶和金属蛋白酶。E-64 对 14 株菌株有抑制作用，PA 对 8 株菌株有抑制作用，但抑制率均小于 10%，说明这些菌株产生的半胱氨酸蛋白酶或天冬氨酸蛋白酶量极低。所检测到的细菌产生的细胞外蛋白酶几乎都属于丝氨酸蛋白酶和/或金属蛋白酶。

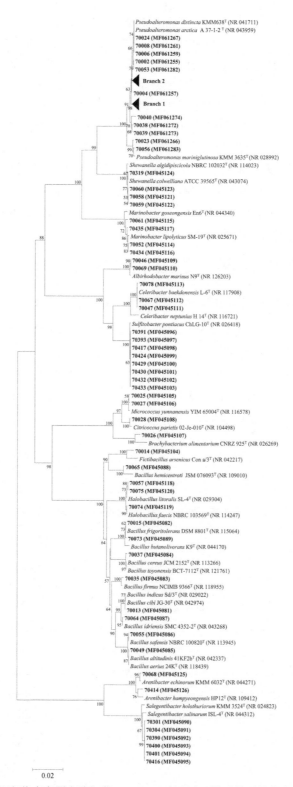

图 13-10 基于渤海湾沉积物中产蛋白酶细菌 16S rRNA 基因序列构建的系统发育树（Zhang et al.，2020）

对 109 株菌以不同蛋白底物进行水解能力分析，结果表明，3 株菌不能水解酪蛋白仅能水解明胶，5 株菌不能水解明胶仅能水解酪蛋白，大部分菌株能同时水解酪蛋白和明胶。有 46 株菌（42.2%）能水解弹性蛋白，属于 *Salegentibacter* 的菌具有较强的水解酪蛋白、明胶、弹性蛋白三种底物的能力，特别是菌株 70390 在以酪蛋白、明胶、弹性蛋白为底物的平板上水解圈都最大，*H/C* 分别为 8.33、7.83、5.50。

对酶活较高的 50 株菌对于海藻酸钠、吐温-80（Tween-80）、可溶性淀粉和纤维素的水解能力（*H/C*）进行分析，结果表明，约 39 株（78%）产褐藻胶酶，29 株菌（58%）在吐温-80 平板上形成沉淀圈，有 24 株菌（48%）在可溶性淀粉板上形成水解圈，*H/C* 大于 3.0。只有 9 株菌株（18%）具有水解纤维素的能力。大多数供试菌株能产生褐藻胶酶，一半菌株可产生淀粉酶和脂肪酶，约 20%的菌株可产生纤维素酶。有 16 株菌（32%）在硝酸盐还原试验中呈阳性。这表明，产蛋白酶细菌不仅通过降解蛋白质参与氮循环，还参与了沉积物中其他物质降解及元素循环。

七、海洋沉积物中可培养产蛋白酶细菌及蛋白酶的多样性总结分析

（一）海洋沉积物中可培养产蛋白酶细菌在沉积物中的丰度

根据以上研究，可以得出沉积物中可培养产蛋白酶细菌的丰度为 $10^4 \sim 10^6$ 个/g 沉积物样品，中国南海沉积物中丰度最高，为 10^6 个/g 沉积物样品，而在北方胶州湾、莱州湾、渤海湾、北黄海的丰度较为一致，为 10^4 个/g 沉积物样品。产蛋白酶细菌在不同样点的丰度与沉积物的理化性质无显著关系。

（二）海洋沉积物中可培养产蛋白酶细菌多样性

海洋沉积物中可培养细菌分布于 4 门（Firmicutes、Bacteroidetes、Actinobacteria、Proteobacteria）49 属，以变形菌门的菌为主（表 13-1）。

表13-1　海洋沉积物中产蛋白酶细菌的门、属分类信息

门	属的数量	属名
Bacteroidetes	10	*Aequorivita*、*Arenibacter*、*Asinibacterium*、*Flavobacterium*、*Formosa*、*Gillisia*、*Lacinutrix*、*Psychroserpens*、*Salegentibacter*、*Zobellia*
Proteobacteria	21	*Albirhodobacter*、*Alcanivorax*、*Alteromonas*、*Burkholderia*、*Caulobacter*、*Celeribacter*、*Halomonas*、*Hyphomonas*、*Idiomarina*、*Marinobacter*、*Microbulbifer*、*Photobacterium*、*Pseudoalteromonas*、*Pseudomonas*、*Psychrobacter*、*Rheinheimera*、*Ruegeria*、*Shewanella*、*Sphingopyxis*、*Sulfitobacter*、*Vibrio*
Firmicutes	8	*Bacillus*、*Chryseomicrobium*、*Exiguobacterium*、*Fictibacillus*、*Halobacillus*、*Jeotgalibacillus*、*Oceanobacillus*、*Planococcus*
Actinobacteria	10	*Arthrobacter*、*Brachybacterium*、*Citricoccus*、*Janibacter*、*Leifsonia*、*Microbacterium*、*Micrococcus*、*Nesterenkonia*、*Nocardioides*、*Streptomyces*

从门水平上，除中国南海沉积物中可培养细菌分属于 Proteobacteria、Firmicutes 两个门，胶州湾分离到的菌分属于 Proteobacteria、Firmicutes、Bacteroidetes 3 个门外，其他样点分离到的菌均分属于 Proteobacteria、Firmicutes、Bacteroidetes、Actinobacteria 4 个门。Proteobacteria、Firmicutes 2 个门的菌分布最广，分布于所有样点。从属水平上，南极沉积物中产蛋白酶细菌的多样性最为丰富，分属于 23 属，北黄海沉积物中产蛋白酶细菌的多样性最低，分属于 7 属。*Pseudoalteromonas* 是分布最广的属，分布于所有 6 个样点，其也是多个样点的优势菌。其次是 *Bacillus*，分布于 4 个样点。*Alteromonas*、*Bacillus*、*Flavobacterium*、*Lacinutrix*、*Photobacterium*、*Pseudoalteromonas*、*Salegentibacter*、*Shewanella*、*Sulfitobacter*、*Vibrio* 为不同样点的优势菌。

（三）海洋沉积物中可培养产蛋白酶细菌的分布特征

可培养产蛋白酶细菌的分布与水深有一定关系，在中国南海沉积物样品中，所有超过 1000m 深的沉积物样品中，优势产蛋白酶菌均为 *Pseudoalteromonas* 和 *Alteromonas*（Zhou et al.，2009），与多篇文章报道的在深海中分离到 *Pseudoalteromonas* 的高效菌株一致。*Bacillus* 分布于水深较浅的站位和距海岸较近的站位（Zhou et al.，2009；Li et al.，2017），与其陆地起源、代谢方式多样化、能在海岸带广泛分布相关（Zhu et al.，2013）。

可培养细菌的分布还与样点周围的其他动植物等的分布有关，*Pseudoalteromonas*、*Photobacterium*、*Vibrio* 是能与鱼虾等互作的一类菌（Belchior and Vacca，2006；Urbanczyk et al.，2011），在鱼虾类养殖区密集的莱州湾、北黄海、胶州湾区域，是优势菌（Li et al.，2017；伍朝亚等，2017；Zhang et al.，2015）。

（四）可培养产蛋白酶细菌的蛋白酶多样性

通过 4 种酶活抑制剂实验，分析表明，产蛋白酶细菌产的胞外蛋白酶主要是丝氨酸蛋白酶和金属蛋白酶，而产半胱氨酸蛋白酶和天冬氨酸蛋白酶的菌较少。同一种菌可产生多种蛋白酶。在对酪氨酸、明胶和弹性蛋白的水解分析中，大部分细菌能水解酪氨酸和明胶，这与产蛋白酶细菌分离过程中用的选择性培养基一致，对弹性蛋白的水解能力较弱，与弹性蛋白结构复杂、难以降解有关。

第四节　蛋白酶的纯化、表达及其在工业上的应用

一、蛋白酶分离纯化鉴定具体过程

（一）海洋产蛋白酶菌株的发酵培养

1）将产蛋白酶细菌接种至 LB 固体培养基（配方：蛋白胨 1%、酵母粉 0.5%、琼脂粉 1.5%，海水或人工海水 1L，pH 8.0）上，25℃培养至单菌落长出。

2）挑取单菌落至 LB 液体培养基（配方：蛋白胨 1%、酵母粉 0.5%，海水或人工海水 1L，pH 8.0）上，25℃、160r/min 培养至对数生长期。

3）将发酵液按 1%的接种量接种至发酵培养基（配方：酵母粉 0.2%、弹性蛋白 0.3%、Na_2HPO_4 0.5mmol/L、$CaCl_2$ 0.5mmol/L，人工海水 1L，pH 8.0）中，25℃、160r/min 培养 3～4d。

（二）海洋产蛋白酶细菌胞外蛋白酶的分离纯化

1）粗酶液制备：待测菌株在发酵培养基中生长到平台期，取菌液于 4℃、11 000r/min 离心 10min，弃沉淀，收集发酵液，缓缓加入研磨过的$(NH_4)_2SO_4$粉末至饱和度为 55%（32.6g/100ml 发酵液），4℃过夜沉淀，4℃、11 000r/min 离心 20min 收集沉淀，然后加入适量 pH 9.5 的 50mmol/L Tris-HCl 缓冲液重悬沉淀，即为粗酶液。

2）酶液透析脱盐：将粗酶液装入 3500 NMWL（标称分子量）的透析袋中，4℃下用 pH 9.5 的 50mmol/L Tris-HCl 缓冲液透析除盐，每隔 2h 更换一次缓冲液，直到酶液的 pH 达到 9.5，且用 $BaCl_2$ 检测透析液中有无 SO_4^{2-} 存在。

3）DEAE-Sepharose Fast Flow 阴离子交换层析：将阴离子交换层析树脂用 pH 9.5 的 50mmol/L Tris-HCl 缓冲液平衡 5 个柱体积以上，将透析好的酶液上样到层析柱中，用相同缓冲液冲洗未结合的蛋白质至无蛋白质流出，然后用 pH 9.5 的 50mmol/L Tris-HCl 配制 0～0.8mol/L NaCl 线性洗脱目的蛋白，下柱后的酶液测蛋白酶酶活，对酶活高的组分进行 SDS-PAGE 鉴定，收集 SDS-PAGE 鉴定为单一条带的组分即为目标蛋白酶，保存到–20℃备用。

4）蛋白酶的转膜、N 端测序与分析：将含有蛋白酶的组分进行 SDS-PAGE 分离后，于 200mA 恒流、CAPS 缓冲液体系中电转 2h，将蛋白质转至聚偏二氟乙烯（PVDF）膜上，用转膜染色液染色适当时间，然后用转膜脱色液脱色适当时间至目的条带清晰，将目的条带利用埃德曼降解法进行 N 端序列测定。将 N 端测序结果在 NCBI 数据库中进行 BLAST 比对分析，确定编码目的蛋白的近缘序列。

（三）产蛋白酶细菌胞外蛋白酶的酶学性质测定

1. 蛋白质浓度测定

用牛血清白蛋白（BSA）作标准曲线，具体实验步骤按照 BCA 试剂盒的说明书进行。

2. 底物特异性测定

1）弹性蛋白酶活测定：将 5mg 弹性蛋白底物 elastin-orcein 加入 250μl 用 pH 8.5 的 50mmol/L Tris-HCl 缓冲液稀释到合适倍数的酶液，30℃振荡反应 1h，13 000r/min 离心 10min，取上清测 OD_{590nm} 的吸光值，酶活力单位（U）定义为 1min 内导致吸光值增加 0.01 所需要的酶量（Chen et al.，2003）。

2）蛋白酶的酪蛋白酶活测定：以酪蛋白为底物，将酶液稀释至合适的倍数后取 10μl 稀释好的酶液加入 100μl 保温至 25℃的底物，25℃反应 10min 后，加入 200μl 的 0.4mol/L 三氯乙酸终止反应，40℃下保温 10min。离心后取上清液加入 500μl Na_2CO_3 溶液（0.4mol/L）和 100μl 福林酚试剂，混匀后在 40℃下保温 10min，测定 OD_{660nm} 处的吸光值。以酪氨酸为标准品，用相同方法显色后制定标准曲线。酶活力单位（U）定义为该温度下，1min 内催化酪蛋白水解生成 1μg 酪氨酸所需要的酶量（Chen et al.，2003）。

3）明胶酶活测定：取 1ml 浓度合适的酶液与 5mg 不可溶性 I 型胶原蛋白在 25℃下反应 5h，离心取 20μl 上清加入茚三酮柠檬酸钠混合液（配方：50ml 4%的茚三酮、50ml

0.2mol/L 柠檬酸钠、0.7mmol/L 氯化亚锡，加水定容至 100ml，pH 5.0）沸水浴 20min，冷却后加入 500µl 50%正丙醇，测 OD_{600nm} 吸光值计算酶活。酶活力单位（U）定义为一定温度下每小时释放相当于 1µmol/L 亮氨酸所需要的酶量（Zhao et al.，2008）。

3. 温度对目标蛋白酶活性的影响及热稳定性测定

以 5mg elastin-orcein 为底物，取稀释好的酶液 250µl，加入底物中，分别在不同温度下反应，反应温度 0～60℃，每隔 5℃取样，最高酶活定义为 100%。

4. pH 对酶活的影响的测定

以 5mg elastin-orcein 为底物，用不同 pH 缓冲液将酶液稀释到合适倍数后分别取出 250µl 加入底物中，在 30℃下反应 60min 离心取上清，测定 OD_{590nm} 吸光值。不同 pH 的缓冲液分别为：Na_2HPO_4-NaH_2PO_4 缓冲液，pH 6.5～8.0；巴比妥酸-HCl 缓冲液，pH 7.5～9.6；$NaHCO_3$-NaOH 缓冲液，pH 9.6～11.0，pH 每隔 0.5 取样，最高酶活定义为 100%。

5. 蛋白酶的热稳定性研究

将 0.1mg/ml 的酶液置于 25℃、30℃、35℃分别保温不同时间，以 elastin-orcein 为底物，25℃下测定酶活。用未保温处理的酶液测得的酶活作为对照酶活，设为 100%，残余酶活以各个样品保温后测得的酶活占对照酶活的百分比表示。

（四）变性聚丙烯酰胺凝胶电泳

采用垂直版式不连续系统电泳，分离胶浓度 12.5%、浓缩胶浓度 5%。取 20µl 样品与 5µl 上样液混匀，沸水浴 3～10min，将样品加入胶孔后 200V 稳压下进行电泳。电泳结束后，用 0.25%（m/V）的考马斯亮蓝 R-250 染色液染色 2h，脱色液连续脱色至条带清晰。

二、蛋白酶编码基因的克隆表达

（一）目的 DNA 片段的获得

DNA 克隆的第一步是获得包含目的蛋白的基因全长序列，对于蛋白质来说，可以对其进行 N 端测序后，设计简并引物，扩增保守片段，进而利用分子生物学或生物信息学技术，获得其编码基因的全长序列。

1. 细菌基因组 DNA 提取

1）将菌株接种至海水配制的 LB 固体平板上，25℃下培养至单菌落长出。

2）挑取单菌落至海水配制的 LB 液体培养基中，25℃、160r/min 培养至对数生长期。

3）取发酵液，12 000r/min 离心 2min 收集菌体，利用细菌基因组提取试剂盒，按照细菌基因组 DNA 提取流程进行基因组提取，提取成功后用 NanoDrop 测定 DNA 纯度，纯度合格的样品用于后续实验。

2. 蛋白酶编码基因的克隆

1）简并引物设计及扩增测序：对蛋白酶 N 端测序的前 15 个氨基酸序列在 NCBI 数据库中比对，下载其同源性最高的蛋白酶的氨基酸序列，并将该序列进行分析，分析得出其所在的蛋白酶家族，根据测得的蛋白酶的 N 端序列和所在家族保守区序列设计简并引物并进行扩增测序。

2）蛋白酶序列全长分析：以前的研究一般利用交错式热不对称 PCR（TAIL-PCR）扩增方法进行多次扩增最终获得蛋白酶的全长 DNA 序列，由于测序技术和生物信息学的发展，现在利用基因组测序更为简单、方便、快捷。

a）细菌基因组提取：提取流程如前所示，将利用 NanoDrop 测定的合格的基因组 DNA 样品送至测序公司如华大基因等，进行基因组草图测定。

b）利用 SPAdes 进行基因组拼接。

c）利用 Prodigal 进行基因预测。

d）基于 Swiss-Prot 等数据库进行基因注释。

e）基于扩增、测序获得的片段利用本地 BLAST 软件，在注释基因中进行检索，即可得到蛋白酶的目标全长序列。

（二）蛋白酶的异源表达

1. 表达系统选择

原核表达系统宿主有大肠杆菌、芽孢杆菌、乳酸菌等，最为常用的为大肠杆菌表达系统。其为目前发展最完善的重组蛋白表达系统，常用于蛋白质表达的有大肠杆菌 BL21 等，这些菌株敲除了蛋白酶。DE3 是一种衍生 λ 噬菌体，带有噬菌体的 21 抗性区和 *lacI* 基因、lacUV5 启动子，以及 T7 RNA 聚合酶基因。这一区段被插入 *int* 基因，阻止了 DE3 在没有辅助噬菌体时整合到染色体上或从染色体上切出。一旦形成 DE3 溶原状态，就只有受异丙基硫代-β-D-半乳糖苷（IPTG）诱导的 lacUV5 启动子指导 T7 RNA 聚合酶基因转录，在溶原培养体系中加入 IPTG 诱导 T7 RNA 聚合酶产生，继而质粒上的目的 DNA 开始转录。

2. 质粒载体

大肠杆菌表达系统以质粒为表达载体，质粒上的重要元件包括复制子、启动子、终止子、多克隆位点、信号肽、融合标签、筛选标记等，如常用的表达载体 pET-28a（图 13-11）。

复制子决定着质粒载体在宿主中的拷贝数，通常情况下，质粒拷贝数越高，重组蛋白的表达量越高，表达载体一般为高拷贝的复制子。

表达载体通常用诱导型启动子，使得重组蛋白的表达容易控制，同时降低了外源蛋白对细菌生长的影响。T7 是目前原核表达系统中最高效的启动子，pET 表达系统是以其为中心构建的，在 BL21 中，LacI 抑制 T7 RNA 聚合酶的表达，IPTG 的加入可解除这种抑制。当加入 IPTG 诱导时，T7 RNA 聚合酶开始表达并结合在 T7 启动子上，启动重组蛋白的表达。T7 RNA 聚合酶活性很高，转录速度比大肠杆菌 RNA 聚合酶快 5 倍，使下游的重组蛋白高效表达，其产率可达到细菌总蛋白的 50% 以上。

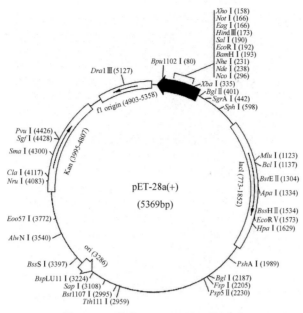

图 13-11　载体 pET-28a 的质粒图谱

融合标签选择：融合标签是与目的蛋白共表达的一段多肽，方便重组蛋白的纯化、固定和检测。如果不需要对重组蛋白进行纯化，尽量不要引入融合标签，以免影响蛋白质性质。但融合标签的引入能够大大简化重组蛋白的纯化流程，并提高蛋白质溶解度，应根据蛋白质情况选择标签，如 His-tag 是最常用的纯化标签，具有很多优点，标签较短（仅 10～20 个氨基酸残基），不带电，免疫原性差，通常不影响重组蛋白的结构和功能，Ni^{2+} 亲和力高，能够进一步纯化达到 60%～90% 的纯度。

3. 蛋白质的异源表达及蛋白酶纯化流程

1）扩增目的基因序列：按照蛋白酶基因全长序列，设计添加酶切位点的引物，利用高保真酶进行 PCR 扩增获得蛋白酶基因全长序列。

2）配制含卡那霉素抗性的 LB 平板，活化含 pET-28a 的 DH5α 质粒，待菌落长出后，转接至带卡那霉素抗性的 LB 液体培养基中，37℃、180r/min 培养至对数生长期，提取质粒。

3）分别将 PCR 产物和提取的质粒进行双酶切。

4）利用连接试剂盒，将酶切过的 PCR 产物和 pET-28a 质粒进行连接。

5）连接产物转化 DH5α 并测序验证无点突变。

6）将携带目的基因片段的 DH5α 转接至带卡那霉素抗性的 LB 液体培养基中，培养至对数生长期，提取质粒。

7）将重组质粒转化蛋白表达宿主大肠杆菌 BL21，再次测序验证后将菌株加入终浓度为 20% 的甘油中，置于 -80℃ 冰箱长期保藏。

8）接种含重组蛋白酶基因的大肠杆菌 BL21 菌株于 5ml 带卡那霉素抗性的 LB 液体培养基中，37℃、180r/min 培养至对数生长期。

9）按 1∶50 或 1∶100 的比例制作种子液，转接至带卡那霉素抗性的 LB 液体培养基中，37℃、180r/min 培养至 OD$_{600}$= 0.6～0.8。

10）实验组加入 IPTG 至终浓度 0.5mmol/L，对照组不加诱导剂，25℃、140r/min 诱导表达 12h。

11）分别取 10μl 进行 SDS-PAGE，电泳结束后用考马斯亮蓝染色，将实验组与对照组分析，并结合蛋白酶分子量大小进行表达量分析。

三、蛋白酶在工业上的应用

蛋白酶是水解蛋白质和肽类中肽键的酶的总称，是酶学研究中较早深入的一种酶。蛋白酶是用途最广泛的酶制剂之一，占世界酶类销售总额的 60%，作为工业需求量最大的酶种，已经被广泛应用在各行各业中。已经报道的微生物源蛋白酶超过 900 种，微生物源蛋白酶具有生产成本低、方便提取、生产工艺简单等优点，成为酶制剂的主要来源而广泛用于工业中。

（一）蛋白酶在传统发酵食品中的应用

将微生物源蛋白酶应用于传统的发酵食品如酱油、醋、酒类生产过程中，能有效促进原料降解，提高发酵效率。在白酒生产过程中，加入酸性蛋白酶可有效促进酵母生长，缩短发酵时间，提高出酒率（庄名扬等，1997）。在黄酒生产过程中添加蛋白酶能促进酵母菌生长，提高酒精度，并促进挥发性成分生成，改善黄酒的风味品质（陈通等，2020）。

微生物源蛋白酶在肉类加工中可改善组织、嫩化肉类，已被广泛应用于肉制品嫩化，由枯草芽孢杆菌、米曲霉、根霉、黑曲霉等生产的蛋白酶可以加快肌原纤维及胶原蛋白的降解，从而达到肉类嫩化的效果。耐低温蛋白酶还能使肉类在低温下保持新鲜度，极大地提高了肉的食用品质，是理想的肉类柔嫩酶制剂（陈卓君等，2010；Chen et al.，2006）。此外，蛋白酶还用于生产牛肉汁、鸡汁等以提高产品收率，利用酸性蛋白酶在中性条件下处理解冻鱼类，可以去除鱼腥味（何林玲等，2014）。

蛋白酶在鱼类加工过程中，能够有效进行去皮脱鳞，操作简单。在鱼骨粉和鱼骨休闲食品生产过程中加入蛋白酶，可以去除残存在鱼骨间的鱼肉，不仅脱肉效果好，得到干净的鱼骨，还能降低鱼骨的腥味（俞丽娜和邵兴锋，2014）。在水产品加工过程中添加蛋白酶，还能充分利用水产品加工下脚料研发风味调味品（俞丽娜和邵兴锋，2014），利用酶技术实现低值水产品加工下脚料的高值化，已成为水产品加工发展的趋势（Shahidi et al.，2001；Li et al.，2009）。

（二）蛋白酶在饲料加工及养殖中的应用

在动物饲料发酵过程中，添加蛋白酶等进行菌酶协同作用发酵处理饲料，可以提高发酵过程中微生物对饲料中大分子物质的利用效率，同时解决了利用微生物发酵产酶不足的问题，进而提高了饲料品质（李旺等，2020）。菌酶协同发酵后的饲料能显著提高肉鸡的生长性能、增加十二指肠和空肠中绒毛数量，对肉鸡的生长性能和肠道健康有积极影响（Jazi et al.，2017）。将菌酶协同发酵后的饲料饲用仔猪后，仔猪平均日增重增加，生长发育速度提高，血清尿素含量降低，在养殖上取得了很好的应用效果（Zhu et al.，

2017）。

直接向饲料中添加饲用蛋白酶的研究和应用都取得了很大进展，作为绿色环保的饲料添加剂，已经在养猪生产中广泛应用。猪饲料中添加蛋白酶可以激活内源酶的分泌，降低仔猪腹泻频率，提高饲料养分的利用率，消除饲料中的抗营养因子，提高生猪的生产性能（郭建来和魏红芳，2007）。此外，在饲料中添加蛋白酶还能减少饲养动物粪、尿中氮的排放，从源头上提高氮素利用率而减少对环境的污染（马文锋等，2019）。

（三）蛋白酶在其他工业中的应用

微生物源蛋白酶可以作为添加的加酶洗涤剂用于洗涤行业，加酶洗涤剂已成为生活中常见的日用品，其既可以有效去除残留在衣物上的蛋白质污渍、血渍等，又无磷酸盐富营养的危害，节约能源，有利于环境保护。

蛋白酶还可以用于皮革工业中，传统制革去除动物毛发的处理方法是利用硫化物等化学物质进行处理，其有毒而对环境产生危害。而碱性蛋白酶可以降解弹性蛋白和角蛋白，使动物皮脱毛、鞣化，还可以促进动物毛发的降解。与传统制革方法相比，使用蛋白酶处理具有处理过程容易控制、对环境危害小及节约能源的特点。有报道称，由链霉菌属和枯草芽孢杆菌分泌的碱性蛋白酶已成功用于皮革的生产制造中（Jaouadi et al.，2015）。

蛋白酶在医药领域中的应用主要表现在治疗烧伤、化脓及深部脓肿等表皮的外伤，早前已有相关研究报道了微生物源蛋白酶作为医疗药品成功地用于临床试验中，例如，从枯草芽孢杆菌培养液中提取到的一种抗炎酶制剂可以抑制小鼠的后爪水肿，从黏质沙雷菌分泌的产物中分离到的金属蛋白酶 SMP 可用作医疗上的消炎药（Baumann，1994）。

蛋白酶在生物污损预防方面具有巨大的应用潜力。生物污损是指有机物质（胞外聚合物及有机碎片等）、微生物（包括细菌、微藻等）、大型无脊椎动物等在船底和水下工程材料表面附着并造成危害的现象，是一个逐渐积累的过程。首先，浸水材料表面会聚集一层蛋白质、多糖等有机大分子及单细胞生物（如细菌、硅藻等）而形成生物膜，随后，一些浮游无脊椎动物幼虫（如白脊藤壶金星幼虫、苔藓虫等）会进一步在此生物膜上附着、生长造成生物污损。其危害主要表现为增加燃料消耗，降低航速；堵塞用水管道，降低冷却管路冷却效果；促进金属腐蚀；降低仪表及转动部件的灵敏度，干扰仪器设备正常运行等（Aldred et al.，2008；Martin et al.，1993）。蛋白酶可以多位点水解肽键，进而达到防污目的。张晓等（2013）研究发现海洋微生物蛋白酶产生菌粗酶提取物能够有效抑制硅藻、贻贝等污损生物在材料表面的附着，且其具有无毒、环保、在自然环境中可自行降解等特征，有望成为一种新型环保型防污功能添加剂。

蛋白酶被广泛应用于食品、饲料加工、产品加工等工业生产中，并且在医药健康、生物污损防治等方面有潜在的应用价值。很多目前用于蛋白酶生产的微生物大多来源于陆地或淡水环境中，而广袤的海洋及海洋沉积物中存在丰富的生物资源，具有更为抗逆的酶学特征，开发高效、多样化的产蛋白酶微生物资源，研发新型高效的蛋白酶酶制剂，将使海洋微生物蛋白酶在工业生产上发挥更大功能。

参 考 文 献

陈通, 芮鸿飞, 叶林林, 等. 2020. 蛋白酶对黄酒发酵的影响及挥发性成分分析. 酿酒科技, (2): 29-35.

陈卓君, 王雷, 许文涛, 等. 2010. 重组弹性蛋白酶在猪肉嫩化中的应用. 食品科学, 31 (7): 42-45.

杜俊涛, 陈洪涛, 田琳. 2010. 北黄海表层沉积物中重金属含量及其污染评价. 中国海洋大学学报 (自然科学版), 40 (S1): 167-172.

郭建来, 魏红芳. 2007. 酸性蛋白酶对仔猪生产性能及养分表观消化率的影响. 饲料博览, 5 (3): 10-12.

何林玲, 何贝, 张霞. 2014. 蛋白酶在食品加工中的应用进展研究. 食品工程, 1 (3): 12-14.

李旺, 丁轲, 曹平华, 等. 2020. 饲料中菌酶协同作用的研究与应用进展. 动物营养学报, 32 (9): 1-7.

马文锋, 陈晓晨, 刘芦鹏, 等. 2019. 饲用蛋白酶分类及在养猪生产中的应用. 中国饲料, 23: 18-20.

伍朝亚, 李岩, 曲慧敏, 等. 2017. 北黄海沉积物可培养产蛋白酶细菌分离鉴定. 微生物学报, 57 (10): 1504-1516.

俞丽娜, 邵兴锋. 2014. 蛋白酶在水产品加工中的应用研究进展. 生物技术进展, 4 (1): 17-21.

张晓, 陈西广, 段东霞, 等. 2013. 海洋产蛋白酶细菌发酵液防污活性研究. 材料开发与应用, 28 (4): 26-31.

周明扬. 2013. 中国南海和南极菲尔德斯半岛海域沉积物中微生物、蛋白酶的多样性及有机氮的降解机制. 山东大学博士学位论文.

庄名扬, 王仲文, 孙达孟, 等. 1997. 美拉德反应与酱香型白酒. 酿酒科技, 79 (1): 73-77.

Aldred N, Clare A S. 2008. The adhesive strategies of cyprids and development of barnacle-resistant marine coatings. Biofouling, 24 (5): 351-363.

Aluwihare L I, Repeta D J, Pantoja S, et al. 2005. Two chemically distinct pools of organic nitrogen accumulate in the ocean. Science, 308 (5724): 1007-1010.

Baumann U. 1994. Crystal Structure of the 50 kDa metallo protease from *Serratia marcescens*. Journal of Molecular Biology, 242 (3): 244-251.

Belchior S G E, Vacca G. 2006. Fish protein hydrolysis by a psychrotrophic marine bacterium isolated from the gut of hake (*Merluccius hubbsi*). Canadian Journal of Microbiology, 52 (12): 1266-1271.

Bianchi A, Calafat A, De Wit R, et al. 2002. Microbial activity at the deep water sediment boundary layer in two highly productive systems in the Western Mediterranean: the Almeria-Oran front and the Malaga upwelling. Oceanologica Acta, 25 (6): 315-324.

Brunnegard J, Grandel S, Stahl H, et al. 2004. Nitrogen cycling in deep-sea sediments of the Porcupine Abyssal Plain, NE Atlantic. Progress in Oceanography, 63 (4): 159-181.

Chen Q H, He G Q, Jiao Y C et al. 2006. Effects of elastase from a *Bacillus* strain on the tenderization of beef meat. Food Chemistry, 98 (4): 624-629.

Chen X L, Zhang Y Z, Gao P J, et al. 2003. Two different proteases produced by a deep-sea psychrotrophic bacterial strain, *Pseudoaltermonas* sp. SM9913. Marine Biology, 143 (5): 989-993.

Engel A S, Porter M L, Stern L A, et al. 2004. Bacterial diversity and ecosystem function of filamentous microbial mats from aphotic (cave) sulfidic springs dominated by chemolithoautotrophic "Epsilonproteobacteria". FEMS Microbiology Ecology, 51 (1): 31-53.

Fu Y Z, Xu S G, Liu J W. 2016. Temporal-spatial variations and developing trends of chlorophyll-a in the Bohai Sea, China. Estuarine Coastal and Shelf Science, 173: 49-56.

Jaouadi N Z, Rekik H, Elhoul M B, et al. 2015. A novel keratinase from *Bacillus tequilensis* strain Q7 with promising potential for the leather bating process. International Journal of Biological Macromolecules, 79: 952-964.

Jazi V, Boldaji F, Dastar B, et al. 2017. Effects of fermented cottonseed meal on the growth performance, gastrointestinal microflora population and small intestinal morphology in broiler chickens. British Poultry Science, 58 (4): 402-408.

Kumar S, Stecher G, Tamura K. 2016. MEGA7: molecular evolutionary genetics analysis version 7.0 for bigger datasets. Molecular Biology and Evolution, 33 (7): 1870-1874.

Li J R, Lu H X, Zhu J L, et al. 2009. Aquatic products processing industry in China: challenges and outlook. Trends in Food Science and Technology, 20 (2): 73-77.

Li Y, Wu C Y, Zhou M Y, et al. 2017. Diversity of cultivable protease-producing bacteria in Laizhou Bay sediments, Bohai Sea, China. Frontiers in Microbiology, 8: 405.

Li Y, Zhang Z P, Xu Z, et al. 2018. *Jeotgalibacillus proteolyticus* sp. nov., a protease-producing bacterium isolated from ocean sediments. International Journal of Systematic and Evolutionary Microbiology, 68 (12): 3790-3795.

Li Y, Zhou M Y, Wang F Q, et al. 2017. *Photobacterium proteolyticum* sp. nov., a protease-producing bacterium isolated from ocean sediments of Laizhou Bay. International Journal of Systematic and Evolutionary Microbiology, 67 (6): 1835-1840.

Martin M D, Mackie G L, Baker M A. 1993. Control of the biofouling mollusc, *Dreissena polymorpha* (Bivalvia: Dreissenidae), with sodium hypochlorite and with polyquaternary ammonia and benzothiazole compounds. Archives of Environmental Contamination and Toxicology, 24 (3): 381-388.

Mu D，Yuan D K，Feng H，et al. 2017. Nutrient fluxes across sediment-water interface in Bohai Bay coastal zone，China. Marine Pollution Bulletin，114（2）：705-714.

Ogawa H，Amagai Y，Koike I，et al. 2001. Production of refractory dissolved organic matter by bacteria. Science，292（5518）：917-920.

Puente X S，Sanchez L M，Overall C M，et al. 2003. Human and mouse proteases：a comparative genomic approach. Nature Reviews Genetics，4（7）：544-558.

Shahidi F，Kamil Y V A J. 2001. Enzymes from fish and aquatic invertebrates and their application in the food industry. Trends in Food Science and Technology，12（12）：435-464.

Tan Z Y，Hurek T，Vinuesa P，et al. 2001. Specific detection of *Bradyrhizobium* and *Rhizobium* strains colonizing rice（*Oryza sativa*）roots by 16S-23S ribosomal DNA intergenic spacer-targeted PCR. Applied and Environmental Microbiology，67（8）：3655-3664.

Urbanczyk H，Ast J C，Dunlap P V. 2011. Phylogeny，genomics，and symbiosis of *Photobacterium*. FEMS Microbiology Reviews，35（2）：324-342.

Zhang X Y，Han X X，Chen X L，et al. 2015. Diversity of cultivable protease-producing bacteria in sediments of Jiaozhou Bay，China. Frontiers in Microbiology，6：1021.

Zhang Z P，Wu C Y，Shao S，et al. 2020. Diversity of protease-producing bacteria in Bohai Bay sediment and their extracellular enzymatic properties. Acta Oceanologica Sinica，in Press.

Zhao G Y，Chen X L，Zhao H L，et al. 2008. Hydrolysis of insoluble collagen by deseasin MCP-01 from deep-sea *Pseudoalteromonas* sp. SM9913. The Journal of Biological Chemistry，283（52）：36100-36107.

Zhou M Y，Chen X L，Zhao H L，et al. 2009. Diversity of both the cultivable protease-producing bacteria and their extracellular proteases in the sediments of the South China Sea. Microbial Ecology，58（3）：582-590.

Zhou M Y，Wang G L，Li D，et al. 2013. Diversity of both the cultivable protease-producing bacteria and bacterial extracellular proteases in the coastal sediments of King George Island，Antarctica. PLoS One，8（11）：e79668.

Zhu D C，Tanabe S H，Yang C，et al. 2013. Bacterial community composition of South China Sea sediments through pyrosequencing-based analysis of 16S rRNA genes. PLoS One，8（10）：e78501.

Zhu J J，Gao M X，Zhang R L，et al. 2017. Effects of soybean meal fermented by *L. plantarum*，*B. subtilis* and *S. cerevisieae* on growth，immune function and intestinal morphology in weaned piglets. Microbial Cell Factories，16（1）：191.

第十四章　海洋噬菌体资源及其应用

20 世纪 40 年代，随着青霉素的发现，抗生素大规模工业化生产和应用之后，关于噬菌体的研究相对减少。但随着抗生素耐药性问题日益加剧，20 世纪 80 年代之后，科学家又重新将目光投到噬菌体治疗上。海洋噬菌体作为海洋中最丰富的生命体之一，在海洋食物网的碳循环、通过宿主的转导和转化来实现的基因转移等方面发挥着重要作用。迄今为止已经测序的少数海洋噬菌体基因组，海洋细菌基因组中的噬菌体，以及未经培养的噬菌体的部分测序，让我们看到了海洋噬菌体群落的多样性和生理潜力。本章主要介绍噬菌体基本特性及海洋噬菌体的研究进展与噬菌体裂解酶的应用。

第一节　噬菌体概述

一、噬菌体生物学特征

（一）噬菌体的基本特性

噬菌体（bacteriophage 或 phage）是感染细菌、真菌、藻类、放线菌或螺旋体等微生物的病毒的总称，能引起宿主菌的裂解，故称为噬菌体。噬菌体具有病毒的基本特性，个体微小且不具有完整的细胞结构，形态差异很大，有多面体、丝杆状等形态，大小波动也比较大。每个噬菌体都携带着自己的基因组，从一个易受感染的宿主细胞到另一个细胞。在细胞中，它们可以直接复制大量的子代噬菌体。每个噬菌体颗粒都包含其核酸基因组（DNA 或 RNA），并被包裹在蛋白质或脂质外壳中。大部分噬菌体具有"尾巴"结构，用于将遗传物质注入宿主细胞体内。噬菌体和其他的病毒一样，都是绝对的"寄生虫"。它们利用宿主细胞中的蛋白质、核糖体等合成自身所需的能量、氨基酸和各种其他因子，实现其生长和增殖。它们携带所有的信息用来指导在合适的宿主中繁殖，噬菌体一旦离开了宿主细胞，既不能生长又不能复制。每个噬菌体的目标宿主都是一些特定的细菌。通常一种噬菌体只感染特定的一种宿主或一菌株，少数也能感染两种及以上宿主。当没有合适的宿主存在时，许多噬菌体可以保持数十年的感染能力，除非受到外部病原体的破坏。高度的特异性、长期的存活率和在适当宿主中快速繁殖的能力有助于它们在自然生态系统中维持各种各样的细菌物种之间的动态平衡。

（二）噬菌体的形态特征

透射电镜观察发现，噬菌体主要包括蛋白质外壳和壳内核酸。头部携带的核酸物质有些是单链 DNA 或 RNA，有些是双链 DNA 或 RNA，呈线状或环状。有些噬菌体还含有糖类和脂类等物质（Balcao et al.，2013）。噬菌体没有独立的酶系统，不具有自我代谢、复制的能力，只能依靠宿主细胞的复制系统和原料进行增殖。噬菌体具有复杂多样性，根据形态结构可分为有尾噬菌体、无尾噬菌体和丝状噬菌体。有尾噬菌体通常由头部和尾部构成，中间由颈部连接，头部一般呈对称的二十面体，尾部呈对称的螺旋状（图 14-1）。尾部蛋白负责识别细菌表面的受体，并决定了宿主的特异性。

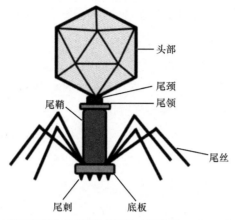

图 14-1　有尾噬菌体的解剖示意图（修改自 Janis et al.，2017）

（三）噬菌体的多样性

噬菌体是地球上最丰富的生命体之一，只要有宿主生活的地方，都能发现大量的噬菌体，它们广泛分布于空气、水体、土壤及生物体表和体内。噬菌体种类繁多，数量巨大，能达到 10^{31}，约为细菌数量的 10 倍。目前报道通过电镜观察到约 5500 种噬菌体。据估计，每年至少有 100 株新的噬菌体被发现。根据《病毒分类——国际病毒分类委员会第八次报告》，噬菌体共分为 14 科，其中双链 DNA 分子的噬菌体包括 10 科；双链 RNA 分子的噬菌体仅发现有 1 科；单链 DNA 分子的噬菌体有 2 科；单链 RNA 分子的噬菌体仅有 1 科。目前发现的有尾噬菌体约占 96%，只有不到 4%的噬菌体是丝状噬菌体或多面体噬菌体。

二、噬菌体类型

（一）根据蛋白质外壳结构分类

噬菌体衣壳形态结构变化较大，根据噬菌体的蛋白质结构，分为有尾噬菌体、无尾噬菌体和丝状噬菌体三种类型。

1. 有尾噬菌体

有尾部结构的噬菌体又细分为三大类：长尾噬菌体、短尾噬菌体和肌尾噬菌体。长尾噬菌体科（Siphoviridae）的尾部一般较长、不可收缩、可弯曲，该类噬菌体可以将自身的核酸部分整合到宿主基因组上，从而形成前噬菌体，前噬菌体对宿主菌的裂解能力较弱，称为温和噬菌体，以 λ 噬菌体为代表，海水中比较容易分离到这类噬菌体（Melo et al.，2014）。短尾噬菌体科（Podoviridae）的尾部不可收缩，并且具有较窄的宿主范围、很强的专一性和裂解能力，很少能从海洋中分离出来，以 T7 噬菌体为代表（Krumpe and Mori，2014）。肌尾噬菌体科的尾部可以收缩，一般为烈性噬菌体，在海水中最容易筛选出，有较宽的宿主范围，以 T4 噬菌体为代表（张永雨，2009）。

2. 无尾噬菌体

无尾噬菌体是一个无尾部结构的二十面体，外表由衣壳蛋白组成，内部包裹着核酸。

不同无尾噬菌体的核酸有较大差别，有双链 DNA 分子、单链环状 DNA 分子、单链 RNA 分子和多节段的双链 RNA 分子。

3. 丝状噬菌体

丝状噬菌体的代表有 M13 和 fd，由单链环状 DNA 构成核心部分，呈线状，没有明显的头部结构。丝状噬菌体常见的属有埃博拉病毒、马尔堡病毒和库瓦病毒，一般易感染脊椎动物。

（二）根据核酸特点分类

噬菌体的核酸可以是 DNA 或 RNA，但两者不能共存，这是噬菌体核酸的特点。因此，除了观察噬菌体的形态，其核酸类型也是判断噬菌体类型的一个重要标准。通常分别用 DNaseI 和 RNaseA 进行酶解处理，对酶解液进行电泳检测，根据电泳条带的有无来判断噬菌体的核酸类型。噬菌体的核酸分为：单链 RNA（ssRNA）、双链 RNA（dsRNA）、单链 DNA（ssDNA）和双链 DNA（dsDNA）。

（三）根据繁殖特点分类

根据噬菌体与宿主细胞的关系，可将噬菌体按增殖方式的不同分为两类，即烈性噬菌体和温和噬菌体。烈性噬菌体可以快速裂解宿主细胞，致使宿主快速死亡。这种噬菌体进入宿主细胞内其核酸首先转录翻译产生早期蛋白质，并复制子代核酸，再进行晚期转录翻译产生噬菌体的结构蛋白。当子代噬菌体繁殖到一定数量时，宿主细胞被裂解，释放出子代噬菌体，再进行下一个循环感染周期。相比之下，温和噬菌体在感染新的宿主细胞时可以选择不同的繁殖模式。一种是噬菌体基因组不进行复制，而是处于一种称为原噬菌体的静止状态，通常整合到宿主基因组中，但有时也以质粒的形式长期维持在细胞中，当宿主细胞繁殖时被复制，这些细胞被称为溶原性细胞，由于某些因素诱导会从静止状态中转变过来，进入裂解循环。另一种是繁殖模式与烈性噬菌体相同，使宿主细胞进行裂解反应，当宿主处于恶劣的生存胁迫（抗生素压力、氧胁迫等）时，噬菌体的遗传物质便从宿主基因组上脱落，终止溶原性周期，进入裂解性周期。研究表明，温和噬菌体中存在一种独特的小分子，可以调控裂解-溶原之间的转换（Erez et al., 2017）。

三、噬菌体的生命周期

病毒的生命周期很复杂，由于噬菌体的裂解能力和裂解方式不同，噬菌体表现出几个不同的生命周期：裂解性感染、溶原性感染、假溶原性感染和慢性感染。

（一）裂解性感染

引起裂解性感染的噬菌体称为烈性噬菌体。裂解性感染可分为 5 个阶段（图 14-2）。第一个阶段是吸附过程。噬菌体附着在宿主细菌上，特别是附着在细菌表面的受体上，并将其遗传物质注入细胞内。不同类型的噬菌体吸附的部位和方式也不同。丝状噬菌体多用其末端吸附于宿主菌的性菌毛上；有尾噬菌体主要利用尾丝、尾刺吸附于宿主菌的外膜蛋白；而其他大多数噬菌体的吸附位点位于细胞壁。只要有特异性受体，噬菌体就能特异性吸附,无论宿主菌是活体还是死亡,噬菌体只能吸附但不能侵入死亡的宿主菌。第二个阶段是侵入。吸附成功后,噬菌体的尾部附着在宿主菌的细胞壁上,并侵入细胞内,把头部的 DNA 注入细菌的细胞内。第三个阶段是复制。噬菌体把 DNA 注入宿主细胞后,噬菌体逐渐控制了宿主菌的代谢。噬菌体利用宿主细胞大量地复制 DNA 和蛋白质,并组装成完整的子代噬菌体。第四个阶段是装配过程。噬菌体核酸和蛋白质合成后,在宿主细胞中即开始衣壳的装配和基因组的包装,从而装配成有感染力的子代噬菌体。第五个阶段是噬菌体的裂解过程。噬菌体成熟后,在潜伏后期,溶解宿主细胞壁的溶菌酶逐渐增加,促使细胞裂解,并将子代噬菌体释放到细胞外环境中。噬菌体的整个感染周期比细菌的繁殖速度要快很多,通常 30～40min 完成一个侵染周期。

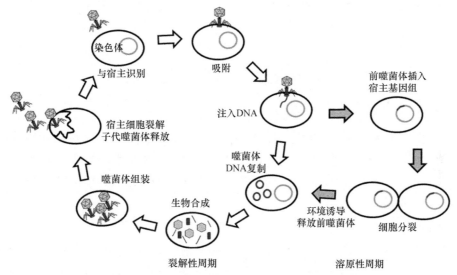

图 14-2　噬菌体生命周期示意图(修改自 Janis et al.,2017)

(二)溶原性感染

温和噬菌体可以引发溶原性感染。在溶原性周期中,温和噬菌体不会立即裂解宿主细胞,相反,它们的核酸进入宿主细胞后,会整合到宿主 DNA 上,与宿主一起复制,这种带有噬菌体基因但未裂解的宿主细菌称为前噬菌体,而含有前噬菌体的宿主细胞被称为溶原菌,这种对宿主细胞的感染方式称为溶原性感染(图 14-2)。该噬菌体与宿主细菌基因组一起被复制,建立了稳定的关系。在噬菌体治疗中使用温和噬菌体的缺点是,一些噬菌体种群将其基因组整合进宿主染色体上,可以改变宿主的表型或休眠。除非细菌暴露在压力或胁迫的环境条件下,否则溶原性循环可以无限期地继续下去。不同噬菌体的诱导信号不同。通常细菌的 DNA 损伤诱导反应能够被抗生素治疗、氧化应激或 DNA损伤等激活。一旦溶原性周期终止,噬菌体 DNA 的表达随之发生,裂解周期开始。最近发现,感染芽孢杆菌的噬菌体依赖于称为"arbitrium"的小分子来调控和决定裂解还是溶菌的发生。这一通信系统具有重大的生物学意义,它解释了当一个噬菌体遇到大量的细菌群落时,会有大量宿主被感染,这有利于裂解性周期的激活。随着宿主数量的减少,子代噬菌体进入休眠状态,进入溶菌周期更为有利。这些最新发现值得进一步深入研究，以确定是否有类似的信号分子被其他噬菌体所感应或在不同的噬菌体之间是否存在明显的信号交流。

（三）假溶原性感染

假溶原性感染是指噬菌体感染宿主细胞以后，其核酸会在宿主细胞中以类似质粒的形式持续一段时间，不会对宿主细胞的正常代谢产生影响。假溶原性感染可能与宿主菌的减少或受体酶的活性有关。

（四）慢性感染

慢性感染与其他感染方式最大的不同是，子代噬菌体的释放是通过出芽或外排的方式，对宿主是非致死的，并不会引起宿主细胞的裂解。慢性感染是一种比较特殊的感染方式。

四、噬菌体与宿主相互作用

（一）宿主菌对噬菌体的防御机制

由于噬菌体的数量庞大，有较好的适应能力，对宿主细菌构成了持续的威胁。因此，宿主细菌已经进化出对抗噬菌体感染的多种防御机制，使它们能够对噬菌体感染做出相应的反应。这些防御机制主要包括：阻断吸附、阻断 DNA 侵入、切割侵入的噬菌体核酸和流产性感染等。

1. 阻断吸附

吸附到宿主细胞表面是噬菌体感染的第一步。噬菌体具有高度的特异性，在识别和吸附到宿主细胞表面时，噬菌体的受体具有重要作用。而宿主菌可以通过改变细胞表面受体的结构来阻止噬菌体的识别。例如，感染大肠杆菌的 T5 噬菌体的表面受体 FhuA 可以被脂蛋白（lipoprotein，Lip 蛋白）阻止。侵入初期，Lip 蛋白可以有效防止重复感染，并且可以结合到已被裂解细胞的游离受体上防止新合成的子代颗粒的无效结合，从而提高了感染效率。细胞外基质的成分包含弹性蛋白、胶原蛋白、层粘连蛋白、纤连蛋白及其他糖蛋白，因此细胞外基质构成了一道物理屏障用来阻止噬菌体侵染宿主菌。

2. 阻断 DNA 侵入

噬菌体一旦成功吸附到宿主菌上，在短时间内即可将核酸释放到宿主细胞内。噬菌体侵入过程中有的需要自身蛋白质参与，如 T7 噬菌体的尾部纤毛和蛋白 GP13 帮助噬菌体核酸到达宿主菌（Hu et al.，2013）。有的需要宿主蛋白参与，其侵入过程则可能被宿主菌延迟或减弱，如乳酸乳球菌噬菌体 φC2，侵入时需要宿主菌膜蛋白 PIP 的参与。不同于 T7 噬菌体，T4 类噬菌体在没有任何宿主菌与噬菌体识别的情况下也能快速侵入宿主菌，核酸释放速度可达每秒 3000～4000 个碱基。宿主菌主要利用超感染免疫系统阻止噬菌体 DNA 的侵入。超感染免疫是宿主菌被一种噬菌体感染后，当另一种类似噬菌体吸附于该宿主细胞表面时，一些可能锚定到膜上或与膜上元件关联的蛋白质就会发挥作用，从而阻止相似噬菌体引起的继发感染（Nechaev and Severinov，2008）。

3. 切割侵入的噬菌体核酸

该系统主要由甲基转移酶和限制性核酸内切酶协同作用。甲基转移酶负责修饰噬菌体自身的核酸，未被修饰或外源侵入的 DNA 则被限制酶酶切裂解。利用该系统抵御噬菌体侵入的宿主菌包括大肠杆菌、沙门菌、单核细胞性李斯特菌、乳酸乳球菌等。

4. 流产性感染

流产性感染系统中的蛋白质通常是一些休眠蛋白，在噬菌体侵入宿主菌后被激活，引起细胞水平的抑制代谢过程。流产性感染会导致被感染的细胞死亡。目前已发现的流产性感染系统就有 20 余种，大多数是由质粒编码的，其作用方式也不尽相同。

（二）噬菌体抵抗宿主防御的机制

1. 对抗吸附阻碍

部分噬菌体针对受体结构改变而进化出了一种被称为多样性引发逆转录因子的遗传元件，在依赖模板的逆转录酶介导的作用下可以在噬菌体基因 *mtd* 中引入核苷酸置换，该基因编码的蛋白质负责识别宿主，因而可以改变或者拓宽噬菌体的宿主裂解谱（Yen et al.，2004）。近年来，研究发现，这一元件广泛分布在细菌基因组（前噬菌体）及其他噬菌体基因组中。此外，还有许多噬菌体通过改变受体结合蛋白或者尾丝结构来识别新的宿主表面受体。例如，λ 噬菌体通过改变受体结合相关蛋白末端结构域使得其自身不仅可以识别原来的受体 LamB，还可以识别宿主变异后的受体 OmpF（Meyer et al.，2012）。

宿主表面受体被包埋时，噬菌体借助酶来裂解胞外的屏障，暴露出被覆盖的受体。例如，链球菌属的烈性噬菌体与温和噬菌体中含有的透明质酸酶可以降解胞外荚膜的透明质酸成分（Benchetrit et al.，1977）。裂解酶和水解酶都可以降解胞外多糖（Latka et al.，2017）。最近发现，噬菌体抗性菌在与敏感型细胞联合培养时会偶尔发生被噬菌体裂解的现象，该现象是由抗性细胞瞬时获得了附近敏感型细胞表面的噬菌体附着分子造成的，并证明这一交换是由膜性小泡驱动的（Tzipilevich et al.，2017）。

2. 对抗 R-M 系统

R-M 系统切割噬菌体 DNA 的效率与病毒基因组中的限制性位点相关。噬菌体通过减少或改变限制性位点可以有效地避免 R-M 系统。对位点之间的距离也有一定的要求，噬菌体 T3 和 T7 中的位点相距太远，致使 R-M 系统不能对其进行切割。对于噬菌体基因组的修饰，如大肠杆菌噬菌体 Mu 基因组的腺嘌呤可以被 Mom 修饰为 N6-(1-乙酰)-腺嘌呤从而躲避 R-M 系统（Drozdz et al.，2012）。一些枯草芽孢杆菌的噬菌体还可以将自身的胸腺嘧啶替换为尿嘧啶或者羟甲基尿嘧啶。另外，识别位点序列在 DNA 双链上的位置也会影响 R-M 系统的识别。噬菌体还可以将识别位点保护起来以逃避 R-M 系统的识别。有些噬菌体可以直接作用于 R-M 系统使其酶活改变。例如，λ 噬菌体编码的一种抗限制性酶切蛋白 Ral 可以增强 I 类 R-M 系统中修饰酶的活性，使得 DNA 注入细胞后被大量迅速修饰，减轻限制性内切酶的作用。在 I 类与III类 R-M 系统中，其酶发挥活性需要一种辅助因子——S-腺苷甲硫氨酸，而噬菌体 T3 可以在侵染后快速产生 S-腺苷甲硫氨酸水解酶水解该辅助因子使 R-M 系统被抑制（Studier and Movva，1976）。

3. 对抗 CRISPR-Cas 系统

针对宿主的 CRISPR-Cas 防御系统，噬菌体已经进化出一个类似的 CRISPR-Cas 对抗系统，主要包括点突变和核苷酸删除。替换或删除的位置可以在前间区，或在前间区序列邻近基序中。CRISPR-Cas 系统存在于 48% 的细菌和 95% 的古细菌中（Jore et al.，2012）。O1 特异性的霍乱弧菌噬菌体，称为 ICP1-相关噬菌体，在 11 种分离的噬菌体中，发现 5 种含有 CRISPR-Cas 系统。在一项关于大肠杆菌 CRISPR-Cas 亚型的研究中发现，只有当突变发生在紧邻前间区序列邻近基序（protospacer adjacent motif，PAM）的间区序列中的 7 个特异性核苷酸时，噬菌体才能逃过 CRISPR-Cas 系统的免疫作用（Semenova et al.，2011）。近来研究表明，在感染铜绿假单胞菌的噬菌体中发现了 5 种成簇的规律间隔的短回文重复序列（CRISPR）的基因，这类基因编码的蛋白质不影响 CRISPR 中小 RNA 及 Cas 蛋白的形成，而是在 CRISPR-Cas 复合物形成后发挥作用（Bondy-Denomy et al.，2013）。

4. 对抗流产性感染系统

与对抗 CRISPR-Cas 系统类似，噬菌体也可以通过基因突变来抗衡流产性感染系统。例如，噬菌体 T4rⅡ中基因 *motA* 的突变可以使其逃过宿主 Rex 系统的清除（Hinton，2010）。在广泛发现流产性感染系统的乳酸乳球菌中，突变导致的流产性感染抗性也普遍存在（Haaber et al.，2009）。在毒素-抗毒素（toxin-antitoxin，TA）系统介导的噬菌体流产性感染表型中也存在规避机制。噬菌体可以自身编码一种抗毒素来中和细胞内的毒素，不使宿主细胞死亡，如 T4 噬菌体的 Dmd 蛋白、黑胫病菌噬菌体毒素-抗毒素编码的伪 ToxⅠ蛋白等。

第二节　海洋噬菌体研究及其应用

一、海洋噬菌体的分布及特点

相对于陆地噬菌体的研究，海洋噬菌体的研究起步较晚。海洋噬菌体在 20 世纪 50 年代初被发现，Moebus（1980）以海洋细菌作为宿主菌，分离得到了相应的噬菌体。20 世纪 90 年代，电子显微镜观察发现，海水中含有大量噬菌体（Fuhrman，1999），促使研究者开始广泛关注噬菌体在海洋生态系统中的潜在生态功能。

噬菌体在海洋中的数量极其丰富，海洋中噬菌体的丰度占 94% 以上，约 10^{30} 个/ml，相当于海洋原核生物丰度的 10 倍。在表层海水中，浮游噬菌体是细菌总量的 5～25 倍，约 10^7 个/ml。噬菌体的数量呈现随着海水深度的增加而逐渐减少的趋势。然而由于海底沉积物中营养物质丰富，细菌及与其相对应的噬菌体达到了一个较高的数量（$10^8 \sim 10^9$ 个/cm^3）（Suttle，2005）。

海洋噬菌体具有多样的形态。多数海洋噬菌体具有头和尾部的结构，核酸为线性双链 DNA。根据其尾部不同的形态特征，可分为短尾病毒科、长尾病毒科和肌病毒科。短尾病毒科噬菌体包含一个不可伸缩的短尾部，裂解能力较强，但是宿主范围很窄，对感染的宿主具有严格的专一性，较少能从海水中分离出这类噬菌体。长尾病毒科噬菌体的尾部较长，但尾部通常不能伸缩，对宿主菌的裂解能力也相对较弱，一般为温和性噬菌体，当感染宿主菌时，将自身的基因组整合到宿主菌的基因组中，并随着宿主菌的繁殖而增殖，且不立刻引起宿主菌的裂解，从海水中比较容易分离出来。肌病毒科噬菌体的尾部通常粗壮且具有伸缩能力，裂解能力较强，多数属于烈性噬菌体，宿主范围比较广，从海水中很容易分离出这类噬菌体。

二、海洋噬菌体的研究方法与技术

（一）海洋噬菌体的分离与培养

噬菌体样品的采样方式主要有三种，即直接法、间接法和诱导法。直接法指直接从宿主生活的生物体上取样分离噬菌体。间接法指根据宿主菌的特性，从相应的非生物环境中采集样品分离噬菌体，如对于消化道致病菌，通常从人和动物的排泄物或者生活污水中采样。在海洋细菌方面，研究者分别从养殖区海水、海底沉积物、水产品交易市场污水等处取样分离到河流弧菌噬菌体、副溶血弧菌噬菌体、玫瑰杆菌噬菌体等。诱导法指利用宿主感染相应的生物，并取样分离噬菌体，与直接法类似，所不同的是有诱导这个过程。诱导法的可行性在于宿主可以从患病生物中分离，能够更容易找到噬菌体，但相关研究还较少。

通常从水体及沉积物中分离海洋噬菌体分为以下几个步骤。首先，样品与宿主共同培养。对于噬菌体浓度偏低的样品，可根据情况在培养前对样品进行浓缩，以提高宿主与噬菌体侵染成功的可能性，也可以把样品和宿主共同培养，富集相应的噬菌体。然后，富集后将培养液离心和过滤，除去细菌和杂质，得到纯噬菌体滤液用于分离。分离方法包括双层琼脂平板法、平板涂布法和平板倾注法三种。对于初次分离得到的噬菌斑需要进一步纯化，纯化主要有液体纯化和平板纯化两种。液体纯化常采用接种针或无菌牙签将单个噬菌斑转接入含有宿主菌的液体培养基，培养至菌液完全溶解后，进行过滤除菌，即可得到纯化的噬菌体。平板纯化则是将菌体与宿主菌混合后采用双层琼脂平板法或琼脂平板倾注法进行纯化，一般纯化3～5次，以保证得到纯的单一噬菌体。

（二）海洋噬菌体计数方法

目前海洋噬菌体的计数方法主要包括噬菌斑计数法、透射电镜技术、表面荧光显微镜技术和流式细胞分析技术等。

1. 噬菌斑计数法

噬菌斑的计数主要有空斑法和最大可能数法。这两种方法都要求宿主是可培养的。空斑法类似于细菌的平板菌落计数法，通过双层平板培养统计噬菌斑的数目，进而反映噬菌体的数量。最大可能数法是通过感染不能用于固体培养的噬菌体，估测出可能的噬菌体数量。而水体中仅1%左右的细菌可以获得培养，所以噬菌斑计数法很难应用于对环境样品的计数方面。

2. 透射电镜技术

透射电镜技术最大的优势就是不用感染宿主就可以通过负染色后计数，同时可以观察到噬菌体的形态特征。这项技术要求浓缩海洋噬菌体，检测的下限为 10^5 个/ml，该技术的弊端在于不能提供噬菌体的感染能力等相关信息，并且其中浓缩、染色、观察等多个环节容易产生误差。

3. 表面荧光显微镜技术

目前估算海洋噬菌体丰度最为普遍利用的方法是表面荧光显微镜技术。该方法是通过染色噬菌体核酸对其进行荧光成像，实现噬菌体的荧光可视化，进而直接计数的一种方法。与透射电镜技术相比，表面荧光显微镜技术具有更加精确快速的优点，但缺点是这种方法不能将小的细菌从大的噬菌体中区分开，同时也不能获得噬菌体种群或被感染生物体类群的信息，并且在计数时可能会把一些被染色的非噬菌体颗粒也算上，使计数结果偏高（Brown et al., 2015）。

4. 流式细胞分析技术

流式细胞分析技术是一种高通量计数法，对噬菌体核酸进行荧光染色后，通过数码图像自动化分析技术，并根据噬菌体颗粒上荧光物质被激发荧光信号的强弱，对噬菌体种类进行区分和分别计数，分析速度快，结果精度高。在使用流式细胞仪进行噬菌体计数时，同新型核酸染料 SYBR Green I 的结合推进了流式细胞分析技术在噬菌体检测上的应用（Bazan et al., 2012）。

（三）海洋噬菌体遗传多样性研究

目前关于噬菌体遗传多样性的研究主要是基于基因组杂交或利用限制性片段长度多态性的方法进行遗传分析。Wichels 等（1998）用 DNA 杂交实验证明了不同科的海洋噬菌体是没有 DNA 同源性的。Jiang 等（2003）利用 RFLP 分析表明感染相同或相似宿主的噬菌体的遗传学组成也很相似。由于噬菌体不像细菌那样具有保守的基因单元，因此不能利用 16S rRNA 的方法研究噬菌体的多样性。目前，研究海洋噬菌体遗传多样性主要采用两种分子生物学方法：①以大规模核酸测序为基础的基因组学方法。该法主要通过高通量测序技术进行纯噬菌体的全基因组测序和环境基因组测序等，从基因组学的角度上全面分析噬菌体。全基因组测序比以 PCR 为基础的上述实验更为精准和直观，而环境基因组测序则打破了噬菌体分析的环境限制因素，能够直接地了解噬菌体群落组成。②以 PCR 为核心的定性检测方法。这种方法首先需要浓缩水样中的噬菌体，提取 DNA，扩增目的片段，再结合脉冲场凝胶电泳（PFGE）、变性梯度凝胶电泳（DGGE）、随机扩增多态性 DNA（RAPD）及 RFLP，对噬菌体进行检测。

（四）鉴定海洋噬菌体的蛋白质组学技术

蛋白质组学分析已被广泛应用于噬菌体的鉴定中。利用蛋白质组学对噬菌体所含蛋白质进行分离、鉴定一般分为两步，第一步是从环境样品中分离蛋白质，第二步是鉴定被分离的蛋白质。常用的技术有质谱技术、双向凝胶电泳、酵母双杂交、噬菌体展示、蛋白质芯片、蛋白质复合物纯化、表面等离子共振技术等。其中质谱技术和双向凝胶电泳是两个最基本的技术。利用 SDS-PAGE 方法可以初步了解噬菌体的蛋白质组成及大小，但并不清楚每种蛋白质的功能。目前蛋白质组学研究出现了新的趋势，即在功能基因组的水平上研究蛋白质组。由于蛋白质组是功能基因组的产物，二者关系密切，随着高通量测序及蛋白质组学技术的不断发展，对功能基因组学的充分研究是对蛋白质组学研究的深入，这为认识噬菌体遗传信息和蛋白质结构及功能提供了一个新的平台。将蛋白质组学运用到噬菌体领域，出现了噬菌体蛋白质组学。其主要的研究内容是利用蛋白质组学技术对噬菌体及宿主蛋白质进行高通量分析。噬菌体蛋白质组学将成为主流的研究方向，对噬菌体蛋白质的分析可以全面具体地了解噬菌体的蛋白质组成与结构，并揭示噬菌体与宿主蛋白质间的相互作用。

三、海洋噬菌体感染机制及生存对策

海洋噬菌体与宿主菌表现出多样化的生存对策，其中最典型的是裂解性感染。Moebus 和 Nattkemper（1981）发现在大西洋海域分离到的病毒中，烈性噬菌体占 65%左右。溶原性噬菌体或称温和噬菌体，在贫营养的环境中更具优势，在逆境海域中溶原性的生存方式也占主导地位。溶原性噬菌体呈现出远海多、近岸少的分布特点。Weinbauer（2004）认为海洋生态系统中假溶原性的广泛存在，使噬菌体的核酸以类似质粒的形式存在于宿主菌中。Ripp 和 Miller（1997）认为，假溶原性是在宿主菌处于饥饿胁迫下，噬菌体缺少足够的条件来启动基因表达的状态，是和宿主共存的一个特殊的不稳定的阶段。Moebus（1996）则认为假溶原性是宿主菌表现免疫性状态的一个暂时阶段，直至诱导因子的出现，才进行子代噬菌体的释放。Wommack 和 Colwel（2000）认为假溶原性是海洋噬菌体对所处微环境发生变化时迅速应对的一种生存措施。

四、海洋噬菌体与宿主共进化

海洋噬菌体与细菌之间进行着大量的遗传物质传递。当子代噬菌体在宿主菌细胞内进行复制、装配时，如果错误地将宿主菌的基因组装，随着下一轮的感染，这部分错误装配的遗传物质可能会转移到其他宿主菌细胞内，实现水平基因转移，为海洋细菌适应不同的环境和面对新的自然选择压力提供了机会（Dutta and Pan，2002）。研究者通过构建模型或应用分子生物学方法对海洋生态系统中噬菌体所介导的水平基因转移频率进行预测，通过数学模型预测到美国坦帕湾河口平均每年的水平基因转移频率高达 $1.3×10^{14}$ 次（Jiang and Paul，1998）。海洋噬菌体介导的水平基因转移受多种因素的影响，首先，与宿主菌的生活状态有关，当供体细菌处于非溶原性状态而受体菌为溶原性状态时，水平基因转移频率较高。其次，与宿主特异性有关，宿主范围较广的噬菌体对环境中水平基因转移具有大的作用。最后，水平基因转移与温度也有关系，如嗜温菌和嗜热菌之间是无法进行水平基因转移的。

宿主菌为了避免由噬菌体感染导致的大量死亡，也相应进化出一系列抗感染机制，包括抑制吸附、阻挠噬菌体 DNA 注入、限制/修饰系统、流产性感染、CRISPR 体系。

五、海洋噬菌体应用

（一）噬菌体调控海洋微生物群落多样性

噬菌体对海洋生态系统起到至关重要的作用，是一个重要的调节者，对微生物群落多样性具有重要的调控作用，主要通过 4 种方式调节微生物种群结构，包括"消灭优胜者"（kill the winner）、噬菌体感染、微生物对噬菌体的抗性突变及水平基因转移。

"消灭优胜者"假说假定噬菌体吸附并侵染宿主菌是一个随机发生的过程，因此感染概率高低取决于宿主细菌的密度。当宿主菌数量较少时，与噬菌体接触的频率也降低，因而很少被噬菌体感染。而数量较高的优势菌群，有更大的概率与噬菌体吸附并被感染（Thingstad and Lignell，1997），此时噬菌体大量繁殖，导致优势菌群的骤减，从而为弱势菌群提供营养物质和生存空间，起到维持微生物菌群多样性和稳定性的作用。Zhang 等（2007）研究噬菌体对我国香港近海环境中细菌种群的影响时发现，与未添加噬菌体的对照组相比，处理组虽然细菌种群的丰度在噬菌体感染下有所减少，但其多样性得到明显提高，表明噬菌体对保持细菌种群多样性具有重要的调控作用。

噬菌体感染是指噬菌体必须依赖宿主菌来获得所需的物质和能量。为此噬菌体进化出多种生存对策来持续性地利用宿主菌，其中最典型的是裂解性感染的方式。当噬菌体在侵入宿主菌细胞后，在短时间内快速利用宿主的酶体系大量增殖并裂解宿主细胞释放子代噬菌体。噬菌体抗性细菌指宿主菌为了避免由噬菌体感染造成大量死亡，进化出一系列有效的可遗传的抗感染机制。例如，在蓝细菌中的聚球藻中，当宿主菌数量较高时，噬菌体也急剧升高，但发现仍然有抗性菌群的存在，说明聚球藻类群中包含噬菌体不能裂解的类群（汪岷和王芳，2009）。因为有抗性菌株突变的可能，即使在噬菌体丰度很高时，高丰度的优势细菌也不一定会全部被杀灭（徐永乐，2013）。抗性菌群与野生菌群共同存在的现象促使微生物群落的多样性丰富。宿主菌在抵抗噬菌体感染的同时，也有效地控制了噬菌体的种类和数量。

宿主菌基因的水平转移。在海洋微生物菌群中，转导（transduction）是细菌基因转移的一种重要方式。转移的基因与受体细胞中的基因进行重新整合，进而产生新基因，为海洋细菌适应不同的环境和面对新的自然选择压力提供了可能。

（二）噬菌体调节水环境中有机碳循环

水环境中碳循环起着非常重要的作用，它支配着系统中其他物质的循环。研究发现，水环境的碳循环中除物理泵、化学平衡外，生物泵也是一个重要的部分，而噬菌体在生物泵中的重要作用也越来越被重视。海洋是地球上最大的碳库，海洋中的有机碳主要以溶解有机碳（dissolved organic carbon，DOC）的形式存在，约占总有机碳的 95%。海洋中的噬菌体调节了微生物群落结构、多样性、死亡率，影响"微食物环"（microbial food loop）的过程，参与碳、氮等元素的循环。海洋噬菌体通过"微食物环"介导了物质循环和能量流动。细菌利用噬菌体裂解所释放出的可溶解有机物质再次循环，产生新的物质和能量，进而影响了海洋生态环境中的碳循环、氮循环。海洋噬菌体促使微食物环更加复杂。据研究，海洋生态系统中约 1/4 的有机碳的流通主要通过噬菌体调节微食物环（Fuhrman，1999）。

（三）噬菌体控制水产养殖中的致病细菌

高密度的水产养殖模式导致严重的水产动物细菌性病害，已严重制约水产养殖业的快速稳定发展。抗生素的过度滥用导致药物残留及大量耐药菌株出现。噬菌体作为一种新型抗生素替代方式而用于水产致病菌的防控，引起了人们的广泛关注，目前在水产养殖业、废水处理、食品加工等多领域都证明了噬菌体应用的可行性与有效性。

噬菌体是一种天然抗菌病毒，相比抗生素具有许多优势。首先，被噬菌体感染的致病菌不能再恢复活性，相比之下，抗生素处理的细菌则有可能进化成耐药菌。其次，噬菌体在裂解宿主菌的过程中在宿主菌体内会有显著的繁殖，由于噬菌体是由核酸与蛋白质组成的，这些成分本质上是无毒的。另外，噬菌体对宿主具有高度特异性，只能特异性地感染一些细菌，对于体内的健康菌群影响较小，而抗生素一般具有更广泛的作用。噬菌体诱发耐药性病原菌的可能性较小，因为宿主菌的特异性限制了特定的噬菌体抗性病原菌出现的数目，与抗生素没有交叉抗药性，由于二者的抗菌机制完全不同，对于那些多重耐药菌，噬菌体依然能发挥显著的治疗效果，如利用噬菌体对于金黄色葡萄球菌的防治。另外，噬菌体容易被分离，在自然环境中大量存在，一般在其宿主菌生长的地方就可以分离出相应的噬菌体。最后，噬菌体的使用剂量低，噬菌体可以在宿主菌体内进行原位增殖，所以低剂量的噬菌体就能达到防治效果。同时低剂量应用噬菌体可以提高使用的安全性，因为只有在裂解宿主菌时才会大量分裂否则便不在体内增殖。噬菌体是天然抗菌剂，不会对自然环境造成额外的负担。噬菌体成本较低，制备的成本主要包括宿主内的生长成本和纯化成本，这取决于宿主细菌的种类，而噬菌体纯化成本随着科技的发展逐步降低。由于噬菌体分离成本低，安全性高，易于推广应用，可替代水产养殖中的抗生素，具有广阔的应用前景。

目前噬菌体在水产养殖业中已得到了一定的应用，主要用于防治副溶血弧菌（*Vibrio parahaemolyticus*）、哈维弧菌（*Vibrio harveyi*）、格氏乳球菌（*Lactococcus garvieae*）、变形假单胞菌（*Pseudomonas plecoglossicida*）等水产致病菌。目前已鉴定出多株裂解副溶血弧菌的噬菌体，研究表明，同时使用两种或多种噬菌体混合物比单一噬菌体对宿主的裂解效率更好。研究表明，噬菌体可以有效地抑制哈维弧菌的生长。另外，用从哈维弧菌中分离到的噬菌体，治疗感染的鲍贝类，能显著提高鲍贝类的成活率，表明噬菌体能有效防止水产养殖中弧菌的感染，可以作为一种新的抗菌策略替代抗生素应用于水产养殖业。格氏乳球菌是一种易感染黄尾鲕鱼、虹鳟鱼的革兰氏阳性菌，普遍存在于养殖水体及鱼体内。目前已筛选出多株格氏乳球菌的特异裂解性噬菌体，研究其对病鱼的治疗效果发现，特异裂解性格氏乳球菌的噬菌体可以有效地杀灭宿主菌，抑制其增殖，从而达到保护水产养殖动物的目的。

（四）噬菌体在污水处理中的应用

污水系统中存在大量的微生物。利用传统的物理、化学方法防控污水中的微生物，价格昂贵且效果并不理想。噬菌体作为天然的细菌天敌，有许多优势，利用噬菌体技术处理污水是一种有效的途径。噬菌体在污水处理系统中的应用主要体现在以下方面。

1. 作为污水中的细菌指示菌

污水中含有大量危害人类、动物健康的致病菌，包括金黄色葡萄球菌、霍乱弧菌、沙门菌等。快速检测和鉴定污水中的致病菌具有至关重要的作用。由于噬菌体具有感染宿主的特异性或专一性、裂解宿主菌的快速和高效性等特点，其成为检测致病菌的理想方法。Hilton 和 Stotzky 等（1973）首先提出利用大肠杆菌的噬菌体作为水污染检测指标的可行性。研究者也尝试利用其他致病菌的噬菌体作为指示剂来检测污水（Fan et al.，2012）。这些方法有助于预测污水中的细菌污染程度，进而确定相应的处理方法。

2. 治理污水处理中的致病菌

噬菌体在污水和污泥中大量存在，其利用它们的宿主菌作为营养来源。因此获得去除病原菌的噬菌体一般也从污水和污泥中进行分离。在水污染控制中利用噬菌体代替其他方法除去水中的病原体，是预防水传播传染病的一种有效手段。利用噬菌体治理污泥中的病原菌，可以达到长期有效的控制，减少污泥中病原菌的危害。噬菌体在控制病原体时不会破坏正常菌群，对耐抗生素的细菌同样有效，并且具有较低的毒性。利用噬菌体来处理污水中的微生物，与现存的其他方法相比，是一种环境友好型的技术。

3. 利用噬菌体防控污水系统中的生物膜

噬菌体可以应用于抑制或破坏固体表面的细菌生物膜。生物膜有较强的耐受性，利用传统的化学或物理方法处理会对设备造成巨大损伤。而利用噬菌体技术进行处理显示出了很大的优势。20 世纪 90 年代已开始利用噬菌体清除铜绿假单胞菌或大肠杆菌的生物膜。Goldman 等（2009）率先使用噬菌体来控制超滤膜上的微生物，在超滤膜上单独或联合接种了铜绿假单胞菌、无烟杆菌和枯草芽孢杆菌共三种细菌，添加了相应的特异性溶菌噬菌体。研究发现，抑制含有铜绿假单胞菌和大肠杆菌的混种生物膜的形成可利用 T7 噬菌体（Pei and Lamas-Samanamud，2014）。目前已经分离出了铜绿假单胞菌噬菌体并显示出具有较好的对生物膜的清除效果（Bagheri and Mirbagheri，2018）。结果表明，噬菌体可以使膜元件表面的微生物附着率减低 40%～60%，证实了当多个细菌污染同时存在时，结合几种噬菌体可有效防止生物膜的形成。噬菌体作为辅助的抗污染方式，有可能成为一种环境友好的方式以缓解超滤膜使用过程中的生物膜污染（Ma et al.，2018）。

第三节　噬菌体酶资源及其应用

一、噬菌体裂解酶及特性

（一）噬菌体裂解酶

噬菌体裂解酶本质上是一类肽聚糖水解酶，是噬菌体在侵染宿主菌晚期所表达的一类酶，通过水解宿主菌细胞壁肽聚糖，达到裂解宿主菌的目的，然后释放出子代噬菌体，进一步感染其他宿主菌。噬菌体为了释放在宿主菌体内复制产生的子代噬菌体，长期进化出了高效的裂解酶系统。通常携带的核酸物质为单链 RNA 和单链 DNA，这些小分子噬菌体通过编码噬菌体相关蛋白作用于肽聚糖合成酶来干扰宿主菌细胞壁的生物合成，而携带双链 DNA 的这些大分子噬菌体则进化出更高效的裂解酶系统，破坏宿主细胞壁并进行裂解。

（二）裂解酶的结构

噬菌体裂解酶通常具有"双结构域"（图 14-3），N 端具有催化结构域（catalytic

domain，CD），特异地切断肽聚糖中的化学键。C 端具有细胞壁结合结构域（cell wall binding domain，CBD），可以识别和结合宿主细胞壁上的特异底物（Gerstmans et al.，2018）。也有一些特殊的噬菌体裂解酶含有多个不同的催化结构域和 1 个结合结构域，如分枝杆菌噬菌体裂解酶。通常噬菌体针对革兰氏阳性菌和革兰氏阴性菌的裂解酶结构是有一定差异的，如金黄色葡萄球菌噬菌体裂解酶 Hyd H5 拥有 2 个催化结构域，却不含结合结构域（Rodriguez et al.，2011）。也有少数革兰氏阴性菌噬菌体裂解酶的 N 端为结合结构域，C 端为催化结构域。革兰氏阳性菌裂解酶的催化域赋予酶的催化功能，但也有一些裂解酶的结合域能将蛋白质靶向其底物，当细胞被裂解后仍保持其紧密结合到细胞壁碎片上，进而阻止扩散并破坏周围尚未被感染的完整宿主细胞（Cheng et al.，1994）。相比革兰氏阴性菌通过外膜可以阻止裂解酶进入肽聚糖层，来自感染革兰氏阴性宿主噬菌体的裂解酶主要是分子量为 15～20kDa 的单域球状小蛋白，通常没有特定的结合域（Briers et al.，2007）。与革兰氏阳性菌的裂解酶相比，这类裂解酶可能会更好地发挥酶的催化作用，这类酶一旦结合到一个位点便具有比较低的释放率（Schmelcher et al.，2010）。多数噬菌体具有 3 种编码细胞壁水解酶即溶菌酶、酰胺酶和内肽酶的基因。由于裂解酶的作用位点是宿主细胞壁上的肽聚糖苷键，在细菌与噬菌体长期进化中，细菌很难对裂解酶产生抗性（Fischetti，2010）。

催化结构域（CD）　　　　　　结合结构域（CBD）

N　　　　　　　　　　　　　　　　　C

连接肽段

图 14-3　噬菌体裂解酶结构示意图

（三）裂解酶的安全性

裂解酶具有较强的特异性及较广的裂解谱。在宿主特异性上优于抗生素，在裂解谱范围上比噬菌体相对扩大了。抗生素在杀死病原菌的同时也杀死了部分正常菌群，而裂解酶可以特异性地裂解一些耐药菌株但对生物体内正常菌群没有明显影响。首先，裂解酶的宿主裂解谱可以超出噬菌体本身的裂解谱而更具应用潜力。其次，裂解酶不易产生宿主细菌的抗性。噬菌体与细菌共同进化过程中，为了裂解宿主释放子代，裂解酶的结合结构域经演化后能够特异性识别宿主细菌并将其裂解或杀死，使细菌不易对其产生抗性。最后，裂解酶的裂解作用高效且快速。Loeffler 等（2003）发现通过静脉注射将肺炎链球菌进行小鼠体内攻毒 1h 后，与对照组相比裂解酶在体内发挥了高效的杀菌作用。另外，裂解酶在体外与宿主细菌接触的瞬间迅速破裂细菌细胞壁，致使宿主细菌浊度迅速下降（Shi et al.，2012）。

裂解酶具有高度特异性是其最有潜力的应用特性之一。从安全角度来看，特别是在食品安全和医疗应用中，裂解酶特异性地破坏宿主菌而不影响其共生菌群，这一特性赋予裂解酶比许多常用的抗生素或化学防腐剂更有应用前景。关于裂解酶疗法的一个担忧是在裂解酶应用过程中可能会产生中和抗体，这会阻碍裂解酶的后续使用。噬菌体裂解酶本质是蛋白质，当在黏膜使用或者全身应用时可以引起机体发生免疫反应，产生抗体。这些抗体可能与裂解酶的活性产生中和作用。已有研究显示，特异性裂解金黄色葡萄球菌、炭疽杆菌、化脓性链球菌和肺炎链球菌的裂解酶的兔源高免血清被制作出来以用来验证上述观点。研究结果显示，兔源高免血清都会产生针对相应裂解酶的抗体，但是在体外试验中这些抗体不会阻碍裂解酶活性的正常发挥（Loeffler et al.，2003；Pastagia et al.，2011）。Isabel 等（2003）进行的体内实验结果表明，在应用 Cpl-1 和 Pal 治疗过程中，可以促使小鼠产生针对裂解酶的抗体，但是当再次使用时并不会影响小鼠的正常恢复能力或产生其他副作用。目前的研究表明，裂解酶可以使机体产生抗体，但所产生的抗体不是中和抗体，裂解酶可以在体内被重复使用。

二、噬菌体裂解酶的释放及制备

（一）裂解酶天然透过宿主菌外膜

　　一些噬菌体裂解酶能够天然透过宿主菌的外膜进入细胞内。例如，研究发现，重组表达的革兰氏阳性菌淀粉芽孢杆菌噬菌体的裂解酶 Lys1521 能裂解大肠杆菌，表明 Lys1521 能够穿越大肠杆菌外膜。当把纯化的 Lys1521 以 40μg/ml 加入大肠杆菌和铜绿假单胞菌中，10min 后分别减少 98.75%、99.78%，这一结果表明 Lys1521 裂解酶能通过宿主菌的外膜（Morita et al.，2001；Orito et al.，2004）。另外，沙门菌温和噬菌体 SPN9CC 编码的裂解酶，对革兰氏阴性菌有较强的抗菌活性，当浓度较高时（300μg/ml），可降低大肠杆菌的数量。研究表明，该裂解酶的 N 端含有跨膜结构域，在菌外裂解细菌的特性促使 SPN9CC 成为一种治疗阴性菌感染的潜在药物（Lim et al.，2014）。鲍曼不动杆菌噬菌体 φAB2 的裂解酶 LysAB2 可以同时对革兰氏阴性菌和阳性菌起作用，如对枯草芽孢杆菌、链球菌、大肠杆菌、金黄色葡萄球菌等。对裂解酶 LysAB2 进行分段表达研究，发现其 C 端的螺旋亲水脂性部分是抗菌活性部分（Lai et al.，2011）。

（二）利用物理、化学方法促进裂解酶透过阴性菌外膜

　　高静水压力是一种成本高昂、可替代高温巴氏灭菌的食品保存技术。研究发现，高静水压力使革兰氏阴性菌对多细菌素敏感。当绿色荧光蛋白（GFP）与铜绿假单胞菌混合时，利用高静水压力技术发现绿色荧光蛋白能与肽聚糖层结合，表明在高静水压力作用下增加了外膜的渗透性。优化高静水压力条件后，发现加入裂解酶 K114、EL188 后可以在较低的压力下产生较强的抗菌效果，这一结果表明高静水压力能帮助裂解酶透过革兰氏阴性菌的细胞外膜。研究表明乙二胺四乙酸（EDTA）、苹果酸、柠檬酸等化学试剂能够协同增强裂解酶穿透细胞壁外膜。多数裂解酶在低 pH 下无活性，而沙门菌的噬菌体裂解酶 Lys68 能在 pH 为 4.0~10.0 时保持其正常的蛋白质结构和酶活性。

　　裂解酶具有高度特异性、较强杀菌活性、不易破坏正常菌群等优点，使其有潜力成为理想的新型抗菌剂。但如果采用常规的制备方法，存在工序复杂且操作条件难以控制等问题，导致成本过高，不适宜大规模推广，近年来多采用基因重组技术，通过体外表达外源裂解酶来高效制备，具有成本低、纯度高的特点。随着分子克隆技术和合成生物学的快速发展，裂解酶在大肠杆菌、乳酸菌、分枝杆菌等宿主菌中已成功克隆表达。

　　目前，噬菌体裂解酶应用于阳性菌表现出良好潜力。革兰氏阴性菌存在外膜结构，目前裂解酶在阴性菌上的应用还受到一定的制约。但随着分子生物学、合成生物学、蛋

白质组学的发展，利用基因工程，人工合成裂解酶突破外膜屏障裂解阴性菌将会得到进一步的发展。

三、噬菌体裂解酶的应用

噬菌体裂解酶作为抗菌制剂应用通常要具有以下特点：高度保守的种属特异性，不会伤害机体正常细胞，也不干扰正常的菌群；高效、快速的杀菌机制，可在短时间内裂解宿主细菌；不易刺激细菌产生抗性。由于噬菌体裂解酶表现出高效杀菌效果、宿主特异性和安全性，未来具有广阔的应用前景。

（一）裂解酶在医学方面的应用

自从发现了噬菌体裂解酶具有裂解细菌细胞的现象，裂解酶就成为治疗人和动物细菌性感染的候选治疗药物。随着抗生素面临细菌多重耐药性问题不断加重，研究人员又开始将焦点放在这些裂解酶上，并开始将这些酶开发为传统药物的辅助品或替代品用于医学，如 Shen 等（2016）首次报道天然的裂解酶可以穿过细胞膜清除细胞内的链球菌。研究结果表明，PlyC 裂解酶可以特异性地穿过感染链球菌的咽细胞并裂解胞内链球菌但对咽细胞无损害作用。另外，体内动物实验结果显示，裂解酶能治疗感染的小鼠，提高其生存率，降低病死率，并且对小鼠本身无毒副作用（Rashel et al.，2007）。因此裂解酶有望作为未来治疗细菌性病原菌的抗菌剂。

（二）裂解酶在食品安全中的应用

多项研究表明，噬菌体裂解酶及其他噬菌体相关的水解酶在对食品相关病原的控制和检测方面都具有很大的应用潜力。目前主要应用的是加入纯化的裂解酶作为食品中的生物防腐剂。首先，噬菌体裂解酶可在液体食物中起抗菌功效。例如，Obeso 等（2008）发现，葡萄球菌噬菌体裂解酶 LysH5 在 4h 内可以将巴氏消毒牛奶中的金黄色葡萄球菌数量降至检测水平以下，并可以与细菌素乳酸链球菌素协同起作用（García et al.，2010）。链球菌裂解酶 Ply700、B30、金黄色葡萄球菌与链球菌的嵌合裂解酶 λSA2E-Lyso-SH3b 和 SA2E-LysK-SH3b 等在牛奶及其他奶制品中显示出很强的抑菌活性。另外，研究发现，三种李斯特菌噬菌体裂解酶具有高耐热性。这些热稳定酶可用于需要热处理的食品中（Kim et al.，2004）。其次，噬菌体裂解酶也可在固体食物表面保持抗菌功效。将水果浸泡在表达欧文氏菌噬菌体裂解酶的大肠杆菌的裂解液中，欧文氏菌的增殖受到明显的抑制（Gaeng et al.，2000）。另一种利用噬菌体裂解酶控制食源性病原菌的策略是使用可以在发酵过程中表达和分泌裂解酶的乳酸乳球菌来控制病原菌。尽管在裂解酶食品中的应用尚未得到证实，但已经有报道称来自李斯特菌和梭菌的噬菌体及葡萄球菌裂解酶在检测食品添加剂方面取得了重大进展。

研究发现，可使用高亲和力的细胞壁结合结构域（CBD）作为标准检测方法的替代品（Melinda et al.，2010；Stentz et al.，2010）。由于裂解酶 C 端具有与宿主菌肽聚糖结合的结构域，并对宿主菌具有高度的特异性和亲和力，因此可以利用该特性来特异性检测食品中相应的病原菌。例如，Schmelcher 等（2010）把李斯特菌噬菌体裂解酶 C 端的结合域与绿色荧光蛋白（GFP）标签组成融合蛋白，发现该融合蛋白能够将绿色荧光蛋白定位于待测宿主菌细胞壁上，可特异性标记混合物中的李斯特菌属，并且该检测方法简便、快速。

（三）裂解酶在其他方面的应用

噬菌体裂解酶被广泛应用于细菌生物被膜的清除中。据统计，人类的细菌性感染约有 80% 与生物膜相关（Nelson et al., 2012），生物膜同时也影响食品生产和加工及其他相关行业。近年来，多项研究结果表明，噬菌体裂解酶可以有效清除生物膜。Domenech 等（2011）发现联合应用 Cpl-1 和 LytA 可以破坏肺炎链球菌、口腔链球菌和链球菌形成的生物膜。Meng 等（2011）发现单独使用 Ly SMP 及与抗生素联合使用都可以破坏猪链球菌的生物被膜。

噬菌体裂解酶也应用于革兰氏阳性细菌核酸和蛋白质的提取方面（Loessner et al., 1995）。Panthel 等（2003）研究显示，噬菌体裂解酶还可以使细菌形成菌影，作为疫苗使用。Hu 等（2010）利用噬菌体裂解酶的结合区在乳酸乳球菌表面展示表达异源蛋白质，研制活菌疫苗。

裂解酶在农业方面，通过转基因植物进行表达，从而防止植物病原细菌的感染。Düring 等（1993）将 T4 裂解酶转入马铃薯中，使马铃薯具有了抗软腐欧文氏菌的能力。裂解酶可以在转基因植物中积累，当细菌破坏植物细胞时，裂解酶可以裂解接触到的病原菌，从而起到防止进一步感染的作用。Oey 等（2009）在烟草叶绿体中高表达了肺炎链球菌噬菌体裂解酶 Cpl-1、Pal 和 B 型链球菌噬菌体裂解酶 PlyGBS。

噬菌体相关的裂解酶可以应用于动物养殖业来预防和治疗细菌性疾病，进而降低病原菌进一步传播的风险。引起奶牛乳腺炎最主要的病原菌是金黄色葡萄球菌，研究表明，将能够溶解金黄色葡萄球菌的酶和嵌合裂解酶 λSA2E-LysK-SH3b 协同应用后，在体外及患有乳腺炎的小鼠模型体内都能有效地裂解金黄色葡萄球菌（Schmelcher et al., 2012）。从这些研究结果可以看出，裂解酶对奶牛乳腺炎的预防和治疗效果明显优于噬菌体、抗生素，因此具有更大的应用潜力。

四、裂解酶应用前景及展望

在细菌耐药性问题日益严重的今天，噬菌体裂解酶作为一种新型高效抗菌剂具有巨大研究价值。关于噬菌体裂解酶新发现、体外重组，以及在医疗、食品、农业等方面的应用研究也越来越多。目前已有大量噬菌体被分离、鉴定，加上基因克隆、异源蛋白质表达、生物合成等技术相对成熟，为研究裂解酶体外克隆重组、构建嵌合裂解酶等奠定了基础。体外表达可以获得浓度高、纯度大的噬菌体裂解酶，促使裂解酶作为一种新型抗菌剂，其研究与应用具有较大优势。然而目前关于裂解酶的开发及应用仍具有一定局限性，存在研发成本高、抗菌谱较窄等问题。噬菌体在自然界广泛存在，容易获取，是一个具有裂解活性结构域的储存库，这可以为病原菌的检测和控制提供强有力的工具。未来将通过建立简便快捷的纯化裂解酶的技术、改变或调换其结合区域等来构建嵌合裂解酶以拓宽其抗菌谱、增强其抗菌活性。另外，植物和酵母表达系统同样可以为裂解酶的生产降低大量的成本。

参 考 文 献

汪岷，王芳. 2009. 浮游病毒遗传多样性的研究进展. 中国海洋大学学报（自然科学版），6：1224-1232.

徐永乐. 2013. 一株海洋噬菌体与一株分离于病毒浓缩液的海洋细菌的分离与鉴定. 厦门大学硕士学位论文.

张永雨. 2009. 两株海洋玫瑰杆菌与其噬菌体之间相互关系的研究. 厦门大学博士学位论文.

Bagheri M，Mirbagheri S A. 2018. Critical review of fouling mitigation strategies in membrane bioreactors treating water and wastewater. Bioresource Technology，258：318-334.

Balcao V M，Moreira A R，Moutinho C G，et al. 2013. Structural and functional stabilization of phage particles in carbohydrate matrices for bacterial biosensing. Enzyme and Microbial Technology，53（1）：55-69.

Bazan J，Calkosinski I，Gamian A. 2012. Phage display—a powerful technique for immunotherapy：1. Introduction and potential of therapeutic applications. Human Vaccines Immunotherape，8（12）：1817-1828.

Benchetrit L C，Gray E D，Wannamaker L W. 1977. Hyaluronidase activity of bacteriophages of group A streptococci. Infection and Immunity，15（2）：527-532.

Bondy-Denomy J，Pawluk A，Maxwell K L，et al. 2013. Bacteriophage genes that inactivate the CRISPR/Cas bacterial immune system. Nature，493（7432）：429-432.

Briers Y，Volckaert G，Cornelissen A，et al. 2007. Muralytic activity and modular structure of the endolysins of *Pseudomonas aeruginosa*，bacteriophages φKZ and EL. Molecular Microbiology，65（5）：1334-1344.

Brown M R，Camezuli S，Davenport R J，et al. 2015. Flow cytometric quantification of viruses in activated sludge. Water Research，68：414-422.

Cheng X，Zhang X，Pflugrath J W，et al. 1994. The structure of bacteriophage T7 lysozyme，a zinc amidase and an inhibitor of T7 RNA polymerase. Proceedings of the National Academy of Sciences of the United States of America，91（9）：4034-4038.

Domenech M，Garcia E，Moscoso M. 2011. *In vitro* destruction of *Streptococcus pneumoniae* biofilms with bacterial and phage peptidoglycan hydrolases. Antimicrobial Agents and Chemotherapy，55（9）：4144-4148.

Drozdz M，Piekarowicz A，Bujnicki J M，et al. 2012. Novel non-specific DNA adenine methyltransferases. Nucleic Acids Research，40（5）：2119-2130.

Düring K，Porsch P，Fladung M，et al. 1993. Transgenic potato plants resistant to the phytopathogenic bacterium *E. carotovora*. The Plant Journal，3：587-598.

Dutta C，Pan A. 2002. Horizontal gene transfer and bacterial diversity. Journal of Biosciences，27：27-33.

Erez Z，Steinberger-Levy I，Shamir M，et al. 2017. Communication between viruses guides lysis-lysogeny decisions. Nature，541（7638）：488-493.

Fan H，Mi Z，Fan J，et al. 2012. A fast method for large-scale isolation of phages from hospital sewage using clinical drug-resistant *Escherichia coli*. African Journal of Biotechnology，11（22）：6143-6148.

Fischetti V A. 2010. Bacteriophage endolysins：A novel anti-infective to control Gram-positive pathogens. International Journal of Medical Microbiology，300（6）：357-362.

Fuhrman J A. 1999. Marine viruses and their biogeochemical and ecological effects. Nature，399：541-548.

Gaeng S，Scherer S，Neve H，et al. 2000. Gene cloning and expression and secretion of *Listeria monocytogenes* bacteriophage-lytic enzymes in *Lactococcus lactis*. Applied and Environmental Microbiology，66（7）：2951-2958.

García P，Martínez B，Rodríguez L，et al. 2010. Synergy between the phage endolysin LysH5 and nisin to kill *Staphylococcus aureus* in pasteurized milk. International Journal of Food Microbiology，141（3）：151-155.

Gerstmans H，Criel B，Briers Y. 2018. Synthetic biology of modular endolysins. Biotechnology Advances，36（3）：624-640.

Goldman G，Starosvetsky J，Armon R. 2009. Inhibition of biofilm formation on UF membrane by use of specific bacteriophages. Journal of Membrane Science，342（1-2）：145-152.

Haaber J，Rousseau G M，Hammer K，et al. 2009. Identification and characterization of the phage gene *sav*，involved in sensitivity to the lactococcal abortive infection mechanism AbiV. Applied and Environmental Microbiology，75（8）：2484-2494.

Hinton D M. 2010. Transcriptional control in the prereplicative phase of T4 development. Virology Journal，7（1）：289.

Hilton M C，Stotzky G. 1973. Use of coliphages as indicators of water pollution. Canadian Journal of Microbiology，19（6）：747-751.

Hu B，Margolin W，Molineux I J，et al. 2013. The bacteriophage T7 virion undergoes extensive structural remodeling during infection. Science，339：576-579.

Hu S，Kong J，Kong W T，et al. 2010. Characterization of a novel LysM domain from *Lactobacillus fermentum* bacteriophage endolysin and its use as an anchor to display heterologous proteins on the surfaces of lactic acid bacteria. Applied and Environmental Microbiology，76（8）：2410-2418.

Isabel J，Rubens L，Ernesto G，et al. 2003. Phage lytic enzymes as therapy for antibiotic-resistant *Streptococcus pneumoniae* infection in a murine sepsis model. Journal of Antimicrobial Chemotherapy，52（6）：967-973.

Janis D, Kayla C, Delilah H, et al. 2017. A review of phage therapy against bacterial pathogens of aquatic and terrestrial organisms. Viruses, 9（3）：50.

Jiang S, Fu W, Chu W, et al. 2003. The vertical distribution and diversity of marine bacteriophage at a station off Southern California. Microbial Ecology, 45（4）：399-410.

Jiang S C, Paul J H. 1998. Gene transfer by transduction in the marine environment. Applied and Environmental Microbiology, 64：2780-2787.

Jore M M, Brouns S J, Van Der, et al. 2012. RNA in defense: CRISPRs protect prokaryotes against mobile genetic elements. Cold Spring Harbor Perspectives in Biology, 4（6）：1-12.

Kim W S, Salm H, Geider K. 2004. Expression of bacteriophage phiEa1h lysozyme in *Escherichia coli* and its activity in growth inhibition of *Erwinia amylovora*. Microbiology, 150（8）：2707-2714.

Krumpe L R, Mori T. 2014. T7 lytic phage-displayed peptide libraries: construction and diversity characterization. Methods in Molecular Biology, 1088：51-66.

Lai M J, Lin N T, Hu A, et al. 2011. Antibacterial activity of *Acinetobacter baumannii* phage varphiAB2 endolysin（LysAB2）against both Gram-positive and Gram-negative bacteria. Applied Microbiology and Biotechnology, 90（2）：529-539.

Latka A, Maciejewska B, Majkowska-Skrobek G, et al. 2017. Bacteriophage-encoded virion-associated enzymes to overcome the carbohydrate barriers during the infection process. Applied Microbiology and Biotechnology, 101（8）：3103-3119.

Lim J A, Shin H, Heu S, et al. 2014. Exogenous lytic activity of SPN9CC endolysin against Gram-negative bacteria. Journal of Microbiology and Biotechnology, 24（6）：803-811.

Loeffler J M, Djurkovic S, Fischetti V A. 2003. Phage lytic enzyme Cpl-1 as a novel antimicrobial for pneumococcal bacteremia. Infection and Immunity, 71（11）：6199-6204.

Loessner M J, Schneider A, Scherer S. 1995. A new procedure for efficient recovery of DNA, RNA, and proteins from *Listeria* cells by rapid lysis with a recombinant bacteriophage endolysin. Applied and Environmental Microbiology, 61（3）：1150-1152.

Ma W, Panecka M, Tufenkji N, et al. 2018. Bacteriophage-based strategies for biofouling control in ultrafiltration: *in situ* biofouling mitigation, biocidal additives and biofilm cleanser. Journal of Colloid and Interface Science, 523：254-265.

Melinda J, Payne J, Michael J, et al. 2010. Genomic sequence and characterization of the virulent bacteriophage φCTP1 from *Clostridium tyrobutyricum* and heterologous expression of its endolysin. Applied and Environmental Microbiology, 76（16）：5415-5422.

Melo L D, Sillankorva S, Ackermann H W, et al. 2014. Characterization of *Staphylococcus epidermidis* phage vB_SepS_SEP9-a unique member of the Siphoviridae family. Research in Microbiology, 165（8）：679-685.

Meng X, Shi Y, Ji W, et al. 2011. Application of a bacteriophage lysin to disrupt biofilms formed by the animal pathogen *Streptococcus suis*. Applied and Environmental Microbiology, 77（23）：8272-8279.

Meyer J R, Dobias D, Weitz J S, et al. 2012. Repeatability and contingency in the evolution of a key innovation in phage lambda. Science, 335（6067）：428-432.

Moebus K, Nattkemper H. 1981. Bacteriophage sensitivity patterns among bacteria isolated from marine waters. Helgoland Marine Research, 34：375-385.

Moebus K. 1980. A method for the detection of bacteriophages from ocean water. Helgoländer Meeresunters, 1（34）：1-14.

Moebus K. 1996. Marine bacteriophage reproduction under nutrient-limited growth of host bacteria. I. Investigations with phage-host systems. Marine Ecology Progress Series, 144：13-22.

Morita M, Tanji Y, Orito Y, et al. 2001. Functional analysis of antibacterial activity of *Bacillus amyloliquefaciens* phage endolysin against Gram-negative bacteria. FEBS Letters, 500（1-2）：56-59.

Nechaev S, Severinov K. 2008. The elusive object of desire interactions of bacteriophages and their hosts. Current Opinion in Microbiology, 11：186-193.

Nelson D C, Schmelcher M, Rodriguez-Rubio L, et al. 2012. Endolysins as antimicrobials. Advances in Virus Research, 83：299-365.

Obeso M, Martínez B, Rodríguez A, et al. 2008. Lytic activity of the recombinant staphylococcal bacteriophage ΦH5 endolysin active against *Staphylococcus aureus* in milk. International Journal of Food Microbiology, 128（2）：212-218.

Oey M, Lohse M, Scharff L B, et al. 2009. Plastid production of protein antibiotics against pneumonia via a new strategy for high-level expression of antimicrobial proteins. Proceedings of the National Academy of Sciences of the United States of America, 106（16）：6579-6584.

Orito Y, Morita M, Hori K, et al. 2004. *Bacillus amyloliquefaciens* phage endolysin can enhance permeability of *Pseudomonas aeruginosa* outer membrane and induce cell lysis. Applied Microbiology and Biotechnology, 65（1）：105-109.

Panthel K, Jechlinger W, Matis A, et al. 2003. Generation of *Helicobacter pylori* ghosts by PhiX protein E-mediated inactivation and their evaluation as vaccine candidates. Infection and Immunity, 71（1）：109-116.

Pastagia M，Euler C，Chahales P，et al. 2011. A novel chimeric lysin shows superiority to mupirocin for skin decolonization of methicillin-resistant and -sensitive *Staphylococcus aureus* strains. Antimicrobial Agents and Chemotherapy，55（2）：738-744.

Pei R，Lamas-Samanamud G R. 2014. Inhibition of biofilm formation by T7 bacteriophages producing quorum-quenching enzymes. Applied and Environmental Microbiology，80（17）：5340-5348.

Rashel M，Uchiyama J，Ujihara T，et al. 2007. Efficient elimination of multidrug-resistant *Staphylococcus aureus* by cloned lysin derived from bacteriophage phi MR11. Journal of Infectious Diseases，196（8）：1237-1247.

Ripp S，Miller R V. 1997. The role of pseudolysogeny in bacteriophage-host interactions in a natural freshwater environment. Progress in Clinical & Biological Research，143（6）：108-114.

Rodriguez L，Martinez B，Zhou Y，et al. 2011. Lytic activity of the virion-associated peptidoglycan hydrolase HydH5 of *Staphylococcus aureus* bacteriophage vB_SauS-philPLA88. BMC Microbiology，11（1）：138.

Schmelcher M，Powell A M，Becker S C. et al. 2012. Chimeric phage lysins act synergistically with lysostaphin to kill mastitis-causing *Staphylococcus aureus* in murine mammary glands. Applied and Environmental Microbiology，78（7）：2297-2305.

Schmelcher M，Shabarova T，Eugster M R，et al. 2010. Rapid multiplex detection and differentiation of *Listeria* cells by use of fluorescent phage endolysin cell wall binding domains. Applied and Environmental Microbiology，76（17）：5745-5756.

Semenova E，Jore M M，Datsenko K A，et al. 2011. Interference by clustered regularly interspaced short palindromic repeat （CRISPR）RNA is governed by a seed sequence. Proceedings of the National Academy of Sciences of the United States of America，108（25）：10098-10103.

Shen Y，Barros M，Vennemann T，et al. 2016. A bacteriophage endolysin that eliminates intracellular streptococci. eLife，5：e13.

Shi Y，Li N，Yan Y，et al. 2012. Combined antibacterial activity of phage lytic proteins holin and lysin from *Streptococcus suis* bacteriophage SMP. Current Microbiology，65：28-34.

Stentz R，Bongaerts J，Gunning P，et al. 2010. Controlled release of protein from viable *Lactococcus lactis* cells. Applied and Environmental Microbiology，76（9）：3026-3031.

Studier F W，Movva N R. 1976. SAMase gene of bacteriophage T3 is responsible for overcoming host restriction. Journal of Virology，19（1）：136-145.

Suttle C A. 2005. Viruses in the sea. Nature，437：356-361.

Thingstad T F，Lignell R. 1997. Theoretical models for the control of bacterial growth rate，abundance，diversity and carbon demand. Aquatic Microbial Ecology，13：19-27.

Tzipilevich E，Habush M，Ben-Yehuda S. 2017. Acquisition of phage sensitivity by bacteria through exchange of phage receptors. Cell，168（1/2）：186-199.

Weinbauer M G. 2004. Ecology of prokaryotic viruses. FEMS Microbiology Reviews，28（2）：127-181.

Wichels A，Biel S S，Gelderblom H R，et al. 1998. Bacteriophage diversity in the North Sea. Applied and Environmental Microbiology，64（11）：4128-4133.

Wommack K E，Colwell R R. 2000. Virioplankton：Viruses in aquatic ecosystems. Microbiology and Molecular Biology Reviews，64：69-114.

Yen L，Svendsen J，Lee J S，et al. 2004. Exogenous control of mammalian gene expression through modulation of RNA self-cleavage. Nature，431（7007）：471-476.

Zhang R，Weinbauer M G，Qian P Y. 2007. Viruses and flagellates sustain apparent richness and reduce biomass accumulation of bacterioplankton in coastal marine waters. Environmental Microbiology，9：3008-3018.

第四篇
海岸带微生物与典型
污染物修复

第十五章　石油烃的微生物降解

　　石油又称原油，是一种黏稠、深褐色液体，是古代生物形成的化石燃料。石油污染越来越多地在开采、运输、加工等过程中进入环境，并在环境中长期积累且很难被消除，对生态系统及人类健康造成严重危害。利用微生物降解石油被认为是最彻底、环保的方式，在生产生活中具有重要意义。本章综合阐述具有降解石油烃能力的微生物资源，不同组分石油烃的运输过程、降解过程和机制、趋化机制与相应的代谢调控机制，并探讨了石油污染的修复方法和实例，为微生物降解石油烃提供了理论基础及应用指导。

第一节　石油烃降解的微生物资源

　　石油成分非常复杂，石油中不同的碳氢化合物主要可分为饱和烃、芳香烃、沥青质（酚类、脂肪酸、酮类、酯类和卟啉）和树脂（吡啶、喹啉、咔唑类、亚砜和酰胺）等。超高分辨率质谱技术能够鉴定出超过 17 000 种不同的化学成分，并且研究人员创造了 petroleomics（石油组学）这一术语来表达原油的复杂性。饱和烃是不含双键的烃，并且根据其化学结构进一步分类为直链烷烃、支链烷烃、环烷烃；芳香烃具有一个或多个芳环。与饱和烃和芳香烃相反，树脂和沥青质馏分都含有非烃极性化合物，除碳和氢外，树脂和沥青质中存在微量的氮、硫、氧（Harayama et al.，1999）。平均来说，石油中 80% 的含量由烷烃和芳香烃构成，仅烷烃化合物便能够占据石油的 50% 含量。

　　海洋石油污染会给地球生物及生态环境带来严重危害。不透光的油膜阻碍了藻类的光合作用，并间接制约着海洋动物的生长繁殖；低分子量石油烃还能穿透到植物组织内部，破坏正常的生理机能；此外，浮油内有毒物质可通过摄食、呼吸、接触等方式进入食物链，石油烃中的多环芳烃在进入人体或动物体内后，会影响肾、肝等器官的正常功能，甚至引起癌变（张子间等，2009）。

　　近年来，世界各国开始重视石油污染环境的修复技术，石油污染的修复技术已成为环境保护工程科学与研究的新热点。石油污染的修复技术可以分为三类：化学修复、物理修复、生物修复。生物修复技术因其对海洋生态系统产生的影响小，而且其费用不足物理修复和化学修复费用的一半，已被广泛应用于环境污染的治理中。生物修复主要包括微生物修复、植物修复和微生物-植物联合修复，其中微生物修复一般是通过富集并驯化土著微生物，或人工接种代表性的碳氢化合物降解菌，来研究微生物个体及群落结构受环境污染影响的变化并修复污染环境的技术，是目前使用最广泛的石油烃污染修复方法之一。

一、石油烃降解功能微生物资源

　　目前的研究揭示了大量的从污染环境中分离出来的微生物（细菌、真菌、古细菌）能够降解碳氢化合物。碳氢化合物降解细菌大约在一个世纪前首次被分离。最近的综述报道，有 79 个细菌属能够使用碳氢化合物作为碳源和能源的唯一来源，包括不动杆菌属（*Acinetobacter*）、假单胞菌属（*Pseudomonas*）、芽孢杆菌属（*Bacillus*）、微杆菌属
（*Microbacterium*）、产碱菌属（*Alcaligenes*）、黄杆菌属（*Flavobacterium*）、节杆菌属
（*Arthrobacter*）、无色杆菌属（*Achromobacter*）、棒状杆菌属（*Corynebacterium*）、微球
菌属（*Micrococcus*）、伯克霍尔德氏菌属（*Burkholderia*）和诺卡氏菌属（*Nocardia*）等
细菌，此外还有 9 个蓝细菌、103 个真菌属和 14 个藻类属可以降解碳氢化合物，其中
包括霉菌、酵母菌、镰刀菌、念珠菌等真菌和小球藻、衣藻、杜氏盐藻、鱼腥藻等藻类
（表 15-1）。

表15-1　典型的石油降解微生物

类群	微生物
细菌	*Achromobacter*、*Acinetobacter*、*Alcaligenes*、*Arthrobacter*、*Bacillus*、*Cycloclasticus*、*Corynebacterium*、*Chromobacterium*、*Flavobacterium*、*Micrococcus*、*Microbacterium*、*Mycobacterium*、*Nocardia*、*Pseudomonas*、*Sarcina*、*Streptomyces*、*Vibrio*、*Xanthomonas*
真菌	霉菌：*Penicillium*、*Aspergillus*、*Geotrichum*、*Gliocladium*、*Mucor* 酵母菌：*Aureobasidium*、*Pichia*、*Candida maltosa*、*Candida tropicalis*、*Candida apicola*、*Debaryomyces*、*Monilia*、*Rhodotorula*、*Saccharomyces*、*Torulopsis* 其他真菌：*Rhodotorula*
藻类	*Amphora*、*Chlorella*、*Chlamydomonas*、*Coccochloris*、*Dunaliella*、*Porphyridium*
蓝细菌	*Oscillatoria salina*、*Plectonema terebrans*、*Aphanocapsa* sp.、*Synechococcus* sp.

　　海洋环境中，烃类降解微生物广泛分布，发现了至少 25 属的碳氢化合物降解菌，
包括解环菌属（*Cycloclasticus*）、食烷菌属（*Alcanivorax*）、海杆菌属（*Marinobacter*）、
油螺旋菌属（*Oleispira*）、*Neptunomonas*、*Oleiphilus* 及 *Planococcus* 等。其中，有一类细
菌仅以碳氢化合物为底物，被称为专性碳氢化合物细菌（Yakimov et al.，2007）。该类
细菌在被烃污染之前仅以低水平或不可检测水平存在于海洋环境中。在被烃污染之后，
它们的数量和活性增加，约占整个微生物群落的 100%。
　　Yakimov 等（2007）通过邻接法基于 1360 个核苷酸位置并使用 Kimura 双参数模型
计算核苷酸取代率来构建海洋碳氢化合物降解细菌的系统发育树（图 15-1），其中烃类
专用细菌以粗体突出显示，在富集培养物中获得但在纯培养物中未分离到的菌株用星号
（*）表示。自第一个专性碳氢化合物细菌 *Alcanivorax borkumensis* 被发现以来，在已经
报道的海洋环境专性烃类降解菌中，食烷菌属（*Alcanivorax*）（包括 *A. borkumensis*、*A.
jadensis*、*A. dieselolei* 等）、*Thallassolituus*、解环菌属（*Cycloclasticus*）（包括 *C. pugetii*
和 *C. oligotrophus* 等）和油螺旋菌属（*Oleispira*）等为较具代表性的属。*Alcanivorax* 菌
株在碳氢化合物污染的海洋环境中普遍存在，其在正烷烃和支链烷烃上生长，但不能降解
芳烃（Schneiker et al.，2006）；*Thallassolituus* 高度专业化，可降解 $C_7 \sim C_{20}$ 的脂肪烃
（Yakimov et al.，2004）；*Cycloclasticus* 菌株可矿化多种多环芳烃，如萘、菲和蒽等（Kasai
et al.，2002）；而 *Oleiphilus* 和 *Oleispira* 菌株在脂肪烃降解中所起的作用是众所周知的，
此外其还可在链烷醇和链烷酸酯上生长（Rodrigues et al.，2015）。

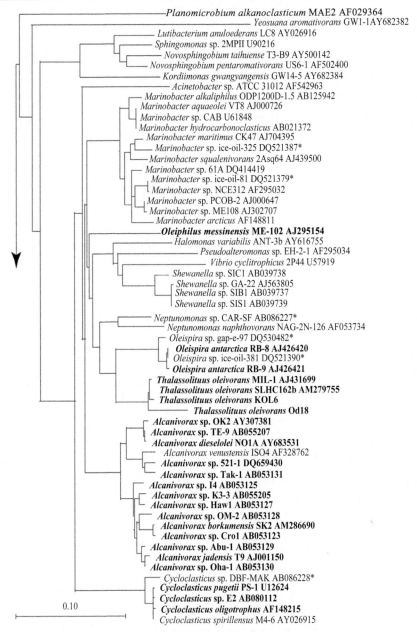

图 15-1 海洋烃类降解细菌系统发育树（Yakimov et al.，2007）

此外，还分离出许多"非专业"碳氢化合物细菌。例如，弧菌、假单胞菌和盐单胞菌已经被分离为能够降解菲或蒽的海洋细菌（Melcher et al.，2002）。

不同微生物对石油各组分的降解率是不同的，其中直链烷烃、支链烷烃等饱和烃最容易被降解利用，其次是低分子量的芳香烃类化合物，而高分子量的芳香烃类化合物、树脂和沥青质则很难被降解。总体而言，降解规律为：直链烷烃＞支链烷烃＞单环芳烃＞环烷烃＞多环芳烃。

（一）饱和烃的降解

正构烷烃是饱和烃的一种，根据其直链碳链的长度，正构烷烃经常被分为短链烷烃、中链烷烃和长链烷烃。研究已证实，大量微生物能够使用长链烷烃作为碳源和能源，包括细菌、真菌和蓝藻等（van Beilen et al.，2003）。表 15-2 列出了部分可降解长链正构烷烃的细菌菌株（Wentzel et al.，2007）。

表15-2 部分可降解长链正构烷烃的细菌菌株

菌株	正构烷烃降解范围	文献
Acinetobacter sp. M-1	$C_{13} \sim C_{44}$	Sakai et al.，1994
Alcanivorax borkumensis SK2	$C_8 \sim C_{32}$	Schneiker et al.，2006
Arthrobacter nicotianae KCC B35	$C_{10} \sim C_{40}$	Radwan et al.，1996
Bacillus thermoleovorans B23 and H41	$C_9 \sim C_{30}$	Kato et al.，2001
Burkholderia cepacia RR10	$C_{12} \sim C_{34}$	Yuste et al.，2000
Geobacillus thermodenitrificans NG80-2	$C_{15} \sim C_{36}$	Wang et al.，2006
Marinobacter hydrocarbonoclasticus 617	$C_{16} \sim C_{30}$	Doumenq et al.，2001
Planococcus alkanoclasticus MAE2	$C_{11} \sim C_{33}$	Engelhardt et al.，2001
Pseudomonas aeruginosa RR1	$C_{12} \sim C_{34}$	Yuste et al.，2000

（二）芳香烃的降解

芳香烃可引起癌症和突变，一般包括苯、萘、蒽、菲、苯并芘、苯并蒽及其相应的硝基、氨基衍生物。研究证明，多环芳烃能被多种微生物降解，原核生物和真核生物都具有酶促氧化芳烃的能力。目前，已报道的对芳烃具有代谢能力的细菌有恶臭假单胞菌（*P. putida*）、铜绿假单胞菌（*P. aeruginosa*）、荧光假单胞菌（*P. fluoresens*）、解韧带假单胞菌（*P. desmolytica*）、米氏假单胞菌（*P. mildenbergii*）等。此外，气单胞菌属（*Aeromonas*）、莫拉氏菌属（*Moraxella*）、拜叶林克氏菌属（*Beijerinckia*）、黄杆菌属（*Flavobacterium*）、无色杆菌属（*Achromobacter*）、诺卡氏菌属（*Nocardia*）、棒杆菌属（*Corynebacterium*）等也具有分解芳烃的能力（李文忠，1991）。

多环芳烃（polycyclic aromatic hydrocarbons，PAHs）是由两个或多个具有亲脂性的稠合多环芳香族苯环组成。它们由于具有稳定的化学结构和较低的生物利用度，因此构成了环境中一类典型的持久性有机污染物。根据分子结构，多环芳烃可分为低分子量多环芳烃（具有 2~3 个环结构）和高分子量多环芳烃（具有 4 个及以上环结构）两类，并且 PAHs 的水溶性几乎随分子量的增加而线性降低。PAHs 主要是由于自然活动（如火山活动、微生物合成和植物合成）及人为活动（如化石燃料的燃烧、石油泄漏、军事行动、车辆排放、农业生产、住宅废物燃烧和发电等）而释放到环境中的。多环芳烃由于其致癌性、诱变性、毒性和持久性而备受关注，其致癌性随分子量的增加而增强，暴露在多环芳烃中会导致多种器官和部位（如肺、胃、皮肤、食道等）患癌风险增加。相较于单环芳烃，多环芳烃的生物降解相对困难。

1. 萘

萘具有两个苯环结构，是最易溶解的多环芳烃，长期以来一直被用作PAHs生物修复研究中的模式化合物。萘通常用于工业生产邻苯二甲酸酯增塑剂、偶氮染料、萘磺酸等。由于对这些产品的需求增加及自然资源（化石燃料、汽油、森林等）的不完全燃烧，越来越多的萘被排放到人类环境中。自然环境中能够降解萘的菌属主要包括假单胞菌属（*Pseudomonas*）、沙雷菌属（*Serratia*）、红球菌属（*Rhodococcus*）、弧菌属（*Vibrio*）、微球菌属（*Micrococcus*）、产碱杆菌属（*Alcaligenes*）、棒状杆菌属（*Corynebacteria*）、不动杆菌属（*Acinetobacter*）、分枝杆菌属（*Mycobacterium*）、芽孢杆菌属（*Bacillus*）、海杆菌属（*Marinobacter*）、链霉菌属（*Streptomyces*）、伯克霍尔德氏菌属（*Burkholderia*）、鞘氨醇单胞菌属（*Sphingomonas*）、罗尔斯通菌属（*Ralstonia*）（姜岩等，2014）。

2. 菲

菲是一种三环芳烃，具有一个"湾"区（bay region）和一个"K"区（K region），凭借独特的化学结构，菲成为多环芳烃研究的模式化合物。能够降解菲的菌属主要包括假单胞菌属（*Pseudomonas*）、鞘氨醇单胞菌属（*Sphingomonas*）、短杆菌属（*Brevibacterium*）、葡萄球菌属（*Staphylococcus*）、微球菌属（*Micrococcus*）、丛毛单胞菌属（*Comamonas*）、红球菌属（*Rhodococcus*）、分枝杆菌属（*Mycobacterium*）、产碱杆菌属（*Alcaligenes*）、芽孢杆菌属（*Bacillus*）、节杆菌属（*Arthrobacter*）、伯克霍尔德氏菌属（*Burkholderia*）、弧菌属（*Vibrio*）、黄杆菌属（*Flavobacterium*）、两面神菌属（*Janibacter*）、食酸菌属（*Acidovorax*）、诺卡氏菌属（*Nocardia*）及拜叶林克氏菌属（*Beijerinckia*）等（姜岩等，2014）。

3. 芘

芘是一种四环芳烃，主要存在于煤焦油沥青的蒸馏物中。能够降解芘的菌属主要包括分枝杆菌属（*Mycobacterium*）、红球菌属（*Rhodococcus*）、寡养单胞菌属（*Stenotrophomonas*）、不动杆菌属（*Acinetobacter*）、鞘氨醇单胞菌属（*Sphingomonas*）、勒克氏菌属（*Leclercia*）等。

4. 蒽

蒽含有三个苯环，是多环芳烃中的一种具有代表性的有毒污染物，是检测多环芳烃污染的指示物。能够降解蒽的菌属主要有假单胞菌属（*Pseudomonas*）、黄杆菌属（*Flavobacterium*）、分枝杆菌属（*Mycobacterium*）、鞘氨醇单胞菌属（*Sphingomonas*）、两面神菌属（*Janibacter*）、红球菌属（*Rhodococcus*）、气单胞菌属（*Aeromonas*）等。

5. 苯并芘

苯并芘是一种具有五环结构的强致癌性多环芳烃污染物，其分子结构内苯环高度密集，辛醇-水分配系数高，较难被微生物降解。能够降解苯并芘的菌属主要包括拜叶林克氏菌属（*Beijerinckia*）、分枝杆菌属（*Mycobacterium*）、红球菌属（*Rhodococcus*）、假单胞菌属（*Pseudomonas*）、土壤杆菌属（*Agrobacterium*）、芽孢杆菌属（*Bacillus*）、伯克霍尔德氏菌属（*Burkholderia*）等。

6. 䓛

䓛是由四个苯环组成的具有弱致癌性的典型多环芳烃，近年来关于生物降解的研究偶见报道，大多集中于高效降解菌株的筛选及降解条件的优化上。能够降解䓛的菌属主要包括假黄单胞菌属（*Pseudoxanthomonas*）、鞘氨醇单胞菌属（*Sphingomonas*）、红球菌属（*Rhodococcus*）、寡养单胞菌属（*Stenotrophomonas*）等。

二、同生菌群的构建

石油烃成分的复杂性及石油烃降解菌降解底物的局限性使得石油污染环境的修复需要多种微生物的共同作用，究其原因是单一菌很难将烃类物质彻底降解，转化产物不能彻底矿化，而相比于单一菌株，石油烃降解菌群集合了多菌株的代谢通路，更容易实现对复杂石油烃的综合利用。在实际应用中，由于微生物生长之间存在拮抗或协同等多种作用，因此，组合构建高效原油降解菌群，以及研究菌群中单菌株间的相互作用、降低菌株间的拮抗作用、增强菌株间的协作、最大限度地发挥每株菌的功能，是提高海洋原油污染生物修复效率的关键（杨仕美，2009）。

目前，国内外许多学者通过构建混合菌株对有机污染物实现了更彻底的降解。谢丹平等（2004）通过正交试验把已筛选出的黄单胞菌属（*Xanthomonas*）、动胶菌属（*Zoogloea*）、芽孢杆菌属（*Bacillus*）和邻单胞菌属（*Plesiomonas*）4 株菌进行了有效组合，发现将几种降解率低的菌混合后可以得到高的降解率，推测是由于菌株间的相互适应而形成了一种协同降解机制。谭田丰和邵宗泽（2006）利用不动杆菌 PN3-2、食烷菌 B-5、铜绿假单胞菌 2HE-4、红球菌 3C-9、施氏假单胞菌 MB、短杆菌 SW-6 等构建了石油烃降解菌群，并检测其在柴油降解过程中的菌群丰度变化，研究发现不动杆菌在最初七天为最优势菌，之后食烷菌成为最优势菌，而铜绿假单胞菌的丰度逐渐升高直至成为第三优势菌，推测原因为不动杆菌、食烷菌和铜绿假单胞菌对石油成分的偏好性不同，最初阶段不动杆菌对柴油的乳化作用促进了食烷菌、铜绿假单胞菌的后期暴发；而施氏假单胞菌和红球菌在试验初始阶段就消失了，推测可能与菌株间的拮抗作用有关；该组合菌在培养 15 天后对柴油的降解率为 55.9%，高于其他单菌株的降解率，但低于单菌组 PN3-2 的降解率（65.94%），这可能是由于混合菌株之间发生了拮抗作用。

混合菌培养在生物降解中的作用已经得到充分的肯定，但目前的研究大部分是将纯化后的功能菌株随机组合形成新的混合菌，所以针对菌株间协同作用机制的研究对于阐明混合菌的作用原理极为重要。余淼（2012）以柴油为唯一碳源筛选得到了菌株 X_1A-2 和 X_2b，其中 X_1A-2 为一株高效生物表面活性剂产生菌，X_2b 为一株高效石油降解菌，结合 X_1A-2 所产生物表面活性剂的鉴定结果及菌株 X_2b 的代谢产物分析结果，得到了两个菌株在石油烃降解过程中的依存机制：X_1A-2 产生的表面活性素的途径受到 X_2b 的初级代谢产物 3-羟基脂肪酸的激活，X_1A-2 产生的表面活性素又进一步促进了水体中石油烃的分散，使其作为更高效的石油烃类碳源，加速种群生长，从而达到对石油烃更快的降解效果。当前大多数的石油污染生物修复都是基于复合菌剂的开发，但从国内外现有的研究进展来看，对于具有协同关系菌株的筛选和组合还是一个随机的过程，理论指导相对不成熟。如果从生理、遗传角度对不同菌株协同机制进行深入研究，基于石油烃降解菌酶系构建完善的石油组分分解网络，那么混合菌培养的理论和应用都将会有重大突破。

三、基因工程菌在石油污染修复中的应用

尽管混合菌群可以将两种或多种单一优良菌株的优点进行组合进而扩大底物谱范围，但是菌株间联合作用的机制研究困难，如何从根本上实现组合的最佳效果尚不清晰，无法从本质上阐释不同菌株对石油烃的响应机制。此外，也难以维持共培养体系的稳定，生长速度快的菌株容易出现"一家独大"，导致石油烃代谢强度失衡，代谢效率下降。随着培养时间的增加，共培养体系可能还会遇到培养环境改变、外来菌株竞争、基因突变、水平基因转移等问题，难以保证共培养体系的功能不受影响。因此构建高效的基因工程菌成为解决以上问题的关键，在构建基因工程菌策略上，可以从改变石油烃物质的生物可降解性、优化降解途径或提高菌株本身的环境适应性等几方面入手（谢云，2014）。

20 世纪 70 年代就已有学者通过将来自假单胞菌不同菌株的 4 种降解性质粒（NAH、OCT、CAM、XAL）植入同一菌株，发现该工程菌能够同时降解脂肪烃和芳香烃；宋永亭等（2012）将嗜胶质菌的功能基因转入嗜蜡菌中，基因工程菌 ZH20 同时获得嗜胶质和嗜蜡性能。Lorenzo 等（2003）通过将 *Pseudomonas sp.* Y2 中转化苯乙烯为苯乙酸的 *styABCD* 基因导入恶臭假单胞菌 F1，构建了一种能够利用 BTEX 化合物（苯、甲苯、乙苯和二甲苯）和苯乙烯的新型衍生菌株，使其成为迄今为止最具潜力的芳香烃降解菌之一。Lee 等（1995）将具有编码 tod 途径中关键酶甲苯双加氧酶的基因的质粒导入恶臭假单胞菌 mt-2 中，使 tod 途径中的一些中间产物进入 tol 途径，从而把假单胞菌不能完全降解的苯、甲苯和对二甲苯混合物的 tod 与 tol 操纵子途径联系起来，使苯、甲苯和对二甲苯混合物矿化而不积累任何代谢中间体。也有研究者将 *Methylosinus trichosporium* OB3b 菌株编码可溶性甲烷单加氧酶的 *smmo* 基因导入假单胞菌 F1 中，获得了高效的三氯乙烯（TCE）降解效果，同时其生长速度要比 OB3b 快得多。

基因工程菌不仅可应用于扩展底物谱，还在增强菌株对环境的适应性方面具有广泛的应用。Plotnikova 等（2001）将一株多环芳烃降解菌假单胞菌 SN11 中的多环芳烃降解性质粒移入嗜盐性恶臭假单胞菌 BS394 中，构建出的基因工程菌可以在盐浓度达到 2.5mol/L 的环境中仍具有较高的降解多环芳烃类化合物的能力。宋永亭（2010）将地芽孢杆菌中的编码烷烃单加氧酶的基因 *sladA* 导入嗜热脱氮土壤芽孢杆菌内，构建得到的基因工程菌 SL-21 在 70℃、14 天后对原油的降解率为 75.08%，具有优良的耐高温和降解石油烃的性能。

由于基因工程菌可以借助单菌构建更加完善的石油烃降解网络，在一定程度上弥补了复合菌相互依存机制不明的缺点，在当前石油污染修复工程中具有广阔的应用前景。

四、展　　望

利用微生物资源对石油污染环境进行修复是目前最具有应用前景的手段，现有研究多集中于降解菌种的分离、降解能力的测定及通过共生菌群和分子操作的手段提高菌种

降解能力上，但自然环境中的可培养微生物只占很小的一部分，菌种的筛选具有偶然性，此外对于菌种之间互作的研究相对浅显。未来值得深入研究的方向包括：①在深入研究菌种互作机制的基础上，利用现有细菌、真菌、放线菌甚至藻类构建高效降解群体，构建石油难降解组分的分解网络；②利用特殊培养与分离方法对环境中难培养及不可培养微生物进行分离鉴定，或通过组学手段解析难培养微生物降解石油烃的酶与代谢通路，丰富基因工程菌资源。

第二节　石油烃的运输过程

利用微生物的代谢降解石油烃是彻底有效的修复方式。微生物降解石油烃的本质是微生物细胞内降解酶催化石油烃氧化分解的酶促反应。石油烃的微生物降解速度和程度与石油烃的物理性质、微生物的生化特性及它们之间的相互作用有关。石油烃的生物降解涉及生物吸附和跨膜转运机制，石油烃进入微生物细胞的效率对其生物利用度有重要影响，是第一个限速因素。微生物允许进入细胞的烃类首先紧密黏附在细胞壁上，然后被运输侵入细胞内（潘学芳等，2002）。

微生物的表面疏水性影响其对界面的吸附，对其与疏水性有机物的吸附作用也有重要影响。微生物细胞外有一层细胞壁，阻隔了石油烃与细胞膜的直接接触。细胞表面的分子可能参与细胞与界面的相互作用。这些分子主要是蛋白质和多糖。微生物细胞表面的两亲性化合物对于其吸附石油烃具有重要作用。两亲性化合物在革兰氏阳性菌中一般是脂磷壁酸、脂多糖、脂甘露聚糖；在革兰氏阴性菌中则常是脂多糖（Neu，1996）。作为代表性的具有降解功能的革兰氏阳性菌——红球菌属的细胞壁含有具有长脂肪族的分枝菌酸（C_{39}～C_{64}）（华苟根和郭坚华，2003；Nishiuchi et al.，2000），在细胞包膜结构和不可渗透性中发挥关键作用，调节石油烃的吸附。革兰氏阴性菌细胞外膜被亲水性脂多糖层包围，因此需要膜蛋白来促进疏水性化合物在细胞膜上的转运（Nikaido，2003）。不同的微生物可能通过不同的膜外蛋白参与石油烃的跨膜转运。革兰氏阴性菌中常见的膜外蛋白，如脂肪酸代谢蛋白 FadL 和外膜蛋白 W（OmpW）（Hong et al.，2006；van den Berg，2010）、甲苯双氧化酶 X（TodX）（Hearn et al.，2008）及甲苯单氧化酶 X（TbuX）（Ratledge，1992），促进小分子烃类在革兰氏阴性菌细胞膜上的跨膜转运。除了上述细胞表面的两亲性化合物，微生物也可以通过锚定在细胞表面的脂蛋白，调节细胞表面的疏水性，增加石油烃等疏水性化合物在细胞表面的吸附。

石油烃与微生物接触后吸附在细胞表面，通过跨膜运输进入细胞（Hua and Wang，2013）。微生物可以将溶解或乳化的石油烃油滴运输穿过细胞膜，进入细胞内代谢；石油烃穿过细胞膜遵循三种主要机制：①被动扩散；②促进扩散；③消耗能量的主动运输。我们将通过不同结构类型的石油烃介绍其在微生物中的跨膜运输。

一、烷烃的跨膜运输

生物降解过程中烷烃的摄取机制分为三类：①微生物摄取溶解的微量烷烃；②微生物直接黏附烷烃小油滴（Wick et al.，2002）；③溶解作用，即微生物通过表面活性剂乳化增溶烷烃后将其摄取。

正十八烷作为最短碳链的固态烷烃，可以被众多微生物降解利用。正十八烷转运进入 *Pseudomonas* sp. DG17 细胞有两种模式：由细胞内外底物浓度驱动的促进扩散和消耗能量的主动运输。烷烃降解菌 *Pseudomonas* sp. DG17 中正十八烷的水平随着环境中正十八烷浓度的增加而升高（Hua et al.，2014）。而且，正十八烷的跨膜转运是可饱和的过程，十八烷类似物可以抑制其在 *Pseudomonas* sp. DG17 中的转运。*Pseudomonas* sp. DG17 可以通过生物表面活性剂把正十八烷分散成比细胞小得多的油滴，使正十八烷达到溶解状态（Hua and Wang，2013）。在跨膜转运过程中，*Pseudomonas* sp. DG17 直接接触溶解状态的油滴，细胞对来自环境中的正十八烷刺激快速反应，调节细胞膜的流动性，发生细胞膜内陷。叠氮化钠和羰基氰化物间氯苯腙（CCCP）可以阻断正十八烷流入细胞，表明正十八烷的跨膜转运伴随着能量的消耗（Hua et al.，2013）。正十八烷的跨膜转运与细胞外底物浓度和细胞内 ATP 有关，此外，Beal 和 Betts（2000）发现 *Pseudomonas aeruginosa* 吸收十六烷的过程也是能量依赖性的，其对氧化磷酸化解偶联剂 CCCP 和 2,4-二硝基苯酚（DNP）等抑制剂敏感。

二、多环芳烃的跨膜运输

多环芳烃（PAHs）是一种典型的持久性有机污染物，广泛分布在环境中，具有潜在的生物积累性和高毒性，被美国环境保护署和欧盟认定为重点污染物。已有大量研究集中于微生物与 PAHs 之间的生物降解途径机制方面。微生物通过细胞内双加氧酶的作用分解 PAHs，因此 PAHs 分子必须被细胞吸收才能发生降解，因此 Hearn 等（2008）提出微生物生物降解 PAHs 需要疏水性底物通过细胞膜，PAHs 的跨膜运输是生物降解的第一步。PAHs 的运输与细胞膜的通透性有关，涉及吸收和转运过程。当比微生物细胞小的 PAHs 液滴附着到微生物上后，PAHs 的摄取过程可能是主动运输（Fayeulle et al.，2014）、被动扩散（Verdin et al.，2005）和内吞作用（Luo et al.，2013）中的一种或多种跨膜运输的结果。

由于 PAHs 的低水溶性和高辛醇-水分配系数，其倾向于分布到细胞中。这种运动通常是通过从环境到细胞的浓度梯度驱动的被动运输来实现的。作为疏水性的脂溶性物质，PAHs 可以通过被动扩散过程通过细胞膜。PAHs 进入细胞的被动扩散过程非常快速。Bateman 等（1986）虽然没有提供直接的证据说明萘是通过简单扩散或者非特异性结合进入 *Pseudomonas putida* 细胞的，但是萘穿过 *Pseudomonas putida* 细胞膜不需要消耗 ATP，蛋白质抑制剂和结构类似物不能抑制萘进入细胞膜，而且这个过程不需要萘代谢基因的表达。*Massilia* sp. WF1 对高浓度菲具有耐受性和高降解能力。*Massilia* sp. WF1 对菲的细胞内耗散速率常数和细胞外耗散速率常数几乎相等，菲可以从外部溶液快速进入细胞，并且在细胞内被迅速降解（Gu et al.，2016）。在 4℃时，细胞代谢活性低，膜流动性变差和细胞的分子运动变慢，跨膜转运活性极大减弱，内吞作用或囊泡转运几乎在 4℃时被抑制（Luo et al.，2013；Verdin et al.，2005）。叠氮化钠阻断 *Massilia* sp. WF1 细胞内的 ATP 合成。在 4℃处理，叠氮化钠、秋水仙碱和细胞松弛素 B 能够抑制内吞作用、主动运输过程，但是不能阻止菲进入 *Massilia* sp. WF1 和 *Phanerochaete chrysosporium* 细胞。因此，我们可以推测菲通过被动的跨膜运输机制进入 *Massilia* sp. WF1 和

Phanerochaete chrysosporium 细胞。

　　PAHs 既可以通过被动的跨膜运输进入细胞，又可以通过耗能的主动运输进入细胞。*Pseudomonas fluorescens* 可以氧化 PAHs，PAHs 的运输与细胞外膜通透性和能量依赖性转运一致（Gray and Bugg，2001）。细胞膜可以通过能量依赖性的转运蛋白选择性地泵送 PAHs，提高 PAHs 的转化率或选择性，同时酶促反应证实 PAHs 离开细胞也可以通过能量依赖性的转运方式，增加细胞膜对 PAHs 中低渗透性组分的选择性。

　　荧蒽穿过 *Rhodococcus* sp. BAP-1 的细胞膜需要能量，荧蒽的运输伴随着碳的分解代谢，产生大量的 CO_2（Li et al.，2014）。*Rhodococcus* sp. BAP-1 对氧化磷酸化电子链抑制剂叠氮化钠、解偶联剂 DNP 和 CCCP 高度敏感，当存在这三种抑制剂时，荧蒽的跨膜转运显著减少。微生物可以通过能量依赖型泵外排 PAHs 来降低细胞中 PAHs 浓度以保护自身免受损伤。当 ATP 抑制剂不存在时，外排泵维持荧蒽的细胞间浓度低于其平衡水平，但是在存在抑制剂的情况下，其抑制了摄取和外排过程。这些表明荧蒽在 *Rhodococcus* sp. BAP-1 中穿过细胞膜需要能量，是一种依赖能量的主动运输过程。

　　虽然菲的水溶性比苯并芘（BaP）高 400 倍，但 *Fusarium solani* 将更多的 BaP 运进细胞，表明 BaP 不是基于简单的扩散机制进入 *F. solani* 中的（Fayeulle et al.，2014）。叠氮化钠完全阻断 BaP 进入 *F. solani* 细胞；细胞松弛素抑制 *F. solani* 对 BaP 的摄取、转运过程。荧光标记定位揭示，脂质体是 *F. solani* 中 BaP 的细胞内储存位点。结果证明，*F. solani* 对 BaP 的转运是能量依赖性和细胞骨架依赖性的细胞内转运过程。

　　微生物细胞对石油烃的感应、趋化和摄取等反应机制仍有待阐明。表面活性剂可以促进石油烃的溶解和吸收。吸收是微生物降解利用石油烃前必不可少的步骤，但吸收发生的分子机制尚未明晰。尽管我们已经确定石油烃能够通过跨膜运输进入细胞，但尚未确定其基础机制。

第三节　石油烃的降解机制

　　石油烃主要包括饱和烃和芳香烃。虽然它们的化学性质比较稳定，但大多数都能被微生物有效降解。烷烃是由碳原子和氢原子组成的饱和烃，包括直链烷烃、环烷烃和支链烷烃。根据石油来源的不同，烷烃占原油的比例不尽相同。芳香烃是由一个或多个苯环组成的石油烃，根据苯环的数量，可分为单环芳烃（苯、甲苯等）和多环芳烃（萘、菲、芘等）。石油烃大多是化学惰性很强的非极性分子，由于其水溶性低，激活分子需要能量，难以被微生物代谢。

　　自然界中存在许多利用石油烃的微生物，如细菌、真菌和酵母菌等。在石油污染地区，它们的数量也会相对增加。石油烃类降解菌具有多样化的新陈代谢，可以利用很多物质作为碳源。有些细菌会优先利用其他化合物（氨基酸、糖、脂肪酸等）而非烷烃作为碳源，这部分细菌被称为非专性烃类降解菌。另外，一些细菌能够高度专性地降解烃类物质，被称为专性烃类降解菌。专性烃类降解菌在烃类的去除过程中起着关键作用，特别是 *Alcanivorax borkumensis*（食烷菌属）可以降解直链烷烃和支链烷烃，但不能代谢芳香烃、糖、氨基酸、脂肪酸等其他常见碳源（Liu et al.，2011）。食烷菌在无污染的海域丰度低，但在烷烃富集区丰度非常高。原油泄漏后，食烷菌能够迅速成为优势菌株并发挥重要作用。

胡晓珂研究组已经成功开展了石油烃降解菌种质资源库的构建工作。目前，已从渤海、油田污染土壤等原位环境中筛选和鉴定出高效石油烃降解菌 2000 余株，包括海水种、淡水种、陆地种等，如 *Acinetobacter* sp. HC8-3S、*Dietzia* sp. CN-3、*Bacillus pumilus* BPL-1、*Bacillus licheniformis* MB01、*Vibrio* sp. 3B-2、*Pseudomonas* sp. BZ-3、*Shewanella* sp. CNZ-1 等一系列高效石油烃降解菌株（Chen et al.，2017a，2017b；Hu et al.，2015；Lin et al.，2014a），初步构建了石油烃降解菌种质资源库。来源于渤海的高效兼性厌氧菌 *Acinetobacter* sp. HC8-3S 对石油烃具有高效的降解效果，5 天内降解石油烃 83.7%，并且可以耐受广泛的 pH（5.6～8.6）和高达 70g/L 的 NaCl 浓度（Lin et al.，2014a）。有关研究对 *Acinetobacter* sp. HC8-3S 菌株的发酵条件进行了系统优化及中试发酵，其生产条件能够满足生物修复应用需求（Liu et al.，2016）。从渤海溢油平台沉积物中筛选到一株耐盐细菌 *Dietzia* sp. CN-3，系统研究了其对石油烃不同组分的降解效果。该菌株在广泛的 pH（6～9）和盐度（0～100g/L）范围内，对石油烃的降解率高于 80%，并且在高 NaCl 浓度下，降解活性几乎不受影响（Chen et al.，2017b）。另外，成功筛选芳香族化合物高效降解菌 24 株（包含三株新种）。其中，*Pseudomonas* sp. BZ-3 能够降解萘、菲、芘、蒽等多环芳烃，并且能够通过水杨酸代谢途径降解菲（Lin et al.，2014b）。石油烃高效降解菌的分离及种质资源库的构建，为石油烃降解机制的探究和石油烃的生物修复奠定了基础。

石油烃降解的前提条件是通过细胞摄取或吸附，使得烃分子进入微生物的代谢体系。然而，石油烃在水中的溶解度很低，除了分子量较低的烷烃，其溶解度远低于微摩水平（正十六烷为 2×10^{-10}mol/L），这严重阻碍了微生物对烃类的摄取。一般而言，烃类摄取机制可能与细菌种类、分子量及环境的物理化学特征有关（Wentzel et al.，2007）。通常，细菌摄取烃类通过两种不同的方法：一是通过细胞与烃类的直接接触进行摄取。例如，低分子量烷烃的溶解度相对较高，从水中直接摄取烷烃就能够保证充足的烷烃被转移到细胞内。二是通过分泌表面活性剂乳化烃类，进而促进其与细胞接触。大多数石油烃降解菌能够分泌多种多样的表面活性剂来促进烃乳化。表面活性剂可以促进液体培养中石油烃的吸收和同化，如 *Dietzia maris* As-13-3，当以 C_{16} 为唯一碳源时，它能分泌双鼠李糖脂类表面活性剂，降低了表面张力，提高了乳化性能（Wang et al.，2014）。本团队从渤海沉积物中筛选出两株石油烃降解菌 *Vibrio* sp. strain 3B-2 和 *Bacillus licheniformis* MB01，发现该两株菌株分泌的两种表面活性剂在石油烃降解过程中具有极其重要的作用（Chen et al.，2017b），这些分泌物可以乳化石油，增加微生物与石油的接触面积，从而加速石油的生物转化。本部分探讨了石油烃降解过程中生物表面活性剂的作用，这些发现对于探究生物表面活性剂和石油烃降解的关系具有重要意义。

一、烷烃的代谢途径及机制

根据环境中 O_2 的含量，烷烃的降解途径分为以 O_2 为电子受体的好氧降解和以硫酸盐或硝酸盐为电子受体的厌氧降解。目前，烷烃的好氧降解较为常见，机制研究也更为透彻。烷烃种类具有多样化，不同的微生物甚至相同的微生物内，同种烷烃的代谢途径也不尽相同。烷烃的厌氧降解机制研究相对较少，尚需要研究者的持续探索。本节综述微生物降解烷烃的研究现状，重点介绍微生物降解烷烃的生化过程、相关酶的催化机制和代谢通路，以及不同烷烃衍生物的降解机制。

（一）烷烃的好氧降解

催化烷烃降解第一步反应的酶为烷烃加氧酶，且烷烃氧化过程中常伴随着羟基的产生，烷烃加氧酶也称烷烃羟化酶，它是烷烃降解过程中最重要的酶。尽管脂肪醇和脂肪酸的氧化是微生物中常见的，但活化烷烃分子需要的酶属于不同的家族。根据烷烃链长的不同，可以把烷烃羟化酶分为不同的类型：甲烷单加氧酶及其相关的烷烃羟化酶，主要负责氧化 $C_1 \sim C_4$ 的短链烷烃；膜结合的 AlkB 酶和细胞色素 P450 酶，氧化 $C_5 \sim C_{16}$ 中等链长的烷烃；AlmA、LadA 或其他未知的长链烷烃羟化酶，氧化超过 C_{17} 链长的烷烃。这些烷烃羟化酶的底物范围有时会重叠或交叉，对烷烃进行好氧降解。

1. 微生物的烷烃好氧降解途径

烷烃羟化酶具有多样性，使得烷烃代谢途径也不尽相同。烷烃的好氧降解途径，根据烷烃被氧化时加入氧原子键位及个数的不同，主要分为 4 种：单末端氧化途径、次末端氧化途径、双末端氧化途径和单末端双加氧途径（图 15-2）。烷烃的降解都是由烷烃氧化起始下游的代谢。

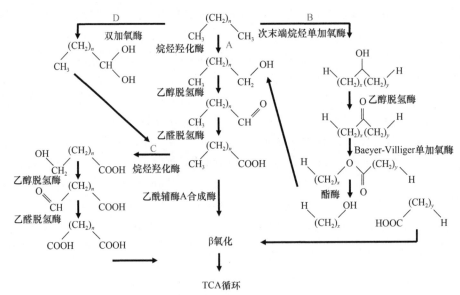

图 15-2　微生物的烷烃好氧降解途径

A. 单末端氧化途径；B. 次末端氧化途径；C. 双末端氧化途径；D. 单末端双加氧途径。TCA 循环. 三羧酸循环

（1）单末端氧化途径

对于含有两个或两个以上碳原子的烷烃，原子的有氧降解通常是从末端甲基的氧化开始的，脱去 2 个氢原子生成相应的伯醇，进一步被氧化成相应的伯醛，最后转化为脂肪酸。脂肪酸与辅酶 A（CoA）结合并进一步被加工，通过 β 氧化生成乙酰辅酶 A（acetyl-CoA）进入三羧酸循环，进而完全被氧化成 CO_2 和 H_2O（Watkinson and Morgan，1990）。单末端氧化途径是烷烃降解菌中最为常见的一种方式，如 *Pseudomonas* 烷烃降解菌中常见的 AlkB 烷烃羟化酶（Smits et al.，2002）就是利用该途径代谢烷烃。

（2）次末端氧化途径

直链烷烃次末端碳原子被氧化，末端甲基基团保留，脱去 2 个氢原子生成相应的仲醇，进一步氧化成相应的酮和脂肪酸。酮被 Baeyer-Villiger 单加氧酶氧化生成酯，随着酯键的断裂，产生伯醇和脂肪酸。伯醇最终也会被氧化成脂肪酸。例如，在 *Nocardia*（诺卡氏菌属）中的烷烃降解就是通过次末端氧化实现的（Morikawa，2010）。对于某些微生物来说，可能同时存在单末端氧化和次末端氧化途径。

（3）双末端氧化途径

有些细菌在降解支链烷烃的过程中，烷烃分子的两端末端甲基分别被氧化，通过 ω-羟基化形成 ω-羟基脂肪酸，进而被氧化成二羧酸，最后再经历 β 氧化途径（Coon，2005）。*Rhodococcus* sp. NCIM5126 中烷烃代谢产物的鉴定结果显示，单末端氧化是主要代谢途径，但二元酸的发现也证明了双末端氧化途径的存在（Sharma and Pant，2000）。

（4）单末端双加氧途径

Finnerty 等（1990）发现不动杆菌属降解长链烷烃时，先生成烷基氢过氧化物，后来被进一步氧化成脂肪酸。在 *Acinetobacter* sp. M-1 中发现了一种双加氧酶，它能够依赖分子氧，不需要 NAD(P)H 提供电子，但需要黄素腺嘌呤二核苷酸和 Cu^{2+} 的协助才能发挥降解作用（Tani et al.，2001）。

作为烷烃分解代谢过程中的关键酶，烷烃羟化酶对烷烃的代谢速度起着决定性作用。目前，已经鉴定出的烷烃羟化酶在催化作用机制、底物谱范围及特异性等方面都具有非常大的差异。现将比较典型的几种烷烃羟化酶简述如下。

2. 烷烃好氧降解的关键基因和关键酶

（1）甲烷单加氧酶

甲烷氧化菌需要利用甲烷单加氧酶进行甲烷代谢。甲烷单加氧酶可以分成两类，一类是具有含铜的膜整合的单加氧酶（pMMO），另一类是可溶性的非血红素二铁单加氧酶（sMMO）。同一种细菌中 pMMO 和 sMMO 可以共存。关于 sMMO 的研究比较详细，它由三部分组成：由三个多肽组成的氧化酶，形成 $\alpha_2\beta_2\gamma_2$ 二聚体形式；以 NADH 为辅酶的还原酶；活化需要的调控蛋白（Hakemian and Rosenzweig，2007）。虽然 pMMO 比 sMMO 更加普遍，但是对它的机制的研究相对较少。pMMO 由 α、β 和 γ 三个亚基组成，形成 $\alpha_3\beta_3\gamma_3$ 三聚体形式，分别命名为 PmoA、PmoB 和 PmoC，活性位点含有铜。

以丙烷为碳源的 *Gordonia* sp. TY-5 菌株含有丙烷单加氧酶，它与 sMMO 类似，但底物范围非常窄（Kotani et al.，2003），它能够通过次末端氧化生成 2-丙醇，进而产生丙酮和乙酸甲酯，最终变成乙酸和甲醇。在 *Mycobacterium* sp. TY-6 和 *Pseudonocardia* sp.

TY-7 中也找到了丙烷单加氧酶（Kotani et al.，2006）。*Mycobacterium* sp. TY-6 对丙烷进行末端氧化，而 *Pseudonocardia* sp. TY-7 进行末端和次末端氧化。

（2）烷烃羟化酶的 AlkB 家族

最具代表性的烷烃降解途径是在 *P. putida* GPo1 中发现的，也是目前研究最透彻的烷烃羟化系统（van Beilen et al.，2001）。该烷烃羟化酶包括膜整合蛋白 AlkB，其利用末端氧化途径代谢烷烃。AlkB 发挥作用还需要借助于两个电子传递蛋白，分别为红素氧还蛋白（AlkG）和红素氧还蛋白还原酶（AlkT）。电子传递过程为：AlkT 首先通过辅助因子 FAD 将电子从 NADH 传递给 AlkG，然后进一步传递到 AlkB（van Beilen et al.，2002a）。

尽管至今仍然没有获得 AlkB 的晶体结构，但是可以确定的是它含有 6 个跨膜区域和一个催化位点。这个活性位点包括 4 个 His 的保守基序，螯合两个铁原子。二铁原子簇允许 O_2 依赖型的烷烃通过底物自由基中间体进行活化（van Beilen et al.，2005b）。一个氧原子被转移到烷烃末端甲基上生成相应的醇，而另一个氧原子被 AlkG 转移的电子还原为 H_2O。AlkB 已经被认为是包含一个由 6 个跨膜螺旋形成的深疏水口袋，烷烃的分子可以滑入这个口袋，直到末端甲基到达螯合铁原子的 His 残基的正确位置。侧链突出的氨基酸进入疏水口袋，能够限制滑入口袋的烷烃分子的大小，允许末端甲基与催化的 His 残基进行正确排列。这些氨基酸的取代基使得较小的侧链也能允许更大的烷烃分子进入疏水口袋（Rojo，2009；van Beilen et al.，2005b）。

将电子转移到 AlkB 的红素氧还蛋白是一种小的氧化还原活性铁硫蛋白。*P. putida* GPo1 的 AlkG 包含两个红素氧还蛋白结构域，分别为 AlkG1 和 AlkG2（van Beilen et al.，2002a）。通过基因克隆和基因回补分析，研究了从烷烃降解细菌中提取的几个红素氧还蛋白，以确定其是否具有替代 *P. putida* GPo1 AlkG 的能力。研究表明，AlkG1 类型的红素氧还蛋白无法转移电子到烷烃羟化酶，但 AlkG2 类型能够转移电子到烷烃羟化酶且能够替代 AlkG。另外，AlkG1 类型的红素氧还蛋白被发现可能具有其他未知功能，有待研究者进行深入研究。

目前，在很多不同种属的细菌中也发现了与 AlkB 类似的烷烃羟化酶系统（Wang and Shao，2012b）。*P. putida* GPo1 中 AlkB 烷烃羟化酶可以氧化丙烷、正丁烷及 $C_5 \sim C_{13}$ 烷烃，但无法氧化甲烷、乙烷或大于 C_{13} 的烷烃。其他菌株中相似的烷烃羟化酶系统却能作用于 C_{10} 以上的烷烃，如 *Acinetobacter* sp. ADP1 能够利用 $C_{12} \sim C_{16}$（Ratajczak et al.，1998a，1998b）、*Pseudomonas fluorescens* CHAO 对 $C_{12} \sim C_{28}$ 有很好的降解作用（Smits et al.，2002）。目前，研究者已经发现 60 多种 *alkB* 基因的同源物，序列多样性较高（van Beilen et al.，2002b，2003）。

不同菌株中 *alk* 基因在基因组上的分布有显著差异。有些集中分布，成簇存在，有些则分散在基因组中的各个位置，如 *Pseudomonas fluorescens* CHAO 中存在 2 个相似的 *alkB* 基因，*alkB1* 负责中长链烷烃（大于 C_{12}）的降解，*alkB1* 缺失菌 *Pseudomonas fluorescens* KOB 2Δ1 则丧失了该功能，但当转入其他菌中的 *alkB* 基因后，降解烷烃功能恢复（Smits et al.，2003）。该方法为烷烃降解基因功能的鉴定提供了一种很好的思路。目前，*E. coli* 和 *Pseudomonas* 的穿梭质粒 pCOM 系列质粒，被认为是研究烷烃降解基因功能的好工具。该质粒含有 *P. putida* GPo1 菌中 *alkB* 基因的启动子和调节基因 *alkS*（Smits et al.，2001），在烷烃诱导下可以大量表达。目前有关革兰氏阳性长链烷烃降解菌中烷烃羟化酶系统的机制研究尚不完善，但许多微生物学研究人员对该领域表现出很高的兴趣。

本团队完成了 *Acinetobacter* sp. HC8-3S 的全基因组测序，大小 3 510 022bp，预测基因 4123 个。全基因组测序分析发现，参与烷烃代谢的基因分散在基因组中，并不聚集成簇或在一个操纵子上。*Acinetobacter* sp. HC8-3S 中编码 2 个烷烃单加氧酶同源副本、1 个红素氧还蛋白/红素氧还蛋白还原酶、4 个乙醛脱氢酶、3 个乙醇脱氢酶和 2 个酰基辅酶 A 合成酶。HC8-3S 菌株中起始烷烃降解的酶是烷烃羟化酶 AlkM，转录调控因子属于 AraC-XylS 类型。*Acinetobacter* sp. HC8-3S 菌株利用末端氧化途径代谢烷烃。烷烃被 *AlkM* 氧化成伯醇，然后经过乙醇脱氢酶和乙醛脱氢酶的催化转变为脂肪酸，最终经过 β 氧化进入三羧酸循环被彻底利用。利用差异蛋白组学技术研究 *Acinetobacter* sp. HC8-3S 菌株对石油胁迫的响应，石油诱导前后具有显著差异表达的蛋白质共 87 个，72 个蛋白质表达显著上调，15 个蛋白质表达显著下调。差异蛋白的基因本体（GO）分析显示，40%左右的改变位于细胞质及基质中，39%以上的变化与膜相关。这些结果表明，石油诱导后差异蛋白的表达，大多发生在各种膜上和细胞质中，而这些细胞组分的改变可能与石油烃的运输和降解代谢有关。

（3）细胞色素 P450 烷烃羟化酶

细胞色素 P450 是一类具有亚铁血红素结构的由超家族基因编码的单加氧酶，广泛存在于动物、高等植物、藻类、细菌及真菌等不同生物中。研究发现，细胞色素 P450 具有一个非共价结合的血红素和一段环绕半胱氨酸的包含 26 个氨基酸残基的保守序列。血红素铁接受电子被还原，然后与 CO 结合，能够形成特殊的亲和力，该复合物在 450nm 处有一个特异性的吸收峰，能够产生 P450 的特征光谱，这也是 P450 名称的来源。根据电子传递链的组成不同，P450 被分为两类：一类是 class I P450s，由细胞色素 P450、铁氧还蛋白和铁氧还蛋白还原酶三种组分组成；另一类是 class II P450s，由细胞色素 P450 和一个还原酶（FAD/FMN）组成。

第一个被报道的细胞色素 P450 成员是来自 *Acinetobacter* sp. EB104 的 CYP153A1，该酶属于 CYP153 家族中的 class I P450s 类群（Maier et al.，2001）。随后类似的酶也在 *Mycobacteria*、*Proteobacteria* 和 *Rhodococcus* 等中被发现（van Beilen et al.，2005a；2006）。从 *Mycobacterium* sp. HXN-1500 中纯化了 class I 型的细胞色素 P450，把该基因导入 *P. putida* 中进行异源表达，结果显示其能将 $C_6 \sim C_{11}$ 烷烃羟基化成 1-烷醇，具有很高的亲和力和区域选择性（Funhoff et al.，2006）。尽管 P450 与 AlkB 属于不同的蛋白质家族，但 P450 可以在功能上完成对 AlkB 突变体的互补，由此也可以证明 P450 在烷烃分解代谢中具有关键作用。

（4）长链烷烃羟化酶

长链烷烃羟化酶主要负责大于 C_{16} 长链烷烃的代谢，保证了微生物可以有效利用长链烷烃，但目前有关此类烷烃降解的研究相对较少。氧化 $C_{10} \sim C_{20}$ 烷烃的酶通常与 *P. putida* GPo1 的 AlkB 或 *Acinetobacter* sp. EB104 的细胞色素 P450 酶相关。然而，氧化

大于 C_{20} 烷烃的酶似乎完全不同。例如，*Acinetobacter* sp. M1 可以利用 C_{13}～C_{44} 烷烃生长。其中，M1 菌株中具有两个膜蛋白 AlkMa 和 AlkMb，它们与 GPo1 中的 AlkB 相似性很高（Tani et al.，2001）。*Acinetobacter* 菌珠 DSM 17874 包含至少三种烷烃羟化酶，其中两种被认为是 AlkB 的同系物，代谢 C_{10}～C_{20} 烷烃；第三种被命名为 AlmA，代谢大于 C_{20} 的烷烃（Throne-Holst et al.，2007）。与 *almA* 同源的基因已在其他几种长链正构烷烃降解菌株中被鉴定，包括 *Acinetobacter* sp. M1 和 *Alcanivorax borkumensis* SK2（Tani et al.，2001；Throne-Holst et al.，2007）。另外，在 *Geobacillus thermodenitrificans* NG80-2 中鉴定出另一种长链烷烃羟化酶 LadA，氧化 C_{15}～C_{36} 烷烃，生成相应的伯醇。有关晶体结构的研究证明了 LadA 是黄素依赖型氧化酶，属于细菌萤光素酶家族（Li et al.，2008）。降解大于 C_{20} 烷烃的菌株的相关功能酶系统依然没有被鉴定，这可能包括新的蛋白质。

3. 支链烷烃的好氧降解

通常情况下，支链烷烃比直链烷烃更加难降解。然而，一些菌株可以降解支链烷烃，如异辛烷（Solano-Serena et al.，2004）或姥鲛烷（Chen et al.，2017b）。*Alcanivorax dieselolei* B-5 降解姥鲛烷和植烷时，选择性地激活 *alkB1* 和 *almA* 的表达（Liu et al.，2011）。*Alcanivorax hongdengensis* A-11-3 在降解姥鲛烷的过程中，选择性地激活 *alkB1*、*P450-3* 和 *almA* 的表达（Wang and shao，2012b）。食烷菌能够降解支链烷烃，如姥鲛烷和植烷，这似乎为生存在石油污染的海水中的生物提供了竞争优势（Hara et al.，2003）。相比于正构烷烃，关于同化支链烷烃的代谢研究较少，其中可能涉及碳氢化合物分子的 ω 氧化或 β 氧化。

4. 烷烃氧化衍生物醇和醛的好氧降解

烷烃羟化酶作用于烷烃末端氧化生成相应的醇，通过醇脱氢酶（ADH）进一步氧化成醛。ADH 有很多种，一些使用 $NAD(P)^+$ 作为电子受体，而另一些则将电子转移到细胞色素或泛素（Rojo，2009）。大多数 $NAD(P)^+$ 独立的 ADH 以吡咯喹啉醌为假体组，命名为喹蛋白 ADH。一些细菌物种包含几种不同的 ADH，用于不同醇的同化。例如，*P. butanovora* 至少有 4 种不同的 ADH，对初生醇和次生醇的特异性不同（Vangnai and Arp，2001；Vangnai et al.，2002）。*Acinetobacter calcoaceticus* HO1-N 至少含有两种 ADH：一种表现出对癸醇的偏好，另一种则表现出对十四烷醇的活性较高。烷烃经过次末端氧化途径生成的仲醇可以被 ADH 进一步氧化成酮。*Gordonia* sp. strain TY-5 能够利用丙烷或 C_{13}～C_{22} 烷烃生长，通过 2-丙醇代谢丙烷，包含 3 个 NAD^+ 依赖的次级 ADH（Kotani et al.，2003）。

（二）烷烃的厌氧降解

在严格的厌氧条件下，烷烃通过一种不依赖氧气的机制被激活。在过去的几年里，研究者已经报道了几种能利用烷烃进行厌氧降解的菌株（Widdel and Rabus，2001）。在厌氧环境中，这些微生物能够利用硝酸盐或硫酸盐作为电子受体。烷烃厌氧降解的生长速度明显低于好氧降解，并且降解烷烃的种类也相对较少，但烷烃的厌氧降解在自然环境生物循环中起着非常重要的作用。研究表明，这些厌氧微生物通常只能以范围较窄的烷烃作为底物。例如，菌株 BuS5，一种硫酸盐还原细菌，属于 *Desulfosarcina/Desulfococcus*

簇（脱硫球菌），只能同化丙烷和丁烷（Kniemeyer et al.，2007）。

细菌利用烷烃的厌氧代谢途径通常包括两种成熟的策略：烷烃羧化途径和烷烃结合延胡索酸途径（Rojo，2009；Widdel and Rabus，2001）。烷烃羧化途径是通过羧化碳链的 C3 位置，除去两个次末端的碳原子，生成脂肪酸，如 Hdx3 对 $C_{12}\sim C_{20}$ 的代谢（Widdel and Rabus，2001）。烷烃结合延胡索酸途径发生在烷烃的次末端，通过添加延胡索酸分子，形成烷基链取代的琥珀酸衍生物。该反应通过自由基中间体（最有可能是一个甘氨酸自由基）的生成而发生（Rabus et al.，2001），该反应的产物进一步与 CoA 结合，完成 β 氧化。

二、芳香烃的代谢途径及机制

芳香烃，特别是多环芳烃，包括萘、蒽、菲等 150 多种物质，有很大一部分具有致癌、致畸、致突变的特性。芳香烃广泛存在于自然环境中，其由于溶解度低、毒性大、疏水性高，很容易在土壤和沉积物中积累，并且其生物降解性比饱和烃差，对环境和生命形态的破坏作用非常大，成为生物修复过程中的重点污染物。多环芳烃对人体的主要危害部位是皮肤和呼吸道，对人类生态环境和健康存在很大的危害，已经引起了世界各国的重视。

（一）芳香烃的来源和危害

目前，环境中的芳香烃来源主要分为天然来源和人为来源两大类。天然的芳香烃通过烟叶、胡萝卜等高等植物产生，可以作为潜在的生长因子类物质促进植物的生长；人为来源大致可分为化学工业污染源和生活污染源两类，如钢铁、石油化工等排放的废弃物中含有大量的芳香烃，冬天煤炭缺氧燃烧也容易产生多环芳烃。芳香烃多具有"三致"（致癌、致畸、致突变）效应，对人类健康和生态环境安全容易造成极大的威胁。美国环境保护署把 16 种多环芳烃列为环境中优先监测的污染物，相应地，我国也将其列为环境中优先监测的污染物。多环芳烃的稳定性和疏水性非常强，有利于其持久性地存在于环境中。加之其具有高脂溶性，很容易在动物肠道内吸收和富集，再经过食物链的放大作用迅速在各组织中分布。

PAHs 主要有以下两个方面的毒性：一是基于 PAHs 化学结构的特性，能够稳定地吸收可见光和紫外线，对紫外线辐射的光化学效应非常敏感。若长期暴露于 PAHs 和紫外线环境中，会导致损伤细胞组织中自由基的形成，加速破坏细胞膜，可能还会进一步损伤 DNA、蛋白质等生物大分子。二是 PAHs 进入生物体后，能够被细胞色素 P450 依赖的混合功能氧化酶羟基化，随后一些内源性分子（如谷胱甘肽等）在其他酶的作用下，与被氧化后的 PAHs 代谢产物结合，形成低毒产物甚至致癌物（Stegeman et al.，2001）。因此，PAHs 作为环境中的污染物，能形成一个对植物或动物群体产生不利影响的栖息地，导致有毒物质在食物链中的富集和积累，甚至能在某些情况下引发严重的人类健康问题（Kelley，1995；Stegeman et al.，2001）。

（二）细菌对芳香烃的降解

作为高毒性的持久性有机污染物，世界各国都投入了大量的人力、物力来进行 PAHs

的污染治理。大量实验表明，细菌在 PAHs 污染治理研究中发挥着最主要的作用，例如，降解菌的种类繁多，环境适应能力强，降解特异性强等（Morikawa，2010）。探究更多能力强的 PAHs 降解菌一直是国内外研究的重点。

多环芳烃中的萘（2 个苯环）和菲（3 个苯环）作为芳香烃的模式化合物，关于其降解方面的研究比较广泛和透彻。目前，很多不同的菌属，如假单胞菌属、红球菌属、芽孢杆菌属、节杆菌属、诺卡氏菌属等，能够有效地降解萘和菲（Rojo，2009；Lin et al.，2014b）。随着研究的不断深入，能够降解三环及以上 PAHs 的降解菌也被不断地分离出来。例如，四环的蒽、芘等可被 *Stenotrophomonas maltophilia* strain VUN10 降解；苯并芘作为五环 PAHs 的代表物，可被分枝杆菌属利用（作为碳源进行共代谢）。

芳香烃污染物降解的关键步骤是先被氧化，然后进行苯环的裂解（Ghosal et al.，2013）。微生物对芳香烃尤其是对多环芳烃的降解，大多是通过共代谢的方式完成的。多环芳烃降解的难易程度与其苯环数量、取代基团数量和位置等都具有重要的关系。随着苯环数量和分子量的增加，多环芳烃的毒性和致癌性等也增加。

（三）细菌对萘的降解途径

萘是分子量最小、毒性最低的 PAHs，对其开展的研究也是最全面的。目前，萘的降解途径大致分为 3 种，分别是水杨酸途径、龙胆酸途径和邻苯二甲酸途径。

1. 水杨酸途径

萘双加氧酶催化萘生成水杨醛，然后在水杨醛脱氢酶的作用下生成水杨酸，进一步生成儿茶酚。此后，儿茶酚通过邻位开环和间位开环这两种不同的代谢方式进一步代谢：一是在儿茶酚 1,2-双加氧酶的作用下邻位开环；二是在儿茶酚 2,3-双加氧酶的作用下间位开环，最终都可以形成能够进入 TCA 循环的小分子物质（Bosch et al.，2000）。

2. 龙胆酸途径

龙胆酸途径中，萘由双加氧酶起始催化，变成水杨酸，这一步与水杨酸途径类似，但后续反应明显不同。首先是由水杨酸 5-羟化酶催化水杨酸变成龙胆酸，然后由 1,2-双加氧酶继续作用形成顺丁烯二酸-单酰丙酮酸，最终进入 TCA 循环（Seo et al.，2009；Suenaga et al.，2009）。

3. 邻苯二甲酸途径

目前，研究者发现的邻苯二甲酸途径中关键酶系的种类还相对较少。有研究表明，一些萘降解菌能够在只以邻苯二甲酸为唯一碳源的情况下生长。另外，有研究者通过高效液相色谱也证实了萘降解菌在分解代谢过程中产生了邻苯二甲酸（Seo et al.，2009；Suenaga et al.，2009）。

（四）芳香烃降解基因和关键酶

细菌对多环芳烃的代谢过程，需要多种酶的共同作用。其中，催化多环芳烃羟基化的双加氧酶是一个关键酶，并且该过程具有高度特异性；催化单环芳烃氧化的邻苯二酚双加氧酶也非常重要，它能够使苯环彻底开环裂解，进一步生成小分子物质并进入 TCA

循环。负责起始芳香烃第一步双加氧反应的羟基化双加氧酶，是芳香烃降解过程中的重要酶类，对这个关键酶的研究一直是研究者的热点，大量关键酶的降解基因簇也被发现，如 *nah*、*nag*、*phn*、*phd* 和 *nid* 等（Bosch et al.，2000）。对这些酶的功能进行鉴定，有助于从分子水平上探究其分子机制，为实现降解菌株在石油污染环境中的生物修复应用奠定基础。

1. *nah* 基因簇

恶臭假单胞菌的 NAH7 质粒是首个被确定携带多环芳烃降解酶的代谢质粒，插入突变转座子后，该质粒的萘氧化途径中的多个步骤受到影响。其中，萘氧化基因由 2 个操纵子组成：一是 *nahABCDE*，主要负责编码水杨酸途径中的关键酶；二是 *nahGHIJK*，主要负责编码邻苯二酚裂解路径中的关键酶。*nah* 基因簇分布广泛，存在于多个质粒中，如 NAH7、pDTG1、pKA1 等（Bosch et al.，2000）。

2. *phn* 基因簇

phn 基因簇广泛存在于芳香烃降解菌中，如 *Burkholderia* sp. RP007，相应可读框是 *phnRSFECDAcAdB*。与 *phn* 基因簇相似的基因簇包括 *phnCF* 和 *phnAaBAcAdD* 等（Seo et al.，2009；Suenaga et al.，2009）。根据目前报道的多环芳烃降解菌株，*phn* 基因并非起最关键作用，但研究表明，自然污染环境中可培养或非可培养的菌群中，*phn* 的基因数均大于 *nah* 的基因数。

三、小　　结

在过去的许多年里，通过研究者的不断探索，关于微生物如何降解石油烃获得了很多新的见解，但仍有很多问题尚不明晰。例如，尽管对短链烷烃和中链烷烃降解酶的作用有了较好的解释，但相应的酶结构特征尚需要进一步解析；不同酶之间的异同点尚不明确等。阐明分解代谢的作用机制，掌握石油烃降解基因表达的全局调控，对于理解石油烃自然降解及设计更加有效的生物修复策略是很有必要的。由于微生物种类不同，其降解途径可能不尽相同，目前的研究还远远不够，仍然需要我们付出更多的努力。

第四节　石油烃的趋化机制

趋化是生物体在环境中沿化学浓度梯度的主动运动，通过感应环境信号和调整鞭毛旋转方向获得。这种行为允许生物体靠近或远离特定的化学物质，为其生存和生长寻求一个最佳的环境。通常，正趋化物能够为生物体提供碳源和能源，负趋化物则对生物体具有毒害作用。石油烃可以作为很多细菌的碳源和能源，也被证明是某些生物的化学效应物。尽管目前石油烃类降解的代谢途径已经被研究得比较透彻，但是相应的趋化机制研究仍然较少。

许多趋化反应是不依赖代谢的，即不能被微生物代谢的化学物质也可以作为趋化效应物，另外很多细菌也表现出代谢依赖型的能量趋化反应。许多烃类降解细菌具有对烃类和化学衍生物进行探测、反应的感受系统。趋化作用可能是通过使细胞更好地接触目标物质的方式，增加烃类物质的生物可利用度。然而，能够降解烃类的细菌必须在获取足够的烃类促进生长和避免有毒物质毒害菌体这两者之间保持平衡。本节阐述了目前我们在烃类物质的正向和负向趋化反应机制,以及通过能量趋化对可代谢化合物的反应机制方面进行的研究。

一、趋化反应蛋白及模型

细菌主要通过二元信号系统(TCS)完成趋化反应。二元信号系统由膜传感蛋白和细胞质内调节蛋白组成。首先,膜传感蛋白感知外界化学效应物对细菌产生的刺激,然后细胞质内调节蛋白相应的化学刺激转变成有效的鞭毛运动信号,最终产生特定的趋化运动。

该二元信号系统在大肠杆菌和枯草芽孢杆菌中被研究得比较清晰(Parkinson et al.,2015)。该二元信号系统具有甲基受体趋化性蛋白(methyl-accepting chemotaxis protein,MCP)感受信号刺激,Che 家族蛋白有组氨酸激酶 CheA、偶联蛋白 CheW 和多种调节蛋白 CheY/B/R 等。在细菌的一般趋化模型中,MCP、CheW、CheA、CheY 和运动装置是趋化性细菌必备的核心组分,CheB 和 CheR 几乎存在于所有趋化性细菌中,而 CheZ、CheC、CheX、CheV 和 CheD 等是可能存在的组分。

运动细菌的趋化反应信号传导过程主要包括以下几个步骤:感受器蛋白 MCP 细胞膜内侧部分通过 CheW 与 CheA 结合,形成复合体 MCP-CheW-CheA。当 MCP 未与趋化物结合时,该复合物中 CheA 处于磷酸化状态(CheA-P),CheA-P 使胞浆中 CheY 和 CheB 磷酸化,分别形成 CheY-P 和 CheB-P,CheY-P 结合到鞭毛马达上,启动鞭毛顺时针旋转,细菌做原地翻转运动。当存在趋化物时,细菌发生趋化反应。趋化反应包括 3 个阶段:①感应阶段,MCP 感知并结合趋化物,其构象发生改变,CheA 磷酸化水平被抑制;②反应阶段,未磷酸化的 CheY 启动鞭毛逆时针旋转,细菌做趋化运动;③适应阶段,CheB 和 CheR 通过调节 MCP 的甲基化水平影响 CheA 的磷酸化,进一步调节 CheY 的磷酸化,而 CheY 的磷酸化决定鞭毛的旋转方向。例如,CheR 可使 MCP 甲基化而失去与趋化物结合的能力,CheA 自身磷酸化,导致细菌做原地翻转运动;CheB 磷酸化激活后可去除 MCP 上的甲基,使其与趋化物结合,CheA 自身磷酸化被抑制,细菌做直线趋化运动。CheY-P 信号能够被 CheZ 或 CheC 终止,*Bacillus subtilis* 中的鞭毛开关蛋白 FliY 能增强 CheY-P 的水解,它的 C 区与大肠杆菌的 FUN 同源,N 区与另两个趋化蛋白 CheC 和 CheX 同源。

二、趋化实验方法

细菌感受化学浓度梯度变化,促进细胞聚集到化学效应物附近,测定细菌趋化性的定性和定量实验方法就是基于这一基本原理产生的。有些方法对于分析烃类的趋化性特别适用,有些则较难适用,特别是对于挥发性的化学物质。我们对目前常用的趋化分析方法进行了综述,包括游动平板法、梯度平板法、琼脂糖塞子法、滴定分析法、毛细管法和时间测定法。

(一)游动平板法

探究软琼脂培养基中存在的可代谢化合物的趋化作用,可以用软琼脂游动平板法

（Harwood et al.，1994）。当把细菌接种于含有低浓度琼脂（通常是 0.3%）的培养皿中央时，细菌会利用该化学效应物生长，因此培养皿中就会产生该物质的化学浓度梯度。细胞沿着不同浓度梯度的化学效应物向平板边缘游动，产生一个趋化圈，直观地展现趋化现象。但是，在该方法中，只有可代谢化合物才能作为化学效应物进行检测。另外，由于化学物质可以在培养基中蒸发和重溶，干扰了化学浓度梯度的形成，该方法不太适用于挥发性效应物。

（二）梯度平板法

梯度平板法在游动平板法基础上进行了改变，把琼脂糖塞子作为效应物的来源（Pham and Parkinson，2011）。细胞利用存在于整个软琼脂中的替代碳源进行生长，并对塞子中扩散的效应物做出趋化反应。在这种情况下，细胞不依赖效应物而代谢生长或产生浓度梯度，因此该方法可用于评估非代谢依赖型效应物的趋化。

（三）琼脂糖塞子法

琼脂糖塞子法可以定性地观察物质的趋化性（Yu and Alam，1997）。在该方法中，首先将化学效应物溶解在琼脂糖中，并取一滴放在显微镜载玻片和盖玻片之间，然后将运动细菌的重悬液围绕塞子分散开。通常在几分钟内就可以观察到细胞聚集在琼脂糖塞子周围，形成一个趋化圈。由于反应非常迅速，而且反应室几乎完全封闭，限制了挥发速率，因此该方法可用于测定挥发性化合物的趋化反应，如石油烃（Parales et al.，2000）。在琼脂糖塞子法中，细胞不需要利用效应物生长。

（四）滴定分析法

滴定分析法（Grimm and Harwood，1997）与游动平板法和琼脂糖塞子法都有一些相似之处。对于滴定分析法，细胞悬浮在培养皿的黏性溶液中，并把效应物滴入细胞悬浮液的中心，效应物通过扩散形成一个浓度梯度，导致细胞在效应物周围形成一个趋化圈，该过程时间比较短（约 15min）。在滴定分析法中，细胞不需要利用效应物生长。

（五）毛细管法

毛细管法可以定性或定量地分析趋化行为（Grimm and Harwood，1997）。在该实验中，细胞能够对从毛细管扩散到运动细胞重悬液的效应物形成的浓度梯度做出响应。趋化细胞沿着效应物浓度梯度游动。在毛细管定性分析中，采用琼脂糖等固化剂填充在毛细管中，以阻止细胞进入。这导致趋化细胞成团聚集在毛细管口附近，该现象能够在显微镜的低倍镜下观察到。毛细管定性分析适用于溶解性差和挥发性化合物的趋化反应检测。

（六）时间测定法

时间测定法是用来监测悬浮状态下的细胞在效应物加入后的行为变化的。计算机辅助运动分析需要专业的软件，被用于定量地分析趋化行为（Harwood et al.，1989）。人工时间测定，通过直接监测细菌对效应物的适应性，或通过后续的录像资料，可以为定量地分析趋化行为提供数据（Parales，2004）。

三、烷烃和烯烃的趋化研究

墨西哥湾发生的深水地平线原油泄漏事件，引起了研究者的广泛关注。对样品进行宏基因组学和宏转录组学分析，结果发现，微生物群落中海洋螺菌目（Oceanospirillales）成为优势菌，并且烷烃代谢基因在沉积物中均有很高的表达（Mason et al.，2012）。傅里叶变换红外光谱显示，油滴被细菌包围，Oceanospirillales 中烷烃降解基因、运动基因和趋化基因高表达，这些都为细菌对水体中烃类的趋化提供了证据。

从汽油污染土壤中分离得到的 *Flavimonas oryzihabitans*（黄单胞菌）对汽油中的正十六烷和烃类具有趋化作用。利用毛细管法和琼脂糖塞子法，研究了该菌对汽油和正十六烷的趋化现象，但化学感受器尚未得到鉴定（Lanfranconi et al.，2003）。*Pseudomonas synxantha* LSH-7'对正十六烷的趋化反应与 *Flavimonas oryzihabitans* 类似（Meng et al.，2017）。Smits 等（2003）的报道显示，对正十六烷的趋化可能是烃降解细菌的普遍现象，如 *P. aeruginosa* PAO1 也能产生这种反应。据预测，在 *P. aeruginosa* PAO1 基因组中，位于烷烃羟化酶基因 *alkB1* 下游的 *tlpS* 基因能够编码甲基受体趋化性蛋白，在烷烃的趋化中具有重要的作用。类似地，在 *P. putida* GPo1 中，位于 OCT 质粒上的烷烃降解基因簇中的 *alkN* 基因能够编码甲基受体趋化性蛋白，与烷烃趋化相关（van Beilen et al.，2001）。但是，*P. putida* GPo1 的运动性不足以进行趋化实验。此外，从氯酚污染的土壤中分离出的 *Pseudomonas* sp. strain H 对正十六烷、1-十二烯、1-十一烯和煤油都具有趋化作用，这些物质都可以作为该菌株的生长基质，但相应的趋化受体没有得到鉴定（Nisenbaum et al.，2013）。

四、芳香烃的趋化研究

研究表明，甲苯降解菌株 *P. putida* F1、*P. putida* DOT-T1E 和 *Burkholderia vietnamiensis* G4 在甲苯诱导下对甲苯具有趋化反应（Lacal et al.，2011；Parales et al.，2000）。*P. putida* F1 可以以苯和乙苯为唯一的碳源与能源，并且能够产生趋化效应。*P. putida* F1 对异丙基苯和萘具有趋化效应，但无法利用其进行生长（Parales et al.，2000）。*P. putida* F1 的突变体不能降解甲苯，但仍然对甲苯具有趋化效应，说明甲苯是直接的效应物。在 *P. putida* F1 中，甲苯的分解代谢和趋化都是受控于 *todST* 编码的两组分调控系统。*todS* 或 *todT* 突变株无法对甲苯进行趋化（Parales et al.，2000）。以上结果表明，尽管甲苯化学感受器尚未得到鉴定，但甲苯的趋化和分解代谢在 *P. putida* F1 中具有遗传上的联系。编码甲基受体趋化性蛋白的 *mcpT* 基因有两个近似的拷贝，对甲苯具有很强的趋化反应，被称为"超趋化"，该基因是在菌株 *P. putida* DOT-T1E 的 pGRT1 大质粒上被发现的（Lacal et al.，2011）。这两个拷贝中任何一个失活都会削弱甲苯的趋化，但并不能完全消除该趋化反应。另外，*P. putida* KT2440 是一种不具有甲苯趋化能力的菌株，但把 *mcpT* 基因克隆到多拷贝载体并引入 KT2440 菌中时，该菌获得了对甲苯的正向趋化反应。另外，*mcpT* 也被证明对原油的趋化具有作用（Krell et al.，2012）。

据报道，*P. putida* G7、*Pseudomonas* sp. NCIB 9816-4、*P. putida* RKJ1 和 *Ralstonia* sp.

strain U2 这 4 株菌都能够代谢萘,并且都对萘具有趋化效应(Grimm and Harwood,1997;Samanta and Jain,2000)。NahY 是 *P. putida* G7 的趋化感受器,它是一个甲基受体趋化性蛋白,由 NAH7 质粒上的萘分解代谢基因的下游区域编码。*nahY* 基因的失活导致萘趋化能力的丧失(Grimm and Harwood,1999)。研究者定量分析了 *P. putida* G7 对萘的趋化反应,并根据该数据描述了萘趋化的数学模型(Marx and Aitken,1999,2000b)。然而,与水相萘相比,气相萘成为排斥物而非效应物,这可能会影响处于空气-水界面的趋化细菌对挥发性有机化合物的生物降解效率(Hanzel et al.,2010)。

利用野生型 *P. putida* G7、一种非运动突变体和缺乏 *nahY* 的非趋化突变体进行的实验表明,趋化增强了生物降解(Marx and Aitken,2000a)。同样的实验设计也被用于证明非水相液体中趋化细菌能够更加高效地降解萘(Law and Aitken,2003)。以 *P. putida* G7 为模型,研究微生物在萘均匀分布的连续流砂填料柱中的停留时间。相对于趋化突变体,野生型 *P. putida* G7 柱分散度增加三倍,回收率显著提高(Adadevoh et al.,2016)。这些研究为证明运动和趋化微生物在生物修复应用事例中特别是在污染物分布不均匀或被土壤吸附的环境中的有效性提供了证据。

此外,研究者已报道了联苯降解菌株对联苯的趋化作用。例如,*Pseudomonas* sp. strain B4 能够代谢联苯和氯代联苯,对它们具有趋化作用,并且该趋化反应也不需要诱导(Gordillo et al.,2007)。同样地,*Pseudomonas pseudoalcaligenes* KF707 是一种研究比较深入的联苯和多氯联苯(PCB)降解菌,对联苯表现出趋化反应。然而,当用苯甲酸盐或联苯培养 KF707 菌株时,其对联苯、PCB 降解中间体、2-氯苯甲酸盐和 3-氯苯甲酸盐的趋化都能够被诱导(Tremaroli et al.,2010)。

五、趋化排斥反应

趋化排斥反应,是运动细菌为避免遭受环境中化学物质的毒害而做出的响应。根据目标化学物质浓度的不同,有些细菌对目标物既可以表现出正趋化效应,又可以表现出负趋化效应。例如,尽管 *P. putida* F1 对甲苯表现出一种可诱导的正趋化效应,但当甲苯浓度很高时,它却具有负趋化效应(Parales et al.,2000)。几种海洋假单胞菌对氯仿、甲苯和苯也具有负趋化反应(Young and Mitchell,1973)。此外,*P. aeruginosa* 对三氯乙烯、四氯乙烯、1,1,1-三氯乙烷、氯仿和二氯甲烷均表现出排斥反应(Shitashiro et al.,2003)。对三氯乙烯和氯仿的排斥反应需要趋化簇Ⅰ *cheYZABW* 和 *cheR*,以及编码甲基受体趋化性蛋白的 *pctA*、*pctB*、*pctC* 的共同作用(Shitashiro et al.,2005)。

六、小　　结

由于烃类本身具有毒性,大多数细菌能够耐受的烃类范围相对较窄,细菌可能通过对烃类的正趋化和排斥反应获得最佳的生长浓度。当较低的烃类生物可利用度导致化合物浓度有限时,细菌对烃类主动感知和响应的能力能够增强其竞争优势,此种方式有助于加强细菌与其他携带目的污染物降解相关代谢质粒的生物的密切接触,进而刺激分解代谢质粒在环境中的传播,以此增强细菌的抗氧化能力和种群的生物降解能力。尽管自然界中存在许多烃类降解细菌,能够对烃类具有趋化反应,但细菌感知烃类物质的分子机制仍然不清楚。在许多情况下，细菌对烃类的趋化反应是诱导型的。在某些情况下，趋化反应依赖于底物的代谢，并涉及能量趋化受体的参与。这些结果表明，对烃类物质的趋化可能在遗传、生理和/或生物能量上与代谢相关。趋化可能是通过感知细胞能量状态、分解代谢的中间产物或环境中烃分子本身的存在而加强细菌与目标物的接触和利用。

第五节　石油烃的代谢调控机制

近几年的研究已经产生了许多关于微生物降解石油烃机制的新见解，"组学"策略的应用帮助我们更好地了解微生物细胞内的代谢网络及微生物对烷烃的趋化、转运、基因表达调控和降解的整个过程。参与石油烃降解的基因的表达在微生物细胞内受到严格调控。

一、烷烃代谢调控

尽管烷烃降解菌的遗传背景和降解特性各不相同，但它们都能对烷烃产生反应，并诱导与烷烃吸收、运输和代谢相关的细胞通路。微生物细胞内催化对烷烃氧化分解有多种方式，即单末端氧化、双末端氧化和次末端氧化等，氧化分解过程在细胞内受到严密的调控，以促使微生物能够最高效地利用石油烃作为碳源和能源。微生物细胞内烷烃降解代谢调控因子众多，在这里对几种主要的调控因子进行分析，主要包括 LuxR/MalT、AraC/XylS、Crc、Cyo、LysR、TetR、BmoR 和 AlmR 等家族。

（一）LuxR/MalT 家族

在 *Pseudomonas putida* GPo1 中，OCT 质粒编码 $C_3 \sim C_{13}$ 烷烃降解所需的基因有 *alkBFGHJKL* 和 *alkST* 两个基因簇。迄今鉴定的基因位于 OCT 质粒的两个不同区域。AlkS 是激活 *alkBFGHJKL* 操纵子表达所必需的。在烷烃存在的情况下，*alkBFGHJKL* 操纵子由启动子 *PalkB* 转录，其表达需要转录激活因子 AlkS。*alkBFGHJKL* 操纵子编码烷烃羟化酶、血红素氧还蛋白、醛脱氢酶、醇脱氢酶、酰基辅酶 A 合成酶和外膜蛋白；第二个基因簇含有 *alkS* 和 *alkT*，它们编码 LuxR-UhpA 样调节因子和血红素氧还蛋白还原酶（van Beilen et al.，1994）。

由 *P. oleovorans* OCT 质粒的 *alkS* 基因编码的 AlkS 调节因子调节 *alkBFGHJKL* 操纵子的转录表达。AlkS 蛋白对其自身基因的表达产生负调节和正调节作用（图 15-3）（Canosa et al.，2000）。在不存在烷烃的情况下，*alkS* 由启动子 *PalkS1* 表达，被 σS-RNA 聚合酶识别，AlkS 负调节启动子，限制 *alkS* 的表达。当环境中存在烷烃时，AlkS 强烈地抑制 *PalkS1* 并同时激活位于 *PalkS1* 下游的 *PalkS2* 启动子。*PalkS2* 的活化允许有效转录 *alkS*，促进 *alkBFGHJKL* 操纵子转录。当向细胞提供可优先利用的碳源时，通过分解代谢物抑制来调节 *PalkS2* 的转录。*alkS* 的表达受反馈机制调节，当存在烷烃时，其导致 *alkS* 的转录快速增加，允许快速诱导 *alkBFGHJKL* 操纵子转录，当烷烃耗尽时，*PalkS2* 快速关闭，抑制操纵子转录。

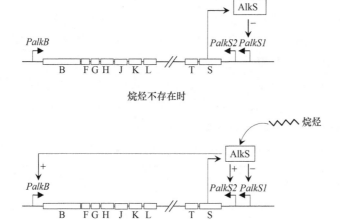

图 15-3　AlkS 调节的烷烃氧化途径

+. 正调节；−. 负调节。B、F、G、H、J、K、L 组成操纵子 alk BFGHJKL；T. *alkT*；S. *alkS*

（二）AraC/XylS 家族

AraC/XylS 家族成员在调控微生物转录方面有重要的作用。AraC/XylS 家族的成员分布广泛，包括 100 多种蛋白质和多肽（Gallegos et al.，1997）。该家族大多数成员含有 250～300 个氨基酸，其调控的靶基因功能主要涉及碳代谢、应激反应和发病机制等（Skredenske et al.，2013）。AraC/XylS 家族的大多数调节因子识别启动子的多个结合位点，在效应物存在的情况下激活启动子刺激转录。

Acinetobacter sp. ADP1 能够利用 12 个碳原子以上的长链烷烃作为唯一碳源和能量来源。这个代谢过程至少需要 5 个必需基因：血红素氧还蛋白基因 *rubA*、血红素氧还蛋白还原酶基因 *rubB*、烷烃羟化酶基因 *alkM*、AraC/XylS 家族转录调控因子 *alkR* 和与分泌有关的 *xcpR*（Ratajczak et al.，1998b）。*alkM* 的转录严格依赖于 AlkR 且可被不同碳原子数的烃诱导；*alkM* 可被烷烃氧化衍生物抑制，而 *alkR* 以低水平转录（Ratajczak et al.，1998a）。

CYP153 是细胞色素 P450 超家族中最常见的中链烷基羟化酶之一，在烷烃降解菌中广泛表达，可以与 AlkB 合作降解不同的碳链烷烃（Liang et al.，2016a；Schneiker et al.，2006；Wang and Shao，2012a）。*AraC* 家族调节因子普遍存在于 *CYP153* 基因的上游，其在 CYP153 基因转录中具有通用调节作用。在 *Alcanivorax hongdengensis* 中编码属于 AraC 家族的转录调节因子的基因位于 *P450-1* 和 *P450-2* 基因附近（Wang and Shao，2012b）。*A. borkumensis* 有三个编码 CYP153 家族细胞色素 P450 的基因，*P450* 基因的转录调控因子属于 AraC 家族，位于 *P450-1* 附近（Schneiker et al.，2006）。位于 CYP153 基因簇上游的 AraC 家族调节因子 *CypR* 对 *Dietzia* sp. strain DQ12-45-1b 的 CYP153 具有转录调控作用（Liang et al.，2016a）。*CypR* 是 CYP153 基因启动子的激活因子。当 *CypR* 基因缺失时，CYP153 基因启动子活性和 CYP153 基因转录水平不能被烷烃诱导。AraC 家族转录调节因子的蛋白质表达调节机制仍然很大程度上未知，在调节相应 *P450* 基因转录中的详细作用仍需要进一步研究。

（三）Crc 家族

在 *P. putida* 细胞内存在两个整体调控网络：一个网络依赖于调节蛋白 Crc，而另一个网络依赖于细胞色素泛醇氧化酶（cytochrome O ubiquinol oxidase，Cyo）（Dinamarca et al.，2003）。Crc 调控网络受碳源浓度抑制，属于分解代谢物抑制调控机制；Cyo 调控网络受细胞色素泛醇氧化酶表达水平的影响，是细胞内一种普遍的生理性调控机制。这两个调控网络相互叠加，但又相互独立。

Crc 是 RNA 结合蛋白，Crc 通过与 alkS mRNA 的翻译起始区结合来调节 AlkS 水平，从而抑制翻译（Moreno et al.，2007，2009）。Crc 对烷烃降解途径诱导的抑制，不仅表现在对 AlkS 翻译的抑制上，还表现在对 *P. putida* 中整个烷烃降解途径中基因转录的抑制上（Hernandez-Arranz et al.，2013）。因为 AlkS 是以有限数量存在的不稳定蛋白质，降低其水平导致途径中所有基因的表达降低。Crc 在转录后起作用，通过抑制利用非优选碳源的基因表达来优化碳代谢，实现控制碳源的分级利用（Daniels et al.，2010；La Rosa et al.，2014）。

（四）Cyo 家族

cyo 操纵子编码细胞色素泛醇氧化酶，是呼吸链分支的末端氧化酶。Cyo 是电子传递链的一个组成部分，在抑制烷烃降解基因诱导的全局控制中起关键作用（Dinamarca et al.，2003）。Cyo 是 *P. putida* 中表达的 5 种末端氧化酶之一，Cyo 部分失活能降低对烷烃降解途径的抑制作用，而其他 4 种末端氧化酶的失活都没有降低抑制作用（Dinamarca et al.，2002；Morales et al.，2006）。Cyo 参与基因表达的全局调控，影响许多其他基因的表达，传递有关电子传递链活动的信息以协调呼吸和碳代谢，是 *P. putida* 细胞整体调控网络的一个组成部分（Morales et al.，2006；Petruschka et al.，2001）。环境中碳源和氧气的可利用度决定降解基因的成功表达，编码末端氧化酶亚基的 *cyo* 基因的表达水平受氧含量水平、碳源和乳酸分解代谢的影响，并且 Cyo 对烷烃降解基因的表达具有负调节作用，调节水平与烷烃降解抑制程度之间存在明显的相关性（Dinamarca et al.，2002，2003）。但是，在 *Achromobacter* sp. HZ01 石油烃降解过程中 Cyo 编码基因的转录水平不受影响（Hong et al.，2016）。在 *Alcanivorax dieselolei* 中，正辛烷、正十二烷、正十六烷或正二十四烷作为唯一碳源时，Cyo 的亚基 CyoD 表达显著下调；而在正二十八烷、正三十二烷和姥鲛烷存在的情况下被上调（Wang and Shao，2014）。

Cyo 参与了烷烃降解途径的调节，然而确定的作用机制仍然未知。*Cyo* 基因的失活影响编码有机酸转运蛋白、孔蛋白、转录调节因子、末端氧化酶等的许多基因的表达。Cyo 的活化过程及如何转化为转录调节信号的过程仍然未知。

（五）LysR 家族

在 *P. aeruginosa* SJTD-1 中的烷烃单加氧酶 AlkB 负责中长链正烷烃的羟基化，LysR 家族成员 CrgA 蛋白可以调节 AlkB2 对中长链正构烷烃（$C_{14} \sim C_{20}$）的降解（Ji et al.，2019）。CrgA 直接结合在 *alkB2* 启动子区域的两个特异性位点，而且不完美的镜像重复结构对于 CrgA 的识别和结合非常关键。烷烃代谢中间体对 CrgA 具有正向调节作用，十六烷基辅酶 A 和十八烷基辅酶 A 可以有效释放 CrgA 并启动 *alkB2* 的转录。在中长链正烷烃（C_{14}~C_{20}）存在下，CrgA 的基因缺失可显著增强 *alkB2* 的转录和表达。因此，CrgA 是铜绿假单胞菌 SJTD-1 的中长链正烷烃代谢负调节因子。

（六）TetR 家族

Dietzia sp. strain DQ12-45-1b 通过产物反馈机制被 TetR 家族阻遏物 AlkX 负调节烷烃的氧化（Liang et al.，2016b，2017）。AlkX 位于烷烃羟化酶-红素氧还蛋白融合基因 *alkW1* 的下游，以正十六烷为唯一碳源时，研究者发现 DQ12-45-1b 内 *alkX* 和 *alkW1* 共转录，形成了一个参与正烷烃氧化的操纵子（Liang et al.，2016b）。AlkX 与该操纵基因上游 48bp 反向重复序列结合。在长链脂肪酸（C_{10}~C_{24}）存在下，AlkX 与 DNA 结合的亲和力被破坏，能够感知正烷烃降解代谢物的浓度。AlkX 以代谢产物依赖性方式控制 *alkW1* 表达。生物信息学分析表明，这种烷基羟化酶基因调控机制可能在放线菌中很常见。当 *alkX* 缺失时，正十六烷诱导的 AlkW1 表达水平没有明显变化。然而，当葡萄糖为唯一碳源时，*alkX* 缺失能够显著升高 AlkW1 的表达水平。AlkX 作为 *alkW1* 表达的阻遏物，正烷烃的存在可以使其发挥抑制作用；*alkX* 与 *alkW1* 共转录，同时负调节其自身的表达。

（七）BmoR 家族

P. butanovora 使用由醇诱导的烷烃单加氧酶 BMO 催化 C_2~C_8 正烷烃。调控因子 BmoR（σ54 依赖性调节因子）可激活 BMO 以氧化 C_2~C_8 正烷烃。在 *P. butanovora* 中，BMO 的结构基因被转录为一个多顺反子 mRNA，σ54 结合序列位于 BMO 操纵子的 5′端（Sluis et al.，2002）。BmoR 位于 BMO 操纵子上游，编码类似于 σ54 转录调节因子的多肽（Kurth et al.，2008）。BmoR 含有 σ54 转录调节因子的所有必需结构域，包括活化作用结构域、ATP 酶结构域和 C 端螺旋-转角-螺旋 DNA 结合结构域（Rappas et al.，2007；Schumacher et al.，2006），还包括 N 端与 3-羟基丁酮代谢转录调节因子 AcoR 相似的结构域（Kruger and Steinbuchel，1992）。相对于短链烷烃（C_2~C_5），BmoR 对于 C_6~C_8 烷烃的代谢更重要。*bmoR* 基因失活能减缓 *P. butanovora* 对 C_2~C_5 烷烃的代谢，并且在 120h 内不能利用 C_6~C_8 烷烃生长。通常 σ54 依赖性启动子被严格调控，响应特定信号启动转录，但 BmoR 能对广泛的底物（C_2~C_8）产生响应。在 *P. butanovora* 中的 BMO 展现出两种不典型的 σ54 依赖性启动子的表型。BMO 可以被碳饥饿、正烷烃氧化的醇和醛产物诱导。BmoR 缺失后 BMO 仍可以被碳饥饿诱导。

（八）AlmR 家族

AlmR 抑制烷烃单加氧酶 AlmA 的表达并调节 *Alcanivorax dieselolei* 长链烷烃的代谢（Wang and Shao，2014）。负调节蛋白 AlmR 直接调节黄素结合单加氧酶基因 *almA* 的表达，其与以前发现的调节蛋白没有同源性。在短链或中长链烷烃（C_8、C_{12}、C_{16} 和 C_{24}）存在时，破坏该基因不会显著影响该菌的生长。有趣的是，AlmR 能够同时下调 *almA* 和外膜蛋白基因 *ompT-1* 的表达。AlmR 的负调控作用对长链烷烃和支链烷烃具有专一性。长链烷烃和支链烷烃能够显著降低 *almR* 的表达，随后增强 *almA* 和 *ompT-1* 的表达。与野生型菌株相比，*almR* 的失活显著增强 *A. dieselolei* 对长链烷烃（包括 C_{28}、C_{32}、C_{36} 和姥鲛烷）的代谢利用。在黄素结合单加氧酶基因 *almA* 的上游相同的方向上鉴定出烷烃代谢调节蛋白基因 *almR*。当以正辛烷、正十二烷或正十六烷作为唯一碳源时，*almR* 的表达上调。当利用正二十四烷、正三十二烷或姥鲛烷时 *almR* 未被诱导，实际上 *almR* 表达被正三十二烷或姥鲛烷显著下调。

微生物烷烃代谢酶的底物谱通常重叠，并且每种菌株总是具有两种以上的单加氧酶以实现对不同长度烷烃的有效羟基化。因此，在不同的微生物中必然存在各种转录调节因子和多种转录模式。然而，对于这些烷烃代谢酶系统及其功能机制仍然不是很清楚，需要进行更加深入的研究。

二、PAHs 代谢调控

一旦 PAHs 进入微生物细胞，下一步就是转录降解基因以产生所需的酶。目前已发现降解基因是可诱导的，仅在某些条件下表达。调节因子可以在诱导物存在下作为转录激活因子促进相关基因的转录表达，在不存在诱导物的情况下可以充当转录抑制因子抑制功能基因的转录表达，节约能量。

然而，降解基因的转录不仅依赖于其特异性调节和诱导信号，还依赖于个体启动子的活性，与细胞的代谢和能量状态相关联。这种叠加的调节机制依靠细胞内与转录靶向调节位点（顺式作用元件和反式作用元件）相互作用的整体调节因子，如宿主整合因子（integration host factor，IHF）、cAMP 受体蛋白（cAMP receptor protein，CRP）、σ 因子、PtsN 蛋白（IIANtr）和信号素(p)ppGpp。TCA 循环的中间体或产物可通过直接作为特异性调节蛋白的抑制剂或者通过确定细胞的能量状态来调控功能基因的转录（Diaz and Prieto，2000）。

低分子量 PAHs 和高分子量 PAHs 及其代谢物之间的相互作用在分解代谢酶的转录诱导中起重要作用。一方面，低分子量 PAHs 和高分子量 PAHs 及其代谢物之间可以产生协同作用（Mohan et al.，2006）。一种菌株中低分子量 PAHs 分解产生的代谢产物可以通过交叉诱导和共代谢增强其他菌株中分解代谢酶的诱导（Koukkou and Drainas，2008）。另一方面，低分子量 PAHs 和高分子量 PAHs 及其代谢物可能会由于底物竞争或微生物毒性而引起转录抑制作用（Demaneche et al.，2004）。

P. putida strain AK5 是含有 *nah1* 操纵子和 *nahR* 基因的天然菌株，首次被发现可以通过水杨酸盐和龙胆酸盐代谢萘。经典的 *nah1* 操纵子和新型 *Sgp* 操纵子（水杨酸-龙胆酸途径）均参与 *P. putida* strain AK5 的萘降解（Izmalkova et al.，2013）。*P. putida* strain AK5 中分解代谢萘的基因定位于 IncP-7 质粒 pAK5 上。*Sgp* 操纵子包括 6 个可读框（ORF）（*sgpAIKGHB*）。4 个 ORF 分别编码水杨酸 5-羟化酶-氧化还原酶（SgpA）、氧化酶组分的大小亚基（sgpG 和 sgpH）和 2Fe-2S 铁氧还蛋白（SgpB）。龙胆酸 1,2-双加氧酶（SgpI）和丙酮酸水解酶（SgpK）的基因位于 *sgpA* 和 *sgpG* 之间的水杨酸 5-羟化酶基因中。*Sgp* 操纵子的转录调节因子（*sgpR*）位于 *sgpA* 基因的上游，并且与 *sgpA* 的方向相反，可以被萘代谢中间体水杨酸诱导。*sgpR* 的产物属于转录激活因子的 LysR 家族（Filatova et al.，

2017)。在水杨酸盐存在下，*Sgp* 操纵子的转录增加了三个数量级。

现在对芳香烃降解所涉及的特定酶和途径有了较好的理解，特别是芳香烃通过第一步的末端双加氧酶进行有氧代谢。然而，利用宏基因组学方法的研究发现新基因的速度远快于针对目前降解基因的分析。因此，很多 PAHs 的生物降解基因的调节机制仍然不清晰。PAHs 分解代谢操纵子中各种调节蛋白的精确结合和激活机制是进一步研究的主题。

在微生物细胞内，石油烃的代谢是一个整体性、系统性的过程，其调控机制也是一个复杂网络，目前我们对石油烃降解过程的分子机制仍在深入探索中。我们知道了石油降解菌能够降解石油，但其为什么能降解石油、怎么降解石油还需要我们继续研究。

第六节　石油污染物的微生物修复策略

治理石油污染有物理修复、化学修复和生物修复等方法。物理修复是使用围油栏、吸油船和吸着材料等吸附石油；化学修复是使用消油剂。常规的物理修复和化学修复虽然能够快速清除大部分泄漏的石油，但在大多数情况下，用物理方法很难完全去除海洋表面油膜和水中溶解的石油；而用消油剂实际上是向海洋中加入人工合成的化学污染物。因此，物理修复只是将产生污染的石油从一个环境介质中转移到其他地点，化学修复甚至可能产生有毒的副产物。更重要的是，原油不能通过物理修复和化学修复完全清除，甚至会产生二次污染。各类修复方法概况见表 15-3。

表15-3　各类修复方法概况

类别	修复方法	定义	最大污染浓度	修复效率	修复时间	修复特点
生物法	微生物修复	通过提供细菌所需的营养和氧气等外部处理加速油样的生物降解过程	2%～10%	50%～90%	几个月至几年	优势：低成本，低环境影响，现场处理，不需要废物处理　劣势：处理时间长，结果不一致，高度依赖受污染场地，仅限于可生物降解的污染物
	植物修复	一种利用植物及其根修复土壤中有毒污染物的方法	1%～8%	50%～90%	几个月至几年	优势：植物根部美观，操作成本低，有助于稳定土壤，能够修复大片的污染　劣势：需要特定植物类型修复漏油土壤。耗费时间，只能承受低浓度的毒素，且植物类型受到限制
化学法	化学氧化	石油通过过氧化氢、过氧单硫酸盐、高锰酸盐和臭氧等化学消除	5%～15%	>80%	最长72h	优势：高效率，低成本，操作方便　劣势：受低渗透土壤的限制，高度依赖 pH，破坏自然微生物
	电化学修复	在油污土壤的两侧嵌入适当分布的电极，使用低水平的直流电形成电场	10%～20%	40%～70%	14～45d	优势：流量分布均匀，运动控制精确，运行成本低，功耗低　劣势：依赖污染物的解吸，不环保，费时，可能会影响微生物的活动

类别	修复方法	定义	最大污染浓度	修复效率	修复时间	修复特点
物理加热法	焚烧、热解吸、微波加热	土壤的热修复通常应用热量去除污染物	2%～10%	>95%	几秒至2h	优势：高效、快速、可靠，能处理大量污染土壤 劣势：高成本，产生温室气体，受高含水量的影响
物理-化学联用法	溶解萃取	利用单一溶剂或混合溶剂从土壤中去除污染物	0.5%～30%	60%～98%	几小时至10个月	优势：易于实现，效率高，速度快 劣势：成本高，消耗大量溶剂，不环保
	土内水气抽取处理	土壤蒸气萃取，又称土壤排气或真空萃取，是一种原位土壤修复技术	3%～15%	65%～95%	几天至几个月	优势：高效处理大量挥发性物质，快速、低成本，促进微生物生长 劣势：对低挥发性污染物和低透气性土壤无效
	浮选	通过气-液-固体系从土壤中分离油	7.5%～35%	65%～97%	几小时	优势：使用方便，操作时间快，运行成本低，空间要求低 劣势：需要大量的水，无法处理被无浮力污染物污染的土壤
	超声降解	利用超声波从土壤中除油	1%～15%	20%～100%	几秒至45min	优势：环境友好，能耗低，不需要添加化学物质 劣势：设备成本高，每次运行仅限于小面积的处理

一、生 物 修 复

生物修复是利用微生物及其产物从土壤中去除污染物的过程。天然土壤微生物在土壤生物介质中起着关键的作用，即将复杂的有机化合物转化为简单的无机化合物或其组成元素，这一过程也被称为矿化。微生物通过离子交换机制吸附到土壤颗粒上。一般来说，土壤颗粒带负电荷，土壤和细菌可以通过多价阳离子的离子键结合在一起。生物修复利用微生物消除、转化土壤、沉积物、水和空气中的污染物，该过程在微生物细胞内的氧化还原反应中产生能量。这些反应包括呼吸作用和维持细胞生长繁殖的其他生化反应及繁殖所需的其他生物学功能。从环境中能够分离出大量的石油降解微生物，这足以证明微生物是该环境中最活跃的石油降解者。分离出的微生物可用于石油污染场地的生物修复。由于原油是由多种化合物组成的混合物，而且由于单个微生物只代谢有限范围内的碳氢化合物底物，因此石油烃的生物降解需要不同细菌群的协同作用，从而降解范围更广的污染物。这一过程取决于营养盐的生物利用性和其他环境因素的影响。

二、影响生物修复的因素

1. 污染物浓度及其生物利用度

石油的生物降解性因其所含烃分子的类型和大小而异。石油中脂肪族烃类可以被多种微生物降解和矿化，饱和烃类化合物最易被微生物降解，其中中间链长的烷烃（C_{10}～C_{24}）降解速率最快，短链烷烃（$<C_9$）对许多微生物有毒但易挥发，通常在大气中迅速消失，长链烷烃通常较难被微生物降解，支链化通常情况下会降低烷烃降解率。芳烃可能被部分氧化，但只被少数细菌代谢。最难被生物降解的是高分子量的芳香烃类化合物、沥青质和胶质，并且对微生物有一定的毒性。碳氢化合物的生物利用度主要与其浓度和理化性质相关，其疏水性、挥发性和溶解度对其生物降解程度有很大的影响。

2. 氧化还原电位和氧含量

石油烃是高度还原的底物，降解过程需要电子受体，其中最常见的电子受体是分子氧。虽然研究表明石油烃的生物降解大多数情况下是好氧过程，但也有厌氧降解石油烃的相关研究。在没有分子氧的情况下，硝酸盐、铁离子、碳酸氢盐、氧化亚氮和硫酸盐在烃类降解过程中起着替代电子受体的作用。在大多数情况下，氧气是有氧生物修复的典型限制因素，好氧条件下的石油烃降解速率比厌氧条件快得多（Kropp et al.，2000）。

3. 营养盐水平

为了高效降解石油烃污染物，营养盐是非常关键的因素，其中氮、磷是主要的影响因素，某些情况下铁元素也发挥重要作用。营养物质的缺失可能成为降解过程的限制因素。Atlas（1985）的研究表明，当海洋和淡水环境发生重大漏油事件时，碳含量显著增加，氮和磷的供应一般成为石油降解的限制因素。为了保持微生物种群足够的生物量，需要在水体环境中补充足够的营养元素。根据生物降解过程中微生物的生物量和群落结构，促进生物降解所需的碳、氮、磷比为（100∶10∶1）～（100∶1∶0.5）。

4. 含水率

为了获得最佳的生长和增殖条件，微生物需要 12%～25% 的水分。土壤水分是决定石油烃生物降解速率的另一个重要参数。微生物生活在土壤孔隙的间隙水中，水的含量越低，微生物的数量就越少，生物降解速率也就越低。在陆地生态系统中，石油烃的生物降解可能受到微生物生长和代谢所需水的限制。Dibble 和 Bartha（1979）的研究表明，土壤中油泥的最佳生物降解速率为 30%～90% 的含水饱和度。

5. 环境温度

温度直接影响微生物在环境中的代谢速率，进而影响微生物的活性。温度直接影响污染物的化学作用，也影响微生物群落的多样性。生物降解速率随温度的升高而增加，随温度的降低而减慢。在低温下，石油的黏度增加，而有毒的低分子量石油烃的挥发性降低，延缓了生物降解的开始。温度也影响碳氢化合物的溶解度。在低温下，碳氢化合物的水溶性增加。虽然碳氢化合物的生物降解可以在广泛的温度范围内发生，但人们普遍观察到，随着温度的降低，降解速率也会下降，这主要是由于酶活性降低。土壤环境中降解速率最高的区域为 30～40℃，某些淡水环境中为 20～30℃，海洋环境中为 15～20℃。在实际生物修复过程中，应考虑气候和季节因素，选择不同群体的石油烃降解微生物。

6. 酸碱度

酸碱度也是影响石油烃生物降解的重要因素。与大多数水生生态系统不同，土壤 pH

变化很大，从矿藏的 2.5 到碱性沙漠的 11.0 不等。大多数异养细菌和真菌喜欢近中性的 pH 环境，真菌对酸性条件的耐受性更强。因此，如在某些土壤中观察到的那样，pH 极高将对微生物种群降解石油烃的能力产生负面影响。

7. 盐度

盐度在微生物降解碳氢化合物中起着重要作用。哈得孙河（Hudson River）沉积物中的萘矿化速率和矿化度取决于周围的盐度状况，与盐度较低的上游地区相比，河口地区萘的降解速率更高。Ward 和 Brock（1978）发现，随着盐度的增加，碳氢化合物的代谢率降低（3.3%～28.4%），这主要是由于微生物代谢率的普遍下降。

8. 压力

压力是影响碳氢化合物生物降解的另一个重要因素。Colwell（1977）提出，到达深海环境的石油将被微生物种群缓慢降解，因此，某些顽固的石油成分可能会持续数年或数　十年。

三、修　复　手　段

（一）生物刺激

石油烃在土壤中的生物降解可能受到多种因素的限制，包括养分、pH、温度、水分、氧气、土壤性质和污染物等。这一过程可以通过添加各种形式的限制营养素和电子受体如磷、氮、氧或碳等来实现。Perfumo 等（2007）将其描述为向污染位点添加营养元素、氧气或其他电子供体和受体，以增加可用于生物修复的自然微生物的数量或活性。Margesin 和 Schinner（2001）定义生物刺激是一种通过优化曝气、添加营养物、控制 pH 和温度等条件来增强污染物降解的自然修复方法，他们认为，生物刺激是去除土壤中石油污染物的一种理想的修复技术，需要评估土著微生物的内在降解能力和原位过程动力学所涉及的环境参数。生物刺激的主要优点是，生物修复将由已经存在的土著微生物进行，这些微生物非常适合原位环境，并且空间分布良好。主要的挑战是根据土壤的地质情况，调整添加方式，以使添加剂能够随时提供给土著微生物。致密、不渗透的地下岩性（致密黏土或其他细粒物质）都使添加剂难以在污染区扩散。营养物质的加入也可能促进异养微生物的生长，而这些微生物并不是石油烃的天然降解者，从而与土著微生物群落产生竞争。

有机营养物作为生物修复的刺激营养素，具有潜在的应用价值。Dike 等（2012）以牛粪作为有机营养来源，在尼日利亚三角洲受原油影响的红树林沼泽地区进行生物修复，在历时 70 天的研究中，每 500g 红树林土壤加入 50ml 的轻质原油，并与 50g 干牛粪混合，模拟重大泄漏的情况，这项研究主要是为了确定牛粪作为限制污染红树林生物修复中营养物质来源的有效性。第 70 天石油烃降解率为 62.08%，而对照组仅为 20%，与对照组相比有显著差异（$P < 0.05$）。

无机肥料也被广泛用作生物刺激剂。Chorom 等（2010）研究了无机肥料在促进土壤中石油烃微生物降解方面的作用。无机肥料的加入提高了实验组的 C∶N∶P，最终促进了微生物的降解。Agarry 和 Ogunleye（2011）研究了废弃机油污染土壤的生物刺激，以无机肥料和非离子表面活性剂作为独立的生物刺激变量，以总石油烃浓度作为因变量。42 天后，石油烃浓度下降 67.20%。

（二）生物增强

生物增强是指在受污染环境中人为加入能够降解污染物的微生物进行修复的过程。最常用的方法是：添加一个预适应的纯菌种；加入一个预适应的菌群；引入基因工程菌；添加包装在载体中的生物降解相关基因，转移到土著微生物中，使其带有降解污染物的能力。通常以筛选菌株为核心，随后综合分析环境因素以及污染物种类，随后"量身定做"微生物菌剂进行修复。

初步筛选菌株应以微生物的代谢潜力及使细胞在污染环境条件下具有功能活性和持久性为基本要求。筛选优秀降解菌株的最佳方法应以污染地原位土著微生物群落为基础，因土著微生物大多适应污染物的胁迫，更有可能进化出降解该污染物的能力。在多重污染地点，如被重金属和有机污染物所污染的场地，微生物种群降解有机化合物的能力可能受到多种污染物的抑制。在这种情况下，应提出使用多组分系统的策略，如微生物菌群，这比基于单组分的系统更能适应污染环境。

从应用的角度来看，使用微生物菌群修复比使用单菌落生物修复更加有利，因为菌群提供了野外应用所需的代谢多样性和持久性。Alisi 等（2009）利用由选定的土著菌株制成的微生物菌剂，在 42 天内成功地完全降解了柴油和菲；减少了 60% 的异戊二烯类化合物；在 42 天内使总石油烃含量减少了约 75%。同样，Li 等（2009）发现，在多环芳烃污染土壤中土著微生物有一定的降解作用，但加入微生物群落（5 种真菌和 3 种细菌）后显著提高了降解率（41.3%）。

微生物菌剂是在最佳条件下产生的均匀细胞悬液，与复杂的自然生境接触时，往往会受到抑制。在实际修复过程中，由于非生物和生物胁迫，引入的种群在被添加后不久就开始减少。阻碍外源微生物生长的压力可能包括温度、水分含量、pH、营养物的耗竭及有毒污染物的扰动。通常在纯培养环境中具有降解有机污染物潜力的微生物在自然系统中没有同样的作用。生物增强失败的可能原因是：外源微生物适应问题；基质不足；外源微生物和土著菌之间的竞争；优先使用其他有机基质而不是污染物；捕食。因此，光靠接种一般是不够的，应当根据实际修复需要调整环境中的理化因素（Leahy and Colwell，1990）。

使用载体材料通常可提高微生物的生物量，同时也能更好地获取营养、水分和氧气，从而提高了微生物的存活率。微生物细胞的包埋可以保护细胞，使细胞在受压力的环境下获得更高的存活率，通常比自由细胞更快、更有效地进行生物降解。包埋手段减少了接触有毒化合物的机会，防止了捕食和竞争，从而控制营养物质的流动，降低细胞微环境中有毒化合物的浓度，将细胞膜损伤降到最低。

（三）固定化

固定化是指限制微生物细胞或酶的移动性，以提高微生物细胞的浓度，使其保持较高的生物活性和催化功能并反复利用的方法。近年来，生物修复过程越来越多地采用固定化方法（表 15-4）。

表15-4 利用固定化手段进行生物修复实例（改编自Dzionek et al.，2016）

载体	污染类型	被固定微生物	固定化修复效率/%	未固定修复效率/%
植物纤维	芳香烃	*Bacillus cereus*	79	74
	苯酚	*Trametes versicolor*	87	39
	甲基对硫磷	细菌群落	98	55
	农药	细菌群落	95	12
	Ni	*Chlorella sorokiniana*	95	64
甘蔗渣	（正）十四烷	*A. venetianus*	76.80	22.30
	蒽	*P. chrysosporium*	82	43
	除草剂	*Bacillus pumilus* HZ-2	75	48
	铬	*Acinetobacter haemolyticus*	92	38
木屑	石油	*Arthrobacter* sp.	36	18
	原油	细菌群落	95.90	79.37
	铬	*A. haemolyticus*	99.80	80
玉米穗	对硝基苯酚	*Arthrobacter protophormiae* RKJ100	79	39
	虫螨威	*B. cepacia* PCL2	96.97	67.69
	十六烷	*Pseudomonas* sp.	56	33
	氯酚	细菌群落	89.70	87
膨胀珍珠岩	甲基叔丁基醚	土壤菌群	50	22
	十六烷	*Aspergillus niger*	96	81
	苯乙烯	*P. aeruginosa*	90	—
火山岩	DDT	*P. fluorescens*	99	55
葵花籽壳	石油	*Rhodococcus* sp. QBTo	66.10	28
棉花	正十七烷	*Acinetobacter* sp. HC8-3S	96	82

　　固定化大大降低了生物修复过程的成本，提高了生物修复的效率。该方法给生物修复带来了许多好处：①以载体材料提供的有利微环境作为缓冲体系，可以屏蔽土著微生物的竞争和不利土壤条件的胁迫，从而保证接种的微生物的良好生长；②固定化载体作为吸附剂还可以有效地富集土壤中的污染物，提高其在载体上的浓度，有利于微生物代谢；③富集含有高浓度污染物的固定化材料可作为土著微生物驯化的重要场所，将联合外源微生物进一步修复污染土壤；④固定化材料还可以起到疏松剂的作用，加快氧气的输送，因而加速有机污染物的矿化作用；⑤利用固定化手段可多次重复利用，并省略了细胞分离过滤的步骤，节省成本（Bayat et al.，2015）。

　　固定化的技术主要有4种：吸附、表面结合（静电或共价）、絮凝（自然或人工）、包埋法。载体材料的性质是影响固定化微生物活性、稳定性及污染物去除效果的重要因素。一个好的载体应该是不溶、无毒、容易获得、廉价、稳定并适合再生的。固定化过程应简单无害。另一个重要的方面是不同的固定化方法要求载体具有特定的性质。例如，用于表面吸附或结合的载体应具有较高的孔隙度，以确保固定化材料和载体的接触面积尽可能大。生物修复过程的性质也会对载体的选择产生影响。载体材料主要分为无机载体、天然高分子凝胶载体、有机高分子凝胶载体、复合材料及新型载体材料，应根据实际修复要求选择适宜的载体材料。

（四）表面活性剂

石油烃组分的疏水性是微生物发挥修复作用的限制因素之一，疏水性使石油烃组分的生物利用度大大降低。表面活性剂为两亲分子，具有亲水结构和亲脂结构，能够在水和石油烃之间形成分子层，降低表面张力，使石油烃易被降解。目前常用于石油修复的表面活性剂主要分为化学和生物两类。

生物表面活性剂进入疏水底物，降低表面张力，增加不溶化合物（如碳氢化合物）的接触面积，增强这些化合物的迁移率、生物利用度和被降解能力。生物表面活性剂一般分为低分子量分子（有效降低表面张力和界面张力）和高分子量聚合物（作为乳液稳定剂更有效）。低分子量表面活性剂的主要种类是糖脂、脂肽和磷脂，而高分子量表面活性剂包括聚合物和颗粒表面活性剂（Campos et al.，2013）。

化学表面活性剂如 Tween-80、烷基苯磺酸钠、十二烷基聚四氧乙烯醚、磺基钠丁二酸二辛酯和 Corexit 处理，可以促进油的扩散和乳化，将其转化成微小的球形，更有利于微生物代谢。与化学表面活性剂相比，生物表面活性剂具有许多优点，如化学结构简单、环境相容性好、毒性低，可用于化妆品、制药和食品工业，在极端温度、pH 和盐度条件下具有高活性。在细菌中，假单胞菌（*Pseudomonas*）以其产生大量糖脂的能力而闻名，这些生物表面活性剂被归类为鼠李糖脂。枯草芽孢杆菌（*Bacillus subtilis*）是另一种被广泛研究用于生产生物表面活性剂的微生物。水解假丝酵母（*Candida bombicola*）和解脂假丝酵母（*Candida lipolytica*）是最常用于生产生物表面活性剂的酵母菌（Sharma，2016）。表 15-5 列出了不同类型的生物表面活性剂及其来源微生物在石油污染环境的生物修复方面的应用情况。

表15-5　生物表面活性剂种类、来源微生物及应用（改编自Silva et al.，2014）

生物表面活性剂种类	来源微生物	应用
鼠李糖脂	*Pseudomonas aeruginosa* S2	石油污染场地的生物修复
	Pseudomonas aeruginosa BS20	石油污染场地的生物修复
	Pseudoxanthomonas sp. PNK-04	环境应用
	Pseudomonas alcaligenes	环境应用
	Pseudomonas cepacia CCT6659	海洋和土壤环境的生物修复
脂肽	*Rhodococcus* sp. TW53	海洋石油污染的生物修复
	Bacillus subtilis BS5	石油污染场地的生物修复
	Azotobacter chroococcum	环境应用
	Nocardiopsis alba MSA10	生物治理

生物表面活性剂种类	来源微生物	应用
糖脂	*R. wratislaviensis* BN38	生物修复应用
	Nocardiopsis lucentensis MSA04	海洋环境生物修复
葡萄糖脂和海藻糖脂	*Rhodococcus erythropolis* 3C-9	溢油清理
海藻糖四酯	*Micrococcus luteus* BN56	石油污染环境的生物修复
甘露醇脂	*Calyptogena soyoae*	海洋环境生物修复
蛋白质-羧酸脂复合物	*C. glabrata* UCP1002	砂采油
槐糖脂	*C. lipolytica* UCP0988	油回收、除油

尽管生物表面活性剂具有广阔的前景，但其实现商业化仍然困难且成本昂贵。这主要是由于微生物的前期培养及下游回收费用高昂，可考虑利用可再生基质和优化培养基、发酵、下游工艺，以减少生物表面活性剂生产成本。

四、修复实例——渤海蓬莱 19-3 原位修复工程化应用

蓬莱 19-3 油田是中国海洋石油集团有限公司与美国康菲石油公司合作开发的油田。据康菲石油公司统计，自 2011 年 6 月中上旬以来，共有约 700 桶原油渗漏至渤海海面，另有约 2500 桶矿物油油基泥浆渗漏并沉积到海床。蓬莱 19-3 油田溢油事故，造成劣四类海水面积 840km²。这也是中国内地第一起大规模海底油井溢油事件。

胡晓珂研究团队于 2015 年利用高效石油烃降解菌，研发了具有自主知识产权的高效复合微生物菌剂，对该菌剂进行了发酵和固定化研究以增强其环境耐受性。共发酵生产复合微生物菌剂产品 368t，经沸石固定化及聚谷氨酸包埋，投放到石油污染区域（图 15-4）。

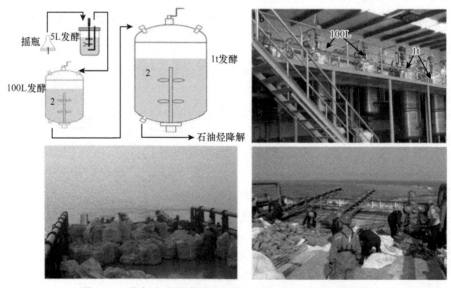

图 15-4　菌剂产品的发酵和投放（彩图请扫封底二维码）

修复区域总石油烃含量以及 $C_{15} \sim C_{27}$ 含量变化如图 15-5 所示，其中 $C_{15} \sim C_{27}$ 含量在修复后（12 月）较修复前有所下降，表明复合微生物菌剂产品能够有效去除石烃中的长链烷烃组分。

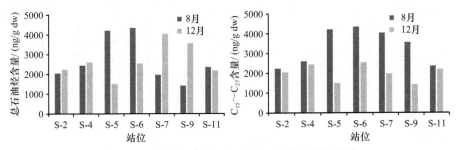

图 15-5　石油修复前后沉积物中石油烃含量的测定

发光细菌法是快速检测环境污染物毒性的方法之一，具有灵敏度高、所需样品量少的优点。利用发光细菌 *Acinetobacter* sp. RecA 检测石油修复前后（8 月和 12 月）沉积物的毒性变化（图 15-6），发现 4 个月后，沉积物对发光细菌的毒性明显降低，表明沉积物的污染状况得到明显改善。

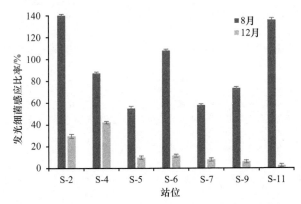

图 15-6　利用发光细菌 *Acinetobacter* sp. RecA 评价石油烃修复前后沉积物的毒性

利用流式细胞仪对浮游微生物（病毒和细菌）的空间分布和动态变化进行了分析，溢油修复后（12 月），表层水和底层水中浮游病毒和浮游细菌的丰度都小于修复前（8 月），可能是由于外源微生物修复菌剂的添加大量消耗水体中的有机质，再加上季节变化，温度下降，导致浮游病毒与浮游细菌的丰度降低（图 15-7）。

通过对石油烃降解效果、毒性变化、浮游微生物丰度变化多方面的综合评价，我们发现通过微生物菌剂修复蓬莱 19-3 溢油区域后，污染区域石油烃显著降低；投加菌剂的相对丰度明显增加；沉积物对发光细菌的毒性明显降低；表层水和底层水中，浮游病毒和浮游细菌的丰度小于修复前。修复海域（$67hm^2$）达到一类海水水质和一类沉积物标准，海洋生态有较大程度的恢复。

这是国内外首次利用微生物修复海底沉积物溢油，为海洋石油污染微生物修复的现场应用提供了理论支持和技术参考，产生了深远的社会效益。

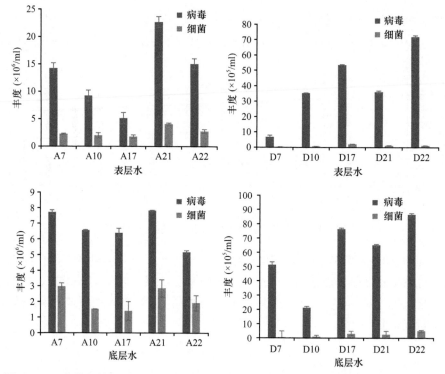

图 15-7　石油修复前（8 月，左）和修复后（12 月，右）浮游细菌与浮游病毒丰度变化

参 考 文 献

华苟根，郭坚华. 2003. 红球菌属的分类及应用研究进展. 微生物学通报，30（4）：107-111.

姜岩，杨颖，张贤明. 2014. 典型多环芳烃生物降解及转化机制的研究进展. 石油学报（石油加工），（6）：1137-1150.

李文忠. 1991. 芳烃的微生物降解. 微生物学研究与应用，（3）：23-29.

潘学芳，梁泉锋，王浩. 2002. 细菌 8-A-2 对石油烃类运输及正十六烷代谢产物的初步分析. 农业生物技术学报，10（4）：413-414.

宋永亭，王慧，宋欣，等. 2012. 一株嗜蜡嗜胶质基因工程菌 ZH20 构建与评价. 中国石油大学学报（自然科学版），36（4）：172-176.

宋永亭. 2010. 嗜热解烃基因工程菌 SL-21 的构建. 油气地质与采收率，17（1）：80-82.

谭田丰，邵宗泽. 2006. 海洋石油烃降解菌群构建及其在降解过程中的动态分析. 厦门大学学报（自然科学版），45（B5）：262-266.

谢丹平，尹华，彭辉，等. 2004. 混合菌对石油的降解. 应用与环境生物学报，10（2）：210-214.

谢云. 2014. 高效石油烷烃降解菌及原油降解基因工程菌构建研究. 西北大学博士学位论文.

杨仕美. 2009. 高效石油烃降解菌剂的制备及其在溢油污染海岸线生物修复中的应用. 中国海洋大学硕士学位论文.

张子间，刘勇弟，孟庆梅，等. 2009. 微生物降解石油烃污染物的研究进展. 化工环保，29（3）：193-198.

余淼. 2012. 石油烃降解菌群的分离鉴定及菌株间依存机制研究. 复旦大学博士学位论文.

Abioye O P，Agamuthu P，Abdul Aziz A R. 2014. Biodegradation of used motor oil in soil using organic waste amendments. Biotechnology Research International：587041.

Adadevoh J S，Triolo S，Ramsburg C A，et al. 2016. Chemotaxis increases the residence time of bacteria in granular media containing distributed contaminant sources. Environmental Science & Technology，50：181-187.

Agarry S E，Owabor C N. 2011. Anaerobic bioremediation of marine sediment artificially contaminated with anthracene and naphthalene. Environmental Technology，32（12）：1375-1381.

Alisi C，Musella R，Tasso F，et al. 2009. Bioremediation of diesel oil in a co-contaminated soil by bioaugmentation with a microbial formula tailored with native strains selected for heavy metals resistance. Science of the Total Environment，407（8）：3024-3032.

Atlas R M. 1985. Effects of hydrocarbons on micro-organisms and biodegradation in Arctic ecosystems. Petroleum Effects in the Arctic Environment：63-99.

Batman J N, Speer B, Feduik L, et al. 1986. Naphthalene association and uptake in *Pseudomonas putida*. Journal of Bacteriology, 166（1）: 155-161.

Bayat Z, Hassanshahian M, Cappello S. 2015. Immobilization of microbes for bioremediation of crude oil polluted environments: a mini review. Open Microbiology Journal, 9: 48-54.

Beal R, Betts W B. 2000. Role of rhamnolipid biosurfactants in the uptake and mineralization of hexadecane in *Pseudomonas aeruginosa*. Journal of Applied Microbiology, 89（1）: 158-168.

Bosch R, Garcia-Valdes E, Moore E R. 2000. Complete nucleotide sequence and evolutionary significance of a chromosomally encoded naphthalen-edegradation lower pathway from *Pseudomonas stutzeri* AN10. Gene, 245: 65-74.

Campos J M, Montenegro Stamford T L, Sarubbo L A, et al. 2013. Microbial biosurfactants as additives for food industries. Biotechnology Progress, 29（5）: 1097-1108.

Canosa I, Sanchez-Romero J M, Yuste L, et al. 2000. A positive feedback mechanism controls expression of AlkS, the transcriptional regulator of the *Pseudomonas oleovorans* alkane degradation pathway. Molecular Microbiology, 35（4）: 791-799.

Chen W W, Li J D, Sun X N, et al. 2017b. High efficiency degradation of alkanes and crude oil by a salt-tolerant bacterium *Dietzia* species CN-3. International Biodeterioration & Biodegradation, 118: 110-118.

Chen Y L, Liu S A, Mou H J, et al. 2017a. Characterization of lipopeptide biosurfactants produced by *Bacillus licheniformis* MB01 from marine sediments. Frontiers in Microbiology, 8: 871.

Chorom M, Sharifi H S, Motamedi H. 2010. Bioremediation of a crude oil-polluted soil by application of fertilizers. Iranian Journal of Environmental Health Science and Engineering, 7（4）: 319-326.

Colwell R R. 1977. Ecological aspects of microbial degradation of petroleum in the marine environment. CRC Critical Reviews in Microbiology, 5（4）: 423-445.

Coon M J. 2005. Omega oxygenases: nonheme-iron enzymes and P450 cytochromes. Biochemical and Biophysical Research Communications, 338: 378-385.

Daniels C, Godoy P, Duque E, et al. 2010. Global regulation of food supply by *Pseudomonas putida* DOT-T1E. Journal of Bacteriology, 192（8）: 2169-2181.

Demaneche S, Meyer C, Micoud J, et al. 2004. Identification and functional analysis of two aromatic-ring-hydroxylating dioxygenases from a *Sphingomonas* strain that degrades various polycyclic aromatic hydrocarbons. Applied and Environmental Microbiology, 70（11）: 6714-6725.

Diaz E, Prieto M A. 2000. Bacterial promoters triggering biodegradation of aromatic pollutants. Current Opinion in Biotechnology, 11（5）: 467-475.

Dibble J T, Bartha R. 1979. Effect of environmental parameters on the biodegradation of oil sludge. Applied and Environmental Microbiology, 37（4）: 729-739.

Dike E N, Ibiene A A, Orji F A. 2012. Laboratory scale bioremediation of petroleum hydrocarbon-polluted mangrove swamps in the Niger Delta using cow dung. Malaysian Journal of Microbiology, 8（4）: 219-228.

Dinamarca M A, Aranda-Olmedo I, Puyet A, et al. 2003. Expression of the *Pseudomonas putida* OCT plasmid alkane degradation pathway is modulated by two different global control signals: evidence from continuous cultures. Journal of Bacteriology, 185（16）: 4772-4778.

Dinamarca M A, Ruiz-Manzano A, Rojo F. 2002. Inactivation of cytochrome o ubiquinol oxidase relieves catabolic repression of the *Pseudomonas putida* GPo1 alkane degradation pathway. Journal of Bacteriology, 184（14）: 3785-3793.

Doumenq P, Aries E, Asia L, et al. 2001. Influence of *n*-alkanes and petroleum on fatty acid composition of a hydrocarbonoclastic bacterium: *Marinobacter hydrocarbonoclasticus* strain 617. Chemosphere, 44（4）: 519-528.

Dzionek A, Wojcieszyńska D, Guzik U. 2016. Natural carriers in bioremediation: A review. Electronic Journal of Biotechnology, 23: 28-36.

Dzionek A, Wojcieszyńska D, Guzik U. 2016. Natural carriers in bioremediation: a review. Electronic Journal of Biotechnology, 19（5）: 28-36.

Engelhardt M A, Daly K, Swannell R P J, et al. 2001. Isolation and characterization of a novel hydrocarbon-degrading, Gram-positive bacterium, isolated from intertidal beach sediment, and description of *Planococcus alkanoclasticus* sp. nov. Journal of Applied Microbiology, 90（2）: 237-247.

Fayeulle A, Veignie E, Slomianny C, et al. 2014. Energy-dependent uptake of benzo[a]pyrene and its cytoskeleton-dependent intracellular transport by the telluric fungus *Fusarium solani*. Environmental Science and Pollution Research International, 21（5）: 3515-3523.

Filatova I Y, Kazakov A S, Muzafarov E N, et al. 2017. Protein SgpR of *Pseudomonas putida* strain AK5 is a LysR-type regulator of salicylate degradation through gentisate. FEMS Microbiology Letters, 364（12）.

Finnerty W R. 1990. Assay methods for long-chain alkane oxidation in *Acinetobacter*. Methods in Enzymology, 188: 10-14.

Funhoff E G, Bauer U, Garcia-Rubio I, et al. 2006. CYP153A6, a soluble P450 oxygenase catalyzing terminal-alkane hydroxylation. Journal of Bacteriology, 188: 5220-5227.

Gallegos M T, Schleif R, Bairoch A, et al. 1997. Arac/XylS family of transcriptional regulators. Microbiology and Molecular Biology Review, 61 (4): 393-410.

Ghosal D, Dutta A, Chakraborty J, et al. 2013. Characterization of the metabolic pathway involved in assimilation of acenaphthene in *Acinetobacter* sp. strain AGAT-W. Research in Microbiology, 164 (2): 155-163.

Gordillo F, Chávez F P, Jerez C A. 2007. Motility and chemotaxis of *Pseudomonas* sp. B4 towards polychlorobiphenyls and chlorobenzoates. FEMS Microbiology Ecology, 60: 322-328.

Gray M R, Bugg T. 2001. Selective biocatalysis in bacteria controlled by active membrane transport. Industrial Engineering Chemistry Research, 40 (23): 5126-5131.

Grimm A C, Harwood C S. 1997. Chemotaxis of *Pseudomonas putida* to the polyaromatic hydrocarbon naphthalene. Applied and Environmental Microbiology, 63: 4111-4115.

Grimm A C, Harwood C S. 1999. NahY, a catabolic plasmid-encoded receptor required for chemotaxis of *Pseudomonas putida* to the aromatic hydrocarbon naphthalene. Journal of Bacteriology, 181: 3310-3316.

Gu H P, Lou J, Wang H Z, et al. 2016. Biodegradation, biosorption of phenanthrene and its trans-membrane transport by *Massilia* sp. WF1 and *Phanerochaete chrysosporium*. Frontiers in Microbiology, 7: 38.

Hakemian A S, Rosenzweig A C. 2007. The biochemistry of methane oxidation. Annual Review of Biochemistry, 76: 223-241.

Hanzel J, Harms H, Wick L Y. 2010. Bacterial chemotaxis along vapor-phase gradients of naphthalene. Environmental Science & Technology, 44: 9304-9310.

Hara A, Syutsubo K, Harayama S. 2003. Alcanivorax which prevails in oil-contaminated seawater exhibits broad substrate specificity for alkane degradation. Environmental Microbiology, 5: 746-753.

Harayama S, Kishira H, Kasai Y, et al. 1999. Petroleum biodegradation in marine environments. Journal of Molecular Microbiology and Biotechnology, 1 (1): 63-70.

Harwood C S, Fosnaugh K, Dispensa M. 1989. Flagellation of *Pseudomonas putida* and analysis of its motile behavior. Journal of Bacteriology, 171: 4063-4066.

Harwood C S, Nichols N N, Kim M K, et al. 1994. Identification of the *pcaRKF* gene cluster from *Pseudomonas putida*: involvement in chemotaxis, biodegradation, and transport of 4-hydroxybenzoate. Journal of Bacteriology, 176: 6479-6488.

Hearn E M, Patel D R, van den Berg B. 2008. Outer-membrane transport of aromatic hydrocarbons as a first step in biodegradation. Proceedings of the National Academy of Sciences of the United States of America, 105 (25): 8601-8606.

Hendrickx B, Junca H, Vosahlova J, et al. 2006. Alternative primer sets for PCR detection of genotypes involved in bacterial aerobic BTEX degradation: distribution of the genes in BTEX degrading isolates and in subsurface soils of a BTEX contaminated industrial site. Journal of Microbiological Methods, 64: 250-265.

Hernandez-Arranz S, Moreno R, Rojo F. 2013. The translational repressor Crc controls the *Pseudomonas putida* benzoate and alkane catabolic pathways using a multi-tier regulation strategy. Environmental Microbiology, 15 (1): 227-241.

Hong H D, Patel D R, Tamm L K, et al. 2006. The outer membrane protein OmpW forms an eight-stranded beta-barrel with a hydrophobic channel. The Journal of Biological Chemistry, 281 (11): 7568-7577.

Hong Y H, Deng M C, Xu X M, et al. 2016. Characterization of the transcriptome of *Achromobacter* sp. HZ01 with the outstanding hydrocarbon-degrading ability. Gene, 584 (2): 185-194.

Hu X K, Wang C X, Wang P. 2015. Optimization and characterization of biosurfactant production from marine *Vibrio* sp. strain 3B-2. Frontiers in Microbiology, 6: 976.

Hua F, Wang H Q, Li Y, et al. 2013. Trans-membrane transport of *n*-octadecane by *Pseudomonas* sp. DG17. Journal of Microbiology, 51 (6): 791-799.

Hua F, Wang H Q, Zhao Y C. 2014. Factors influencing the trans-membrane transport of *n*-octadecane by *Pseudomonas* sp. DG17. Biotechnology, Biotechnological Equipment, 28 (3): 463-470.

Hua F, Wang H Q. 2013. Selective pseudosolubilization capability of *Pseudomonas* sp. DG17 on *n*-alkanes and uptake mechanisms analysis. Frontiers of Environmental Science & Engineering, 7 (4): 539-551.

Izmalkova T Y, Sazonova O I, Nagornih M O, et al. 2013. The organization of naphthalene degradation genes in *Pseudomonas putida* strain AK5. Research in Microbiology, 164 (3): 244-253.

Ji N N, Wang X L, Yin C, et al. 2019. CrgA protein represses AlkB2 monooxygenase and regulates the degradation of medium-to-long-chain *n*-alkanes in *Pseudomonas aeruginosa* SJTD-1. Frontiers in Microbiology, 10: 400.

Kasai Y, Kishira H, Harayama S. 2002. Bacteria belonging to the genus *Cycloclasticus* play a primary role in the degradation of aromatic hydrocarbons released in a marine environment. Applied and Environmental Microbiology, 68 (11): 5625-5633.

Kato T, Haruki M, Imanaka T, et al. 2001. Isolation and characterization of long-chain-alkane degrading *Bacillus thermoleovorans* from deep subterranean petroleum reservoirs. Journal of Bioscience and Bioengineering, 91 (1): 64-70.

Kelley I, Cerniglia C E. 1995. Degradation of a mixture of high-molecular-weight polycyclic aromatic hydrocarbons by a *Mycobacterium* strain PYR. Journal of Soil Contamination, 4: 77-91.

Kniemeyer O, Musat F, Sievert S M, et al. 2007. Anaerobic oxidation of short-chain hydrocarbons by marine sulphate-reducing bacteria. Nature, 449: 898-901.

Kotani T, Kawashima Y, Yurimoto H, et al. 2006. Gene structure and regulation of alkane monooxygenases in propane-utilizing *Mycobacterium* sp. TY-6 and *Pseudonocardia* sp. TY-7. Journal of Bioscience and Bioengineering, 102: 184-192.

Kotani T, Yamamoto T, Yurimoto H, et al. 2003. Propane monooxygenase and NAD$^+$-dependent secondary alcohol dehydrogenase in propane metabolism by *Gordonia* sp. strain TY-5. Journal of Bacteriology, 185: 7120-7128.

Koukkou A I, Drainas C. 2008. Addressing PAH biodegradation in Greece: biochemical and molecular approaches. IUBMB Life, 60 (5): 275-280.

Krell T, Lacal J, Guazzaroni M E, et al. 2012. Responses of *Pseudomonas putida* to toxic aromatic carbon sources. Journal of Bacteriology, 160: 25-32.

Kropp K G, Davidova I A, Suflita J M. 2000. Anaerobic oxidation of *n*-dodecane by an addition reaction in a sulfate-reducing bacterial enrichment culture. Applied and Environmental Microbiology, 66 (12): 5393-5398.

Kruger N, Steinbuchel A. 1992. Identification of *acoR*, a regulatory gene for the expression of genes essential for acetoin catabolism in *Alcaligenes eutrophus* H16. Journal of Bacteriology, 174 (13): 4391-4400.

Kurth E G, Doughty D M, Bottomley P J, et al. 2008. Involvement of BmoR and BmoG in *n*-alkane metabolism in '*Pseudomonas butanovora*'. Microbiology, 154 (1): 139-147.

La Rosa R, de la Pena F, Prieto M A, et al. 2014. The Crc protein inhibits the production of polyhydroxyalkanoates in *Pseudomonas putida* under balanced carbon/nitrogen growth conditions. Environmental Microbiology, 16 (1): 278-290.

Lacal J, Muñoz-Martínez F, Reyes-Darías J A, et al. 2011. Bacterial chemotaxis towards aromatic hydrocarbons in *Pseudomonas*. Environmental Microbiology, 13: 1733-1744.

Lanfranconi M P, Alvarez H M, Studdert C A. 2003. A strain isolated from gas oil-contaminated soil displays chemotaxis towards gas oil and hexadecane. Environmental Microbiology, 5: 1002-1008.

Law A M, Aitken M D. 2003. Bacterial chemotaxis to naphthalene desorbing from a nonaqueous liquid. Applied and Environmental Microbiology, 69: 5968-5973.

Leahy J G, Colwell R R. 1990. Microbial degradation of hydrocarbons in the environment. Microbiological Reviews, 54 (3): 305-315.

Lee J Y, Jung K H, Choi S H, et al. 1995. Combination of the tod and the tol pathways in redesigning a metabolic route of *Pseudomonas putida* for the mineralization of a benzene, toluene, and p-xylene mixture. Applied and Environmental Microbiology, 61 (6): 2211-2217.

Li L, Liu X Q, Yang W, et al. 2008. Crystal structure of long-chain alkane monooxygenase (LadA) in complex with coenzyme FMN: unveiling the long-chain alkane hydroxylase. Journal of Molecular Biology, 376: 453-465.

Li X, Lin X, Li P, et al. 2009. Biodegradation of the low concentration of polycyclic aromatic hydrocarbons in soil by microbial consortium during incubation. Journal of Hazardous Materials, 172 (2-3): 601-605.

Li Y, Wang H Q, Hua F, et al. 2014. Trans-membrane transport of fluoranthene by *Rhodococcus* sp. BAP-1 and optimization of uptake process. Bioresource Technology, 155: 213-219.

Liang J L, Gao Y, He Z, et al. 2017. Crystal structure of TetR family repressor AlkX from *Dietzia* sp. strain DQ12-45-1b implicated in biodegradation of *n*-alkanes. Applied and Environmental Microbiology, 83 (21): e01447-17.

Liang J L, JiangYang J H, Nie Y, et al. 2016a. Regulation of the alkane hydroxylase *CYP153* gene in a Gram-positive alkane-degrading bacterium, *Dietzia* sp. strain DQ12-45-1b. Applied Environmental Microbiology, 82 (2): 608-619.

Liang J L, Nie Y, Wang M X, et al. 2016b. Regulation of alkane degradation pathway by a TetR family repressor via an autoregulation positive feedback mechanism in a Gram-positive *Dietzia bacterium*. Molecular Microbiology, 99 (2): 338-359.

Lin M, Hu X K, Chen W W, et al. 2014b. Biodegradation of phenanthrene by *Pseudomonas* sp. BZ-3, isolated from crude oil contaminated soil. International Biodeterioration & Biodegradation, 94: 176-181.

Lin M, Liu Y H, Chen W W, et al. 2014a. Use of bacteria-immobilized cotton fibers to absorb and degrade crude oil. International Biodeterioration & Biodegradation, 88: 8-12.

Liu C, Wang W, Wu Y, et al. 2011. Multiple alkane hydroxylase systems in a marine alkane degrader, *Alcanivorax dieselolei* B-5. Environmental Microbiology, 13: 1168-1178.

Liu Y H, Hu X K, Liu H. 2016. Industrial-scale culturing of the crude oil-degrading marine *Acinetobacter* sp. strain HC8-3S. International Biodeterioration & Biodegradation, 107: 56-61.

Lorenzo P, Alorso S, Uelasco A, et al. 2003. Design of catabolic cassettes for styrene biodegradation. Antonie van Leeuwenhoek, 84 (1): 17-24.

Luo Y C, Teng Z, Wang T T Y, et al. 2013. Cellular uptake and transport of zein nanoparticles: effects of sodium caseinate. Journal of Agricultural and Food Chemistry, 61 (31): 7621-7629.

Maier T, Forster H H, Asperger O, et al. 2001. Molecular characterization of the 56-kDa CYP153 from *Acinetobacter* sp. EB104. Biochemical and Biophysical Research Communications, 286: 652-658.

Margesin R, Schinner F. 2001. Bioremediation (natural attenuation and biostimulation) of diesel-oil-contaminated soil in an alpine glacier skiing area. Applied and Environmental Microbiology, 67 (7): 3127-3133.

Marx R B, Aitken M D. 1999. Quantification of chemotaxis to naphthalene by *Pseudomonas putida* G7. Applied and Environmental Microbiology, 65: 2847-2852.

Marx R B, Aitken M D. 2000a. Bacterial chemotaxis enhances naphthalene degradation in a heterogeneous aqueous system. Environmental Science & Technology, 34: 3379-3383.

Marx R B, Aitken M D. 2000b. A material-balance approach for modeling bacterial chemotaxis to a consumable substrate in the capillary assay. Biotechnology and Bioengineering, 68: 308-315.

Mason O U, Hazen T C, Borglin S, et al. 2012. Metagenome, metatranscriptome and single-cell sequencing reveal microbial response to deepwater horizon oil spill. ISME Journal, 6: 1715-1727.

Melcher R J, Apitz S E, Hemmingsen B B. 2002. Impact of irradiation and polycyclic aromatic hydrocarbon spiking on microbial populations in marine sediment for future aging and biodegradability studies. Applied and Environmental Microbiology, 68: 2858-2868.

Meng L, Li H, Bao M, et al. 2017. Metabolic pathway for a new strain *Pseudomonas synxantha* LSH-70: from chemotaxis to uptake of *n*-hexadecane. Scientific Reports, 7: 39068.

Mohan S V, Kisa T, Ohkuma T, et al. 2006. Bioremediation technologies for treatment of PAH-contaminated soil and strategies to enhance process efficiency. Reviews in Environmental Science and Bio/Technology, 5 (4): 347-374.

Morales G, Ugidos A, Rojo F. 2006. Inactivation of the *Pseudomonas putida* cytochrome o ubiquinol oxidase leads to a significant change in the transcriptome and to increased expression of the CIO and cbb3-1 terminal oxidases. Environmental Microbiology, 8 (10): 1764-1774.

Moreno R, Marzi S, Romby P, et al. 2009. The Crc global regulator binds to an unpaired A-rich motif at the *Pseudomonas putida* *alkS* mRNA coding sequence and inhibits translation initiation. Nucleic Acids Research, 37 (22): 7678-7690.

Moreno R, Ruiz-Manzano A, Yuste L, et al. 2007. The *Pseudomonas putida* Crc global regulator is an RNA binding protein that inhibits translation of the AlkS transcriptional regulator. Molecular Microbiology, 64 (3): 665-675.

Morikawa M. 2010. Dioxygen activation responsible for oxidation of aliphatic and aromatic hydrocarbon compounds: current state and variants. Applied Microbiology and Biotechnology, 87: 1595-1603.

Neu T R. 1996. Significance of bacterial surface-active compounds in interaction of bacteria with interfaces. Microbiological Reviews, 60 (1): 151-166.

Nikaido H. 2003. Molecular basis of bacterial outer membrane permeability revisited. Microbiology and Molecular Biology Reviews, 67 (4): 593-656.

Nisenbaum M, Sendra G H, Gilbert G A, et al. 2013. Hydrocarbon biodegradation and dynamic laser speckle for detecting chemotactic responses at low bacterial concentration. Journal of Environmental Sciences, 25: 613-625.

Nishiuchi Y, Baba T, Yano I. 2000. Mycolic acids from *Rhodococcus*, *Gordonia*, and *Dietzia*. Journal of Microbiological Methods, 40 (1): 1-9.

Parales R E, Ditty J L, Harwood C S. 2000. Toluene-degrading bacteria are chemotactic to the environmental pollutants benzene, toluene, and trichloroethylene. Applied and Environmental Microbiology, 66: 4098-4104.

Parales R E. 2004. Nitrobenzoates and aminobenzoates are chemoattractants for *Pseudomonas* strains. Applied and Environmental Microbiology, 70: 285-292.

Parkinson J S, Hazelbauer G L, Falke J J. 2015. Signaling and sensory adaptation in *Escherichia coli* chemoreceptors: 2015 update. Trends in Microbiology, 3: 257-266.

Perfumo A, Banat I M, Marchant R, et al. 2007. Thermally enhanced approaches for bioremediation of hydrocarbon-contaminated soils. Chemosphere, 66 (1): 179-184.

Petruschka L, Burchhardt G, Muiller C, et al. 2001. The cyo operon of *Pseudomonas putida* is involved in carbon catabolite repression of phenol degradation. Molecular Genetics and Genomics, 266 (2): 199-206.

Pham H T, Parkinson J S. 2011. Phenol sensing by *Escherichia coli* chemoreceptors: a nonclassical mechanism. Journal of Bacteriology, 193: 6597-6604.

Plotnikova E G, Altyntseva O V, Kosheleva I A, et al. 2001.Bacteria—degraders of polycyclic aromatic hydrocarbons, isolated from soil and bottom sediments in salt-mining areas. Mikrobiologiia, 70 (1): 61-69.

Rabus R，Wilkes H，Behrends A，et al. 2001. Anaerobic initial reaction of *n*-alkanes in a denitrifying bacterium: evidence for （1-methylpentyl）succinate as initial product and for involvement of an organic radical in *n*-hexane metabolism. Journal of Bacteriology，183: 1707-1715.

Radwan S S，Sorkhoh N A，Felzmann H，et al. 1996. Uptake and utilization of *n*-octacosane and *n*-nonacosane by *Arthrobacter nicotianae* KCC B35. Journal of Applied Microbiology，80: 370-374.

Rappas M，Bose D，Zhang X D. 2007. Bacterial enhancer-binding proteins: unlocking σ54-dependent gene transcription. Current Opinion in Structural Biology，17（1）: 110-116.

Ratajczak A，Geissdörfer W，Hillen W. 1998a. Alkane hydroxylase from *Acinetobacter* sp. strain ADP1 is encoded by alkM and belongs to a new family of bacterial integral-membrane hydrocarbon hydroxylases. Applied and Environmental Microbiology，64（4）: 1175-1179.

Ratajczak A，Geissdorfer W，Hillen W. 1998b. Expression of alkane hydroxylase from *Acinetobacter* sp. strain ADP1 is induced by a broad range of *n*-alkanes and requires the transcriptional activator AlkR. Journal of Bacteriology，180（22）: 5822-5827.

Ratledge C. 1992. Biodegradation and biotransformations of oils and fats—Introduction. Journal of Chemical Technology and Biotechnology，55（4）: 397-399.

Rodrigues E M，Kalks K H，Fernandes P L，et al. 2015. Bioremediation strategies of hydrocarbons and microbial diversity in the Trindade Island shoreline—Brazil. Marine Pollution Bulletin，101（2）: 517-525.

Rojo F. 2009. Degradation of alkanes by bacteria. Environmental Microbiology，11: 2477-2490.

Sakai Y，Maeng J H，Tani Y，et al. 1994. Use of long-chain *n*-alkanes（C_{13}–C_{44}）by an isolate，*Acinetobacter* sp. M-1. Journal of the Agricultural Chemical Society of Japan，58（11）: 3.

Samanta S K，Jain R K. 2000. Evidence for plasmid-mediated chemotaxis of *Pseudomonas putida* towards naphthalene and salicylate. Canadian Journal of Microbiology，46: 1-6.

Schneiker S，dos Santos V A P M，Bartels D，et al. 2006. Genome sequence of the ubiquitous hydrocarbon-degrading marine bacterium *Alcanivorax borkumensis*. Nature Biotechnology，24（8）: 997-1004.

Schumacher J，Joly N，Rappas M，et al. 2006. Structures and organisation of AAA$^+$ enhancer binding proteins in transcriptional activation. Journal of structural Biology，156（1）: 190-199.

Sekine M，Tanikawa S，Omata S，et al. 2006. Sequence analysis of three plasmids harboured in *Rhodococcus erythropolis* strain PR4. Environmental Microbiology，8: 334-346.

Seo J S，Keum Y S，Li Q X. 2009. Bacterial degradation of aromatic compounds. International Journal of Environmental Research and Public Health，6: 278-309.

Sharma D. 2016. Classification and Properties of Biosurfactants. Biosurfactants in Food: 21-42.

Sharma S L，Pant A. 2000. Biodegradation and conversion of alkanes and crude oil by a marine *Rhodococcus* sp. Biodegradation，11: 289-294.

Shitashiro M，Kato J，Fukumura T，et al. 2003. Evaluation of bacterial aerotaxis for its potential use in detecting the toxicity of chemicals to microorganisms. Journal of Bacteriology，101: 11-18.

Shitashiro M，Tanaka H，Hong C S，et al. 2005. Identification of chemosensory proteins for trichloroethylene in *Pseudomonas aeruginosa*. Journal of Bioscience and Bioengineering，99: 396-402.

Silva R C F S，Almeida D G，Rufino R D，et al. 2014. Applications of biosurfactants in the petroleum industry and the remediation of oil spills. International Journal of Molecular Sciences，15（7）: 12523-12542.

Silva R de C F S，Almeida D G，Rufino R D，et al. 2014. Applications of biosurfactants in the petroleum industry and the remediation of oil spills. International Journal of Molecular Sciences，15（7）: 12523-12542.

Skredenske J M，Koppolu V，Kolin A，et al. 2013. Identification of a small-molecule inhibitor of bacterial AraC family activators. Journal of biomolecular Screening，18（5）: 588-598.

Sluis M K，Sayavedra-Soto L A，Arp D J. 2002. Molecular analysis of the soluble butane monooxygenase from ‘*Pseudomonas butanovora*’. Microbiology，148: 3617-3629.

Smits T H，Balada S B，Witholt B，et al. 2002. Functional analysis of alkane hydroxylases from Gram-negative and Gram-positive bacteria. Journal of Bacteriology，184（6）: 1733-1742.

Smits T H，Seeger M A，Witholt，B. 2001. New alkane-responsive expression vectors for *Escherichia coli* and *pseudomonas*. Plasmid，46（1）: 16-24.

Smits T H，Witholt B，van Beilen J B. 2003. Functional characterization of genes involved in alkane oxidation by *Pseudomonas aeruginosa*. Antonie Van Leeuwenhoek，84（3）: 193-200.

Solano-Serena F，Marchal R，Heiss S，et al. 2004. Degradation of isooctane by *Mycobacterium austroafricanum* IFP 2173: growth and catabolic pathway. Journal of Applied Microbiology，97: 629-639.

Stegeman J J，Schlezinger J J，Craddock J E，et al. 2001. Cytochrome P450 1A expression in mid water fishes: potential effects of chemical contaminants in remote oceanic zones. Environmental Science Technology，35: 54-62.

Suenaga H, Koyama Y, Miyakoshi M, et al. 2009. Novel organization of aromatic degradation pathway genes in a microbial community as revealed by metagenomic analysis. The ISME Journal, 3 (12): 1335-1348.

Tani A, Ishige T, Sakai Y, et al. 2001. Gene structures and regulation of the alkane hydroxylase complex in *Acinetobacter* sp. strain M-1. Journal of Bacteriology, 183: 1819-1823.

Throne-Holst M, Wentzel A, Ellingsen T E, et al. 2007. Identification of novel genes involved in long-chain *n*-alkane degradation by *Acinetobacter* sp. strain DSM 17874. Applied and Environmental Microbiology, 73: 3327-3332.

Tremaroli V, Vacchi Suzzi C, Fedi S, et al. 2010. Tolerance of *Pseudomonas pseudoalcaligenes* KF707 to metals, polychlorobiphenyls and chlorobenzoates: effects on chemotaxis-, biofilm- and planktonic-grown cells. FEMS Microbiology Ecology, 74: 291-301.

van Beilen J B, Funhoff E G, van Loon A, et al. 2006. Cytochrome P450 alkane hydroxylases of the CYP153 family are common in alkane-degrading eubacteria lacking integral membrane alkane hydroxylases. Applied and Environmental Microbiology, 72: 59-65.

van Beilen J B, Holtackers R, Luscher D, et al. 2005a. Biocatalytic production of perillyl alcohol from limonene by using a novel *Mycobacterium* sp. cytochrome P450 alkane hydroxylase expressed in *Pseudomonas putida*. Applied and Environmental Microbiology, 71: 1737-1744.

van Beilen J B, Li Z, Duetz W A, et al. 2003. Diversity of alkane hydroxylase systems in the environment. Oil & Gas Science and Technology, 58: 427-440.

van Beilen J B, Neuenschwander M, Smits T H, et al. 2002a. Rubredoxins involved in alkane oxidation. Journal of Bacteriology, 184: 1722-1732.

van Beilen J B, Panke S, Lucchini S, et al. 2001. Analysis of *Pseudomonas putida* alkane degradation gene clusters and flanking insertion sequences: evolution and regulation of the *alk*-genes. Microbiology, 147: 1621-1630.

van Beilen J B, Smits T H, Roos F F, et al. 2005b. Identification of an amino acid position that determines the substrate range of integral membrane alkane hydroxylases. Journal of Bacteriology, 187: 85-91.

van Beilen J B, Smits T H, Whyte L G, et al. 2002b. Alkane hydroxylase homologues in Gram-positive strains. Environmental Microbiology, 4: 676-682.

van Beilen J B, Wubbolts M G, Witholt B. 1994. Genetics of alkane oxidation by *Pseudomonas oleovorans*. Biodegradation, 5 (3-4): 161-174.

van den Berg B. 2010. Going forward laterally: transmembrane passage of hydrophobic molecules through protein channel walls. Chembiochem, 11 (10): 1339-1343.

Vangnai A S, Arp D J, Sayavedra-Soto L A. 2002. Two distinct alcohol dehydrogenases participate in butane metabolism by *Pseudomonas butanovora*. Journal of Bacteriology, 184: 1916-1924.

Vangnai A S, Arp D J. 2001. An inducible 1-butanol dehydrogenase, a quinohaemoprotein, is involved in the oxidation of butane by '*Pseudomonas butanovora*'. Microbiology, 147: 745-756.

Verdin A, Sahraoui A L H, Newsam R, et al. 2005. Polycyclic aromatic hydrocarbons storage by *Fusarium solani* in intracellular lipid vesicles. Environmental Pollution, 133 (2): 283-291.

Wang L, Tang Y, Wang S, et al. 2006. Isolation and characterization of a novel thermophilic *Bacillus* strain degrading long-chain *n*-alkanes. Extremophiles, 10: 347-356.

Wang W P, Cai B B, Shao Z Z. 2014. Oil degradation and biosurfactant production by the deep sea bacterium *Dietzia maris* As-13-3. Frontiers in Microbiology, 5: 711.

Wang W P, Shao Z Z. 2012b. Genes involved in alkane degradation in the *Alcanivorax hongdengensis* strain A-11-3. Applied Microbiology and Biotechnology, 94: 437-448.

Wang W P, Shao Z Z. 2014. The long-chain alkane metabolism network of *Alcanivorax dieselolei*. Nature Communications, 5: 5755.

Wang W, Shao Z. 2012a. Diversity of flavin-binding monooxygenase genes (*almA*) in marine bacteria capable of degradation long-chain alkanes. FEMS Microbiology Ecology, 80: 523-533.

Ward D M, Brock T D. 1976. Environmental factors influencing the rate of hydrocarbon oxidation in temperate lakes. Applied and Environmental Microbiology, 31 (5): 764-772.

Watkinson R J, Morgan P. 1990. Physiology of aliphatic hydrocarbon-degrading microorganisms. Biodegradation, 1: 79-92.

Wentzel A, Ellingsen T E, Kotlar H K, et al. 2007. Bacterial metabolism of long-chain *n*-alkanes. Applied Microbiology and Biotechnology, 76 (6): 1209-1221.

Wick L Y, de Munain A R, Springael D, et al. 2002. Responses of *Mycobacterium* sp. LB501T to the low bioavailability of solid anthracene. Applied Microbiology Biotechnology, 58 (3): 378-385.

Widdel F, Rabus R. 2001. Anaerobic biodegradation of saturated and aromatic hydrocarbons. Current Opinion in Biotechnology, 12: 259-276.

Yakimov M M，Giuliano L，Denaro R，et al. 2004. *Thalassolituus oleivorans* gen. nov.，sp. nov.，a novel marine bacterium that obligately utilizes hydrocarbons. International Journal of Systematic and Evolutionary Microbiology，54（1）：141-148.

Yakimov M M，Timmis K N，Golyshin P N. 2007. Obligate oil-degrading marine bacteria. Current Opinion in Biotechnology，18（3）：257-266.

Young L Y，Mitchell R. 1973. Negative chemotaxis of marine bacteria to toxic chemicals. Applied Microbiology，25：972-975.

Yu H S，Alam M. 1997. An agarose-in-plug bridge method to study chemotaxis in the archaeon *Halobacterium salinarum*. FEMS Microbiology Letters，156：265-269.

Yuste L，Corbella M E，Turiegano M J，et al. 2000. Characterization of bacterial strains able to grow on high molecular mass residues from crude oil processing. FEMS Microbiology Ecology，32：69-75.

Zhang Z，Hou Z，Yang C，et al. 2011. Degradation of *n*-alkanes and polycyclic aromatic hydrocarbons in petroleum by a newly isolated *Pseudomonas aeruginosa* DQ8. Bioresource Technology，102：4111-4116.

第十六章　硝基芳烃的微生物降解

第一节　微生物降解芳烃化合物的一般规律

　　芳烃化合物是一类广泛存在于自然界，分子结构中含有一个或多个苯环的化合物及其衍生物。其分解代谢是自然界碳循环的重要组成部分。低分子量芳烃如色氨酸、酪氨酸和苯丙氨酸是构成生命体的基础。木质素是一种芳烃多聚体，是高等植物的重要组成部分，一般占植物干重的 20% 左右。除生物有机体内存在的这些芳烃外，自然界中的绝大多数芳烃有很大一部分来源于人类生产活动。尤其是工业革命以来，化学工业发展迅猛，人工合成的芳烃被广泛使用，导致大量芳烃通过各种途径进入环境中。这些自然环境中原本并不存在的有机化合物被称为异生物质。

　　芳烃具有苯环结构的对称性，苯环上 π 电子结构的稳定性使得这类化合物很难被降解，能在环境中长期残留，对环境和人类健康造成了严重的危害。这类化合物能在食物链中富集并放大，且大多具有致癌、致畸、致突变性质，严重威胁人类的生存和健康，因此多种硝基芳烃化合物已被美国环境保护署列为优先控制污染物。自然界中原本并不存在利用异生物质的微生物。但微生物有着极强的环境适应能力，它们有的可以通过长期进化自发突变成新的变种，有的可以通过产生一些诱导酶来适应环境变化，并利用这些化合物进行生长和繁殖，同时降解和转化有毒物质。随着环境中芳烃污染物的出现，自然界也出现了种类繁多的降解芳烃的微生物。

　　虽然微生物降解芳烃化合物的代谢途径千变万化，但是基本上都遵循两个关键步骤：外周代谢和中心代谢。在外周代谢过程中，各种结构的芳烃化合物经过一系列的反应会形成几种典型开环底物，如邻苯二酚、原儿茶酸、龙胆酸或偏苯三酚及其衍生物（图 16-1）。随后，这些代谢产物经过开环反应进入中心代谢逐步降解，并进入三羧酸循环。

A

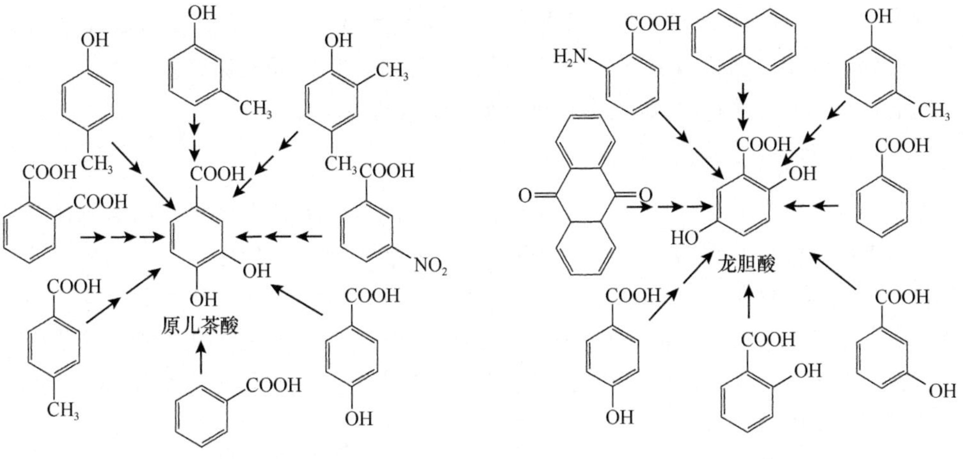

图 16-1　芳烃化合物微生物代谢的几种典型开环底物

一、外 周 代 谢

外周代谢是微生物将结构各异的芳烃化合物经过一系列的酶学催化反应，降解成进入中心代谢的开环底物。根据芳烃化合物含有的取代基的不同，以及开环底物的不同，微生物可以经过不同的策略分别进行芳烃的分解代谢。

（一）开环底物的种类

好氧条件下，微生物分解代谢芳烃一般依赖分子氧参与的羟化反应和开环反应。在芳烃的微生物代谢过程中，氧化反应一般在氧气存在的条件下进行。在部分特殊化合物的微生物代谢过程中，由水分子取代了分子氧，作为羟化反应中羟基团的供体。在开环反应中，苯环上一般需要取代至少两个羟基，而且它们是邻位或对位取代。因此，微生物代谢芳烃的开环底物大致可分为含有两个羟基的二羟基苯酚类化合物和含有三个羟基的三羟基苯酚类化合物，然后微生物通过开环反应进一步降解开环底物，并进入TCA循环。

1. 二羟基苯酚类化合物

邻苯二酚作为开环酶的底物，主要存在于好氧条件下微生物降解芳烃（苯、萘、菲等）、苯酚（苯酚、硝基苯酚等）、芳香酸（羟基苯甲酸、硝基苯甲酸等）及其衍生物的代谢途径中。另外，也有报道称邻苯二酚的衍生物作为中间代谢产物，如3-甲基邻苯二酚、4-甲基邻苯二酚、3-氯邻苯二酚和1,2-羟基萘等。

原儿茶酸是一种邻位二羟基苯酚。它作为一种开环酶的底物，存在于甲基苯酚、甲基苯甲酸、苯甲酸、羟基苯甲酸、硝基苯甲酸等芳烃化合物的代谢途径中。类似的开环底物还包括2,3-二羟基苯甲酸、2,3-二羟基苯基丙酸、2,3-二羟基异丙基苯甲酸、3,4-二羟基苯丙烯酸和同型原儿茶酸。

龙胆酸是一种对位二羟基苯酚。它作为开环酶的底物，存在于很多化合物如邻氨基苯甲酸、羟基苯甲酸和β-萘酚的代谢途径中。类似的对位二羟基苯酚开环底物还包括对苯二酚，对苯二酚作为开环底物，主要报道于微生物降解 4-硝基酚和 2-氯-4-硝基酚的代谢途径中。另外，也有报道称，对苯二酚的衍生物作为中间代谢产物，如在微生物降解 3-硝基酚和 2-氯-5-硝基酚过程中，开环底物为氨基邻苯二酚。

2. 三羟基苯酚类化合物

关于间位二羟基酚如 3,5-二羟基甲苯和间苯二酚的降解，微生物代谢需要在苯环上引入邻位或对位羟基，形成 1,2,4-三羟基酚后，才能进行开环反应。类似的情况还有，假单胞菌中 3,5-二羟基甲苯羟基化形成 1,2,4-三羟基苯进行代谢；荧光假单胞菌中间苯二酚羟基化形成 2,3,5-三羟基甲苯进行代谢；革兰氏阳性细菌降解中 4-硝基酚代谢形成偏苯三酚。此外，类似的开环底物还包括卤代偏苯三酚，如微生物降解 2,4,6-三氯苯酚、2,6-二氯硝基酚和 2,6-二溴硝基酚的开环底物。

（二）生成开环底物的反应

微生物利用种类各异的芳烃为底物生长时，必须通过一系列反应将其转化为双加氧酶的开环底物，才能将其彻底降解和利用。因为芳烃化合物结构的不同，在不同微生物中这类反应会不同，但是也有一些类似的反应。

苯环上的羟基化反应可分为两种方式。第一种是，首先在单加氧酶催化作用下，单个羟基被引入苯环上。羟基中的氧来源于氧气，而氧气中的另外一个氧原子则被还原为水；然后，第二个邻位羟基被引入苯环，通过中间产物邻二醇形成对应的邻位二羟基酚类化合物。该步反应需要双加氧酶和脱氢酶的参与。第二种是，由苯或苯甲酸生成邻苯二酚，这一类型反应在假单胞菌和产碱菌属细菌中研究得较充分。在这两种反应中，都分离到了中间产物 1,2-顺式-二氢二醇，说明环化过氧化物可能是其先导化合物。目前，已证明了 1,2-顺式-二氢二醇也是甲苯转化为 3-甲基邻苯二酚、萘转化为 1,2-二羟基萘的中间产物。顺式-二氢二醇作为中间代谢产物，同样出现在其他芳烃化合物如蒽和菲的细菌代谢过程中。在邻氨基苯甲酸转化为邻苯二酚、β-萘酚转化为可能的 1,2,6-三羟基萘的过程中，都可能会出现顺式-二氢二醇这种中间产物。

微生物在降解大量的芳烃化合物和酚酸的过程中都涉及单加氧酶的催化，并引入单羟基的单加氧反应。因此，苯酚会被羟基化形成邻苯二酚，3-甲基苯酚和 2-甲基苯酚都会被转化为 3-甲基邻苯二酚，4-甲基苯酚会被转化为 4-甲基邻苯二酚。类似地，4-羟基苯甲酸会被羟基化为原儿茶酸，而 3-羟基苯甲酸会被氧化为原儿茶酸或龙胆酸。在某些硝基芳烃的微生物代谢中，单加氧酶还会催化硝基芳烃化合物氧化脱硝基，同时将羟基引入苯环形成酚类化合物，脱去的硝基则变成亚硝酸盐，如细菌降解 2-硝基酚、4-硝基酚、2-氯-4-硝基酚、2-溴-4-硝基酚、2,6-二溴-4-硝基酚、2-氯-4-硝基苯甲酸等。2-羟基苯甲酸（水杨酸）在有些细菌中会被转化为龙胆酸，在有些细菌中则被转化为邻苯二酚，后一种反应为氧化脱羧反应。其他已被纯化的属于单加氧酶的细菌羟化酶有 4-羟基苯甲酸羟化酶、3,5-二羟基甲苯羟化酶、草木樨酸羟化酶和 L-苯基丙氨酸羟化酶等。

二、中心代谢：开环底物的开环反应和开环后的代谢

微生物在降解结构各异的芳烃化合物时，经过外周代谢形成开环底物，进入中心代谢途径。在中心代谢途径中，首先进行的是底物的开环反应，一般由双加氧酶催化；然后逐步代谢成为可以进入 TCA 循环的各种小分子化合物如丙酮酸、富马酸；最终参与微生物自身的新陈代谢。根据开环底物种类的不同，微生物降解芳烃化合物时分别采取不同的方法进行开环反应和中心代谢。

（一）邻苯二酚类化合物的开环代谢

1,2-二羟基酚化合物的开环反应分为两种代谢方式。一种称为邻位开环，这种代谢方式的开环位置位于苯环上相邻的两个都含有羟基的碳原子之间，生成二羧酸；另外一种称为间位开环，开环位置位于两个碳原子之间，但是只有其中一个碳原子上含有羟基取代基，生成醛酸或酮酸。这两种开环反应都是在双加氧酶的催化下，将一分子氧加成至一分子底物中。邻位开环和间位开环还有另外一种称呼，即邻二醇开环和外二醇开环。根据发生开环反应的化学键相对于苯环上取代基的位置，可以对作用于不同位置的双加氧酶进行命名，如原儿茶酸 3,4-双加氧酶和原儿茶酸 4,5-双加氧酶。

1,2-二羟基酚开环研究最多的是原儿茶酸和邻苯二酚的邻位开环途径（图 16-2）。这两种途径最终汇聚于中间代谢产物 β-酮己二酸烯醇内酯，之后代谢途径一样。虽然前期代谢产生的中间产物结构上的相似性暗示这两种代谢途径的平行性，但是此后每步反应所需的酶相互独立和不同，而且具有底物特异性。由于酶的功能和诱导的高度特异性，利用这些代谢途径降解不同芳烃化合物的微生物必须采用一系列不同的分解代谢反应，并最终汇聚于邻苯二酚或原儿茶酸。

尽管这些代谢途径中的大部分酶具有很高的特异性，但是来自假单胞菌的邻苯二酚 1,2-氧化酶催化 4-甲基邻苯二酚迅速开环生成的产物，却可以被解链假单胞菌中的黏糠酸内酯酶催化。另外，在暗褐短杆菌中也发现了一个特异性较低的邻苯二酚 1,2-双加氧酶。

相比邻位开环而言，1,2-二羟基酚类化合物通过间位开环反应后将进行一系列完全不同的反应，如邻苯二酚在 2,3-双加氧酶的催化下生成 α-羟基黏糠酸半醛，后者可以在 NAD^+ 依赖的脱氢反应中生成草酰丁烯酸，或者通过水解作用生成甲酸和 2-酮戊-4-烯酸。固氮菌主要采用前一种代谢方式，该途径中 2-酮戊-4-烯酸经一次脱羧反应和双键的羟化反应生成 2-酮-4-羟基戊酸。

Pseudomonas arvilla 中的邻苯二酚 2,3-双加氧酶可以催化邻苯二酚、3-甲基邻苯二酚和 4-甲基邻苯二酚的开环反应，而且这些途径中的其他酶也有相似的宽泛的功能特异性（Nozaki et al.，1970）。因此，苯酚及其同质异构体甲基苯酚的代谢会生成邻苯二酚、3-甲基邻苯二酚或 4-甲基邻苯二酚中间体，然后通过由结构相似底物诱导产生的同一系列酶催化的代谢反应生成丙酮酸和乙醛或丙醛。

细菌通过间位开环反应代谢原儿茶酸，是非荧光假单胞菌——食酸假单胞菌和睾丸酮假单胞菌特有的属性。在这些细菌中，原儿茶酸在 4,5 位发生开环反应后，水解去除甲酸和 NAD^+ 依赖的脱氢反应都会发生。前一反应之后的产物会发生水合作用生成γ-羟基-γ-甲基-α-酮戊二酸，然后在醛缩酶的催化下裂解生成丙酮酸（图 16-2）。这一途径与

前面提到的邻苯二酚水解途径类似。另外一个脱氢反应则与邻苯二酚间位开环途径中对应的反应不一样，因为脱羧反应不是脱氢反应后的下一步反应。取而代之的是，在水合作用下三羧酸转化为羟酮酸，后者再在醛缩酶的催化下裂解为丙酮酸和草酰丁烯酸。

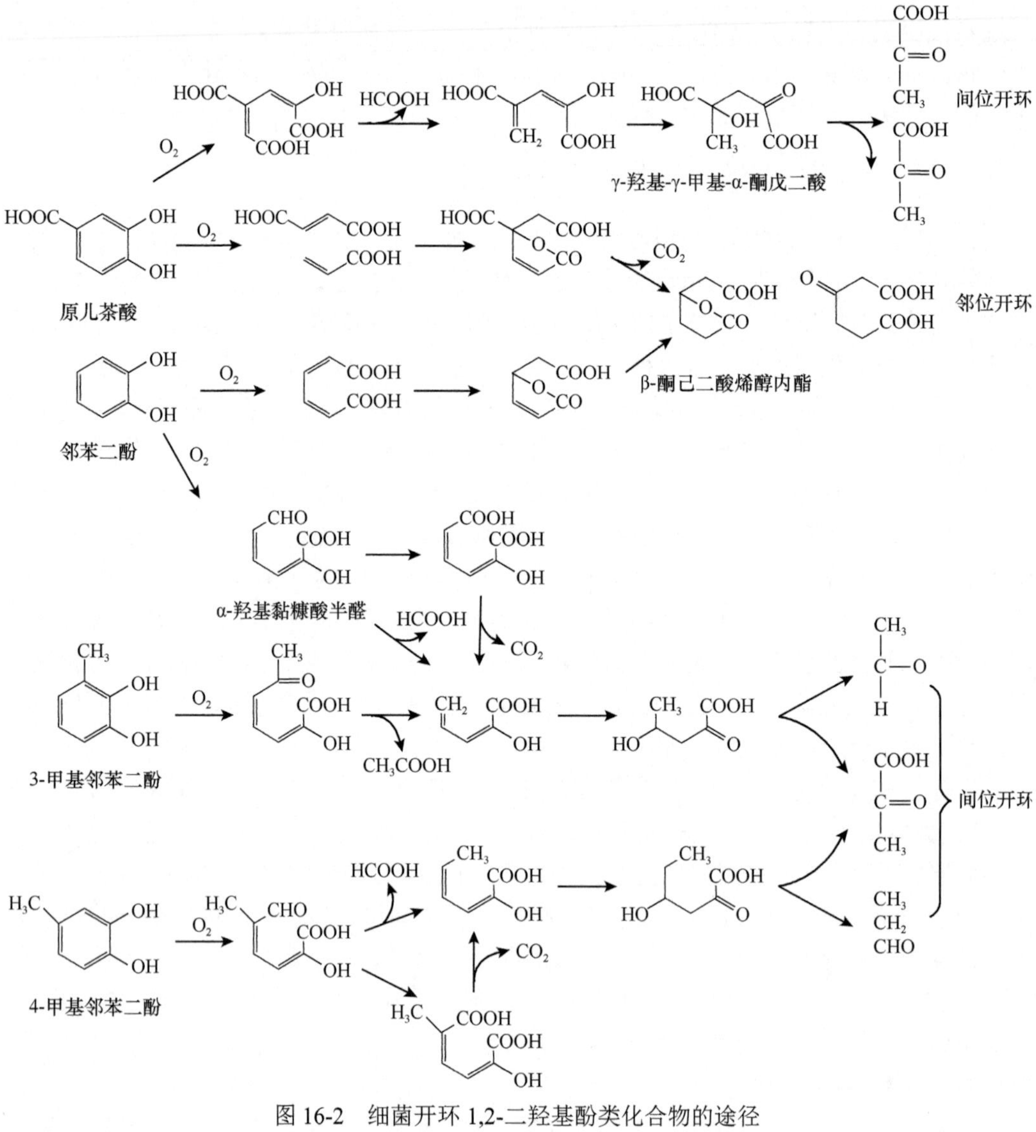

图 16-2　细菌开环 1,2-二羟基酚类化合物的途径

（二）1,4-二羟基酚类化合物的代谢

同型龙胆酸起始代谢是双加氧酶催化一个羟基和羧甲基之间碳碳键的断裂反应，产生马来酰丙酮酸。马来酰丙酮酸在水解酶的催化下可以直接发生水解，生成丙酮酸和马来酸，马来酸可水解形成 D-苹果酸；另外，马来酰丙酮酸在依赖于谷胱甘肽的异构酶的催化下，可以异构为富马酰丙酮酸，然后水解为富马酸和丙酮酸（图 16-3）。假单胞菌中的龙胆酸代谢与同型龙胆酸非常相似，但是在某些微生物中，异构反应对于水解不是必需的。

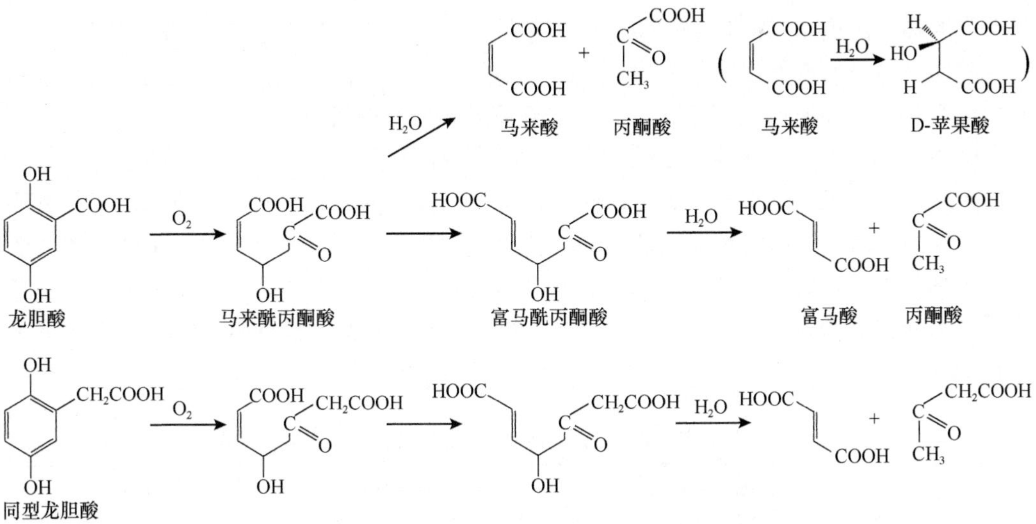

图 16-3　细菌开环 1,4-二羟基酚类化合物的途径

　　假单胞菌降解对苯二酚的开环会涉及苯环上 1,2 位的氧化开环反应，产生 β-羟基黏糠酸半醛，最后形成 β-酮己二酸。例如，假单胞菌 WBC-3（Zhang et al.，2009）降解 4-硝基酚会形成开环底物对苯二酚。对苯二酚首先在对苯二酚双加氧酶 PnpCD 的催化下生成 4-羟基黏糠酸半醛，然后在 4-羟基黏糠酸半醛脱氢酶的作用下生成马来酰乙酸，随后在马来酰乙酸还原酶的作用下生成 β-酮己二酸，进一步降解。

（三）三羟基酚类化合物的代谢

　　在上述提到的几种 1,2,4-三羟基苯酚类化合物的开环反应中，只有 1,2,4-三羟基苯可以通过邻位开环反应产生马来酰乙酸，之后代谢成富马酰乙酸和乙酸。而 2,3,5-三羟基甲苯通过间位开环反应代谢，这与含取代基的邻苯二酚很相似。同样，3-甲基邻苯二酚可以被 2,3,5-三羟基甲苯双加氧酶催化在 2,3 位发生开环反应。2,3,5-三羟基苯的开环底物都是 2,4,6-三酮酸，它会被进一步水解为一个 β-酮酸和短链的脂肪酸。因此，3,5-二羟基甲苯会被代谢为丙酮酸和乙酸，2-异丙基-5-甲基苯酚会被代谢为 α-丁酮酸、乙酸和异丁酸。细菌代谢 3,5-二甲氧基-4-羟基苯甲酸时，3,4,5-三羟基苯甲酸及其 3-O-甲基衍生物都是双加氧酶的开环底物。其中，后者在 3,4 位发生间位开环，前者在 3,4 位也能发生开环，3,4,5-三羟基苯甲酸开环后将会按照前文描述的原儿茶酸间位途径中的一种继续代谢。

　　我们在研究红球菌 RKJ300（Min et al.，2016）和贪铜菌 CNP-8（Min et al.，2019a）降解 2-氯-4-硝基酚时，发现其代谢开环底物为偏苯三酚。偏苯三酚开环，首先是在双加氧酶的作用下生成马来酰乙酸，随后由马来酰乙酸还原酶催化生成 β-酮己二酸，进一步降解进入 TCA 循环。

第二节　硝基芳烃化合物的微生物代谢途径及代谢机制

　　由于硝基的化学多功能特性，硝基芳烃化合物如硝基苯、硝基甲苯、硝基酚、硝基苯甲酸及它们的卤代衍生物等常作为重要的化工原料，广泛用于医药、染料、农药、炸药等的合成。硝基芳烃化合物常在生产和使用的过程中被释放到环境中，其已经成为一类重要的环境污染物。苯环结构的对称性使得芳烃化合物非常稳定,不易发生化学反应,硝基基团吸电子的特性使苯环的电子云密度进一步降低,很难受到氧化攻击,因此硝基芳烃化合物能在环境中长期存在,严重危害环境和人类健康。

　　微生物具有极强的环境适应能力,针对环境中种类繁多且结构各异的硝基芳烃化合物,微生物可以在短时间内进化出相应的代谢途径,并且表现出极强的适应性和代谢能力的多样性。相对于真菌和厌氧细菌的非特异性代谢与转化,细菌在有氧条件下往往能够以硝基芳烃化合物作为唯一的碳源、氮源和能源生长,这在污染物的生物治理和生物修复中有更大的优势。微生物学工作者已分离了许多能够降解硝基芳烃污染物的细菌(表 16-1)。

表16-1　不同微生物对硝基芳烃化合物及其卤代衍生物的降解

(氯代)硝基芳烃	微生物资源	起始降解酶	开环底物
硝基苯	*Pseudomonas putida* HS12	硝基还原酶	2-氨基苯酚
	P. pseudoalcaligenes JS45		
	Comamonas sp. JS765	三组分双加氧酶	邻苯二酚
2-氯-硝基苯	*P. putida* OCNB-1	硝基还原酶	3-氯-对苯二酚
	P. stutzeri ZWLR2-1	三组分双加氧酶	3-氯-对苯二酚
4-氯-硝基苯	*Comamonas* sp. CNB-1	硝基还原酶	4-氯-2-氨基苯酚
	P. putida ZWL73		
	Comamonas sp. LW1		
2-硝基酚	*P. putida* B2	单组分单加氧酶	邻苯二酚
	Alcaligenes sp. NyZ215		
3-硝基酚	*P. putida* B2		偏苯三酚
	Cupriavidus necator JMP134	硝基还原酶	2-氨基对苯二酚
4-硝基酚	*Pseudomonas* sp. WBC-3	单组分单加氧酶	对苯二酚
	Arthrobacter sp. JS443	双组分单加氧酶	偏苯三酚
2,4-二硝基酚	*R. erythropolis* HL24-1	—	hydride-Meisenheimer
	R. erythropolis HL24-2		
2,6-二硝基酚	*C. necator* JMP134	—	4-硝基偏苯三酚
2,4,6-三硝基酚	*Nocardioides* sp. CB22-2	—	hydride-Meisenheimer
	R. erythropolis HLPM-1		
2-氯-4-硝基酚	*Burkholderia* sp. strain SJ98	单组分单加氧酶	2-氯对苯二酚
	Burkholderia sp. RKJ 800		
	Arthrobacter sp. SJCon		
	R. imtechensis RKJ 300	双组分单加氧酶	偏苯三酚

续表

（氯代）硝基芳烃	微生物资源	起始降解酶	开环底物
4-氯-2-硝基酚	*Exiguobacterium* sp. PMA	硝基还原酶	2-氨基苯酚
2-氯-5-硝基酚	*Cupriavidus* sp. CNP-8 *C. pinatubonensis* JMP134	硝基还原酶	2-氨基对苯二酚
2,6-二卤-4-硝基酚	*Cupriavidus* sp. CNP-8	双组分单加氧酶	6-卤代偏苯三酚
2-硝基苯甲酸	*P. fluorescens* KU-7	硝基还原酶	3-羟基-2-氨基苯甲酸
	A. protophormiae RKJ100	硝基还原酶	2-氨基苯甲酸
	Arthrobacter sp. SPG	单加氧酶	邻苯二酚
3-硝基苯甲酸	*Pseudomonas* sp. JS51 *Comamonas* sp. JS46	双加氧酶	原儿茶酸
	Nocardia erythropolis M1	单加氧酶	
4-硝基苯甲酸	*C. acidovorans* NBA-10 *Pseudomonas* sp. 4NT *Pseudomonas putida* TW3 *Ralstonia* sp. SJ98	硝基还原酶	原儿茶酸
2-氯-4-硝基苯甲酸	*Acinetobacter* sp. RKJ12	单加氧酶	邻苯二酚

　　细菌好氧条件下主要通过 4 种代谢途径来完成硝基芳烃的降解（图 16-4）。①单加氧途径：由单加氧酶催化脱硝基，同时将羟基引入苯环形成酚类化合物，然后进入下游的开环途径，如细菌降解 2-硝基酚、4-硝基酚、2-氯-4-硝基酚、2-溴-4-硝基酚、2,6-二溴-4-硝基酚、2-氯-4-硝基苯甲酸。②双加氧途径：由双加氧酶催化脱硝基形成二元酚，随后由双加氧酶催化开环降解，如硝基苯、2-氯-硝基苯、2-溴-硝基苯、2-硝基甲苯的降解。③还原途径：一种方式是硝基芳烃经过硝基还原酶催化生成相应的羟胺芳烃化合物，再由变位酶作用生成开环底物——邻氨基苯酚，如 3-硝基酚、4-氯-硝基苯和 2-氯-5-硝基酚的降解。另一种还原途径是硝基经硝基还原酶作用还原成羟胺，随后由羟胺裂解酶作用水解脱氨基，形成二羟基芳香化合物进入开环途径，如 3-硝基苯甲酸、4-硝基苯甲酸、4-硝基甲苯的降解。④某些细菌在进行 2,4-二硝基酚、2,4,6-三硝基酚或 2,4,6-三硝基甲苯的好氧代谢时，硝基芳烃化合物在进行脱硝基反应之前都会形成一种特殊的"hydride-Meisenheimer"结构，然后再进一步代谢。

　　虽然硝基芳烃化合物结构各异，代谢的酶也是千变万化，但是微生物降解硝基芳烃都遵循两个关键步骤：外周代谢和中心代谢。在外周代谢过程中，结构各异的硝基芳烃经过一系列的反应会形成几种典型开环底物，如邻苯二酚、对苯二酚、偏苯三酚或原儿茶酸及它们的衍生物（图 16-5）。随后，开环底物在双加氧酶的作用下进入中心代谢，随后进入三羧酸循环。本节将详细阐述微生物降解各种硝基芳烃的代谢途径和机制。

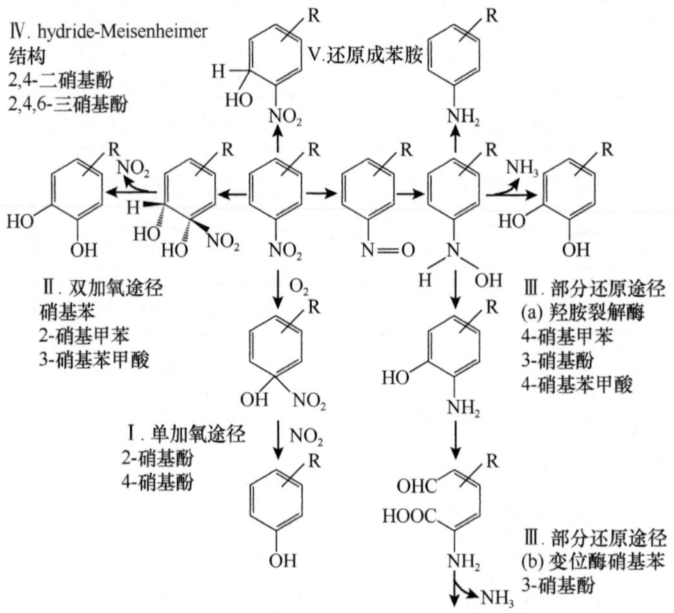

图 16-4　微生物降解硝基芳烃的 4 种主要代谢方式

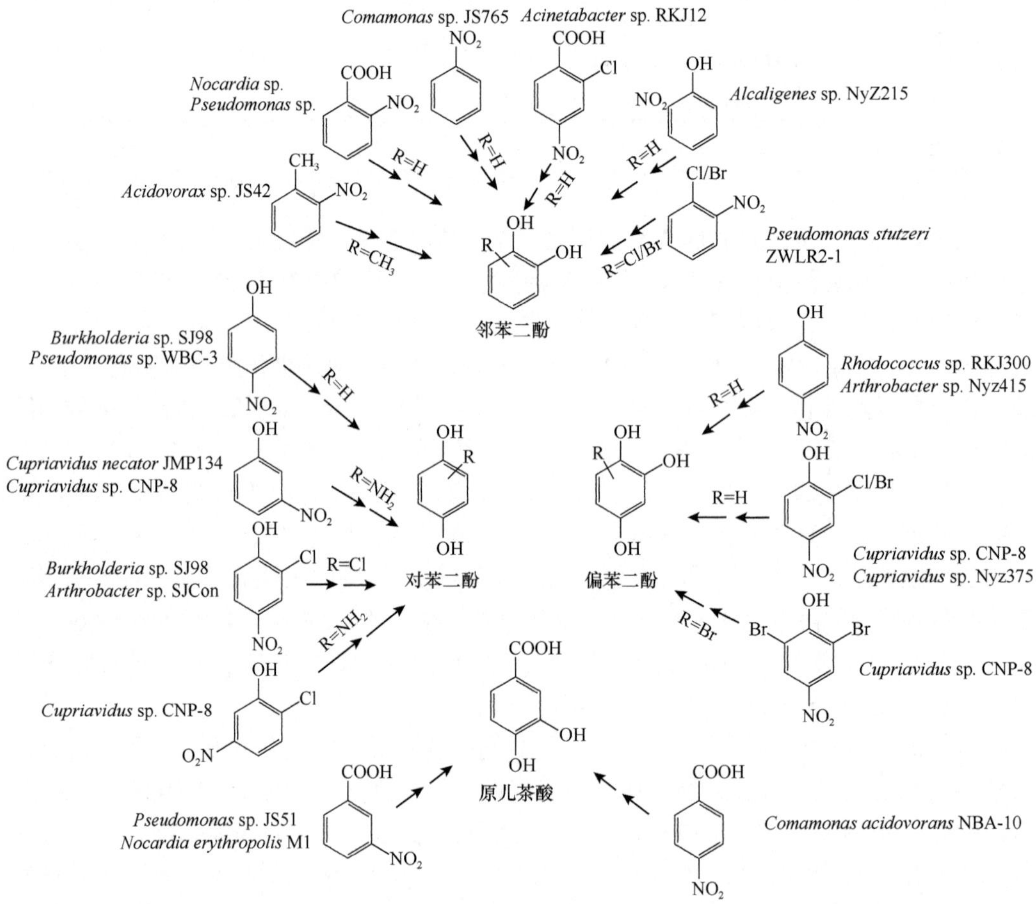

图 16-5　微生物降解硝基芳烃化合物的主要开环底物

一、硝基苯的代谢途径

硝基苯是结构最简单的一种硝基芳香烃，该化合物除主要用于苯胺的合成外，还可以用于合成很多含氮芳烃化合物。硝基苯的微生物降解有两条主要的途径，分别是部分还原途径和双加氧途径，如图 16-6 所示。

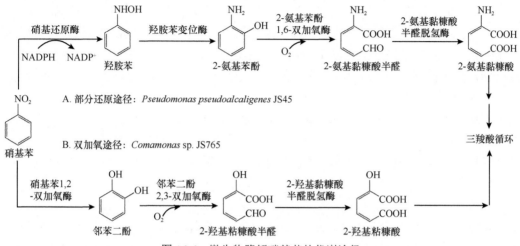

图 16-6　微生物降解硝基苯的代谢途径

P. pseudoalcaligenes JS45 能够以硝基苯为唯一的碳源和氮源进行生长，并伴随着氨离子的释放，该菌株是通过部分还原途径降解硝基苯的代表。如图 16-6A 所示，在 JS45 菌株降解硝基苯的过程中，首先在硝基苯硝基还原酶的作用下被还原，经由亚硝基苯生成羟胺苯，然后在羟胺苯变位酶的催化作用下生成 2-氨基苯酚，接着由 2-氨基苯酚1,6-双加氧酶实现开环反应形成 2-氨基黏糠酸半醛，再由 2-氨基黏糠酸半醛脱氢酶催化生成 2-氨基黏糠酸并进入 TCA 循环。

JS45 菌株中参与硝基苯降解的硝基苯还原酶已得到纯化和鉴定，该酶是一个约30kDa、能与黄素单核苷酸（FMN）紧密结合的黄素蛋白，1mol 的蛋白质能结合 2mol的 FMN。除了还原硝基苯，该酶还可以催化亚硝基苯的还原，并且对亚硝基苯的比活比硝基苯还高。JS45 菌株中参与硝基苯代谢的羟胺苯变位酶、2-氨基苯酚 1,6-双加氧酶、2-氨基黏糠酸半醛脱氢酶、2-氨基黏糠酸脱氢酶也都已经被克隆和鉴定。JS45 中的 2 个羟胺苯变位酶基因分别编码 HabA 和 HabB，它们在体外都能催化羟胺苯变位生成 2-氨基苯酚，但是转录水平分析发现在 JS45 菌株中，只有 *habA* 基因在诱导条件下会转录。敲除了 *habA* 基因后的 JS45 突变株丧失了利用硝基苯生长的能力，而 *habB* 缺失突变株仍然能利用硝基苯，说明只有 HabA 参与了硝基苯的代谢。此外，在 *habA* 和 *habB* 中间的转座子成分说明它们很有可能是通过基因水平转移获得的。2-氨基苯酚 1,6-双加氧酶具有 $\alpha_2\beta_2$ 结构，并以亚铁离子为唯一的辅因子，该酶除了催化 2-氨基苯酚的双加氧反应，还可以催化 2-氨基-3-甲酚、邻苯二酚、6-氨基-3-甲酚和 2-氨基-4-氯酚的氧化反应；而原儿茶酸、3-羟胺苯甲酸、龙胆酸、4-甲基邻苯二酚和 3-甲基邻苯二酚不能作为其催化底物（Lendenmann and Spain，1996）。2-氨基黏糠酸半醛脱氢酶是一个大小 57kDa 的单组分多聚体蛋白，其氨基酸序列与 2-羟基-6-黏糠酸半醛脱氢酶具有很高的相似性。

2-氨基黏糠酸脱氨酶大小约 16.6kDa，以六聚体形式存在，能催化 2-氨基黏糠酸生成 2-氧-3-烯-1,6-二己酸。*P. putida* HS12 降解硝基苯具有和 JS45 菌株相同的代谢途径，其硝基苯代谢基因属于三个不同的操纵子，并且被定位在两个质粒上。*Pseudomonas* HS12 和 JS45 菌株降解硝基苯的下游代谢途径与 *Pseudomonas* sp. AP-3 降解 2-氨基苯酚的途径非常相似。

　　迄今为止，虽然绝大多数的硝基苯降解菌是通过部分还原途径，但是 *Comamonas* sp. JS765 在利用硝基苯时释放出的却是亚硝酸根离子，这显然不同于部分还原途径。如图 16-6B 所示，JS765 菌株在降解硝基苯时，首先在硝基苯 1,2-双加氧酶氧化作用下生成邻苯二酚，然后在邻苯二酚 2,3-双加氧酶作用下开环形成 2-羟基黏糠酸半醛，接着在 2-羟基黏糠酸半醛脱氢酶作用下生成 2-羟基黏糠酸进入 TCA 循环。JS765 菌株的硝基苯 1,2-双加氧酶是一个三组分双加氧酶，序列与 *Pseudomonas* sp. JS42 中的 2-硝基甲苯双加氧酶具有很高的相似性。此外，JS765 菌株的硝基苯 1,2-双加氧酶有着广泛的底物范围，能够氧化所有的硝基甲苯和二硝基甲苯释放亚硝基。

二、硝基苯甲酸的代谢途径

　　硝基苯甲酸包括 2-硝基苯甲酸、3-硝基苯甲酸和 4-硝基苯甲酸。早在 20 世纪 50 年代就已经有硝基苯甲酸微生物降解方面的报道，近年才有代谢途径和参与代谢的酶相关方面的报道。

（一）2-硝基苯甲酸的代谢途径

　　P. fluorescens KU-7（Hasegawa et al.，2000）、*A. protophormiae* RKJ100（Pandey et al.，2003）都能够以 2-硝基苯甲酸作为唯一的碳源、氮源和能源进行生长，而且都是通过还原途径进行代谢的（图 16-7A）。在 KU-7 菌株中，2-硝基苯甲酸首先在硝基还原酶（NbaA）作用下生成 2-羟胺苯甲酸，随后由异构酶（NbaB）催化生成 3-羟基-2-氨基苯甲酸，接着由 3-羟基-2-氨基苯甲酸 3,4-双加氧酶（NbaC）和 2-氨基-3-羧基黏糠酸半醛脱羧酶（NbaD）分别催化开环、脱羧反应生成 2-氨基黏糠酸半醛进入 TCA 循环（Hasegawa et al.，2000）。与 KU-7 不同的是，在 RKJ100 菌株中，生成的 2-羟胺苯甲酸不是通过异构反应进一步降解，而是继续还原为氨基苯甲酸，随后脱氨生成 β-酮己二酸。KU-7 菌株中参与 3-羟基-2-氨基苯甲酸间位开环的基因已经被克隆，其核苷酸序列和基因的组织结构与 *Pseudomonas* sp. AP-3 中 2-氨基苯酚基因簇有很高的相似性，而且 3-羟基-2-氨基苯甲酸和 2-氨基苯酚在开环后的途径相同，说明它们的操纵子可能有共同的起源（Muraki et al.，2003）。

（二）3-硝基苯甲酸的代谢途径

　　微生物降解 3-硝基苯甲酸（3-nitrobenzoate）主要是通过氧化途径进行的（图 16-7B）。*Pseudomonas* sp. JS51（Nadeau and Spain，1995）、*N. erythropolis* M1（Cartwright and Cain，1959）都可以以 3-硝基苯甲酸作为唯一的碳源、氮源和能源进行生长。虽然都是通过氧化途径，JS51 菌株降解 3-硝基苯甲酸是由双加氧酶起始反应生成原儿茶酸，随后在原儿茶酸 4,5-双加氧酶的催化下开环，形成 2-羟基-4-羧基黏糠酸半醛进入 TCA 循环。而在 M1 菌株中，3-硝基苯甲酸首先由单加氧酶催化生成 3-羟基苯甲酸，然后再经过单加氧酶氧化为原儿茶酸。

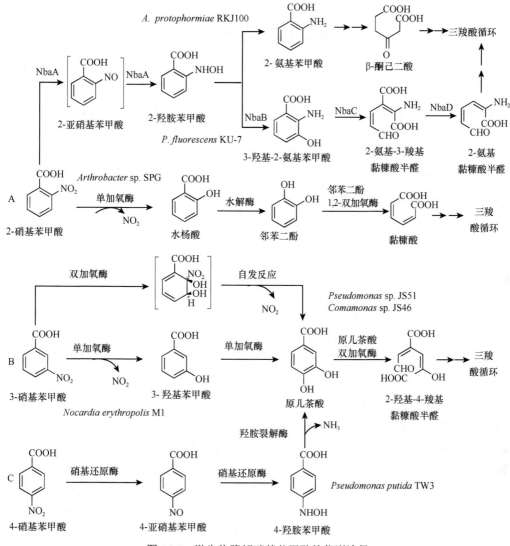

图 16-7　微生物降解硝基苯甲酸的代谢途径

（三）4-硝基苯甲酸的代谢途径

目前报道的绝大多数细菌包括 *C. acidovorans* NBA-10（Groenewegen et al.，1992）、*P. putida* TW3（Rhys-Williams et al.，1993）、*Pseudomonas* sp. 4NT（Haigler and Spain，1993），都是通过还原途径并以原儿茶酸为开环底物降解 4-硝基苯甲酸的（图 16-7C）。

在 NBA-10 菌株中，4-硝基苯甲酸首先由还原酶催化，经过中间产物 4-亚硝基苯甲酸生成 4-羟胺苯甲酸，并消耗 2 分子 NADPH。4-羟胺苯甲酸由裂解酶催化脱氨基生成原儿茶酸，随后开环进入 TCA 循环。4NT 和 TW3 是两株 4-硝基甲苯降解菌，它们降解 4-硝基甲苯首先生成 4-硝基苯甲酸，随后再经过与 NBA-10 菌株相同的代谢途径进一步降解 4-硝基苯甲酸。TW3 菌株中的 4-硝基苯甲酸还原酶（PnbA）和 4-羟胺苯甲酸裂解酶（PnbB）都已经被克隆与鉴定。*P. fluorescens* 降解 4-硝基苯甲酸虽然也是通过还原途径，但是 4-硝基苯甲酸首先是被还原生成 4-氨基苯甲酸，然后脱氨基生成 4-羟基苯甲酸。

三、硝基酚的代谢机制研究

硝基酚除作为医药、染料、农药等化工产品的合成前体外，还广泛用作生化检测试剂。硝基酚常在生产和使用过程中被释放到环境中，如环境中的 4-硝基酚很大一部分就来源于甲基对硫磷农药的水解。硝基酚在环境中很稳定，水溶性较高，而且难以降解，它们可以在环境中长期滞留。同时硝基酚可以抑制许多生物学机能，影响人体物质代谢，危害人类健康，是重要的环境污染物质之一。所以，一些硝基酚如 2-硝基酚和 4-硝基酚已被美国环境保护署列为优先控制污染物。迄今为止，很多微生物可以降解硝基酚，其中以单硝基酚的微生物代谢最为丰富多样。

（一）2-硝基酚的微生物代谢

2-硝基酚又称为邻硝基酚，它作为检测试剂而被广泛使用，如以邻硝基苯-β-D-吡喃半乳糖苷（ONPG）为底物用比色法测定 β-半乳糖苷酶的活性。有研究显示，2-硝基酚可以被还原为 2-氨基苯酚然后被继续降解。但是目前报道的 2-硝基酚代谢途径还是以氧化途径为主。其中的典型代表是 *P. putida* B2，该菌能以 2-硝基酚为唯一碳源和氮源生长，并释放亚硝酸根离子。该菌降解 2-硝基酚的代谢途径及其中的关键酶 2-硝基酚单加氧酶有相关的报道（Zeyer et al.，1986）：2-硝基酚降解的第一步反应是在 2-硝基酚单加氧酶的催化下，经过可能的中间代谢产物邻苯二醌生成邻苯二酚并释放出亚硝酸根离子；邻苯二酚随后在邻苯二酚 1,2-双加氧酶（OnpC）的作用下，通过经典的邻苯二酚邻位开环降解途径裂解为顺,顺黏糠酸，接着进一步降解进入 TCA 循环。

直到 2007 年，周宁一团队筛选分离到一株 2-硝基酚的降解菌 *Alcaligenes* sp. strain NyZ215，并且通过染色体步移的方法从中克隆了一段 10 152bp 的 DNA 片段，其中包括 2-硝基酚 2-单加氧酶（OnpA）、邻苯二醌还原酶（OnpB）和邻苯二酚 1,2-双加氧酶的编码基因（Xiao et al.，2007）。并且通过一系列生理生化实验证明 OnpA、OnpB 和 OnpC 确实参与了 NyZ215 菌株中 2-硝基酚的代谢，代谢途径为：2-硝基酚首先在 OnpA 的催化下进行单加氧反应生成邻苯二醌，OnpB 再还原邻苯二醌生成邻苯二酚，接着由 OnpC 催化邻苯二酚开环生成顺,顺黏糠酸（图 16-8A）。并且该团队率先证实了 2-硝基酚在代谢过程中的确涉及邻苯二醌的生成，完善了 2-硝基酚代谢的途径。该研究首次在分子生物学水平上揭示了微生物代谢分解 2-硝基酚的机制，加深了人们对 2-硝基酚生物降解的理解。随后该团队对 OnpA 进行序列分析，发现该酶包含一个 FAD 结合的单加氧酶结构域和一个血红素结合的细胞色素 b_5 结构域，并且 1mol 纯化的 OnpA 能结合 0.66mol FAD 和 0.2mol 血红素。但是酶活性测试显示三者之间最适的化学计量比为 1∶1∶1。定点突变显示，细胞色素 b_5 结构域参与了 OnpA 对 2-硝基酚的催化反应，并且该结构域中两个高度保守的组氨酸与血红素的结合有关（Xiao et al.，2012）。

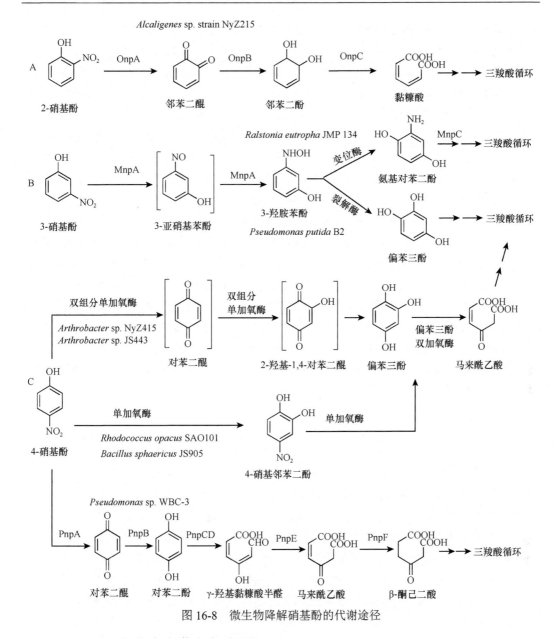

图 16-8 微生物降解硝基酚的代谢途径

（二）3-硝基酚的微生物代谢

3-硝基酚又称为间硝基酚。与 2-硝基酚的氧化代谢不同，迄今为止所报道的 3-硝基酚的代谢都是通过部分还原途径降解的。在有氧条件下，*Pseudomonas putida* B2 能以 3-硝基酚为唯一碳源和氮源生长并释放铵根离子。Meulenberg 等（1996）对 B2 菌株降解 3-硝基酚的代谢途径进行了深入的研究：3-硝基酚还原酶首先在 NADPH 存在的情况下，还原 3-硝基酚经由 3-亚硝基生成 3-羟胺苯酚，然后在 3-羟胺苯酚裂解酶的作用下生成偏苯三酚，偏苯三酚然后开环进入 TCA 循环（图 16-8B）。

R. eutropha JMP134 也可以以 3-硝基酚为唯一碳源、氮源生长，并且也经过部分还原途径降解 3-硝基酚（Schenzle et al.，1997）。但是与 B2 菌株不同的是，JMP134 降解

3-硝基酚时产生的 3-羟胺苯酚并不是由 3-羟胺苯酚裂解酶催化生成偏苯三酚，而是在 3-羟胺酚变位酶的作用下转变为氨基对苯二酚，随后再进一步降解进入 TCA 循环（图 16-8B）。随后 Schenzle 等（1999）对 JMP134 菌株中的 3-羟胺酚变位酶进行了纯化，该酶为 62kDa 大小的无色单体蛋白质，对 3-羟胺酚有催化活性，对 2-氯-5-羟胺酚、羟胺苯及 4-羟胺甲苯都有一定的催化活性（Schenzle et al.，1999）。

周宁一团队对 C. necator JMP134（R. eutropha JMP134）降解 3-硝基酚的分子机制进行了更深入的研究（Yin and Zhou，2010），克隆、表达并纯化了 3-硝基酚代谢过程中的硝基还原酶（MnpA）。MnpA 能与 FMN 紧密结合，在 NADPH 存在的情况下能催化 3-硝基酚经由 3-亚硝基苯酚生成 3-羟胺苯酚（Yin et al.，2010）。并且通过系统发育树分析，发现包括 MnpA 在内的一些硝基还原酶构成了一个新的硝基-FMN-还原酶超家族。此外，该团队又鉴定了 JMP134 菌株中可能参与 3-硝基酚代谢的氨基对苯二酚双加氧酶（MnpC）。MnpC 在自然情况下是以二聚体的形式存在的，是一个 Fe^{2+} 和 Mn^{2+} 依赖的双加氧酶。MnpC 还可以催化对苯二酚开环生成 4-羟基黏糠酸半醛。最近，本实验室从农药污染土壤中筛选到一株 2-氯-5-硝基酚降解菌 Cupriavidus sp. CNP-8，发现其也能以 3-硝基酚为唯一碳源、氮源和能源生长，并且鉴定了该菌株中参与 3-硝基酚和 2-氯-5-硝基酚代谢的 mnp 基因簇，对这株菌降解这两个硝基酚的代谢途径和机制进行了详细的研究（Min et al.，2017），该菌株降解 3-硝基酚的代谢途径与菌株 JMP134 类似，而且酶的相似性也比较高。

（三）4-硝基酚的微生物代谢

4-硝基酚又称对硝基酚。4-硝基酚的微生物代谢可以分为厌氧代谢和好氧代谢。在厌氧条件下，4-硝基酚被还原成对氨基酚，对氨基酚在无氧或有氧条件下都可以进一步降解。相比厌氧降解，4-硝基酚在有氧条件下的代谢途径是目前报道的主要代谢途径。有氧条件下，4-硝基酚的代谢主要有三种不一样的代谢途径（图 16-8C）。

第一条是偏苯三酚途径，如图 16-8C 所示。偏苯三酚途径主要报道于革兰氏阳性菌中，如红球菌属、芽孢杆菌属和节杆菌属。Arthrobacter sp. JS443 降解 PNP 时：4-硝基酚首先被羟化生成 4-硝基邻苯二酚，随后生成偏苯三酚。并且通过放射性 C^{14} 标记的方法证实在 JS443 菌株降解 4-硝基酚生成偏苯三酚的过程中，还有 8%的 4-硝基酚形成对苯二酚。从 B. sphaericus JS905 中部分纯化的双组分单加氧酶能够连续催化 4-硝基酚经由 4-硝基邻苯二酚到偏苯三酚。直到 2003 年，关于革兰氏阳性菌中 4-硝基酚代谢在分子水平上才有了相关的报道，Takeo 等克隆和鉴定了 Rhodococcus sp. PN1 中可能参与 4-硝基酚代谢的 4-硝基酚羟化酶（NphA1A2），该酶属于一种双组分的黄素扩散单加氧酶家族（TC-FDM），而且与 TC-FDM 家族中的苯酚羟化酶和 4-羟苯基乙酸-3-羟化酶有高度的序列相似性。但是活性测试发现该酶只能将 4-硝基酚氧化成 4-硝基邻苯二酚，并不能进一步催化成偏苯三酚。随着他们又从 PN1 菌株中克隆到另外一个 4-硝基酚代谢基因簇 npsRA2A1B，并对双组分的 4-硝基酚羟化酶进行了克隆、表达和纯化。PnpA1A2 可以催化 4-硝基酚的氧化反应并有 35%的对苯二酚和 59%的偏苯三酚生成。周宁一团队对 Arthrobacter sp. strain NyZ415 中双组分的 4-硝基酚单加氧酶（NpdA1A2）也进行了鉴定，

NpdA1A2 在催化 4-硝基酚氧化时，除了偏苯三酚，也检测到对苯二醌和对苯二酚的生成（Liu et al.，2010）。Kitagawa 等（2004）克隆了 *R. opacus* SAO101 中与 4-硝基酚代谢相关的基因，除了酶学验证，他们还对 4-硝基酚双组分单加氧酶的氧化酶组分（NpcA）和偏苯三酚双加氧酶（NpcC）的编码基因进行了敲除，发现 *npcA* 和 *npcC* 失活突变株完全丧失了在 PNP 上生长的能力。*Arthrobacter* sp. JS443 中参与 4-硝基酚代谢的基因簇也被克隆。Perry 和 Zylstra（2007）还假设了一条新的代谢途径：4-硝基酚在 NpdA1/A2 作用下不经过 4-硝基邻苯二酚，而是通过对苯二醌和羟基对苯二醌中间体然后形成偏苯三酚的途径代谢。

　　另一条经典的 4-硝基酚代谢途径是对苯二酚途径，如图 16-8C 所示，主要报道于革兰氏阴性菌中，如 *Moraxella* sp. 和假单胞菌属。其代谢机制又以假单胞菌研究得最为透彻。*Pseudomonas* sp. WBC-3 能以 4-硝基酚为唯一碳源、氮源和能源生长并有亚硝酸根离子的生成。周宁一团队 2009 年以 WBC-3 菌株为研究对象，首次对 4-硝基酚代谢的对苯二酚途径进行了深入的分子生物学和酶学研究。该团队通过基因克隆和染色体步移的方法扩增到一段长 12.7kb、编码 13 个可读框的基因片段。有研究者还对其中的 4-硝基酚单加氧酶（PnpA）和对苯二醌还原酶（PnpB）进行了表达、纯化及功能鉴定（Zhang et al.，2009）。PnpA 是一个黄素腺嘌呤二核苷酸依赖的 4-硝基酚 4-单加氧酶，在 NAD(P)H 存在时催化 4-硝基酚氧化成对苯二醌并释放亚硝酸根离子。PnpB 是黄素单核苷酸（FMN）和 NADPH 依赖的对苯二醌还原酶，催化对苯二醌还原成对苯二酚，而且 PnpB 可以明显提高 PnpA 的活性。推测其原因是可能 PnpB 可以将 PnpA 反应产生的对苯二醌及时还原为对苯二酚从而消除 PnpA 的产物抑制。在 *pnpAB* 周围还有基因簇 *pnpCDEF*，它们所编码的蛋白质与 *P. fluorescens* ABC 降解 4-羟基苯乙酮过程中对苯二酚代谢基因簇（*hapCDEFG*）所编码的蛋白质有很高的相似性。推测 *pnpCDEF* 基因簇分别编码对苯二酚双加氧酶（PnpCD）、γ-羟基黏糠酸半醛脱氢酶（PnpE）和马来酰乙酸还原酶（PnpF）。PnpCD、PnpE 和 PnpF 催化对苯二酚经过 γ-羟基黏糠酸半醛和马来酰乙酸到 β-酮己二酸，继而进入 TCA 循环。基因敲除证实 *pnpA* 是 WBC-3 菌株降解 4-硝基酚所必需的基因。虽然 *pnpB* 基因被敲除后，WBC-3 仍然能够利用 4-硝基酚，但是突变株无论是底物降解速度还是生长速率，相比野生型都有明显的降低，进而有学者推测 *pnpB* 敲除株能够利用 4-硝基酚，是因为对苯二醌的非酶学自发反应可以适当地弥补 *pnpB* 的缺失（Zhang et al.，2009）。

第三节　氯代硝基芳烃化合物的微生物代谢途径及代谢机制

　　氯代硝基芳烃化合物包括氯代硝基苯、氯代硝基酚和氯代硝基苯甲酸。氯代硝基芳烃作为原材料或中间体早已被广泛用于生产和制造各种染料、农药、医用药品等。由于应用广泛，氯代硝基芳烃化合物通过多种途径进入环境中，成为重要的有毒有害且难降解的污染物类群之一。研究显示，氧化酶在芳烃化合物的好氧降解中起着关键的作用，但是氧化酶不易作用于缺电子的化合物。相比硝基芳烃，氯代硝基芳烃化合物由于苯环上同时存在具有吸电子特性的硝基和氯离子，导致苯环的电子云密度非常低，很难受到氧化酶的攻击。而且氯代硝基芳烃化合物的降解还涉及脱氯，所以相对于前文所述的硝基芳烃而言，氯代硝基芳烃污染物在环境中更加难以降解。

总的来说，微生物起始氯代硝基芳烃的降解可以分为以下三种机制：①还原硝基，吸电子的硝基被还原成亲电子的氨基，使得氯代硝基芳烃更容易受到氧化酶的攻击，然后通过开环进一步降解，如 2-氯硝基苯、4-氯硝基苯和 4-氯-2-硝基酚、2-氯-5-硝基酚的降解。②氧化脱硝基，氧化脱硝基作用由氧化酶（单加氧酶或双加氧酶）将 O_2 的 1 个或 2 个氧原子加到氯代硝基芳烃的芳香环上并使其脱掉吸电子的硝基，而氯取代基则可以在开环之前脱，也可以在开环之后脱，如 2-氯-4-硝基酚、2-溴-4-硝基酚、2,6-二氯-4-硝基酚和 2,6-二溴-4-硝基酚的降解。③氧化脱硝基和氯，硝基和氯在氧化酶的催化下在开环之前被脱掉，如 2-氯-4-硝基苯甲酸的降解。

一、氯代硝基苯的代谢途径

氯代硝基苯化合物包括 2-氯硝基苯、3-氯硝基苯、4-氯硝基苯和五氯硝基苯等。我国从 20 世纪 50 年代开始生产氯代硝基苯，它们作为中间体被广泛用于生产和制造各种医药、农药和染料。氯代硝基苯是一种诱变剂和致癌剂，可以引起人和动物体的高铁血红蛋白血症。此外，氯代硝基苯的不彻底降解产生的氯代硝基苯胺也严重危害环境。

（一）2-氯硝基苯的代谢途径

P. stutzeri ZWLR2-1 是由周宁一团队在 2005 年筛选分离到的一株 2-氯硝基苯降解菌，它能以 2-氯硝基苯为唯一碳源、氮源和能源进行生长，并伴随着氯离子和亚硝酸根离子的释放。随后有学者通过构建基因组文库和染色体步移的方法，从 ZWLR2-1 中克隆了一段长 16.2kb 并包含 2-氯硝基苯代谢基因簇的 DNA 片段（Liu et al.，2011）。通过序列比对分析，结果发现 CnbAc、CnbAd 分别与 *Pseudomonas* sp. JS42 中参与硝基甲苯代谢、*Comamonas* sp. JS765 中参与硝基苯代谢、*B. cepacia* R34 和 *Burkholderia* sp. DNT 中参与 2,4-二硝基甲苯代谢及 *Ralstonia* sp. U2 中参与萘代谢的一类 Nag-like 的环羟化双加氧酶的 α、β 亚基在氨基酸水平上具有 90% 以上的一致性。在 *cnbAcAd* 基因上游，是一个和 *Sphingomonas* sp. TFD44 中参与氯邻苯二酚代谢的基因簇（*tfdC2E2F2orf5orf6*）具有一样的遗传结构和很高的序列一致性的 *cnbCEFAbAa* 基因簇。其中 CnbAa 和 CnbAb 与 *B. cepacia* DBO1 中三组分邻氨基苯甲酸 1,2-双加氧酶的氧还蛋白还原酶（40%）和铁氧还蛋白（55%）有中度的相似性。将 *cnbAaAbAcAd* 基因片段连接到 PUC18 载体并转化 *E. coli* DH5α，所得的工程菌通过生物转化能够降解 2-氯硝基苯，并生成 3-氯邻苯二酚同时释放出亚硝酸根离子。这一反应与 *Comamonas* sp. JS765 降解硝基苯和 *Pseudomonas* sp. JS42 降解 2-硝基甲苯的双加氧反应类似，说明 ZWLR2-1 菌株降解 2-氯硝基苯首先是在三组分双加氧酶的作用下催化生成 3-氯邻苯二酚的。2-氯硝基苯双加氧酶是由 4 个基因（*cnbAaAbAcAd*）编码构成的三组分双加氧酶系统，即氧还蛋白还原酶（CnbAa）、铁氧化还原蛋白（CnbAb）和由 α-亚基（CnbAc）、β-亚基（CnbAd）构成的起催化作用的双加氧氧化酶。于是该团队认为 ZWLR2-1 降解 2-氯硝基苯首先是由 CnbAaAbAcAd 催化 2-氯硝基苯的双加氧反应先形成一种硝基二氢二醇中间体，然后生成 3-氯邻苯二酚并释放亚硝酸根离子。3-氯邻苯二酚接着在氯邻苯二酚 1,2-双加氧酶 CnbC 的作用下通过邻位开环途径进一步降解（图 16-9A）。由于 *cnbAcAd* 位于 2 个 IS*6100* 插入序列之间，而

且在 *cnbCEFAbAa* 上游也有 IS*6100* 插入序列，这预示着 ZWLR2-1 菌株中 2-氯硝基苯的代谢途径可能是由于在自然进化的过程中由硝基芳烃双加氧酶和 3-氯邻苯二酚代谢基因簇通过组装而成的。此外，Ju 和 Parales（2009）通过人工进化的方式将一个硝基芳烃双加氧酶和一个修饰过的氯代邻苯二酚代谢基因簇导入 *Ralstonia* sp. strain JS705，使该菌能够在三种氯代硝基苯同分异构体上生长，这也证实了 ZWLR2-1 菌株中参与 2-氯硝基苯降解的基因簇是在自然进化过程中组装而成的可能性。

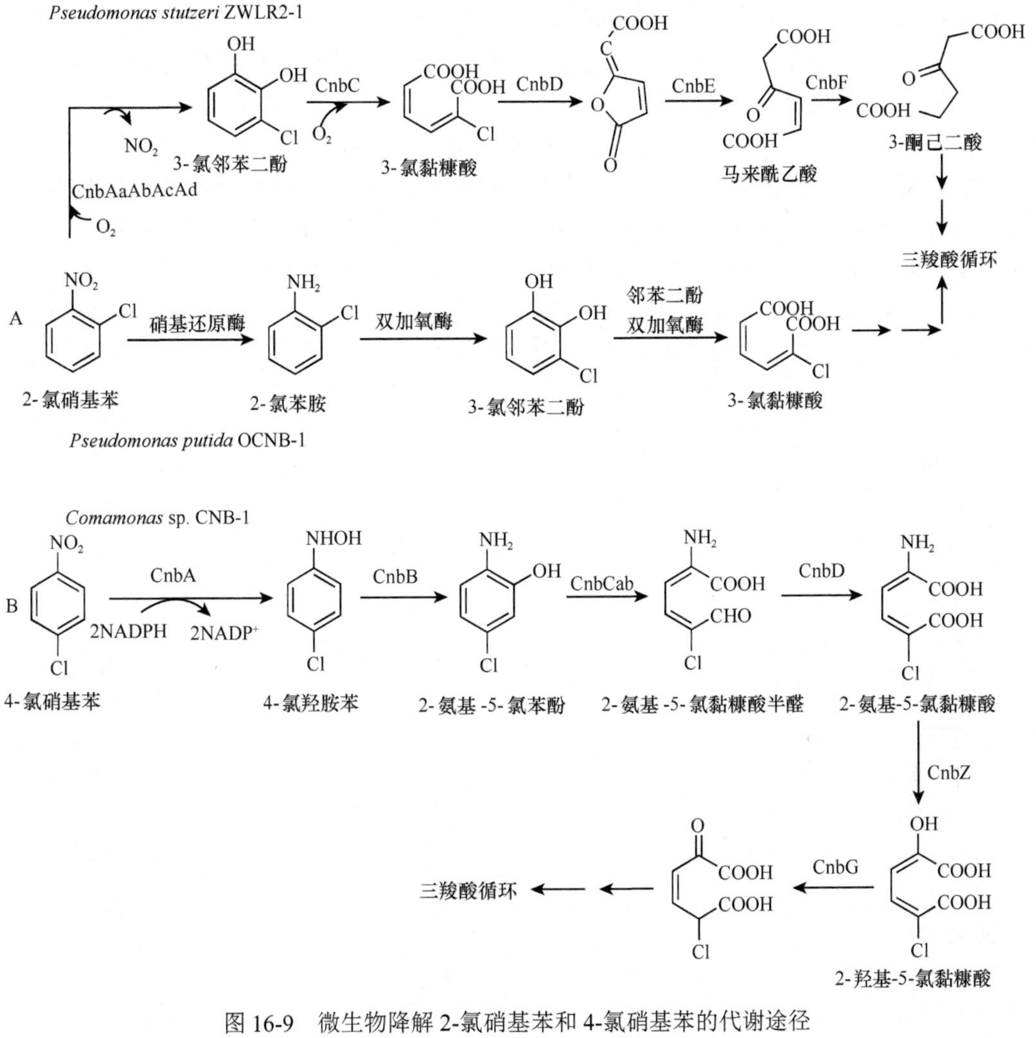

图 16-9 微生物降解 2-氯硝基苯和 4-氯硝基苯的代谢途径

  P. putida OCNB-1 也能够以 2-氯硝基苯为唯一碳源、氮源和能源生长。虽然该菌也是通过 3-氯邻苯二酚开环途径降解 2-氯硝基苯的，但是其降解过程与 ZWLR2-1 菌株降解 2-氯硝基苯的双加氧途径完全不一样。在 OCNB-1 菌株中，2-氯硝基苯首先在硝基还原酶的作用下生成 2-氯苯胺，接着在苯胺双加氧酶作用下催化生成 3-氯邻苯二酚，然后通过邻位开环途径进一步降解（Wu et al.，2009），如图 16-9A 所示。虽然经过 2-氯硝基苯诱导的 OCNB-1 细胞粗提物具有明显的硝基苯还原酶、苯胺双加氧酶和邻苯二酚 1,2-双加氧酶活性，但是目前并没有 OCNB-1 菌株降解 2-氯硝基苯的相关分子生物学和酶学的报道。

（二）3-氯硝基苯的代谢途径

关于 3-氯硝基苯的微生物降解鲜有报道，而相关的分子生物学及降解机制研究更是寥寥无几。Livingston（1993）设计了一种新型的膜生物反应器，能够彻底无机化 3-氯硝基苯，并且释放出等量的氯离子。Kuhlmann 和 Hegemann（1997）报道 *P. acidovorans* CA50 在额外的碳源和氮源存在的情况下可以同时降解 2-氯硝基苯、3-氯硝基苯和 4-氯硝基苯。如图 16-10A 所示，CA50 菌株首先在额外的碳源和氮源存在的条件下，将氯代硝基苯还原成相应的氯苯胺，即 2-氯苯胺、3-氯苯胺和 4-氯苯胺。随后 CA50 菌株可以分别以 3 种氯苯胺同分异构体为碳源和氮源进行生长，并且将 2-氯苯胺氧化成 2-氯邻苯二酚，将 3-氯苯胺和 4-氯苯胺氧化成 4-氯邻苯二酚，最后氯代邻苯二酚开环进入 TCA 循环。Park 等（1999）报道将 *P. putida* HS12 和 *Rhodococcus* sp. HS51 共培养可以完全矿化氯硝基苯的 2 种同分异构体：3-氯硝基苯和 4-氯硝基苯，并推测了其降解方式。HS12 菌株首先在硝基还原酶的作用下还原 3-氯硝基苯和 4-氯硝基苯，经氯代亚硝基苯生成相应的氯代羟胺苯，即 3-氯羟胺苯和 4-氯羟胺苯。3-氯羟胺苯和 4-氯羟胺苯随后在变位酶的作用下分别转变为 2-氨基-4-氯酚和 2-氨基-5-氯酚，氨基氯酚被乙酰化后在 HS51 菌株的作用下通过释放氨基和氯而继续降解，如图 16-10B 所示。

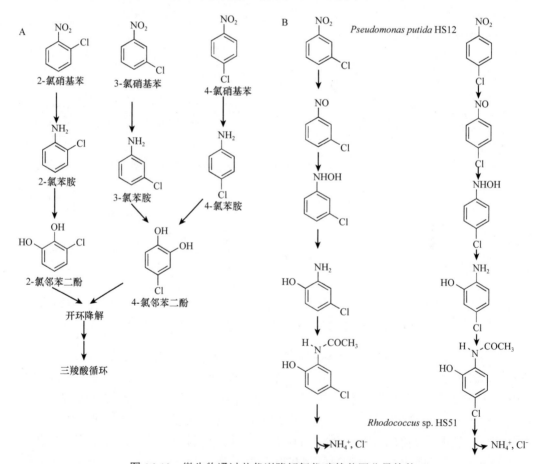

图 16-10　微生物通过共代谢降解氯代硝基苯同分异构体

（三）4-氯硝基苯的代谢途径

Comamonas sp. CNB-1（Wu et al., 2006）、*P. putida* ZWL73（Zhen et al., 2006）能以 4-氯硝基苯为唯一的碳源、氮源和能源生长，并释放出铵根离子和氯离子。铵根离子的产生说明这两株菌都是通过还原途径降解 4-氯硝基苯的。具体代谢途径如下：4-氯硝基苯首先在氯硝基苯硝基还原酶的作用下被还原为 4-氯羟胺苯，接着在变位酶催化下生成 2-氨基-5-氯苯酚，然后在双加氧酶的作用下开环（图 16-9B）。

周宁一团队和刘双江团队同时对 *P. putida* ZWL73 和 *Comamonas* sp. strain CNB-1 降解 4-氯硝基苯的机制进行了相关研究。刘双江团队 2006 年在 CNB-1 菌株中克隆到了一个 2-氨基苯酚-1,6-双加氧酶编码基因，并对该酶进行了表达、纯化。该酶大小为 130kDa，包含一个 33kDa 的 α 亚基和一个 38kDa 的 β 亚基，说明该酶是一个 $\alpha_2\beta_2$ 四聚体结构。关于底物范围的研究发现，除了催化 2-氨基苯酚的双加氧反应，该酶还对 2-氨基-5-氯酚有活力，而且 2-氨基-5-氯酚更适合作为该酶的底物。与此同时，周宁一团队在 2006 年对 ZWL73 菌株降解 4-氯硝基苯的研究中发现参与 4-氯硝基苯降解的基因位于一个大小约 100kb 的质粒上，并成功克隆到其中的 2-氨基-5-氯苯酚 1,6-双加氧酶基因 *cnbCab*（Zhen et al., 2006）。随后两个实验室齐头并进，相互协作，同时对这两株菌降解 4-氯硝基苯的机制进行了更详细的研究。周宁一团队 2006 年从 ZWL73 菌株中克隆和鉴定了 4-氯硝基苯硝基还原酶（CnbA）、羟胺苯变位酶（CnbB）（Xiao et al., 2006）。刘双江课题组 2006 年在 CNB-1 菌株中的研究更为详细，他们克隆到两个负责 4-氯硝基苯降解的基因片段，这两个片段定位在一个 89kb 大小的质粒（pCNB1）上，并且对其中的 6 个功能蛋白进行了详细的研究，它们分别是 4CNB 硝基还原酶（CnbA）、羟胺苯变位酶（CnbB）、2 氨酚 1,6-双加氧酶（CnbCab）、2-氨基-5-氯黏糠酸半醛脱氢酶（CnbD）、2-氨基-5-氯黏糠酸脱氨酶（CnbH）及 2-羟基-5-氯黏糠酸互变异构酶（cnbG）（Wu et al., 2006）。但是他们在随后的研究中发现，CNB-1 菌株在降解 4-氯硝基苯的过程中，并不是由 CnbH 催化 2-氨基-5-氯黏糠酸生成 2-羟基-5-氯黏糠酸的，而是由一个大小为 30kDa 的 2-氨基-5-氯黏糠酸脱氨酶（CnbZ）催化完成。另外，他们对 CNB-1 菌株中 4-氯硝基苯降解质粒 pCNB1 进行了深入的研究，推断 CNB-1 菌株在降解 4-氯硝基苯代谢过程中，pCNB1 质粒上可能发生过基因缺失、基因获得和基因重排现象（Ma et al., 2007）。

（四）五氯硝基苯的代谢途径

五氯硝基苯作为一种有机氯杀虫剂，广泛应用于各种农作物、蔬菜、水果和观赏植物的熏蒸剂。由于它的广泛使用，五氯硝基苯被大量地释放到土壤、水和空气中，并被美国环境保护署列为致癌物。五氯硝基苯的代谢在哺乳动物中已经得到了广泛的研究，并且鉴定了 2 条代谢途径（图 16-11）：①五氯硝基苯与谷胱甘肽结合，五氯硝基苯容易与谷胱甘肽反应生成含硫的代谢产物，如硫-(五氯苯基)-谷胱甘肽 [*S*-(pentachlorophenyl) glutathione]、硫-(五氯苯基)-半胱氨酸 [*S*-(pentachlorophenyl)cysteine]、*N*-乙酰-*S*-(五氯苯基)-半胱氨酸 [*N*-acetyl-*S*-(pentachlorophenyl) cysteine]（Renner and Nguyen, 1984）。接着进一步降解释放出不含硫的化合物如五氯苯和氯代苯等。②PCNB 的硝基被还原形成五氯苯胺。五氯苯胺可以通过邻位和对位脱氯分别生成 2,3,4,5-四氯苯胺和 2,3,5,6-四氯苯胺。然后 2,3,5,6-四氯苯胺先后经过 2 次邻位脱氯和一次间位脱氯生成 3-氯苯胺。2,3,4,5 四氯苯胺可以分别经过邻位脱氯和间位脱氯分别形成 3,4,5-三氯苯胺和 2,4,5-三氯苯胺。3,4,5-三氯苯胺在经过对位脱氯和间位脱氯生成 3-氯苯胺，2,4,5-三氯苯胺则通过间位脱氯和邻位脱氯生成 3-氯苯胺，如图 16-11 所示。

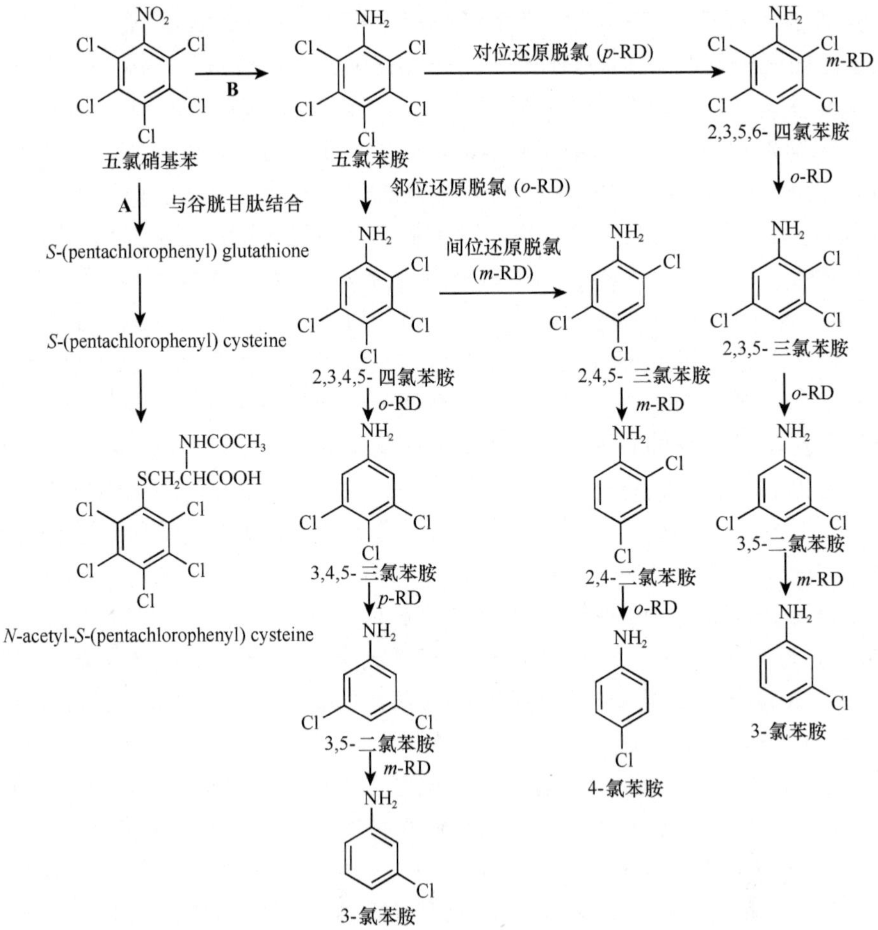

图 16-11　五氯硝基苯的代谢途径

关于五氯硝基苯的微生物降解研究非常少，迄今为止，只有 2 株菌能够降解五氯硝基苯。Takagi 等（2009）从一种土壤-碳灌注系统的富集培养物中分离到一种五氯硝基苯降解菌 *Nocardioides* sp. PD653。*Labrys portucalensis* pcnb-21 是蒋建东课题组 2011 年从五氯硝基苯长期污染的土壤中分离得到的，他们通过绿色荧光蛋白标记方法发现 pcnb-21 菌株能同时在好氧和厌氧环境下降解五氯硝基苯（Li et al.，2011）。但是关于菌株 PD653 和 pcnb-21 的 PCNB 代谢途径未得到阐述，代谢机制更是一无所知。

二、氯代硝基苯甲酸的代谢途径

氯代硝基苯甲酸包括 2-氯-4-硝基苯甲酸、4-氯-2-硝基苯甲酸、2-氯-5-硝基苯甲酸和 5-氯-2-硝基苯甲酸等。由于它们广泛用于农药、医药和染料等的化学合成而被大量地释放到环境中。据报道，仅仅是 2-氯-4-硝基苯甲酸在全球范围内的产量就达到 175 000t （Prakash et al.，2011）。由于 2-氯-4-硝基苯甲酸能够引起人的高铁血红蛋白血症、网状细胞增多症和海因茨小体，并且该化合物被报道具有一定的诱变性、致畸性、致癌性，因此被美国环境保护署和欧洲经济共同体列为优先污染物。

关于氯代硝基苯甲酸微生物降解一直鲜有报道。直到 2011 年，Prakash 等从含有六六六和六氯苯污染物的土壤中分离到一株能够降解 2-氯-4-硝基苯甲酸的菌株 *Acinetobacter* sp. RKJ12。该菌株能够以 2-氯-4-硝基苯甲酸为唯一碳源、氮源和能源生长，并伴随着亚硝酸根离子和氯离子的产生。RKJ12 菌株在降解 2-氯-4-硝基苯甲酸过程中生成 2-羟基-4-硝基苯甲酸、2,4-二羟基苯甲酸、水杨酸和邻苯二酚。关于底物范围的研究发现，除了 2-氯-4-硝基苯甲酸，RKJ12 菌株还可以以 2-羟基-4-硝基苯甲酸、2,4-二羟基苯甲酸、水杨酸和邻苯二酚为唯一碳源、能源生长，但是不能利用 2-氯-4-硝基苯甲酸的类似物如 2,3-二羟基苯甲酸、2,5-二羟基苯甲酸、水杨酸和间苯二酚生长。经过 2-氯-4-硝基苯甲酸诱导的 RKJ12 细胞破碎液能催化 2-氯-4-硝基苯甲酸氧化生成 2-羟基-4-硝基苯甲酸和 2,4-二羟基苯甲酸。因此 Prakash 等推测 RKJ12 菌株降解 2-氯-4-硝基苯甲酸 （2C4NBA） 的代谢途径如图 16-12 所示：2-氯-4-硝基苯甲酸首先在 2-氯-4-硝基苯甲酸单加氧酶的作用下进行邻位氧化脱氯生成 2-羟基-4-硝基苯甲酸并释放出氯离子，然后进一步氧化脱硝基生成 2,4-二羟基苯甲酸并释放出亚硝酸根离子，2,4-二羟基苯甲酸通过还原脱羟基生成水杨酸，接着在水杨酸羟化酶作用下氧化脱羧生成邻苯二酚，最后通过典型的邻苯二酚开环途径形成顺，顺-黏糠酸进入 TCA 循环 （Prakash et al.，2011）。此外，Prakash 等还发现 RKJ12 菌株中参与 2C4NBA 降解的代谢基因很可能位于一个大小约 55kb 的可传递性质粒上，但是目前这些基因仍然没有被克隆和鉴定。

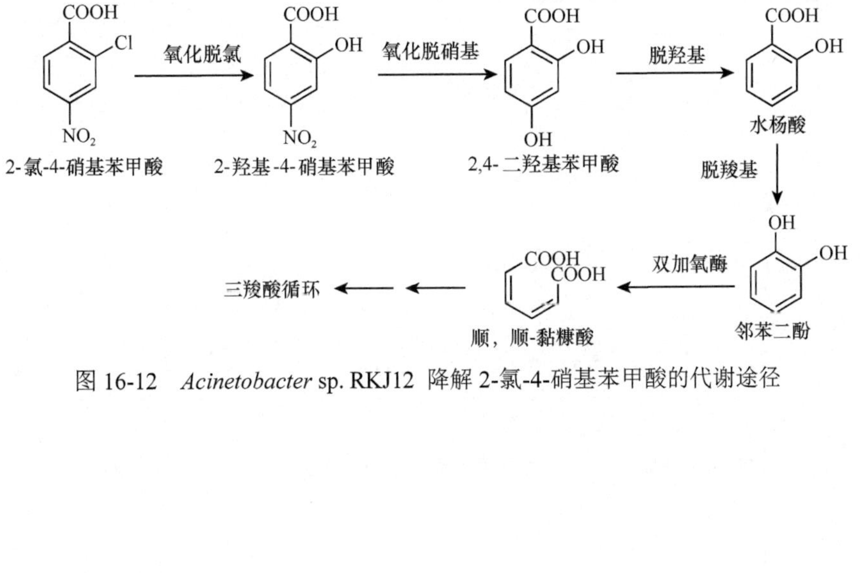

图 16-12　*Acinetobacter* sp. RKJ12 降解 2-氯-4-硝基苯甲酸的代谢途径

三、氯代硝基酚的代谢途径

氯代硝基酚包括 2-氯-4-硝基酚、4-氯-2-硝基酚、2-氯-5-硝基酚和 2-氯-4,6-二硝基酚、2,6-二卤-4-硝基酚等。由于氯代硝基酚广泛用作染料、农药、医药等化工产品的原材料或合成前体，氯代硝基酚化合物已通过多种途径进入环境，成为严重影响人类健康的一类污染物。苯环上同时存在具有吸电子特性的硝基和氯离子，使得苯环的电子云密度非常低，很难受到氧化酶的攻击，导致氯代硝基酚很难被降解。

（一）4-氯-2-硝基酚的代谢途径

4-氯-2-硝基酚是一种起源于人类活动，大量存在于工业废水中的有毒化合物。*Exiguobacterium* sp. PMA 是目前报道的仅有的一株能够以 4-氯-2-硝基酚为唯一碳源和能源进行生长的细菌。该菌降解 4-氯-2-硝基酚的浓度最高可达到 0.6mmol/L，并且在代谢 4-氯-2-硝基酚过程中可以检测到 4-氯-2-氨基苯酚和 2-氨基苯酚两个中间代谢产物，伴随有氯离子和铵根离子的生成。Arora 等发现经过 4-氯-2-硝基酚诱导的 PMA 菌株细胞破碎液有 4-氯-2-硝基酚还原酶活性和 4-氯-2-氨基苯酚脱卤酶活性。推测 PMA 菌株降解 4-氯-2-硝基酚起始于还原脱硝基，然后经过脱氯生成 2-氨基苯酚，接着脱氨基进一步降解（图 16-13A）。但是关于 PMA 菌株降解 4-氯-2-硝基酚的相关基因和酶并未见报道。

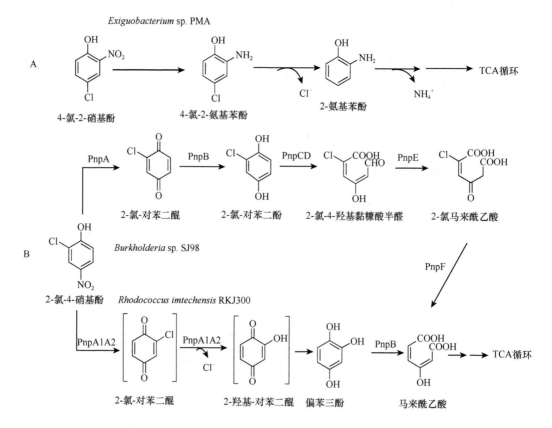

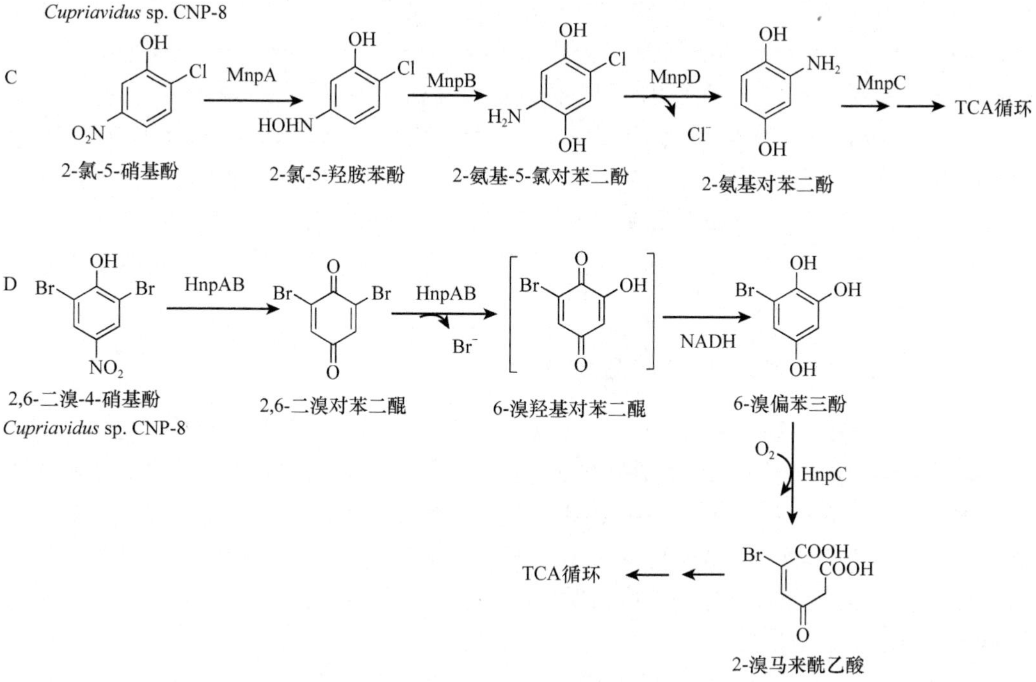

图 16-13　微生物降解卤代硝基酚的代谢途径

此外，还有通过遗传工程和培养混合菌种来降解 4-氯-2-硝基酚的报道。*Pseudomonas* sp. N31 能以 4-氯-2-硝基酚为氮源，但是不能利用其生长，只能将其转化为氯邻苯二酚。于是 Bruhn 等（1988）通过遗传改造，将装载有 *C. necator* JMP134 氯邻苯二酚代谢基因的质粒导入 *Pseudomonas* sp. N31 中，构建了能够以 4-氯-2-硝基酚为唯一碳源、氮源和能源生长的工程菌。Beunink 和 Rehm（1990）通过混合培养 *E. cloaceae* 和 *Alcaligenes* sp. TK-2 达到降解 4-氯-2-硝基酚的目的，他们通过固定化的 *E. cloaceae* 细胞在厌氧条件下将 4-氯-2-硝基酚转化为 4-氯-2-氨基苯酚，然后 *Alcaligenes* sp. TK-2 在好氧条件下进一步降解 4-氯-2-氨基苯酚并进入 TCA 循环。Arora 和 Jain（2012）报道的一株海洋菌 *Bacillus* sp. MW-1 可以通过形成中间产物 4-氯-2-氨基苯酚和 4-氯-2-乙酰氨基酚将 4-氯-2-硝基酚转化为 5-氯-2-甲基苯并噁唑。Arora 和 Bae（2014）报道 *Pseudomonas* sp. JHN 在额外碳源存在时可以将 4-氯-2-硝基酚转化为 5-氯-2-甲基苯并噁唑，但是没有更进一步的报道。

（二）2-氯-5-硝基酚的代谢途径

关于 2-氯-5-硝基酚的微生物降解，目前只有 *R. eutropha* JMP134、*Cupriavidus* sp. CNP-8 被报道能以 2-氯-5-硝基酚为唯一碳源、氮源和能源生长。这两株细菌都是通过部分还原途径完成 2-氯-5-硝基酚的分解代谢的。1999 年，Schenzle 等报道了 2-氯-5-硝基酚的代谢途径：2-氯-5-硝基酚首先在硝基还原酶的作用下被还原生成 2-氯-5-羟胺苯酚，然后进行班伯格重排反应转化成 2-氨基-5-氯对苯二酚，随后通过还原脱氯形成 2-氨基对苯二酚进入开环反应进一步降解并释放铵根离子（图 16-13C）。除了降解 2-氯-5-硝基酚，JMP134 菌株还能够利用 3-硝基酚，而且代谢途径和 2-氯-5-硝基酚非常相似。此外，

3-硝基酚和 2-氯-5-硝基酚诱导后的 JMP134 菌株细胞破碎液都具有 3-硝基酚硝基还原酶、3-羟胺酚变位酶和脱氯酶活性，说明 JMP134 菌株中参与 3-硝基酚代谢的酶极有可能也参与了 2-氯-5-硝基酚的代谢，但是该菌株参与代谢的基因簇和酶没有得到鉴定。

Cupriavidus sp. CNP-8 由本团队筛选并鉴定，我们克隆了菌株 CNP-8 中的 2-氯-5-硝基酚代谢基因簇 *mnpABCDEF*，并鉴定了两个代谢关键酶 MnpA 和 MnpC（Min et al.，2017a）。MnpA 是一个 NADPH 依赖的硝基还原酶，起始催化 2-氯-5-硝基酚经由 2-氯-5-亚硝基酚生成 2-氯-5-羟胺酚。MnpC 是一个亚铁离子依赖的双加氧酶，负责催化 2-氨基对苯二酚开环。

（三）2-氯-4-硝基酚的代谢途径

2-氯-4-硝基酚是最常见的一种氯代硝基酚，广泛用于杀真菌剂氯硝基苯酚和杀虫剂异氯磷的化学合成。此外 2-氯-4-硝基酚还可以与其他的化合物结合用于检测某些酶的活性。例如，用 2-氯-4-硝基苯-4-氧-β-D-半乳糖麦芽糖苷检测淀粉酶的活性，还可以用 2-氯-4-硝基苯-α-L-吡喃半乳糖苷检测 α-L-岩藻糖酶而用于肝癌的诊断。正是由于其应用广泛，2-氯-4-硝基酚已通过多种途径进入环境，成为重要的有毒有害且难降解的污染物类群之一。

相对于 4-氯-2-硝基酚和 2-氯-5-硝基酚而言，2-氯-4-硝基酚的微生物代谢研究更广泛。目前，有很多细菌被报道能以 2-氯-4-硝基酚为唯一碳源和能源生长，如 *R. imtechensis* RKJ300（Min et al.，2016）、*Burkholderia* sp. SJ98（Min et al.，2014）、*Cupriavidus* sp. CNP-8（Min et al.，2019a）、*Cupriavidus* sp. NyZ375（Li et al.，2019）。这些细菌降解 2-氯-4-硝基酚的代谢途径都已得到鉴定。我们首次报道了革兰氏阴性菌 *Burkholderia* sp. SJ98（Min et al.，2014）和革兰氏阳性菌 *R. imtechensis* RKJ 300（Min et al.，2016）降解 2-氯-4-硝基酚的分子机制。这两株细菌在降解 2-氯-4-硝基酚时采用两种完全不同的代谢策略。在革兰氏阴性细菌 SJ98 中，单组分单加氧酶（PnpA）起始 2-氯-4-硝基酚的分解代谢生成 2-氯-对苯二醌，并在对苯二醌还原酶（PnpB）的作用下生成开环底物 2-氯-对苯二酚，随后由对苯二酚双加氧酶（PnpCD）催化开环生成 2-氯-4-羟基黏糠酸半醛，接着在 2-氯-4-羟基黏糠酸半醛脱氢酶（PnpE）作用下生成马来酰乙酸，并由马来酰乙酸还原酶（PnpF）催化形成 β-酮己二酸，进一步代谢进入 TCA 循环（图 16-13B）。革兰氏阳性细菌 RKJ300 由双组分单加氧酶（PnpA1A2）催化起始 2-氯-4-硝基酚的分解代谢生成 2-氯-对苯二醌，进一步催化 2-氯-对苯二醌水解脱氯生成开环底物偏苯三酚，然后由偏苯三酚开环酶（PnpB）催化偏苯三酚开环进入下游代谢途径（图 16-13B）。最近，我们发现革兰氏阴性细菌 *Cupriavidus* sp. CNP-8 降解 2-氯-4-硝基酚也是由双组分单加氧酶 HnpAB 催化起始的，虽然菌株 CNP-8 和 RKJ300 具有一样的代谢途径，但是这两株细菌中参与 2-氯-4-硝基酚代谢的基因簇的进化起源完全不同（Min et al.，2019a）。同时，Li 等（2019）报道了 *Cupriavidus* sp. NyZ375 菌株经过偏苯三酚降解 2-溴-4-硝基酚的代谢途径和分子机制。不同于菌株 CNP-8 降解 2-氯-4-硝基酚，菌株 NyZ375 是先由双组分单加氧酶 BnpAB 催化 2-溴-4-硝基酚生成 4-硝基邻苯二酚中间体，随后该单加氧酶进一步催化 4-硝基邻苯二酚脱硝基生成偏苯三酚。

（四）2-氯-4,6-二硝基酚的代谢途径

由于苯环上同时存在两个硝基，2-氯-4,6-二硝基酚相比上述三种氯代单硝基酚更难降解。目前关于 2-氯-4,6-二硝基酚的微生物代谢的研究非常少。Lenke 和 Knackmuss（1996）报道了一株 2,4-二硝基酚降解菌 *R. erythropolis* HL 24-1，该菌株在有氧条件下能以 2-氯-4,6-二硝基酚为唯一碳源、氮源和能源进行生长，并释放等化学计量的亚硝酸根离子和氯离子。在有氧条件下，HL 24-1 菌株在降解 2-氯-4,6-二硝基酚过程中首先生成 2,4-二硝基酚，说明该菌株在降解 2-氯-4,6-二硝基酚时起始于还原脱氯反应，形成的2,4-二硝基酚再进一步降解。在厌氧条件下，2,4-二硝基酚诱导后的 HL 24-1 菌株通过生物转化能将 2-氯-4,6-二硝基酚转化生成 4,6-二硝基己酸盐，在这个过程中检测到 2,4-二硝基酚的瞬时积累。关于 2-氯-4,6-二硝基酚的代谢，目前并没有分子生物学和酶学水平的报道。

（五）2,6-二卤-4-硝基酚的代谢途径

相比单卤代硝基酚，微生物降解多卤素取代硝基酚方面的报道极少。我们筛选鉴定了 *Cupriavidus* sp. CNP-8，其除了能够降解 2-氯-4-硝基酚、2-氯-5-硝基酚，还能够以 2,6-二溴/氯-4-硝基酚为唯一碳源、氮源和能源生长（Min et al.，2019b；Min et al.，2020）。我们鉴定了菌株 CNP-8 降解 2,6-二溴-4-硝基酚的代谢途径及参与其代谢的基因簇 *hnpABCD*，并对其中的双组分单加氧酶（HnpAB）和开环酶（HnpC）进行了酶学特性及生理功能研究。HnpAB 催化 2,6-二溴-4-硝基酚，先氧化脱硝基生成 2,6-二溴对苯二醌，并进一步催化该产物水解脱溴生成 6-溴偏苯三酚（图 16-13D），且氧化酶组分编码基因 *hnpA* 是菌株 CNP-8 降解 2,6-二溴-4-硝基酚所必需的基因，而还原酶组分 HnpB 则是非特异性的。HnpC 是一个偏苯三酚双加氧酶，能催化 6-溴偏苯三酚双加氧开环生成 2-溴马来酰乙酸，进入后续的分解代谢。

第四节　微生物趋化和修复硝基芳烃污染物

硝基芳烃是一类人工合成的芳烃化合物，进入环境中仅有 100 多年。微生物具有极强的环境适应能力，随着环境中这类异生物质的引入，微生物也进化出了针对性的趋化感应系统。目前，很多细菌被报道对硝基芳烃具有趋化响应现象。关于利用微生物技术修复硝基芳烃污染也有一些研究。

一、微生物对硝基芳烃的趋化

细菌趋化性是运动细菌普遍具有的一种生理特性，能促使细菌趋向对自身有利或趋避对自身有害的环境因子或者化学物质，使其处于最适生长环境中的一种行为。细菌对化合物的趋化性是其进化过程中产生的一种选择优势，能够使细菌从环境中获取碳源和能源时更具有竞争力。细菌趋化还可以促进代谢质粒在环境微生物中进行传递，从而提高环境中污染物的生物利用度。还有研究表明，细菌对污染物的趋化感应与降解之间存在偶联性，并且细菌对污染环境的趋化响应还有利于其自身的生存进化。因此，研究微

生物对污染物的感应及其趋化响应机制有助于我们认识污染环境中微生物的生理学特性及其适应性进化策略。

细菌的趋化感应信号系统：*Escherichia coli* 具有最简单的趋化信号通路，是细菌趋化性研究的模式生物。细菌的趋化过程分为 3 个部分（图 16-14）：①位于细胞膜上的甲基受体趋化性蛋白（methyl-accepting chemotaxis protein，MCP）感应趋化效应物，通过自身的构象变化产生信号；②信号通过 MCP 传递，影响组氨酸激酶 CheA 的自磷酸化活性，并进一步影响响应调控蛋白 CheY 的磷酸化水平；③磷酸化的 CheY 与鞭毛蛋白 FliM 结合，进而影响细菌鞭毛的旋转方向，最终决定了细菌的运动方向（Parales and Ditty，2018）。

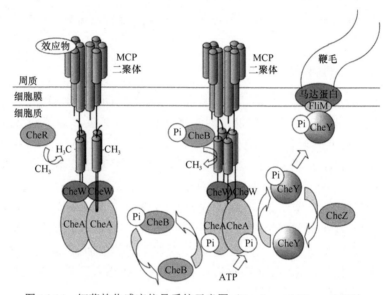

图 16-14　细菌趋化感应信号系统示意图（Parales and Ditty，2018）

细菌趋化芳烃化合物的研究：相对于 *E. coli* 而言（仅包含 5 个 MCP：Tar、Tsr、Tap、Trg 和 Aer），降解芳烃化合物的细菌基因组中 MCP 冗余现象比较突出，目前完成功能鉴定的芳烃化合物趋化受体蛋白非常有限。*Pseudomonas* 中的甲基受体趋化性蛋白 NahY、McpT、NbaY、PcaY 和 CtpL 分别介导细菌对萘、甲苯、2-硝基苯甲酸、4-羟基苯甲酸和 4-氯苯胺的趋化，但与这些 MCP 直接结合的趋化配体还不清楚，它们引发细菌趋化的机制尚不明确（Parales and Ditty，2018）。最近，刘双江团队研究了 *Comamonas testosterone* CNB-1 对芳香化合物和有机酸的趋化响应机制。其中，MCP2201 介导该菌株对 3/4-羟基苯甲酸、香草酸、五倍子酸、原儿茶酸、龙胆酸等产生趋化响应，但是 MCP2201 不能与芳香化合物直接结合，而是与 TCA 循环中间产物结合来激活下游趋化信号以开启趋化响应（Ni et al.，2013）。Hong 等（2019）最近解析了 MCP2201 配体结合域的晶体结构。MCP2983 可以特异性地结合顺乌头酸（*cis*-aconitate），并启动 CNB-1 对 9 种羧酸和 10 种芳香化合物的趋化（Ni et al.，2015）。与 MCP2201 和 MCP2983 不同，MCP2901 直接与 2,6-二羟基苯甲酸和 2-羟基苯甲酸结合并开启趋化响应（Huang et al.，2016）。

细菌趋化（卤代）硝基芳烃化合物的研究进展：（卤代）硝基芳香族化合物是一类人工合成的芳烃化合物，原本并不存在于自然环境中。随着这类人工合成化合物引入环境，微生物经过自然进化也获得了相应的污染物趋化感应系统。目前，*Pseudomonas*、*Burkholderia*、*Cupriavidus* 等属的细菌被报道对（卤代）硝基芳烃化合物具有趋化响应现象（Parales and Ditty，2018）。细菌对这类污染物的趋化分为代谢依赖型和非代谢依赖型。*Burkholderia* sp. SJ98 对能够代谢的 2-氯-4-硝基酚、4-氯-2-硝基苯甲酸和 5-氯-2-硝基苯甲酸具有正向趋化响应，而对不能代谢的 4-氯-2-硝基酚不具有趋化响应，暗示该菌株对氯代硝基芳香族化合物的趋化响应为代谢依赖型。*Pseudomonas* sp. JHN 对其代谢底物 4-氯-2-硝基酚和 4-氯-3-硝基酚也具有正向趋化响应。与菌株 SJ98 和 JHN 不同，*Pseudomonas* sp. WBC-3 对 4-硝基酚、硝基苯和 2,6-二硝基酚等的趋化为非代谢依赖型。*Pseudomonas* sp. 4NT 对 4-硝基甲苯及其代谢物 4-硝基苯甲酸具有相似的趋化特性，推测 4NT 菌株趋化这两种硝基芳烃化合物是由中间代谢物 β-酮己二酸诱导完成的（Parales，2004）。与菌株 4NT 不同，菌株 WBC-3 趋化多种硝基芳香族化合物，推测其具有组成型的 β-酮己二酸趋化系统。关于细菌趋化多硝基甲苯（二硝基甲苯、2,4,6-三硝基甲苯）也有报道。迄今为止，介导细菌趋化这些人工合成（卤代）硝基芳烃化合物的 MCP 都还未被鉴定，其引发细菌趋化这类环境异生物质的确切机制还不清楚。

综上所述，目前仅有的几篇细菌趋化响应芳烃机制的报道都是针对自然界中原本就存在的一些芳香化合物如香草酸、原儿茶酸、龙胆酸、五倍子酸等。相比天然芳烃，微生物趋化响应人工合成芳烃的机制还不明确，微生物对二者的趋化响应机制和适应性进化机制有何异同目前还不清楚。

二、硝基芳烃化合物污染环境的微生物修复

环境污染修复技术包括物理修复、化学修复和生物修复。相比物理修复、化学修复，生物修复具有二次污染小、成本低、可大面积治理等优点。此外，很多微生物能够以硝基芳烃为唯一碳源、氮源和能源生长，在污染修复过程中不会产生中间代谢物，可以完全脱毒污染物，使其在环境污染修复中具有更大的优势。目前，有很多利用生物增强成功修复硝基芳烃污染的报道。关于硝基芳烃污染物的微生物修复，有单一细菌修复和复合菌群修复两种策略。

（一）利用单一细菌修复硝基芳烃污染

P. putida ZWL73 能以硝基苯为唯一碳源和氮源生长。Zhao 等（2009）将菌株 ZWL73 接入硝基苯污染土壤中进行生物增强，不仅能快速去除硝基苯污染，还可以降低硝基苯对土著菌的毒性。土壤中氨氧化细菌群落结构变化与硝基苯、氨、亚硝酸盐和硝酸盐浓度等环境因子的变化相关，而且生物增强能降低这些环境因子对氨氧化细菌群落结构的影响。Niu 等（2009）利用菌株 ZWL73 进行了 4-氯硝基苯污染土壤的微生物修复。在污染土壤中，4-氯硝基苯抗性菌的数量有所增加，而可培养异养细菌的数量和多样性则明显降低。生物增强会导致土著细菌群落结构发生明显的变化。Liu 等 2007 年还报道了苜蓿与 *Comamonas* sp. CNB-1 联合修复 4-氯硝基苯污染土壤，这种植物-微生物联合修

复技术可以在 1～2 天完全去除土壤中的污染物，并且菌株 CNB-1 的引入能消除 4-氯硝基苯对苜蓿的毒性。在联合修复过程中，苜蓿根际 CNB-1 菌的数量是非根际土壤的 10～100 倍，并且菌株 CNB-1 可以稳定定植在苜蓿根系（Liu et al.，2007）。

关于单一细菌修复硝基酚污染土壤也有相关的报道。Labana 等（2005）通过生物增强研究了 4-硝基酚降解菌 *A. protophormiae* RKJ100 对 4-硝基酚污染土壤的修复效果，他们发现，相比游离细菌，菌株 RKJ100 经玉米粉固定后能明显提升细菌的稳定性。自然环境下，小规模的原位修复试验显示，固定化细胞在 5 天内能完全降解原位环境中的 4-硝基酚污染；而在此期间，游离细菌只能降解 75% 的 4-硝基酚污染。而且，在污染修复过程中，4-硝基酚的去除速率随土壤深度的增加而降低。我们利用 *Cupriavidus* sp. CNP-8 成功修复了 2-氯-4-硝基酚污染土壤，发现菌株 CNP-8 经底物预先诱导后能显著提升 2-氯-4-硝基酚的去除速率（Min et al.，2018）。此外，我们还报道了单一细菌修复多种硝基酚复合污染土壤。*Burkholderia* sp. SJ98 能以 4-硝基酚、3-甲基-4-硝基酚、2-氯-4-硝基酚为唯一碳源、氮源和能源生长，利用该菌株实现了这三种硝基酚复合污染土壤的微生物修复。结果显示，生物增强能在 8～16 天完全去除三种硝基酚污染物，而且菌株 SJ98 的引入可以缓解硝基酚污染对土著菌的毒害，对菌株 SJ98 降解这三种硝基酚的单加氧酶编码基因进行了定量分析，结果显示，菌株 SJ98 的丰度在生物修复过程中虽然有所下降，但是污染修复完成后，该菌株能在系统中稳定存在（Min et al.，2017b）。

（二）利用复合菌群修复硝基芳烃污染

单硝基酚包含三种同分异构体，即 2-硝基酚、3-硝基酚和 4-硝基酚。Chi 等（2013）将 2-硝基酚降解菌 *Alcaligenes* sp. NyZ215、3-硝基酚降解菌 *Cupriavidus necator* JMP134 和 4-硝基酚降解菌 *Pseudomonas* sp. WBC-3 接入三种单硝基酚污染土壤中研究复合菌群的生物增强效果。相对于未接菌的自然土壤，生物增强能显著加快三种硝基酚的降解，且铵根和亚硝酸根离子的积累在生物增强处理中也相对较快。通过荧光定量 PCR 对这三株细菌中参与硝基酚代谢的功能基因进行定量分析，结果表明，菌株 NyZ215、JMP134 和 WBC-3 在生物修复过程中能在土壤里较好地存活，而且在污染物完全降解后可以利用土壤里原有的资源并建立新的生态系统。在生物增强过程中，虽然土壤土著细菌的物种丰富度随时间的变化表现出动态变化过程，但是生物增强对土壤土著菌群落结构的影响并不明显。最近，Fu 等（2017）将菌株 NyZ215、JMP134 和 WBC-3 固定在聚氨酯上，在实验室规模的连续反应器中同时降解了 2-硝基酚、3-硝基酚和 4-硝基酚三种同分异构体。在 18 天内，固定化的复合菌群可以降解 2.8mol/L 2-硝基酚、1.5mol/L 3-硝基酚和 2.3mol/L 4-硝基酚。与土壤修复类似，这些细菌在硝基酚降解过程中能保持相对稳定。

综上所述，虽然关于微生物修复硝基芳烃污染环境的研究不少，但大多是在实验室理想条件下进行，涉及原位环境污染修复的报道很少，究其原因可能是原位环境中各种生物和非生物影响因素太多。对于修复手段而言，相比单一菌株修复，采用复合菌群修复更为可取。目前原位修复的瓶颈主要是修复工艺条件难以控制。生物修复要付诸实施，就需要充分考虑原位环境的复杂性，除了从原位环境筛选高效的降解菌，主要还是取决于气候条件，如温度、氧气、含水量等。因此，在原位修复实际应用过程中就需要考虑搭建温室以控温、经常翻土以增氧、间隔施水以保湿，但这又势必会导致修复过程中造成较大耗能，经济性有待考究。

参 考 文 献

Arora P K，Bae H. 2014. Biotransformation and chemotaxis of 4-chloro-2-nitrophenol by *Pseudomonas* sp. JHN. Microbial Cell Factories，13：110.

Arora P K，Jain R K. 2012. Biotransformation of 4-chloro-2-nitrophenol into 5-chloro-2-methyl- benzoxazole by a marine *Bacillus* sp. strain MW-1. Biodegradation，23：325-331.

Arora P K，Sharma A，Mehta R，et al. 2012. Metabolism of 4-chloro-2-nitrophenol in a Gram-positive bacterium，*Exiguobacterium* sp. PMA. Microbial Cell Factories，11：150.

Beunink J，Rehm H J. 1990. Coupled reductive and oxidative degradation of 4-chloro-2-nitrophenol by a co-immobilized mixed culture system. Applied Microbiology and Biotechnology，34：108-115.

Bruhn C，Bayly R C，Knackmuss H J. 1988. The *in vivo* construction of 4-chloro-2-nitrophenol assimilatory bacteria. Archives of Microbiology，150：171-177.

Cartwright N J，Cain R B. 1959. Bacterial degradation of the nitrobenzoic acids. Biochemical Journal，71：248-261.

Chi X Q，Zhang J J，Zhao S，et al. 2013. Bioaugmentation with a consortium of bacterial nitrophenol-degraders for remediation of soil contaminated with three nitrophenol isomers. Environmental Pollution，172：33-41.

Fu H，Zhang J J，Xu Y，et al. 2017. Simultaneous biodegradation of three mononitrophenol isomers by a tailor-made microbial consortium immobilized in sequential batch reactors. Letters in Applied Microbiology，64：203-209.

Groenewegen P E，Breeuwer P，van Helvoort J M，et al. 1992. Novel degradative pathway of 4-nitrobenzoate in *Comamonas acidovorans* NBA-10. Journal of General Microbiology，138：1599-1605.

Haigler B E，Spain J C. 1993. Biodegradation of 4-nitrotoluene by *Pseudomonas* sp. strain 4NT. Applied and Environmental Microbiology，59：2239-2243.

Hasegawa Y，Muraki T，Tokuyama T，et al. 2000. A novel degradative pathway of 2-nitrobenzoate via 3-hydroxyanthranilate in *Pseudomonas fluorescens* strain KU-7. FEMS Microbiology Letters，190：185-190.

Hegeman G D. 1967. The metabolism of *p*-hydroxybenzoate by *Rhodopseudomonas palustris* and its regulation. Archives of Microbiology，59：143-148.

Hong Y，Huang Z，Guo L，et al. 2019. The ligand-binding domain of a chemoreceptor from *Comamonas testosteroni* has a previously unknown homotrimeric structure. Molecular Microbiology，112：906-917.

Huang Z，Ni B，Jiang C Y，et al. 2016. Direct sensing and signal transduction during bacterial chemotaxis toward aromatic compounds in *Comamonas testosteroni*. Molecular Microbiology，101：224-237.

Ju K S，Parales R E. 2009. Application of nitroarene dioxygenases in the design of novel strains that degrade chloronitrobenzenes. Microbiology Biotechnology，2：241-252.

Kitagawa W，Kimura N，Kamagata Y. 2004. A novel *p*-nitrophenol degradation gene cluster from a Gram-positive bacterium，*Rhodococcus opacus* SAO101. Journal of Bacteriology，186：4894-4902.

Kuhlmann A，Hegemann W. 1997. Degradation of monochloronitrobenzenes by *Pseudomonas acidovorans* CA50. Acta Hydrochimica et Hydrobiologica，25：298-305.

Labana S，Pandey G，Paul D，et al. 2005. Pot and field studies on bioremediation of *p*-nitrophenol contaminated soil using *Arthrobacter protophormiae* RKJ100. Environmental Science & Technology，39：3330-3337.

Lendenmann U，Spain J C. 1996. 2-Aminophenol 1,6-dioxygenase：A novel aromatic ring cleavage enzyme purified from *Pseudomonas pseudoalcaligenes* JS45. Journal of Bacteriology，178：6227-6232.

Lenke H，Knackmuss H. 1996. Initial hydrogenation and extensive reduction of substituted 2,4-dinitrophenols. Applied and Environmental Microbiology，62：784-790.

Li Q，Minami M，Hanaoka T，et al. 1999. Acute immunotoxicity of *p*-chloronitrobenzene in mice: II. Effect of *p*-chloronitrobenzene on the immunophenotype of murine splenocytes determined by flow cytometry. Toxicology，137：35-45.

Li R，Zheng J W，Ni B，et al. 2011. Biodegradation of pentachloronitrobenzene by *Labrys portucalensis* pcnb-21 isolated from polluted soil. Pedosphere，21：31-36.

Li Y Y，Liu H，Xu Y，et al. 2019. A two-component monooxygenase initiates a novel 2-bromo-4-nitrophenol catabolic pathway in newly isolated *Cupriavidus* sp. strain NyZ375. International Biodeterioration & Biodegradation，140：99-105.

Liu H，Wang S J，Zhang J J，et al. 2011. Patchwork assembly of *nag*-like nitroarene dioxygenase genes and the 3-chlorocatechol degradation cluster for evolution of the 2-chloronitrobenzene catabolism pathway in *Pseudomonas stutzeri* ZWLR2-1. Applied and Environmental Microbiology，77：4547-4552.

Liu L，Jiang C Y，Liu X Y，et al. 2007. Plant-microbe association for rhizoremediation of chloronitroaromatic pollutants with *Comamonas* sp. strain CNB-1. Environmental Microbiology，9：465-473.

Liu P P，Zhang J J，Zhou N Y. 2010. Characterization and mutagenesis of a two-component monooxygenase involved in *para*-nitrophenol degradation by an *Arthrobacter* strain. International Biodeterioration & Biodegradation，64：293-299.

Livingston A G. 1993. A novel membrane bioreactor for detoxifying industrial wastewater：II. Biodegradation of 3-chloronitrobenzene in an industrially produced wastewater. Biotechnology and Bioengineering，41：927-936.

Ma Y F，Wu J F，Wang S Y，et al. 2007. Nucleotide sequence of plasmid pCNB1 from *Comamonas* strain CNB-1 reveals novel genetic organization and evolution for 4-chloronitrobenzene degradation. Applied and Environmental Microbiology，73：4477-4483.

Meulenberg R，Pepi M，de Bont J A. 1996. Degradation of 3-nitrophenol by *Pseudomonas putida* B2 occurs via 1,2,4-benzenetriol. Biodegradation，7：303-311.

Min J，Chen W W，Hu X K. 2019b. Biodegradation of 2,6-dibromo-4-nitrophenol by *Cupriavidus* sp. strain CNP-8：Kinetics，pathway，genetic and biochemical characterization. Journal of Hazardous Materials，361：10-18.

Min J，Chen W，Wang J，et al. 2017a. Genetic and biochemical characterization of 2-chloro-5-nitrophenol degradation in a newly isolated bacterium，*Cupriavidus* sp. Strain CNP-8. Frontiers in Microbiology，8：1778.

Min J，Wang B，Hu X. 2017b. Effect of inoculation of *Burkholderia* sp. strain SJ98 on bacterial community dynamics and *para*-nitrophenol，3-methyl-4-nitrophenol，and 2-chloro-4-nitrophenol degradation in soil. Scientific Reports，7（1）：5983.

Min J，Wang J，Chen W，et al. 2018 Biodegradation of 2-chloro-4-nitrophenol via a hydroxyquinol pathway by a Gram-negative bacterium，*Cupriavidus* sp. strain CNP-8. AMB Express，8：43.

Min J，Xu L X，Fang S Y，et al. 2020. Microbial degradation kinetics and molecular mechanism of 2,6-dichloro-4-nitrophenol by a *Cupriavidus* strain. Environmental Pollution，258：113703.

Min J，Xu L，Fang S，et al. 2019a. Molecular and biochemical characterization of 2-chloro-4-nitrophenol degradation via the 1,2,4-benzenetriol pathway in a Gram-negative bacterium. Applied Microbiology and Biotechnology，103：7741-7750.

Min J，Zhang J J，Zhou N Y. 2014. The gene cluster for *para*-nitrophenol catabolism is responsible for 2-chloro-4-nitrophenol degradation in *Burkholderia* sp. strain SJ98. Applied and Environmental Microbiology，80（19）：6212-6222.

Min J，Zhang J J，Zhou N Y. 2016. A two-component *para*-nitrophenol monooxygenase initiates a novel 2-chloro-4-nitrophenol catabolism pathway in *Rhodococcus imtechensis* RKJ300. Applied and Environmental Microbiology，82（2）：714-723.

Muraki T，Taki M，Hasegawa Y，et al. 2003. Prokaryotic homologs of the eukaryotic 3-hydroxyanthranilate 3,4-dioxygenase and 2-amino-3-carboxymuconate-6-semialdehyde decarboxylase in the 2-nitrobenzoate degradation pathway of *Pseudomonas fluorescens* strain KU-7. Applied and Environmental Microbiology，69：1564-1572.

Nadeau L J，Spain J C. 1995. Bacterial degradation of *m*-nitrobenzoic acid. Applied and Environmental Microbiology，61：840-843.

Ni B，Huang Z，Fan Z，et al. 2013. *Comamonas testosteroni* uses a chemoreceptor for tricarboxylic acid cycle intermediates to trigger chemotactic responses towards aromatic compounds. Molecular Microbiology，90：813-823.

Ni B，Huang Z，Wu Y F，et al. 2015. A novel chemoreceptor MCP2983 from *Comamonas testosteroni* specifically binds to *cis*-aconitate and triggers chemotaxis towards diverse organic compounds. Applied Microbiology and Biotechnology，99：2773-2781.

Niu G L，Zhang J J，Zhao S，et al. 2009. Bioaugmentation of a 4-chloronitrobenzene contaminated soil with *Pseudomonas putida* ZWL73. Environmental Pollution，157（3）：763-771.

Nozaki M，Kotani S，Ono K，et al. 1970. Metapyrocatechase. III. Substrate specificity and mode of ring fission. Biochimica Biophysica Acta，220：213-223.

Pandey G，Paul D，Jain R K. 2003. Branching of *o*-nitrobenzoate degradation pathway in *Arthrobacter protophormiae* RKJ100：identification of new intermediates. FEMS Microbiology Letters，229：231-236.

Parales R E，Ditty J L. 2018. Chemotaxis to hydrocarbons. *In*：Krell T. Cellular Ecophysiology of Microbe：Hydrocarbon and Lipid Interactions. Handbook of hydrocarbon and lipid microbiology. Cham：Springer.

Park H S，Lim S J，Chang Y K，et al. 1999. Degradation of chloronitrobenzenes by a coculture of *Pseudomonas putida* and a *Rhodococcus* sp. Applied and Environmental Microbiology，65：1083-1091.

Perry L L，Zylstra G J. 2007. Cloning of a gene cluster involved in the catabolism of *p*-nitrophenol by *Arthrobacter* sp. strain JS443 and characterization of the *p*-nitrophenol monooxygenase. Journal of Bacteriology，189：7563-7572.

Prakash D，Kumar R，Jain R K，et al. 2011. Novel pathway for the degradation of 2-chloro-4-nitrobenzoic acid by *Acinetobacter* sp. strain RKJ12. Applied and Environmental Microbiology，77：6606-6613.

Renner G，Nguyen P T. 1984. Mechanisms of the reductive denitration of pentachloronitrobenzene（PCNB）and the reductive dechlorination of hexachlorobenzene（HCB）. Xenobiotica，14：705-710.

Rhys-Williams W，Taylor S C，Williams P A. 1993. A novel pathway for the catabolism of 4-nitrotoluene by *Pseudomonas*. Journal of General Microbiology，139：1967-1972.

Schenzle A，Lenke H，Fischer P，et al. 1997. Catabolism of 3-nitrophenol by *Ralstonia eutropha* JMP 134. Applied and Environmental Microbiology，63：1421-1427.

Schenzle A，Lenke H，Spain J C，et al. 1999. 3-hydroxylaminophenol mutase from *Ralstonia eutropha* JMP134 catalyzes a Bamberger rearrangement. Journal of Bacteriology，181：1444-1450.

Takagi K，Iwasaki A，Kamei I，et al. 2009. Aerobic mineralization of hexachlorobenzene by newly isolated pentachloronitrobenzene-degrading *Nocardioides* sp. strain PD653. Applied and Environmental Microbiology，75：4452-4458.

Takeo M，Yasukawa T，Abe Y，et al. 2003. Cloning and characterization of a 4-nitrophenol hydroxylase gene cluster from *Rhodococcus* sp. PN1. Journal of Bioscience and Bioengineering，95：139-145.

Wu H，Wei C，Wang Y，He Q，et al. 2009. Degradation of *o*-chloronitrobenzene as the sole carbon and nitrogen sources by *Psudomonas putida* OCNB-1. Journal of Environmental Sciences-China，21：89-95.

Wu J F，Jiang C Y，Wang B J，et al. 2006. Novel partial reductive pathway for 4-chloronitrobenzene and nitrobenzene degradation in *Comamonas* sp. strain CNB-1. Applied and Environmental Microbiology，72：1759-1765.

Xiao Y，Liu T T，Dai H，et al. 2012. OnpA, an unusual flavin-dependent monooxygenase containing a cytochrome b_5 domain. Journal of Bacteriology，194：1342-1349.

Xiao Y，Wu J F，Liu H，et al. 2006. Characterization of genes involved in the initial reactions of 4-chloronitrobenzene degradation in *Pseudomonas putida* ZWL73. Applied Microbiology and Biotechnology，73：166-171.

Xiao Y，Zhang J J，Liu H，et al. 2007. Molecular characterization of a novel *ortho*-nitrophenol catabolic gene cluster in *Alcaligenes* sp. strain NyZ215. Journal of Bacteriology，189：6587-6593.

Yin Y，Xiao Y，Liu H Z，et al. 2010. Characterization of catabolic *meta*-nitrophenol nitroreductase from *Cupriavidus necator* JMP134. Applied Microbiology and Biotechnology，87：2077-2085.

Yin Y，Zhou N Y. 2010. Characterization of MnpC, a hydroquinone dioxygenase likely involved in the *meta*-nitrophenol degradation by *Cupriavidus necator* JMP134. Current Microbiology，61：471-476.

Zeyer J，Kocher H P，Timmis K N. 1986. Influence of *para*-substituents on the oxidative-metabolism of *ortho*-nitrophenols by *Pseudomonas putida* B2. Applied and Environmental Microbiology，52：334-339.

Zhang J J，Liu H，Xiao Y，et al. 2009. Identification and characterization of catabolic *para*-nitrophenol 4-monooxygenase and *para*-benzoquinone reductase from *Pseudomonas* sp. strain WBC-3. Journal of Bacteriology，191：2703-2710.

Zhao S，Ramette A，Niu G L，et al. 2009. Effects of nitrobenzene contamination and of bioaugmentation on nitrification and ammonia-oxidizing bacteria in soil. FEMS Microbiology Ecology，70（2）：159-167.

Zhen D，Liu H，Wang S J，et al. 2006. Plasmid-mediated degradation of 4-chloronitrobenzene by newly isolated *Pseudomonas putida* strain ZWL73. Applied Microbiology and Biotechnology，72：797-803.

第十七章　多氯联苯的微生物降解

土壤和沉积物中许多疏水有机化合物由于其毒性及在环境中存在的趋势，通常需要进行优先修复，如多氯联苯（PCB）。在生物作用过程中，原位的土著土壤细菌是参与这些污染物降解的主要贡献者。土壤细菌的营养多样性在很大程度上归因于其降解酶催化有机化合物（而非其天然底物）反应的能力。生物生长所需的能量和碳供应主要通过有机化合物的矿化所涉及的连续的酶反应途径获得。然而，大多数涉及底物类似物的酶反应是偶然的，不能提供细胞驱动新陈代谢所需的碳和能量。通过这种方式，许多人造污染物，如多氯联苯，在环境中被代谢转化（Sylvestre，1995），在不丧失功能的情况下使酶特异性改变，并对一系列结构上不同的底物表现出催化活性，对于扩大代谢物质的多样性是至关重要的。然而，由于现有微生物分解代谢酶无法将所有持久性有机污染物（如多氯联苯）矿化，因此以细菌为基础的原位生物修复过程受到限制。

由于许多持久性有机污染物是疏水的，有吸附到土壤有机质和沉积物中的趋势，因此生物利用度是影响持久性有机污染物生物降解过程的另一个关键因素（Estrella et al.，1993）。表面活性剂如鼠李糖脂在一定程度上可促进多氯联苯（Barriault and Sylvestre，1993；Wu et al.，2000）及多环芳烃（PAHs）的降解（Wang et al.，1998；Zheng and Obbard，2001）。由于缺乏有效的细菌分解酶来氧化这些污染物，仅通过表面活性剂并不足以实现污染物的降解，因此，要降解多氯联苯和其他持久性有机污染物，就需要设计携带改良、更有效的降解酶的功能菌（Timmis and Pieper，1999；Furukawa，2000）。

环境中污染物的削减是由物理、化学和生物过程的相互作用所控制的。物理过程是污染物从土壤和地下离开其来源的过程。化学和生物过程决定了化合物转化的程度。如上所述，微生物是生物降解过程的主要贡献者，因为它们携带的酶能降解持久性有机污染物，还能产生表面活性化合物，以提高其生物利用度。然而，微生物并不是生物降解过程的唯一驱动因素，因为植物对其有重要贡献。植物有能力承受相对高浓度的有机污染物，因此，它们可以用来吸收和降解有机化合物（植物转化）、吸收和集中有机物（植物提取），以及挥发去除污染物（植物挥发），削减污染物在土壤中的含量（植物固定）。然而，植物在生物降解过程中的主要贡献是植物能够加强根际微生物降解的能力（根际修复）。根际是植物根系周围的土壤带，土壤带中的生物化学反应受根系的影响。植物释放根系分泌物，为根际微生物种群提供养分（Villacieros et al.，2003）。有证据表明，从基因水平上分析，某些细菌具有定植植物根系的能力。因此，与其他土壤细菌相比，根际微生物具有竞争优势（Zhuang et al.，2007）。作为反馈，根际细菌可以产生植物生长刺激物或者通过竞争和产生抗生素来抑制病原体（Zhuang et al.，2007）。许多假单胞菌（*Pseudomonas*）和 *Burkholderia* 是主要的植物促生长根际细菌（PGPR）。重要的是，这些细菌也是参与持久性有机污染物降解的最具效力和潜能的细菌，因此它们很可能是植物根系泵出的持久性有机污染物的潜在降解菌。此外，植物会释放出苯丙烯和萜烯等化学物质，这些化学物质不仅可以作为信号，通过 PGPR 刺激根系的定植（Villacieros et al.，2005)，还会诱导持久性有机污染物降解过程中分解代谢途径的发生(Leigh et al.，2002；Singer et al.，2003b)。

在本章中，我们将概述 PCB 的发展、污染状况、修复方法等，进而总结 PCB 的微生物分解代谢途径的最新进展，以及如何对微生物酶进行修饰以增强酶对 PCB 的催化活性，我们还将讨论一些改进根茎修复的新方法。

第一节　多氯联苯概述

一、多氯联苯的发展历史及现状

多氯联苯(polychlorinated biphenyl，PCB)是一种合成工业油，从 1929 年开始生产，直到 20 世纪 70 年代开始限制使用，70 年代后期被大多数国家禁止生产。由于其优异的化学稳定性和热稳定性，被广泛应用于增塑剂、阻燃剂、润滑剂、流体热交换器、压缩流体等领域。多氯联苯的广泛应用使其在环境中分布广泛。由联苯直接氯化生产的多氯联苯已经作为含有 209 种同系物中的一部分(60~80 种)的混合物销售，特别是含有 3~6 个氯原子的同系物。这些同系物是通过描述氯原子在联苯环上的位置来命名的，或者通过国际纯粹与应用化学联合会(IUPAC)编号系统来命名，根据氯原子的数量和位置不同，它们的物理性质也不同。与低氯化联苯相比，高氯化联苯水溶性差，挥发性差。重要的是，氯取代的程度和位置影响其结构特征。因此，非邻位取代的同系物倾向于采用共平面构型来模拟共面化合物，如二噁英(Safe，1990)，这一事实对它们与生物活性化合物特别是酶的相互作用产生了重大影响，因为酶与底物相互作用具有高度特异性。这也解释了为什么在 209 种 PCB 同系物中只有一部分可以被细菌联苯分解途径降解。德国科学家 Schuts 和 Schmidt 于 1881 年最早在实验室内合成多氯联苯，因其具有高沸点、良好的阻燃阻热等稳定的化学性质，多氯联苯被广泛地应用于工业生产中。20世纪 70 年代，瑞典科学家 Jensen 首次在研究报告中提出由于 PCB 在生物体内蓄积和富集最终滞留在哺乳动物体内的结论。随着对 PCB 研究的发展，PCB 的污染及其带来的各类问题引起人类的关注。越来越多的关于 PCB 对人类健康和生态系统影响的研究得以开展，研究发现，其对生态环境和人类健康具有严重的威胁、危害。数据统计显示，从 20 世纪 30 年代至 80 年代，共有 1.70×10^7 t PCB 被生产应用，20 世纪 80 年代，世界各国陆续停止 PCB 的生产。除此之外，大量的 PCB 设备仍在使用或者放置储存。根据多氯联苯的历史使用积累量统计数据，美国、俄罗斯、德国、日本、法国、加拿大、乌克兰、西班牙、意大利和英国是 PCB 的主要生产国、消耗国。统计结果表明，我国于 20 世纪 60 年代开始生产 PCB，20 世纪 70 年代中期全面禁止了多氯联苯的生产。其间的生产量巨大，主要包括三氯和五氯的联苯。Aroclor 1242 和 Aroclor 1254 是我国两种主要的产品(Jiang et al.，1997)。因此，大量的 PCB 通过报废的产品等途径流入环境中，进而危害生态环境和人类健康。

二、多氯联苯的主要污染来源

由于多氯联苯具有一系列稳定的化学性质，其被广泛应用于工业，主要被用作电容器和电阻器等的电介质，以及润滑油、杀虫剂、冷却剂、黏合剂和密封剂等。但也正是多氯联苯稳定的化学性质，使其能够长期存在于环境中无法被代谢分解。由于前期对PCB 的大量使用及不合理的废弃、排放，多氯联苯对环境危害严重，影响深远。含有多氯联苯的产品通过挥发、大气沉降、生物富集等途径在环境中传播，污染环境，危害人类健康。由于多氯联苯进入大气后，能够通过大气的沉降作用进入其他的生命介质中，其成为全球性的污染源。研究表明，韩国洛东江中的表层沉积物中 PCB 的含量较高，其主要污染源为 Aroclor 系列产品。研究人员对长江三角洲的表层沉积物进行了调查，以便确认多氯联苯的污染源为何种类型，结果表明，其污染源为混合型的非点源污染源（Gao et al.，2013）。

第二节　海岸带多氯联苯的污染水平

多氯联苯对水体的污染，主要是通过环境中的沉降作用进入水体中，进而在水环境的沉积物中积聚，因此海岸带中的沉积物是多氯联苯的主要贮存库。海岸带沉积物中多氯联苯的污染水平已经被大量研究调查。研究表明，低纬度地区相比于高纬度地区，其多氯联苯的污染程度更高，这表明多氯联苯的污染是从北向南发展的。由于多氯联苯在我国历史上的大量生产和使用，它们在受污染海岸带中广泛存在，对生态系统和人体健康构成严重威胁。系统研究国内外海岸带典型区域中多氯联苯的分布及含量范围，是弄清污染现状和分析环境风险的基础。

一、多氯联苯对国外海岸带的污染情况

美国的国家生物特征安全计划（NBSP）表明：人类活动频繁的人口密集区对附近海湾的影响较大，此区域的多氯联苯含量最高；人口密度低的区域如俄勒冈州和阿拉斯加州等，其附近海湾受多氯联苯的污染影响相对较小。在一项研究中，对美国缅因州卡斯科湾表层沉积物进行了长时间跨度的取样分析，该地区多氯联苯的含量有所降低，除此之外，该地区的多氯联苯及其同系物的组成成分与同时期的波特兰港具有一定的相似性。调查发现，圣保罗湾的沉积物中 PCB 的含量为 1.2～34ng/g，与 1952 年的数据进行对比，发现其变化仅为 1ng/g。对位于加拿大的 11 个湖泊沉积物样品进行分析，发现其多氯联苯的含量为 2.4～39ng/g，纬度对其含量的影响作用较小。作为著名的海鸟栖息地，加拿大的多氯联苯含量为 3.5～30ng/g，约为附近池塘底泥中多氯联苯含量的 5 倍。对加拿大新斯科舍省港口的含有多氯联苯的废弃设备进行分析，发现从 20 世纪 80 年代以来，多氯联苯的含量有所下降，但由于多氯联苯的主要来源为炼钢厂和其他工厂的废水排放，因此其多氯联苯的污染仍然要持续多年。加拿大多氯联苯的含量为 0.24～62 000ng/g，随着到多氯联苯污染海滩的距离增大，其污染含量呈指数型降低。巴西的桑托斯海湾中多氯联苯的含量为 0.03～254ng/g，明显高于城市化和工业化程度较低的巴拉那瓜海湾。由于受到了南北的潮汐作用的影响，阿根廷拉普拉塔河口沉积物中多氯联苯含量为 0.1～100ng/g，最高地区为布宜诺斯艾利斯，此地的工业化程度最高。印度孟加拉湾的沉积物中 PCB 的含量为 19.9～6570ng/g，其内湾沉积物的污染相比外湾高 2个数量级，这与埃及亚历山大港口的情况类似。对科威特海湾表层沉积物中多氯联苯的

污染调查发现，其含量为 0.4～84ng/g，综合考虑阿拉伯半岛全年较少的降水量及常年高温，大气沉降作用不会引起其海岸带表层沉积物中多氯联苯的明显变化，进而推测城市污水和工业废水是其主要的污染来源。

二、多氯联苯对国内海岸带的污染情况

人类对多氯联苯的研究不断深入，中国主要海湾和河口区域的表层沉积物中 PCB 的污染情况也已被研究、报道。其中，渤海湾和珠江三角洲区域是我国海岸带沉积物中多氯联苯含量较高的区域，其他调查海域多氯联苯的含量相对较低。

中国锦州湾潮间带沉积物中的多氯联苯含量为 0.6～563ng/g，入湾径流和近潮流场对多氯联苯的分布产生了主要的影响。在渤海湾西部的海岸带区域，研究其表层沉积物中多氯联苯的分布发现，其含量为 0.5～15.9ng/g，此区域的多氯联苯积累主要是因为历史残留，因生物的富集作用，主要的多氯联苯都集中在生物体内，沉积物中的残留量对当地的生物尚未造成不良影响。多项研究表明，工业区及港口附近的沉积物中多氯联苯的污染水平明显高于该地区其他区域。珠江口的沉积物中及厦门港附近的海岸带区域多氯联苯的污染主要来源于生活污水和工业污染。在珠江三角洲流域的河口和河流沉积物中多氯联苯的含量水平分别为 10～339ng/g、11～486ng/g，对澳门港和珠江等地的生态系统产生了威胁。香港红树林处的多氯联苯含量为 0.5～5.8ng/g，污染程度低，可将此区域作为区别人类活动污染和自然变化的重要参考标志。

第三节　多氯联苯的修复方法

关于多氯联苯污染土壤及海岸带沉积物的治理修复技术研究备受关注，提出的修复方法较多，总体可分为物理修复、化学修复、生物修复等，此外新型表面活性剂修复多氯联苯的技术也得到了广泛的应用。

一、物 理 修 复

物理修复的方法主要包括吸附、填埋、萃取等。吸附相比另外两种方法应用最为广泛，吸附材料选择上具有多样性，在操作方面较为简单，对于多氯联苯的去除也较为彻底。从吸附材料的性质来看，吸附主要分为物理吸附和生物吸附。

二、化 学 修 复

相较于物理修复多氯联苯污染，化学修复具有独特优势。其一，化学修复实现了多氯联苯的转化，能够将其降解为其他无毒害作用或者毒害作用较低的物质。其二，化学修复处理多氯联苯涉及的化学反应速度较快，因此利用化学修复处理 PCB 具有反应高效、快速等特征，与当今社会的需求相适应，因此被广泛应用于 PCB 的治理。但由于化学反应往往对反应条件要求比较高，而且修复成本高，因此化学修复也具有经济效益低、对修复环境要求高的缺点。目前，用于多氯联苯修复的化学方法主要包括高级氧化法、还原法、光催化降解法及电解法等。

三、生物修复

近年来，考虑到多氯联苯的毒性、致癌性和在环境中的持久性，诸多研究者对其微生物降解和生物修复方法进行了广泛的研究。在这一方向上，随着生物工艺的优化，不同的 PCB 同系物的分解代谢酶已被鉴定和报道。分析降解多氯联苯细菌的基因组，使人们对它们的代谢潜能和对压力环境的适应能力有了进一步的了解。然而，这一领域仍有很多难题亟须解决。例如，不可培养微生物在印刷电路板降解中的作用和多样性还没有完全了解，这方面的知识和理解水平的提高将为改进生物修复技术开辟新的途径，这同时也将带来经济、环境和社会效益。实践表明，生物修复是最有效、最具创新性的技术，它包括生物刺激、生物强化、植物修复和根际修复，是一种典型的污染治理方法。最近，转基因植物和转基因微生物在多氯联苯的生物修复中被证明是革命性的。此外，本部分还讨论了其他重要方面，如使用化学、物理试剂进行预处理以增强生物降解。生物修复技术的质量和效率及其相关成本，决定了生物修复技术的最终可接受性。

利用相关生物的分解代谢能力来促进污染土壤中多氯联苯的修复称为生物修复，能够利用有机污染物作为碳源的微生物是生物修复的本质。在含碳复合有机化合物氧化或还原过程中，一些微生物利用酶或辅因子降解污染物，从而在污染部位存活下来。事实上，许多同系物可以通过多种途径降解。此外，降解速率在很大程度上取决于微生物种群的性质及其代谢特异性，这实际上取决于氯原子的数量和位置及电子供体的存在（Wiegel and Wu，2000）。微生物分解代谢的这种内在特性有利于它们在生物修复过程中的应用。理想情况下，如果微生物具有 PCB 耐受性，通过表面活性剂提高 PCB 生物利用度，对 PCB 的趋化作用将更加明显。通常这部分微生物拥有和表达多种脱卤酶，这些酶对 PCB 的降解有重要作用。

此外，Wiegel 和 Wu（2000）还综合解释了各种环境因素（包括温度和 pH）影响不同微生物的生长和代谢过程的多样性，从而影响其对多氯联苯的脱氯能力。因此，更好地了解环境因素是否影响及在多大程度上影响微生物的对多氯联苯的脱氯能力是重要的，这一领域的研究将有助于预测土壤中 PCB 降解的可行性，也将支持制订 PCB 生物修复计划。对这类生物的分离及其在污染场所的投放确保了污染物完全降解或转化为无毒化合物。生物修复技术在好氧环境和厌氧环境中都是有效的，这也是生物修复技术被广泛接受的原因之一。生物修复分为厌氧修复和好氧修复（Wiegel and Wu，2000），由于这两种处理高度复杂化合物的方法都存在问题，因此有时还采用连续厌氧-好氧生物修复技术来修复污染部位。

微生物修复由于具有广泛的同源性和较低的生物利用度，以及在攻击氯代基方面的位置选择性，面临着一定的困难。此外，受污染地点与微生物和个体同族之间的相互作用也很复杂。PCB 降解的代谢物（如二氢二醇和二羟基联苯）由于具有高毒性作用，也会影响参与降解的生物体的生存能力。虽然微生物降解在一定程度上是有效的，但当我们以最大限度地降解多氯联苯为目标时（由于增加了生物表面活性剂、细菌群和其他共底物的成本），成本约束就会增加。因此，它需要与一些其他的修复技术如植物修复联合使用，以便得到更好的降解结果。使用植物修复将有助于克服这些问题，并有助于最大限度地降解多氯联苯。

　　植物修复是一种新兴的技术，它利用活的绿色植物和相关的细菌或真菌，通过去除、降解或遏制污染物，对受污染的土壤、淤泥、沉积物和地下水进行原位处理。虽然植物修复是一个自然的过程，但研究其（作为一种现代和创新的处理技术）在废弃物场址的应用效率和进展时仍然十分关键。多氯联苯的植物修复可以通过以下几种方式之一进行：污染物可以被植物组织吸收（植物提取/植物积累）；多氯联苯的酶转化可以发生在植物体内（植物转化），也可以通过叶子挥发到大气中（植物挥发）；植物释放的次生代谢产物也增强了微生物活性，改善了根区多氯联苯的降解（根修复）；可以吸附在根（根滤）或包含在土壤材料（植物稳定）中。在上述过程中，植物提取和根修复是最有效的 PCB 降解方法。

四、表面活性剂修复

　　多氯联苯具有高度的疏水性，主要的存在形式为非水液态，可被土壤中的有机质和水体中的沉积物吸附，由于其特定的化学性质，很难被微生物降解利用，在土壤中的分解代谢较为缓慢。多氯联苯在土壤中容易被表面活性剂洗脱，首先，通过降低固体和液体之间的表面张力，使多氯联苯更易溶解到溶剂中；其次，PCB 在土壤中更容易进入胶束中，而表面活性剂恰恰能够形成胶束；最后，由于新型表面活性剂的化学结构复杂，其分子所占的空间大，因而能产生更低的临界胶束浓度，能更好地减少界面的表面张力，而且能够完全被生物降解，因此具有广泛的应用价值。

　　对于不同的污染环境，存在不同的物理、化学和生物等条件，多氯联苯的降解情况、吸附情况也不相同，因此在选择表面活性剂时，要针对不同情况选择适宜的表面活性剂。此外一些表面活性剂会被吸附在土壤上，进而影响洗脱的效果，因此，在表面活性剂应用时需考量土壤对其的吸附作用。综合考虑，表面活性剂对污染土壤的 PCB 修复具有实际应用价值，是一种可行的修复方案。

第四节　多氯联苯的降解途径

　　目前的研究表明，微生物通过三种途径来分解代谢环境中的多氯联苯。在厌氧条件下，高氯化同系物的代谢主要通过细菌分解利用氯氟碳化合物（包括多氯联苯）来完成。在好氧条件下，真菌通过木质素分解酶和单加氧酶等各种途径将多氯联苯氧化、矿化，细菌则通过初始的双氧化反应将其氧化和矿化。总而言之，PCB 在自然环境中的降解涉及以上三种途径。在本节中，我们将简要总结这些途径的当前研究进展。在细菌氧化途径的研究中，我们详细地描述了具体涉及的酶反应步骤，以及如何设计改良这些酶来促进 PCB 的降解。

一、厌氧降解途径

　　20 世纪 80 年代中期，诸多学者开始进行 PCB 的厌氧降解研究。研究表明，这一过程是水体沉积物中高氯化同类物质被矿化代谢的原因（Wiegel and Wu，2000），导致厌氧环境中 PCB 同系物的分布发生重大变化。在这个过程中，间位和对位位置是脱氯的首选位置，这导致环境中邻位取代的同源物的积累。一些高氯联苯的共同代谢还原脱卤催化反应已被报道，这些反应主要是通过酶及其他因子共同作用的厌氧过程来实现的

（Smidt and de Vos，2004）。

　　最近的研究表明，许多沉积物中的多氯联苯降解主要依靠微生物的厌氧脱氯实现。多项研究报道，在微生物厌氧脱氯过程中起重要作用的酶有三种，分别为酪氨酸酶、过氧化氢酶和漆酶。因此代谢与降解多氯联苯的关键在于筛选能够分泌这三种酶的微生物。不同的微生物和多变的环境因素，都可能影响多氯联苯的降解速度、代谢途径和脱氯程度。酪氨酸酶、过氧化氢酶和漆酶能与氯代有机污染物发生脱氯耦合反应，当微生物进行氧化反应或者还原脱氯反应时，能够使氯代有机物分解并失活。厌氧微生物首先通过氧化或者还原反应共代谢对多氯联苯进行降解。研究表明，某些厌氧微生物开环和脱氯的共代谢过程是同时发生的。在兼性或者厌氧条件下，微生物降解多氯联苯首先发生还原脱氯，这可以降低多氯联苯的致癌率及毒性，并且厌氧过程生成的低氯代的多氯联苯能够更好地被好氧微生物降解代谢。1987 年，Brown 等首次报道了霍敦河沉积物中的微生物能够在厌氧条件下降解代谢多氯联苯。为了探索微生物厌氧降解脱氯的反应机制，很多工作研究得以开展。研究表明，厌氧降解多氯联苯主要是微生物对间位或者对位的氯原子进行脱除，邻位取代的多氯联苯为主要的生成产物。1997 年，研究工作者第一次发现微生物能够对多氯联苯的邻位实现氯原子的取代。已有研究表明，利用沉积物中的微生物对 2,3,5,6-四氯联苯进行厌氧脱氯处理，周期为 9 个月，检测产物发现，其中含有 63%的 2,6-二氯联苯、21%的 2,5-二氯联苯及 16%的 2,3,6-三氯联苯。已有研究表明，Aroclor 1242 的间位和对位氯原子可以被沉积物中的微生物群落催化取代，经过处理，在最终的组分中，一氯取代和二氯取代的联苯比例由原来的 9%提升到 88%。同时，有研究表明，加入有机物如甲醇、丙酮和葡萄糖等作为电子供体，能够提高微生物对多氯联苯的代谢能力。将硫酸亚铁加入被多氯联苯污染的沉积物中，微生物能够将多氯联苯中的间位和对位氯原子取代完全脱除，这是由于亚铁离子能够促进硫酸盐还原菌生长，进而硫酸盐还原菌能够更好地代谢多氯联苯，但是因为亚铁离子的加入，降低了微生物对硫化物的利用率，同时能够生成硫化亚铁，对环境和生物产生毒害作用。目前，对于厌氧降解的微生物，传统的微生物分离方法不能有效地对其进行分离，因此在以前的基础上，结合微生物菌群基因筛选方法，在厌氧条件下，成功分离出两株能够对多氯联苯实现还原脱氯的菌株 O-17 和 DF-1，两株菌的序列相似性高于 98%，但与之前报道的脱卤拟球菌属（Dehalococcoides）具有较远的亲缘关系，16S rRNA 序列的相似性低于 90%。研究表明，DF-1 主要是对多氯联苯的对位和间位氯原子进行脱氯反应，而菌株 O-17 能够脱除多氯联苯的邻位氯原子，这种情况在环境中较少出现。然而，在纯培养或无菌培养中很难获得参与该过程的微生物，因此很难确定所涉及的生化途径和影响该过程的环境参数。一些细菌可以利用有机氯化合物（作为电子受体）的过程称为脱卤呼吸反应，这个过程已被报道。目前，脱卤呼吸反应已在几个细菌属中得到证实，包括脱亚硫酸菌属（Desulfitobacterium）、脱卤拟球菌属、脱卤螺旋菌属（Dehalospirillum）、脱卤杆菌属（Dehalobacter）、脱硫念珠菌属（Desulfomonile）、脱硫弧菌属（Desulfovibrio）等（Smidt and de Vos，2004）。但是，目前这些菌属中只有两种与 PCB 脱氯有关。脱亚硫酸菌属（Desulfitobacterium）可以对多种含氯芳香族化学物质进行原位脱氯，也可以对羟基化的多氯联苯进行脱氯（Utkin et al.，1994）。一些属于脱卤拟杆菌属的细菌可以对 PCB 同系物进行脱氯（Fennell et al.，2004；Adrian et al.，2009）。值得注意的是，

Dehalococcoides sp. strain DBDB1 是一株能够利用氯化苯（作为呼吸电子受体）进行生长的细菌，它能够对许多多氯联苯的同系物进行邻位和间位脱卤反应（Adrian et al.，2009），这是第一个分离出来的能够纯培养的细菌，它能够在厌氧条件下进行复杂的多氯联苯脱氯反应。因此，脱卤拟球菌属细菌目前被认为是环境中多氯联苯脱卤的主要贡献者。严格意义上，它们属于缓慢生长的呈微小圆盘状的厌氧细菌。它们的分类地位尚不清楚（Bedard，2007），但根据 16S rRNA 系统发育分析，*Dehalococcoides* 属于绿弯菌门（Chloroflexi），其细胞壁组成更接近古细菌，而不是革兰氏阴性或阳性细菌，它们具有一个显著的特征，存在多个还原脱卤酶基因的同源物，这些同源物被认为是这些生物体能够进行脱卤反应的关键。目前已建立了脱卤拟球菌三种成员的基因组，并纯化和鉴定了几种还原脱卤酶，如 PceA 是一种能够脱卤四氯乙烯和二氯苯的酶。

目前关于多氯联苯厌氧降解的研究主要局限于菌株的筛选分离及脱氯机制方面，但在分子生物学及酶学研究方面仍处于空白阶段。另外，在具体的实际应用方面，自然环境中的修复工作仍然难以开展。在以后的研究当中，我们应该努力在这些有潜力的生物群体的生物学和生物化学特征方面取得更多的进展。

二、好氧降解途径

20 世纪 70 年代，人们着手多氯联苯的好氧降解研究工作。现阶段的研究包括多氯联苯高效降解菌株的筛选、降解机制和降解相关的功能酶及降解基因方面。从 1970 年 Catelani 等和 Lunt 等首次筛选培养出以联苯为唯一能源和碳源的菌株开始，越来越多的联苯或者多氯联苯高效降解菌被分离出来。Ahmed 等在 1973 年第一次提出能够降解联苯的微生物具有降解多氯联苯同系物的功能。因此，多氯联苯的好氧降解菌大多以联苯为底物进行生长驯化进而筛选研究其对其他多氯联苯同系物的降解能力。由于不同功能降解菌对多氯联苯的降解能力存在显著差异，因此如何扩大多氯联苯的底物谱范围是现阶段研究的主要任务。目前报道的菌株大多只能够降解二氯和一氯的多氯联苯，对于高氯取代的联苯降解效果不明显。多氯联苯的降解菌广泛分布于环境中，大部分菌株属于革兰氏阴性菌，少数为革兰氏阳性菌。Furukawa 于 2000 年总结了微生物好氧降解多氯联苯与氯取代基之间的关系：①氯取代的数目越多，多氯联苯的降解速度越低；②双邻位取代，如 2,2'-二氯联苯和 2,6-二氯联苯，这类的多氯联苯较难降解，对菌株的降解功能起到抑制作用；③在氯原子取代数相同的条件下，氯原子分布在两个苯环上比全部氯原子集中在一个苯环上更难降解；④2,3 位被氯原子取代的多氯联苯更容易被降解；⑤没有氯原子或者氯原子少的苯环更容易发生开环反应。但是不同的菌株对于多氯联苯展现出不同的选择性。目前研究发现，仅有少数菌株能够降解高氯取代的多氯联苯，如 *Burkholderia xenovorans* LB400，该菌株对于多氯联苯降解的底物谱较宽。孙桂婷等（2018）研究发现 *Ochrobactrum anthropi* strain P-6 具有陆地菌和海水菌的双重特点，能够高效地降解高氯联苯，首次发现并报道了苍白杆菌对多氯联苯的降解性能，还分析了代谢产物。接种量为 10% 时，*Ochrobactrum anthropi* strain P6 对 10mg/L 的 4-氯联苯的降解率为 92.4%。同时，研究表明，苍白杆菌 P6 具有广泛的底物谱范围，能够有效地对毒性高且对称共平面的高氯联苯进行降解代谢，这在所发现的降解菌中是少见的。实验发现，苍白杆菌 P6 不仅能够代谢 4-氯联苯，还能进一步将中间产物 4-氯苯甲酸进行代谢，表明菌株 P6 存在能够完全矿化代谢 PCBs 的潜力，这对环境中多氯联苯的污染修复具有潜在的应用价值，能够为海洋中多氯联苯的降解和海水环境的修复提供依据。

三、厌氧-好氧联合降解

对于高氯取代的多氯联苯，在厌氧条件下，随着还原脱氯过程氯原子数目下降，反应难度加大；而在好氧条件下，随着氯原子数目减少，氧化酶更容易从苯环上获取电子进而发生羟基化反应。因此，运用厌氧降解和好氧降解相结合的方法，可以更加高效地降解多氯联苯。在厌氧条件下，高氯取代的多氯联苯被厌氧微生物还原脱氯后生成低氯取代的联苯，进而通过好氧微生物的作用，在有氧条件下将低氯取代的多氯联苯分解代谢。Montgomery 等研究了一种工艺，能够实现应用序批式厌氧-好氧工艺处理多氯联苯。

四、真菌降解途径

在土壤中，多氯联苯被普遍存在的白腐真菌矿化，白腐真菌包括能够广泛降解木质素的真菌。木质素是木材中极其顽固的高分子成分，其矿化作用基本上只能通过白腐真菌和放线菌属的一些细菌进行。有三种胞外酶参与木质素降解，两种是与木质素相关的过氧化物酶，即木质素过氧化物酶（LiP）和锰过氧化物酶（MnP），另外一种是含铜的酚氧化酶（Mester and Tien，2000）。在这些真菌中，木质素水解酶是在营养有限的条件下产生的，而 P450 单加氧酶是在营养丰富的条件下产生的。研究发现，真菌 *Phanerocheate chrysosporium* 是一种木质素分解生物，具有 LiP 和 MnP 系统，包含超过 148 个编码 P450 酶的预测基因，几乎占整个基因组的 1%（Martinez et al.，2004）。这充分说明了 MnP 在真菌代谢中的重要性。

拥有这些系统的真菌有能力广泛降解许多复杂的有机化合物，包括许多持久性有机污染物。因此，多项研究表明，真菌可以代谢多环芳烃、多氯联苯、DDT 和三硝基甲苯等（Pointing，2001）。20 世纪 80 年代中期，Eaton（1985）报道称，金丝孢杆菌（*P. chrysosporium*）在含氮培养基中 22 天内矿化了 7%均匀标记 ^{14}C 的 Aroclor 1254（一种商业 PCB 混合物）。此后，许多研究证实了真菌氧化酶能够降解大量有害物质，包括多氯联苯（Pointing，2001）。

虽然 LiP 和 MnP 在营养受限条件下对许多异源有害物质的生物转化作用早在 20 多年前就已经确定（Mester and Tien，2000），但 P450 单加氧酶的确切作用尚不清楚，一些研究报道了在限氮条件下 P450 单加氧酶对 PCB 的降解（Pointing，2001），但在其他研究中，PCB 的降解不依赖木质素水解酶的产生，因为在营养丰富和营养不良的介质下都观察到底物的降解（Yadav et al.，1995）。此外，基于木质素水解酶阴性突变体或 P450 抑制剂的研究间接证明，P450 酶参与了菲和氯苯氧乙酸等多种异源物质的代谢（Yadav and Reddy，1992）。在对过氧化物酶研究的基础上，更多关于 P450 酶在有限营养条件下的作用的研究受到关注。然而，真菌木质素水解酶和单加氧酶氧化系统可能共同参与了许多持久性有机污染物的降解、矿化，包括多氯联苯。

调查发现，对于已报道的含 P450 系统的真菌物种，对能够降解异源有害物质的 P450 系统组分进行分离和纯化的研究都未取得很好的效果（van den Brink，1998）。虽然 Wang 等（2000）在大肠杆菌中克隆并测序了线虫的 P450 酶的基因，Yadav 等（2003）在大肠杆菌中从 *P. chrysosporium* 克隆了两个 P450 酶的基因 *CYP63A1* 和 *CYP63A2*，但是在所有情况下，这些蛋白质在大肠杆菌中都没有表达为活性酶。不过，值得注意的是，Yadav 和 Loper（2000）在大肠杆菌中从 *P. chrysosporium* 克隆了唯一的细胞色素 P450 还原酶基因。在大肠杆菌中表达人类 P450 蛋白的克隆方法（Guengerich，2005）最有可能被应用于在细菌体内对真菌酶进行表征。

　　综上所述，从文献中查阅的数据可知，研究真菌的 P450 基因簇以阐明其在异源有害物质代谢中的作用，将是一项艰巨的任务。使用蛋白质表达分析的方法应该是实现这一目标的有效方法。

五、细菌的联苯分解代谢途径

　　在好氧细菌中，多氯联苯是通过联苯的分解代谢途径中相关酶进行降解代谢的（Abramowicz，1990）（图 17-1）。将联苯/多氯联苯转化为相应的苯甲酸/氯苯甲酸盐需要经历 4 个酶反应的步骤，氯苯甲酸盐随后通过其他途径降解（Furukawa，2000）。PCB 代谢物的鉴定（Massé et al.，1984，1989）及相关基因的鉴定（Erickson and Mondello，1992；Sylvestre et al.，1996b）已经阐明了将多氯联苯转化为氯苯甲酸盐所需的各种酶及其反应步骤。联苯代谢途径的起始反应是联苯 2,3-双加氧酶（BPDO）的催化反应（Hurtubise et al.，1995，1996）。该酶在芳香环两个相邻的原位碳上引入一个氧分子（图 17-1），代谢产物顺位的 2,3-二氢-2,3-二羟基联苯被 2,3-二氢-2,3-二羟基联苯-2,3-脱氢酶重新芳香化（Barriault et al.，1999）。邻苯二酚代谢物被 2,3-二羟基联苯-1,2-双加氧酶裂解生成 2-羟基-6-氧-6-苯基-2,4-二烯酸（HOPDA）（Eltis et al.，1993；Han et al.，1995），进而水解生成苯甲酸和戊酸（Seah et al.，2000，2001；Seeger et al.，1995）。目前，与 *bph* 操纵子相关的其他基因在 PCB 降解中的明确作用尚未阐明，如 *bphK* 基因被认为与 PCB 脱卤有关（Brennan et al.，2009）。

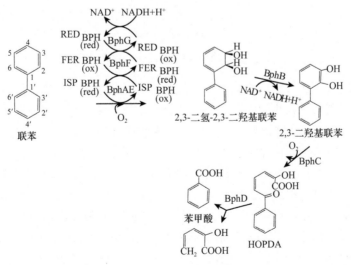

图 17-1　联苯的代谢途径

正确理解多氯联苯降解的生物化学过程是成功构建高效多氯联苯降解菌的关键。在下面的章节中，我们将阐明联苯分解代谢途径中每一种酶在 PCB 降解中的作用，并对这些酶的生物化学和生物催化特性的现有研究进行总结。

（一）联苯双加氧酶

联苯双加氧酶催化原理是在芳香环相邻的两个邻位碳上引入一个氧分子（图 17-1）。许多研究都探讨了联苯双加氧酶修饰后与新的底物类似物相互作用的机制。联苯双加氧酶不仅因其作为生物催化剂用于多氯联苯（Furukawa et al.，2004；Sylvestre，2004）、氯二苯并呋喃（Seeger et al.，2001；Mohammadi and Sylvestre，2005）等持久性污染物的潜在氧化应用而备受关注，同时它还可以作为制造精细化学品的催化剂（Resnick and Gibson，1996；Seeger et al.，2003）。BPDO 包含三个组分：①Fe-S 加氧酶（以下称为BphAE），它是一个六聚体，由三个 α 亚基（分子量=51 000）和三个 β 亚基（分子量=22 000）组成（图 17-2）；②铁氧还原蛋白（BphF，分子量=12 000）；③铁氧还蛋白还原酶（BphG，分子量=43 000）。*Burkholderia xenovorans* LB400（Erickson and Mondello，1992）是最好的一株联苯降解菌，它的编码基因是 *bphA*（BphAE α 亚基）、*bphE*（BphAE β 亚基）、*bphF*（BphF）和 *bphG*（BphG）。BphAE 直接与底物相互作用，实现联苯的2,3-二羟基化催化反应（Resnick and Gibson，1996）（图 17-2）。

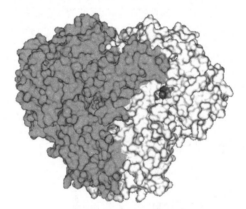

图 17-2　联苯双加氧酶（彩图请扫封底二维码）

设计修饰联苯双加氧酶以增强其对多氯联苯和其他联苯类似物的活性，需要了解酶催化口袋的氨基酸与底物相互作用中用以结合和定位的机制。研究发现，联苯双加氧酶α 亚基的 C 端部分在底物特异性反应中起关键作用（Erickson and Mondello，1993；Suenaga et al.，1999，2001，2002；Barriault and Sylvestre，2004）。目前，对联苯双加氧酶的大亚基进行了大量研究，但对联苯双加氧酶的小亚基研究报道的较少。β 亚基准确的功能及作用仍然没有得到深入的研究。部分研究证明，β 亚基参与底物特异性的反应（Hurtubise et al.，1998）。同样，铁氧还蛋白还原酶和铁氧还原蛋白这两种酶组分对酶特异性的作用尚不清楚。虽然已将 *B. xenovorans* LB400 的铁氧还原蛋白和 *Pseudomonas sp.* KKS102 的铁氧还蛋白还原酶结晶并分析其结构，但是目前仍无法确定如果将它们进行协同反应，是否会影响双加氧酶的 $\alpha_3\beta_3$ 基团的组装和变构。不过，对咔唑 1,9a-双加氧酶进行的研究证明了其双加氧酶的组分发生构象变化，以使其 Rieske [2Fe-2S]簇（图 17-3）与铁氧还蛋白簇相匹配（Ashikawa et al.，2006；Inoue et al.，2009）。这些构象变化对整体活性和特异性的影响仍需要进一步研究。对于联苯双加氧酶而言，还没有关于双加氧酶-铁氧还原蛋白复合物的晶体结构的相关研究和报道。

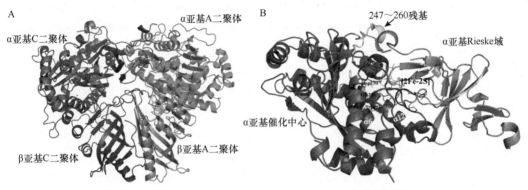

图 17-3 联苯双加氧酶的催化中心（彩图请扫封底二维码）

LB400 BphAE 的Ⅲ区域由 7 个氨基酸所组成，它们的氨基酸顺序为 Thr^{335}Phe^{336}Asn^{337}Asn^{338}Ile^{339}Arg^{340}Ile^{341}（Barriault and Sylvestre，2004；Mohammadi and Sylvestre，2005）。研究发现，Ⅲ区域影响联苯双加氧酶的催化性能，同时 LB400 BphAE 的氨基酸 Asn^{377}Phe^{378}（Suenaga et al.，1999）、Phe^{384}（Suenaga et al.，2002）和 Gln^{255} Ile^{258} 和 Ala^{268}（Suenaga et al.，2001）也被发现对双加氧化酶的催化性能有影响。

研究表明，联苯分子的两个苯环在反应时并不是平行的，而是在 *Rhodococcus jostii* RHA1 和 *Pandoraea pnomenusa* 双加氧酶的催化口袋内发生了倾斜（Furusawa et al.，2004）。这一结果引起关注，因为已知毒性最强的邻-对位取代同系物是共面构象的。二苯并呋喃是一类联苯分子，它的两个苯环通过连接两个碳的醚形成固定的共面构型（图 17-4）。LB400 BphAE 对二苯并呋喃的氧化效率不高（Seeger et al.，2001），然而将 *B. xenovorans* LB400 BphAE 的两个氨基酸残基 Thr^{335}Phe^{336} 突变为 Ala^{335}Met^{336}，即得

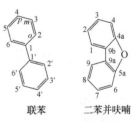

联苯 二苯并呋喃

图 17-4 联苯和氧芴

到突变体 p4 BphAE，相比于 LB400 BphAE，p4 BphAE 的底物谱范围扩大，能够代谢更多的持久性污染物，如 2,6-二氯联苯（Barriault and Sylvestre，2004）和共平面结构的氧芴（Mohammadi and Sylvestre，2005）。随后，将 p4 BphAE 的 Asn^{338}Ile^{341}Leu^{409} 转化为 Gln^{338}Val^{341}Phe^{409}，得到突变体 RR41 BphAE，它比 p4 BphAE 能够更有效地氧化二苯并呋喃（Mohammadi and Sylvestre，2005）。这表明，催化口袋内的Ⅲ区残基在固定非反应的联苯环的过程中起着至关重要的作用，改变这一区域是增强共平面的联苯及其类似物活性的一条有效途径。然而，通过对 *R. jostii* RHA1 BphA1A2（Furusawa et al.，2004）的结构分析及与其他芳基羟基化双加氧酶的比较，证实了催化口袋内的 Phe^{378} 和 Phe^{384} 与底物非常接近，因此可能与之相互作用，从而确定其底物特异性和区域特异性。在一项研究报告中，Ferraro 等（2006）清楚地揭示了萘双加氧酶大亚基 Phe^{352}（对应于 LB400 BphAE 中的 Phe^{378}）对于底物固定的作用。这些氨基酸残基改变了催化口袋中作用于底

物定向的构造空间。此外，基于萘双加氧酶结构模型，研究发现，与底物没有直接接触的其他残基也会影响酶的底物特异性和区域特异性（Vézina et al.，2007），然而，它们之间的距离是否允许与底物直接相互作用，或者它们是否离底物较远，底物在催化口袋中结合和定向的确切机理尚不清楚。不过，一些联苯双加氧酶的 X 射线结构分析现已被报道。首次被报道的是 *R. jostii* RHA1 BphA1A2 的结构（Furusawa et al.，2004）。最近的研究表明，*P. pnomenusa* B-356 能够氧化 2,6-二氯联苯和 2,4,4′-三氯联苯及它们的同系物，而 *B. xenovorans* LB400 对这些同系物的催化代谢能力较差。对与 2,6-二氯联苯结合的 B-356 BphAE 进行结构分析，并与 LB400 BphAE 的模型结构进行比较，结果表明，用 B-356 BphAE 的 Ile^{334} 取代 LB400 BphAE 的 Phe^{336} 后，在远端联苯环的 C-4 周围创造了更多的空间，促进了对位取代同源物的结合。然而，B-356 BphAE 催化代谢 2,6-二氯联苯的效果优于 LB400 BphAE 的原因尚不清楚。关于 *Sphingobium yanoikuyae* B1 BphAE 的结构也有报道（Ferraro et al.，2007），但是该酶在结构上与 *Pseudomonas* sp. NCIB 9816-4（Kauppi et al.，1998）的萘双加氧酶更为相似。由于 *Pseudomonas* sp. NCIB 9816-4 可以转化多个类型的多氯联苯（Barriault and Sylvestre，1999），因此一些自然产生的萘双加氧酶可能已经得到进化或者改进，能够扩大甚至改变底物的范围。本实验室对 LB400 BphAE 进行的研究发现，其 283、321、326、377、384 位点的氨基酸在与不同底物结合时，其位置会产生变化，这表明它们可能对底物特异性和区域专一性产生影响。进一步对 LB400 BphAE 进行突变研究，发现对 283 位点进行突变为甲硫氨酸后，其对联苯的催化能力显著提高。另外突变体的底物谱范围扩大，尤其是好氧条件下难降解的高氯代联苯。在过去的十年中，人们通过野生型酶纯化和基因组文库筛选来识别二苯并呋喃转化的相关基因，然而还需要进一步的实验方法来更好地了解二苯并呋喃降解的关键基因。我们通过定向突变，改进了 LB400 BphAE，得到了单取代突变体和多取代突变体。通过动力学参数测定及代谢产物测定等方法，发现单取代对增强二苯并呋喃的催化活性有显著作用。对晶体结构的分析表明，突变可能增大了催化腔的体积，允许二苯并呋喃在与蛋白质的结合过程中产生显著的位移，进而影响反应的发生。因此，这些酶可以通过改变催化腔的约束或可塑性来适应新的底物，或者通过改变诱导配合机制来实现反应临界原子或基团的适当排列，从而扩大它们的底物范围。另外，我们研究发现通过对 II 区域关键位点的氨基酸进行突变，能够改变反应的氧化位点，因此我们进一步研究了 LB400 BphAE 及其突变体对 DDT 的代谢反应。结果表明，LB400 BphAE 和其突变体对 *p, p′*-DDT 没有明显的降解效果，但 LB400 BphAE 在 283 位点的突变体能够降解 *o, p′*-DDT 而其母体蛋白是无法降解的。这也与我们在研究 283 位点突变对多氯联苯反应的区域专一性结果一致。我们的研究首次揭示了 283 位点对 BPDO 底物特异性/区域特异性的显著影响，对于理解 283 位点在其他 Rieske 加氧酶中所对应的残基的作用具有一定的意义。

综上所述，目前关于芳基羟基化双加氧酶底物特异性和区域特异性所涉及的结构特征的研究仍是有限的，它们都一致支持一个结论，即实际上随机而非合理的方法更适合于设计新的性能更好的酶。利用 bphAE 的自然多样性，通过人工进化的方法，随机或在目标位点改变 C 端部分能够更好地设计新的催化酶。Vézina 等（2007）结合两种方法进行研究,通过重组BphAE的土壤DNA编码片段,产生了具有新的区域选择性的BphAE突变体。通过比较从培养细菌和土壤DNA中获得的PCR扩增子中推断出的各种BphAE的初级序列,也阐明了BPDO大亚基的几个残基对底物特异性的作用(Witzig et al.,2006;Vézina et al., 2008)。然而, 在催化口袋中排列的每一种氨基酸残基或那些影响底物定位及影响催化中心构象的更遥远的氨基酸残基的确切作用仍不清楚,因此需要对与氯化底物复合的野生型和进化酶的晶体结构进行分析,以帮助探究这些酶进化扩大其底物特异性的机制。在此之前, 基于随机突变和基因重组的定向进化策略仍然是双加氧酶进化的最佳途径。

(二)2,3-二氢-2,3-二羟基联苯脱氢酶

联苯分解代谢途径的第二步是由脱氢酶催化生成二羟基代谢物(图 17-1)。催化反应的酶是由四聚体组成的一种黄素(Sylvestre et al., 1996a)。

脱氢酶通过结晶, 其结构已经确定。在 B. xenovorans LB400 BphB 内的 3 个残基 Ser[142]、Tyr[155] 和 Lys[159] 被推测影响催化反应的进行,并且在 P. pnomenusa B-356 BphB 中也发现了这三个残基(Vedadi et al., 2000)。这表明, 这些残基与短链醇脱氢酶/还原酶(SDR)家族的其他成员一样, 具有"催化三元体"的功能(Vedadi et al., 2000)。

在 B-356 BphB 中这 3 个残基的替代情况被检测到(Vedadi et al., 2000),这三个残基被证明是酶活性的关键。此外, 与 NADP[+]相比, B-356 BphB 更倾向于 NAD[+], 特异性常数为前者的 260 倍(Vedadi et al., 2000)。有研究表明, BphB 对 NADP[+]的低效利用可能是由于 36 位点存在天冬氨酸残基。

实验数据表明, 利用组氨酸标记法可以纯化 B-356 BphB 和 LB400 BphB, 它们可以对多种底物进行催化脱氢, 包括 2,2′,5,5′-四氯联苯氧化生成的 3,4-二羟基代谢物(Barriault et al., 1998)。因此, BphB 并不是 PCB 降解途径中的主要障碍因素。

(三)2,3-二羟基联苯 1,2-双加氧酶

该通路的第三个反应是由 2,3-二羟基联苯 1,2-双加氧酶(2,3-DHDB)催化的, 这是一种二醇儿茶酚环裂解双加氧酶。这种酶催化两个氧原子加入底物邻苯二酚环,导致其裂解, 将 2,3-二羟基联苯转化为 2-羟基-6-氧-6-苯基-2,4-二烯酸(HOPDA)(Furukawa and Arimura, 1987;Eltis et al., 1993)。外源性双加氧酶的活性位点通常含有一个非血红素铁〔Fe(Ⅱ)〕(Cerdan et al., 1995;Han et al., 1995)。

从 Burkholderia sp. LB400(Han et al., 1995)中分离得到的 BphC 极易被氧化(Eltis et al., 1993), 在厌氧条件下测定其结构, 需要进行厌氧纯化。BphC 由八聚体组成, 每个单体包含两个域。每个域有两个拷贝, 由 4 个 β 链和一个 α 螺旋形成,顺序为 βαβββ。因此, 每个单体在两个区域内包含该单元的 4 个拷贝, 这表明该酶在进化过程中的两个点上存在遗传复制(Han et al., 1995)。

脱氢酶的三个关键特征, 影响其对多氯联苯的催化性能。这 3 个特征分别是:对 3-氯邻苯二酚的高敏感性;由邻氯二羟联苯代谢物引起的底物抑制;不能降解间位和对位羟基二羟联苯代谢物。

　　对比 *P. pnomenusa* B-356（Sondossi et al.，1992）、*Pseudomonas stutzeri*（Vrana et al.，1996）和一个多氯联苯的降解群体（Guilbeault et al.，1994）的研究结果，证明降解 PCB 和 PCB 类似物时产生的邻苯二酚对反应有抑制作用。因此，当 3-氯联苯转化为 3-氯苯甲酸时，联苯关联的苯甲酸双加氧酶可在多个 PCB 降解菌株中将 3-氯苯甲酸转化为 3-氯邻苯二酚，同时它们的转换效率较低。然而，由于 2,3-DHDB 对 3-氯邻苯二酚具有很高的敏感性（Hein et al.，1998），因此需要少量的这种代谢物来干扰氯代联苯被催化转化为氯代苯甲酸盐。

　　Vaillancourt 等（2002）已经阐明了 3-氯儿茶酚抑制的机制，他们发现 3-氯儿茶酚通过将活性位点 Fe（II）氧化为 Fe（III）来抑制酶反应。2,3-DHDB 催化的 3-氯儿茶酚裂解主要生成 2-吡咯酮-6-羧酸和 2-羟基黏糠酸，与酰基氯的瞬时形成一致。但是，这种酶并没有被酰基氯共价修饰。

　　然而，可以预测的是，儿茶酚抑制 BphC 并不会限制 PCB 在工程菌中的降解，因为工程菌可以有效地降解氯苯甲酸。因此，具有高效多氯联苯和氯儿茶酚降解途径的杂交细菌能够在多氯联苯上快速生长（Hrywna et al.，1999）。此外，Mars 等（1999）已经发现了能够有效降解 3-氯儿茶酚的儿茶酚 2,3-双加氧酶（Mars et al.，1999），并确定了负责自杀抑制的酶域。因此，设计新的酶和新的 PCB 降解细菌很可能可以克服由氯儿茶酚抑制引起的代谢阻碍。

　　2,3-DHDB 对 PCB 降解影响较大的第二个特征是对邻氯二羟化底物的敏感性。Dai 等（2002）研究表明，2′,6′-二氯-2,3-二羟基联苯与双加氧酶具有高亲和力，并与之结合，起到自杀抑制剂的作用，阻止与酶通常容易裂解的底物发生反应。结构分析表明，2′-氯取代基与已确定氧结合位点的保守侧链结合。此外，2′-氯取代基可能影响氧原子对铁区域的攻击位点，进而抑制氧与二元络合物结合的潜力（Dai et al.，2002）。然而，一项研究比较了 *B. xenovorans* 的 2,3-DHDB 与 *Rhodococcus globerulus* P6 含有的两个 2,3-DHDB 同工酶的催化性质，结果表明尽管两个菌属的 DHDB 都无法代谢分解 2,6′-二氯-2,3-二羟基联苯，但是两种酶以其他二羟基代谢物的多氯联苯为底物时展现出截然不同的催化特性（Vaillancourt et al.，2003；Fortin et al.，2005a）。例如，一种酶的一些降解效率差的底物对另一种酶来说是最适的。这意味着，2,3-DHDB 底物的特异性随酶结构的不同而变化很大，很可能可以通过酶工程改变。

　　影响 PCB 降解的 2,3-DHDB 的第三个特征是它不能降解对位羟基代谢物（Eltis et al.，1993；Hein et al.，1998）。由 3,4-二羟基化作用引起降解的 PCB 同系物的完全矿化，需要能够转化这些化合物的酶。研究发现，*Pseudomonas* sp. C18（Denome et al.，1993）的同源酶 1,2-二羟基萘双氧合酶（DoxG）比 BphC（Barriault et al.，1998）催化这些间位的羟基化代谢产物的效率更高，能使其环裂解（ring cleavage）。综上所述，考虑到 BphC 的结构是已知的，同源的二醇双氧合酶与 BphC 具有互补的性质，通过体外定向变异或合理设计开发出新的高效工程酶的可能性非常大。在这方面，通过定向变异（Fortin et al.，2005b）获得的突变体 DoxG（Fortin et al.，2005b）以 3,4-二羟基联苯代谢物为底物时表现出更高的催化能力，这表明进一步构建具有降解 2,2′,5,5′-四氯联苯等双邻位间位取代代谢物能力的外二醇双氧合酶工程菌是可行的。

（四）2-羟基-6-氧-6-苯基-2,4-二烯酸水解酶（HOPDA 水解酶）

联苯（BPH）代谢通路的最后一步由水解酶催化。该酶是从 *R. jostii* RHA1 中结晶而来的，它是一种具有 422 点群对称性的八聚体酶，它的亚基可以分为核心域和限制域。酶的活性位点位于底物结合口袋中，底物结合口袋位于两个结构域之间（Nandhagopal et al.，2001）。底物与结合口袋可分为疏水区和亲水区。

考虑到设计更高效的 PCB 降解酶的特性，苯环上带有氯原子的 HOPDA 通常是分离自菌株 LB400 的 HOPDA 水解酶的良好底物（Seah et al.，2000）。另外，3-氯 HOPDA、4-氯 HOPDA 是较差的底物和酶的竞争性抑制剂（Seah et al.，2000，2001）。这一特性产生的一个结果是，在两个环上都带有氯的几种多氯联苯将作为终端代谢物转化为相应的氯代-HOPDA 或由氯代-HOPDA 自然产生的氯苯乙酮（Seah et al.，2000），如 4,4'-CB。Seah 等（2001）比较了同源 *B. xenovorans* LB400 和 *R. globerulus* P6 HOPDA 水解酶的催化性能，他们发现了显著的差异，与 LB400 BphD 不同，P6 BphD 对 9-氯 HOPDA 和 10-氯 HOPDA 的催化效能比对 HOPDA 的催化效能更高。此外，与 LB400 BphD 不同，4-氯 HOPDA 比 3-氯 HOPDA 更能有效抑制 P6 BphD。综上所述，比较研究有可能帮助设计新的 BphD 工程酶，使其能够更有效地降解在两个环上都带有氯原子的同类物质。

第五节　利用植物和微生物对多氯联苯进行植物修复

植物修复即植物与土壤中的污染物相互作用，导致后者的吸收、降解或稳定的过程。这种绿色高效的生物技术在减轻多氯联苯污染方面具有很大的潜力。人们普遍认为植物代谢外源性物质，如多氯联苯，基于三相过程，也被称为"绿色肝脏模型"（Sandermann，1994），在土壤中污染物被"激活"进行羟基化反应，然后与植物分子（如糖）共轭。然而，研究表明，第一阶段植物降解多氯联苯的过程可能造成羟基化多氯联苯的形成和积累，羟基化多氯联苯的毒性比多氯联苯的毒性更高（Rezek et al.，2008）。此外，其他缺点也会限制植物修复的效率。首先，并不是所有的植物物种都能耐受高浓度的污染物（Glick，2010）。尽管一些植物可以超积累污染物，但它们往往不能产生足够的生物量来有效去除有害化合物，或者生长速率较为缓慢（Zhuang et al.，2007；Dimkpa et al.，2009）。其次，由于植物是自养生物，它们不具备完全转化异源物质（如多氯联苯）的能力，这主要是由于缺乏所需的分解酶，这类化合物转化缓慢或部分转化（Eapen et al.，2007；Van Aken，2008）。最后，植物代谢多氯联苯的效率高度依赖于植物种类和 PCB 同源物（Rezek et al.，2008；Sylvestre，2009）。因此，为了成功地开发植物修复的全部潜力，还需要进一步地对其进行研究。

一、植物天然修复

多氯联苯的分解代谢受到氯取代类型、氯取代程度及植物种类的影响。植物的种类不同，分解代谢的多氯联苯种类也不同。例如，豆科植物能够降解三氯联苯，而禾本科植物能够降解四氯联苯。Mackova 等（2009）利用植物的不同部位（愈伤组织、根和幼芽）在试管中培养代谢多氯联苯。研究表明，氯原子的空间取代位置、氯原子的数目及多氯联苯的分子结构都是影响植物降解多氯联苯的因素。Mackova 等（2009）研究了龙葵植物的毛状根，发现其具有降解多氯联苯的功能。除此之外，即便龙葵的生长停止，龙葵体内的细胞也仍然能够降解代谢多氯联苯，经过 30 天的代谢分解后，多氯联苯的转化率达到 40%。Rezek 等（2008）选取二氯联苯至五氯联苯利用龙葵的毛状根对多氯联苯进行降解转化实验，实验结果表明，龙葵能够有效修复多氯联苯的污染。

　　相较于微生物修复多氯联苯的污染，植物对多氯联苯污染的修复机制更为复杂，综合前人的研究，主要表现在两个方面：第一方面是植物直接将土壤中的 PCB 吸收，进而代谢分解成没有毒性、植物能够吸收利用的底物，从而被彻底分解代谢。最初，对植物能否有效地吸收多氯联苯是根据多氯联苯的化学性质还是根据植物生理特性从基础理论开始进行研究。研究认为，除去空气中多氯联苯的沉降作用，植物的地上部分不存在多氯联苯。但是随着研究的深入，发现多氯联苯的吸收能力与不同的植物类型相关，在地上部分也检测到 PCB。例如，与白菜和玉米相比，胡萝卜的表皮中多氯联苯的含量明显增高。研究表明，植物地上部分对多氯联苯的浓缩因子为 0.0015～0.042，这说明植物对多氯联苯的吸收转运能力并不高。由于多氯联苯同分异构体具有不同的水溶性，进而会影响豆芽对多氯联苯同分异构体的吸收能力，这与豆芽的选择吸收功能无关。研究发现，一般情况下，植物无法通过木质部的主动运输实现多氯联苯的吸收和转移。但也有例外，一项研究表明，苔子和春蓼等对多氯联苯的转移率低，但西葫芦的生物浓缩因子大于 1。这可以解释为，西葫芦的根系吸收土壤中的多氯联苯，然后运输到植物所有部位。因此植物能够吸收和转运多氯联苯，但是不同的植物对多氯联苯的吸收和转运能力不同。

　　第二方面是植物通过自身的作用，产生能够降解多氯联苯的酶，发生一系列的酶反应，将高氯联苯转化为低氯联苯或者实现最终的矿化。植物在代谢多氯联苯时，首先是激活和共轭多氯联苯，将其储存在自己的组织内，这与微生物的降解方式是不同的。将多氯联苯添加到小麦和大豆的组培细胞中，通过检测发现，不同组分的多氯联苯存在不同程度的降解。植物自身分泌的过氧化物酶、糖化酶、羟化酶、脱氧酶和细胞色素酶等相关酶可以被释放到环境中直接参与多氯联苯的降解。已有报道，植物组培分泌物中过氧化物酶含量的高低程度，决定了植物对多氯联苯代谢能力的强弱。植物代谢和降解多氯联苯主要通过三个步骤完成。第一步：转化，通过 O-脱烷基化、N-脱烷基化和 S-脱烷基化，芳香族和脂肪族羟基化，过氧化，环氧化，氧化脱硫或细胞色素 P450 氧化还原作用，生成疏水性低的代谢产物。第二步：结合，植物体内的谷胱甘肽、氨基酸或者糖与多氯联苯或者第一阶段的代谢产物相结合，使其能够亲水。第三步：区室化，多氯联苯以共轭代谢物形式积聚在液泡和细胞壁。近期的研究又将最后一步分为两个对立的阶段，一是实现最终的反应，即排泄或与细胞壁结合。二是仅限于代谢产物在体内运输最终储存积聚在液泡内。植物代谢多氯联苯主要通过羟基化使其水溶性增强。不同的报道证明植物细胞能够将低氯取代的多氯联苯羟基化代谢，但是对于结构保护作用较强的 4,4′-二氯联苯，植物对其实现羟基化的能力较低。也有研究发现，植物能够代谢分解更高毒性的三氯和四氯取代物。植物代谢多氯联苯羟基化与 RBBR 氧化酶和过氧化物酶、细胞色素 P450 单加氧酶等密切相关。在植物修复多氯联苯的过程中，其体内的酶是共同作用的，不能单独作用发生。关于第二步中涉及的植物代谢多氯联苯的酶，相关报道较少。根据相关类似的研究报道，可以推测植物体内的转移酶如 *S*-转移酶、谷胱甘肽和糖基转移酶等都有可能参与了多氯联苯的共轭和第三步反应。由于目前对于植物代谢多氯联苯的机制的研究尚未完善，可能存在其他未知的酶参与了多氯联苯的代谢。

二、植物转基因修复

虽然植物修复能有效清除多氯联苯，但是在实际应用修复时，生物降解速度较为缓慢，进而可能导致这些有毒化合物在植物体内的积累和挥发。将参与各种解毒过程的外源基因导入植物，可提高植物修复能力。转基因植物除了能够作为环境中多氯联苯污染的指示物，还能够参与代谢降解环境中的多氯联苯，进而实现修复污染区域的目标。通过研究转基因植物，更多的能够有效降解修复多氯联苯的转基因植物被发现并利用。研究表明，转基因的烟草能够表达 *Burkholderia* sp. LB400 中相关编码的联苯降解基因，进而在体内表达相应的功能酶，因此能够降解多氯联苯，但同时双加氧酶的分泌受到细胞生长的限制。植物不能降解多氯联苯的主要原因为无法对二羟基联苯实现开环反应，因此在植物体内导入编码 2,3-二羟基的双加氧酶基因，能够实现增强植物修复多氯联苯污染的效果。在烟草中导入 *P. pnomenusa* B-356 的 *bphC* 基因能够提升烟草对多氯联苯的抗性，这种情况也发生在拟南芥植物中。此外，利用转基因植物对受污染土壤进行修复，不仅能提高植物自身对多氯联苯的代谢能力，还能促进根际修复。例如，将外源的具有降解功能的基因插入适宜的植物根中，增强降解酶的根际分泌，进而促进污染物根际降解。

三、微生物-植物共同修复

利用植物及其根际相关微生物的能力，来促进污染土壤中多氯联苯的修复，这一过程称为根际修复（Kuiper et al.，2004；Mackova et al.，2009），在过去的几十年，根际修复技术已经展现出了很大的潜力（Glick，2010）。植物经过次级代谢在根际释放多种化合物或分泌物，然后直接或间接地影响微生物（Lambers et al.，2009）。根系分泌物（大部分为有机化合物）可作为根际信号分子（Steinkellner et al.，2007），同时也可以作为微生物的营养物质（Lambers et al.，2009），进而促进其在根系附近的生长。由于在根系分泌物中发现的一些有机化合物（如类黄酮、萜烯）与污染物（如多氯联苯）具有相同的化学相似性，因此有人认为它们可以作为协同代谢物或通路诱导剂，刺激根瘤菌对异源物质的降解（Singer et al.，2003b），如 *Pseudomonas* spp. 的生长。研究证实，许多在根际中常见的根际细菌能够降解多氯联苯（Kuiper et al.，2004），当这些细菌生长在植物根系附近或者从根系纯化的根系分泌物中，它们的降解能力增强（Leigh et al.，2002，2006）。在过去的几十年中，很多研究已经证实，植物-根际细菌的结合可以极大地影响污染土壤中多氯联苯的降解（Leigh et al.，2002，2006；Singer et al.，2003a，2003b；Macková et al.，2007）。

虽然利用根际修复法去除土壤中持久性污染物的前景广阔，但只有少数菌株具有降解高氯化多氯联苯的能力（如 *B. xenovorans* LB400）。这些细菌大多不具备定植植物根系的遗传背景，而且不能完全降解复杂的多氯联苯。因此，转基因植物和突变菌株可能为污染土壤中持久性有机污染物的降解提供了另一种有效途径（Barac et al.，2004；Sylvestre et al.，2009）。另外，有研究表明，从能够降解外来污染物的生物体中引入一个或多个基因到候选植物或细菌中，有可能提高植物分解持久性有机污染物（如多氯联苯）的能力（Barac et al.，2004）。Eapen 等（2007）对几种宿主与供体物种进行了检测，进而获得用于各种异生物质降解的转基因植物。

植物 P450 系统产生的有毒代谢产物的积累和反式二醇的释放可能阻碍植物-根瘤菌联合代谢高效去除 PCB。有研究表明，能够表达细菌降解 PCB 酶的转基因植物可以克服这些困难，并有利于 PCB-根际修复过程（Mohammadi et al.，2007）。将 P450 单加氧酶替换为 Rieske 型芳香基羟基化双加氧酶，如 BPDO，至少需要同时表达三个基因 *BphA*、*BphE*、*BphF*。*BphG* 编码的细菌中的还原酶成分可以被植物铁氧还蛋白还原酶取代（Hurtubise et al.，1995），但这三种成分（氧合酶、铁氧还蛋白和铁氧还蛋白还原酶）都是充分发挥活性所必需的（Hurtubise et al.，1996）。研究表明，在烟草植株表达联苯双加氧酶的基因（Mohammadi et al.，2007）实验中，每个组分都可以作为活性蛋白单独在植物中产生。同时，将 *Nicotiana benthamiana* 叶片浸润在 pGreen-bphA+bphE+pGreen-bphG 中，能够共纯化具有活性的 BphAE 和 BphG。然而，与 pGreen-bphA+bphE+bphG+pGreen-bphF 共转化的转基因植物（Mohammadi et al.，2007）均未同时产生这三种酶组分。此外，转基因植株的存活频率较低，这表明转基因烟草中 4 种 *BPDO* 基因的同时表达受到遗传或生理原因的阻碍。

在可能的生理原因中，BPDO 可能会干扰植物细胞的发育。BPDO 可以氧化各种同环芳烃和杂环芳烃（Misawa et al.，2002，2005），包括植物源类黄酮（Seeger et al.，2003）。因此，虽然没有直接的证据，但 BPDO 可能通过改变参与植物发育早期阶段的小信号分子的结构来影响植物的代谢。这一假设根据以下研究提出，人类的 P450s 基因被成功克隆到植物中，它能够氧化植物的小化学分子进而干扰其代谢。例如，人体中占据 CYPs 基因 90%～95% 的 P450s 的 *CYP1A1*、*CYP2B6*、*CYP2E1* 和 *CYP2C9*，在肝脏（Guengerich，2005）中具有代谢异源物质的功能，这些片段被成功导入植物（Eapen et al.，2007；Kawahigashi et al.，2008）来增加对除草剂的耐受性。

与 BPDO 不同，2,3-DHDB 由单一的共八聚体组成。因此，产生活性酶需要单个基因。Macek 等（2008）讨论了一种方法，通过将 2,3-DHBD 克隆到植物中来解决植物无法分解二羟基联苯的问题。*P. pnomenusa* B-356 的基因 *bphC* 成功克隆到 *Nicotiana tabacum* 中（Francova et al.，2003；Novakova et al.，2009）。*Dbfb* 基因为 *Terrabacter* sp. DBF63 对氧芴代谢途径中编码 2,3,2′-三羟基联苯-2,3-双加氧酶的基因，它也被成功导入拟南芥中（Uchida et al.，2005）。研究发现，表达 2,3-DHBD 的植株对多氯联苯的抗性高于非转基因植株（Novakova et al.，2009），这一特点可能是由于 2,3-DHBD 可以去除对植物有毒的 2,3-二羟基氯联苯（Macková et al.，2007）。虽然从未有研究直接证明 2,3-二羟基氯联苯对植物的毒性，但是 Camara 等（2004）已经表明它们对细菌是有毒性的；Novakova 等（2009）研究证实它们对烟草植物具有毒性；Lovecka 等（2004）表明，单一羟基化的 PCB 代谢物对植物的毒性取决于氯原子的数目和位置。此外，Liao 等（2006）已经阐明了儿茶酚对植物的毒性。这些研究支持了使用产生 2,3-DHBD 的转基因植物修复 PCB 污染位点的观察结果，因为这些植物可能对植物及其相关的根际细菌产生的 PCB 代谢产物更具抗性。

第六节　总结与展望

多氯联苯（PCBs）是由联苯类似物组成的复杂混合物，其结构特性随联苯骨架上氯原子的数量和位置的不同而发生显著变化。这种可变性对混合物的生物降解性有很大的影响。一些生物系统已经进化到可以循环利用生物圈中的异源物质，这些系统可以去除持久性有机污染物，如多氯联苯。一些厌氧菌，特别是 *Dehalococcoides* 的厌氧菌，可以将高氯化的同系物脱卤，主要作用于间位碳和对位碳上，以减少苯环上的氯原子。研究表明，在双厌氧技术中可以利用该系统对 PCB 污染场地进行净化（Abramowicz，1990）。尽管我们对厌氧脱卤的认识在过去十年中有了很大的进展，但还需要进一步的研究来充分了解这一过程，包括所涉及的酶反应。真菌能降解许多外来生物并使其矿化，然而矿化过程是缓慢的，因为它是基于许多酶（包括木质素过氧化物酶和细胞色素 P450 单加氧酶）的使用，这些酶对多氯联苯及其代谢产物无特异性作用。该系统通过将多氯联苯转化为羟基代谢物，然后与腐殖酸结合，更有利于多氯联苯脱氯以减小毒性。好氧细菌的联苯代谢途径因其转化多种 PCB 同源物的能力而被广泛研究。最近几十年的研究结果表明，利用工程酶和细菌（尤其是联苯双加氧酶和 2,3-DHBD）对持久性污染物及其类似物进行修复是可行的。它们可以降解间位-对位取代的、共平面的、双邻位取代的持久性污染物及通过厌氧降解代谢高氯联苯代谢产物。最后，植物对多氯联苯污染地点的修复做出了积极的贡献。虽然它们可以积累和代谢 PCB，但它们的代谢速率很慢，并产生更多的有毒代谢物。然而，植物可以与根际细菌一起有效降解 PCB。转基因植物可表达降解 *PCB* 基因，诱导 PCB 降解并将部分 PCB 细菌代谢物进行解毒代谢。转基因植物还能产生萜烯和类黄酮等化学物质，诱导多氯联苯的细菌降解。未来，通过转基因植物和根际细菌有望开发出一种高效绿色的修复多氯联苯污染的方法。

参 考 文 献

孙桂婷. 2018. 多氯联苯降解菌的筛选、鉴定及其降解特性研究. 烟台大学硕士学位论文.

Abramowicz D A. 1990. Aerobic and anaerobic biodegradation of PCBs: a review. Critical Reviews in Biotechnology，10（3）: 241-251.

Adrian L，Dudková V，Demnerová K，et al. 2009. "*Dehalococcoides*" sp. strain CBDB1 extensively dechlorinates the commercial polychlorinated biphenyl mixture Aroclor 1260. Applied and Environmental Microbiology，75（13）: 4516-4524.

Ashikawa Y，Fujimoto Z，Noguchi H，et al. 2006. Electron transfer complex formation between oxygenase and ferredoxin components in Rieske non-heme iron oxygenase system. Structure，14（12）: 1779-1789.

Barac T，Taghavi S，Borremans B，et al. 2004. Engineered endophytic bacteria improve phytoremediation of water-soluble，volatile，organic pollutants. Nature Biotechnology，22（5）: 583.

Barriault D，Durand J，Maaroufi H，et al. 1998. Degradation of polychlorinated biphenyl metabolites by naphthalene-catabolizing enzymes. Applied and Environmental Microbiology，64（12）: 4637-4642.

Barriault D，Sylvestre M. 1993. Factors affecting PCB degradation by an implanted bacterial strain in soil microcosms. Canadian Journal of Microbiology，39（6）: 594-602.

Barriault D，Sylvestre M. 1999. Functionality of biphenyl 2,3-dioxygenase components in naphthalene 1,2-dioxygenase. Applied Microbiology and Biotechnology，51（5）: 592-597.

Barriault D，Sylvestre M. 2004. Evolution of the biphenyl dioxygenase BphA from *Burkholderia xenovorans* LB400 by random mutagenesis of multiple sites in region III. Journal of Biological Chemistry，279（46）: 47480-47488.

Barriault D, Vedadi M, Powlowski J, et al. 1999. *cis*-2,3-Dihydro-2,3-dihydroxybiphenyl dehydrogenase and cis-1,2-dihydro-1, 2-dihydroxynaphathalene dehydrogenase catalyze dehydrogenation of the same range of substrates. Biochemical and Biophysical Research Communications, 260 (1): 181-187.

Bedard D L. 2007. Dehalococcoides: Nature's anaerobic superbug. *In*: Mackova M, Macek T, Demnerova K, et al. Proceedings of the 4th Symposium on Biosorption and Bioremediation. Institute of Chemical Technology Prague: Prague, Czech Republic: 7-10.

Brennan E, McGuinness M, Dowling D N. 2009. Bioinformatic analysis and *in vitro* site-directed mutagenesis of conserved amino acids in BphKLB400, a specific bacterial glutathione transferase. International Biodeterioration & Biodegradation, 63 (7): 928-932.

Brown J F, Bedard D L, Brennan M J, et al. 1987. Polychlorinated biphenyl dechlorination in aquatic sediments. Science, 236 (4802): 709-712.

Cámara B, Herrera C, González M, et al. 2004. From PCBs to highly toxic metabolites by the biphenyl pathway. Environmental Microbiology, 6 (8): 842-850.

Cerdan P, Rekik M, Harayama S. 1995. Substrate specificity differences between two catechol 2,3-dioxygenases encoded by the TOL and NAH plasmids from *Pseudomonas putida*. European Journal of Biochemistry, 229 (1): 113-118.

Dai S, Vaillancourt F H, Maaroufi H, et al. 2002. Identification and analysis of a bottleneck in PCB biodegradation. Nature Structural & Molecular Biology, 9 (12): 934.

Denome S A, Stanley D C, Olson E S, et al. 1993. Metabolism of dibenzothiophene and naphthalene in *Pseudomonas* strains: complete DNA sequence of an upper naphthalene catabolic pathway. Journal of Bcteriology, 175 (21): 6890-6901.

Dimkpa C, Weinand T, Asch F. 2009. Plant–rhizobacteria interactions alleviate abiotic stress conditions. Plant, Cell & Environment, 32 (12): 1682-1694.

Eapen S, Singh S, D'souza S F. 2007. Advances in development of transgenic plants for remediation of xenobiotic pollutants. Biotechnology Advances, 25 (5): 442-451.

Eaton D C. 1985. Mineralization of polychlorinated biphenyls by *Phanerochaete chrysosporium*: a ligninolytic fungus. Enzyme and Microbial Technology, 7 (5): 194-196.

Eltis L D, Hofmann B, Hecht H J, et al. 1993. Purification and crystallization of 2,3-dihydroxybiphenyl 1,2-dioxygenase. Journal of Biological Chemistry, 268 (4): 2727-2732.

Erickson B D, Mondello F J. 1992. Nucleotide sequencing and transcriptional mapping of the genes encoding biphenyl dioxygenase, a multicomponent polychlorinated-biphenyl-degrading enzyme in *Pseudomonas* strain LB400. Journal of Bacteriology, 174 (9): 2903-2912.

Erickson B D, Mondello F J. 1993. Enhanced biodegradation of polychlorinated biphenyls after site-directed mutagenesis of a biphenyl dioxygenase gene. Applied and Environmental Microbiology, 59 (11): 3858-3862.

Estrella M R, Brusseau M L, Maier R S, et al. 1993. Biodegradation, sorption, and transport of 2,4-dichlorophenoxyacetic acid in saturated and unsaturated soils. Applied and Environmental Microbiology, 59 (12): 4266-4273.

Fennell D E, Nijenhuis I, Wilson S F, et al. 2004. *Dehalococcoides ethenogenes* strain 195 reductively dechlorinates diverse chlorinated aromatic pollutants. Environmental Science & Technology, 38 (7): 2075-2081.

Ferraro D J, Brown E N, Yu C L, et al. 2007. Structural investigations of the ferredoxin and terminal oxygenase components of the biphenyl 2,3-dioxygenase from *Sphingobium yanoikuyae* B1. BMC Structural Biology, 7 (1): 10.

Ferraro D J, Okerlund A L, Mowers J C, et al. 2006. Structural basis for regioselectivity and stereoselectivity of product formation by naphthalene 1,2-dioxygenase. Journal of Bacteriology, 188 (19): 6986-6994.

Fortin P D, Lo A T F, Haro M A, et al. 2005a. Evolutionarily divergent extradiol dioxygenases possess higher specificities for polychlorinated biphenyl metabolites. Journal of Bacteriology, 187 (2): 415-421.

Fortin P D, MacPherson I, Neau D B, et al. 2005b. Directed evolution of a ring-cleaving dioxygenase for polychlorinated biphenyl degradation. Journal of Biological Chemistry, 280 (51): 42307-42314.

Francova K, Sura M, Macek T, et al. 2003. Preparation of plants containing bacterial enzyme for degradation of polychlorinated biphenyls. Fresenius Environmental Bulletin, 12 (3): 309-313.

Furukawa K, Arimura N. 1987. Purification and properties of 2,3-dihydroxybiphenyl dioxygenase from polychlorinated biphenyl-degrading *Pseudomonas pseudoalcaligenes* and *Pseudomonas aeruginosa* carrying the cloned *bphC* gene. Journal of Bacteriology, 169 (2): 924-927.

Furukawa K, Suenaga H, Goto M. 2004. Biphenyl dioxygenases: functional versatilities and directed evolution. Journal of Bacteriology, 186 (16): 5189-5196.

Furukawa K. 2000. Biochemical and genetic bases of microbial degradation of polychlorinated biphenyls (PCBs). The Journal of General and Applied Microbiology, 46 (6): 283-296.

Furusawa Y, Nagarajan V, Tanokura M, et al. 2004. Crystal structure of the terminal oxygenase component of biphenyl dioxygenase derived from *Rhodococcus* sp. strain RHA1. Journal of Molecular Biology, 342 (3): 1041-1052.

Gao S，Chen J，Shen Z，et al. 2013. Seasonal and spatial distributions and possible sources of polychlorinated biphenyls in surface sediments of Yangtze Estuary，China. Chemosphere，91（6）：809-816.

Glick B R. 2010. Using soil bacteria to facilitate phytoremediation. Biotechnology Advances，28（3）：367-374.

Gómez-Gil L，Kumar P，Barriault D，et al. 2007. Characterization of biphenyl dioxygenase of *Pandoraea pnomenusa* B-356 as a potent polychlorinated biphenyl-degrading enzyme. Journal of Bacteriology，189（15）：5705-5715.

Guengerich F P. 2005. Human cytochrome P450 enzymes//Cytochrome P450. Boston：Springer：377-530.

Guilbeault B，Sondossi M，Ahmad D，et al. 1994. Factors affecting the enhancement of PCB degradative ability of soil microbial populations. International Biodeterioration & Biodegradation，33（1）：73-91.

Han S，Eltis L D，Timmis K N，et al. 1995. Crystal structure of the biphenyl-cleaving extradiol dioxygenase from a PCB-degrading pseudomonad. Science，270（5238）：976-980.

Hein P，Powlowski J，Barriault D，et al. 1998. Biphenyl-associated meta-cleavage dioxygenases from *Comamonas testosteroni* B-356. Canadian Journal of Microbiology，44（1）：42-49.

Hrywna Y，Tsoi T V，Maltseva O V，et al. 1999. Construction and characterization of two recombinant bacteria that grow on ortho-and para-substituted chlorobiphenyls. Applied and Environmental Microbiology，65（5）：2163-2169.

Hülsmeyer M，Hecht H J，Niefind K，et al. 1998. Crystal structure of cis-biphenyl-2,3-dihydrodiol-2,3-dehydrogenase from a PCB degrader at 2.0 Å resolution. Protein Science，7（6）：1286-1293.

Hurtubise Y，Barriault D，Powlowski J，et al. 1995. Purification and characterization of the *Comamonas testosteroni* B-356 biphenyl dioxygenase components. Journal of Bacteriology，177（22）：6610-6618.

Hurtubise Y，Barriault D，Sylvestre M. 1996. Characterization of active recombinant his-tagged oxygenase component of *Comamonas testosteroni* B-356 biphenyl dioxygenase. Journal of Biological Chemistry，271（14）：8152-8156.

Hurtubise Y，Barriault D，Sylvestre M. 1998. Involvement of the terminal oxygenase β subunit in the biphenyl dioxygenase reactivity pattern toward chlorobiphenyls. Journal of Bacteriology，180（22）：5828-5835.

Inoue K，Ashikawa Y，Umeda T，et al. 2009. Specific interactions between the ferredoxin and terminal oxygenase components of a class IIB Rieske nonheme iron oxygenase，carbazole 1，9a-dioxygenase. Journal of Molecular Biology，392（2）：436-451.

Jiang K，Li L，Chen Y，et al. 1997. Determination of PCDD/Fs and dioxin-like PCBs in Chinese commercial PCBs and emissions from a testing PCB incinerator. Chemosphere，34（5-7）：941-950.

Kauppi B，Lee K，Carredano E，et al. 1998. Structure of an aromatic-ring-hydroxylating dioxygenase–naphthalene 1,2-dioxygenase. Structure，6（5）：571-586.

Kawahigashi H，Hirose S，Ohkawa H，et al. 2008. Transgenic rice plants expressing human *P450* genes involved in xenobiotic metabolism for phytoremediation. Journal of molecular microbiology and biotechnology，15（2-3）：212-219.

Kuiper I，Lagendijk E L，Bloemberg G V，et al. 2004. Rhizoremediation：a beneficial plant-microbe interaction. Molecular Plant-microbe Interactions，17（1）：6-15.

Lambers H，Mougel C，Jaillard B，et al. 2009. Plant-microbe-soil interactions in the rhizosphere：an evolutionary perspective. Plant and Soil，321(1-2)：83-115.

Leigh M B，Fletcher J S，Fu X，et al. 2002. Root turnover：an important source of microbial substrates in rhizosphere remediation of recalcitrant contaminants. Environmental Science & Technology，36（7）：1579-1583.

Leigh M B，Prouzová P，Macková M，et al. 2006. Polychlorinated biphenyl（PCB）-degrading bacteria associated with trees in a PCB-contaminated site. Applied and Environmental Microbiology，72（4）：2331-2342.

Liao Y，Zhou X，Yu J，et al. 2006. The key role of chlorocatechol 1,2-dioxygenase in phytoremoval and degradation of catechol by transgenic *Arabidopsis*. Plant Physiology，142（2）：620-628.

Lovecká P，Macková M，Demnerová K. 2004. Metabolic products of PCBs in bacteria and plants—comparison of their toxicity and genotoxicity. London：Taylor and Francis Group.

Mackova M，Prouzova P，Stursa P，et al. 2009. Phyto/rhizoremediation studies using long-term PCB-contaminated soil. Environmental Science and Pollution Research，16（7）：817-829.

Macková M，Vrchotová B，Francová K，et al. 2007. Biotransformation of PCBs by plants and bacteria–consequences of plant-microbe interactions. European Journal of Soil Biology，43（4）：233-241.

Mars A E，Kingma J，Kaschabek S R，et al. 1999. Conversion of 3-chlorocatechol by various catechol 2,3-dioxygenases and sequence analysis of the chlorocatechol dioxygenase region of *Pseudomonas putida* GJ31. Journal of Bacteriology，181（4）：1309-1318.

Martinez D，Larrondo L F，Putnam N，et al. 2004. Genome sequence of the lignocellulose degrading fungus *Phanerochaete chrysosporium* strain RP78. Nature Biotechnology，22（6）：695.

Massé R，Messier F，Ayotte C，et al. 1989. A comprehensive gas chromatographic/mass spectrometric analysis of 4-chlorobiphenyl bacterial degradation products. Biomedical & Environmental Mass Spectrometry，18（1）：27-47.

Massé R, Messier F, Peloquin L, et al. 1984. Microbial biodegradation of 4-chlorobiphenyl, a model compound of chlorinated biphenyls. Applied and Environmental Microbiology, 47 (5): 947-951.

Mester T, Tien M. 2000. Oxidation mechanism of ligninolytic enzymes involved in the degradation of environmental pollutants. International Biodeterioration & Biodegradation, 46 (1): 51-59.

Misawa N, Nakamura R, Kagiyama Y, et al. 2005. Synthesis of vicinal diols from various arenes with a heterocyclic, amino or carboxyl group by using recombinant *Escherichia coli* cells expressing evolved biphenyl dioxygenase and dihydrodiol dehydrogenase genes. Tetrahedron, 61 (1): 195-204.

Misawa N, Shindo K, Takahashi H, et al. 2002. Hydroxylation of various molecules including heterocyclic aromatics using recombinant *Escherichia coli* cells expressing modified biphenyl dioxygenase genes. Tetrahedron, 58 (47): 9605-9612.

Mohammadi M, Chalavi V, NovakovaSura M, et al. 2007. Expression of bacterial biphenyl‐chlorobiphenyl dioxygenase genes in tobacco plants. Biotechnology and Bioengineering, 97 (3): 496-505.

Mohammadi M, Sylvestre M. 2005. Resolving the profile of metabolites generated during oxidation of dibenzofuran and chlorodibenzofurans by the biphenyl catabolic pathway enzymes. Chemistry & Biology, 12 (7): 835-846.

Nandhagopal N, Yamada A, Hatta T, et al. 2001. Crystal structure of 2-hydroxyl-6-oxo-6-phenylhexa-2,4-dienoic acid (HPDA) hydrolase (BphD enzyme) from the *Rhodococcus* sp. strain RHA1 of the PCB degradation pathway. Journal of Molecular Biology, 309 (5): 1139-1151.

Novakova M, Mackova M, Chrastilova Z, et al. 2009. Cloning the bacterial *bphC* gene into *Nicotiana tabacum* to improve the efficiency of PCB phytoremediation. Biotechnology and Bioengineering, 102 (1): 29-37.

Pointing S. 2001. Feasibility of bioremediation by white-rot fungi. Applied Microbiology and Biotechnology, 57 (1-2): 20-33.

Resnick S M, Gibson D T. 1996. Oxidation of 6,7-dihydro-5H-benzocycloheptene by bacterial strains expressing naphthalene dioxygenase, biphenyl dioxygenase, and toluene dioxygenase yields homochiral monol or *cis*-diol enantiomers as major products. Applied and Environmental Microbiology, 62 (4): 1364-1368.

Rezek J, Macek T, Mackova M, et al. 2008. Hydroxy-PCBs, methoxy-PCBs and hydroxy-methoxy-PCBs: metabolites of polychlorinated biphenyls formed *in vitro* by tobacco cells. Environmental Science & Technology, 42 (15): 5746-5751.

Safe S. 1990. Polychlorinated biphenyls (PCBs), dibenzo-p-dioxins (PCDDs), dibenzofurans (PCDFs), and related compounds: environmental and mechanistic considerations which support the development of toxic equivalency factors (TEFs). Critical Reviews in Toxicology, 21 (1): 51-88.

Sandermann J H. 1994. Higher plant metabolism of xenobiotics: the 'green liver' concept. Pharmacogenetics, 4 (5): 225-241.

Seah S Y K, Labbé G, Kaschabek S R, et al. 2001. Comparative specificities of two evolutionarily divergent hydrolases involved in microbial degradation of polychlorinated biphenyls. Journal of Bacteriology, 183 (5): 1511-1516.

Seah S Y K, Labbé G, Nerdinger S, et al. 2000. Identification of a serine hydrolase as a key determinant in the microbial degradation of polychlorinated biphenyls. Journal of Biological Chemistry, 275 (21): 15701-15708.

Seeger M, Cámara B, Hofer B. 2001. Dehalogenation, denitration, dehydroxylation, and angular attack on substituted biphenyls and related compounds by a biphenyl dioxygenase. Journal of Bacteriology, 183 (12): 3548-3555.

Seeger M, González M, Cámara B, et al. 2003. Biotransformation of natural and synthetic isoflavonoids by two recombinant microbial enzymes. Applied and Environmental Microbiology, 69 (9): 5045-5050.

Seeger M, Timmis K N, Hofer B. 1995. Conversion of chlorobiphenyls into phenylhexadienoates and benzoates by the enzymes of the upper pathway for polychlorobiphenyl degradation encoded by the bph locus of *Pseudomonas* sp. strain LB400. Applied and Environmental Microbiology, 61 (7): 2654-2658.

Singer A C, Crowley D E, Thompson I P. 2003a. Secondary plant metabolites in phytoremediation and biotransformation. Trends in Biotechnology, 21 (3): 123-130.

Singer A C, Smith D, Jury W A, et al. 2003b. Impact of the plant rhizosphere and augmentation on remediation of polychlorinated biphenyl contaminated soil. Environmental Toxicology and Chemistry, 22 (9): 1998-2004.

Smidt H, de Vos W M. 2004. Anaerobic microbial dehalogenation. Annual Review of Microbiology, 58: 43-73.

Sondossi M, Sylvestre M, Ahmad D. 1992. Effects of chlorobenzoate transformation on the *Pseudomonas testosteroni* biphenyl and chlorobiphenyl degradation pathway. Applied and Environmental Microbiology, 58 (2): 485-495.

Steinkellner S, Lendzemo V, Langer I, et al. 2007. Flavonoids and strigolactones in root exudates as signals in symbiotic and pathogenic plant-fungus interactions. Molecules, 12 (7): 1290-1306.

Suenaga H, Mitsuoka M, Ura Y, et al. 2001. Directed evolution of biphenyl dioxygenase: emergence of enhanced degradation capacity for benzene, toluene, and alkylbenzenes. Journal of Bacteriology, 183 (18): 5441-5444.

Suenaga H, Nishi A, Watanabe T, et al. 1999. Engineering a hybrid pseudomonad to acquire 3,4-dioxygenase activity for polychlorinated biphenyls. Journal of Bioscience and Bioengineering, 87 (4): 430-435.

Suenaga H, Watanabe T, Sato M, et al. 2002. Alteration of regiospecificity in biphenyl dioxygenase by active-site engineering. Journal of Bacteriology, 184 (13): 3682-3688.

Sylvestre M，Hurtubise Y，Barriault D，et al. 1996a. Characterization of active recombinant 2,3-dihydro-2,3-dihydroxybiphenyl dehydrogenase from *Comamonas testosteroni* B-356 and sequence of the encoding gene（*bphB*）. Applied and Environmental Microbiology，62（8）：2710-2715.

Sylvestre M，Macek T，Mackova M. 2009. Transgenic plants to improve rhizoremediation of polychlorinated biphenyls（PCBs）. Current Opinion in Biotechnology，20（2）：242-247.

Sylvestre M，Sirois M，Hurtubise Y，et al. 1996b. Sequencing of *Comamonas testosteroni* strain B-356-biphenyl/chlorobiphenyl dioxygenase genes：evolutionary relationships among Gram-negative bacterial biphenyl dioxygenases. Gene，174（2）：195-202.

Sylvestre M. 1995. Biphenyl/chlorobiphenyls catabolic pathway of *Comamonas testosteroni* B-356：prospect for use in bioremediation. International Biodeterioration & Biodegradation，35（1-3）：189-211.

Sylvestre M. 2004. Genetically modified organisms to remediate polychlorinated biphenyls. Where do we stand? International Biodeterioration & Biodegradation，54（2-3）：153-162.

Timmis K N，Pieper D H. 1999. Bacteria designed for bioremediation. Trends in Biotechnology，17（5）：201-204.

Uchida E，Ouchi T，Suzuki Y，et al. 2005. Secretion of bacterial xenobiotic-degrading enzymes from transgenic plants by an apoplastic expressional system：an applicability for phytoremediation. Environmental Science & Technology，39（19）：7671-7677.

Utkin I，Woese C，Wiegel J. 1994. Isolation and characterization of *Desulfitobacterium dehalogenans* gen. nov.，sp. nov.，an anaerobic bacterium which reductively dechlorinates chlorophenolic compounds. International Journal of Systematic and Evolutionary Microbiology，44（4）：612-619.

Vaillancourt F H，Haro M A，Drouin N M，et al. 2003. Characterization of extradiol dioxygenases from a polychlorinated biphenyl-degrading strain that possess higher specificities for chlorinated metabolites. Journal of Bacteriology，185（4）：1253-1260.

Vaillancourt F H，Labbé G，Drouin N M，et al. 2002.The mechanism-based inactivation of 2,3-dihydroxybiphenyl 1,2-dioxygenase by catecholic substrates. Journal of Biological Chemistry，277（3）：2019-2027.

Van Aken B. 2008. Transgenic plants for phytoremediation：helping nature to clean up environmental pollution. Trends in Biotechnology，26（5）：225-227.

van den Brink H M，van Gorcom R F M，van den Hondel C A，et al. 1998. Cytochrome P450 enzyme systems in fungi. Fungal Genetics and Biology，23（1）：1-17.

Vedadi M，Barriault D，Sylvestre M，et al. 2000. Active site residues of *cis*-2,3-dihydro-2,3-dihydroxybiphenyl dehydrogenase from *Comamonas testosteroni* strain B-356. Biochemistry，39（17）：5028-5034.

Vézina J，Barriault D，Sylvestre M. 2007. Family shuffling of soil DNA to change the regiospecificity of *Burkholderia xenovorans* LB400 biphenyl dioxygenase. Journal of Bacteriology，189（3）：779-788.

Vézina J，Barriault D，Sylvestre M. 2008. Diversity of the C-terminal portion of the biphenyl dioxygenase large subunit. Journal of Molecular Microbiology and Biotechnology，15（2-3）：139-151.

Villacieros M，Power B，Sánchez-Contreras M，et al. 2003. Colonization behaviour of *Pseudomonas fluorescens* and *Sinorhizobium meliloti* in the alfalfa（*Medicago sativa*）rhizosphere. Plant and Soil，251（1）：47-54.

Villacieros M，Whelan C，Mackova M，et al. 2005. Polychlorinated biphenyl rhizoremediation by *Pseudomonas fluorescens* F113 derivatives，using a *Sinorhizobium meliloti* nod system to drive *bph* gene expression. Applied and Environmental Microbiology 71：2687-2694.

Vrana B，Dercova K，Baláž Š，et al. 1996. Effect of chlorobenzoates on the degradation of polychlorinated biphenyls（PCB）by *Pseudomonas stutzeri*. World Journal of Microbiology and Biotechnology，12（4）：323-326.

Wang J M，Marlowe E M，Miller-Maier R M，et al. 1998. Cyclodextrin-enhanced biodegradation of phenanthrene. Environmental Science & Technology，32（13）：1907-1912.

Wang R F，Cao W W，Khan A A，et al. 2000. Cloning，sequencing，and expression in *Escherichia coli* of a cytochrome *P450* gene from *Cunninghamella elegans*. FEMS Microbiology Letters，188（1）：55-61.

Wiegel J，Wu Q. 2000. Microbial reductive dehalogenation of polychlorinated biphenyls. FEMS Microbiology Ecology，32：1-15.

Witzig R，Junca H，Hecht H J，et al. 2006. Assessment of toluene/biphenyl dioxygenase gene diversity in benzene-polluted soils：links between benzene biodegradation and genes similar to those encoding isopropylbenzene dioxygenases. Applied and Environmental Microbiology，72（5）：3504-3514.

Wu Q，Sowers K R，May H D. 2000. Establishment of a polychlorinated biphenyl-dechlorinating microbial consortium，specific for doubly flanked chlorines，in a defined，sediment-free medium. Applied and Environmental Microbiology，66（1）：49-53.

Yadav J S，Quensen J F，Tiedje J M，et al. 1995. Degradation of polychlorinated biphenyl mixtures（Aroclors 1242，1254，and 1260）by the white rot fungus *Phanerochaete chrysosporium* as evidenced by congener-specific analysis. Applied and Environmental Microbiology，61（7）：2560-2565.

Yadav J S，Reddy C A. 1992. Non-involvement of lignin peroxidases and manganese peroxidases in 2,4,5-trichlorophenoxyacetic acid degradation by *Phanerochaete chrysosporium*. Biotechnology Letters，14（11）：1089-1092.

Yadav J S，Soellner M B，Loper J C，et al. 2003. Tandem cytochrome P450 monooxygenase genes and splice variants in the white rot fungus *Phanerochaete chrysosporium*: cloning，sequence analysis，and regulation of differential expression. Fungal Genetics and Biology，38（1）：10-21.

Zheng Z，Obbard J P. 2001. Effect of non-ionic surfactants on elimination of polycyclic aromatic hydrocarbons（PAHs）in soil-slurry by *Phanerochaete chrysosporium*. Journal of Chemical Technology & Biotechnology：International Research in Process，Environmental & Clean Technology，76（4）：423-429.

Zhuang X，Chen J，Shim H，et al. 2007. New advances in plant growth-promoting rhizobacteria for bioremediation. Environment International，33（3）：406-413.

第十八章　重金属污染的微生物修复

第一节　海岸带重金属污染与微生物修复策略概述

一、引　言

海洋是地球生态系统的重要组成部分之一，它可以为人类提供大量的资源，这些资源的合理开发利用对于人类的生存与发展至关重要。海岸带处于近海与沿岸陆地相互作用区域，资源与环境条件十分优越，与人类生存与发展的关系也最为密切。随着陆源排污、围海造田、养殖业发展、港口与航道建设及经济的快速发展等人类活动的加剧，海岸带面临海平面上升、区域生态环境破坏、生物多样性减少、污染加重等巨大压力。近年来，海岸带环境日益恶化，进一步导致海洋自然资源日益匮乏，严重影响其可持续发展。

（一）海岸带地区重金属的环境意义

在所有造成海洋环境恶化的污染物中，重金属具有难降解、可迁移和可在生物体内富集的特性，被认为是海岸带环境中重要的持久性污染物（Fan，1992；Carpenè et al.，2006）。重金属具有显著的生物毒性，能够间接或者直接作用于生物体 DNA，可对生物体造成不同程度的危害，最终威胁人类健康。研究表明：少量甚至微量的有毒重金属接触就会对人体产生毒性作用，如汞、镉、铅、铬、锡、钼等（Asmussen，1997）。而且，不同于有机污染物，重金属不能被生物降解，具有生物累积和生物放大效应，可对人体健康和环境生态系统造成长远影响（Fan，1992）。随着公众对环境污染问题的关注和重视，重金属污染评价在海洋环境评价中的作用越来越重要，已经成为海洋环境评价体系中十分重要的参考因子。

海洋是陆源水系（包括地表径流、地下水等）的最终汇聚地。因此，海岸带环境中的重金属成分更加复杂，使得海洋面临巨大环境压力（刘成等，2003）。其中，研究人员对海洋重金属污染的重视源自一起著名的环境事件：20 世纪 50 年代，日本发生了震惊世界的"水俣病"事件。究其原因，是由于工业废水中排放了超量的重金属汞、镉，从而污染了海洋环境。在此事件之后，该领域的科研人员开始注意到沉积物中重金属对近海环境的威胁，关于海洋重金属污染的修复研究也进而受到更广泛的关注。

（二）海岸带地区重金属来源及分布状况

海岸带沿线的各城市承载了中国经济的高速发展，同时也对海洋造成了严重的污染。尤其像渤海这种半封闭式的海湾，水体与外界的交换能力差，生态环境脆弱，极易受到破坏。随着沿海区域经济的发展，海洋的许多环境问题开始暴露出来，其中就包括随陆源河流汇入的重金属过量等问题。

研究者广泛调查了世界各地的海洋、河流、河口、海岸的重金属分布状况，发现大部分的重金属污染物都来自人类活动。例如，内陆河流的径流输入就是海洋中重金属的一个重要来源（吕书丛等，2013；Gao et al.，2012）。此外，海洋内重金属的迁移转化也是造成其分布广泛的原因之一。重金属元素从海岸或河口处入海，进而随水流和泥沙迁移到其他区域。从这个角度讲，重金属元素的环境输运在一定程度上决定了其分布。少量的重金属可以溶于海水被漂浮颗粒吸附，但是大部分的重金属会进一步随介质输运。而且，海洋并非一个静态水体，其中的重金属会在各种物理过程、化学过程和生物过程等的综合作用下在液相与固相之间迁移输运。目前已有研究发现：在水相中的重金属只占一小部分，大部分的重金属会与沉积物结合成固相存在于沉积物中。因此，沉积物的迁移转化过程最终决定了重金属的迁移转化过程。另外有研究证实，水流是决定悬浮物输运的最重要原因。陆源的排污状况及水体本身的水动力情况对水体中重金属污染物的分布影响也较大，这些综合因素导致水体中重金属分布的变化很大。沉积物相对于水体稳定，其中的重金属一方面比水体终浓度高，另一方面也比较能反映区域内的重金属分布规律。因此，常用沉积物中的重金属含量来表征沿岸海域重金属的污染现况。基于以上理论，采用水体沉积物中的重金属分布情况评价近岸水体受人为活动影响的程度已经成为最常用的方法之一（贾振邦等，2003）。现有研究已经表明，近岸沉积物中一些重金属（如铜、汞、锌）具有潜在的环境风险（李淑媛等，1996）。而且，这些附着介质随着环境条件（如悬浮物、有机质降解和氧化还原条件等）的改变会再进入水体环境，从而造成受污染水体的二次污染。综上所述，研究海岸带地区重金属污染的有效修复策略具有重要的环境意义。

二、海岸带地区重金属污染的微生物修复策略

传统的重金属处理方法主要是通过物理、化学或物理化学联用法清除土壤中的重金属污染物，降低重金属活性使其钝化，从而降低生物的可利用率和迁移率（主要是指减少生物富集、微生物吸附转移等）。所使用的修复方法主要包括吸附法、反渗透膜处理法、离子交换法、氧化还原处理法、膜吸附法、土壤淋洗法、电化学修复法和化学钝化法（目前最具有应用前景的方法是土壤淋洗法、化学钝化法和电化学修复法）。①土壤淋洗法是通过物理吸附、化学沉淀、螯合或离子交换等作用将土壤颗粒吸附的重金属离子淋洗到液相，然后再将处理后的土壤复位；②电化学修复法是通过在受污染土壤中插入通直流电的电极对，在电场作用下重金属离子通过迁移和电泳作用向电极聚集，最后统一处理；③化学钝化法是通过各种盐类、活性材料或有机化合物与重金属离子发生的物理吸附、化学沉淀、氧化还原及络合等作用固定环境介质中的重金属，从而减少重金属离子向土壤深层和地下水层迁移。

针对海岸带地区重金属污染的特点开发有效的修复策略，对于提高海岸带生态环境、保障人体健康等具有重要意义。因海岸带地区地理位置特殊，常规的物化修复方法不能有效地组织实施。上述物理或化学方法用来治理重金属污染场地时所耗费成本较高、操作步骤烦琐，而且所添加的化学试剂还会造成土壤板结等问题，进而影响土壤肥力与二次利用效率，更有一些化学物质在使用过程中会对环境造成二次污染。因此，这些常规的物理或化学方法在海岸带地区难以推广，特别是对于海岸带环境这种大区域、低浓度的污染更是难以奏效。因此，需要一种更为高效、温和的处理方式来修复海岸带地区的重金属污染。微生物修复技术因其环境友好且经济有效等特点，已成为海岸带地区重金属污染修复的研究热点之一。基于此，本部分就海岸带地区重金属污染的微生物修复策略进行综述，以期为我国的海岸带重金属修复提供技术支持和理论参考。

（一）海岸带微生物资源

自 20 世纪 90 年代以来，我国海洋环境的污染状况日益严重，1999 年我国近海水水质劣于一类海水水质标准的面积甚至高达 20.2 万 km^2。近年来的调查报告显示，对我国近海海域海洋生物的生存影响较大的重金属和非金属元素有铬、锰、铁、汞、铜、铅、锑、砷等。海洋细菌是地球上最丰富的微生物，它能在极端环境和大范围酸性、碱度、温度、盐度中生长。此外，海洋生态系统被认为是产生耐重金属微生物的优良资源，因为它们不断地通过火山、岩石的自然风化和许多人为活动（包括采矿、燃料燃烧和城市污水、工业和农业实践）释放金属。而且，与陆源微生物相比，海洋微生物更能适应低氧、高盐和寡营养的不利环境。因此，基于各种海洋生物的重金属修复技术受到广泛关注。

目前，已发现的对重金属具有修复能力的微生物主要有真菌、细菌和放线菌等。这三种微生物对重金属污染的耐受性有所不同，其中真菌对重金属的耐受性最强，细菌次之，放线菌对重金属最为敏感（Hiroki et al.，1992）。许多海洋真菌如丛生菌根真菌、非共生内生真菌、黑曲霉、木霉、球囊霉、树脂枝孢霉与青霉属等和海洋细菌如假单胞菌属、芽孢杆菌属、不动杆菌属、希瓦氏菌属、盐单胞菌属等都可以通过直接吸附、还原转化或浸溶沉淀的方式达到固定重金属元素的目的，目前已报道的可生物处置的重金属有 Cr、Ni、Cu、Cd、Pb、Zn、Sb、As、Fe、Pd、Au 等。当然，以上这些过程还受到多种环境因素（如重金属浓度、温度、pH 和盐浓度等）的影响。例如，Fan 等（2008）发现青霉吸附重金属 Cd^{2+} 会随着温度的升高，使得重金属与菌体表面的吸附位点之间的结合力变强，而当温度进一步升高超过其适宜生存条件时，细胞壁会变形导致吸附位点减少，从而影响重金属的吸附量。本课题组在前期的研究中也发现，高浓度的 Cr^{6+}、Sb^{5+}、Cu^{2+} 和 Ni^{2+} 等会影响菌株的生长状态（Zhang et al.，2014a，2017，2019）。对于每一种重金属而言，微生物都有一个可耐受的浓度范围（阈值），在可耐受范围内微生物能够发挥其修复作用（通过吸附和还原等方式实现重金属的固定化或钝化），但是超过最大浓度之后就会抑制菌株活性，从而进一步影响菌株对重金属离子的吸附或还原效果。总之，相对于陆地土壤而言，海岸带环境更为复杂、pH 变化范围也更加广泛，其范围广、面积大导致其中的物质成分更加复杂，各类物质的化学成分和物理性质各不相同，这些环境因素都会影响微生物修复重金属技术的应用效果。因此，在实际应用过程中，需根据不同重金属的污染情况选择不同的微生物资源及适合这些功能微生物存活的使用条件等，从而达到最优的修复效果。

（二）微生物-重金属互作过程与机制

微生物广泛存在于受重金属污染的介质中，而且它们发展出许多策略来逃避与不同重金属相关的压力和毒性。微生物抵抗重金属所利用的手段包括但不限于：渗透屏障排斥重金属、细胞内外隔离、主动输运离子泵、酶解毒和降低细胞对金属离子的敏感性等（Peng et al.，2018）。微生物可以将有机污染物矿化但不能将重金属直接降解成无害物质。然而，微生物可以通过生长代谢和代谢产物改变重金属的化学形态、迁移特性、毒性和生物利用度等从而改变重金属在环境中的状态。微生物可以通过以下方式与重金属进行相互作用（图 18-1）：①微生物吸附；②微生物富集；③微生物氧化还原；④微生物浸出和沉淀。

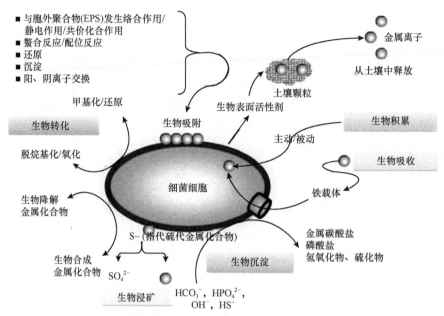

图 18-1 微生物与重金属的互作方式（Peng et al.，2018）

1. 微生物吸附重金属的过程及其机制

重金属的微生物吸附过程主要是利用金属阴、阳离子的静电特性与微生物发生相互作用，最后被固定的重金属离子聚集在微生物的表面。生物吸附包含表层离子交换吸附、胞外沉淀吸附、表面络合吸附及静电引力吸附等。大多数微生物表面含有荷负电的化学基团（如—SH、OH—P═OOH、—C═O—OH、—OH 等），这些基团可以通过螯合、络合、共价吸附或离子交换等作用与金属阳离子结合，从而达到吸附金属离子的目的。国内外的科学家在研究中都发现这些带电荷的基团能有效吸附各种重金属。例如，Pulsawat 等（2003）研究发现，胞外聚合物能快速吸附 Pb^{2+}、Mg^{2+} 和 Cu^{2+}，其中对 Pb^{2+} 的吸附作用最强；Li 等（2017）研究发现，白腐真菌分泌的胞外聚合物对吸附低浓度的 Pb^{2+} 十分重要；Deepika 等（2016）从绿豆根瘤中筛选分离出了耐砷放射性根瘤菌，进一步研究表明在砷胁迫条件下，蛋白质、总碳水化合物、糖醛酸等胞外多糖组分含量显著提高，从而增强了根瘤菌胞外多糖对砷酸盐的吸附能力；此外，本课题组前期的研究（Zhang et al.，2017）也发现在微生物吸附 Ni^{2+} 和 Cu^{2+} 的过程中，位于细胞膜表面的负电荷和胞外多聚物中的多种功能基团（如氨基和羧基）都发挥着重要作用，如絮凝捕获金属离子、金属离子形成离子键和促进细胞对重金属离子的积累。

2. 微生物富集重金属的过程及其机制

微生物与重金属互作的另一个过程是生物富集。本部分中提到的生物富集作用特指去除胞外吸附作用后的胞内富集作用。Rani 等（2009）在原位研究中发现，菌株 *P. putida* 62BN 能显著降低植物与土壤中 Cd 的含量，进一步透射电子显微镜（TEM）表征发现这些 Cd 并没有吸附在细胞表面而是积累在了细胞内。与生物吸附不同，此过程是主动运输过程，需要能量与呼吸作用才能完成。在这个过程中，溶质从微生物细胞的外部通过细胞膜运输到细胞质中，在细胞质中金属被富集。因此，生物富集过程往往只能发生在活细胞中。另外，要完成生物富集作用，还需要有多种金属运送体系的协同配合（其中包括脂类过氧化过程、载体和离子泵等）才能往微生物体内运送重金属。细胞膜具有通透性，主动运输过程会增加金属阳离子与细胞内金属阳离子结合位点的接触机会，进而增加细胞的富集能力。此外，生长条件的改变会改变细胞上的磷酸基/羧基，从而影响微生物对不同金属离子的吸收，在这种情况下过渡金属被优先富集。此外，生物富集的另一种形式是重金属的生物同化作用，这一过程主要包括微生物细胞的铁载体的主动转运。微生物会产生一种低分子量的螯合剂——铁载体，它能够通过一系列的耗能过程与铁结合并将其输送到细胞中（John et al.，2001）。另外一些金属也可以与这些铁运输蛋白形成络合物，这些复合物被识别并转运到胞内最后被重组为细胞蛋白质的一部分（John et al.，2001；Tabak et al.，2005）。

3. 微生物氧化还原重金属的过程及其机制

广义上的微生物转化不仅包括氧化还原过程，还包括甲基化/去甲基化和配位络合等过程，这些作用会改变重金属离子的毒性、溶解性和环境迁移特性，从而将这些重金属离子转化为低或无毒状态，进而降低这些重金属元素的环境风险，如一些嗜酸细菌可以通过自身代谢活动将高毒性六价铬转化为低毒性三价铬，从而降低铬离子毒性；某些微生物可把难溶四价钚还原成为可溶性三价钚，把二价汞还原成具有挥发性汞，将四价锰还原为二价锰，把难溶性的三价铁还原成易溶的二价铁；*D. tsuruhatensis* AR-7 可以通过胞内积累或细胞膜吸附将四价硒转化为零价硒等（Prakash et al.，2010）。这些化合价的改变往往伴随着溶解性的变化。而且有研究表明，细菌也可能改变重金属的移动性，如接种铁硫氧化细菌与铁还原菌后，镉、铜、汞和锌的移动性显著提高，达90%以上，这都归因于微生物的氧化与还原耦合协同代谢作用（Beolchini et al.，2009）。Oves 等（2013）研究发现，向受重金属污染的土壤中添加铜绿假单胞杆菌菌剂，鹰嘴豆的各个组织对铬的吸收率都有所下降（36%～40%）。除此之外，重金属虽然不能被生物降解，但是一些有机物的生物降解过程可以对重金属的迁移性、毒性及微生物利用程度等产生影响（Tabak et al.，2005）。

4. 微生物溶解和沉淀重金属的过程及其机制

微生物溶解与沉淀作用是贯穿在微生物的代谢活动中进行的。生物沉淀法包括利用微生物代谢将可溶性物质转化为不溶性的氢氧化物、碳酸盐、磷酸盐和硫化物等。例如，利用微生物产生的硫化物（如 SRB）进行重金属的生物沉淀十分高效。微生物能够利用土壤环境中的营养物质代谢产生小分子酸（如氨基酸、草酸、柠檬酸、甲酸等），这些小分子有机酸能够与土壤环境中存在的重金属元素发生多重反应（造成重金属的溶解和络合），从而加速重金属在环境中的迁移转化。例如，Lu 等（2011）发现二价铅极易在pH 4.0 的条件下与氢氧化铁形成沉淀，并且这一反应效率远高于同等情况下的吸附反应。生物浸出是指通过微生物活动溶解金属矿物和释放伴生金属的过程。Jeong 等（2012）研究了镉污染土壤中的巨大芽孢杆菌对其中镉的生物利用程度和植物富集能力，证实了在镉污染土壤中接种菌株能提高镉的流动性与生物有效性，从而可使植物富集率升高 2

倍左右，这也从侧面印证了生物浸出对重金属溶解性的影响；邓平香等（2016）报道了一株在生长代谢过程中能够分泌琥珀酸、苹果酸、乙酸等多种小分子有机酸的荧光假单胞菌 R1，这些小分子有机酸可以溶解氧化锌、氧化镉，从而提高其生物利用性。另外，著名的铁硫氧化细菌（如 *Thiobacillus* 和 *Leptospirillum ferrooxidans*）可以氧化铁和硫化物，产生硫酸并将相关的重金属释放到水溶液中，这种方法已用于从矿石中回收金属的大规模作业中（Tabak et al.，2005），这也是微生物资源改变重金属环境归趋的成功案例。

（三）小结与展望

与传统的物理化学固定化方法相比，生物固定化技术（如植物稳定化和微生物固定化）因其修复成本低和环境相容性好而受到越来越多的关注。微生物固定化及其和其他方法相结合的沉积物修复方法已成为环境科学与工程领域的研究热点。重金属污染的微生物修复技术因微生物分布广、比表面积大、繁殖快及不会造成二次污染等优势而备受关注。在海岸带环境中，常规的物化处理方法不容易在复杂的沿海环境中组织实施。因此，利用土著微生物建立的海岸带微生物修复技术更加符合我国绿色可持续的发展方向，具有广阔的应用前景。但是，微生物自身存在局限性，如遗传稳定性差、受外界因素（如重金属浓度、温度、盐度、pH）影响等，最终的修复效果往往不稳定。因此，今后不仅要开发基于海岸带功能菌株的生态修复方案，还要从分子水平阐释微生物修复的作用机制，以期更好地为修复海岸带环境重金属污染提供理论支持。

第二节　海岸带微生物在贵金属合成中的应用

一、引　言

贵金属纳米颗粒（NP）由于具有区别于传统材料的独特物理化学性质，已广泛应用于生物医药、化学制剂、催化剂、传感器和生物传感器等领域（Bennett et al.，2013；Hulkoti and Taranath，2014；Pereira et al.，2015）。随着贵金属 NP 的广泛使用，对于其可持续利用性、环境友好型的回收方法的研究尤为必要。纳米金是一种电子密度较高、直径为 1～100nm 的缔合胶体，具有良好的介电特性和催化作用，可与多种生物大分子相结合的同时不影响其生物活性（张敬畅等，2001）。随着贵金属纳米材料的应用范畴不断扩大，贵金属的回收及其纳米材料的制备成为现今的研究热门。传统的物理化学方法不但成本高，而且可能带来新型污染（周全法等，2008），因此，在温和的条件下，新兴的利用微生物回收废水中贵金属的方法正在成为代替传统物理和化学回收方法的清洁法。1999 年，研究人员首次发现并报道了有关施氏假单胞菌对 Ag$^+$ 的还原并成功制备出 Ag 纳米颗粒。此前多项研究表明，生物合成贵金属 NP 可由许多陆地细菌在细胞内或细胞外合成（Pereira et al.，2015；Windt et al.，2010）。然而，从实际应用的角度来看，在含贵金属的废水这类极端条件下陆地细菌可能无法存活。因此，亟待探索可产生贵金属 NP 且耐受性更强的菌质资源。

海岸带环境复杂多变，生境类型多样，微生物资源具有典型的区位特征。近年来，各种海洋藻类、种子植物、真菌和动物都被作为贵金属 NP 合成的潜在生物工厂进行探索研究（郑炳云等，2011）。然而，目前开发出的具有生产贵金属 NP 能力的海洋细菌是十分有限的。因此，从海洋环境中进一步探索功能性细菌是有益尝试。1999 年 Klaus 成功制备 Ag 纳米颗粒，为微生物原核细菌制备纳米材料开辟了一种新的方法。近年来，利用植物及微生物等的生物合成法因成本低、绿色环保且制备的纳米材料稳定性高等优点而成为极具发展前景的新型方法（黄加乐，2009）。此前，Nair 等（2002）利用乳酸杆菌制备了 Au 纳米颗粒，发现绝大多数粒度较小的 Au 纳米颗粒存在于乳酸杆菌细胞外侧，而粒度较大的颗粒多数存在于细胞内部。又如 Manivasagan 等（2015）在 50℃条件下利用高温单胞菌还原 Au^{3+} 合成 Au 纳米颗粒，认为细胞壁上存在的酶和糖可能参与还原过程。Konishi 等（2006）以 H_2 作为电子供体，利用海藻希瓦氏菌快速还原 Au^{3+} 成功合成 Au 纳米颗粒，认为某些细菌需在电子供体存在的情况下才能完成还原过程。国内学者刘月英和傅锦坤（2000）用巨大芽孢杆菌吸附还原 Au^{3+} 后，在细胞的表面及溶液中形成了形状不同的 Au 晶体。李婧（2010）对于趋磁细菌的研究结果显示，在 Cu^{2+} 存在的情况下可促进趋磁细菌对 Ag^+ 的吸附性，而 Au^{3+} 的存在则减弱这一吸附作用。

对于生物合成纳米 Pd 的过程与机制的研究不如 Au 全面。林种玉等（2002）利用地衣芽孢杆菌 R08 还原 Pd^{2+}，认为其肽聚糖层上的羧基、肽链上的酰胺键及肽链侧链中的离子态羧基都可能是吸附、螯合 Pd^{2+} 的活性基团。Konishi 等（2006）发现海藻希瓦氏菌可在以 H_2 为电子供体的条件下在细胞内合成纳米 Pd 颗粒。部分研究者利用植物或其浸出液还原 Pd^{2+} 制备 Pd 纳米颗粒，纪镁铃等（2008）利用芳樟叶煮液还原 Pd^{2+} 制备 Pd 纳米颗粒，得到的纳米颗粒具有良好的分散性。对于生物合成 Pd 纳米颗粒的还原机制和反应过程还未明晰，因此，利用生物还原法制备贵金属纳米颗粒的研究具有极大的潜力。

本课题组（Zhang and Hu，2018）从渤海海峡（N 38°30.29′、E 121°14.10′，中国）的沉积物中分离出 7 株海洋细菌，其中 *Bacillus* sp. GP 因其潜在的金属离子还原能力 [以 Pd(Ⅱ) 和 Au(Ⅲ) 为例]，我们对其进行重新富集并做进一步研究。随后我们进一步研究了菌株 GP 还原 Pd(Ⅱ)/Au(Ⅲ) 的生物过程和机制，Pd/Au 纳米颗粒对 4-NP 还原的催化性能表征，以及金属氧化物对 Pd/Au 纳米颗粒介导的 4-NP 还原的影响。

二、基于海洋微生物的金/钯纳米颗粒的合成、表征及
其催化性能研究

（一）金属还原菌的筛选及环境因子对其生长的影响

如图 18-2 所示，与其他 6 个候选菌株相比，AR18 在 GP 细胞存在时脱色最快。AR18 在 GP 补充系统中的还原速率为 11.95μmol/（h·g 细胞），表明 GP 细胞的还原酶活性在当前选择的菌株中是最高的。细菌还原金属离子的能力与它们的还原酶活性有关。因此，本研究选择菌株 GP 用于还原贵金属离子 [Pd(Ⅱ) 和 Au(Ⅱ)]。

在有氧条件下，菌株 GP 在卢里亚-贝尔塔尼培养基（LB 培养基）上生长时，其菌落为白色圆形（图 18-3a）。电子扫描电镜（SEM）分析表明，菌株 GP 的形态为约 $(3×0.4)$ μm² 的细长结构（图 18-3b）。根据 16S rDNA 基因组的测序结果，发现菌株 GP 属于芽孢杆菌属（图 18-3c）。NaCl 耐受性实验表明，随着 NaCl 浓度从 2% 增加到 5%，厌氧条件下菌株 GP 在 2216E 培养基中生长只有轻微的延缓。当添加 7% 的 NaCl 时，菌株 GP 可以在培养 20h 后恢复生长。添加 9% 的 NaCl 时，菌株 GP 的生长速度受到严重抑制。研究厌氧条件

下 pH 对菌株 GP 生长的影响, 结果表明, 菌株 GP 在 pH 为 7.31 时生长最好, 在 pH 为 3.84 时不能存活。本实验探究了厌氧条件下碳源对菌株 GP 生长的影响, 为后续研究纳米 Pd 的生物合成过程提供依据。在 6 种用于实验的碳源中, 菌株 GP 以乳酸钠和蔗糖为碳源时生长得较好, 在乙酸钾中不能生长（表 18-1）。在以乳酸钠、麦芽糖、乳糖、葡萄糖和蔗糖为碳源的体系中世代间隔分别是 $8.096h^{-1}$、$9.081h^{-1}$、$39.29h^{-1}$、$8.357h^{-1}$ 和 $8.082h^{-1}$。

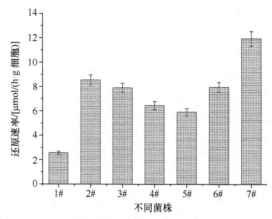

图 18-2　不同海洋细菌的还原速率比较（Zhang and Hu, 2018）

1～6#为候选菌株, 7#为 GP 菌株

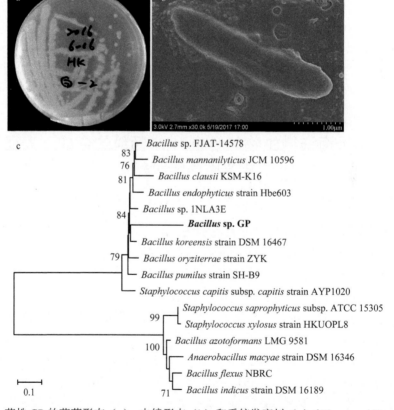

图 18-3　菌株 GP 的菌落形态（a）、电镜形态（b）和系统发育树（c）（Zhang and Hu, 2018）

表18-1 不同碳源条件下菌株GP的生长代时 （单位：h^{-1}）

碳源	乳酸钠	麦芽糖	乳糖	乙酸钾	葡萄糖	蔗糖
代时	8.096	9.081	39.29	不能生长	8.357	8.082

（二）微生物对 Pd(Ⅱ)/Au(Ⅲ)的还原和生物合成纳米 Pd/Au 的表征

GP 细胞在体系中反应 48h 后，Pd(Ⅱ)溶液的颜色从淡黄色变为黑棕色，Au(Ⅲ)溶液的颜色由淡黄色变为紫色，表明生成了生物纳米 Pd（图 18-4a）和生物纳米 Au（图 18-4b）。Pd(Ⅱ)和 Au(Ⅲ)溶液与 GP 细胞切片的 TEM 图像进一步证明了纳米级 Pd/Au 的形成（图 18-4c 和 d）。此外，粒度分析显示，生物合成纳米 Pd 和生物合成纳米 Au 的尺寸分布分别为 15～40nm、5～30nm（图 18-4c 和 d）。紫外可见光（UV-vis）吸收结果表明，广泛吸收波段扩展分别出现在 300～500nm 和 300～550nm（图 18-4a 和 b），根据此前的研究分析，这分别表示生物合成纳米 Pd 和生物合成纳米 Au 的形成。

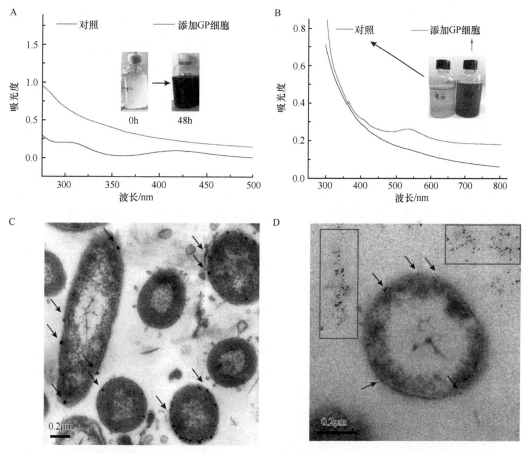

图 18-4 生物纳米钯和金的 UV-vis 图（A、B）和透射电镜图（C、D）（彩图请扫封底二维码）

不同的生物纳米 Pd/Au 的 X 射线衍射（XRD）图谱见图 18-5a 和 b，0°～40°、46°、68°处的衍射峰对应到（111）、（200）和（220），可以反映 fcc Pd（JCPDS 46-1043）的

结构（图 18-5a），0°～38°、45°处的衍射峰对应到（111）和（200），可以反映 fcc Au（JCPDS No. 04-0783）的结构（图 18-5b）。此外，Pd 和 Au NP 的其他衍射峰与 GP 细胞表面的蛋白质可能有关。利用 X 射线光电子能谱（XPS）进一步表征生物合成纳米 Pd/Au 的化学状态信息和电子性质。图 18-5c 和 d 的结果表明，与菌株 GP 共培养 48h 后，GP 细胞表面吸附的 Pd(Ⅱ)和 Au(Ⅲ)分别还原为纳米颗粒 Pd^0 和纳米颗粒 Au^0。在还原反应之前，Pd(Ⅱ) $3d_{5/2}$ 和 Pd(Ⅱ) $3d_{3/2}$ 的结合能分别为 343.45eV 和 338.05eV。还原反应后，Pd^0 $3d_{5/2}$ 和 Pd^0 $3d_{3/2}$ 的结合能分别为 334.35eV 和 339.7eV，说明 Pd(Ⅱ)还原完全（图 18-5c）。在还原反应之前，Au(Ⅲ) $4f_{7/2}$ 的结合能约出现在 87.2eV。完全还原后，Au^0 $4f_{7/2}$ 的结合能变为 83.2eV（图 18-5d）。

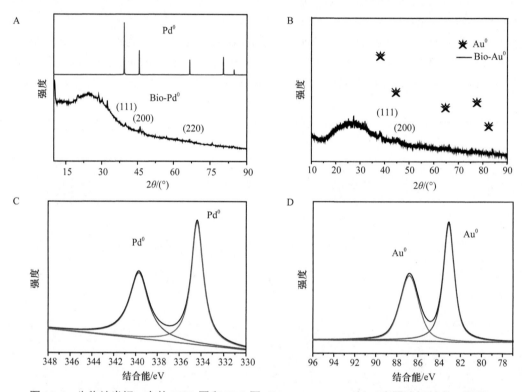

图 18-5　生物纳米钯、金的 XRD 图和 XPS 图（Zhang et al.，2018）（彩图请扫封底二维码）

傅里叶变换红外光谱（FTIR）可以揭示 Pd(Ⅱ)/Au(Ⅲ)和细胞表面的化学基团可能发生的物理与化学相互作用，因而采用 FTIR 分析了还原产物。结果表明，在使用 GP 细胞处理 48h 后，一些特征峰降低或消失。这些变化都集中在 1650～1050cm^{-1}，归因于 N—H 平面弯曲和酰胺基团及羧基基团的拉伸。由此推断，一些细胞蛋白，主要是功能氨基基团，通过 GP 参与 Pd(Ⅱ)和 Au(Ⅲ)的还原。

1. 生物合成纳米颗粒 Pd/Au 促进 4-NP 的还原

在模型还原反应中对生物 Pd/Au NP 的催化活性进行了评估。结果表明，在对照实验中 16min（<1%）内无任何反应发生，而添加了 GP 细胞的产物生物 Pd/Au NP 在 13～15min 内 4-NP 还原完全（0～8.3mg/L）。实验结果表明，生物 Pd NP 和生物 Au NP 均可

作为多相催化的催化剂，至少可用于 4-NP 还原。考虑到剂量的影响，将 25μg 生物制备的 Pd/Au NP 用于催化还原反应，此时检测到的生物 Pd/Au NP 催化活性较好。但是，由于不同条件下（pH、金属离子浓度等）得到的生物 Pd/Au NP 具有不同的大小和形状，故 GP 产生的生物 Pd/Au NP 的催化活性完全不同。利用生物法合成的 Au NP 的催化活性弱于化学法合成的材料的催化活性，我们进一步制定了提高生物源贵金属催化性能的新策略。

2. 金属氧化物对生物 Pd 纳米颗粒介导的 4-NP 还原反应的影响

根据先前的研究报道，在纳米颗粒和金属氧化物结合后（如增强的电子传递）会发生多次界面反应。合金的特殊结构可以改善电子输运，在贵金属表面形成高电子密度的活性位点。例如，金属氧化物可提高各种纳米颗粒的锂存储性能和光催化性能。以生物 Pd 纳米颗粒为例，本实验研究了金属氧化物对生物 Pd 纳米颗粒介导的 4-NP 还原反应的影响。结果表明，生物 Pd 纳米颗粒对 4-NP 还原反应的催化活性可以通过某些金属氧化物得到增强，包括 Fe_3O_4、Al_2O_3 和 SiO_2，但 TiO_2 对生物 Pd 纳米颗粒的 4-NP 还原催化性能无影响。利用零阶和准一阶模型描述了不同金属氧化物存在时生物 Pd 纳米颗粒介导的 4-NP 还原动力学，零阶和准一阶方程的动力学参数不尽列出。结果表明，与空白体系相比，添加 Fe_3O_4、Al_2O_3 和 SiO_2 反应体系的 k_1（k_2）值分别为空白体系的 1.28~1.69（1.15~1.69）倍、1.42~1.75（1.53~1.91）倍和 1.07~1.73（1.14~1.49）倍，可能是这些金属氧化物中的金属离子像路易斯酸一样促进了反应的进行或改变了合金的结构，使其可能发生扰乱了贵金属位点的反应。

三、小结与展望

在本研究中，我们研究了一种海洋细菌芽孢杆菌菌株 GP 对于贵金属的回收作用。结果表明，在乳酸钠存在的情况下，菌株 GP 可以产生生物 Pd NP 和生物 Au NP。迄今为止，只有 4 种芽孢杆菌能产生贵金属纳米颗粒。在加入乳酸钠后 48h 内，菌株 GP 可以将 Pd(Ⅱ)和 Au(Ⅱ)分别还原至 Pd^0 和 Au^0，通过 UV-vis、XRD、XPS 和 FTIR 分析等表征手段进一步解释其还原过程和机制。此外，一些金属氧化物（Fe_3O_4、Al_2O_3 和 SiO_2）可以增强生物 Pd 纳米颗粒在 4-NP 还原反应中的催化活性，这有利于进一步的实际应用。菌株 GP 对 Pd(Ⅱ)和 Au(Ⅱ)的还原过程非常简单，有利于进一步在实际中的应用。此外，已制备的生物 Pd/Au 纳米颗粒可以作为 4-NP 还原反应的催化剂，并通过某些金属氧化物以剂量依赖性的方式得到提升。这些发现将为开发针对金尾矿或钯尾矿的新型贵金属生物修复提供技术支持和理论基础。

第三节　海岸带微生物在重金属吸附中的应用

一、引　言

采矿、冶金和电镀行业造成的重金属污染对生态系统构成了重大威胁（Kunhikrishnan et al.，2012；Mejias et al.，2014）。而且，它们不能被环境中的微生物降解，并可以通过食物链积累，从而威胁人类健康（Aryal et al.，2015）。因此，如何从废水中高效去除重金属受到了研究人员的广泛关注。使用硫化物、氢氧化物等进行化学沉淀是重金属污染废水处理的传统方法（Chen et al.，2009；Wang and Chen，2009）。然而，这种传统处理方法产生的污泥必须在垃圾填埋场进行二次处理，从而导致了巨大的环境和经济成本。尤其需要注意的是，传统处理方法一般在重金属浓度大于 100mg/L 时比较高效，但是并不适用于处理浓度较低的重金属溶液，因为这一过程需要添加大量的化学药品。

与化学方法相比，生物处理方法具有低成本和生态友好的优势，从而更适合处理体积日益增大但含重金属浓度较低的废水（Chen et al.，2009；Chojnacka et al.，2005）。因此，开发生物吸附剂并用于去除低浓度的重金属离子吸引了越来越多研究者的关注。在这些不同的微生物吸附剂中，有很多种属都曾被报道能够把重金属从水溶液中去除（Fan et al.，2014；Lodeiro et al.，2006）。虽然生物吸附过程在理论上在细菌存活或死亡的状态下都可以进行，但是有研究报道基于活细胞的生物修复技术是一种更有前途的重金属去除方法。然而，重金属对存活微生物的毒性作用是其应用过程中不可忽视的影响因素之一（Das et al.，2007；Panda et al.，2006）。因此，具有较高耐重金属能力的菌质资源在废水处理中具有更强的实用价值。

本课题组在前期研究中筛选到一株不动杆菌 HK-1，最高可耐受约 500mg/L 的 Cr(Ⅵ)。菌株 HK-1 被证明能够分泌一些糖脂（Zhang et al.，2014a）。根据许多研究人员的报道，细胞外分泌物，如蛋白质、脂质和多糖，具有不同官能团，通常可提供与重金属发生物理吸附、离子交换和络合反应的结合位点（Errasquın and Vazquez，2003）。因此，对这些关键功能基团的角色加以分析，可以对微生物吸附重金属的过程和机制有更深入的了解。在此背景下，本部分研究依托前期筛选的高耐受性不动杆菌 HK-1，对其去除水中的 Ni(Ⅱ)/Cu(Ⅱ)的能力进行了研究，采用傅里叶变换红外光谱、扫描电镜、X 射线光电子能谱和 X 射线衍射光谱对吸附产物进行了表征，进一步研究了菌株去除 Ni(Ⅱ)/Cu(Ⅱ)过程的动力学和平衡方程以期更好地理解 HK-1 生物吸附铜、镍的过程。

二、不动杆菌 HK-1 吸附去除水溶液中 Ni(Ⅱ)/Cu(Ⅱ) 的过程和机制研究

（一）Ni(Ⅱ)/Cu(Ⅱ)抗性测定

Ni(Ⅱ)抗性实验表明，浓度在 100mg/L 以下时菌株的生长没有受到明显的影响。Cu(Ⅱ)抗性实验表明，浓度在 100mg/L 以下时菌株的生长没有监测到明显延迟，但当浓度提高到 200mg/L 时菌株的生长受到影响，24h 之后又恢复过来。当底物浓度继续加大时，微生物不可继续生长。当浓度为 500mg/L 时，菌株 HK-1 的生长受到严重抑制。结合本课题组前期实验结果，菌株 HK-1 可以耐受 500mg/L Cr^{6+}，因此，镍离子对 HK-1 的毒性最大，铜离子次之，六价铬离子毒性最小。从菌株耐受性的角度来看，不动杆菌菌株 HK-1 对重金属的耐受能力按下述排序：Ni(Ⅱ)＜Cu(Ⅱ)＜Cr(Ⅱ)。

（二）pH、接触时间和初始金属浓度对微生物吸附能力的影响

吸附实验结果表明，Ni(Ⅱ)/Cu(Ⅱ)的生物吸附量随着时间推移，菌株 HK-1 受到明显影响。在生物吸附过程中，超过88%的 Ni(Ⅱ)/Cu(Ⅱ)吸附是在前30min 内完成的，然后在添加 Ni(Ⅱ)或 Cu(Ⅱ)系统中吸附过程逐渐达到动态平衡。以前的研究表明，菌株 HK-1 可以分泌一些位于细胞表面的黏性代谢物以提供丰富的和重金属结合的位点。本研究结果表明，干重为 0.27g/L 的 HK-1 细胞在 10mg/L、25mg/L、50mg/L、75mg/L 和 100mg/L Ni(Ⅱ)的反应体系中分别可吸附 35.65mg/g、29.20mg/g、39.40mg/g、50.87mg/g 和 56.66mg/g 的镍(Ⅱ)，在分别存在 10mg/L、25mg/L、50mg/L、75mg/L 和 100mg/L Cu(Ⅱ) 的反应体系中分别可吸附 40.75mg/g、93.77mg/g、154.8mg/g、138.0mg/g 和 157.3mg/g 的二价铜。随着浓度的升高，菌株 HK-1 吸附重金属离子的浓度也越高，在一定浓度范围内，两者呈正相关关系。因此，根据这些结果推测，表面结合是菌株 HK-1 吸附 Ni(Ⅱ) 和 Cu(Ⅱ)的主要过程。

选取不同的温度作为测试条件，结果表明10℃、35℃、45℃之间的生物吸附能力几乎没有变化。因此，选择了 35℃（适合菌株 HK-1 细胞生长的最佳温度）作为后续研究的实验温度。因为溶液的酸碱度可以直接影响金属离子与细胞表面活性位点的结合能力，因此，进一步研究了 pH 对 Ni(Ⅱ)/Cu(Ⅱ)吸附的影响。结果表明，在 pH 为 2.41 时，0.27g/L HK-1 细胞对 Ni(Ⅱ)的生物吸附能力为 11.60mg/g，对 Cu(Ⅱ)的生物吸附能力为 25.45mg/g。随着溶液 pH 的增加，Ni(Ⅱ)和 Cu(Ⅱ)的吸附量增加。在 pH 为 6.20 时，镍和铜的吸附量分别可达到 39.40mg Ni(Ⅱ)/g 干重生物量和 154.88mg Cu(Ⅱ)/g 干重生物量。Colak 等（2013）在研究 *Paenibacillus polymyxa* 生物质对 Ni(Ⅱ)和 Cu(Ⅱ)的生物吸附过程中也有类似的发现：酸性环境条件下微生物对重金属离子的吸附能力较弱。一个可能的解释是 pH 的增加与溶液中细胞表面负电荷的累积息息相关，这种情况更有利于 Ni(Ⅱ)或 Cu(Ⅱ)的吸附（Huang and Liu，2013）。

生物吸附 Ni(Ⅱ)/Cu(Ⅱ)是一种经济有效的 Ni(Ⅱ)/Cu(Ⅱ)修复方法，特别是对于低浓度（<100mg/L）的二价镍或二价铜的废水。许多物种已被证明作为生物吸附剂使用具有潜力，如 *Paenibacillus*、*Lysinibacillus*、*Bacillus*、*Pseudomonas* 和 *Streptomyces* 等属（Gabr et al.，2008；Masood and Malik，2011；Oves et al.，2013；Prithviraja et al.，2014；Rodriguez-Tirado et al.，2012）。通览这些研究发现，所报道的生物吸附剂对二价镍或二价铜的吸附能力一般为 8.8~508mg Ni(Ⅱ)/g 干重生物量或 1.884~381mg Cu(Ⅱ)/g 干重生物量（Gabr et al.，2008；Masood and Malik，2011；Ni et al.，2012；Oves et al.，2013；Prithviraja et al.，2014；Rodriguez-Tirado et al.，2012；Veneu et al.，2013）。在本研究中，不动杆菌菌株 HK-1 能够耐受高浓度的镍 Ni(Ⅱ)和 Cu(Ⅱ)，并且首次发现不动杆菌对 Cu(Ⅱ)具有生物吸附作用，丰富了铜离子吸附处理的菌质资源库。在本章节描述的实验条件下，不动杆菌菌株 HK-1 生物吸附 Ni(Ⅱ)的量达到 56.66mg/g，吸附 Cu(Ⅱ)的量达到 157.3mg/g。相比之下，不动杆菌对 Ni(Ⅱ)/Cu(Ⅱ)吸附的研究相对较少。曾经有学者研究过鲍曼不动杆菌对镍的生物吸附，镍的吸附量仅为 8.8mg/g（Rodríguez et al.，2006）。

（三）镍/铜离子的生物吸附动力学和平衡研究

在本研究中，不动杆菌对 Ni(Ⅱ)/Cu(Ⅱ)的吸附过程分别采用 25～75mg/L Ni(Ⅱ)和 10～50mg/L Cu(Ⅱ)的吸附数据进行动力学与平衡研究（Freundlich，1906；Langmuir，1918；Sips，1948）。首先，采用准一阶反应动力学模型和准二阶反应动力学模型进行模拟分析。由拟合曲线的结果可以看出，理论上的 Q_e 值非常接近实验中真实的 Q_e 值。此外，吸附速率常数 k_1 和 k_2 可以分别通过方程 $\ln(Q_e-Q_t)$ vs t、t/Q_t vs t 获得。图 18-6a 及 b 给出了准一阶反应动力学模型的 R^2 值［25～75mg/L Ni(Ⅱ)和 10～50mg/L Cu(Ⅱ)分别为 0.69～0.81 和 0.48～0.79］。图 18-6c 和图 18-6d 给出了准二阶动力学模型的 R^2 值［25～75mg/L Ni(Ⅱ)和 10～50mg/L Cu(Ⅱ)均大于 0.98］。这些结果表明反应过程的动力学数据与准二阶反应动力学模型吻合较好，表明微生物对重金属离子的化学吸附可能是 Ni(Ⅱ)/Cu(Ⅱ)被菌株 HK-1 生物吸附去除的关键步骤。

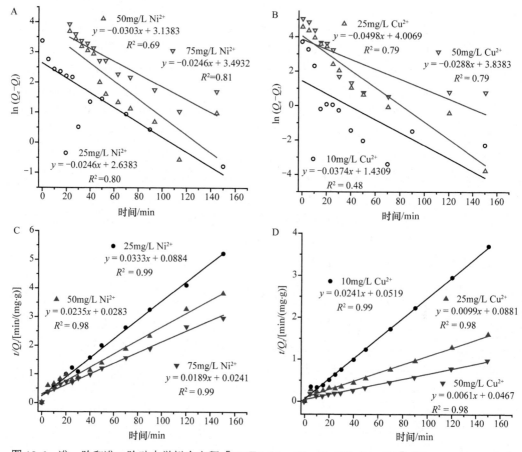

图 18-6　准一阶和准二阶动力学拟合方程［Ni(Ⅱ)（A、C）；Cu(Ⅱ)（B、D)］（Zhang et al., 2017）
反应条件：pH 为 6.2；添加量为 0.27g/L；温度为 35℃；金属浓度为 25mg/L、50mg/L、75mg/L 的 Ni(Ⅱ)和 10mg/L、25mg/L、50mg/L 的 Cu(Ⅱ)

进一步开展了初始 Ni(Ⅱ)/Cu(Ⅱ)浓度（10～100mg/L）对菌株 HK-1 生物吸附能力的影响研究，并将平衡吸附数据用不同的等温线模型拟合分析，包括 Freundlich、Langmuir 及 Langmuir-Freundlich 耦合模型（Freundlich，1906；Langmuir，1918；Sips，

1948）。拟合曲线如图 18-7 所示，模型拟合相关的参数不尽列出（可参阅 Zhang et al.，2017 中的描述）。实验结果表明，在所有选用的拟合模型中，Langmuir-Freundlich 耦合模型能更好地解释实验数据。同样地，之前研究也报道嗜酸菌中对 Cd(Ⅱ)具有生物吸附作用的一株假单胞菌也比较符合 Langmuir-Freundlich 所描述的耦合模式。在本研究中，针对 Ni(Ⅱ)和 Cu(Ⅱ)生物吸附的拟合 R^2 分别为 0.97 和 0.98。综合这些结果和前期的实验结果，可以发现：在应用 *Acinetobacter* sp. HK-1 生物吸附 Ni(Ⅱ)和 Cu(Ⅱ)的过程中，物理吸附和化学吸附是同时发生的。

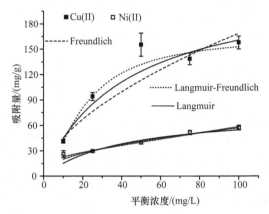

图 18-7　吸附平衡拟合（在不同浓度条件下二价铜和二价镍）（Zhang et al.，2017）

反应条件：pH 为 6.2；添加量为 0.27g/L；温度为 35℃；金属浓度为 50mg/L Ni(Ⅱ)/Cu(Ⅱ)；反应时间为 24h

（四）反应机制研究

为进一步阐明菌株 HK-1 对 Ni(Ⅱ)/Cu(Ⅱ)的生物吸附过程，进一步使用 SEM、XPS、FTIR 和 XRD 等手段对吸附产物进行了表征。SEM 分析表明，Ni(Ⅱ)/Cu(Ⅱ)处理的细胞表面粗糙，而未吸附 Ni(Ⅱ)/Cu(Ⅱ)的微生物细胞表面则比较光滑。Ni(Ⅱ)/Cu(Ⅱ)添加体系的细胞产物经 XPS 分析发现：镍元素和铜元素特征性的吸收峰分别在 850～890eV 和 925～965eV 观察到（图 18-8），这证明镍/铜元素在 HK-1 细胞表面被吸附。进一步分析表明，铜和镍的价态未发生变化，这证明 HK-1 并不能将二价的铜和镍还原。此外，对吸附 Ni(Ⅱ)/Cu(Ⅱ)前后的样品同时利用 X 射线衍射（XRD）和 X 射线光电子能谱（XPS）分析了其前后晶相的变化及在此过程中的价态变化。结果表明，负载 Ni(Ⅱ)的 HK-1 细胞的 XPS 光谱显示在 853.28eV 和 871.48eV 处有一对峰值，分别代表了 $Ni^{2+} 2p_{3/2}$ 和 $Ni^{2+} 2p_{1/2}$；而负载 Cu(Ⅱ)的 HK-1 细胞的 XPS 光谱显示在 931.48eV 和 951.48eV 处有一对峰值，分别代表 $Cu^{2+} 2p_{3/2}$ 和 $Cu^{2+} 2p_{1/2}$。进一步使用 XRD 分析两种物质晶相变化，结果表明 Ni(Ⅱ)/Cu(Ⅱ)负载细胞表现出明显的差异：镍/铜结晶沉积的峰分别对应于镍磷酸（$NH_4NiPO_4 \cdot 6H_2O$）和磷酸铜 $[Cu_4H(PO_4)_3 \cdot 3H_2O]$。这些结果表明：本实验中的金属与生物质的络合主要是通过与铵根、磷酸根等阴离子配体相互作用的结果，这些基团可能存在于生物质的细胞膜、蛋白质或者解毒配体中。有研究在采用冻干的铜绿假单胞菌细胞对镍和铜进行生物吸附时也发现了磷酸化金属物质的形成（Sar et al.，1999）。

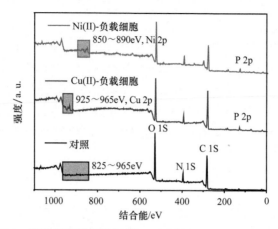

图 18-8　吸附铜和镍后的细菌 XPS 表征（Zhang et al.，2017）

反应条件：pH 为 6.2；添加量为 0.27g/L；温度为 35℃；金属浓度为 50mg/L Ni(Ⅱ)/Cu(Ⅱ)；反应时间为 24h

之前的研究表明，羧基、羟基、羰基、磷酸基、磷酰基、酰胺基位点等在微生物进行金属离子交换或相互作用的过程中扮演着重要角色。我们推测，菌株 HK-1 细胞膜及其分泌物中所含有的磷酸基或磷酰基及氨基或酰胺基位点可能参与了 Ni(Ⅱ)/Cu(Ⅱ) 的生物吸附过程。为了进一步表征 HK-1 细胞表面的吸附基团，对吸附有 Ni(Ⅱ)/Cu(Ⅱ) 的 HK-1 细胞进行了 FTIR 和 XPS 分析。

在吸附有 Ni(Ⅱ) 和 Cu(Ⅱ) 细胞的红外光谱中，代表—COOH 伸展弯曲振动的特征吸收带（约 1722cm^{-1}）和—CHO 特征吸收峰（3001cm^{-1}）出现（图 18-9a）。同时，代表—CONH 键的特征吸收峰大约在 1581cm^{-1}（主要是 C=O 伸展振动）和 1485cm^{-1} 处（NH 变形振动加上 C—N 振动）都出现在它们的红外光谱中（图 18-9a）。XPS 分析结果表明，在吸附有 Ni(Ⅱ) 和 Cu(Ⅱ) 的 C 1S 光谱中有 4 种类型不同价键具有不同性质的含碳官能团（包括 C—C、C=C、C—O、C=O 及 O—C=O）。与空白对照组相比，吸附有 Cu(Ⅱ) 和 Ni(Ⅱ) 的细胞在含氧官能团的比例上有显著性的降低，尤其是含 C—O 和 O—C=O 的官能团（图 18-9b~d）。这些观察表明，这些基团参与了对 HK-1 细胞生物吸附 Ni(Ⅱ)/Cu(Ⅱ) 的过程。这些实验结果与其他研究人员的研究结论十分相似（Chen et al.，2008）。此外，在分子机制方面，能够耐受重金属的细菌具有多种耐药机制（如外排泵）（Pal et al.，2014）。对于 Ni(Ⅱ) 和 Cu(Ⅱ) 而言，大约分别在不同的微生物中检测到 51 个和 60 个抗性基因。考虑到 HK-1 是一种新分离的细菌，其全基因组信息未知。因此，HK-1 的抗性基因还需进一步研究。

最后用 0.1mol/L HNO$_3$ 对 Ni(Ⅱ) 和 Cu(Ⅱ) 的脱附效率进行了研究，结果显示，0.1mol/L HNO$_3$ 可以去除大部分与 HK-1 细胞结合的金属离子 [Ni(Ⅱ) 为 93%，Cu(Ⅱ) 为 95%]。重复性实验表明，HK-1 细胞对两种金属的吸附能力没有明显下降，降低程度不超过 6.5%。另外，1mol/L HNO$_3$ 可以脱附所有与 HK-1 结合的金属离子，然而，因在此类实验过程中 HK-1 细胞严重受损（如细胞破裂等）从而不能恢复生物吸附能力。

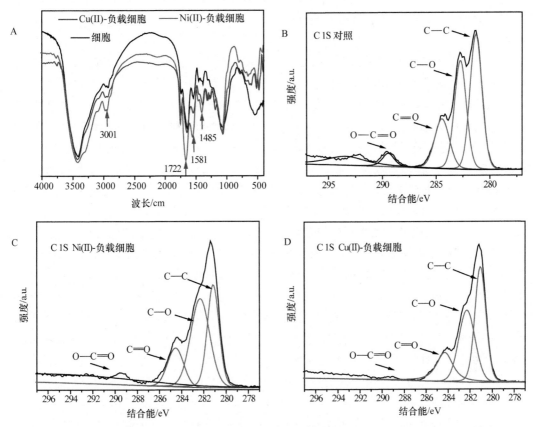

图 18-9　吸附铜/镍前后的 FTIR 表征（A）和 XPS 分峰表征（B～D）（Zhang et al.，2017）

（彩图请扫封底二维码）

反应条件：pH 为 6.2；添加量为 0.27g/L；温度为 35℃；金属浓度为 50mg/L Ni(Ⅱ)/Cu(Ⅱ)；反应时间为 24h

三、小结与展望

　　微生物对重金属的生物固着作用主要有胞外络合、胞外沉淀和胞内积累等方式，由于微生物对重金属的强亲和吸附性，有毒金属离子可以沉积在微生物细胞的不同部位或者结合到微生物细胞外的基质上，有些也可以被螯合在由微生物分泌的可溶性或不溶性生物多聚物上，特别是生物吸附法在用于污废水中低浓度重金属的快速可持续去除方面具有潜在的应用市场。目前来看，考虑到微生物在含重金属废水处理中具有更强的实用价值，应该从以下方面开展研究：①开发具有较高耐重金属能力的菌质资源；②基于海洋细菌的重金属吸附去除技术；③微生物吸附重金属的分子机制。

第四节　海岸带微生物在重金属氧化还原中的应用

一、引　　言

　　对于一些拥有高价态的重金属物质，微生物不仅可以通过吸附或者富集的方式直接固定从而达到稳定重金属的目的，还可以通过氧化还原的方式先将重金属从高价态还原到低价态或从低价态氧化到高价态的稳态从而达到该重金属在环境中的钝化。本节结合研究组前期工作，以重金属铬和锑为例，论述海岸带微生物在重金属还原钝化过程中的应用。

锑是世界上开采量排名第九的金属，广泛用于阻燃剂、半导体、电池、印刷机、子弹、陶瓷和油漆等产品的制造（He et al.，2019）。由于锑对人类有慢性毒性和致癌效应，早在 20 世纪 70 年代美国环境保护署和欧盟就将其列为优先控制污染物，此外锑也是《巴塞尔公约》中列出的危险污染物之一。近十几年来，随着锑矿大量开采冶炼、含锑化合物的广泛使用及不当排放，世界范围内锑污染事件频发（Kulp et al.，2014；Serafimovska et al.，2013），引起各国政府、企业及学者的重视。环境中的锑主要以三价［Sb(Ⅲ)］和五价［Sb(Ⅴ)］两种形式存在，它的化学形态影响其毒性及迁移性。研究表明，尽管 Sb(Ⅲ) 比 Sb(Ⅴ)毒性更大，但 Sb(Ⅲ)在环境中的迁移性明显低于 Sb(Ⅴ)（Serafimovska et al.，2013）。因此，利用微生物将五价锑还原为三价锑是使其在环境中钝化的有效方式。有研究报道，某些微生物类群可以参与环境中 Sb(Ⅴ) 的还原：从射击场土壤（Hockmann et al.，2014）、锑矿区沉积物（Kulp et al.，2014）和地下水（Wang et al.，2018）等处富集的土著菌群均可在外加有机碳源的条件下将 Sb(Ⅴ)厌氧还原；在含锑废水处理过程中，硫酸盐还原菌（SRB）在硫酸盐存在时将 Sb(Ⅴ)还原为 Sb_2S_3（Zhang et al.，2016）；有些自养微生物群也可以无机的 H_2 或 CH_4 为唯一电子供体将 Sb(Ⅴ)还原为 Sb_2O_3（Lai et al.，2016，2018）。然而，微生物还原 Sb(Ⅴ)的研究尚停留在群体水平，个体水平的研究严重不足。目前，只有极少关于纯培养微生物还原 Sb(Ⅴ)的报道，如 *Desulfuribacillus* sp. MLFW-2（Abin et al.，2013）、*Sinorhizobium* sp. JUK-1（Nguyen et al.，2014）和 *Shewanella* sp. CNZ-1（Zhang and Hu，2019）（此菌由本课题组分离）等。因此，针对微生物还原 Sb(Ⅴ)过程中涉及的关键基因、关键酶及相应的分子调控机制研究亟待加强。锑已成为全球广泛关注的新兴污染物，但由微生物驱动的锑还原过程尚未认清，分子机制研究基本空白。

与锑不同，针对重金属铬的研究较多。铬是化学元素周期表中第Ⅵ B 族的元素，性质比较活泼，它和铁、锌、钴、锰等其他微量元素一样，是植物和动物体内所必需的微量元素之一。同时铬也是一种典型的环境重金属污染物，是对人体危害最大的 8 种化学物质之一，同时也是美国环境保护署记录在册的 129 种重点环境污染物之一。由于重金属不可被微生物降解，因此它会通过食物链在最高营养级一直富集。有研究表明，过量的铬对动物和植物都具有一定的生理毒性（Venugopal and Reddy，1992；尹贞，2012）。含铬废水中的铬多以六价的形式存在，但是三价铬的毒性远小于六价铬。基于此，对于含铬废水的传统处理技术一般先将六价铬还原为三价铬，然后再利用沉淀、吸附和络合等方式将铬从废水中去除（张慧等，2004）。化学沉淀是最简单也最有效的方法，是最早用于去除水中六价铬的方法之一。除化学处理法外，生物处理法由于其环境友好的特性受到广大研究人员的关注。而且，相比生物吸附法，生物还原法的铬去除效率更高（马锦民等，2005）。但是，就海岸带地区而言，实现生物铬还原的大规模应用仍有很多问题需要进一步解决，主要包括：①目前现有铬还原微生物还原效率总体偏低，海洋来源的微生物资源尤其不足；②生物还原法能够将废水中的六价铬还原为三价铬，毒性虽然有所降低但是仍然具有一定的环境毒性，因此，出水中的三价铬仍需妥善处理。

二、海岸带功能微生物还原五价锑和六价铬的过程与机制研究

（一）锑还原菌还原五价锑过程研究

本课题组前期在海洋沉积物中筛选到一株电化学活性菌 Shewanella sp. CNZ-1。在本节的研究中，首先探究了菌株 CNZ-1 是否能够将五价锑还原为三价锑。根据总锑（TSb）和三价锑在整个培养过程中的变化，结果表明：在缺乏 CNZ-1 细胞的条件下没有明显的五价锑降低和三价锑生成。此外，添加五价锑和乳酸钠后，接种液中 TSb 在 0~74h 时先下降，在后续的 74~338h 时上升到稳定水平；而在此过程中，三价锑的含量在反应体系中不断累积。我们推断 TSb 的下降是由于菌株 CNZ-1 对五价锑的生物吸附作用和把部分五价锑还原为不溶性三价锑（如 Sb_2O_3）的生物还原作用。此外，TSb 随后的增加应归因于反应体系中可溶性三价锑的积累。此外，在不添加乳酸钠仅添加五价锑的情况下，反应体系中的 TSb 在 0~98h 时先呈现显著下降，然后直至 338h 略有下降；该反应体系中三价锑呈现出一个先升高后降低最后至稳定水平的趋势。在这种情况下，TSb 的降低是由于 CNZ-1 细胞对五价锑的生物吸附，也同样归因于少量五价锑通过 CNZ-1 细胞的内源性代谢还原为不溶性三价锑。相似地，在添加 CNZ-1 细胞和五价锑的反应体系中，首先有少量可溶性三价锑积累，随后菌株 CNZ-1 固定或转化了这些三价锑。

为了研究初始五价锑浓度对菌株 CNZ-1 还原五价锑的影响，分别在有/无电子供体的反应体系中添加不同浓度（0.2mmol/L、0.4mmol/L、0.8mmol/L、1.2mmol/L 和 1.6mmol/L）的五价锑。结果表明，在所有测试浓度中，总锑的变化趋势为先降低后升高，三价锑的反应趋势为先升高后降低。在这些数据的基础上，进一步利用 Langmuir-Freundlich 和 Monod 方程进行动力学分析。分析从未添加电子供体的体系中获得的数据发现，它们可以通过 Langmuir-Freundlich 方程较好地描述（R^2=0.98，图 18-10a），其中的参数 K_{LF}、$1/n$ 和 a 的值分别为 8.03、0.95 和 0.0032。对于从添加电子供体的反应体系中获得的数据，通过三价锑的富集数据计算五价锑的还原速率，5 个浓度（0.2mmol/L、0.4mmol/L、0.8mmol/L、1.2mmol/L 和 1.6mmol/L）分别对应 0.18mg Sb(V)/（g 细胞·h）、0.46mg Sb(V)/（g 细胞·h）、0.95mg Sb(V)/（g 细胞·h）、1.23mg Sb(V)/（g 细胞·h）和 1.45mg Sb(V)/（g 细胞·h）的还原速率。利用 Monod 方程对数据进行进一步分析，结果表明，五价锑还原速率与五价锑初始浓度有较强的正相关性（R^2=0.95，图 18-10b）。综上所述，菌株 CNZ-1 可以还原五价锑，并且此过程是一个生物吸附和生物还原相结合的复合过程。此外，五价锑还原和三价锑积累过程依赖于电子供体（如本研究中的乳酸钠）的存在。

由于微生物在自然环境中对锑的"命运"起着至关重要的作用，因此对锑的生物转化机制的研究越来越受到人们的关注。然而，与微生物氧化三价锑相比，很少有研究关注五价锑的微生物还原。目前，只有两株细菌被报道可以将五价锑还原为三价锑，这两个细菌分别筛选自莫诺湖岸边和某化工厂污染地。鉴于海洋沉积物的自然条件与上述另外两种生境（湖滨和陆地）有很大的不同，我们极大程度地模拟海洋环境开展了本实验，以期能够揭示海洋沉积物中五价锑和三价锑相互转化的可能机制。据报道，Shewanella

属菌能够还原多种金属离子［如 Fe(Ⅲ)、Cr(Ⅵ)、Au(Ⅲ)、Pd(Ⅱ)和 U(Ⅵ)］（Bencheikh-Latmani et al.，2005；Han et al.，2017；Roh et al.，2006；Zhang ct al.，2017；Zhang and Hu，2018，2019）。然而，目前，还没有开发出能够还原五价锑的 *Shewanella* 菌质资源。本研究首次从渤海海峡沉积物中分离到一种海洋细菌 *Shewanella* sp. CNZ-1，该细菌在乳酸钠存在条件下具有将五价锑还原为三价锑的能力。此外，CNZ-1（GenBank 号：KX384589）和 *Shewanella algae* MARS 14（GenBank 号：LN795823.1）的同源性是 99%，而两者的平均核苷酸一致性（ANI）约为 93%（<95%），表明 CNZ-1 至少是 *Shewanella* 的新亚种。因此，目前的研究在具有五价锑还原能力的 *Shewanella* 菌株资源开发方面具有重要贡献。

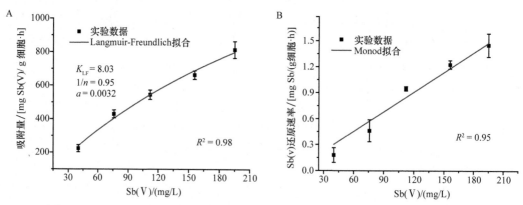

图 18-10　锑还原过程中 Langmuir-Freundlich（未添加电子供体体系）和 Monod 拟合（添加电子供体体系）（Zhang and Hu，2019）

（二）锑还原菌还原五价锑微观响应研究

为研究菌株 CNZ-1 还原锑过程中的分子机制，测定了 CNZ-1 的基因组草图（GenBank 号：QGDA00000000000，图 18-11）。菌株 CNZ-1 的基因组精细图测序结果共产生 19 个重叠群（contig）（>500bp；最大长度为 1 701 328bp、最小长度为 447bp），总大小为 4.79Mb。菌株 CNZ-1 基因组序列长度为 4 562 856bp，G+C 含量为 52.23%。以往的研究报道，*Shewanella* 能够在电子供体存在的条件下，随着能量的转移可还原各种金属离子［如 Fe(Ⅲ)、Cr(Ⅵ)、Au(Ⅲ)、Pd(Ⅱ)和 U(Ⅵ)等］和异生质（如偶氮染料和亚硝基芳烃）等（Bencheikh-Latmani et al.，2005；Han et al.，2017；Roh et al.，2006；Zhang et al.，2017；Zhang and Hu，2018，2019）。功能注释分析表明，菌株 CNZ-1 基因组中存在"能量产生与转化"（249 个基因，GOG 功能分类）和"能量代谢"（54 个基因，KEGG 通路注释）基因。此外，本课题组前期研究还发现，一些细胞色素和还原酶/脱氢酶的编码基因（*nrfABCD*、*nirBD*、*frdBCD*、*dmsABC* 等）在偶氮染料、醌类化合物的生物还原过程中普遍起着关键作用（Zhang et al.，2013，2014a）。本研究在菌株 CNZ-1 的基因组精细图中发现了 46 个编码细胞色素的基因和 95 个编码还原酶的基因，这些基因在接下来的研究中应该得到更多的关注。

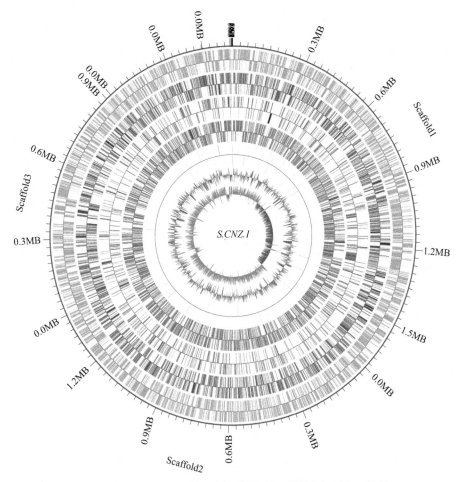

图 18-11　菌株 CNZ-1 的基因组草图结果（彩图请扫封底二维码）

在前人研究和全转录组检测结果的基础上，我们利用 RT-qPCR 检测了一些功能基因（如上文中分析的编码细胞色素及其协同还原酶的基因），因为这些基因在其他氧化还原反应中发挥重要作用。如下所示，选择编码细胞色素（S.CNZ.1 GM 000201、001406、001833、001928、002308、003672）及其相应的还原酶（S.CNZ.1 GM 000200、001407、001569、001931、003323、003324、003602、003971、004058）的基因共 15 个，研究了它们在 CNZ-1 还原五价锑过程中的潜在角色。高通量测序的转录组结果（$P < 0.05$）和 RT-qPCR 检测的基因表达量结果尽管在数量变化程度上存在差异，但是变化趋势非常一致（S.CNZ.1 GM 001569，$R^2 = 0.89$，$n=30$）。对于本研究中所有涉及的 15 个被测基因，从全球转录组分析和 RT-qPCR 分析得到的差异表达的基本趋势是相似的。在这 15 个基因当中，S.CNZ.1 GM 000200、S.CNZ.1 GM 000201、S.CNZ.1 GM 001833、S.CNZ.1 GM 002308、S.CNZ.1 GM 003323、S.CNZ.1 GM 003324 和 S.CNZ.1 GM 003971 分别被注释为 *napA*、*napB*、*cytB*、*cybB*、*dmsA*、*dmsB*、*frdA*，这 7 个基因上调了 2.22～4.68 倍，表明这些基因参与了菌株 CNZ-1 对五价锑的还原过程，验证了我们之前的猜想，并进一步强调了这些非特异性还原酶在电子转移过程中的重要性。

（三）铬还原菌的筛选与条件优化

经纯化分离得到一株兼性厌氧高效铬还原菌，并命名为 HK-1。经平板涂布和扫描电镜表征，HK-1 好氧生长在 LB 培养基上时菌落呈圆形白色，四周薄、中间厚，边缘不规则；SEM 表征发现 HK-1 呈短杆状。另根据 16S rDNA 的数据，分析得知，HK-1（GenBank 登录号：KJ958271）与一株 *Acinetobacter baumannii* ATCC 17978（GenBank 登录号：NC_009085）的序列相似性可达 98%。因此，HK-1 可归类为不动杆菌属（*Acinetobacter*）。六价铬耐受性实验结果表明，当 LB 培养基添加的六价铬浓度从 25mg/L 上升到 100mg/L 时，HK-1 的好氧生长仅受到轻微的影响。当添加 150mg/L 六价铬时，菌株 HK-1 的生长受到一定程度的抑制，但是仍然可以在 24h 后恢复正常生长。只有当 LB 体系中添加不小于 500mg/L 的六价铬时，HK-1 的生长受到严重的抑制（图 18-12）。但是，HK-1 并不能在好氧条件下完成六价铬的还原。在无氧气时，菌株 HK-1 能够还原六价铬但是不能进一步扩繁。

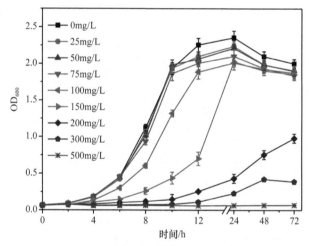

图 18-12　不同铬浓度条件下 HK-1 的好氧生长情况（35℃，150r/min）（Zhang et al.，2014a）

（彩图请扫封底二维码）

进一步在厌氧条件下考察了细胞浓度对 HK-1 还原六价铬的影响。结果发现，在 24h 内，当反应体系添加细胞浓度分别为 0.12g/L、0.23g/L、0.34g/L、0.43g/L 和 0.47g/L 时，六价铬的还原率分别可达 7.4%、30.3%、56.8%、70.9%和 83.4%。当细胞浓度为 0.34g/L 时，六价铬还原率/细胞干重最大，表明此浓度条件下单位细胞的铬还原率最高。因此，后续实验体系均选择这一添加浓度。进一步研究了其他的环境影响因子（如电子供体、温度和 pH 等）对 HK-1 还原六价铬的影响，结果表明：在所有考察的碳源中（包括葡萄糖、甲酸钠、乙酸钠、丙酸钠、果糖和淀粉），葡萄糖是最适合用于 HK-1 还原铬的电子供体。当葡萄糖浓度为 1.0g/L 时，HK-1 细胞在 24h 内的铬还原速率可达到 3.42mg Cr/（g 干重细胞·h）。当反应体系中葡萄糖的浓度继续增加时，铬还原速率仅小幅提升，因此从经济角度考虑，后续实验中均选用 1.0g/L 的葡萄糖。此外，对 HK-1 还原六价铬来说，35℃是最适合的温度，当反应温度比此温度高或低时，六价铬的还原速率都有明显的下降。之前有报道称 pH 在 6～8.5 浮动时比较适合很多微生物还原六价铬，如 *Ochrobactrum* 和 *Enterobacter*（Hošková et al.，2013）。当前研究结果表明，HK-1 还原六价铬的最适 pH 为 7～8。在上述已考察的最优环境因子下，进而考察了初始铬浓度对六价铬生物还原速率的影响。结果表明：空白对照体系中热杀死细胞仅将少于 3% 的六价铬还原，这一结果表明死的 HK-1 细胞对六价铬的还原作用可忽略不计。在当前测试的铬浓度范围内，还原过程符合一阶动力学模型。分析不同反应体系中的一阶速率常数值发现：当铬浓度从 55mg/L 升至 220mg/L 时，六价铬还原速率出现明显下降，k 值从 19.3h^{-1} 降至 0.92h^{-1}。导致这一结果的原因可能是高浓度的六价铬会对细胞产生生理毒性并影响细胞代谢。

（四）不动杆菌还原铬的过程与机制研究

选择已优化的实验条件，并以 100mg/L 六价铬为目标污染物，考察了 HK-1 还原六价铬的过程与机制。结果表明：在仅添加 HK-1 细胞的情况下，在 11h 内能够还原约 9.5% 的六价铬，在添加氧化还原介体的情况下六价铬的还原率可提升到 100%。为了确定反应体系中铬的最终状态，分别取反应体系中上清液和沉淀物进行总铬及价态分析。在上清液中并没有检测到三价铬的存在。但是，在反应过程中能够清楚地看到血清瓶底部有灰绿色沉淀生成，推测当前反应体系中的六价铬被还原为三价铬，并随后吸附在菌体表面形成不溶性聚合物，灰绿色沉淀的具体成分引起了笔者的兴趣。为了进一步确定被还原的 Cr^{6+} 状态，笔者采用多种表征手段进一步对还原产物进行了鉴定。首先使用 SEM-EDX 对灰绿色沉淀进行了分析，SEM 照片显示经过铬处理的细胞表面粗糙，未经铬处理的对照体系的 HK-1 细胞表面光滑。并且 EDX 测量的细胞表面元素的含量结果显示：在发生铬还原反应的细胞表面检测到了铬元素的存在。为进一步确定细胞表面铬元素的价态，又对灰绿色沉淀进行了 XPS 分析。在 XPS 谱图中在 574.9eV 和 584.4eV 处发现一对代表三价铬 2p$_{3/2}$ 杂化轨道和三价铬 2p$_{1/2}$ 杂化轨道的特征吸收峰，这表明细胞表面的铬元素是三价。FTIR 图显示，相比于对照体系中的 HK-1 细胞，六价铬处理过的细胞在 1300～1400cm^{-1} 区域有更为明显的吸收峰，而这一区域的吸收峰多与羧基的振动有关。引起这些基团发生响应的原因可能是三价铬与细胞表面分泌物发生了络合反应。推测六价铬被还原为三价铬后，进而与这些胞外分泌物的某种基团发生络合反应，从而使水体中的三价铬被移除。

为了更深入地理解蒽醌修饰的氧化石墨烯介导 HK-1 还原六价铬的过程，测定了不同位置细胞组织的铬还原活性，发现细胞膜组织的铬还原活性是细胞质和周质混合组织铬还原活性的 24 倍，这表明 HK-1 主要的铬还原酶都集中在细胞膜上，膜蛋白在六价铬还原的过程中发挥重要的作用。电镜照片显示，经过铬处理的微生物细胞表面凹凸不平，推测主要是由 HK-1 所分泌的代谢物造成的。为了确认这些代谢物的成分，进一步运用薄层层析（TLC）技术对细胞表面分泌物进行了鉴定。在使用当前显色剂的情况下，黑亮斑的出现表示细胞分泌物含有糖脂类物质（图 18-13）。曾有研究人员报道 *Acinetobacter* sp.能够分泌鼠李糖脂，这类物质可以和铬元素发生络合反应，由此减轻细胞所面临的由三价铬

图 18-13　HK-1 所分泌糖脂类物质的 TLC 谱图

带来的环境压力（Gnanamani et al.，2010）。而且，微生物细胞只需分泌低浓度的这种糖脂类物质，便能增加细胞表面的疏水性使其便于从废水中分离出来，从而提高三价铬的去除效率。

由于花费较低，采用生物法将六价铬还原为低毒的三价铬是铬污染修复中常用的方法之一。本研究报道的 *Acinetobacter* sp. HK-1 能够在厌氧还原六价铬（1.64mg/L/h，初始铬浓度为 55mg/L）的同时将三价铬固定于微生物表面。菌株 HK-1 还能够耐受低于 500mg/L 的六价铬。因此，在含铬废水的生物修复领域 HK-1 具有潜在的应用价值。

利用生物法处理含铬废水的不足在于三价铬会随出水排放到环境当中。理论上，三价铬会以 $Cr(OH)_3$ 的形式从水中沉淀出来；实际上，当反应体系中有机物或者细胞分泌物存在时，会形成极易溶于水的有机物-三价铬混合物，这些有机物-三价铬混合物在铬污染处置时相当普遍也十分顽固。之前研究发现，悬浮微生物在还原六价铬时，只能固定一部分三价铬，剩余的三价铬仍会随出水排到环境当中。生物膜虽然能够固定更多的三价铬，但是六价铬还原效率低于悬浮细胞。当前研究发现，反应体系的上清液中未检测到三价铬且细胞表面的三价铬总量与初始铬总量相当，这表明悬浮的 HK-1 细胞能够高效地固定三价铬。从实际应用的角度看，这种混合沉淀物更有利于铬污染物从反应体系中去除。

三、小结与展望

锑与微生物的互作会改变其化学形态、吸附特性和生物毒性等，极大地影响其在自然环境中的归趋。然而，当前关于微生物和锑互作的研究尚不充分。此外，在自然环境中，锑矿有许多伴生元素如铁元素和硫元素等，这些物质所形成的化合物深刻地影响着锑的毒性和迁移性。但是，在海岸带环境中，对于这些伴生元素对微生物还原锑的影响及它们之间的相互作用尚不清楚。例如，铁是地壳中含量最丰富的金属元素之一，且在铁循环过程中可产生多种活性物质。因此，铁系矿物对环境中锑的存在形态和赋存规律有重要的影响。基于此，有必要进一步研究缺氧条件下铁或硫等锑矿的伴生元素对海洋产电菌 *Shewanella* sp. CNZ-1 介导锑还原转化过程和机制的影响。

传统的含铬废水处理方法多以硫酸亚铁作为还原剂，随后用碱将多余的三价铬沉淀。化学处理法虽然高效，但是后续的污泥仍然需要进一步处理，而且化学法不适宜处理低浓度的含铬废水，因为需要使用大量的化学药品。因此，采用生物法修复含铬废水被广泛研究。鉴于菌株 HK-1 在还原六价铬的同时可以固定三价铬，同时某些醌基材料的加入又可以大幅加速这一过程，因此开发一种添加催化剂的基于 *Acinetobacter* sp. HK-1 细胞的生物装置用于含铬废水的处理有一定的前景。

参 考 文 献

邓平香，张馨，龙新宪. 2016. 产酸内生菌荧光假单胞菌 R1 对东南景天生长和吸收、积累土壤中重金属锌镉的影响. 环境工程学报，10（9）：5245-5254.

黄加乐. 2009. 银纳米材料和金纳米材料的植物生物质还原制备及应用初探. 厦门大学博士学位论文.

纪镁铃，王惠璇，洪露薇，等. 2008. 生物还原法制备 Pd/TiO_2 光催化剂. 化学反应工程与工艺，24（5）：400-404.

贾振邦，赵智杰，安凯，等. 2003. 北京大学未名湖沉积物中主要重金属随深度变化的研究. 北京大学学报（自然科学版），39（4）：522-525.

李婧. 2010. 趋磁菌对重金属离子吸附还原及纳米金生成过程机理研究. 天津大学硕士学位论文.

李淑媛, 苗丰民, 刘国贤, 等. 1996. 渤海重金属污染历史研究. 海洋环境科学, (4): 28-31.

林种玉, 周朝晖, 吴剑鸣, 等. 2002. 地衣芽孢杆菌 R08 吸附和还原钯 Pd(Ⅱ)的研究. 科学通报, 47 (5): 357-360.

刘成, 王兆印, 何耘, 等. 2003. 环渤海湾诸河河口水质现状的分析. 环境污染与防治, 25 (4): 222-225.

刘月英, 傅锦坤. 2000. 巨大芽孢杆菌 D01 吸附金 (Au^{3+})的研究. 微生物学报, 40 (4): 425-429.

吕书丛, 张洪, 单保庆, 等. 2013. 海河流域主要河口区域沉积物中重金属空间分异及生态风险评价. 环境科学, 34 (11): 4204-4210.

马锦民, 张烂漫, 夏君, 等. 2005. 微生物处理含铬(Ⅵ)废水的研究进展. 江苏化工, 33: 46-49.

尹贞. 2012. Cr(Ⅵ)污染土壤的微生物多样性分析与 Cr(Ⅵ)还原菌的筛选研究. 中南大学硕士学位论文.

张慧, 李宁, 戴友芝. 2004. 重金属污染的生物修复技术. 化工进展, 23 (5): 562-565.

张敬畅, 刘慷, 曹维良. 2001. 纳米粒子的特性、应用及制备方法. 石油化工高等学校学报, 14 (2): 21-26.

郑炳云, 黄加乐, 孙道华, 等. 2011. 贵金属纳米材料生物还原制备技术的研究进展. 厦门大学学报(自然科学版), 50(2): 378-386.

周全法, 刘维桥, 尚通明. 2008. 贵金属纳米材料. 北京: 化学工业出版社.

Abin C A, Hollibaugh J T. 2013. Dissimilatory antimonate reduction and production of antimony trioxide microcrystals by a novel microorganism. Environmental Science and Technology, 48: 681-688.

Aryal M, Liakopoulou-Kyriakides M. 2015. Bioremoval of heavy metals by bacterial biomass. Environmental Monitoring and Assessment, 187 (1): 1-26.

Asmussen O. 1997. Heavy metal concentrations in sediments from the coast of Bahrain. International Journal of Environmental Health Research, 7 (1): 85-93.

Bencheikh-Latmani R, Williams S M, Haucke L, et al. 2005. Global transcriptional profiling of *Shewanella oneidensis* MR-1 during Cr (Ⅵ) and U (Ⅵ) reduction. Applied Environmental Microbiology, 71: 7453-7460.

Bennett J A, Mikheenko I P, Deplanche K, et al. 2013. Nanoparticles of palladium supported on bacterial biomass: new re-usable heterogeneous catalyst with comparable activity to homogeneous colloidal Pd in the Heck reaction. Applied Catalysis B-Environmental, 140-141 (8): 700-707.

Beolchini F, Dell'Anno A, De Propris L, et al. 2009. Auto- and heterotrophic acidophilic bacteria enhance the bioremediation efficiency of sediments contaminated by heavy metals. Chemosphere, 74 (10): 1321-1326.

Carpenè E, Andreani G, Monari M, et al. 2006. Distribution of Cd, Zn, Cu and Fe among selected tissues of the earthworm (*Allolobophora caliginosa*) and Eurasian woodcock (*Scolopax rusticola*). Science of the Total Environment, 363 (1-3): 126-135.

Chen G, Zeng G, Tang L, et al. 2008. Cadmium removal from simulated wastewater to biomass byproduct of lentinus edodes. Bioresource Technology, 99 (15): 7034-7040.

Chen Q, Luo Z, Hills C, et al. 2009. Precipitation of heavy metals from wastewater using simulated flue gas: sequent additions of fly ash, lime and carbon dioxide. Water Research, 43 (10): 2605-2614.

Chojnacka K, Chojnacki A, Gorecka H. 2005. Biosorption of Cr^{3+}, Cd^{2+} and Cu^{2+} ions by blue–green algae *Spirulina* sp.: kinetics, equilibrium and the mechanism of the process. Chemosphere, 59 (1): 75-84.

Colak F, Olgun A, Atar N, et al. 2013. Heavy metal resistances and biosorptive behaviors of *Paenibacillus polymyxa*: batch and column studies. Journal of Industrial and Engineering Chemistry, 19: 863-869.

Das S K, Das A R, Guha A K. 2007. A study on the adsorption mechanism of mercury on *Aspergillus versicolor* biomass. Environmental Science and Technology, 41 (24): 8281-8287.

Deepika K V, Raghuram M, Kariali E, et al. 2016. Biological responses of symbiotic *Rhizobium radiobacter* strain VBCK1062 to the arsenic contaminated rhizosphere soils of mung bean. Ecotoxicology & Environmental Safety, 134: 1-10.

Errasqun E L, Vazquez C. 2003. Tolerance and uptake of heavy metals by *Trichoderma atroviride* isolated from sludge. Chemosphere, 50 (1): 137-143.

Fan J, Onal Okyay T, Frigi Rodrigues D. 2014. The synergism of temperature, pH and growth phases on heavy metal biosorption by two environmental isolates. Journal of Hazardous Materials, 279: 236-243.

Fan T, Liu Y, Feng B, et al. 2008. Biosorption of cadmium(Ⅱ), zinc(Ⅱ) and lead(Ⅱ) by *Penicillium simplicissimum*: isotherms, kinetics and thermodynamics. Journal of Hazardous Materials, 160 (2): 655-661.

Fan Z. 1992. Bohai Bay in big trouble. Marine Pollution Bulletin, 24 (7): 333-334.

Freundlich H M F. 1906. Über die adsorption in lösungen. Zeitschrift für Physikalische Chemie (Leipzig), 57: 385.

Gabr R M, Hassan H A, Shoreit A A M. 2008. Biosorption of lead and nickel by living and non-living cells of *Pseudomonas aeruginosa* ASU 6a. International Biodeterioration and Biodegradation, 62: 195-203.

Gao X, Chen C. 2012. Heavy metal pollution status in surface sediments of the coastal Bohai Bay. Water Research, 46 (6): 1901-1911.

Gnanamani A，Kavitha V，Radhakrishnan N，et al. 2010. Microbial products（biosurfactant and extracellular Cr（VI）reductase）of marine microorganism are the potential agents reduce the oxidative stress induced by toxic heavy metals. Colloids and Surfaces B，79：334-339.

Govarthanan M，Lee K J，Min C，et al. 2013. Significance of autochthonous *Bacillus* sp. KK1 on biomineralization of lead in mine tailings. Chemosphere，90（8）：2267-2272.

Han J C，Chen G J，Qin L P，et al. 2017. Metal respiratory pathway-independent Cr isotope fractionation during Cr（VI）reduction by *Shewanella oneidensis* MR-1. Environmental Science and Technology Letter，4：500-504.

He M，Wang N，Long X，et al. 2019. Antimony speciation in the environment: recent advances in understanding the biogeochemical processes and ecological effects. Journal of Environmental Sciences，75：14-39.

Hiroki M. 1992. Effects of heavy metal contamination on soil microbial population. Soil Science & Plant Nutrition，38（1）：141-147.

Hockmann K，Lenz M，Tandy S，et al. 2014. Release of antimony from contaminated soil induced by redox changes. Journal of Hazardous Materials, 275: 215-221.

Hošková M，Schreiberová O，Ježdík R，et al. 2013. Characterization of rhamnolipids produced by non-pathogenic *Acinetobacter* and *Enterobacter* bacteria. Bioresoures Technology，130：510-516.

Huang W，Liu Z M. 2013. Biosorption of Cd（II）/Pb（II）from aqueous solution by biosurfactant-producing bacteria: isotherm kinetic characteristic and mechanism studies. Colloids and Surfaces B: Biointerfaces，105（4）：113-119.

Hulkoti N I，Taranath T C. 2014. Biosynthesis of nanoparticles using microbes—a review. Colloids and Surfaces B: Biointerfaces，121（9）：474-483.

Jeong S，Moon H S，Nam K，et al. 2012. Application of phosphate-solubilizing bacteria for enhancing bioavailability and phytoextraction of cadmium（Cd）from polluted soil. Chemosphere，88（2）：204-210.

John S G，Ruggiero C，Hersman L E，et al. 2001. Siderophore mediated plutonium accumulation by *Microbacterium flavescens*（JG-9）. Environmental Science Technology，35（14）：2942-2948.

Konishi Y，Tsukiyama T，Ohno K，et al. 2006. Intracellular recovery of gold by microbial reduction of $AuCl_4^-$ ions using the anaerobic bacterium *Shewanella algae*. Hydrometallurgy，81（1）：24-29.

Kulp T R，Miller L G，Braiotta F，et al. 2014. Microbiological reduction of Sb（V）in anoxic freshwater sediments. Environmental Science Technology，48（2014）：218-226.

Kunhikrishnan A，Bolan N S，Müller K，et al. 2012. The influence of wastewater irrigation on the transformation and bioavailability of heavy metal (loid) s in soil. Advances in Agronomy，115：215-297.

Lai C Y，Dong Q Y，Rittmann B E，et al. 2018. Bioreduction of antimonate by anaerobic methane oxidation in a membrane biofilm batch reactor. Environmental Science and Technology，52：8693-8700.

Lai C Y，Wen L L，Zhang Y，et al. 2016. Autotrophic antimonate bio-reduction using hydrogen as the electron donor. Water Research，88：467-474.

Langmuir I. 1918. The adsorption of gases on plane surfaces of glass，mica and platinum. Journal of the American Chemical Society，40（9）：1361-1403.

Li N J，Zhang X H，Wang D Q，et al. 2017. Contribution characteristics of the *in situ* extracellular polymeric substances（EPS）in *Phanerochaete chrysosporium* to Pb immobilization. Bioprocess and Biosystems Engineering，40（10）：1447-1452.

Lodeiro P，Barriada J L，Herrero R，et al. 2006. The marine macroalga *Cystoseira baccata* as biosorbent for cadmium（II）and lead（II）removal: kinetic and equilibrium studies. Environmental Pollution，142（2）：264-273.

Lu P，Nuhfer N T，Kelly S，et al. 2011. Lead coprecipitation with iron oxyhydroxide nano-particles. Geochimica et Cosmochimica Acta，75（16）：4547-4561.

Manivasagan P，Alam M S，Kang K H，et al. 2015. Extracellular synthesis of gold bionanoparticles by *Nocardiopsis* sp. and evaluation of its antimicrobial，antioxidant and cytotoxic activities. Bioprocess & Biosystems Engineering，38（6）：1167-1177.

Masood F，Malik A. 2011. Biosorption of metal ions from aqueous solution and tannery effluent by *Bacillus* sp. FM1. Journal of Environmental Science and Health，Part A，46：1667-1674.

Mejias Carpio I E，Machado-Santelli G，Kazumi Sakata S，et al. 2014. Copper removal using a heavy-metal resistant microbial consortium in a fixed-bed reactor. Water Research，62：156-166.

Nair B，Pradeep T. 2002. Coalescence of nanoclusters and formation of submicron crystallites assisted by *Lactobacillus* strains. Crystal Growth & Design，2（4）：293-298.

Nguyen V K，Lee J U. 2014. Isolation，characterization of antimony-reducing bacteria from sediments collected in the vicinity of an antimony factory. Geomicrobiology Journal，31：855-861.

Ni H，Xiong Z，Ye T，et al. 2012. Biosorption of copper（II）from aqueous solutions using volcanic rock matrix-immobilized *Pseudomonas putida* cells with surface-displayed cyanobacterial metallothioneins. Chemical Engineering Journal，204-206：264-271.

Oves M，Khan M S，Zaidi A. 2013. Biosorption of heavy metals by *Bacillus thuringiensis* strain OSM29 originating from industrial effluent contaminated north Indian soil. Saudi Journal of Biological Sciences，20：121-129.

Oves M，Khan M S，Zaidi A. 2013. Chromium reducing and plant growth promoting novel strain *Pseudomonas aeruginosa* OSG41 enhance chickpea growth in chromium amended soils. European Journal of Soil Biology，56（2）：72-83.

Pal C，Bengtsson-Palme J，Rensing C，et al. 2014. BacMet：antibacterial biocide and metal resistance genes database. Nucleic Acids Research，42：737-743.

Panda G C，Das S K，Chatterjee S，et al. 2006. Adsorption of cadmium on husk of *Lathyrus sativus*：physico-chemical study. Colloids and Surfaces B：Biointerfaces，50（1）：49-54.

Peng W，Li X，Xiao S，et al. 2018. Review of remediation technologies for sediments contaminated by heavy metals. Journal of Soils and Sediments，18（4）：1701-1719.

Pereira L，Mehboob F，Stams A J，et al. 2015. Metallic nanoparticles：microbial synthesis and unique properties for biotechnological applications，bioavailability and biotransformation. Critical Reviews in Biotechnology，35（1）：114-128.

Prakash D，Pandey J，Tiwary B N，et al. 2010. Physiological adaptations and tolerance towards higher concentration of selenite （Se（+4））in *Enterobacter* sp. AR-4，*Bacillus* sp. AR-6 and *Delftia tsuruhatensis* AR-7. Extremophiles，14（3）：261-272.

Prithviraja D，Deboleena K，Neelu N，et al. 2014. Biosorption of nickel by *Lysinibacillus* sp. BA2 native to bauxite mine. Ecotoxicology and Environmental Safety，107：260-268.

Pulsawat W，Leksawasdi N，Rogers P L，et al. 2003. Anions effects on biosorption of Mn（II）by extracellular polymeric substance （EPS）from *Rhizobium etli*. Biotechnology Letters，25（15）：1267-1270.

Rani A，Souche Y S，Goel R. 2009. Comparative assessment of *in situ* bioremediation potential of cadmium resistant acidophilic *Pseudomonas putida* 62BN and alkalophilic *Pseudomonas monteilli* 97AN strains on soybean. International Biodeterioration and Biodegradation，63（1）：62-66.

Rodríguez C E，Quesada A，Rodríguez E. 2006. Nickel biosorption by *Acinetobacter baumanni* and *Pseudomonas aeruginosa* isolated from industrial wastewater. Brazilian Journal of Microbiology，37：465-467.

Rodriguez-Tirado V，Green-Ruiz C，Gomez-Gil B. 2012. Cu and Pb biosorption on *Bacillus thioparans* strain U3 in aqueous solution：kinetic and equilibrium studies. Chemical Engineering Journal，181-182：352-359.

Roh Y，Gao H，Vali H，et al. 2006. Metal reduction and iron biomineralization by a psychrotolerant Fe（III）-reducing bacterium，*Shewanella* sp. strain PV-4. Appllied and Environmental Microbiology，72：3236-3244.

Sar P，Kazy S K，Asthana R K，et al. 1999. Metal adsorption and desorption by lyophilized *Pseudomonas aeruginosa*. International Biodeterioration and Biodegradation，44（2）：101-110.

Serafimovska J M，Arpadjan S，Stafilov T，et al. 2013. Study of the antimony species distribution in industrially contaminated soils. Journal of Soil Sediment，1：294-303.

Sips R. 1948. On the structure of a catalyst surface. Journal of Chemical Physics，16（8）：1024-1026.

Tabak H H，Lens P，van Hullebusch E D，et al. 2005. Developments in bioremediation of soils and sediments polluted with metals and radionuclides-1. Microbial processes and mechanisms affecting bioremediation of metal contamination and influencing metal toxicity and transport. Reviews in Environmental Science and Biotechnology，4（3）：115-156.

Taştan B E，Ertuğrul S，Dönmez G. 2010. Effective bioremoval of reactive dye and heavy metals by *Aspergillus versicolor*. Bioresource Technology，101（3）：870-876.

Veneu D M，Torem M L，Pino G A H. 2013. Fundamental aspects of copper and zinc removal from aqueous solutions using a *Streptomyces lunalinharesii* strain. Minerals Engineering，48：44-50.

Venugopal N B R K，Reddy S L N. 1992. Nephrotoxic and hepatotoxic effects of trivalent and hexavalent chromium in a teleost fish *Anabas scandens*：enzymological and biochemical changes. Ecotoxicology and Environmental Safety，24：287-293.

Wang J，Chen C. 2009. Biosorbents for heavy metals removal and their future. Biotechnology Advances，27：195-226.

Wang L，Ye L，Yu Y，et al. 2018. Antimony redox biotransformation in the subsurface：effect of indigenous Sb（V）respiring microbiota. Environmental Science and Technology，52：1200-1207.

Windt W D，Aelterman P，Verstraete W. 2010. Bioreductive deposition of palladium（0）nanoparticles on *Shewanella oneidensis* with catalytic activity towards reductive dechlorination of polychlorinated biphenyls. Environmental Microbiology，7（3）：314-325.

Zakaria Z A，Zakaria Z，Surif，et al. 2007. Hexavalent chromium reduction by *Acinetobacter haemolyticus* isolated from heavy-metal contaminated wastewater. Journal of Hazardous Material，146：30-38.

Zhang G，Ouyang X，Li H，et al. 2016. Bioremoval of antimony from contaminated waters by a mixed batch culture of sulfate-reducing bacteria. International Biodeterioration and Biodegradation，115：148-155.

Zhang H，Hu X，Lu H. 2017. Ni（II）and Cu（II）removal from aqueous solution by a heavy metal-resistance bacterium：kinetic, isotherm and mechanism studies. Water Science and Technology，76（4）：859-868.

Zhang H，Hu X. 2017. Rapid production of Pd nanoparticle by a marine electrochemically active bacterium *Shewanella* sp. CNZ-1 and its catalytic performance on 4-nitrophenol reduction. RSC Advances，7：41182-41189.

Zhang H，Hu X. 2018. Biosynthesis of Pd and Au as nanoparticles by a marine bacterium *Bacillus* sp. GP and their enhanced catalytic performance using metal oxides for 4-nitrophenol reduction. Enzyme and Microbial Technology，113：59-66.

Zhang H，Hu X. 2019. Bioadsorption and microbe-mediated reduction of Sb（V）by a marine bacterium in the presence of sulfite/thiosulfate and the mechanism study. Chemical Engineering Journal，359：755-764.

Zhang H，Lu H，Wang J，et al. 2013. Global transcriptome analysis of *Escherichia coli* exposed to immobilized anthraquinone-2-sulfonate and azo dye under anaerobic conditions. Applied Microbiology and Biotechnology，97：6895-6905.

Zhang H，Lu H，Wang J，et al. 2014a. Cr（VI）Reduction and Cr（III）immobilization by *Acinetobacter* sp. HK-1 with the assistance of a novel quinone/graphene oxide composite. Environmental Science and Technology，48：12876-12885.

Zhang H，Lu H，Wang J，et al. 2014b. Transcriptional analysis of *Escherichia coli* during acid red 18 decolorization. Process Biochemistry，49：1260-1265.